친절하고 쉬운 나무설명서

나무생태도감

친절하고 쉬운 나무설명서

나무생태도감

Field Guide to Trees and Shrubs

윤충원 지음

GEOBOOK 지오북

지리산 하봉의 가문비나무, 잣나무, 구상나무 군락

머리글

갑자기 휘몰아치는 눈보라를 피해 서둘러 연구실로 올라와 창밖을 내다보니 온산이 하얗습니다. 얼마 전까지 고운 단풍으로 연구실에 머물지 못하게 만들던 산이었습니다. 그 유혹이 어디 오늘뿐이었겠습니까. 태생이 경북 봉화 두메산골이라 눈만 뜨면 보이는 것이 나무고, 산이 곧 놀이터였으니 내 평생 산과 함께 살아왔다 해도 과언이 아닙니다. 그러나 참나무와 소나무만 있는 줄 알았던 산에서 상수리나무와 굴참나무를 구별하고 송이가 건조한 소나무 아래에서만 자란다는 것을 알기까지는 오랜 세월이 걸렸습니다. 나무에 취해 나무를 공부한 지 30년, 이제 나무에 대해 알 만큼 안다고 자부하며 학생들을 데리고 산을 올라가 지극히 평온하게 보이는 숲속이 사실은 살벌하기까지 한 생존경쟁의 전장이라는 것을 강의하면서 아직도 '어, 이게 뭐지?', '이 나무가 왜 여기서 자라지?'라는 의문을 끝없이 품습니다.

나무는 같아 보이면서도 각기 다른 나무들이 모여 숲을 이루고, 숲은 산소호흡을 하는 모든 생물의 생명줄이 되어 생태계의 근간이 됩니다. 나무는 한 자리에서 장구한 세월을 버티며 몸집만 불려 나가는 단순 물질 덩어리가 아닙니다. 평화로워 보이는 숲속에서 이들은 서로 살아남기 위해 창의적 전략을 짜고 역동적으로 실행에 옮기는 행동파인 동시에 끊임없이 또 다른 삶의 전략을 구사하는 영민한 생명체입니다. 지구상에 인류가 등장하는 기틀이 되었고, 인간과 같이 하나의 자연이 되어 우주와 소통하며 지구의 역사를 만들어 가고 있습니다. 이처럼 나무는 지구라는 커다란 생명체를 유지시키는 원천이기에 바라보면 볼수록 그 아름다움에 전율이 느껴지고, 가만히 생각하면 할수록 그 오묘한 신비에 가슴 먹먹한 울림과 경외감이 생깁니다.

대학에서 가르치는 숲 관련 교과목을 보면 수목생리학, 산림생태학, 산림토양학, 조림학, 산림보호학, 임업경영학, 목재이용학 등으로 모두 나무(木)에 바탕을 두고 있습니다. 특히 수목학은 나무의 명칭, 형태, 분류, 습성, 분포, 용도 등에 대해 학습하는 필수과목입니다. 학생들은 일반 수목학 교재로 이론 공부를 하지만 실제 나무의 참모습을 제대로 이해하기 위해서는 자연 상태인 숲에 나가야만 합니다. 또한 현장에 나가더라도 가르쳐줄 사람이 있어야 하는데 이 역시 현실적으로 한계가 있어 도감이 꼭 필요합니다. 그동안 많은

도감들이 발간되어 배우는 사람은 물론 전문가들에게도 큰 도움을 주었으나 수목학을 전공하는 학생들을 가르치는 교수 입장에서 좀 더 쉬우면서도 구체적인 나무 정보들을 가르칠 수 있는 텍스트, 즉 도감의 필요성을 절감해 왔습니다.

더욱이 공주대학교 김창호 총장으로부터 산업과학대학 부학장직을 부여받아 나무 공부가 아닌 행정업무를 수행하면서 '송충이는 솔잎을 먹어야 한다.'는 속담처럼, 내가 할 일은 역시 수목학을 연구하고 학생들을 가르치는 것임을 절감했습니다. 잠시 소홀했던 나무를 다시 돌아보면서 학생들이 좀 더 쉽게 공부할 수 있도록 해야겠다고 생각하며, 공주대학교 캠퍼스 내 수목을 정리하기 시작한 것이 이 도감을 만드는 계기가 되었습니다. 시작하고 보니 그동안 전국을 다니며 찍어 놓고 방치한 사진이 생각났고, 이왕 만드는 것 좀 더 범위를 넓히자는 욕심이 생겨, 먼저 「예산캠퍼스 수목도감」을 발행한 후 공주대학교 밖의 나무 생태에 관심 있는 많은 분들을 위해 내용을 약간 더 보완하여 전국의 나무를 담은 도감을 출판하게 되었습니다.

자연과학 칼럼니스트 샤먼 앱트 러셀(Sharman Apt Russell)은 '형태는 기능을 따른다.'고 했습니다. 같은 나무라도 나뭇잎과 가지의 역할이 다르고 같은 꽃이라도 색깔이나 향기에 따라 모이는 곤충이 다릅니다. 이 책은 기본적으로 나무 사진은 물론 잎, 열매, 동아, 수피 등의 사진을 넣어 형태에 따른 수종 구별과 지도를 통한 나무 분포, 수목학 책에서 설명을 해야 했던 나무의 쓰임이나 특징까지 한눈에 볼 수 있도록 꾸몄습니다. 지금 출판계에는 많은 도감이 나와 있습니다. 산에 있는 나무가 다 같은 나무가 아니듯 이 책만의 역할이 분명히 있을 것이라 생각됩니다. 수목학을 배우는 학생과 나무에 관심 있는 모든 분들이 이 도감을 통해 나무를 알고 숲을 이해하며 생명의 소중함을 깨닫는 계기가 되었으면 합니다.

2016년 1월
윤충원

감사의 글

수목학, 산림생태학, 조림학 등 나무 관련 연구를 하면서 그동안 모아 둔 자료만으로 충분히 도감을 펴낼 수 있을 거란 처음 생각과 달리 막상 편집을 하면서 보니 사진이나 자료가 턱없이 부족할 뿐만 아니라 새로 부각되는 많은 문제들을 혼자서는 도저히 감당할 수 없어 어떻게 해야 할지 고민하고 있었습니다. 이때 국립생물자원관 김진석 박사가 소장하고 있던 모든 사진 자료를 넘겨 주어 도감의 큰 흐름을 잡았고 용기를 내어 집필에 박차를 가하게 되었습니다.

이어 국립산림과학원 한심희 박사도 많은 사진들을 내어 주었고, 한국산림생태연구소 조현제 박사와 김준수 박사, 국립생태원 이중효 박사, 경기도 산림환경연구소 채정우 박사, 태국 마하싸라캄 대학 김텃골 교수, 공주대학교 김혜진 박사 등 많은 분들이 흔쾌히 귀한 사진 자료들을 제공해 준 덕분에 책의 전체적인 윤곽이 잡히기 시작했습니다.

그리고 미진한 부분을 보완하기 위해 무거운 카메라를 들고 지리산, 계룡산, 설악산, 계방산 등 내륙의 산지뿐만 아니라 제주도 한라산, 울릉도, 흑산도, 비진도 등 외진 섬까지 전국을 평소보다 몇 배는 더 다녀야 했습니다. 그렇게 나무를 찾아다니는 동안 국립산림과학원 정성철 박사, 국립수목원 배준규 박사와 강신구 박사, 공주대학교 이원희 박사, 한국야생화 윤한구 대표, 배바위산 용골농원 윤재원 대표 등 많은 분이 내 일처럼 적극적으로 나서서 도움을 주었습니다.

참나무과 외래수종 정리에 공주대학교 산림자원학과 윤영일 교수의 도움이 컸으며, 난대종 정리에 제주도 서귀포시청 김민아 제자, 분류특징 정리에 산림청 박은혜 제자를 비롯해, 처음부터 끝까지 나를 도와 현장에서 공주대 산림생태연구실에서 밤낮 가리지 않고 묵묵히 작업에 임해 준 대학원생 한상학, 송주현, 변성엽 등과 대학의 낭만을 뒤로 한 채 실험실에서 땀을 흘린 학부생 김지동, 이정은, 김호진, 김하늘, 채승범, 윤이슬, 박다진솔, 김광은, 장용환, 송민하 등의 정성과 노고에 깊은 감사의 마음을 전합니다.

특히 집을 비우고 나무를 찾아 전국을 방랑할 때 수험생 아들을 챙기며 지친 나를 격려해 준 사랑하는 아내 양은주, 힘든 고3을 보내고 원하는 대학에 당당히 입학한 주현이 그리고 고고학자의 꿈을 키워 나가는 주일이가 대견하고 고맙기 그지없습니다.

또한 이 책의 발간을 흔쾌히 승낙하고, 최초 종 목록의 결정부터 추가종이 계속 늘어나는 어려운 여건 속에서 끝까지 애써, 이 책이 세상 빛을 보게 만든 지오북 황영심 사장과 디자이너, 편집진에게도 고마움을 전하고 싶습니다. 이 도감을 발행함에 있어서 저는 앞장서서 엮은 대표자일 뿐 그동안 함께해 온 모든 분들이 진짜 저자입니다. 이 모든 분들에게 다시 한 번 감사의 인사를 전합니다.

마지막으로 오늘이 있기까지 부족한 나에게 항상 큰 힘이 되어 주신 은사님, 송석 홍성천 교수님께 감사의 마음으로 고개를 숙입니다.

2016년 1월
윤충원

차례

피자식물 - 단자엽식물
Angiosperms – Monocotyledoneae

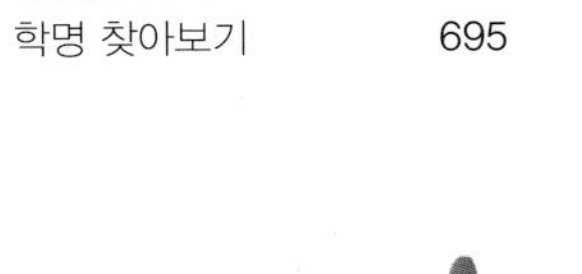

일러두기

1 총 91과, 238속, 572분류군의 기본종류와 유사 분류군 및 참고종 128분류군을 합하여 총 700 분류군을 수록하였으며, 국립공주대학교 예산캠퍼스 내에 식재되어 있거나 자생하고 있는 종을 주 대상으로 수록하였다. 또한 한반도에 자생하는 대다수의 목본식물들을 다루었으며, 자생식물이 아닌 도입식물 중 조경수나 재배식물, 전국의 산야에 흔히 조림되어 일반인들이 쉽게 접할 수 있는 수종은 선별적으로 수록하였다.

2 이 책에 사용된 수목의 배열은 Engler의 분류법식에 의거하여 나자식물, 피자식물(쌍자엽식물, 단자엽식물)의 순으로 과(科), 속(屬), 종(種) 등을 배열하고, 책의 편집 과정에서 불가피하게 약간의 변동이 있었다.

3 학명, 과명, 한약명, 영명, 중국명, 일본명의 표기는 「국가생물종지식정보시스템」, 『원색한국수목도감』을 참고하였고, 이명의 표기는 「국가생물종지식정보시스템」, 『원색한국수목도감』, 『한국민속식물』, 『한국의 나무』 등을 참고하여 표기하였다.

4 종명의 기재는 「국가표준식물목록」(「국가생물종지식정보시스템」)을 중심으로 하였고, 『원색한국수목도감』, 『원색대한식물도감』, 『한국의 나무』, 『식별이 쉬운 나무도감』 등을 참고하였으며, 조림 · 생태 · 분류 특성은 『조림학본론』, 『수목학』, 『생태학』 등 대학 일반교재와 「국가생물종지식정보시스템」, 『원색한국수목도감』 등의 문헌들을 참고하여 기술하였고 명확하지 않은 것은 기술하지 않았다.

5 학명의 속명 및 종소명의 의미를 기재함으로써 독자들의 이해를 돕고자 하였으며, 속명과 종소명의 의미는 『원색대한식물도감』을 참고하여 작성하였다.

6 멸종/특산식물, 멸종위기종, 천연기념물 등은 산림청 및 국립수목원, 환경부, 문화재청 등의 자료를 참고하였다.

7 국내외 분포는 「국가생물종지식정보시스템」, 『원색한국식물도감』, 『한국의 자원식물』, 『한국의 나무』 등을 참고하였다.

8 전국 분포도는 『원색대한식물도감』, 『한반도수목 필드가이드』, 『한국의 나무』를 중심으로 정리하였고, 울릉도는 『울릉군원색식물도감』을 참고하였다. 검은색 굵은 선(백두대간에 분포), 보라색(아고산에 분포), 초록색(일반 산야 등에 분포)의 3가지 색의 차이에 의해 나무의 주요 분포특성을 먼저 간략히 파악할 수 있도록 하였다. 일반 조경수, 가로수, 정원수 등에 대해서는 분포지를 고려하지 않았고 산지에 조림되거나 자생하고 있는 수종을 중심으로 분포도를 작성하였다.

9 예산캠퍼스 내 분포도의 작성은 충남 예산군 공주대학교 예산캠퍼스 내 건물 배치도를 기본 도면으로 하였고, 연습림을 포함한 캠퍼스 내 식재종, 자생종, 귀화종 등 모든 종에 대해 분포위치를 표기하였다.

10 사진은 거의 대부분 자생지에서 직접 촬영하였으며, 수록된 사진들은 크게 대표사진(전경 또는 수형), 잎, 소지, 꽃, 열매, 겨울눈, 수피의 7가지 카테고리로 구성하였고, 세부 특징을 자세히 보여줄 필요가 있을 경우 접사렌즈 및 현미경을 이용하여 촬영하였다.

11 과명과 학명은 국가표준식물목록(2021. 4. 30)에 변경기재되어 있는 부분을 우측하단 참고에 그 내용을 수록하였다. 단, 콩과, 꿀풀과, 벼과의 과명은 국가표준식물목록(2021. 4. 30)을 따랐다.

이 책을 보는 방법

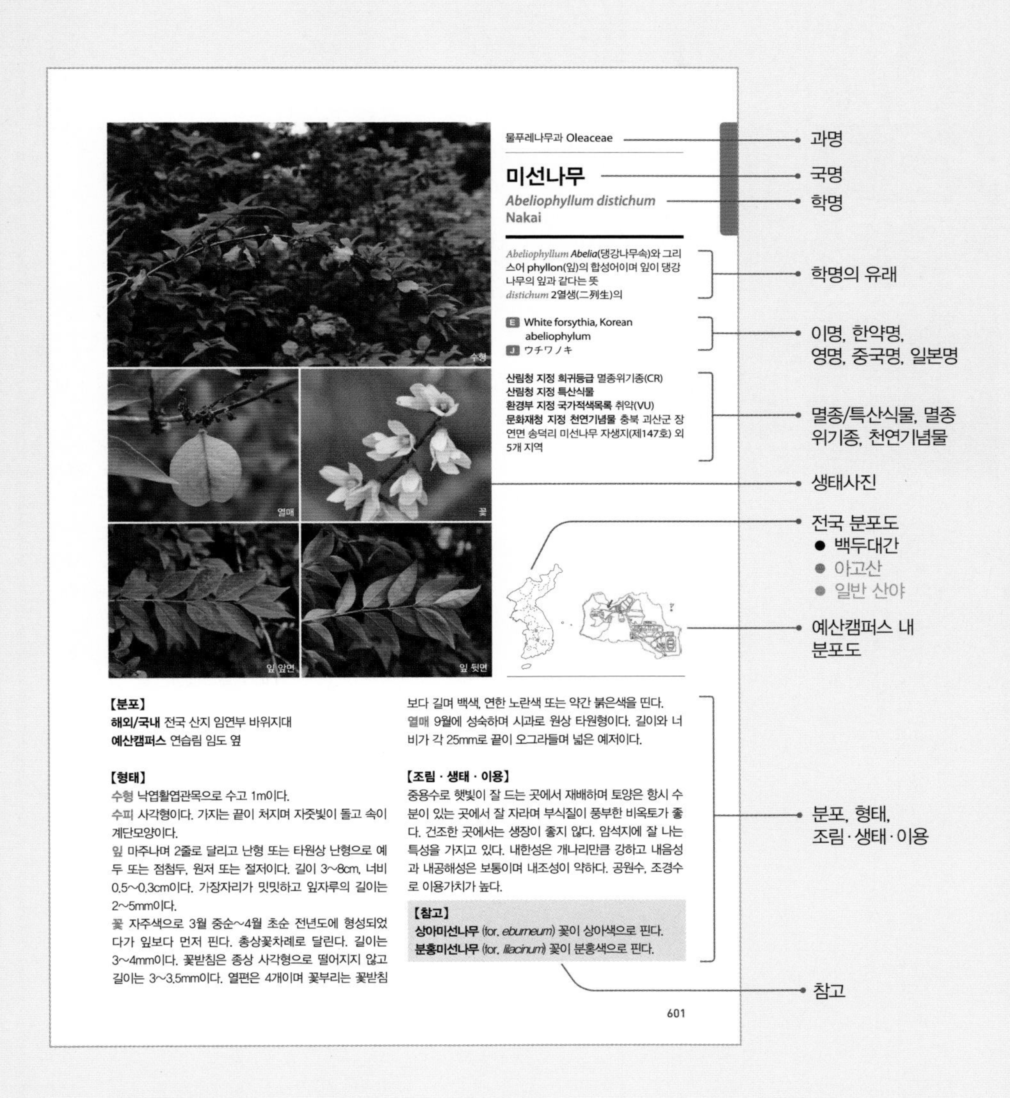

물푸레나무과 Oleaceae

미선나무

***Abeliophyllum distichum* Nakai**

Abeliophyllum *Abelia*(댕강나무속)와 그리스어 phyllon(잎)의 합성어이며 잎이 댕강나무의 잎과 같다는 뜻
distichum 2열생(二列生)의

E White forsythia, Korean abeliophylum
J ウチワノキ

산림청 지정 희귀등급 멸종위기종(CR)
산림청 지정 특산식물
환경부 지정 국가적색목록 취약(VU)
문화재청 지정 천연기념물 충북 괴산군 장연면 송덕리 미선나무 자생지(제147호) 외 5개 지역

【분포】
해외/국내 전국 산지 임연부 바위지대
예산캠퍼스 연습림 임도 옆

【형태】
수형 낙엽활엽관목으로 수고 1m이다.
수피 사각형이다. 가지는 끝이 처지며 자줏빛이 돌고 속이 계단모양이다.
잎 마주나며 2줄로 달리고 난형 또는 타원상 난형으로 예두 또는 점첨두, 원저 또는 절저이다. 길이 3~8cm, 너비 0.5~0.3cm이다. 가장자리가 밋밋하고 잎자루의 길이는 2~5mm이다.
꽃 자주색으로 3월 중순~4월 초순 전년도에 형성되었다가 잎보다 먼저 핀다. 총상꽃차례로 달린다. 길이는 3~4mm이다. 꽃받침은 종상 사각형으로 떨어지지 않고 길이는 3~3.5mm이다. 열편은 4개이며 꽃부리는 꽃받침보다 길며 백색, 연한 노란색 또는 약간 붉은색을 띤다.
열매 9월에 성숙하며 시과로 원상 타원형이다. 길이와 너비가 각 25mm로 끝이 오그라들며 넓은 예저이다.

【조림 · 생태 · 이용】
중용수로 햇빛이 잘 드는 곳에서 재배하며 토양은 항시 수분이 있는 곳에서 잘 자라며 부식질이 풍부한 비옥토가 좋다. 건조한 곳에서는 생장이 좋지 않다. 암석지에 잘 나는 특성을 가지고 있다. 내한성은 개나리만큼 강하고 내음성과 내공해성은 보통이며 내조성이 약하다. 공원수, 조경수로 이용가치가 높다.

【참고】
상아미선나무 (for. *eburneum*) 꽃이 상아색으로 핀다.
분홍미선나무 (for. *lilacinum*) 꽃이 분홍색으로 핀다.

601

유사 분류군 비교하기

소나무속(*Pinus*) 주요 수종의 분류특징

112~121쪽 참조

수종	잎	겨울눈	수피	열매	목재	분포
소나무 *P. densiflora*	2엽 속생, 쌍유관속, 가늘고 유연함, 수지구 외위	적갈색	적갈색		강함	전국 (아고산 제외)
곰솔 *P. thunbergii*	2엽 속생, 쌍유관속, 굵고 강함, 수지구 중위	백색	흑갈색		강함	해안
방크스소나무 *P. banksiana*	2엽 속생, 길이 2~4cm, 쌍유관속, 수지구 외위	연한 갈색	암갈색	폐쇄성	강함	일부 조림 (북미)
리기다소나무 *P. rigida*	3엽 속생, 쌍유관속, 수지구 외위	적갈색	적갈색 또는 흑갈색		강함	전국 조림 (북미)
테에다소나무 *P. taeda*	3엽 속생, 길이 15~22.5cm, 쌍유관속		적갈색		강함	일부 조림 (북미)
백송 *P. bungeana*	3엽 속생, 단유관속, 수지구 외위		회백색			조경식재 (중국)
잣나무 *P. koraiensis*	5엽 속생, 단유관속, 수지구 중위		암갈색	길이 9~15cm, 실편의 끝이 뒤로 젖혀짐		아고산 (저지대 조림)
스트로브잣나무 *P. strobus*	5엽 속생, 단유관속, 잣나무보다 가늘, 수지구 외위		녹갈색 미끈함	긴원통형, 길이 8~20cm		산지 조림 및 조경식재 (북미)
눈잣나무 *P. pumila*	5엽 속생, 길이 3~6cm, 단유관속, 수지구 외위		녹갈색	난형, 길이 3~4.5cm		설악산 정상 (풍충왜형)
섬잣나무 *P. parviflora*	5엽 속생, 길이 3~6cm, 단유관속, 수지구 외위		회갈색	길이 4~7cm		울릉도

잎
소나무
곰솔
방크스소나무
리기다소나무
백송
잣나무
스트로브잣나무 ©김진석
섬잣나무
수피
소나무
곰솔
방크스소나무
리기다소나무
백송
잣나무
스트로브잣나무
섬잣나무
열매
소나무
곰솔
방크스소나무
리기다소나무
잣나무
스트로브잣나무 ©김진석
눈잣나무
섬잣나무

전나무속과 가문비나무속의 분류특징

속	열매	소지	주요 수종
전나무속 *Abies*	위로 향함	엽흔이 매끈함	전나무, 구상나무, 분비나무
가문비나무속 *Picea*	아래로 향함	엽흔이 뚜렷함	가문비나무, 종비나무, 독일가문비나무

※ 선형의 잎

【요두】 구상나무, 분비나무, 솔송나무
【원두 또는 예두】 전나무, 주목, 가문비나무, 비자나무, 개비자나무

전나무속(*Abies*) 주요 수종의 분류특징

102~104쪽 참조

수종	잎	열매	분포
전나무 *A. holophylla*	예두	열매 길이(10~12cm)가 길, 포가 안 보임	백두대간
구상나무 *A. koreana*	요두, 수지구 외위(표피에 붙어있음)	열매 길이 4~6cm, 포편의 침상돌기 끝이 뒤로 젖혀짐	한국 고유종, 한라산, 지리산, 덕유산, 가야산(아고산)
분비나무 *A. nephrolepis*	요두 또는 간혹 예두, 수지구 중위	열매 길이 4~6cm, 포편의 침상돌기가 젖혀지지 않음	백두대간, 아고산

잎갈나무류 주요 수종의 분류특징

105~107쪽 참조

수종	잎	열매	실편(씨앗바늘)	분포
잎갈나무 *Larix olgensis*	낙엽, 부드러움, 기공조선이 있거나 없음	당년 9월	끝이 곧음	금강산 이북
일본잎갈나무 *L. kaempferi*	낙엽, 부드러움, 잎 뒷면 5개 기공조선	당년 9월	끝이 젖혀짐	전국 조림 (일본)
개잎갈나무 *Cedrus deodara*	상록, 침상의 잎이 억셈	이듬해 가을		중부 이남 식재 (히말라야)

잎갈나무 ©김진석 / 일본잎갈나무 ©김진석 / 개잎갈나무

잎갈나무 ©김진석 / 일본잎갈나무 / 개잎갈나무 ©한심희

가문비나무속(*Picea*)과 **솔송나무속(*Tsuga*)** 주요 수종의 분류특징

108~111, 122쪽 참조

수종	잎	겨울눈	열매	분포(원산지)
가문비나무 *P. jezoensis*	선형과 유사함 단면 렌즈형	원추형, 수지로 덮여있음	원통형, 길이 4~7.5cm	지리산, 계방산 덕유산 아고산지
종비나무 *P. koraiensis*	단면 사각형	털이 없고, 수지가 약간 있음	원통형, 길이 6~8cm	압록강 연안 아고산 산복지
독일가문비나무 *P. abies*	단면 사각형	수지 없음	원통형, 길이 10~15cm	조경용 식재(유럽)
솔송나무(울릉솔송나무) *T. sieboldii*	선형, 요두	난상원형, 털이 없음	타원형 또는 난형, 길이 2~2.5cm	울릉도

주목속(*Taxus*), 비자나무속(*Torreya*), 개비자나무속(*Cephalotaxus*) 주요 수종의 분류특징

139~143쪽 참조

수종	생활형	잎	수피	열매	분포
주목 *Taxus cuspidata*	교목	부드러움, 길이 1.5~2.5cm, 예두	적갈색	0.6cm 적색 종의가 종자의 일부를 감쌈	백두대간 아고산
설악눈주목 *Taxus caespitosa*	관목	부드러움, 길이 1.5~2cm, 예두	적갈색	0.6cm 적색 종의가 종자의 일부를 감쌈	설악산, 강원도 아고산(풍충왜형)
비자나무 *Torreya nucifera*	교목	길이 1~2.5cm, 잎끝이 예첨두이고 찔림	적갈색	이듬해 9~10월 익음, 녹색 종의가 전체를 감쌈, 길이 2.5cm	제주도, 전남 일대
개비자나무 *Cephalotaxus koreana*	관목	길이 3~5cm, 잎끝이 예두이나 찔리지 않음	암갈색	이듬해 8~10월 적색으로 익음, 길이 1.5cm	경기도 중부 이하 어둡고 습한 곳

낙우송과(Taxodiaceae) 주요 수종의 분류특징

123~127쪽 참조

수종	생활형	잎	구화수와 열매	분포
삼나무 *Cryptomeria japonica*	상록	바늘형(침형), 단면이 3~4모가 짐	실편 20~30개	남부 식재(일본)
낙우송 *Taxodium distichum*	낙엽	복엽, 호생	실편 10~12개	습지(북미)
메타세쿼이아 *Metasequoia glyptostroboides*	낙엽	복엽, 대생	실편5~9개	습지(중국)
금송 *Sciadopitys verticillata*	상록	2개가 합쳐져 두꺼우며 홈이 있음, 10~40개 윤생	2가화	남부 식재(일본 특산)

※ 넓은잎삼나무는 삼나무에 비해 잎이 선형으로 넓고 뒷면에 2개의 넓은 흰 줄이 있다.
※ 낙우송과는 측백나무과에 포함시키기도 한다.
※ 국가표준식물목록에는 삼나무, 낙우송, 메타세쿼이아는 측백나무과, 금송은 금송과로 각각 기재되어 있다.

편백속(*Chamaecyparis*)과 **눈측백속(*Thuja*)** 주요 수종의 분류특징

128~137쪽 참조

수종	생활형	잎	수피	열매	분포
편백 *C. obtusa*	교목	뒷면 Y자 무늬, 잎끝이 부드러움	적갈색	지름 10~12mm, 구형, 실편 8개(9~10개)	남부 식재(일본)
화백 *C. pisifera*	교목	뒷면 W자 무늬, 잎끝이 날카로움	적갈색	지름 6mm, 구형, 실편 8~12개	남부 식재(일본)
측백나무 *T. orientalis*	교목(흔히 관목상)	뒷면 녹색, 잎끝이 부드러움	회적갈색	길이 1.5~2cm, 실편 6~12개	석회암 지대
눈측백 *T. koraiensis*	관목(가끔 교목상)	뒷면 황록색, 2개의 흰 줄 발달, 잎끝이 부드러움, 줄기잎 길이 1.8~4mm		길이 9mm, 익으면 벌어짐, 실편 8~10개	백두대간, 강원도 아고산대(풍충왜형)
서양측백 *T. occidentalis*	교목	뒷면 황록색, 2개의 흰 줄 발달, 잎끝이 부드러움, 줄기잎 길이 4mm		길이 8~12mm, 실편 8~10개	조경식재(북미)

버드나무과 사시나무속과 버드나무속의 분류특징

속	생활형	잎	겨울눈	화서
사시나무속 *Populus*	교목	난형, 원형	아린 5~6개	포에 거치가 있음, 아래로 처지는 미상화서
버드나무속 *Salix*	관목 또는 교목	장타원형	아린 1(2)개	포에 거치가 없음, 곧추서는 미상화서

※ 사시나무속의 자생종과 도입종 또는 잡종
【자생종】 **사시나무, 당버들, 황철나무, 물황철나무**
【도입종 또는 잡종】 **양버들, 이태리포푸라, 미루나무, 은백양, 은사시나무**

사시나무속(*Populus*) 주요 수종의 분류특징

151~155쪽 참조

수종	잎	꽃	겨울눈	어린가지	열매	분포
당버들 *P. simonii*	잎 뒷면과 잎자루에 털이 없음, 길이 6~12cm, 잎자루 0.5~2.5cm	수술 8~9(20)개, 웅화수 길이 5~10cm, 자화수 길이 10~20cm	1cm	마름모형, 피목 갈색, 황색 단지가 없음	2~3개로 갈라짐	강원도 북부
황철나무 *P. maximowiczii*	엽맥에 털이 많음, 단지의 잎 길이 3~8cm, 장지의 잎 길이 12~20cm, 잎자루 1~4cm	수술 30~40개, 웅화수 길이 3~10cm, 자화수 길이 10~20cm	1.5cm	마름모형, 피목 발달, 어린가지 둥긂, 단지 발달	3~4개로 갈라짐	강원도 북부, 계곡부 (극양수)
물황철나무 *P. koreana*	잎 뒷면과 잎자루에 털이 없고 잎에 주름살이 많음, 길이 7~15cm, 잎자루 1~3.5cm	수술 10~30개, 웅화수 길이 2~5cm, 자화수 길이 2.5~6(15)cm	1cm	어린가지 둥글고 선모 있음		강원도 북부, 계곡부 (극양수)

황철나무

황철나무 ©김진석

가래나무과 굴피나무속(*Platycarya*)과 가래나무속(*Juglans*) 주요 수종의 분류특징

147~150쪽 참조

수종	잎	꽃	열매	분포
굴피나무 *Platycarya strobilacea*	소엽 길이 4~10cm, 7~19개, 엽축에 날개 없고 깊은 거치	웅화수 5~8cm,자화수 2~4cm	장타원형, 길이 2.5~5cm, 포편은 떨어지지 않음	습윤지, 황해도 이남
중국굴피나무 *Pterocarya stenoptera*	소엽 길이 4~12cm, 9~25개, 엽축에 날개가 있고 잔거치	미상화서(밑으로 처짐)	난형, 길이 20~30cm, 날개가 있음	식재(중국)
가래나무 *J. mandshurica*	소엽 길이 7~28cm, 7~17개, 잔거치 있음		난원형	중부 이북
호두나무 *J. regia*	소엽 길이 7~20cm, 5~7개, 잔거치 거의 없음		원형	과수로 식재(중국)

자작나무과(Betulaceae) 주요 속의 분류특징

속		열매	잎, 수피
오리나무속	*Alnus*	잎 같은 총포가 없음, 수꽃은 꽃잎이 있으며 암꽃은 구과상, 열매 포린 5개	수피가 매끈함
자작나무속	*Betula*	잎 같은 총포가 없음, 수꽃은 꽃잎이 있으며 암꽃은 구과상, 열매 포린 3개	수피가 벗겨짐
서어나무속	*Carpinus*	열매는 잎 같은 총포로 싸임, 수꽃은 잎이 없고 미상화서	잎 측맥 9쌍 이상
새우나무속	*Ostrya*	열매는 잎 같은 총포로 싸임, 수꽃은 잎이 없고 미상화서	잎 측맥 9쌍 이상
개암나무속	*Corylus*	열매는 잎 같은 총포로 싸임. 수꽃은 잎이 없고 미상화서	잎 측맥 5~8쌍

오리나무속(*Alnus*) 주요 수종의 분류특징

167~172쪽 참조

수종	잎	겨울눈	화서 및 열매	분포
오리나무 *A. japonica*	피침상 타원형, 측맥수 7~9쌍	눈자루 발달		비옥한 습지, 양수, 한반도 전역
물오리나무 *A. sibirica*	원형에 가까움 길이 8~14cm, 얕은 결각 5~8개	눈자루 발달, 끝눈 5~10mm		양수, 한반도 전역, 조림
덤불오리나무 *A. mandshurica*	광난형 또는 난상원형, 측맥 8~12쌍, 선형 거치	눈자루 없음	과수 길이 1.5cm 이하	설악산
두메오리나무 *A. maximowiczii*	잎 뒷면 맥 위에 털이 없음	눈자루 없음	과수 길이 1.5~2cm	울릉도
사방오리 *A. firma*	측맥 13~17쌍	눈자루 없음	자화서 1개가 곧추섬	사방조림(일본), 남부지방
좀사방오리나무 *A. pendula*	측맥 20~26쌍	눈자루 없음	자화서 3~6개 아래로 처짐	사방조림(일본), 남부지방

※ 덤불오리나무와 두메오리는 동일종인 것으로 추정한다.

잎
오리나무
물오리나무
덤불오리나무
두메오리나무
사방오리
좀사방오리나무
겨울눈
덤불오리나무
두메오리나무 ©김진석
좀사방오리나무
수피
오리나무
물오리나무
덤불오리나무
두메오리나무 ©김진석
사방오리 ©김진석
화서
오리나무
물오리나무
덤불오리나무
두메오리나무 ©김진석
사방오리 ©김진석

자작나무속(*Betula*) 주요 수종의 분류특징

173~178쪽 참조

수종	생활형	수피	잎	열매	겨울눈	분포
자작나무 *B. platyphylla* var. *japonica*	교목	백색, 약간 벗겨짐	삼각형 난상, 길이 5~7cm			강원도 이북에 주로 분포, 중국, 조림
좀자작나무 *B. fruticosa*	관목성 (3m 이하)	회백색	난형, 측맥 5~7쌍, 잎에 선점 발달, 길이 4cm			함경도, 중국, 러시아
물박달나무 *B. davurica*	교목	회갈색, 회색, 여러 겹 조각으로 벗겨짐	난형, 측맥 7~10쌍, 길이 3~8cm			전국 분포(주로 백두대간)
박달나무 *B. schmidtii*	교목	암회색, 벗겨지지 않음, 피목 발달	난형, 측맥9~10쌍, 길이 4~8cm	과수 길이 2~4cm, 원통형		백두대간, 깊은 산 양지바른 사면부, 능선
개박달나무 *B. chinensis*	관목성 (교목 또는 관목)	회색	난형, 측맥 6~10쌍, 길이 1~6cm, 잎에 선점 없음	과수 길이 1.5~2cm, 난형		지리산 이북의 산지, 능선이나 암반부
사스래나무 *B. ermanii*	교목	회색, 적갈색 또는 백색, 종잇장처럼 벗겨짐, 점상 피목	삼각상 난형, 측맥 7~11쌍, 길이 5~10cm	2~3mm 크기의 종자 날개 발달	아린에 털이 매우 많음	백두대간 아고산대
거제수나무 *B. costata*	교목	갈백색 또는 백색, 종잇장처럼 벗겨짐	난형, 측맥 10~16쌍, 길이 3~8cm	3mm 크기의 종자 날개 발달	아린에 털이 없음	백두대간 및 아고산 계곡부

잎
자작나무
물박달나무
박달나무
개박달나무
사스래나무
거제수나무
수피
자작나무
물박달나무
박달나무
개박달나무
사스래나무
거제수나무
열매
자작나무
개박달나무
사스래나무
거제수나무 ©김진석

서어나무속(*Carpinus*) 주요 수종의 분류특징

179~183쪽 참조

수종	잎	열매	겨울눈	분포
까치박달 *C. cordata*	측맥 15~20쌍, 잎 길이 7~14cm, 급첨두, 심장저	과수 길이 6~8cm, 너비 4.5cm, 원통형(과포가 겹침)	아린 20~26개	전국 계곡부
서어나무 *C. laxiflora*	측맥 9~15쌍, 잎 길이 4~7cm, 엽선은 미상(꼬리처럼 뾰족해짐), 잔복거치	과수 길이 4~10cm, 지름 2~3cm, 포는 한쪽에 결각상 톱니가 있음, 과포의 수는 14~50개	아린 16~18개	전국 계곡부나 사면부
개서어나무 *C. tschonoskii*	측맥 12~15쌍, 잎 길이 4~8cm, 점첨두, 엽신과 잎자루에 털이 발달, 잔복거치	과수 길이 4~12cm, 포는 한쪽에만 거치가 있음, 과포의 수 6~22개	아린 12~14개	전라도, 경남 등 남부지역 계곡이나 급경사지
소사나무 *C. turczaninowii*	측맥 10~12쌍, 잎 길이 2~5cm, 첨두 또는 둔두, 뒷면 맥 위에 털이 많음	과수 길이 3~6cm, 과포는 4~8개, 톱니가 있음		한반도 해안지대 주로 분포

※ 새우나무속(*Ostrya*)의 새우나무는 서어나무속에 비해 총포에 톱니가 없고, 수피는 거칠게 벗겨지며 주로 남해안에 분포한다.

※ 왕개서어나무는 개서어나무의 변종으로 전라도와 경남에서 자라고, 긴서어나무는 서어나무의 변종으로 과수의 길이가 길고 과포의 수는 50~60개로 조계산, 내장산에 분포한다.

※ 소사나무와 산서어나무는 동일종으로 취급하며, 학명의 선취권은 산서어나무이므로 *C. turczaninowii*이다.

개암나무속(*Corylus*) 주요 수종의 분류특징

184~186쪽 참조

수종	잎	열매	분포
개암나무 *C. heterophylla*	난상 원형, 절두(평두), 원저 또는 아심장저, 잎자루에 붉은색의 선점 털이 발달, 측맥 6~7쌍	포가 짧아 총포(3cm), 밖으로 견과 열매가 보임, 견과는 둥글고, 지름 1~2cm	전국
참개암나무 *C. sieboldiana*	난상 원형 또는 넓은 도란형, 원저 또는 아심장저, 엽연에 얕은 복거치가 많음, 측맥 8~10쌍	총포 길이 3~7cm, 포 끝이 좁아짐, 견과 지름 1.2cm	남부지역
물개암나무 *C. sieboldiana* var. *mandshurica*	넓은 도란형, 엽연에 깊은 복거치(또는 결각)발달, 측맥 7~9쌍	총포 길이 4~5cm, 포 끝에 많은 결각이 있음, 견과 지름 1.5cm	전국

※ 병개암나무(var. *brevirostris*)는 포의 길이가 짧고 한라산에 분포하지만, 참개암나무의 개체변이로 볼 수도 있다(장 등, 2012).

※ 개암나무와 난티개암나무는 잎 형태가 개체 내에 흔한 변이로 확인되므로 동일종으로 취급한다.

낙엽성 참나무속(*Quercus*) 주요 수종의 분류특징

192~200쪽 참조

수종	잎	수피	열매	분포
상수리나무 *Q. acutissima*	장타원형, 뒷면 연녹색	수피 모양은 비슷하지만 굴참나무에 비해 딱딱함(코르크 미발달)	견과는 젖혀진 긴 포린으로 덮인 각두로 거의 윗부분까지 싸임, 다음해 10월에 성숙	인가 주변 저해발고
굴참나무 *Q. variabilis*	장타원형, 뒷면 회백색	두꺼운 코르크 발달	견과는 젖혀진 긴 포린으로 덮인 각두로 거의 윗부분까지 싸임, 다음해 10월에 성숙	남사면 급경사지의 한반도 전역
졸참나무 *Q. serrata*	도란형, 잎자루 길	신갈나무와 유사, 넓은 면 사이 세로줄 적게 발달	견과는 약 1/3 부분만 각두에 의해 싸임(포린이 가장 작음)	계곡부에 주로 분포 낮은 고도의 한반도 전역
갈참나무 *Q. aliena*	도란형, 잎자루 길	세로줄 발달	견과 약 1/3 부분만 각두에 의해 싸임(삼각형의 포린)	계곡부에 주로 분포 낮은 고도의 한반도 전역
신갈나무 *Q. mongolica*	도란형, 잎자루 짧음, 뒷면 털 거의 없음, 이저	넓은 면 사이 좁은 세로줄 적게 발달	견과는 약 1/2 부분만 각두에 의해 싸임, 각두의 포린은 등이 툭 튀어나옴	한반도 전역에 가장 널리 분포
떡갈나무 *Q. dentata*	도란형, 잎자루 짧음, 뒷면 긴 성모 발달, 이저(원저, 둔저도 가끔 나타남)	세로줄 발달(가끔 미발달)	견과는 2/3 정도 뒤로 젖혀진 긴 포린으로 덮인 각두에 싸임	한반도 전역에 산포(주로 교란지에 군락 형성)

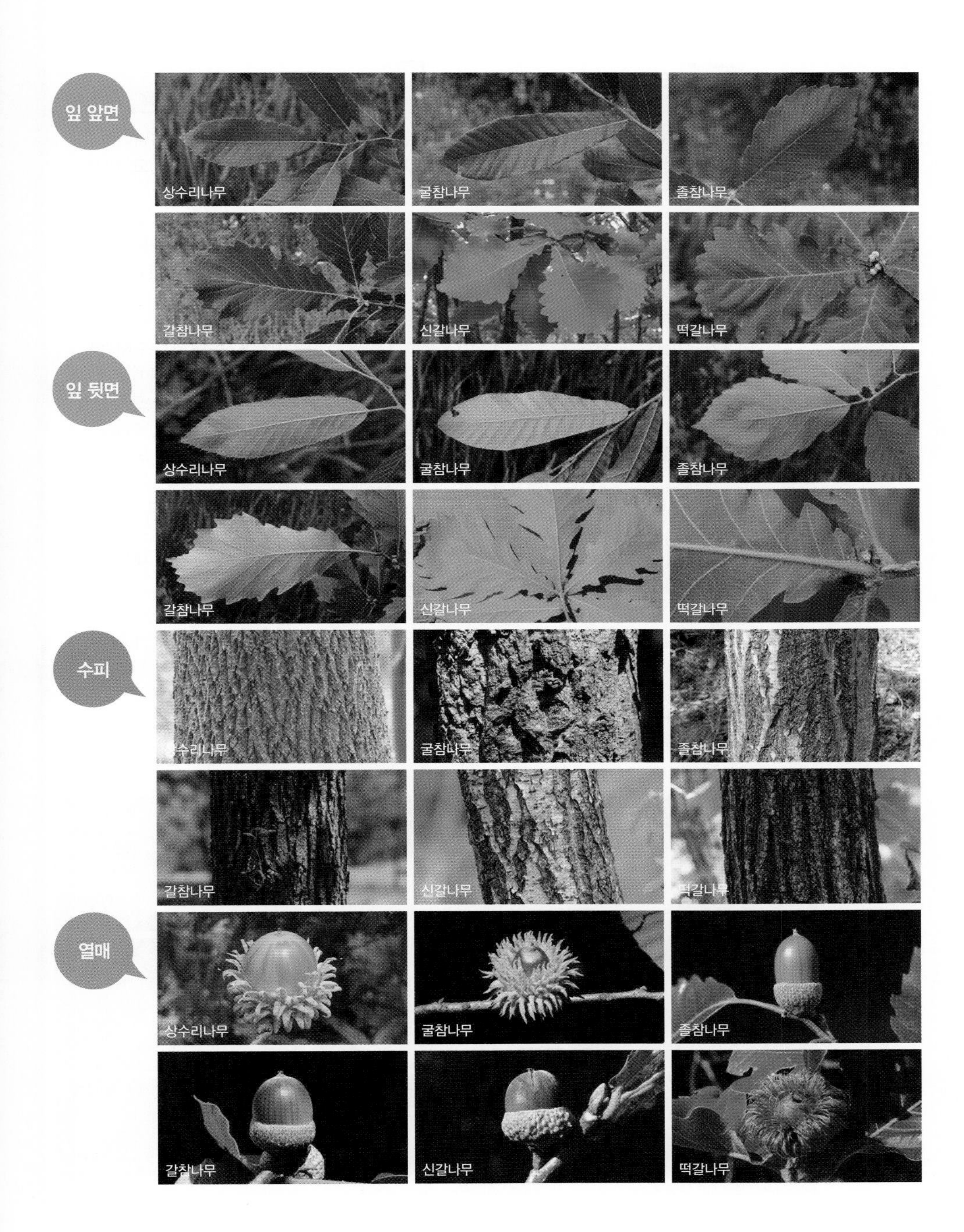
잎 앞면
상수리나무
굴참나무
졸참나무
갈참나무
신갈나무
떡갈나무
잎 뒷면
상수리나무
굴참나무
졸참나무
갈참나무
신갈나무
떡갈나무
수피
상수리나무
굴참나무
졸참나무
갈참나무
신갈나무
떡갈나무
열매
상수리나무
굴참나무
졸참나무
갈참나무
신갈나무
떡갈나무

상록성 참나무속(*Quercus*) 주요 수종의 분류특징

201~206쪽 참조

수종	잎	열매	분포
붉가시나무 *Q. acuta*	거치가 없음(가끔 윗부분에 나타나기도 함), 측맥 9~13쌍	각두는 반구형, 5~6개의 윤층, 견과 길이 2cm, 이듬해 10월에 성숙	남해안 도서지역
가시나무 *Q. myrsinaefolia*	잎 뒷면 융모가 있다가 모두 없어짐, 길이 10~14cm, 예리한 거치가 발달, 잎자루 1cm	각두는 반구형, 6~8개의 동심 윤층, 견과 길이 1.5~1.7cm, 당년 10월에 성숙	남해안 도서지역
참가시나무 *Q. salicina*	잎 뒷면 회백색이며 털이 없음, 길이 7~12cm, 예리한 잔거치가 발달, 엽선은 약간 뒤틀림(점첨두), 잎자루 1~2cm	각두는 7~9개의 윤층, 털이 밀생, 견과 길이 1.8cm, 이듬해 10월에 성숙	남해안 도서지역
종가시나무 *Q. glauca*	도란상 타원형(졸참나무 잎과 유사), 뒷면 회색 털은 있다가 거의 사라짐, 잎의 상반부에 안으로 꼬부라진 거치 발달, 측맥 10~11쌍, 길이 7~12cm	각두는 첨구형, 5~6개의 윤층, 지름 6~9mm, 견과는 난형, 당년 10~11월에 성숙	남해안 도서지역
개가시나무 *Q. gilva*	뒷면 황갈색 성모가 밀생, 측맥 10~14쌍, 길이 5~12cm	각두는 6~7개의 윤층, 견과 길이 1.4~1.8cm, 견과는 당년 11월 성숙	제주도
졸가시나무 *Q. phillyraeoides*	어린가지, 잎자루 등 황갈색 성상모 발달, 측맥 6~9쌍, 길이 3~6cm, 물결형 잔거치가 있고, 반곡의 형태를 나타내기도 함, 잎자루 2~5mm	각두는 기왓장처럼 덮고 있는 포린과 잔털이 밀생, 이듬해 10월에 성숙	남부지역 식재(일본)

모밀잣밤나무속(*Castanopsis*) 주요 수종의 분류특징

190쪽 참조

종	잎	열매	분포
구실잣밤나무 *C. sieboldii*	피침형, 파상의 잔거치, 뒷면 붉은 선점이 있음	각두와 견과는 난상 , 장타원형, 열매자루가 없음 이듬해 10월 성숙, 열매 길이 1.2~2.1cm(폭의 1.4~2.2배)	남해안 도서지역
모밀잣밤나무 *C. cuspidata*	광 피침형, 윗부분 뚜렷하지 않은 거치, 뒷면 붉은 선점이 없음	각두와 견과는 구형, 열매자루가 있음, 열매 길이 0.6~1.3cm(폭의 0.8~1.3배), 이듬해 10월에 성숙	남해안 도서지역

구실잣밤나무

구실잣밤나무

느릅나무과(Ulmaceae) 주요 속의 분류특징

속명	열매	꽃	잎	어린가지
느릅나무속 *Ulmus*	시과, 대칭으로 날개가 양쪽에 있음	양성화		가시 없음
시무나무속 *Hemiptelea*	시과, 비대칭으로 날개가 한쪽에만 있음	잡성화		가시 발달
푸조나무속 *Aphananthe*	핵과		엽저 3출맥	겨울눈 아린 6~10개
팽나무속 *Celtis*	핵과		엽저 3출맥	겨울눈 아린 2~6개
느티나무속 *Zelkova*	핵과		그물맥	겨울눈 아린 8~10개

느릅나무속(*Ulmus*) 주요 수종의 분류특징

215~218쪽 참조

수종	잎	개화	열매	분포
참느릅나무 *U. parvifolia*	잎 길이 3~5cm로 작음, 단거치	9~10월	10~11월 성숙, 시과 길이 1~1.3cm	경기도 이남 하천이나 계곡
비술나무 *U. pumila*	잎 길이 7cm(보통 3~5cm) 단거치 또는 복거치. 점첨두, 2차 측맥은 1~2개로 거의 없음	3월	5월 성숙, 시과 길이 1.2~1.3cm	중국, 러시아, 지리산 이북 하천
난티나무 *U. laciniata*	엽선은 3~7개의 결각상(보통 3개), 길이 10~20cm, 복거치	4월	5~6월 성숙	백두대간(심산 계곡 중부 이북), 울릉도
당느릅나무 *U. davidiana*	길이 4~6cm, 2차 측맥	3~4월	5~6월 성숙, 열매 중앙에 털이 있음, 시과 길이 1~1.5cm	전국의 계곡
느릅나무 *U. davidiana* var. *japonica*	길이 3~10cm, 2차 측맥	4~5월	5월 성숙, 열매 중앙에 털이 없음, 시과 길이 1~1.5cm	전국의 계곡
왕느릅나무 *U. macrocarpa*	길이 3.5~15.5cm(너비 2~9cm), 2차 측맥		열매 전체에 털이 있고 길이 2~3cm	중부 이북, 충북 단양

잎

참느릅나무

비술나무

난티나무

느릅나무

열매

참느릅나무

비술나무

느릅나무

팽나무속(*Celtis*) 주요 수종의 분류특징

210~213쪽 참조

수종	열매	잎	분포
폭나무 *C. biondii*	열매자루 5~12mm, 열매(핵과) 6~15mm	끝부분이 꼬리처럼 길어짐, 측맥은 2쌍, 잎자루 2~5mm, 잎 양면 잔털이 있음	전국 해안지역
팽나무 *C. sinensis*	열매자루 6~15mm, 잔털이 있음, 열매 7~8mm	길이 4~11cm, 측맥 3~4쌍, 잎자루 2~12mm, 상단부 거치	전국
왕팽나무 *C. koraiensis*	털이 없음, 열매 1~3cm(황색 또는 흑색)	끝부분이 결각상, 잎자루 7~15mm, 표면에 홈이 있음, 길이 4.5~11.5cm, 너비 3.7~7.4cm	경북 및 중부 이북
풍게나무 *C. jessoensis*	열매자루 2.5cm, 털이 없음, 열매 6~8mm	예두, 표면이 거침, 잎 길이 2~10cm, 잎자루에 털이 없음	전국
좀풍게나무 *C. bungeana*	열매자루 1~2cm, 털이 없음, 열매 6~7mm	잎의 거치가 상반부에 몇 개만 발달	경기도, 강원도 이북
산팽나무 *C. aurantiaca*	열매자루 2.2~4cm, 털이 있음, 열매(핵과) 1.3cm	잎 끝부분 결각상, 길이 12~20cm, 너비 9~16cm, 잎자루에 털이 있음	경북, 충북 및 북부지방

뽕나무과(Moraceae) 주요 속의 분류특징

속명	꽃	잎	어린가지
꾸지뽕나무속 *Cudrania* ※꾸지뽕나무	두상화서, 2가화, 웅화서 여러 개, 자화서 1개	거치가 없음	가시 발달
닥나무속 *Broussonetia*	두상화서, 1가화 또는 2가화	거치가 발달	
뽕나무속 *Morus*	두상화서, 2가화	거치가 발달	
무화과나무속 *Ficus*	은두화서, 1가화	결각이 발달	

뽕나무속(*Morus*) 주요 수종의 분류특징

228, 229쪽 참조

수종	꽃	잎	분포
뽕나무 *M. alba*	화주 1mm 이하	거치가 둔함, 잎 표면이 매끈하고, 맥 위 또는 뒷면에 털이 있음	식재(중국) 재배종
돌뽕나무 *M. cathayana*	화주 1mm 이하	거치가 둔함, 잎 표면에 거센 털이 있어 거침, 잎자루 1.5~9cm(잎자루 2~4cm), 융모가 있음, 잎 길이 3.5~24cm	황해도 이남의 섬, 강원도, 전남
몽고뽕나무 *M. mongolica*	화주 2~3mm	거치가 날카로움, 잎 표면과 잎자루에 털이 있고 거침, 거치가 침상돌기가 발달, 잎자루 2~3cm 없음, 잎 길이 5~10cm	황해도 이남, 경북 울진
산뽕나무 *M. bombycis*	화주 2~3mm	거치가 뾰족함, 잎의 끝부분이 길게 뾰족해짐(예두), 침상돌기가 없음, 잎 길이 2~22cm	전국

뽕나무

산뽕나무

뽕나무

산뽕나무

닥나무속(*Broussonetia*) 주요 수종의 분류특징

220, 221쪽 참조

속명	꽃	잎	분포
닥나무 *B. kazinoki*	자웅동주, 웅화서 구형(1.5cm), 자화서 구형(1cm)	잎자루 1~2.5cm	전국 민가나 밭둑
꾸지나무 *B. papyrifera*	자웅이주, 웅화서 원주형(3~8cm), 자화서 구형(1~2cm)	잎자루 2~10cm 털이 매우 발달	전라도, 경상도, 충청도 등

닥나무

꾸지나무

닥나무

꾸지나무

무화과나무속(*Ficus*) 주요 수종의 분류특징

223~227쪽 참조

수종	생활형	잎	꽃과 열매	분포
천선과나무 *F. erecta*	낙엽관목성	측맥 9~10쌍	2가화, 열매자루 0.8~1.5cm	남해안 도서 (주로 전남, 제주도)
모람 *F. oxyphylla*	상록만목성	측맥 5~8쌍, 잎자루에 털이 발달	화경은 없음, 열매는 1~1.2cm, 1~2개 은두화서, 액생	남해안 도서, 울릉도
애기모람 *F. thunbergii*	상록만목성	광난형, 측맥 5~6쌍, 잎이 작음(1~5cm)	열매는 1.5~1.7cm, 열매자루는 5~10mm, 2가화 액생	남해안 도서
무화과나무 *F. carica*	낙엽관목	10~20cm, 3~5개 결각이 있음, 5개의 장상맥	열매는 5~8cm, 식용 또는 약용	남부지역 (아시아 서부, 지중해)

※ 애기모람과 왕모람은 동일종으로 취급되기도 한다(김과 김, 2011).

모시풀속(*Boehmeria*)과 비양나무속(*Oreocnide*) 주요 수종의 분류특징

230쪽 참조

수종	잎	꽃	분포
좀깨잎나무 *Boehmeria spicata*	대생, 반관목	1가화, 6~8월 개화	전국 하천 및 임연부
비양나무(바위모시) *Oreocnide frutescens*	호생, 낙엽관목	2가화, 3~5월 개화, 화경이 없는 꽃이 엽액에 모여 달림	제주도 비양도

잎

좀깨잎나무

비양나무

겨우살이과(Viscaceae)와 꼬리겨우살이과(Loranthaceae) 주요 수종의 분류특징

231쪽 참조

수종	생활형	잎	꽃	분포
꼬리겨우살이 *Loranthus tanakae*	참나무, 밤나무에 기생하는 낙엽기생관목, 가지 2개씩 갈라짐	주걱형, 타원형, 길이 2~3.5cm, 너비 1~1.5cm, 잎자루가 있음	수상화서	북부, 중부
참나무겨우살이 *Taxillus yadoriki*	구실잣밤나무, 동백나무, 후박나무 등에 기생하는 상록 기생관목	보리수나무와 유사한 잎 형태, 대생 또는 호생, 난상원형 길이 3~6cm	화탁이 붙어 통모양을 함, 취산화서	제주도
동백나무겨우살이 *Korthalsella japonica*	동백나무, 사스레피나무, 후박나무 등에 기생, 줄기가 녹색이고 관절이 발달하며 마디 사이가 편평함	잎이 없음	1가화	제주도 남쪽섬
겨우살이 *Viscum album* var. *colratum*	참나무, 자작나무, 밤나무 등에 기생하는 상록관목, 가지 2개씩 갈라짐	잎자루가 없음, 길이 3~7cm, 너비 0.6~1.2cm	2가화, 정생	전국

잎

동백나무겨우살이

겨우살이 ⓒ조현제

꽃

꼬리겨우살이 ⓒ조현제

겨우살이

으름덩굴과(Lardizabalaceae) 주요 수종의 분류특징

277, 278쪽 참조

수종	생활형	잎	분포
으름덩굴 *Akebia quinata*	낙엽성	신년지에 어긋나며, 오래된 가지에서는 뭉쳐남	한반도 서부의 양지바른 계곡부 및 임연부
멀꿀 *Stauntonia hexaphylla*	상록성	잎자루에 달린 잎몸은 아래로 처짐	남해안 및 도서지역

으름덩굴

멀꿀

방기과(Menispermaceae) 주요 수종의 분류특징

279~281쪽 참조

수종	잎
댕댕이덩굴 *Cocculus trilobus*	타원형 또는 난형 잎
방기 *Sinomenium acutum*	손바닥모양, 장상맥
새모래덩굴 *Menispermum dauricum*	각이 지는 난형
함박이 *Stephania japonica*	각이 지지 않은 난형

댕댕이덩굴

방기

새모래덩굴

매자나무속(*Berberis*) 주요 수종의 분류특징

272~274쪽 참조

수종	잎	어린가지	꽃	열매	분포
당매자나무 *B. poiretii*	길이 1.5~4cm, 작음, 엽연은 전연(거치 미발달)	가시 길이 0.5~1cm	짧은 총상화서, 꽃 8~15개	타원형, 길이 1cm	조경식재(평안도, 중국)
매발톱나무 *B. amurensis*	길이 3~8cm, 까락형, 거치 수가 많음	가시 길이 1~3.5cm	긴 총상화서, 꽃 10~25개	타원형, 길이 1cm	중부 이북 산지 제주도 한라산
매자나무 *B. koreana*	길이 3~7cm, 거치 수가 적음	가시 길이 0.5~1.2cm	긴 총상화서, 꽃 10~25개	구형, 6~7mm	경기 이북 산지

으아리속(*Clematis*) 주요 수종의 분류특징

260~271쪽 참조

◈ 소엽에 거치가 있으며 꽃잎이 있음

수종		꽃	소엽
세잎종덩굴	*C. koreana*	황색	1회 또는 2회 3출복엽
자주종덩굴	*C. alpine* var. *ochotensis*	보라색	2회 3출복엽

세잎종덩굴 ©김진석

세잎종덩굴

◈ 소엽에 거치가 있으며 꽃잎이 없음

수종	꽃	소엽
병조희풀 *C. heracleifolia*	화탁의 윗부분만 말림, 통형의 짙은 하늘색	3출엽
자주조희풀 *C. heracleifolia* var. *davidiana*	화탁의 반 이상이 말림, 남청색	3출엽
개버무리 *C. serratifolia*	황색 꽃, 8~9월 개화	2회 3출복엽

◈ 소엽에 거치가 거의 없으며 백색 꽃

수종	꽃	소엽
할미밀망 *C. trichotoma*	액생화서 1개의 꽃대에 달린 꽃 수 3개	소엽 3~5개
사위질빵 *C. apiifolia*	액생화서 1개의 꽃대에 달린 꽃 수 5~10개	소엽 3~7개
좁은잎사위질빵 *C. hexapetala*		3출엽, 소엽에 거치가 없음

◈ 소엽에 거치가 없거나 1~2개 있음

수종	꽃	소엽
으아리 *C. terniflora* var. *mandshurica*	직경 2~3cm	
참으아리 *C. terniflora*	직경 2~3.5cm	
큰꽃으아리 *C. patens*	직경 5~15cm	
외대으아리 *C. brachyura*	1~3개의 꽃	
요강나물 *C. fusca* var. *coreana*		7cm 이상(잎이 2~3개로 갈라짐)
검은종덩굴(검종덩굴) *C. fusca*		7cm 이하

목련속(*Magnolia*) 주요 수종의 분류특징

233~238쪽 참조

수종	잎	꽃
백목련 *M. denudata*	3개의 화탁잎 모양이 유사	꽃잎 9개, 꽃받침조각과 6개의 꽃잎 모양이 유사
목련 *M. kobus*	꽃기부에 1개의 어린잎이 붙음	꽃잎 6개

오미자속(*Schisandra*)과 남오미자속(*Kadsura*) 주요 수종의 분류특징

241, 242쪽 참조

수종	생활형	잎	꽃	열매	분포
오미자 *S. chinensis*	낙엽만목	거치가 다소 많음, 길이 3~10cm, 너비 2~6cm	2가화	과서는 미상으로 처짐, 적색	전국
흑오미자 *S. repanda*	낙엽만목	거치가 적음, 길이 2~6cm, 너비 3.5~5cm	2가화	과서는 미상으로 처짐, 흑색	제주도 전남 도서
남오미자 *K. japonica*	상록만목	길이 5~11cm, 너비 2.5~5.5cm	단성 또는 양성	과서는 장과가 밀착해 2~3cm, 두상(구형), 적색	제주도 및 남해안 도서

※ 숲속에서 오미자과(또는 목련과)의 오미자 잎과 노박덩굴과의 미역줄나무 잎이 유사해 보이지만, 오미자 잎은 거치 수가 적고 우상맥의 발달이 미약하므로 쉽게 식별이 가능하다(또한 오미자의 줄기의 색깔이 붉고 피목 발달).

녹나무과(Lauraceae) 주요 속과 수종의 분류특징

245~258쪽 참조

속명	꽃	잎	수종 특징
녹나무속 *Cinnamomum*	양성화, 원추화서, 취산화서	상록, 3출맥	• 녹나무(*C. camphora*) : 원추화서, 잎 3출맥 기부 선점, 수피 갈라짐, 제주도 • 생달나무(*C. yabunikkei*) : 수피 매끈, 취산화서, 기부 3~15mm에 3출맥 시작 • 육계나무(*C. loureirii*) : 중국산, 기부에 인접한 3출맥, 제주도 식재
후박나무속 *Machilus*	양성화, 원추화서, 5~6월 개화	상록	• 후박나무(*M. thunbergii*) : 도란형 잎(너비 3~7cm), 울릉도, 남해안 도서 • 센달나무(*M. japonica*) : 장도피침형 잎(너비 2~4cm), 남해안 도서
참식나무속 *Neolitsea*	산형화서, 꽃잎 4장	상록, 3출맥	• 참식나무(*N. sericea*) : 2가화, 화경이 없음, 10~11월 개화, 엽연이 접힘 • 새덕이(*N. ariculata*) : 2가화, 화경이 없음, 3~4월 개화, 신년지 잎은 총생
생강나무속 *Lindera*	산형화서, 꽃잎 6장, 수꽃밥 2개	낙엽	잎 형태가 매우 다름 생강나무(*L. obtusiloba*, 전국 분포), 털조장나무(*L. sericea*, 조계산, 무등산), 비목나무(*L. erythrocarpa*, 저지대 계곡), 감태나무(*L. glauca*, 중부 이남 남서부)
까마귀쪽나무속 *Litsea*	산형화서, 수꽃밥 4개	상록	• 까마귀쪽나무(*L. japonica*) : 잎은 혁질의 장타원형, 뒷면 갈색 털 발달 • 육박나무(*A. lancifolia*) : 수피가 조각조각 벗겨짐, 어린가지 자갈색, 피목 발달

※ 3출맥 : 녹나무, 생달나무, 육계나무, 참식나무, 새덕이 : 엽형, 선점, 수피, 엽연, 엽서, 화서 등의 특징으로 식별 가능

※ 육박나무 : 학명 *Actinodaphne lancifolia*(이, 2006), *Litsea coreana*(장 등, 2012)

※ 월계수(*Laurus nobilis*) : 잎맥은 센달나무와 유사하지만, 길이와 너비가 작으며, 산형화서, 열매는 타원상구형이고, 엽연이 물결형(참식나무 엽연형)으로 제주도 및 남부지방에 식재한다(유럽 원산).

잎
녹나무
생달나무
육계나무
후박나무
센달나무
참식나무
새덕이
생강나무
털조장나무 ©김진석
비목나무
감태나무
까마귀쪽나무
수피
녹나무
생달나무
육박나무
꽃
녹나무
생달나무
참식나무
까마귀쪽나무
육박나무
후박나무
생강나무
비목나무

조록나무과(Hamamelidaceae) 히어리의 분류특징

299~303쪽 참조

히어리(*Corylopsis gotoana* var. *coreana*)와 풍년화(*Hamamelis japonica*) 잎은 유사해 보이지만, 자생종인 히어리는 일본 원산의 풍년화에 비해 2차 엽맥이 매우 발달하였으므로 쉽게 식별 가능하다.

히어리

풍년화

버즘나무속(*Platanus*) 주요 수종의 분류특징

298쪽 참조

수종	열매	잎	분포
버즘나무 *P. orientalis*	3~7개	5~7개 결각(심열)	조경식재(유럽)
단풍버즘나무 *P. xhispanica*	보통 2개	3~5개 결각, 가운데 열편의 길이와 너비 같음(정삼각형), 거치가 적음	버즘나무와 양버즘나무의 잡종
양버즘나무 *P. occidentalis*	보통 1개	3~5개 결각, 가운데 열편의 길이가 너비보다 짧음, 거치가 많음	조경식재(북미)

버즘나무

양버즘나무

수국속(*Hydrangea*)과 **바위수국속**(*Schizophragma*) 주요 수종의 분류특징

309~318쪽 참조

수종	생활형	잎	꽃	분포
등수국 *H. petiolaris*	만목	거치(반쪽) 30~40개	중성화, 화탁잎 3~4개	울릉도, 제주도
바위수국 *S. hydrangeoides*	만목	거치(반쪽) 10~20개	중성화, 화탁잎 1개	울릉도, 제주도
산수국 *H. serrata* f. *acuminata*	관목	거치(반쪽) 10~20개	중성화, 화탁잎 3~4개	전국의 산지 계곡부에서 자람

고광나무속(*Philadelphus*) 주요 수종의 분류특징

313쪽 참조

수종	잎	꽃	분포
고광나무 *P. schrenkii*	영양지 잎 길이 7~13cm, 너비 4~7cm, 거치가 뚜렷하지 않음	꽃잎 지름 3~3.5cm, 소화경 6~13mm, 화주 깊게 갈라짐, 화경과 화탁 털 밀생, 꽃 수는 5~7개	전국 특히 계곡부
얇은잎고광나무 *P. tenuifolius*	영양지 잎 길이 10.5cm, 너비 6cm, 치아상 거치가 드물게 있음	꽃잎 지름 2.5~3.4cm, 화탁에 약간의 털 있음, 화주 얕게 갈라짐, 꽃 수는 (3)5~7(9)개	전국 산야
애기고광나무 *P. pekinensis*	영양지 잎 길이 6~9cm, 너비 2.5~4.5cm, 전연 또는 잔거치가 약간 있음	꽃잎 지름 2~3cm, 소화경 3~6mm, 수체 전체 털이 거의 없음, 꽃 수는 3~9(11)개	남부지역

잎

고광나무

꽃

고광나무

말발도리속(*Deutzia*) 주요 수종의 분류특징

305~308쪽 참조

수종	어린가지	잎	꽃과 열매	분포
물참대 *D. glabrata*	수피가 종잇장처럼 벗겨짐	털이 없거나 성모가 약간 있음	산방화서, 삭과 5~6mm, 종자에 털 없음	전국 계곡부
말발도리 *D. parviflora*	벗겨지지 않음	성모로 완전히 덮임	산방화서, 삭과 2~3mm, 종자에 털 많음	전국 (계곡 습지)
꼬리말발도리 *D. paniculata*	어린가지는 털이 없으며, 점차 세로로 갈라짐	길이 7~10cm	10cm 이상의 원추화서	경상도
매화말발도리 *D. uniflora*	수피가 회색으로 벗겨짐		1~3개의 꽃이 전년지에 달리고 소화경 2~2.5mm	중부 이남 바위틈
바위말발도리 *D. grandiflora* var. *baroniana*			1~3개의 꽃이 신년지에 달리고 소화경 2cm, 화탁잎이 깊	중부 이북
애기말발도리 *D. gracilis*	적갈색 털이 있으며 늙은 가지는 수피가 벗겨짐	피침형, 길이 3.5~10cm, 너비 2~4cm, 잎자루 3~8mm	원추화서	일본 원산
빈도리 *D. crenata*	털이 없음	난형, 길이 3~6cm, 너비 1.5~3cm, 잎자루 2~5mm	원추화서	일본 원산

까치밥나무속(*Ribes*) 주요 수종의 분류특징

314~317쪽 참조

수종	어린가지	잎	꽃	분포
까치밥나무 *R. mandshuricum*	털이 없음, 난형의 겨울눈에 털이 있음	원형, 3~5개의 결각, 측맥이 매우 발달	양성화, 총상화서, 길이 20cm(40~50개의 꽃)	북부 아고산 백두대간
까마귀밥나무 *R. fasciculatum* var. *chinense*	가시가 없음	원형, 둔두 3~5개의 결각, 측맥수 적음	2가화, 엽액에 10여 개의 꽃이 핌	한반도 서부지역
명자순 *R. maximowiczianum*	털이 없음	삼각상 원형, 측맥수 적음	2가화, 총상화서, 웅화서 7~10개의 꽃, 자화서 2~6개의 꽃	심산지역
꼬리까치밥나무 *R. komarovii*	털이 없음	3~5개 결각, 중앙부 길이가 김(신나무의 잎형)	2가화, 총상화서, 자화서 5cm	북부지방 강원도

까치밥나무 / 까마귀밥나무 / 명자순 / 꼬리까치밥나무 ©김진석 / 까치밥나무 / 까마귀밥나무

조팝나무속(*Spiraea*) 주요 수종의 분류특징

397~406쪽 참조

수종	화서	꽃	잎	분포
꼬리조팝나무 *S. salicifolia*	원추화서	담홍색, 수술이 꽃잎보다 긺		중부 이북의 계곡부
참조팝나무 *S. fritschiana*	복산방화서, 폭 7~10cm			중부 이북
덤불조팝나무 *S. miyabei*	복산방화서, 폭 10cm	수술이 꽃잎보다 긺, 화서와 골돌 전체 털 발달		강원도 이북
둥근잎조팝나무 *S. betulifolia*	복산방화서, 폭 2.5~3.5(6)cm		뭉툭한 예두	
갈기조팝나무 *S. trichocarpa*	복산방화서, 능각이 있는 소지에서 나온 신년지 끝에 흰색의 화서가 달림	수술과 꽃잎 길이 유사		
조팝나무 *S. prunifolia* f. *simpliciflora*	산형화서, 윗부분 측아는 모두 꽃눈, 4~6개의 꽃이 핌	소화경 1.5cm	엽연 잔거치 발달	
산조팝나무 *S. blumei*	산형화서	수술과 꽃잎 길이 유사	거의 원형 잎, 둔두, 상반부 얕은 결각, 3~5개의 측맥	
인가목조팝나무 *S. chamaedryfolia*	산형화서	5~6월 개화, 수술이 꽃잎보다 긺	국수나무 잎형, 첨두, 원저	경북 강원도 북부(백두대간)
아구장나무 *S. pubescens*	산형화서	5월 개화, 수술과 꽃잎 길이 유사	잎자루 2~3mm, 상반부 거치 혹은 3개 결각	
당조팝나무 *S. chinensis*	산형화서, 화서와 골돌에 털이 밀생	6월 개화, 수술과 꽃잎 길이 유사	잎자루 4~10mm	경북, 강원도 북부

잎

둥근잎조팝나무

조팝나무

산조팝나무

인가목조팝나무

아구장나무

당조팝나무

꽃

꼬리조팝나무

참조팝나무

둥근잎조팝나무

갈기조팝나무

조팝나무

산조팝나무

인가목조팝나무

아구장나무

당조팝나무

국수나무류 주요 수종의 분류특징

335, 407~409쪽 참조

속명	수종 특징
국수나무속 *Stephanandra*	• 국수나무(*S. incisa*) : 잎은 난형, 결각상 거치, 원추화서, 골돌 안에 종자 2개, 산지에 흔히 자생
나도국수나무속 *Neillia*	• 나도국수나무(*N. uekii*): 총상화서, 골돌 안에 열매 2개, 국수나무 엽형과 유사, 중부 이북 자생
산국수나무속 *Physocarpus*	• 섬국수나무(*P. insularis*) : 잎은 난형 잎자루 1cm 이하, 신년지 끝에 산방화서, 화경에 털이 없음, 울릉도 자생 • 중산국수나무(*P. intermedius*) : 잎은 원형이나 난형, 신년지 끝에 산방화서, 수술이 꽃잎(1cm)보다 김

명자나무와 **풀명자**의 분류특징

320쪽 참조

수종	열매	잎	분포
명자나무 *Chaenomeles speciose*	길이 10cm	길이 4~8cm 너비 1.5~5cm	관상용 식재(중국 원산)
풀명자 *C. japonica*	지름 2~3cm	길이 2~2.5cm 너비 1~3.5cm	중부 이남

사과나무속과 **배나무속**의 분류특징

장미과 수종 중에서 주로 낙엽성 교목 또는 관목으로 심피에 많은 종자가 들어있지 않고 1개 또는 2개의 종자가 들어 있으며, 꽃자루가 보다 길게 발달하는 특성을 지닌 속에는 채진목속(*Amelanchier*), 사과나무속(*Malus*), 배나무속(*Pyrus*)이 있다. 사과나무속은 암술이 밑에 붙어있고, 열매에 석세포 조직이 거의 없다. 배나무속은 암술이 떨어져 있고 열매에 석세포 조직이 많다.

사과나무속(*Malus*)과 **산사나무속**(*Crataegus*) 주요 수종의 분류특징

326, 332~334쪽 참조

수종	잎	꽃과 열매	분포
야광나무 *M. baccata*	잎에 결각이 없고, 길이 3~8cm, 잔거치 발달	열매자루 3~5(7)cm, 열매 구형	전국 계곡부
아그배나무 *M. sieboldii*	잎에 1~2개 결각 있음, 길이 3~8cm, 잔거치 드물게 발달	열매자루 2~4cm, 열매 구형, 화주 아래 털이 있음	전국 식재
이노리나무 *C. komarovii*	3개의 큰 결각이 있음	열매자루 1.2~1.5cm, 열매 타원형, 화주에 털이 없음	설악산, 점봉산

배나무속(*Pyrus*) 주요 수종의 분류특징

365~368쪽 참조

수종	잎	꽃과 열매	분포
산돌배 *P. ussuriensis*	거치 끝에 안쪽으로 휜 침상돌기 발달, 잎 길이 5~10cm	화주 5개, 열매 3~4cm	한반도 전역
돌배나무 *P. pyrifolia*	거치 끝에 침상돌기 없음, 잎 길이 7~12cm	화주 4~5개, 열매 3cm	중부 이남
콩배나무 *P. calleryana* var. *fauriei*	둔한 파상 잔거치, 잎 길이 2~5cm	화주 2~3개, 열매 1~1.5cm	중서부지역

마가목속(*Sorbus*) 주요 수종의 분류특징

394~396쪽 참조

수종	잎	겨울눈 및 생활형	꽃과 열매	분포
팥배나무 *S. alnifolia*	단엽, 난형, 복거치		화주 2개	한반도 전역
마가목 *S. commixta*	기수우상복엽(9~15개 소엽)	겨울눈에 털이 없음	화주 3~4개, 열매 6~8mm 적색	강원 이남 아고산 지대
당마가목 *S. amurensis*	기수우상복엽(13~15개 소엽)	겨울눈은 흰색 털로 덮임	화주 3~4개, 열매 6~8mm, 황적색	중북부지역
산마가목 *S. sambucifolia* var. *pseudogracilis*	기수우상복엽(7~11개 소엽)	관목성	화주 5개, 열매 10mm, 적색	함경도 고산

산딸기속(*Rubus*) 주요 수종의 분류특징

378~392쪽 참조

수종	잎	생활형과 어린가지	꽃과 열매	분포
겨울딸기 *R. buergeri*	원형의 단엽, 길이 5~10cm로 얕은 결각상	상록성 반관목	6~8월 백색 꽃(지름 1cm) 개화, 가을과 겨울 성숙	제주도 숲속
수리딸기 *R. corchorifolius*	난상피침형의 단엽, 길이 8~15cm, 잎자루 1.5~2cm	낙엽관목	2~4월 백색 꽃(지름 3cm) 개화, 4~6월 성숙	남부지역
단풍딸기 *R. palmatus*	단풍잎(3~5개 결각)의 단엽, 길이 3~7cm, 잎자루 2~3cm	낙엽관목, 어린가지에 가시가 많음	4~5월 백색 꽃(지름 3cm) 개화, 화탁에 털이 있고, 열매는 황색	안면도
산딸기 *R. crataegifolius*	난상 점첨두의 단엽, 잎자루 2~8cm, 갈퀴 같은 가시 발달	낙엽관목, 어린가지 적갈색, 갈퀴형, 가시산포	6월 백색 꽃(지름 2cm) 개화, 산방상화서, 열매 1~1.5cm 적색	한반도 전역
섬딸기 *R. ribisoideus*	결각(3~5개)이 지는 단엽, 길이 5~7cm	어린가지에 가시가 없음	꽃은 신년지 끝에 정생	거문도 (남부해안)
맥도딸기 *R. longisepalus*	결각(3~5개)이 지는 단엽	낙엽아관목	4월 개화(백색), 열매 6월 황색	남쪽 섬
곰딸기 *R. phoenicolasius*	우상복엽(소엽 3~5개), 정소엽은 난형(복거치)	낙엽관목, 어린가지에 가시와 선모 밀생	5~7월 개화(연한 홍색), 총상화서, 7~8월 열매 성숙	전국 음습지
멍석딸기 *R. parvifolius*	흔히 3출복엽(소엽 3~5개), 정소엽은 난상원형	어린가지에 짧은 가시와 선모 발달	원추, 산방, 총상화서, 화경에 가시와 털 밀생	전국 산야
멍덕딸기 *R. idaeus* var. *microphyllus*	흔히 3출복엽(소엽 3~5개), 정소엽은 점첨두, 잎 뒷면 흰색	어린가지에 황갈색, 가시 밀생	산방화서로 가시와 선모가 밀생, 열매는 적색(구형)	경북 이북
거지딸기 *R. sumatranus*	흔히 3출복엽(소엽 3~5개), 정소엽은 점첨두, 잎 뒷면 녹색	어린가지에 황갈색, 가시 밀생	열매는 황색(타원형)	제주도
복분자딸기 *R. coreanus*	우상복엽(소엽은 5~7개)	줄기에 털이 없고, 굽은 가시 발달, 어린가지가 흰가루로 덮임	5~6월 산방화서(연한 홍색), 열매는 7~8월 적색, 그 다음 흑색으로 됨	한반도 남서부 지역
장딸기 *R. hirsutus*	우상복엽(소엽은 흔히 5개)	낙엽 반관목, 어린가지에 가시가 드물게 발달	4~6월 백색 꽃 개화(지름 4cm), 1개의 꽃이 신년지에 정생	남서해 도서
줄딸기 *R. oldhamii*	우상복엽(소엽은 흔히 5~9개)	어린가지는 흰가루로 덮임	5월 신년지 끝에 1개씩 연한 홍색 꽃 개화(지름 3~4cm)	전국

※ 맥도딸기, 섬딸기는 단풍딸기의 변이체로 볼 수 있다(장 등, 2012).

잎
겨울딸기
수리딸기
산딸기
섬딸기
곰딸기
멍석딸기
멍덕딸기
거지딸기 ©김진석
복분자딸기
장딸기
줄딸기
어린 가지
산딸기
멍덕딸기
거지딸기 ©김진석
복분자딸기

꽃
산딸기
멍석딸기
멍덕딸기
거지딸기 ©김진석
장딸기
줄딸기
열매
겨울딸기
수리딸기
산딸기
섬딸기
곰딸기
멍석딸기
멍덕딸기
거지딸기 ©김진석
복분자딸기
장딸기
줄딸기

장미속(*Rosa*) 주요 수종의 분류특징

371~377쪽 참조

수종	잎	생활형과 어린가지	꽃과 열매	분포
찔레꽃 *R. multiflora*	소엽 5~9개, 소엽 길이 2~3cm, 탁엽에 빗살거치	가지 끝이 밑으로 처짐	5~6월 백색 또는 연홍색 꽃(지름 2cm) 개화, 원추화서, 화주 털이 없음, 열매(8mm)에 화탁이 없음	한반도 전역
제주찔레 *R. luciae*	소엽 5개, 탁엽에 거치가 거의 없음		화주 털이 있음, 열매에 화탁이 없음	남해안, 제주도
용가시나무 *R. maximowicziana*	소엽 7개, 탁엽에 선모 같은 거치, 소엽 3~6cm	줄기가 옆으로 자람	6월 개화(지름 3~3.5cm), 산방화서, 화주 털 없음, 열매는 적색 구형(1cm), 열매에 화탁이 없음	강원도 백두대간
돌가시나무 *R. wichuraiana*	소엽 5~9개, 길이 1~2.5cm	반상록포복성 관목	꽃 지름 3~4cm, 가지 끝에 1~5개 달림, 화경에 선모	중부 이남 바닷가
흰인가목 *R. koreana*	소엽 (7)11~13개, 길이 1~3cm	어린가지는 흑홍색 자모 밀생	흰색 꽃 1개, 신년지 정생	강원도
해당화 *R. rugosa*	소엽 7~9개, 길이 2~5cm, 주름이 많음	어린가지 가시와 털이 있음	홍자색 꽃(지름 6~9cm) 1개, 신년지 정생, 열매는 편구형(2~2.5cm)	바닷가
생열귀나무 *R. davurica*	소엽 5~9개, 길이 1~3cm, 잎 뒷면 선점, 탁엽 밑 가시 있음	적갈색 털이 없음	6월 성숙하는 열매는 구형(1~1.5cm), 열매에 화탁이 달림, 5월 분홍색 꽃 개화(4~5cm), 화경 2~3.5cm	강원도
붉은인가목 *R. marrettii*	소엽 5~7개, 잎에 선점이 없음	자갈색, 잎자루 기부 1쌍의 가시	화경 1~1.5cm로 짧음, 열매는 구형	강원도
인가목 *R. acicularis*	소엽 3~7개, 화살모양의 탁엽 발달		5~6월 연홍색 꽃(지름 3.5~5㎝) 개화, 화경 (2~3.5㎝)에 잔털과 샘털 밀생	강원도 및 지리산 이북 아고산

잎
찔레꽃
돌가시나무
흰인가목
해당화
생열귀나무
인가목
어린 가지
해당화
생열귀나무
인가목
꽃
찔레꽃
돌가시나무
흰인가목
해당화
생열귀나무
인가목
열매
찔레꽃
돌가시나무
흰인가목
해당화
생열귀나무
인가목

벚나무속(*Prunus*) 주요 수종의 분류특징

352~363쪽 참조

수종	잎	꽃과 열매	분포
왕벚나무 *P. yedoensis*	뒷면에 털이 있음, 선점이 잎 아래에 달리거나 혹은 잎자루에 달림	화주 털 있음, 산방 또는 산형화서(3~6개의 꽃), 화탁통은 긴 원통형, 소화경에 털이 있음, 꽃이 잎보다 먼저 핌, 열매 구형 7~8mm	한라산, 대둔산
올벚나무 *P. pendula* f. *ascendens*	양면에 털이 있음, 선점이 잎 아래에 달리거나 혹은 잎자루에 달림	화주 털 있음, 산형화서(2~5개의 꽃), 화탁통은 밑부분이 넓은 항아리모양, 소화경(8~10mm)에 털 발달, 꽃이 잎보다 먼저 핌	남부지역 산지
꽃벚나무 *P. serrulata* var. *sontagiae*	뒷면에 털이 없음, 선점이 잎자루에 달림	겹꽃, 화주 털 없음, 잎과 꽃이 동시에 나옴, 화경이 긴 산방화서, 화경에 털이 없음	전국 식재
벚나무 *P. serrulata* var. *spontanea*	뒷면에 털이 없음, 선점이 잎자루에 달림	화주 털 없음, 잎과 꽃이 동시에 나옴, 화경이 긴 산방화서(2~5개), 화탁통과 화경에 털이 없음	전국 산야
잔털벚나무 *P. serrulata* var. *pubescens*	뒷면에 털이 있음, 선점이 잎자루에 달림	화주 털 없음, 잎과 꽃이 동시에 나옴, 화경이 긴 산방화서, 화경 털이 없음	전국 산야
섬벚나무 *P. takesimensis*		화주 털 없음, 산형화서, 화경 짧음(화축이 없음), 화서에 2~5개 작은 꽃	울릉도
산벚나무 *P. sargentii*	잎자루 털이 없음, 잎자루 길이 1.5~3cm	화주 털 없음, 산형화서, 화경 짧음(화축이 없음), 화서에 1~3개 큰 꽃	전국 백두대간
분홍벚나무 *P. serrulata* var. *verecunda*	어린가지, 잎, 잎자루에 털이 많음	화주 털 없음, 산형화서, 화경 짧고(화축이 없음), 털이 많음	전국 백두대간
개벚나무 *P. verecunda*	털이 있다가 사라짐, 잎자루 길이 1.1~1.8cm	2~3개의 꽃이 산형화서를 이루고 화경은 2cm, 소화경은 8~23mm	
양벚나무 *P. avium*	뒷면 맥 위에 털 있음, 잎자루 길이 1.5~5cm	5월 개화 산형화서(3~5개), 소화경 길이 4cm 털이 없음, 열매는 6~7월 황적색, 지름 2.5cm	과수용

※ 개벚나무는 잔털벚나무의 이명으로(장 등, 2012), 분홍벚나무(*P. serrulata* var. *verecunda* Nakai)는 개벚나무의 이명으로 취급되기도 한다(국립수목원, 2010).

잎
왕벚나무
올벚나무
벚나무
잔털벚나무
산벚나무
양벚나무
꽃
왕벚나무
올벚나무
벚나무
잔털벚나무
섬벚나무
산벚나무
양벚나무
열매
왕벚나무
벚나무
잔털벚나무
섬벚나무
양벚나무

콩과(Fabaceae) 주요 수종의 분류특징

410~436쪽 참조

수종	주요 기관특성
자귀나무 *Albizia julibrissin* 왕자귀나무 *A. kalkora*	왕자귀나무는 자귀나무에 비해 소엽의 수가 적고 소엽 크기가 폭이 1cm 정도로 크다.
주엽나무 *Gleditsia japonica* 조각자나무 *G. sinensis* 실거리나무 *Caesalpinia decapetala*	갈고리모양의 가시를 가지는 실거리나무의 생활형은 만목성관목이므로 교목인 주엽나무와 조각자나무와 식별이 가능하고, 자생종인 주엽나무는 조각자나무(중국산)에 비해 열매가 비틀리며, 조각자나무의 열매는 매운 냄새가 난다.
참싸리 *Lespedeza cyrtobotrya* 싸리 *L. bicolor*	두 수종 모두 꽃이 7~8월에 피고, 총상화서이지만, 참싸리는 화서가 짧고 싸리는 길게 발달한다.
다릅나무 *Maackia amurensis* 솔비나무 *M. fauriei*	다릅나무의 소엽은 7~11개이고, 제주도에 자라는 솔비나무의 소엽은 9~17개이다.
등 *Wisteria floribunda* 애기등 *Millettia japonica*	등의 소엽은 13~19개, 애기등은 9~13개, 소엽의 크기도 등이 애기등에 비해 큰 반면에, 등은 조경식재를 주로하고, 애기등은 남쪽섬에 낙엽덩굴식물로 자생한다.

굴거리나무속(*Daphniphyllum*) 주요 수종의 분류특징

442, 443쪽 참조

수종	잎	겨울눈
굴거리나무 *D. macropodum*	길이가 12~20cm	난형
좀굴거리나무 *D. teijsmanni*	길이가 10cm 이하	아린이 겨울눈 전체를 덮고 있음

굴거리나무

좀굴거리나무

산초나무속(*Zanthoxylum*) 주요 수종의 분류특징

450~454쪽 참조

수종	생활형	가시	소엽	분포
산초나무 *Z. schinifolium*	낙엽관목	호생	13~21개, 길이 1.5~5cm	전국 분포
초피나무 *Z. piperitum*	낙엽관목	대생	9~19개, 길이 1~3.5cm, 파상거치	중부 이남 분포
개산초 *Z. planispinum*	상록관목	대생	3~7개, 길이 3~12cm, 엽축에 날개 발달	해안가 분포
왕초피나무 *Z. coreanum*	낙엽관목	대생	7~13개, 길이 2~5cm	제주도 분포
머귀나무 *Z. ailanthoides*	낙엽소교목	산포	19~23개, 길이 7~12cm	울릉도 및 남해안 도서지역 분포
좀머귀나무 *Z. fauriei*			길이 3~5cm, 파상잔거치 발달, 잎자루와 가지가 붉음	제주도 분포

옻나무속(*Rhus*) 주요 수종의 분류특징

460~464쪽 참조

수종	생활형과 털	잎	어린가지	꽃과 열매	분포
개옻나무 *R. trichocarpa*	흔히 관목상	소엽 13~17개, 2~3개 거치, 전체 털이 발달	어린가지와 엽축 붉음	2가화, 열매는 편구형, 6mm, 가시털로 덮임	전국
산검양옻나무 *R. sylvestris*	낙엽소교목이며 가지, 소엽, 잎, 화서 등에 갈색 털 밀생	소엽 7~15개, 소엽의 측맥 16~20개, 소엽 길이 7~12cm	겨울눈 적갈색 털 발달	2가화, 화서가 엽서의 절반 크기, 핵과는 황갈색, 편구형, 7~8mm, 털이 없음	남부지역
옻나무 *R. verniciflua*	낙엽교목이며 가지, 소엽, 화서 등에 갈색 털 발달	소엽 7~17개, 소엽의 측맥 10~12개, 소엽 길이 7~20cm	겨울눈 갈색 털 발달	6월 개화, 화서가 엽서 길이와 비슷, 핵과는 연한 황색, 편구형, 6~8mm, 털이 없음	재배종 (중국원산)
검양옻나무 *R. succedanea*	낙엽소교목이며 가지, 소엽, 화서 등에 털이 없음	소엽 7~15개, 엽선 점첨두, 소엽 길이 7~10cm	겨울눈 아린 3~4개	핵과는 황색, 편구형, 7~10mm, 털이 없음	남해안

잎

개옻나무 / 산검양옻나무 / 옻나무 ©김진석 / 검양옻나무

꽃

개옻나무 / 산검양옻나무 / 옻나무 ©김진석 / 검양옻나무

열매

개옻나무 / 산검양옻나무 / 옻나무 / 검양옻나무

단풍나무속(*Acer*) 주요 수종의 분류특징

465~480쪽 참조

수종	잎	어린가지	꽃과 열매	분포
신나무 *A. tataricum* subsp. *ginnala*	열편 3개, 중앙열편 가장 깊, 거치 발달	수간이 고르지 않음	산방화서, 열매 시과 포함 4~5cm	전국, 계곡
중국단풍 *A. buergerianum*	잎의 열편 3개, 열편 길이 같음, 거치 없음	수간에 수피가 벗겨짐	산방화서, 열매 시과 포함 2~3cm	조경식재 (중국)
털고로쇠나무 *A. pictum*	열편 5개이나 얕게 갈라짐, 거치 없음, 잎 뒷면 털 발달	수피가 많이 갈라지지 않음	산방화서	
고로쇠나무 *A. pictum* subsp. *mono*	열편 5~7개, 거치 없음, 잎 뒷면 털 없음	수피가 많이 갈라지지 않음	산방화서, 열매는 2~3cm, 예각, 날개 길이는 종자 길이의 2배	전국, 계곡
만주고로쇠 *A. pictum* var. *truncatum*	열편 5개, 거치 없음, 엽선은 점첨두, 털 없음	수피가 세로로 갈라짐	시과 직각 또는 둔각, 종자와 날개 길이 비슷함	강원도
산겨릅나무 *A. tegmentosum*	3~5개의 열편(천열), 거치 있음	어린가지는 녹색, 수피는 섬유질 발달	총상화서	백두대간 계곡부 및 아고산
청시닥나무 *A. barbinerve*	5개의 열편, 중앙열편 엽선 부분 거치가 없음	겨울눈 털이 있음	총상화서	백두대간 (아고산)
시닥나무 *A. komarovii*	3~5개의 열편, 중앙열편 엽선부분 거치가 발달	어린가지가 붉고, 겨울눈 세장	총상화서	백두대간 (아고산)
부게꽃나무 *A. ukurunduense*	5~7개의 열편, 중앙열편의 길이가 짧아 원형의 엽형이고, 천열 또는 중열, 열편 끝에 거치가 거의 없음	겨울눈 난형이고, 털이 밀생	10cm 길이의 총상화서, 단성화, 30~40개의 꽃, 열매 길이 1.5cm	백두대간 (아고산)
단풍나무 *A. palmatum*	7개의 열편, 심열, 잎 뒷면에 털이 없음	어린가지는 털이 없고 자갈색	자방에 털이 없음, 시과 길이 1.5~2cm	남부지역
당단풍나무 *A. pseudosieboldianum*	9~11개의 열편, 잎 뒷면에 털이 발달	겨울눈 전체 털 발달	산방화서, 자방에 털이 없음	한반도 전역

수종	잎	어린가지	꽃과 열매	분포
은단풍 *A. saccharinum*	열편은 5개로 심열이며, 2차 3열의 결각이 생김, 잎 뒷면 백색	어린가지는 자갈색~회갈색	열매자루 3~5cm, 시과 3~6cm, 직각	조경식재 (북미)
설탕단풍 *A. saccharum*	열편은 3~5개로 중열, 거치가 적음	수피 회색으로 갈라짐	시과는 약간 벌어짐	조경식재 (북미)
꽃단풍 *A. pycnanthum*	3개의 열편, 중앙열편이 길고, 뒷면 분백색	어린가지마디에 갈색 털	꽃은 잎보다 먼저 피고 적색	조경식재 (일본)
세열단풍 *A. palmatum* var. *dissectum*	심열(전열)이며, 각 열편은 세장하며, 일정한 거치 발달			조경식재 (일본)
복자기 *A. triflorum*	3출복엽, 소엽에 결각이 지며, 잎자루와 뒷면에 털이 많음	겨울눈 흑색, 난형	열매는 3개 달림	중부 이북
복장나무 *A. mandshuricum*	3출복엽, 소엽에 거치가 많고, 잎자루에 털이 없음	겨울눈 세장	열매는 3~5개 달림	지리산 이북 (백두대간)
네군도단풍 *A. negundo*	우상복엽(3~9개)	어린가지는 처지고, 털이 없음	수꽃은 산방화서, 암꽃은 총상화서로 처짐	조경식재 (북미)

※ 흔히 조경식재 수종인 단풍나무는 일본왕단풍(*A. palmatum* var. *amoenum*)으로 열매가 크다(장 등, 2012).

세열단풍
복자기
은단풍
꽃단풍
복장나무
네군도단풍 ©김진석
꽃
신나무
고로쇠나무
산겨릅나무
청시닥나무
시닥나무
부게꽃나무
단풍나무
당단풍나무
꽃단풍
세열단풍
복장나무
네군도단풍 ©김진석
열매
신나무
중국단풍
고로쇠나무
산겨릅나무
청시닥나무
시닥나무
부게꽃나무
단풍나무
당단풍나무
복자기
네군도단풍 ©김진석

노박덩굴속(*Celastrus*) 주요 수종의 분류특징

494~496쪽 참조

수종	잎	생활형	꽃과 열매	분포
노박덩굴 *C. orbiculatus*	타원형, 길이 4~10cm, 너비 3~8cm, 잎자루 1~2cm	바위, 노목 기어 오르는 만목	취산화서, 꽃 1~10개	한반도전역
털노박덩굴 *C. stephanotiifolius*	광타원형, 길이 6~12cm, 너비 5~8cm, 잎 뒷면 맥 털 밀생, 잎자루 2~3cm	낙엽만목	취산화서, 열매 지름 5~6mm	한반도전역 (산포)
푼지나무 *C. flagellaris*	타원형으로 작음(길이 2~5cm), 탁엽은 가시로 변함	낙엽만목	취산화서, 꽃 1~3개	한반도전역 (산포)

사철나무속(*Euonymus*) 주요 수종의 분류특징

497~505쪽 참조

수종	생활형	잎과 어린가지	꽃과 열매	분포
사철나무 *E. japonicus*	상록관목	도란형, 길이 3~9cm, 폭 3~4cm, 잔거치	취산화서, 열매 크기 6~10mm	바닷가
줄사철나무 *E. fortunei* var. *radicans*	상록관목, 만목, 가지에서 뿌리 발생	잎이 작음, 길이 2~6cm, 폭 1~2cm	취산화서	중부 이남
섬회나무 *E. chibai*	상록소교목	잎은 좁고 길, 폭 1.5~3cm, 둔거치	취산화서 열매 크기 1.5~2cm	남쪽 섬
화살나무 *E. alatus*	낙엽관목	어린가지에 날개나 줄 있음, 잎은 짧은 예거치, 겨울눈 아린 10개 이상	취산화서, 3개의 꽃	한반도 전역
회목나무 *E. pauciflorus*	낙엽관목	어린가지에 돌기 발달, 잎에 잔거치, 겨울눈 아린 3~5개	가늘고 긴 화경은 잎 표면에 위치, 열매는 4개로 갈라짐, 도원추형	백두대간(심산 숲속)
참회나무 *E. oxyphyllus*	낙엽관목	잎은 주로 난형(마름모), 뒷면 측맥 흐릿함	열매에 날개가 없고 5개의 능선이 있음	한반도 전역
회나무 *E. sachalinensis*	낙엽관목	잎은 주로 난형(마름모), 도란형, 뒷면 측맥 뚜렷함	열매에 5개의 짧은 날개가 발생	백두대간(심산 숲속)
나래회나무 *E. macropterus*	낙엽관목	잎은 도란상 타원형	꽃과 열매는 4개임, 열매에 4개의 긴 날개가 발달	백두대간(심산 숲속)
참빗살나무 *E. hamiltonianus*	낙엽관목 또는 소교목	잎은 장타원형으로 크고(길이 5~15cm), 털이 거의 없음	꽃잎 녹색, 꽃밥 적색, 열매는 도삼각상 심장형	한반도 전역
좀참빗살나무 *E. bungeana*	낙엽관목 또는 소교목	잎은 난상 타원형(길이 5~10cm), 털이 거의 없음	꽃잎 황백색, 꽃밥 보라색, 열매는 도삼각상 심장형	주로 중부 이남

잎
사철나무
줄사철나무
화살나무
회목나무
참회나무
회나무
나래회나무
참빗살나무
꽃
사철나무
줄사철나무
화살나무
회목나무
참회나무
회나무
나래회나무
참빗살나무
열매
사철나무
줄사철나무
화살나무
회목나무
참회나무
회나무
나래회나무
참빗살나무

갈매나무과(Rhamnaceae) 대추나무류 주요 수종의 분류특징

521쪽 참조

수종	잎	열매	분포
대추나무 *Ziziphus jujuba* var. *inermis*	탁엽이 가시로 됨	육질의 핵과	전국 과수용 식재
갯대추나무 *Paliurus ramosissimus*	탁엽이 가시로 됨	건과이며 끝에 3개의 날개가 있음	제주도

갈매나무속(*Rhamnus*) 주요 수종의 분류특징

516~519쪽 참조

수종	어린가지	잎	꽃과 열매	분포
갈매나무 *R. davurica*	어린가지 끝에 겨울눈 발달, 어린가지 끝 가시	대생 또는 아대생, 난상 타원형, 길이 5~10cm, 너비 2~5cm, 잎자루 6~25mm, 뒷면 회녹색	5~6월 개화, 2가화, 종자에 홈이 짐	강원도
참갈매나무 *R. ussuriensis*	어린가지 끝에 끝눈이 아닌 가시 발달	대생 또는 아대생, 긴 타원형, 길이 3~16cm, 너비 2~5cm, 잎자루 10~25mm, 잎 양면 같은 색	5~6월 개화, 2가화, 종자에 홈이 깊음	지리산 이북
돌갈매나무 *R. parvifolia*	어린가지 털 거의 없음	대생 또는 아대생, 잎 길이 1.5~3.5cm, 너비 1.5cm, 잎자루 5~15mm	종자 기부에 구멍 있음	강원도 이북
털갈매나무 *R. koraiensis*	황갈색 어린가지 털 있고, 끝부분이 흔히 가시화	호생, 잎 양면 털 발달, 길이 4~7cm, 너비 4cm, 잎자루 5~10mm	소화경 3~7mm, 털이 있음, 소과경 3~10mm	주로 강원도 이외의 전국
좀갈매나무 *R. taquetii*	늙은 가지는 벚나무와 유사, 가지 끝이 가시화	호생, 잎 뒷면 털 발달, 잎 길이 1~3cm	소과경 4~7mm 종자 기부에 구멍 있음	한라산
짝자래나무 *R. yoshinoi*	어린가지 녹색 또는 홍녹색, 털이 없음, 가지 끝이 흔히 가시화	호생, 잎 뒷면 털이 없음, 길이 3~8cm, 너비 1~ 4cm, 잎자루 7~15mm	소과경 7~20mm 종자 기부에 구멍 있음	전국 산지

※ 위 6수종은 겨울눈 아린이 있고, 어린가지에 가시나 단지가 발달한다. 꽃은 4수, 자웅이주이며 화서는 미발달한다.

※ 산황나무는 낙엽관목으로 잎은 타원상 피침형, 겨울눈이 나아, 어린가지에 가시나 단지가 없고, 잎은 대생, 꽃은 5수, 양성화, 취산 또는 산형화서, 남쪽 해안가에 주로 분포한다.

잎
어린 가지
꽃
열매
갈매나무
참갈매나무
좀갈매나무 ©김진석
참갈매나무
짝자래나무
짝자래나무
좀갈매나무
갈매나무
좀갈매나무 ©김진석
짝자래나무

포도과 포도속(*Vitis*) 주요 수종의 분류특징

525~528쪽 참조

수종	잎	꽃과 열매	분포
머루 *V. coignetiae*	잎 뒷면 전체에 털이 발달하고 갈황색이고 결각이 짐, 잎 폭은 15~20cm	원추화서 15~25cm, 열매 흑색, 9월 성숙, 지름 8mm	울릉도
왕머루 *V. amurensis*	주맥 제외한 잎 뒷면에 털이 거의 없고 회녹색, 잎 폭 10~15cm, 5개 결각	원추화서 6~8cm로 짧음, 열매 흑색, 9월 성숙, 지름 8mm	전국
새머루 *V. flexuosa*	엽형은 삼각형, 잎에 결각이 없음, 덩굴손과 대생, 잎 너비 4~8cm	단성화, 원추화서, 6월 황록색 꽃 수술은 5개, 열매 흑색, 9월 성숙, 지름 8mm	중부 이남
까마귀머루 *V. ficifolia* var. *sinuata*	잎은 3~5개 결각 심열, 열편은 다시 갈라짐, 잎 길이 6~10cm, 뒷면 회갈색 솜털 밀생	원추화서, 장과는 지름 5~10mm, 9~10월 열매, 자흑색으로 익음	도서 및 해안가

※ 개머루(*Ampelopsis heterophylla*)는 잎이 3~5 결각, 포도속은 원추화서인 반면 산방상 취산화서로 화서가 2개씩 갈라져 나간다. 덩굴손은 2~3개이고, 열매는 9월에 벽색(碧色)으로 익는다. 전국 분포한다.

※ 담쟁이덩굴(*Parthenocissus tricuspidata*)은 덩굴손이 4~12개로 갈라지며 끝에 흡착근이 발달하여 벽에 잘 붙는다. 가끔 3출 복엽이 나타나기도 하며, 열매는 흑색으로 익는다.

피나무속(*Tilia*) 주요 수종의 분류특징

531~534쪽 참조

수종	잎	꽃
피나무 *T. amurensis*	길이 3~12cm	소화경 1cm로 털이 없고, 포 길이 3~7cm
찰피나무 *T. mandshurica*	길이 8~15cm	소화경 7~9cm로 갈색 털이 밀생하고, 포 길이 3~12cm

다래나무속(*Actinidia*) 주요 수종의 분류특징

286~290쪽 참조

수종	어린가지	잎	꽃과 열매	분포
다래 *A. arguta*	어린가지의 골속이 계단상, 연한 갈색	두껍고 윤채가 나는 잎의 거치에 선(腺)이 없음, 잎자루는 3~6cm로 짧음	화서는 연한 갈색, 연모가 있지만 화탁에는 없거나 가장자리에 있음, 자방엔 털이 없음, 열매 난상원형	전국의 계곡부
섬다래 *A. rufa*	어린가지 골속이 차있음, 흰색	두껍고 윤채가 나는 잎의 거치에 샘이 발달, 잎자루는 6~7cm	화서와 화탁에 갈색 연모가 밀생, 자방에 털이 있음, 열매 난상원형	남쪽 섬
개다래 *A. polygama*	어린가지의 골속이 차있음, 흰색	얇고 윤채가 없는 잎의 측맥 4~5개, 잎 표면이 백색으로 되기도 함	꽃은 1개, 가끔 2~3개 달림, 열매 장타원형(끝이 뾰족), 식용 불가	전국 분포
쥐다래 *A. kolomikta*	어린가지 골속이 계단상, 연한 갈색	얇고 윤채가 없는 잎의 측맥 5~7개, 수나무 잎 표면이 연한 홍색으로 되기도 함	2가화, 꽃은 3개, 가끔 1~2개 달림, 열매 장타원형, 식용 가능	중북부 심산지역

차나무과 사스레피나무속(*Eurya*) 주요 수종의 분류특징

294, 295쪽 참조

수종	잎
사스레피나무 *E. japonica*	반곡이 아니며, 길이 3~7cm로 큼
우묵사스레피나무 *E. emarginata*	반곡이며, 길이 2~4cm로 작음

사스레피나무

우묵사스레피나무

보리수나무속(*Elaeagnus*) 주요 수종의 분류특징

543~546쪽 참조

수종	생활형	잎	꽃과 열매	분포
보리수나무 *E. umbellata*	낙엽관목 또는 소교목	난상장타원형, 잎 길이 3~7cm, 너비 1~2.5cm	5~6월 개화, 열매 원형, 7~8mm, 10~11월 성숙	전국의 계곡부
뜰보리수 *E. multiflora*	낙엽소교목	장타원형, 난형, 잎 길이 5~8cm, 너비 2~5cm	4~5월 개화, 열매 타원형, 길이 1.5cm, 6~7월 성숙, 열매자루 2.5~5cm	조경수 (일본 원산)
보리장나무 *E. glabra*	상록만경	타원상 피침형, 잎 뒷면 갈색 인모 밀생, 잎 길이 4~8cm, 너비 2.5~3.5cm	10~12월 개화, 화주 털이 없음, 열매 원형 1~1.8cm, 4~6월 성숙	남쪽 섬, 제주도
보리밥나무 *E. macrophylla*	상록만경 또는 관목	원형, 잎 길이 5~10cm, 너비 4~6cm	8~11월 개화, 화주 털이 발달, 열매 타원형, 길이 1.5~1.7cm, 이듬해 4~5월 성숙	한반도 해안가, 울릉도

오갈피나무속(*Eleutherococcus*) 주요 수종의 분류특징

564~566쪽 참조

수종	어린가지	잎	꽃과 열매	분포
오갈피나무 *E. sessiliflorus*	성긴 굵은 가시 발달	소엽 길이 8~9cm	2개의 심피, 소화경(1cm)이 짧아 두상화서 형태, 자웅동주, 화서는 신년지 끝에 달림	한반도 전역
털오갈피나무 *E. divaricatus*	성긴 굵은 가시 발달	소엽 길이 8~9cm	2개의 심피, 소화경(6.5mm)이 짧아 두상화서 형태, 자웅동주, 화서는 신년지 끝에 달림	백두대간
섬오갈피나무 *E. gracilistylus*	성긴 굵은 가시 발달	소엽 길이 3~5cm	2개의 심피, 자웅이주, 화서는 전년지 끝에 단생	제주도
가시오갈피 *E. senticosus*	가는 바늘가시 발달	소엽 길이 5~13cm	5개의 심피, 소화경이 길게 발달	백두대간

층층나무속(*Cornus*) 주요 수종의 분류특징

554~559쪽 참조

수종	생활형	잎과 어린가지	꽃과 열매	분포
층층나무 *C. controversa*	교목	호생, 측맥 7~10쌍, 수피 세로로 갈라짐, 맹아지 적색	화서에 포가 없음, 5월 개화	전국 계곡부
말채나무 *C. walteri*	교목	대생, 측맥 4~5쌍, 잎자루 1~2cm, 수피 그물처럼 갈라짐	화서에 포가 없음, 6월 개화	전국 계곡부
곰의말채나무 *C. macrophylla*	교목	대생, 6~10쌍, 잎자루 2.5~3.5cm, 수피 세로로 갈라짐	화서에 포가 없음, 6월 개화	중부 이남
산딸나무 *C. kousa*	소교목	대생, 수피가 동전모양으로 벗겨짐, 꽃눈 긴타원형	화서에 4장의 백색 총포 발달, 소과경이 없음(두상화서), 열매 구형 복과	중부 이남 산지
산수유 *C. officinalis*	관목 또는 소교목	대생, 어린가지가 잘 벗겨짐, 꽃눈 원형	화서에 포 발달, 황색 꽃, 산형화서, 소과경 발달	전국 식재

잎
층층나무
말채나무
곰의말채나무
산딸나무
산수유
꽃
층층나무
말채나무
곰의말채나무
산딸나무
산수유
열매
층층나무
말채나무
곰의말채나무
산딸나무
산수유

진달래속(*Rhododendron*) 주요 수종의 분류특징

570~578쪽 참조

수종	생활형	잎	꽃	분포
진달래 *R. mucronulatum*	낙엽	잎 길이 4~7cm, 너비 1.5~2.5cm	4월 개화	한반도 전역
철쭉 *R. schlippenbachii*	낙엽	광도란형, 잎 길이 5~10cm, 어린가지 끝에 보통 4~5개 달림	4~5월 개화	전국 산지, 아고산 및 능선
산철쭉 *R. yedoense* f. *poukhanense*	낙엽	잎 길이 3~8cm, 너비 1~3cm, 양면 갈색 털 발달	진달래와 철쭉의 꽃이 진 다음에 개화	전국 계곡 및 하천가
참꽃나무 *R. weyrichii*	낙엽	잎 길이 3.5~8cm, 광난형 또는 마름모형, 어린가지 끝에 보통 3개 달림	5월 개화	전남, 경남, 제주
흰참꽃나무 *R. tschonoskii*	낙엽	잎 길이 0.5~3cm, 너비 0.4~1.2cm, 양면 털 발달	흰 꽃 5월 개화, 꽃 지름 7~8mm, 화경과 화탁에 털 발달	지리산, 가야산 능선 및 계곡부
만병초 *R. brachycarpum*	상록	장타원형, 뒷면 갈색 털 밀생, 잎 길이 8~20cm, 너비 2~5cm	7월 개화	백두대간 아고산, 울릉도
꼬리진달래 *R. micranthum*	상록	잎 길이 2~4cm	흰 꽃, 총상화서, 6~8월 개화	경북, 충북, 강원도
산진달래 *R. dauricum*	반상록	잎 길이 1~5cm, 너비 1~1.5cm	4~5월 개화, 화관 지름 2~4cm	제주도

※ 털진달래(*R. mucronulatum* var. *ciliatum*) : 잎에 털이 많으며, 백두대간 아고산대에 주로 분포한다. 진달래의 개체변이로 보기도 한다.

잎
진달래
철쭉
산철쭉
참꽃나무
흰참꽃나무
만병초
꼬리진달래
꽃
진달래
철쭉
산철쭉
참꽃나무 ©황영심
흰참꽃나무
만병초
꼬리진달래

산앵도나무속(*Vaccinium*) 주요 수종의 분류특징

579~585쪽 참조

수종	생활형	잎	꽃과 열매	분포
산앵도나무 *V. hirtum* var. *koreanum*	낙엽, 수고 1.5m	길이 2~5cm, 피침형 또는 난형	화관 5개 결각, 전년지 화서, 열매 적색	산지 능선부
정금나무 *V.oldhamii*	낙엽, 수고 3m	길이 3~8cm, 광난형	화관 5개 결각, 신년지 화서, 열매 흑자색	황해도 이남
들쭉나무 *V. uliginosum*	낙엽, 수고 1m	길이 1~3cm, 거치가 없음	화관 5개 결각, 전년지 화서, 열매 흑자색	한라산, 강원도 이북
월귤 *V. vitis-idaea*	상록, 수고 20~30cm	길이 1~3cm	화관 4개 결각, 전년지 엽액에 백색 꽃, 열매 적색	설악산
모새나무 *V. bracteatum*	상록	길이 2.5~6cm	화관 5개 결각, 전년지 엽액에 백색 꽃, 열매 흑자색	남해안, 제주도
산매자나무 *V. japonicum*	낙엽	길이 2~6cm, 난형, 2줄 배열	홍백색 화관 4개 결각, 7월 신년지 엽액에 1개의 꽃, 꽃잎 뒤로 말림	한라산
애기월귤 *V. oxycoccus* subsp. *microcarpus*	상록	길이 3~6mm	홍백색 화관 4개 결각, 꽃잎 뒤로 말림	백두산

※ 홍월귤속(*Arctous*) : 잎 길이 2~5cm, 도피침형, 잔거치
※ 암매속(*Diapensia*) : 한라산 정상 분포, 잎 길이 7~15mm 주맥이 들어감, 화경 1~2cm, 꽃 지름 1.5cm

잎
산앵도나무
정금나무
들쭉나무
월귤
모새나무
산매자나무
애기월귤
꽃
산앵도나무
정금나무
들쭉나무
월귤
모새나무
산매자나무 ©김진석
열매
산앵도나무
정금나무
들쭉나무
모새나무
애기월귤

물푸레나무속(*Fraxinus*) 주요 수종의 분류특징

607~610쪽 참조

수종	생활형	잎과 겨울눈	꽃	분포
물푸레나무 *F. rhynchophylla*	교목	소엽 5~7개, 뒷면 주맥 갈색 털 밀생	신년지 화서	전국 묵밭, 교란지
들메나무 *F. mandshurica*	교목	소엽 7~13개, 겨울눈 인편이 있음	전년지 화서	심산 계곡
물들메나무 *F. chiisanensis*	교목	소엽 5~9개, 겨울눈 갈색 성상모	전년지 화서	중남부 산지 계곡
쇠물푸레나무 *F. sieboldiana*	소교목	소엽 5~9개, 잎 폭이 좁음	신년지 화서	전국

괴불나무속(*Lonicera*) 주요 수종의 분류특징

651~662쪽 참조

수종	잎	꽃	열매	분포
괴불나무 *L. maackii*	난형	백색 꽃, 화경 2~5mm	9~10월 적색	전국 계곡, 임연부
각시괴불나무 *L. chrysantha*	난형	화경 1.5~3.5cm	9~10월 적색, 독성	중부 이북 산지, 계곡부
섬괴불나무 *L. insularis*	난형, 두꺼운 잎 양면에 털 있음	화경 0.5~1.5cm	6~8월 적색, 기부 약간 합착	울릉도
댕댕이나무 *L. caerulea* var. *edulis*	잎자루 기부, 방패형 탁엽, 잎 길이 1~4cm로 작음	황백색 꽃	7~8월, 흑자색, 장타원형, 1.5~2cm	강원도 이북, 한라산
올괴불나무 *L. praeflorens*	잎 양면 털 밀생	3~4월, 개엽전 개화	5~6월 적색	전국(제주도 제외)
길마가지나무 *L. harai*	어린잎에 강모 발달	2~4월, 잎과 동시에 나옴	반 이상이 합착하여 하트모양	중남부지역 계곡부나 임연부
구슬댕댕이 *L. vesicaria*	난상피침형, 잔털 밀생	5~6월, 어린가지 끝 엽액 개화	포가 열매 감쌈	경북, 강원도 아고산지 능선
왕괴불나무 *L. vidalii*	길이 3~10cm	화경 12~15mm로 긺	반 이상 합착하여 폭이 넓게 보임	백두대간
청괴불나무 *L. subsessilis*	길이 3~5.5cm, 표면 짙은 녹색, 양면 털이 없음	화경 4~5mm로 짧음	완전히 합착하여 열매 1개가 보임	전국 산야 및 백두대간
홍괴불나무 *L. sachalinensis*	길이 3~10cm, 난상피침형, 뒷면 털 발달, 녹색, 엽연 털 발달	화경 1~2cm, 홍자색 꽃	거의 완전히 합착	아고산지, 한라산
흰괴불나무 *L.tatarinowii* var. *leptantha*	길이 2~6cm로 세장, 뒷면 털 발달, 회백색, 엽연 털 없음	화경 1.5~2.5cm, 흑자색 꽃	거의 완전히 합착	백두대간, 한라산

※ 인동은 덩굴성이므로 쉽게 식별된다. *Lonicera*속은 인동속으로 보지만, 괴불나무류가 많아 괴불나무속이라 칭하였다.

잎
괴불나무
각시괴불나무
섬괴불나무
댕댕이나무
올괴불나무
길마가지나무
구슬댕댕이
왕괴불나무
청괴불나무
홍괴불나무
흰괴불나무 ©김진석
꽃
괴불나무
각시괴불나무
댕댕이나무

올괴불나무
길마가지나무
왕괴불나무
청괴불나무
홍괴불나무
흰괴불나무
열매
괴불나무
각시괴불나무
섬괴불나무
댕댕이나무
올괴불나무
길마가지나무
구슬댕댕이
청괴불나무
홍괴불나무
흰괴불나무 ©김진석

나자식물

Gymnosperms

소철과 Cycadaceae

소철

Cycas revoluta Thunb.

Cycas 소철의 그리스 명칭 Cykas에서 유래

E King sago palm, Sago palm, Japanese sago palm, Japanese fern palm
C 蘇鐵
J ソテツ

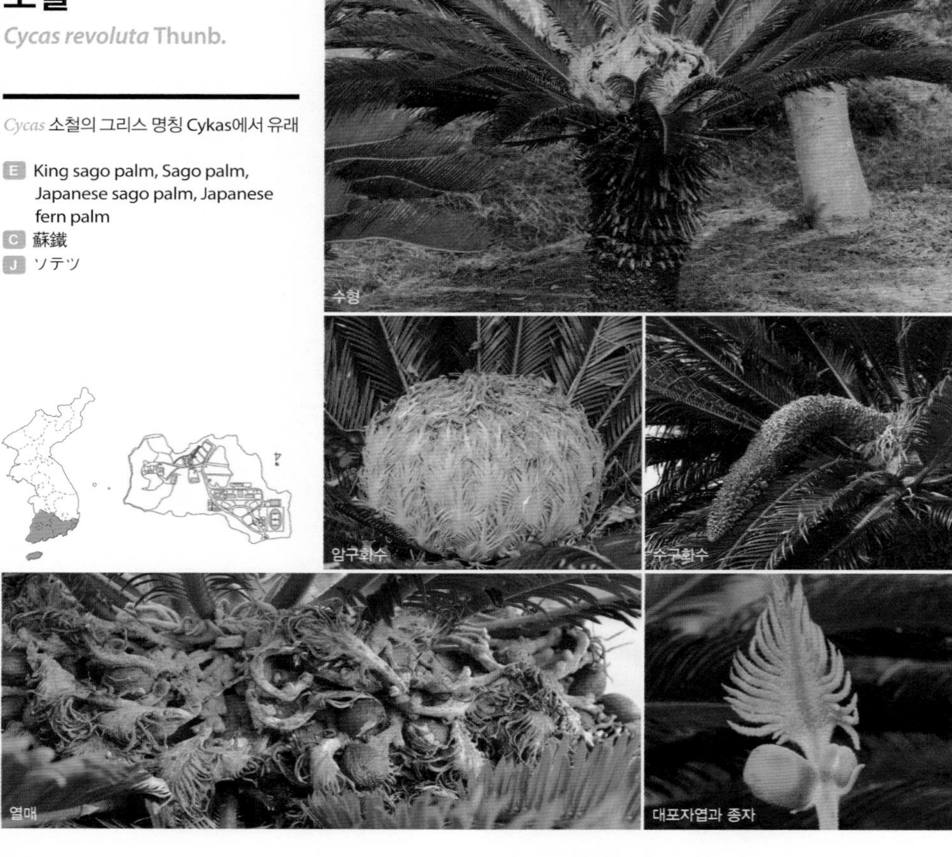

수형 / 암구화수 / 수구화수 / 열매 / 대포자엽과 종자

【분포】
해외/국내 일본; 제주도 및 남부지역에 조경수로 식재
예산캠퍼스 원예과 온실

【형태】
수형 상록침엽관목 또는 아교목으로 수고 1~6m이다.
수피 원추형으로 겉에는 잎이 떨어진 자리가 남아있다.
잎 줄기의 끝부분에 뭉쳐나며, 대형의 우상복엽이고, 소엽은 선형이다. 기부에 가까운 열편은 가시모양이 된다.
구화수 6~8월에 줄기의 선단에서 피며 암수딴그루이다. 수구화수는 길이 50~60cm, 너비 10~13cm이며, 원추형으로 직립한다. 암구화수는 줄기의 끝에 모여 달린다.
열매 11~12월에 붉게 성숙하며, 넓은 난형이고 길이 약 4cm이다.

【조림 · 생태 · 이용】
양수로 내공해성이 강하고 이식이 잘 되며, 내한성과 내염성은 다소 약한 편이다. 강한 직사광선을 좋아하지만 새순이 나올 시기에는 오히려 해로울 수도 있다. 4~5월에 줄기를 잘라 약간 건조시켜 물이 잘 빠지는 모래땅에 삽목하기도 하나 일반적으로 종자와 분주로 증식시킨다. 종자는 과피를 제거한 후 습층저장을 하였다가 파종하면 1~3년 만에 발아하나 진한 황산에 1~2시간 처리를 하거나 기계적으로 종피를 깎아내면 발아기간을 단축시킬 수 있다. 점무늬병(반점병)과 철모깍지벌레의 방제에 유의해야 한다. 수형이 아름다워 남부지역에 조경수로 식재가치가 높으며, 정원수, 분재, 꽃꽂이 및 약으로 이용된다.

은행나무
***Ginkgo biloba* L.**

Ginkgo 은행(銀杏)의 일본 발음
biloba 이천열의

이명 행자목
한약명 백과(白果, 씨), 백과엽(白果葉, 잎)
E Maidenhair tree, Ginkgo
C 銀杏, 白果, 鴨脚子, 公孫樹
J イチョウノキ

문화재청 지정 천연기념물 경기 양평군 용문면 심정리 용문사 은행나무(제30호) 외 22곳

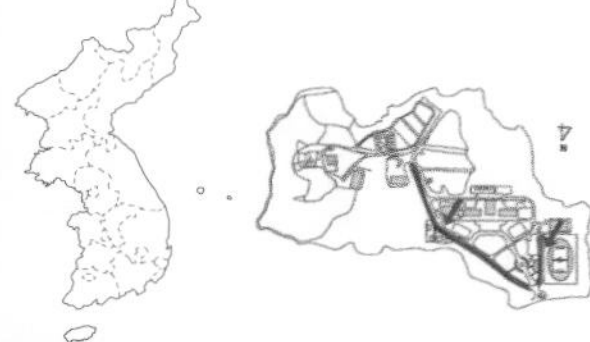

잎 앞면 / 잎 뒷면 / 단지와 잎눈 / 수피 / 수형(경기 양평군 용문사)

암구화수

수구화수

열매

【분포】
해외/국내 중국(저장성 서남부) 원산; 해발 500m에서 잘 자라며 가로수, 공원수로 전국 식재
예산캠퍼스 교내 가로수

【형태】
수형 낙엽교목으로 수고 60m, 흉고직경 4m 정도까지 자란다. 뿌리의 수직분포는 심근형이며, 노목에 유주가 생긴다.
수피 회백색이며 아래로 깊이 갈라진다.
겨울눈 광택이 나는 반구형이며 털이 없다.
잎 장지에서는 어긋나고 단지에서는 무더기로 난다. 잎몸은 부채꼴모양으로 가운데가 갈라지는 것이 많다.
구화수 5월에 잎과 같이 피며 암수딴그루이다. 수구화수는 짧은이삭모양, 암구화수는 나출되어 2개로 갈라져 있다.
열매 10월에 성숙한다.

【조림 · 생태 · 이용】
주로 종자로 증식시키나 특수한 품종을 얻기 위해서는 삽목과 접목으로 증식한다. 가로수, 풍치수로 주로 식재된다. 목재는 건축재, 가구재, 조각재, 바둑판 등으로, 열매는 식용, 잎은 약용으로 각각 이용된다.

천연갱신

소나무과 Pinaceae

전나무

Abies holophylla Maxim.

Abies 전나무의 라틴명
holophylla 갈라지지 않는 잎의

이명 저수리, 젓나무
E Needle Fir
C 杉松, 冷杉
J チョウセンモミ

문화재청 지정 천연기념물 전북 진안군 정천면 갈용리 전나무(제495호), 경남 합천군 가야면 치인리 전나무(제541호)

자생지(설악산)

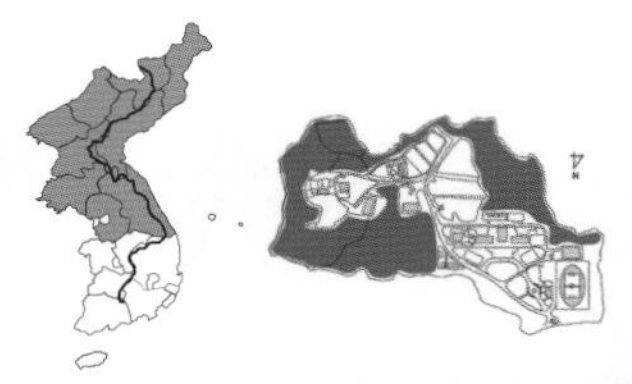

겨울눈과 잎

수형

새잎

실편과 종자

【분포】

해외/국내 평안남북도, 백두대간, 중부 이북의 높은 산지 능선이나 계곡부

예산캠퍼스 연습림

【형태】

수형 상록침엽교목이며 수고 40m, 흉고직경 1.5m이다.

수피 암갈색을 띠며 거칠다.

어린가지 회갈색을 띠며 털이 없으나 간혹 있는 것도 있고, 얕은 홈이 있다.

잎 선형으로 길이 4cm, 너비 2mm이고 끝이 뾰족한 예두이다. 뒷면, 중륵 양쪽에 백색의 기공조선이 있다 .

구화수 4월에 핀다.

열매 원통형이며 위로 달리고, 10월에 성숙하며 길이 10~12cm, 지름 3~5cm이다. 종자는 난상 삼각형 또는 아원형이며 과경은 길이 7mm이다. 실편은 담황갈색 또는 담녹갈색으로 송진이 묻어있다.

【조림 · 생태 · 이용】

격년결실수종으로 풍흉이 심하고 음수성이다. 중부 이북에 분포하므로 내한성이 강하지만 내공해성, 내염성 및 내건성은 약한 편이다. 뿌리의 수직분포는 심근형으로 계곡부의 비옥적윤지가 생육적지이다. 9월 하순경 종자의 인편이 벌어지기 전에 구과를 채취하여 햇볕에 건조시키면 종자가 탈각된다. 종자를 기건저장하였다가 파종한다. 주요한 용재수종이고 풍치수, 조경수로 심고 있다. 목재는 건축재, 펄프재로 쓰이며, 가지, 잎, 송진은 약용한다.

일본전나무 잎

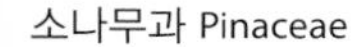

소나무과 Pinaceae

구상나무

***Abies koreana* E.H.Wilson**

Abies 전나무의 라틴명
koreana 한국의

한약명 박송실(朴松實, 씨)
E Korean fir
J チョウセンシラベ, サイシュウシラベ

산림청 지정 희귀등급 약관심종(LC)
산림청 지정 특산식물
환경부 국가적색목록 위기종(EN)

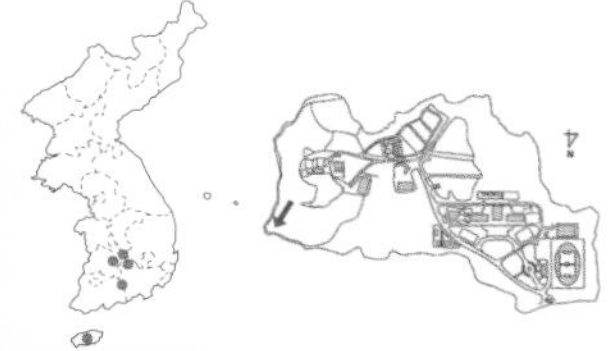

자생지(한라산 백록담)

암구화수(초기모습)

수구화수

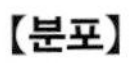

수피

암구화수

겨울눈

구과

【분포】
해외/국내 한국 고유종으로 한라산, 지리산, 가야산, 덕유산, 금원산 등 해발 500~1,950m의 산지 사면 및 능선부
예산캠퍼스 연습림 임도 옆

【형태】
수형 상록침엽교목으로 수고 18m, 흉고직경 1m이다.
수피 밝은 회색을 띠고 평활하지만 오래되면 거칠게 갈라진다.
어린가지 처음에는 황색이지만 차츰 털이 없어지면서 자색 또는 갈색으로 변한다. 잎이 떨어진 자국이 뚜렷하다.
겨울눈 난상 원형으로 털이 없고 약간 수지가 배어 나온다.
잎 길이 15~25mm이고 도피침상 선형으로 뒷면은 흰빛을 띤다. 끝이 요두로 오목하게 갈라져 있고, 수지구가 약간 밑에 있다.
구화수 짙은 자주색, 흑색 또는 녹색으로 피고 암수한그루이다. 수분기는 4~5월이다. 원통형으로 길이 4~6cm, 지름 20~28mm이다.
열매 9~10월에 녹갈색 또는 자갈색으로 성숙하며, 구과는 길이 4~6cm이고 원통형이다. 실편은 길이 9mm로 난상 삼각형이며 연한 갈색이고, 포편의 침상돌기가 뒤로 젖혀진다. 길이 4.5mm 정도의 날개가 있다.

【조림 · 생태 · 이용】
음수로 내한성이 강하여 아고산대에 주로 생육하는 수종이다. 고도가 높은 지역의 조림수종으로 알맞고, 자생지 환경조건이 겨울에는 비교적 눈이 많으며 여름에는 서늘한 곳인 점을 고려하여 식재한다. 목재는 건축재, 기구재, 펄프재 등으로 이용된다.

소나무과 Pinaceae

분비나무

Abies nephrolepis **(Trautv. ex Maxim.) Maxim.**

Abies 전나무의 라틴명
nephrolepis 콩팥 같은 인편의

E Khingan fir
C 臭冷杉
J トウシラベ

수형(소백산)

구과

수구화수

잎

어린가지 잎자국

수피

【분포】

해외/국내 중국(만주); 소백산, 치악산, 설악산 등 해발 700m 이상 아고산대 산지 능선부

【형태】

수형 상록침엽교목으로 수고 25m, 흉고직경 75cm이다.
수피 갈라지지 않으며 약간 회백색을 띤다.
어린가지 갈색 털이 있다.
잎 선형으로 어린가지의 것은 끝이 갈라지는 요두 또는 간혹 예두이며, 길이 3~4cm, 너비 1.8mm이다. 열매가 달려 있는 가지의 것은 예리하며 길이 1.5~2.8cm, 너비 1.5~1.8mm이다. 뒷면이 흰빛을 띤다.
구화수 5월에 피며 암수한그루이다. 수구화수는 타원형이고 길이 1cm이다. 암구화수는 짙은 자주색이고 길이 18mm이다.
열매 9월에 성숙하고, 구과는 난형 또는 난상 원통형으로 길이 4~6cm, 지름 20~25mm이다. 녹갈색이고 실편의 끝에 6mm 정도 포가 보이고 포편의 침상돌기가 뒤로 젖혀지지 않는다.

【조림 · 생태 · 이용】

우리나라와 중국 및 러시아에 분포하는 음수이며 내한성이 강하고, 내공해성, 내염성 및 내건성은 약한 편이다. 고산의 한대성 나무인 점을 감안하여 여름의 고온과 겨울철의 지나친 건조를 피할 수 있는 비옥적습지가 적지이다. 심근성이며 어릴 때에는 그늘에서 잘 자란다. 주요한 용재수종이고, 목재는 건축재, 판재, 펄프재로 쓰인다. 잎과 어린가지의 정유는 보루네올 또는 캄파를 만드는 원료로 쓰이며 생송진은 지혈작용이 있어 출혈 시 외용 지혈약으로 쓴다.

소나무과 Pinaceae

개잎갈나무

***Cedrus deodara* (Roxb. ex D. Don) G. Don**

Cedrus 고대 그리스명 kedron에서 유래
deodara 신목(神木)의

이명 히말라야시다, 설송
E Deodar
C 雪松
J ヒマラヤスギ, ヒマラヤシ-ダ

【분포】
해외/국내 히말라야, 아프가니스탄; 주로 중부 이남에 가로수, 공원수로 식재
예산캠퍼스 연습림 임도 옆 및 생명관 앞 주차장

【형태】
수형 상록침엽교목으로 수고 30m, 흉고직경 1m이다.
수피 회갈색을 띠고 얇은 조각으로 벗겨진다.
잎 침상으로 단지에서 30개가 뭉쳐나고, 길이 3~5cm이다. 끝이 뾰족하고 억세다.
구화수 10~11월에 핀다. 암수한그루로 수구화수는 수상꽃차례로 달리며 길이 3cm 내외로 곧게 선다.
열매 다음해 10~11월에 성숙하며, 구과에는 개체에 따라 쭉정이 종자가 많다.

【조림 · 생태 · 이용】
내한성이 약하고 양수성이다. 뿌리의 수직분포는 심근형이나 척박지나 건조지 또는 과습지에서 자라게 되면 근계의 발달이 미약하여 바람에 잘 넘어진다. 원산지에서는 건축, 토목, 농기구재로 귀중하게 쓰인다고 하나 우리나라에 심은 것은 재질이 떨어져 용재수종으로는 가치가 떨어진다.

구과의 실편종자

소나무과 Pinaceae

잎갈나무

***Larix olgensis* var. *koreana* (Nakai) Nakai**

Larix 유럽 잎갈나무의 옛 이름이며 켈트어의 lar(풍부)에서 유래, 수지가 많다는 뜻

이명 계수나무, 이깔나무
E Prince ruprecht larch
C 落葉松
J チョウセンカラマツ

군락(백두산) ©김진석

암구화수 ©김진석

수구화수 ©김진석

잎과 구과 ©김진석

수피 ©김진석

【분포】

해외/국내 중국, 몽골, 극동러시아; 함경남북도, 평안남북도, 강원도 백두대간 금강산 이북의 해발 300~2,300m 능선 및 고원

【형태】

수형 낙엽침엽교목으로 수고 36m, 흉고직경 1m이다. 가지가 옆으로 퍼지며 때로는 밑으로 처진다.
수피 회색 또는 암회갈색이고, 오래되면 인편모양으로 떨어진다.
어린가지 밝은 갈색에서 어두운 회색으로 변한다.
겨울눈 적갈색의 난형이다.
잎 선형으로 단지에는 20개 이상이 무더기로 나며 부드럽고 길이 1.5cm~3cm로 뒷면에 기공조선이 있거나 없다.
구화수 5~6월에 피며 암수한그루이다. 수구화수는 구형, 암구화수는 타원형이며 단지 끝에 달린다.
열매 9월에 성숙하며 난형, 타원형 및 원형으로 길이 15~35mm, 지름 15~25mm이다. 자갈색의 실편은 25~40개로 실편 끝이 뒤로 말리지 않으며 너비 9~12mm이다.

【조림 · 생태 · 이용】

중국, 몽골, 극동러시아와 우리나라 금강산 이북의 아고산대에 분포하는 극양수이며, 내공해성과 내염성이 약하고 내한성은 강하다. 뿌리의 수직분포는 천근형이다. 잎, 수피, 생송진은 약용한다.

【참고】
잎갈나무의 학명이 국가표준식물목록에는 *L. gmelinii* (Rupr.) Kuzen. var. *olgensis* (A.Henry) Ostenf. & Syrach로 기재되어 있다.

소나무과 Pinaceae

일본잎갈나무

Larix kaempferi (Lamb.) Carrière

Larix 유럽 잎갈나무의 옛 이름이며 켈트어의 lar(풍부)에서 유래, 수지가 많다는 뜻

이명 낙엽송, 청설이깔나무, 락엽송

E Japanese larch

C 日本落葉松

J カラマツ

겨울눈 ©김진석

구과

수피와 구과

수형

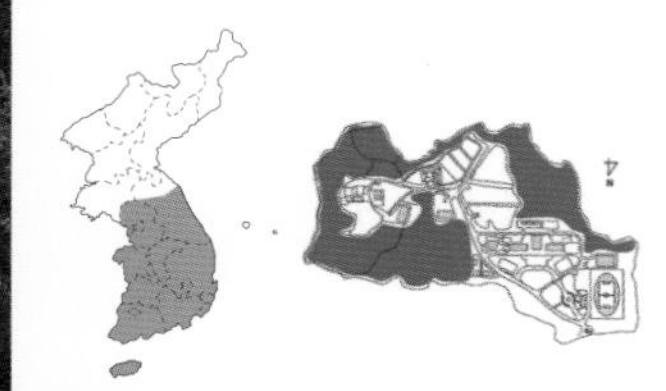

암구화수(위)와 수구화수(아래) ©김진석

잎

군락

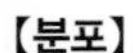

【분포】

해외/국내 일본 원산; 해발 200~1,200m 내에서 자라며 전국 산지에 식재

예산캠퍼스 연습림

【형태】

수형 낙엽침엽교목으로 원추형이고 수고 35m, 흉고직경 1m이다.

수피 세로로 갈라지며 긴 인편으로 되어 떨어진다. 커다란 옆가지는 옆으로 퍼지며 때로는 아래로 처지기도 한다.

어린가지 녹색에서 갈색으로 변하며 털이 있는 경우도 있다. 단지에서는 20~30개의 잎이 무더기로 난다.

겨울눈 적갈색을 띠며 난형이다.

잎 선형으로 편평하며 길이 2~3cm이다. 뒷면에 5개 기공조선이 있다.

구화수 암수한그루이며 5~6월에 단지에 달린다.

열매 종자는 9~10월에 성숙하며 너비의 2배쯤 되는 날개가 있고, 구과 실편 끝이 뒤로 젖혀진다. 한 번 많이 맺히면 2~3년은 적게 달린다.

【조림 · 생태 · 이용】

강한 양수의 주요 조림수종으로 생장이 빠르고 산복부 이하의 토양수분이 충분한 비옥지가 적지이다. 뿌리의 수직분포는 천근형이다. 9월에 종자를 채취하여 기건저장을 하였다가 파종 1개월 전에 노천매장한 후 파종한다. 목재는 건축재, 펄프재로 쓰이며 수지에서 테르펜유를 채취한다.

소나무과 Pinaceae

독일가문비

Picea abies (L.) H. Karst.

Picea 고대 라틴명이며 pix(핏지)에서 유래
abies 전나무속

이명 긴방울가문비, 독일가문비나무
E Norway spruce
J トイツドウヒ

구과

수구화수

어린가지와 잎 뒷면

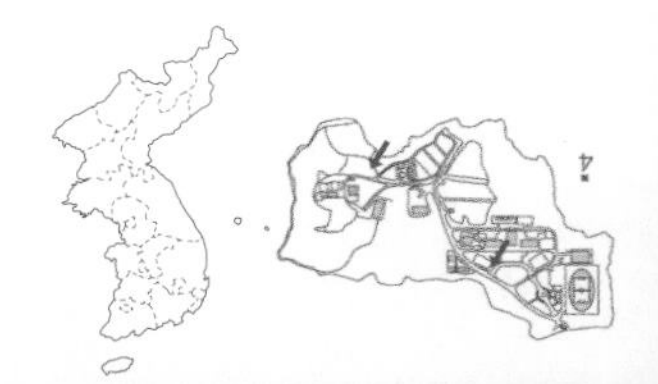

종자

수피

【분포】
해외/국내 유럽 원산; 중부 이남의 정원 및 공원에 식재
예산캠퍼스 제2주차장 옆

【형태】
수형 상록침엽교목으로 수고 50m, 흉고직경 2m인데 원산지에서는 수고가 50m 이상 되는 것도 있다.
수피 적갈색을 띠며 처음에는 평활하지만 수령이 많아질수록 인편모양으로 두껍게 벗겨진다.
어린가지 아래로 처지고 적갈색을 띠며 털이 약간 난다. 윤생하며 수평으로 넓게 퍼진다.
겨울눈 적갈색을 띠며 원추형으로 인편은 보통 끝이 뒤로 젖혀진다.
잎 밀생하고 길이 1~2cm이며 간혹 2.5cm이다. 선형으로 예두이며 약간 구부러진다. 표면은 짙은 녹색이며 광택이 있다. 각 표면에 1~4개의 기공선이 있다.
구화수 5~6월에 피며 암수한그루이다. 수구화수는 줄기와 잎자루 사이에서 나며 길이 2~2.5cm이다. 암구화수는 전년도 가지 끝에 달리고 길이 4~4.5cm이다.
열매 10월에 갈색으로 성숙하고 구과이다. 길이 10~15cm이고 원주상 타원형이다. 아래를 향해 달리며, 종자는 길이 4mm, 날개는 길이 1cm이다.

군락(독일 흑림)
겨울눈
수형(스위스 알프스 지역)

【조림 · 생태 · 이용】
유럽에서 크리스마스트리로 흔히 이용하는 나무이며, 독일에 널리 조림되어 있다. 음수로 내한성이 강하고 내공해성은 약한 편이며, 관리 시에는 건조지역과 고온지역을 피하는 것이 좋다. 용재 수종으로 목재는 단단하여 힘받이 구조재, 가설재, 비계목 등의 건축재로 많이 쓰이고, 선박, 갱목, 전주, 합판 등 농업용구 및 펄프용으로 쓰인다. 나무껍질에서는 염색제 및 타닌을 채취하고 수지에서는 테르핀유를 채취하여 이용한다.

갱신치수(독일 흑림)

소나무과 Pinaceae

가문비나무

***Picea jezoensis* (Siebold & Zucc.) Carrière**

Picea 고대 라틴명이며 pix(핏지)에서 유래
jezoensis 홋카이도에서 자라는

이명 가문비, 감비
E Yeddo spruce
C 云杉(운삼)의 일종
J エゾマツ

산림청 지정 희귀등급 취약종(VU)
환경부 지정 국가적색목록 취약(VU)

자생지(지리산)

암구화수

수구화수

잎

구과

구과와 종자

수피

【분포】
해외/국내 일본, 중국, 러시아; 지리산, 덕유산, 계방산 아고산지

【형태】
수형 상록침엽교목으로 수고 40m, 흉고직경 1m이며 원추형이다.
수피 회갈색, 적갈색을 띠며, 비늘처럼 벗겨진다.
어린가지 담황색으로 털이 없고 매끈한 편이며, 잎이 떨어진 자리가 돌출하여 있다.
겨울눈 회갈색의 원추형으로 간혹 수지가 나온다.
잎 선형으로 예두이며 편평하다. 길이 1~2cm, 너비 1.5mm이고 조금 구부러져 있다. 단면은 렌즈형이다.
구화수 5~6월에 피며 암수한그루이다. 황갈색 수구화수는 타원형으로 길이 1.5cm, 자주색의 암구화수는 길이 약 1.5cm이다.
열매 9~10월에 성숙하며 구과이다. 주로 가지 끝에 매달리며 짧은 원통형이며 길이 4~7.5cm이다. 처음에는 상향하고 있다가 나중에는 하향하게 된다. 종자는 도란형으로 날개가 있다.

【조림 · 생태 · 이용】
음수성이며 뿌리의 수직분포는 천근형이다. 종자를 기건저장하거나 건사저장하였다가 파종한다. 해가림이 필요하다. 천근성이므로 관리 시에 관수에 유의해야 하며, 가급적 토심이 깊고 배수가 잘 되는 공중습도가 높은 지역에 조림해야 한다. 잎, 가지, 생송진을 약용한다. 목재는 건축재, 악기재, 선박재, 펄프재로 쓰인다.

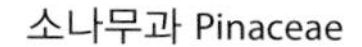

소나무과 Pinaceae

종비나무

Picea koraiensis Nakai

Picea 고대 라틴명이며 pix(핏지)에서 유래
koraiensis 한국의

이명 비늘가문비, 가문비나무
한약명 사수(沙樹, 잎, 가지, 수피)
E Korean spruce
J チョウセンハリモミ

수형

수피

암구화수 ©김진석

구과

잎

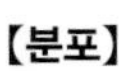

【분포】

해외/국내 압록강 연안 아고산 산복지

【형태】

수형 상록침엽교목으로 수고 30m, 흉고직경 80cm이다.
수피 회갈색 또는 적갈색으로 얇게 벗겨져 떨어진다.
어린가지 적갈색 또는 황갈색으로 윤채가 나고 털이 없다.
겨울눈 원주상 난형이며, 털이 없으나 수지가 약간 있다.
잎 거의 선형으로 횡단면이 사각형이고 길이 12~20mm이다. 구과가 달린 잎은 길이 10~12mm, 너비 1.2~2mm로 약간 구부러진다.
구화수 5월에 피며 수구화수는 잎겨드랑이에서, 암구화수는 어린가지 끝에 달리는 암수한그루이다.
열매 10월에 성숙하며, 구과는 원통형이고 길이 6~8cm, 너비 25~35mm이다. 실편 끝이 넓어지며 거치가 없다.

【조림 · 생태 · 이용】

음수로 내공해성, 내염성 및 내건성이 약한 편이며, 내한성은 강하다. 따라서 인가 주변과 공해가 심한 지역의 식재는 피하는 것이 바람직하다. 계곡부나 산복부 이하의 비옥한 적습지가 적지이다. 가을에 종자를 채취하여 한랭한 곳에 기건저장하였다가 봄에 파종하고 해가림을 해준다. 우리나라 북부지방의 용재수종으로 목재는 무늬가 아름답고 재질이 우수하며 향기가 좋아 가구재, 건축재, 일반용재, 펄프재, 전주, 갱목, 악기제조 등에 이용된다. 잎, 가지, 내피를 사수라 하여 약용한다.

소나무과 Pinaceae

방크스소나무

Pinus banksiana Lamb.

Pinus 라틴 옛 이름이며 켈트어의 pin(산)에서 유래
banksiana Joseph Banks 경(1743~1820)의

이명 방구스소나무, 짧은잎소나무
E Jack pine, Gray pine, Shurb pine
J バンクスマツ

수형

수구화수

구과(2년생)

수피

【분포】
해외/국내 대서양 연안에서 미국 중부지방과 캐나다; 전국에 식재

【형태】
수형 상록침엽교목이지만 대개 아교목상이고 수고 25m, 흉고직경 50cm이다.
수피 암갈색을 띠며 좁고 두껍게 갈라져 떨어진다.
어린가지 자갈색 또는 황갈색을 띤다.
겨울눈 연한 갈색을 띤다.
잎 2개씩 모여나며 굳고 짧다. 길이 2~4cm로 비틀리고 퍼진다. 횡선열매의 수지구가 외위이다.
구화수 황갈색으로 5월에 피고 암수한그루이다.
열매 다음해 10월에 흑색으로 성숙한다. 구과는 길이 3~5cm, 지름 2~3cm이고 난상 원추형으로 대개 끝이 구부러지며 회황색을 띤다. 오랫동안 벌어지지 않는다. 비후부는 편평하거나 도드라지고, 제는 작으며 침이 없다. 종자는 삼각상 난형이며 길이 4mm 내외이다. 날개는 길이 7~10mm, 너비 3.5~4.5mm이고, 자엽은 4~5개이다.

【조림 · 생태 · 이용】
극양수로 자생지에서는 스트로브잣나무가 잘 자랄 수 없는 척박지에서도 순림을 이루고, 특히 산불이 난 후에 폐쇄성 구과에서 종자가 발아하여 순림을 형성하며, 1년에 한 마디에서 세 마디씩 자라난다. 내한성과 내건성이 강하여 척박한 입지에서도 생육이 가능하지만, 석회암 토양과 그늘진 곳은 적합하지 않고 배수가 잘 되는 비옥한 사질토양이 좋다. 공원의 조경수나 사방용 및 방풍림으로 식재한다.

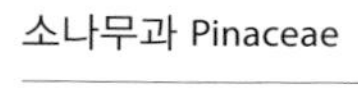

소나무과 Pinaceae

백송

Pinus bungeana Zucc. ex Endl.

수형(충남 예산군 추사고택 고조부묘)

Pinus 라틴 옛 이름이며 켈트어의 pin(산)에서 유래
bungeana 북지식물(北支植物) 연구가 Bunge의

이명 흰소나무
E Lacebark pine, Whitebark pine
C 白皮松
J シロマツ

문화재청 지정 천연기념물 충남 예산군 신암면 용궁리 백송(제106호) 외 5곳

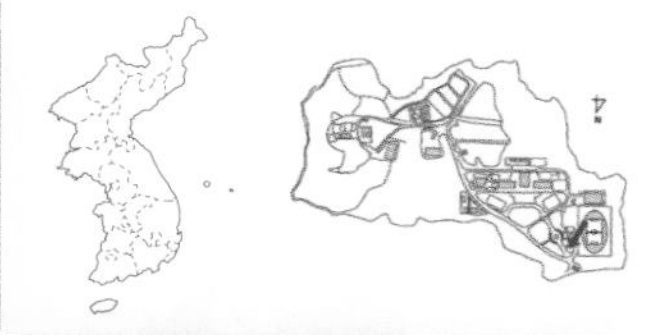

수피

수구화수

잎

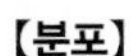

【분포】
해외/국내 중국 북서부; 전국에 공원수, 정원수로 식재
예산캠퍼스 공원

【형태】
수형 상록침엽교목으로 수고 15m, 흉고지경 1.7m이다.
수피 회백색으로 비늘처럼 벗겨져 얼룩처럼 보인다.
잎 3개씩 모여나며 길이 5~10cm이다. 딱딱하며 단유관속이고 수지구 외위이다.
구화수 5월에 핀다.
열매 다음해의 10월에 성숙하며 구과이다. 난형으로 길이 5~7cm이고 실편은 마름모형이다. 상부는 능형으로 약간 두껍게 되며, 중앙의 제가 크고 끝이 예리하다. 종자는 난형으로 짧은 날개가 있다.

【조림 · 생태 · 이용】
중국에 자생하고 있으며 내한성이 강하고 내건성은 약한 편이므로, 배수가 잘 되는 비옥한 사질토양 지역에 식재한다. 비옥한 사질양토에서 잘 자라며 내음성이 강하다. 소나무 종자처럼 기건저장하였다가 침수처리를 한 뒤에 파종한다. 다른 소나무류에 비하여 생장이 매우 느리다. 소나무재선충병, 솔껍질깍지벌레, 모잘록병, 뿌리썩음병, 솔잎혹파리, 하늘소류 등의 병해충 방제에 유의해야 한다. 나무껍질은 백색과 녹색의 조화가 우아하여 옛부터 절과 정원에 기념수나 관상수로 식재되었고, 중국에서는 묘지 주변에 식재되었다. 열매에서 식용유를 얻기도 하며, 중국에서는 종자를 식용으로 이용된다.

소나무과 Pinaceae

소나무

Pinus densiflora Siebold & Zucc.

Pinus 라틴 옛 이름이며 켈트어의 pin(산)에서 유래
densiflora 밀생한 꽃이 있는

이명 적송, 육송, 솔나무, 여송
한약명 솔잎, 송절(마디), 송화(꽃가루), 생송진, 송향(松香, 생송진을 증발시킨 잔류물)
E Oriental red pine, Red pine, Japanese red pine, Korean red pine
C 赤松
J アカマツ

문화재청 지정 천연기념물 충북 보은군 속리산면 상판리 정이품송(제103호) 외 21곳

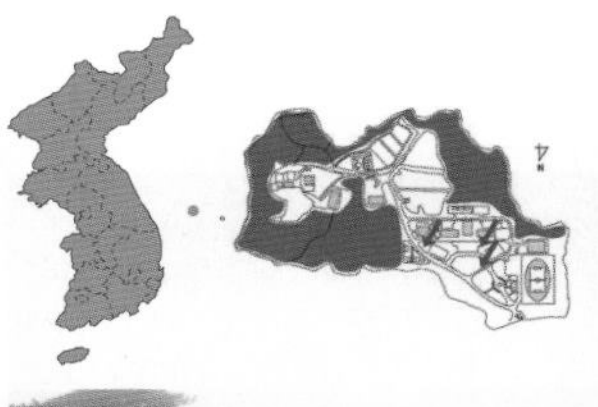

수형(충남 홍성군 서부면 궁리 보호수)

암구화수와 수구화수

암구화수

자생지(오대산)

잎

수피

【분포】
해외/국내 일본, 중국, 러시아(동부); 전국 해발 1,300m 이하 지역, 제주도는 해발 1,800m 이하
예산캠퍼스 연습림 및 교내

【형태】
수형 상록침엽교목으로 수고 35m, 흉고직경 1.8m이다.
수피 적갈색을 띠며 노목은 오래되면 인편모양으로 벗겨진다.
어린가지 황적색이고 털이 없다.
겨울눈 적갈색으로 타원상 난형이며 윗부분의 인편은 뒤로 살짝 젖혀진다.
잎 2개씩 모여나며 길이 8~14cm, 너비 1.5mm이다. 밑부분은 담갈색 엽초로 둘러싸여 있다.
구화수 4~5월에 핀다.
열매 다음해의 9~10월에 성숙하며, 구과이다. 난형 또는 장난형이고 길이가 4~5cm이다. 실편의 끝은 뒤로 젖혀지지 않는다.

【조림 · 생태 · 이용】
양수성이며 뿌리의 수직분포는 심근형이다. 개울가의 적습지에서부터 건조한 바위틈에까지 자란다. 수직적으로는 한

금강소나무 수형(경북 울진군 소광리 보호수)
처진소나무 수형
금강소나무 군락(경북 울진군 소광리)

라산의 해발 1,700m 이하, 백두산의 해발 700m까지 자란다. 주로 종자로 증식시키고 9~10월 솔방울이 녹색에서 자색으로 변하는 시기에 솔방울을 채취하여 햇볕에 건조시키면 인편이 열려 종자가 나온다. 종자날개를 제거한 종자를 기건저장하였다가 봄에 파종한다. 목재는 용재수, 풍치수, 정원수, 농기구재, 관재 등으로 이용되고, 솔잎은 송모(松毛)라 하여 송죽을 만들어 먹는다. 송기는 소나무의 내피로 흉년이 들었을 때 구황식품으로 이용되었으며, 복령은 소나무를 벌채하고 3~10년 뒤 소나무의 뿌리에서 기생하여 성장하는 균핵으로 껍질은 복령피라 하고, 균체가 소나무 뿌리를 내부에 싸고 자란 것은 복신, 복령 내부의 색이 흰것은 백복령, 붉은 것은 적복령이라 하여 모두 약으로 이용된다. 송이는 소나무 뿌리에 기생하는 외생균근의 자실체로 궁중 진상품에 들었으며, 현재도 고부가가치 버섯에 속한다.

【참고】

금강소나무 (for. *erecta* Uyeki) 경북 북부 및 강원도에 분포하고 수간이 곧게 자란다.

처진소나무 (for. *pendula* Mayr) 가지가 밑으로 처진다.

반송 (for. *multicaulis* Uyeki) 가지가 줄기 아래에서 사방으로 뻗어 반원형의 수형이다.

소나무과 Pinaceae

잣나무

Pinus koraiensis **Siebold & Zucc.**

Pinus 라틴 옛 이름이며 켈트어의 pin(산)에서 유래
koraiensis 한국의

이명 홍송, 송자송, 과송
한약명 해송자(海松子, 씨)
E Korean pine, Corean pine
C 紅松
J チョウセンマツ

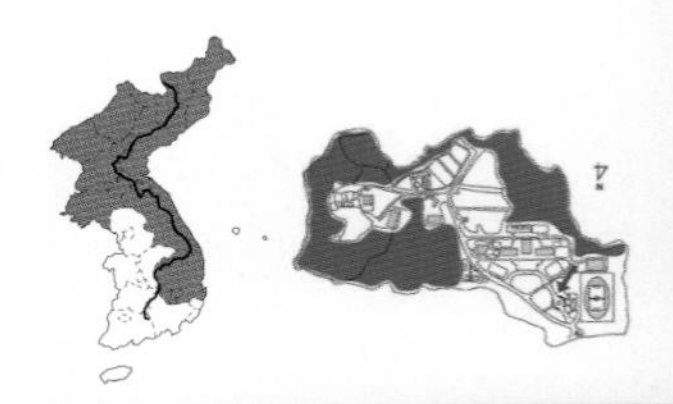

수형(설악산)

새순
잎

수피

수구화수

구과

치묘(발아)

【분포】
해외/국내 주로 지리산 이북 아고산 능선부
예산캠퍼스 연습림 및 교내

【형태】
수형 상록침엽교목으로 수고 30m, 흉고직경 1m이다.
수피 회갈색, 암갈색 또는 회색이고 오래되면 불규칙한 조각으로 벗겨진다.
어린가지 적갈색이고 흔히 황색 털이 있다.
겨울눈 황갈색의 난상 장타원형이다.
잎 5개씩 모여나며 3능선이 졌다. 뒷면에는 흰 기공조선이 5~6줄 있어 은녹색으로 보이기도 하며 가장자리에 잔거치가 있다.
구화수 5월에 핀다.
열매 다음해 10월에 성숙한다. 구과는 길이 9~15cm, 지름 6~8cm이다. 실편의 끝은 길게 자라서 뒤로 젖혀지며 구과는 익어도 벌어지지 않는다.

【조림 · 생태 · 이용】
우리나라 주요 조림수종으로 저지대에 널리 식재되어 있지만, 자생 잣나무림은 지리산 이북의 고도가 높은 지역에 주로 나타난다. 내한성은 강하고, 내염성과 내건성은 약한 편이다. 우리나라에 자생하고 있는 소나무류 중에서는 구과가 제일 크다. 어릴 때에는 생장이 느리지만 조림 후 5~6년이 지나면 다른 소나무류 못지않게 잘 자란다. 산복부와 계곡부의 비옥하고 적윤한 곳이 조림적지이며 조림 후 약 20년이 지나야 솔방울이 달린다. 중용수에 가까운 음수성이며 뿌리의 수직분포도는 심근형이다. 목재는 건축재와 가구재로 쓰이고, 잣은 식용 또는 약용한다.

소나무과 Pinaceae

섬잣나무

Pinus parviflora Siebold & Zucc.

Pinus 라틴 옛 이름이며 켈트어의 pin(산)에서 유래
parviflora 소형화(小形花)의

E Japanese white pine
J ヒメコマツ

문화재청 지정 천연기념물 경북 울릉군 서면 태하리 솔송나무-섬잣나무-너도밤나무 군락(제50호)

군락(울릉도 태화령)

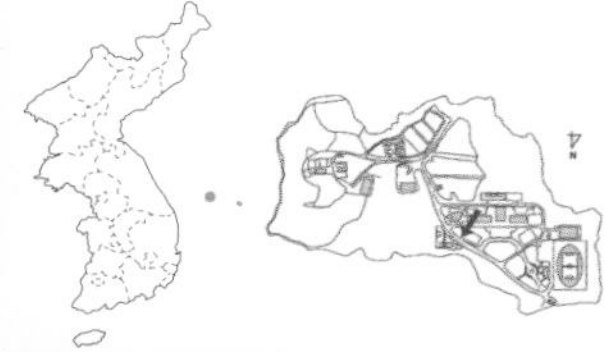

암구화수

수구화수

잎과 구과

【분포】
해외/국내 울릉도의 산지 사면 및 능선부, 내륙에서는 정원수로 식재
예산캠퍼스 생명관 앞 주차장 옆

【형태】
수형 상록침엽교목으로 수고 30m, 흉고직경 1m이다.
수피 회색 또는 회갈색이고 오래되면 불규칙한 인편상 조각으로 벗겨진다.
어린가지 처음에는 녹색이다가 차츰 황갈색으로 변한다. 흔히 황색 털이 있으나 차츰 없어진다.
겨울눈 장타원형이며 황갈색을 띤다.
잎 길이 3~6cm이며 5개씩 나고 3개의 능선이 있다.
구화수 6월에 핀다.
열매 다음해 9월에 성숙하며, 구과 길이는 4~7cm이다. 실편이 벌어지고 종자에 날개가 있다.

【조림 · 생태 · 이용】
일반 육지에 분포하는 잣나무에 비해 구과 및 종자가 소형이다. 잣나무와 같이 내음성이 있다. 가을에 구과를 채취한 후 후숙시켜서 종자를 탈각시키고 이를 수선한 후 노천매장해두었다가 파종한다. 목재는 건축재, 선박재, 가구재, 악기재, 조각재 등에 사용된다.

구과

소나무과 Pinaceae

눈잣나무

Pinus pumila (Pall.) Regel

Pinus 라틴 옛 이름이며 켈트어의 pin(산)에서 유래
pumila 키가 작은, 작은

이명 누운잣나무, 천리송
E Dwarf stone pine, Dwarf siberian pine
J ハイマツ

산림청 지정 희귀등급 멸종위기종(CR)
환경부 지정 국가적색목록 취약종(VU)

수형

수구화수

군락(설악산 대청)

암구화수

구과

【분포】
해외/국내 일본, 중국, 러시아; 설악산 대청

【형태】
수형 상록침엽관목 또는 아교목으로 수고 4~6m, 흉고직경 15cm이다.
수피 녹갈색을 띠며 얇게 벗겨진다.
어린가지 적갈색 털이 있다.
겨울눈 적갈색의 삼각상 난형이며 겉으로 송진이 나온다.
잎 침엽으로 5개씩 뭉쳐나며 길이 3~6cm이다. 표면은 짙은 녹색, 뒷면은 백색의 기공조선이 있어 흰빛이 돈다.
구화수 6~7월에 피며 암수한그루이다. 수구화수는 황적색의 타원형으로 가지의 기부에 달린다. 암구화수는 자주색을 띤 난형으로 가지 끝에 달린다.
열매 7~8월 성숙하며, 구과로 난형이고 길이 3~4.5cm이다. 적갈색의 종자는 난형이며, 날개가 발달하지 않는다.

【조림 · 생태 · 이용】
설악산 대청봉 일대에 주간이 옆으로 기면서 누워있는 형태로 분포하며 음수성이다. 바람에 의해 풍충왜림을 형성하고 조경수로 이용한다. 종자는 약용한다.

수간

소나무과 Pinaceae

리기다소나무

Pinus rigida Mill.

Pinus 라틴 옛 이름이며 켈트어의 pin(산)에서 유래
rigida 딱딱한

이명 세잎소나무, 삼엽송
E Pitch pine
C 剛松
J リギダマツ

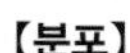

【분포】
해외/국내 미국의 북동쪽 대서양 연안; 전국에 조림
예산캠퍼스 연습림

【형태】
수형 상록침엽교목으로 수고 25m, 흉고직경 1m이다. 맹아력이 강하며 수간에서도 맹아지가 발생하기도 한다.
수피 적갈색 또는 흑갈색을 띠며 깊게 갈라진다.
어린가지 연한 갈색이다.
겨울눈 적갈색이다.
잎 3개 간혹 4개씩 모여나며 약간 비틀리고 잔거치가 있다. 횡단면의 송진 구멍은 2개에서 11개로 중위이거나 내위이다.
구화수 5월에 핀다.
열매 다음해 9월에 성숙한다. 구과는 수년 동안 가지에 달려 있다. 비후부는 광채가 나고 제는 침상이 된다.

【조림 · 생태 · 이용】
양수로 비옥한 적윤지 토양에서 잘 자란다. 산불이 난 이후에 맹아갱신이 잘 되며, 내한성과 내건성이 강한 편이다. 척박지, 건조지, 습지에도 잘 적응한다. 우리나라에는 1914년경 종자를 들여와 서울 아현리에 양묘한 것이 최초이며, 1970년대 대규모 조림사업으로 식재된 것이 현재에 이르고 있다. 종자로 번식하고 가을에 종자를 채취하여 기건저장한 후, 봄에 파종 1개월 전 노천매장하였다가 사용한다. 사방 및 연료림으로 이용되며, 재질은 별로 좋지 못하여 용재수종으로는 부적합하다.

【참고】
테에다소나무 (*P. taeda* L.) 리기다소나무에 비해 잎이 15~22.5cm로 길고 엽침이 발달한다.

소나무과 Pinaceae

스트로브잣나무

Pinus strobus L.

Pinus 라틴 옛 이름이며 켈트어의 pin(산)에서 유래
strobus 구과의

이명 스도로뿌소나무, 가는잎소나무
E Eastern white pine
C 美國五針松, 美國白松
J ストローブマツ

조림지

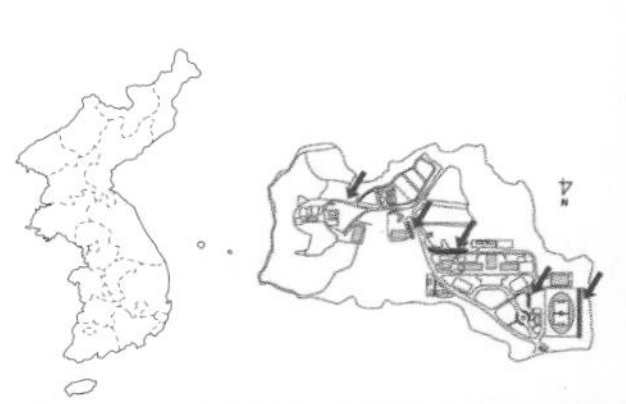

수구화수 ©김진석

암구화수 ©김진석

성숙 구과

미성숙 구과 ©김진석

수피

【분포】

해외/국내 북아메리카; 전국 식재
예산캠퍼스 연습림 임도 옆 및 교내

【형태】

수형 상록침엽교목으로 수고 30m, 흉고직경 1m이다.
수피 녹갈색 또는 회갈색이며 어릴 때에는 미끈하다가 오래되면 세로로 불규칙하게 갈라진다.
어린가지 녹갈색~적갈색이며 처음에는 털이 있으나 차츰 없어진다.
겨울눈 밝은 적갈색이며 난상 원주형이다.
잎 5개씩 모여나며 횡단면의 수지구는 외위이다. 길이 6~14cm이고 침형이며 엽질이 부드럽다. 기공선은 윗면에서 뚜렷이 나타난다.
구화수 4월 하순경에 피고 암수한그루이다. 수구화수는 황색이고, 난형이며 새가지 밑에 모여 달리고, 암구화수는 장난형으로 새가지 끝에 모여 달린다.
열매 구과는 긴 원통형으로 길이 8~20cm, 지름 2.5cm이다. 밑으로 처지고 흔히 구부러진다. 성숙하면 인편이 벌어지며 종자에 날개가 있다.

【조림 · 생태 · 이용】

미국 동북부지역의 용재수종으로 조림의 적응 여부 시험을 위하여 도입되어 각 지역에 심었다. 우리나라의 잣나무에 비하여 잎이 가늘고 구과가 길며 유목일 때에는 수피가 미끈하다. 비옥적윤한 사질양토에서 잘 자란다. 종자를 저온습윤의 토중에 매장하였다가 봄에 파종한다. 양수성이며 심근성 수종이다. 목재는 건축재나 기구재, 조각재, 펄프재로 이용된다.

새순(겨울눈)

수간과 수피

수형

소나무과 Pinaceae

곰솔

Pinus thunbergii **Parl.**

Pinus 라틴 옛 이름이며 켈트어의 pin(산)에서 유래

thunbergii 스웨덴 C.P. Thunberg (1743~1828)의

이명 해송, 왕솔, 가지해송, 곰반송

E Japanese black pine

C 黑松

J クロマツ

문화재청 지정 천연기념물 제주 제주시 아라일동 산천단 곰솔 군(제160호) 외 4곳

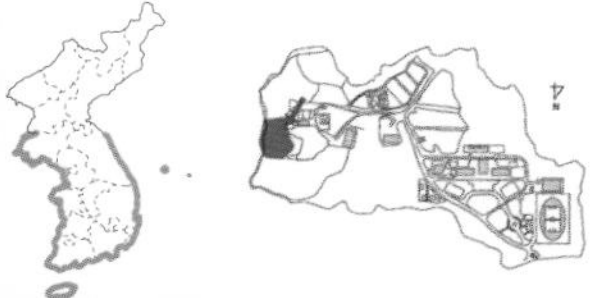

전년지의 구과

암구화수와 수구화수

암구화수

【분포】

해외/국내 일본; 한반도 해안가에 주로 자생

예산캠퍼스 연습림

【형태】

수형 상록침엽교목으로 수고 20m, 흉고직경 1m이다.

수피 회색 또는 흑갈색을 띠고 거북등껍질모양으로 깊게 갈라진다.

어린가지 황갈색을 띤다.

겨울눈 백색을 띠며 원주형이다.

잎 2개씩 모여나며 짙은 녹색으로 길이 4~14cm, 너비 1.5mm이고 다소 비틀어졌다. 끝이 뾰족한데 피부를 찌르면 아플 정도로 억세다.

구화수 4~5월에 피고, 수구화수는 황색의 장타원형이며, 새가지 아래쪽에 모여 달린다. 암구화수는 연한 홍자색의 난형이며, 보통 2개씩 새가지 끝에 달린다.

열매 다음해 9~10월에 녹갈색으로 성숙하며, 구과이다.

【조림 · 생태 · 이용】

양수성이며 뿌리의 수직분포는 심근형이다. 사질토양에서 생육이 양호하나 암석지 등 척박지에서도 생육이 매우 강하다. 목재는 건축재, 선박재, 펄프재로 쓰이고 해풍과 염분에 강하여 바닷가의 방풍림이나 방조림으로 이용된다.

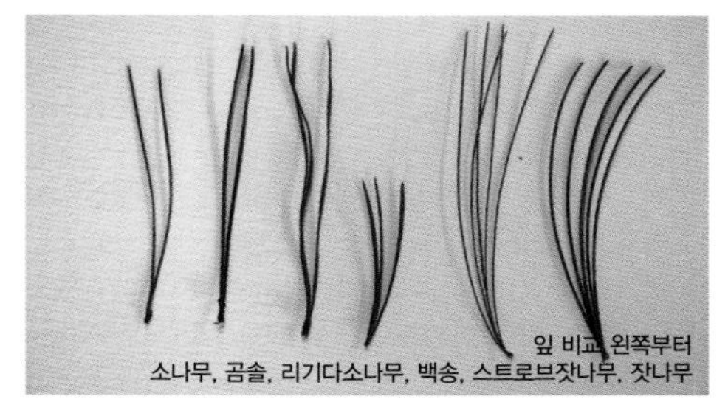

잎 비교 왼쪽부터

소나무, 곰솔, 리기다소나무, 백송, 스트로브잣나무, 잣나무

소나무과 Pinaceae

솔송나무(울릉솔송나무)

Tsuga sieboldii Carrière

Tsuga 이 속 중의 일본명 쓰가에서 유래
sieboldii 일본식물 연구가 Siebold의

이명 좀솔송나무
E Japanese hemlock, Siebold hemlock
C 鐵杉
J ツガ

산림청 지정 희귀등급 약관심종(LC)
환경부 지정 국가적색목록 관심대상(LC)
문화재청 지정 천연기념물 경북 울릉군 서면 태하리 솔송나무-섬잣나무-너도밤나무 군락(제50호)

수형(울릉도 태화령) ©이중효

암구화수

잎(새잎)

구과

【분포】
해외/국내 일본; 울릉도 산지 사면 및 능선

【형태】
수형 상록침엽교목으로 수고 30m, 흉고직경 80cm이다.
수피 적갈색 또는 회갈색을 띠며 노목의 수피는 세로로 벗겨진다.
겨울눈 난상 원형이고 털이 없다.
잎 선형으로 길이 10~20mm, 너비 2.5~3mm이다. 잎의 끝은 요두이며 뒷면에는 두 줄의 백색 기공조선이 있다. 2~3mm 정도의 잎자루가 뚜렷하다.
구화수 자색으로 5월에 피며 암수한그루이다. 수구화수는 위를 향하고, 암구화수는 가지 끝에서 아래를 향하여 달린다.
열매 10월에 성숙하며 구과이다. 가지 끝에 1개씩 매달려서 아래로 달리며 타원형 또는 난형으로 길이 20~25mm, 지름 15mm이다.

【조림 · 생태 · 이용】
울릉도 자생지의 큰 나무는 거의 벌채되었고 현재에는 태하령에서 잣나무와 더불어 보호되고 있다. 내한성이 강하고 중용수에 가까운 음수이며 천근성이다. 비교적 바람에 강하고 비옥적윤한 토양이 적지이다. 광장이나 공원 등의 반그늘진 곳에 정원수 또는 공원수로 식재하면 좋고, 분재로도 이용이 가능하다. 목재는 건축재나 기구재, 펄프재로 쓰이고 나무껍질에서 타닌을 추출한다.

【참고】
솔송나무의 학명이 국가표준식물목록에는 *T. ulleungensis* G.P.Holman, Del Tredici, Havill, N.S.Lee & C.S.Campb.로 기재되어 있다.

낙우송과 Taxodiaceae

삼나무

***Cryptomeria japonica* (Thunb. ex L.f.) D.Don**

Cryptomeria 그리스어 cryptos(숨은)와 meris(부분)의 합성어이지만 뜻은 불분명함
japonica 일본의

이명 숙대나무
한약명 유삼(柳杉, 근피)
E Japanese cedar
C 日本柳杉
J スギ

암구화수

수구화수

수형

구과

조림지(일본)

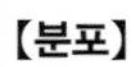

【분포】
해외/국내 일본 고유종, 중국 남부; 전남, 경남 및 제주도에 식재

【형태】
수형 상록침엽교목으로 수고 40m, 흉고직경 2m이다.
수피 적갈색으로 세로로 길게 찢어져 벗겨진다.
잎 침형으로 길이 1.2~2.5cm이고 나선상으로 달려서 5줄로 배열하며 다소 굽는다. 가지가 고사하여도 떨어지지 않는다. 하면의 중륵은 도드라져 있고 양면에 4~6줄기의 기공조선이 있다. 단면은 3~4모가 진다.
구화수 3~4월에 피며 암수한그루이다. 수구화수는 타원형으로 길이 10mm이고, 암구화수는 구형으로 끝에 1개씩 달린다.
열매 10월에 성숙하며 구과이다. 길이 18~25mm, 너비 16~18mm이다. 종자에 날개가 있고 실편은 20~30개이다.

【조림 · 생태 · 이용】
삼나무와 편백나무는 우리나라 남부지역, 일본, 대만의 주요 조림수종으로 겨울철의 추위가 심하지 않고 상대습도가 높은 비옥지가 조림적지이다. 종자와 삽목으로 증식시키고, 종자는 겨울 동안 기건저장한 후 봄에 파종한다. 주요한 용재수종이고 독립수로 적당하며 차폐용으로도 이용된다. 방풍, 산림녹화용으로 많이 식재되고 생울타리용으로도 이용된다. 목재는 재질이 우수하여 건축재, 선박재, 조각재, 가구재 등으로 이용된다. 잎은 향료의 원료로 쓰이고, 나무껍질은 염색제, 선박의 물막이 등으로 이용된다. 근피를 삼목근피라 하여 약용한다.

【참고】
국가표준식물목록에는 측백나무과(Cupressaceae)로 기재되어 있다.

넓은잎삼나무

Cunninghamia lanceolata (Lamb.) Hook.

Cunninghamia 중국에서 살았던 영국인 의사이며 채집가인 J. Cunningham (1791~1839)에서 유래
lanceolata 피침형의

E Chinese fir
C 杉木
J コウヨウザン

수형

잎

수피

암구화수

수구화수

구과

【분포】
해외/국내 중국, 베트남; 남부지방에서 관상용 식재

【형태】
수형 상록침엽교목으로 원산지에서는 수고 35m, 흉고직경 60cm이다.
수피 갈색을 띠고 불규칙한 조각으로 떨어지며 적색 내피가 나타난다.
잎 돌려나며 선상 피침형으로 길이 3~6cm이고 우상으로 배열된다. 낫모양으로 구부러지며 구부러진 잎자루가 있다. 뒷면에 2줄의 흰 기공조선이 있다.
구화수 4월에 피며 암수한그루이고 신년지 끝에 달린다. 수구화수는 타원상 구형으로 모여 달리며, 암구화수는 1~3개씩 달리고 길이 3~4cm로 둥근 모양을 띤다.
열매 10~11월에 성숙하며 구과이다. 둥근 난형으로 길이 2.5~5cm이다. 인엽은 크게 자라서 실편같이 보이며 딱딱하고 뾰족한 끝이 젖혀진다. 실편은 흔적만 남으며 각 인엽에는 종자가 3개씩 들어있다. 종자에 날개가 달리고 자엽은 2개이다.

【조림 · 생태 · 이용】
원산지는 중국 남부, 베트남으로 중용수이며, 내한성, 내염성, 내건성이 약하다. 주로 우리나라 남부지방에 식재하고 있으며 정원이나 공원의 조경수로 식재한다. 수피, 뿌리, 잎은 약용하고, 목재는 건축재, 제지원료로 사용된다.

【참고】
국가표준식물목록에는 측백나무과(Cupressaceae)로 기재되어 있다.

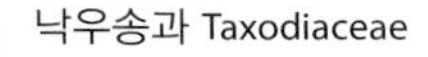

낙우송과 Taxodiaceae

메타세쿼이아

Metasequoia glyptostroboides Hu & W. C. Cheng

Metasequoia meta(후에)와 *Sequoia*속의 합성어

이명 수삼나무, 메타세쿼이아
한약명 수삼엽(水杉葉, 잎)
E Dawn red wood
C 水杉
J メタセコイア

수형

수구화수

구과

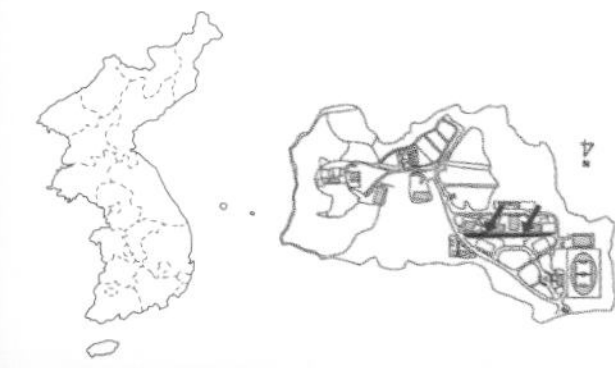

잎

가지

【분포】
해외/국내 중국; 전국에 공원수, 가로수로 식재
예산캠퍼스 교내

【형태】
수형 낙엽침엽교목으로 원추형으로 수고 35m, 흉고직경 2m이다.
수피 오래되면 적갈색을 띠며 세로로 얇게 갈라져 벗겨진다.
어린가지 녹색에서 차츰 갈색으로 변한다.
겨울눈 난형으로 끝이 둔하며 황갈색을 띤다.
잎 마주나며 좁은 피침상 선형으로 부드럽다. 길이 1~2.5cm, 너비 1.5~2mm이다.
구화수 2~3월에 핀다.
열매 10월에 성숙하며 구과이다. 타원형으로 길이 18~25mm이며 종자의 양측에 날개가 있다. 구과의 실편은 5~9개이다.

【조림 · 생태 · 이용】
습지와 같은 습윤비옥한 사질양토가 적지이다. 양수성이며 뿌리의 수직분포는 심근형이다. 잎은 약으로 쓰인다. 종자와 삽목으로 증식시킬 수 있으며 수령이 25~30년 정도 되어야 결실한다. 풍치수로 공원, 유원지, 관광지, 학교에 식재되며 기념수나 조림수로도 이용된다. 목재는 건축내장재, 가구재, 판재, 펄프재로 이용되며 잎은 약으로 이용된다.

【참고】
일본시립대학 이공학부 미키 시게루(三木茂理) 교수가 일본의 병고 화가산 등지에서 출토된 화석식물 유체를 연구하여 1941년 이를 *Metasequoia*속으로 발표한 화석식물로 인정되고 있었으나 1945년에 중국의 양자강 지류에서 처음 살아있는 표본목으로 발견되었다. 우리나라에는 도입된 역사가 짧아 거목은 없다.
국가표준식물목록에는 측백나무과(Cupressaceae)로 기재되어 있다.

낙우송

Taxodium distichum **(L.) Rich.**

Taxodium 속명 *Taxus*와 그리스어 eidos(닮다)의 합성어이며, 잎이 주목과 비슷한 데서 유래함
distichum 2열생(二列生)의

이명 아메리카수송
한약명 낙우삼(落羽杉, 종자)
E Com-mon bald cypress, Swamp cypress, Deciduus cypress
C 落羽杉, 落羽松
J ラクウショウ

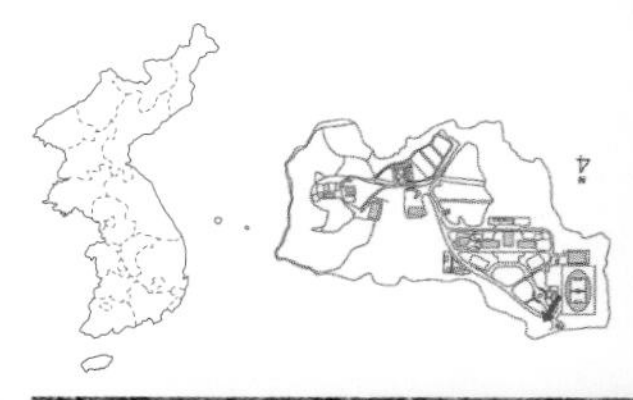

수형(구 예산캠퍼스)

잎

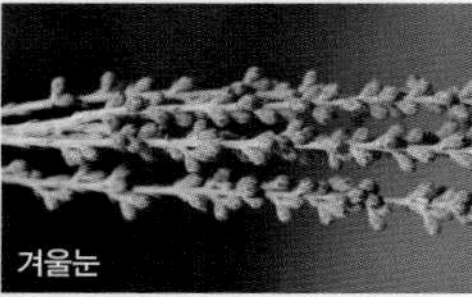
겨울눈

수피

구과

기근

【분포】
해외/국내 북아메리카; 전국에 공원수, 가로수로 식재
예산캠퍼스 정문 왼쪽

【형태】
수형 낙엽침엽교목으로 수고 40m, 흉고직경 2~3m이다.
수피 회갈색을 띠며 적갈색으로 세로로 얇게 갈라진다.
어린가지 2열로 배열되며 처음에는 녹색이다가 차츰 적갈색으로 변한다.
겨울눈 겨울에 갈색으로 변하여 단지와 함께 떨어진다.
잎 우상으로 장지에서는 어긋나며 나선상으로 달린다. 단지에서는 2열로 거의 수평이 된다. 소엽은 부드럽고 선형이며 길이 1.5~2cm로 끝이 예리하지 않다.
구화수 4월에 핀다.
열매 10월에 성숙한다. 구과는 구형이며 지름 2~5cm이다. 종자의 3면에 날개가 발달해 있다. 실편은 10~12개이다.

【조림 · 생태 · 이용】
습지에서도 잘 자라며 재질은 좋으나 나무의 밑부분과 중간부분 지름의 차이가 커서 용재수종으로 조림하기에는 경제성이 떨어진다. 수중 또는 수습지에서 생육하는 뿌리에서는 칠근(漆根, 가근(假根, cyprecs knee)이라고도 함)이 죽순처럼 솟아오른다. 유목이나 건조지에서 자라는 나무에서는 칠근이 발달하지 않는다. 중용수이며 뿌리의 수직분포는 심근형이다. 주로 종자로 증식시키지만 삽목도 가능하다. 수령이 15년쯤 되어야 결실한다. 자가불화합성 식물로 종자 채취 시 단목으로 서 있는 나무에서 채취한 종자는 발아하지 못한다. 따라서 군상으로 자라고 있는 곳에서 종자를 채취해야 한다. 수변지역의 풍치수, 가로수로 심는다. 목재는 건축재, 선박재로 쓰이며, 종자는 약으로 쓰인다.

【참고】
국가표준식물목록에는 측백나무과(Cupressaceae)로 기재되어 있다.

낙우송과 Taxodiaceae

금송

***Sciadopitys verticillata* (Thunb.) Siebold & Zucc.**

Sciadopitys 그리스어 scias 또는 sciados (우산)와 pitys(소나무)의 합성어이며, 산형송(傘形松)이란 뜻으로 잎 같은 짧은 가지가 윤생한 데서 기인함
verticillata 윤생(輪生)하는

E Umbrella pine, Japanese umbrella pine
C 金松, 日本金松
J コウヤマキ

【분포】
해외/국내 일본 난대림지역; 공원수, 정원수로 식재
예산캠퍼스 생명관

【형태】
수형 상록침엽교목으로 수고 30m, 흉고직경 1m이다.
수피 회갈색으로 길게 벗겨진다.
어린가지 장지와 단지가 함께 발달하며 인편 같은 잎이 드물게 달린다.
잎 단지에서는 한 마디에 10~40개가 돌려난다. 선형으로 2개의 잎이 합쳐져 두꺼우며 뒷면에 홈이 파여져 있고, 흰빛의 기공대가 있다.
구화수 수구화수는 길이 7mm 정도의 타원형으로 가지 끝에 20~30개씩 모여 달리며, 자구화수는 타원체로 가지 끝에 1~2개씩 달린다.
열매 2년 후에 성숙하며 구과로 길이 5~12cm이다. 종자의 양측에 날개가 있다.

【조림 · 생태 · 이용】
음수성이며 뿌리의 수직분포는 천근형이다. 자생지의 기후는 난대성이다. 경기도에서도 월동이 가능하다는 기록도 있으나 충남 예산 지역에서는 남향 건축물 벽의 복사열이 있는 곳에 식재된 개체 외에는 거의 월동이 불가능하다. 종자와 삽목으로 번식시킨다. 종자는 겨울 동안 습윤 저온저장하였다가 파종한다. 발아하는 데 1~2년이 걸리며 파종한 해 봄에 발아하는 것도 있지만 가을이나 2년째 봄에 발아한다. 목재는 수분에 견디는 힘이 강하여 일본에서는 목욕통으로도 쓰고 있다. 수피는 선박이나 물통의 물새는 틈을 막는데 사용하고 있다.

【참고】
국가표준식물목록에는 금송과(Sciadopityaceae)로 기재되어 있다.

측백나무과 Cupressaceae

화백

Chamaecyparis pisifera (Siebold & Zucc.) Endl.

Chamaecyparis chamai(작은)와 cyparissos(삼나무류)의 합성어
pisifera 완두(pisam)를 가진

이명 화백나무
E Sawara cypress
C 花柏
J サワラ

수형

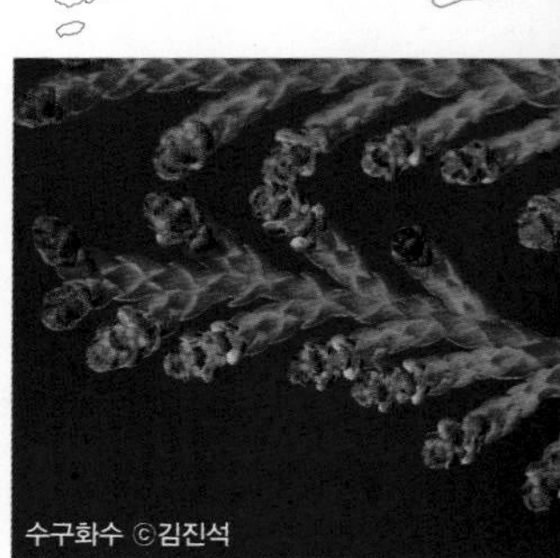
수구화수 ©김진석

암구화수 ©김진석

수피

【분포】

해외/국내 일본 규슈~히로시마; 중부 이남에서 공원수, 정원수, 생울타리용으로 식재
예산캠퍼스 연습림 온실 뒤편

【형태】

수형 상록침엽교목으로 수고 50m, 흉고직경 1~2m이다. 가지가 수평으로 퍼지고 수형은 피라미드형이다.
수피 적갈색을 띠며 세로로 길게 벗겨진다.
어린가지 편평하고 밑으로 처진다.
잎 난상 피침형으로 예두이며 촉감이 거칠다. 측엽은 난형 또는 장타원형으로 뒷면은 W자형의 백색 기공조선이 있다. 인편상으로 상하좌우로 마주난다. 상하엽과 좌우엽의 크기는 거의 같다. 편백은 잎끝이 둔한 둥근 모양인데 반하여 화백은 끝이 뾰족하다.
구화수 4월에 피며 암수딴그루이다. 암구화수는 작은별모양을 하고 있고, 수구화수는 노란 꽃가루가 날릴 때면 절정을 이룬다.
열매 9~10월에 갈색으로 성숙하며 지름 6mm로 구형이다. 실편은 8~12개이고 각 실편 사이에 1~2개의 종자가 들어있다. 종자는 길이 2mm 정도의 좁은 도란형~타원형이며 측면에 날개가 있다.

어린가지와 오래된 잎 / 잎 뒷면 / 구과 ⓒ김진석 / 서리화백 잎과 구과 / 실화백 잎 / 서리화백 구과 / 실화백 수구화수

【조림 · 생태 · 이용】

산중턱 아래쪽의 계곡과 같은 저습지에서 잘 자란다. 내음성과 내건성이 높을 뿐 아니라 내한성이 강하다. 목재는 재질이 거칠기는 하지만 단단하기 때문에 건축재, 토목재, 기구재, 선박재로 사용된다. 맹아력이 뛰어나 전정을 함으로써 다양한 수형을 쉽게 만들 수 있어 조림수나 조경수로 적당하며 생울타리로도 좋다. 조림을 많이 하는 수종은 아니나 수습에 강하여 연못 주위의 풍치수로 이용된다.

【참고】

서리화백 (var. *squaraaosa*) 잎이 청백녹색으로 아주 부드럽다.

실화백 (var. *filifera*) 가지가 가늘게 실처럼 뻗어 아래로 처지는 변종이다.

측백나무과 Cupressaceae

편백

Chamaecyparis obtusa (Siebold & Zucc.) Endl.

Chamaecyparis 그리스어 chami(작은)와 Cyparissos(삼나무류)의 합성어
obtusa 둔두 천열의, 열편 끝이 둔한

이명 편백나무
E Hinoki cypress, Hinoki false cypress, Japanese false cypress
C 云片柏
J ヒノキ

수형

암구화수

수피

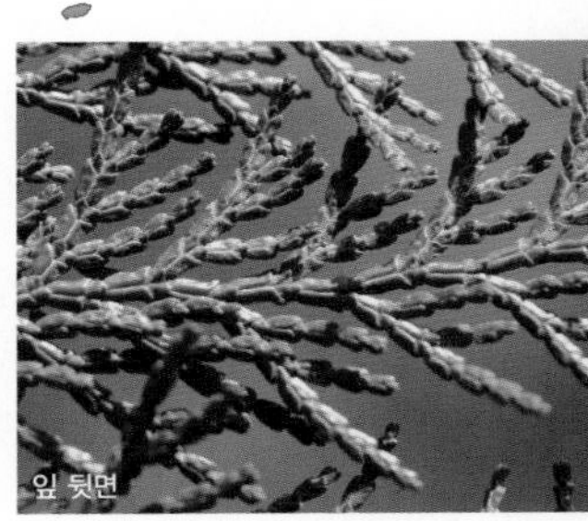
잎 뒷면

잎과 구과

채취한 구과

【분포】
해외/국내 일본; 중부 이남에 식재, 주로 난대림지역 제주도 및 남부지방에 식재
예산캠퍼스 온실 뒤

【형태】
수형 상록침엽교목으로 수고 40m, 흉고직경 2m이다. 가지는 수평으로 퍼져 원추형 수관을 형성한다.
수피 자갈색 또는 적갈색을 띠고 세로로 길게 벗겨지며 섬유질이다.
어린가지 편형하고 처진다.
잎 인편상으로 둔두내곡이다. 양면이 녹색으로 상엽 및 좌우엽이 합쳐지는 사이에 Y자형의 흰 기공선이 나타난다. 상하엽은 좌우엽보다 작다.
구화수 4월에 피고 암수한그루이다. 암수가 각각 다른 가지에 달린다. 수구화수는 황색을 띤다.
열매 9~10월에 갈색으로 성숙하며 구과이다. 구형으로 지름 10~12mm이다. 8(9~10)개의 씨앗바늘로 구성된다. 중앙부의 제는 작고 뾰족하고 씨앗바늘은 정사각형이다. 종자는 각 씨앗바늘에 2개씩 들어있으며 긴 삼각형이거나 양면이 돌출했다.

【조림 · 생태 · 이용】
우리나라 남부지역에 조림되어 있고, 토심이 깊은 산록부나 산골짜기의 비옥한 적습지가 조림적지이다. 종자와 삽목으로 증식시킨다. 진한 녹색의 잎이 치밀하게 나 있어서 질감이 좋기 때문에 공원수나 정원수로 이용되고, 맹아력이 우수하여 생울타리용으로도 좋으며, 방풍림으로 많이 식재하고 있다. 목재는 음향조절력이 있어서 음악당 내장재로 각광받고 있고, 강도가 높으며 보존성이 좋아 조각재, 불교기구재, 선박재 등으로 이용된다. 목재와 잎에서는 기름을 얻어 약용하며, 열매에서는 향료를 채취하여 이용한다.

측백나무과 Cupressaceae

노간주나무

***Juniperus rigida* Siebold & Zucc.**

Juniperus 고대 라틴명
rigida 딱딱한

이명 노가주나무, 노가지나무, 노간주향
한약명 두송실(杜松實, 익은 열매)
E Needle juniper, Temple juniper
C 杜松
J ネズ

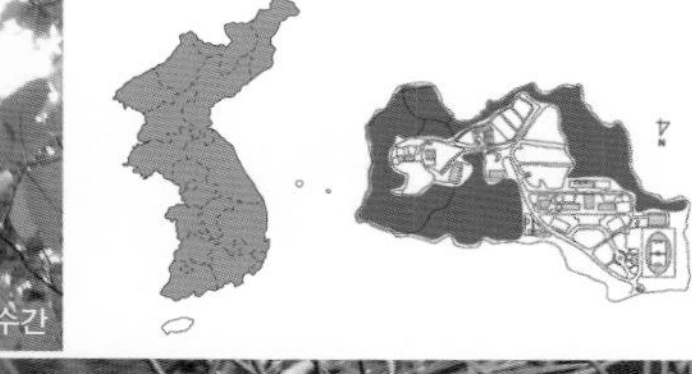

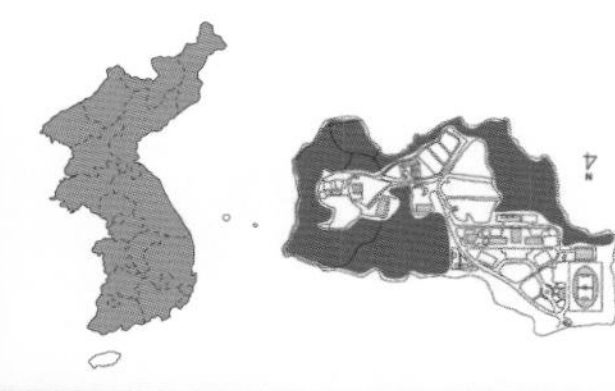

수형

잎과 구과

수간

잎

구과

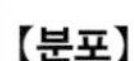

【분포】
해외/국내 일본, 중국; 전국 해발 1,100m 이하의 지역 및 건조한 산지 및 풀밭, 석회암지대
예산캠퍼스 연습림

【형태】
수형 상록침엽아교목으로 수고 3~10m, 흉고직경 20cm이다.
수피 갈색을 띠며 길게 세로로 찢어져 벗겨진다.
어린가지 황갈색으로 노목에서는 드리워진다.
잎 침상으로 길이 6~16mm, 너비 1mm이며 3개씩 돌려난다. 끝은 예리하고 딱딱하여 손을 갖다 대면 통증을 느낄 정도이다. 표면에 백색의 좁은 홈이 있으며, 횡단면은 V자 모양이다.
구화수 4월에 2년지의 잎겨드랑이에서 피며 암수딴그루이다. 수구화수는 4~5mm의 타원형 또는 아원형이며 황갈색을 띤다. 암구화수는 녹색을 띤다. 3개의 인편이 있다.
열매 다음해 10월에 남청색 또는 흑색으로 성숙한다. 육질의 구형으로 지름 6~9mm이다. 길이 4~5mm의 타원형 종자가 2~3개씩 들어있다.

【조림 · 생태 · 이용】
충남 서해안 산야의 햇볕이 직사되는 건조한 지역에 잘 자라고, 양수성으로 석회암지대에도 잘 자란다. 정원수 또는 생울타리로 심으며, 목재는 건축재, 기구재, 선박재로 쓰인다. 목재와 가지가 유연하며 물에 잘 썩지 않으므로 써래, 소코뚜레, 소쿠리의 테를 만드는 등 주로 농기구를 만드는데 이용된다. 열매는 두송실이라고 하며 약으로 이용된다.

측백나무과 Cupressaceae

향나무

Juniperus chinensis L.

Juniperus 고대 라틴명
chinensis 중국의

이명 노송나무
E Chinese juniper
C 圓柏
J ビュクシン

환경부 지정 국가적색목록 취약(VU)
문화재청 지정 천연기념물 경북 울릉군 서면 남양리 향나무 자생지(제48호) 등 11곳

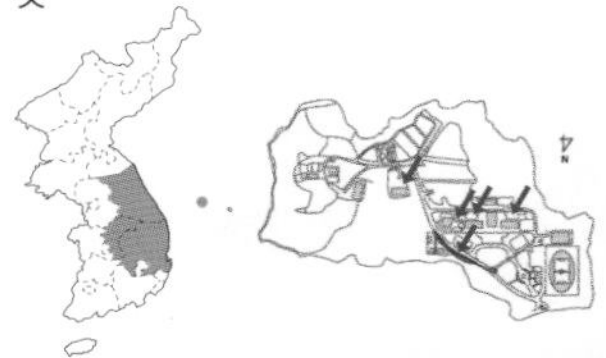

수간과 수형(충남 예산군 삽교)

수구화수와 잎

수형

미성숙 구과

구과

【분포】

해외/국내 일본, 중국, 몽골; 수평적으로는 흑산도에서 평안북도에 이르는 각지, 강원도 삼척, 영월 및 경북 의성, 특히 울릉도에 가장 많이 분포, 우리나라뿐만 아니라 수직적으로는 해발 600m 이하 암석지대에 자생함
예산캠퍼스 교내

【형태】

수형 상록침엽교목으로 수고 20m, 흉고직경 3.5m이다.
수피 적갈색을 띠며 세로로 길게 벗겨진다.
어린가지 편평하고 밑으로 처진다.
잎 인엽과 침엽이 있다. 침엽은 흔히 3윤생이고 아랫가지에 많으며, 인엽은 둔두이고 끝이 가지에 거의 붙는다.
구화수 4월에 성숙하며 암수딴그루 또는 드물게 암수한그루이다. 수구화수는 길이 3~5mm, 타원형이며 황색이고, 암구화수는 3~4mm이며 인편이 6개이다.
열매 다음해 9~10월에 자흑색으로 성숙한다. 육질로 둥글며 지름이 약 7mm 정도이다. 종자는 길이 3~6mm이다.

【조림 · 생태 · 이용】

석회암지대, 울릉도의 바위틈에 자생한다. 비교적 비옥적윤한 토양이 조림적지이다. 노목의 심재부분은 적갈색을 띠고 있다. 양수성이고 뿌리의 수직분포는 심근형이며 정원수, 방풍림, 생울타리로 심는다. 주요한 용재수종으로 가지, 잎, 목질부를 자단향이라고 하며 약용한다. 옛날부터 향료로 사용해 오고 있다.

【참고】
둥근향나무 (*J. chinensis* 'Globosa') 밑둥치 부근에서 여러 개의 가지가 발달하여 수형이 둥글게 나타난다.
가이즈카향나무 (*J. chinensis* 'Maney') 일본 원산으로 가지가 용솟음치듯 굽어 자라는 원예품종이며 나사백이라고도 한다.

자생지(한라산 백록담 외벽부)

측백나무과 Cupressaceae

눈향나무

Juniperus chinensis **L. var.** ***sargentii*** **A.Henry**

Juniperus 고대 라틴명
chinensis 중국의

이명 누운향나무, 눈상나무, 참향나무

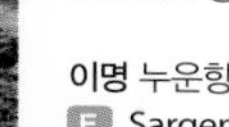

E Sargent juniper
J ミヤマビャクシン

산림청 지정 희귀등급 위기종(EN)
환경부 지정 국가적색목록 관심대상(LC)

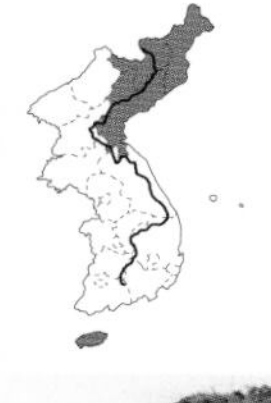

인편엽

줄기

암구화수

구과

수형(제주도)

【분포】

해외/국내 일본, 극동러시아; 함경도, 평안남북도, 지리산, 한라산, 설악산, 태백산 등 고산지대의 바위지대에 드물게 분포함

【형태】

수형 상록침엽관목으로 수고 75cm, 길이 5m이다. 줄기는 땅 위를 기면서 자라지만 절벽지에서는 아래로 쳐지면서 자란다.

잎 처음에는 침형이지만 섬향나무처럼 찌르지 않는다. 표면에는 주맥보다 넓은 2줄의 백선이 있어 향나무보다 전체적으로 희게 보인다. 뒷면은 녹색을 띠며, 대부분 인엽이며 밀생한다. 아래가지에는 침상의 잎이 섞여 있다.

구화수 4월에 피며 암수딴그루이다. 수구화수는 난형이며 황색을 띠고, 암구화수는 구형이며 가지 끝에 달린다.

열매 가을에 검푸른색으로 성숙한다. 표면에는 백색분이 돌고, 종자는 1~3개씩 들어있으며 난형이다. 약간 편평하며 짙은 갈색이 돌고 윤채가 있다.

【조림 · 생태 · 이용】

우리나라 아고산지대에 분포하고, 특히 한라산 백록담 분화구 외벽 풍충지에 왜림을 형성하고 있다. 양수이며, 내공해성, 내한성, 내건성 등이 강한 특징을 보이고 있다. 번식은 주로 삽목으로 하며, 취목으로도 발근이 잘 된다. 정원이나 공원의 조경수로 식재될 뿐만 아니라 기념수 및 분재로도 활용되고 있다. 땅에 붙어 자라는 특성을 살려 정원, 공원 등의 잔디밭에 경관용으로 심거나 연못가에 가지가 늘어지게 심기도 한다. 목재는 가구재 및 향료로 이용되고 가지와 잎은 약용으로 사용된다.

측백나무과 Cupressaceae

섬향나무

Juniperus chinensis **L. var.**
procumbens **Siebold ex Endl.**

Juniperus 고대 라틴명
chinensis 중국의

E Japanese garden juniper
J ハイビャクシン

환경부 지정 국가적색목록 미평가(NE)

잎 ©김진석

자생지

【분포】
해외/국내 일본; 남쪽 해안지대

【형태】
수형 상록침엽관목이고 옆으로 기어가며 자란다.
어린가지 1년지는 녹색을 띠고, 2년지는 적갈색을 띤다.
잎 예첨두이며 안쪽으로 구부러진다. 침상 또는 피침상 선형이다. 침엽은 찌르며 보통 3윤생한다. 표면은 백색이며 주맥보다 백손이 넓고 6줄로 배열된다.
구화수 4월에 피며 암수딴그루이다. 수구화수는 타원형 또는 난상 구형이다.
열매 다음해 9~10월에 흑자색으로 성숙한다. 육질로 지름 7~8mm이고 편구형이며 유합된 4개의 실편에 작은 돌기가 있다.

【조림 · 생태 · 이용】
양수로 건조한 모래땅에 잘 자라고, 삽목으로 주로 번식시키며, 종자와 휘묻이로 번식시키기도 한다. 정원수, 공원수로 식재한다. 잎은 생약재로 이용한다.

【참고】
전체 수형이 눈향나무와 비슷하지만 눈향나무는 높은 산에 분포하는 반면 섬향나무는 남쪽 해안에 분포한다. 눈향나무는 인엽이 많고 침엽이 적은 대신에 섬향나무는 대부분 잎 길이가 6~8mm의 침엽이며 인엽이 적다. 눈향나무의 가지는 가늘고 침엽은 부드러우나 섬향나무의 가지는 굵고 침엽은 찌르며 보통 3윤생한다.

측백나무과 Cupressaceae

측백나무

Thuja orientalis (L.) L.

Thuja 고대 그리스명이며 thyia 또는 thyon에서 유래함
orientalis 동방의, 동부의

한약명 백자인(柏子仁, 씨), 측백엽(側柏葉, 잎)
E Oriental arborvitae
C 側柏
J コノテカシワ

산림청 지정 희귀등급 약관심종(LC)
환경부 지정 국가적색목록 관심대상(LC)
문화재청 지정 천연기념물 대구 동구 도동 측백나무(제1호) 등 6곳

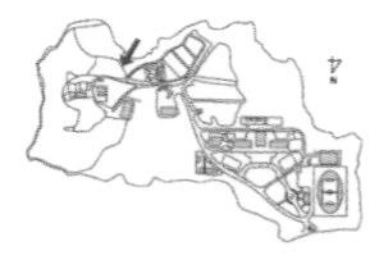

자생지(충북 단양군 석회암 절험지)

잎과 구과

암구화수

【분포】
해외/국내 중국, 러시아; 대구, 영양, 울진, 안동, 단양 등의 퇴적암 절벽지 및 석회암지대 해발 200~600m에 자생
예산캠퍼스 연습림 임도 옆

【형태】
수형 상록침엽교목으로 수고 25m, 흉고직경 1m이다.
수피 회적갈색이며 세로로 길게 갈라진다.
어린가지 녹색을 띠며 수직방향으로 발달한다.
잎 비늘 같고 끝이 뾰족하다. 양면이 모두 녹색이므로 편백, 화백과 쉽게 구별된다.
구화수 3~4월에 가지 끝에서 피며 암수한그루이다. 수구화수는 길이 2~3mm의 타원형이며 10개의 비늘조각으로 구성되고 황록색을 띤다. 암구화수는 길이 3mm 정도의 구형이며 8개의 비늘조각으로 구성되고 청록색 또는 황적색을 띤다.
열매 9월에 성숙하며 구과이다. 난형으로 길이 15~20mm이다. 6~12개의 실편이 상호 마주난다. 인편의 끝이 예리하며 약간 젖혀지고 종자에 날개가 없다.

【조림 · 생태 · 이용】
양수로, 대구광역시 도동의 천연기념물 측백나무림과 같이 절벽지의 험난한 곳에 주로 자생한다. 특히 우리나라 충북 단양 및 제천의 석회암지대에 좋은 생육을 보인다. 내공해성이 강한 편이다. 맹아력이 강하며 생장속도가 빠를 뿐 아니라 잎이 치밀하여 나무의 모양이 좋으므로 생울타리용, 방품림용수로 많이 사용된다. 목재는 건축재, 공예재로 사용한다. 잎과 열매는 기름을 짜서 먹기도 하고 어린잎과 수피 등은 약용한다.

【참고】
측백나무의 학명이 국가표준식물목록에는 *Platycladus orientalis* (L.) Franco로 기재되어 있다.

측백나무과 Cupressaceae

서양측백

***Thuja occidentalis* L.**

Thuja 고대 그리스명이며 thyia 또는 thyon에서 유래
occidentalis 서방의, 서부의

이명 서양누운측백나무
E American arborvitae, White cedar
J セイヨウネズ

수형

잎 앞면

잎 뒷면

잎

암구화수

구과

【분포】

해외/국내 대서양 연안, 미국 북부, 애팔래치아 산맥, 캐나다 남부; 중부 이남에 널리 식재
예산캠퍼스 연습림 임도 옆

【형태】

수형 상록침엽교목으로 수관은 좁은 원추형이고 수고 20m, 흉고직경 30~100cm이다.
수피 적갈색이고 세로로 갈라진다.
어린가지 수평으로 발달한다.
잎 비늘모양으로 갑자기 뾰족해진다. 줄기의 것은 길이 4mm이고 선점이 있으나 가지의 것은 선점이 없는 것도 있다. 표면은 연녹색, 뒷면은 황록색으로 향이 강하다.
구화수 5월에 피며 암수한그루이다. 암구화수는 난원형, 수구화수는 구형이다.
열매 10~11월에 성숙하며 구과이다. 바로 서서 나며 난형 또는 장타원형으로 길이 8~12mm이고 황갈색이다. 씨앗바늘은 8~10개로 구성되며 끝에 삼각상의 돌기가 있다. 둘째와 셋째 씨앗바늘에 종자가 들어있다. 종자는 장타원형으로 적갈색을 띠며 날개 포함해서 길이 47mm이고 양쪽에 좁은 날개가 있다. 구과의 실편은 8~10개이다.

【조림 · 생태 · 이용】

중용수로 토양을 가리지 않고 잘 자라나 석회암지대에서 생장이 더욱 좋다. 뿌리의 수직분포가 천근성이므로 강한 바람맞이에는 식재를 피하는 것이 바람직하다. 남부지방에서는 정원수와 풍치수로 심고, 맹아력이 강해 높은 울타리로 널리 이용된다. 목재는 재질이 우수하여 건축재, 기구재, 토목용으로 쓰이고, 잎은 향료 채취용으로 사용된다.

수형

측백나무과 Cupressaceae

눈측백
Thuja koraiensis Nakai

Thuja 고대 그리스명이며 thyia 또는 thyon에서 유래함
koraiensis 한국의

이명 찝빵나무, 누운측백, 누운측백나무
한약명 측백엽(잎), 백근백피(근피), 백지절(줄기), 백자인(종자 내의 인), 백지(수지)
E Korean arborvitae
J ニホイネズコ

산림청 지정 희귀등급 취약종(VU)
환경부 지정 국가적색목록 취약(VU)

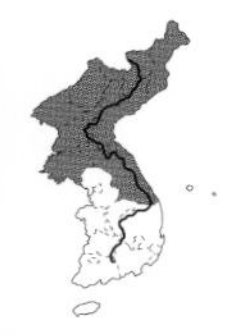

줄기(설악산 귀때기청)

잎 뒷면

암구화수

구과

자생지(설악산)

【분포】
해외/국내 중국; 화악산, 설악산, 태백산, 함백산 등 아고산지의 능선부 및 바위지대

【형태】
수형 상록침엽관목(가끔 교목상)으로 수고 10m, 흉고직경 20~30cm이다. 아교목이지만 흔히 2m 미만의 관목상으로 자란다.
수피 회적색으로 얕게 세로로 갈라진다.
어린가지 녹색에 가늘고 납작하다.
잎 둔두이며 중앙부의 것은 능형, 옆의 것은 타원상 삼각형이다. 길이 1.8~4mm으로 표면은 녹색, 뒷면은 황록색이다. 2개의 뚜렷한 백색 줄이 있으며 향기가 강하다.
구화수 5월에 피며 암수한그루이다. 수구화수는 2~3mm의 난형 또는 구형이며 황색을 띤다. 암구화수는 연한 홍색의 난형이다.
열매 9월에 짙은 갈색으로 성숙되어 벌어진다. 구과로 길이 9mm, 지름 6mm이며 타원형이다. 씨앗바늘 끝은 3갈래로 갈라지며, 밑부분에 9개의 포가 존재한다. 종자는 한 열매에 5~10개가 들어있으며 넓적한 타원형이고 길이 6mm 내외로 양쪽에 좁은 날개가 있다. 구과는 8~10개의 실편이 있다.

【조림 · 생태 · 이용】
햇볕이 잘 드는 곳 중 주로 토심이 깊고 부식질이 많으며 적당한 보습성과 배수성을 지니는 토양에서 잘 자란다. 내음성은 강하나 내건성이 약하다. 양수이나 반그늘에서도 잘 자란다. 실생 및 삽목으로 번식한다. 실생은 가을에 채취한 종자를 노천매장 후 봄에 파종한다. 상록의 잎은 관상가치가 뛰어나고, 방향성이 있어 조경용 소재로 가치가 높다. 지피용, 생울타리용으로 이용하며, 잎, 근피, 줄기, 종자 내의 인, 수지 등을 약용한다.

나한송과 Podocarpaceae

나한송

***Podocarpus macrophyllus* (Thunb.) Sweet**

Podocarpus 그리스어 podos, pous(足) 및 carpos(果)의 합성어이며 종자가 달리는 밑부분(花托)이 비대해짐
macrophyllus 큰 잎의

이명 토송
E Kusamaki, Broad-leaved podocarpus, Longleaf podocarpus
J ラカンマキ

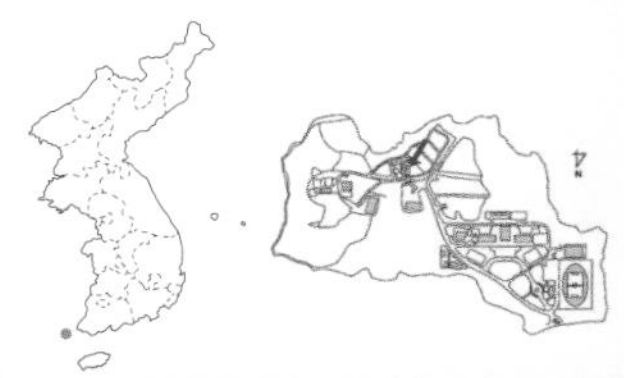

수형

잎 앞면

잎 뒷면

열매

잎차례

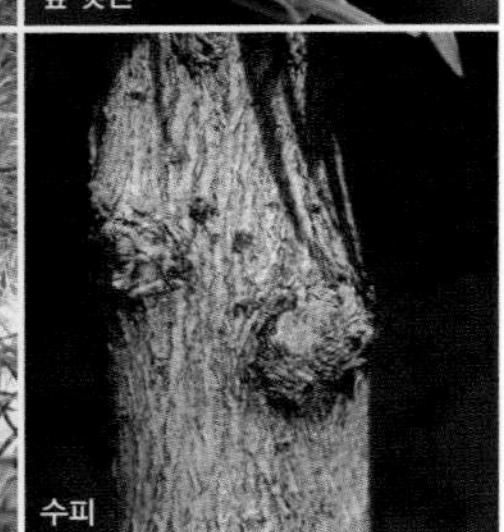
수피

【분포】
해외/국내 중국, 일본, 대만, 미얀마; 전남 해안가 절벽에 소수 개체 자생
예산캠퍼스 온실

【형태】
수형 상록침엽소교목으로 수고 5m이다.
수피 회백색 또는 적갈색이며 얕게 갈라져서 오래되면 껍질이 떨어진다.
잎 잎은 어긋나 달리며, 길이 4~8cm, 너비 5~9mm이며 넓은 선형 또는 좁은 피침형이다. 양 끝은 뾰족하며 주맥이 뚜렷하다. 가장자리는 밋밋하고 뒤로 약간 젖혀진다. 표면은 짙은 녹색이고 광택이 나며, 뒷면은 누런빛이다.
꽃 암수딴그루로 5월에 개화한다. 원주형의 웅화수는 2~3개씩 엽액에 달리며 길이 5cm, 황백색이 돌고, 비스듬히 처진다. 수술은 삼각상의 비늘잎에 많이 달리며, 암꽃은 1개씩 전년지의 엽액에 달린다.
열매 핵과상의 종자는 10~12월에 성숙한다. 넓은 타원형이고 청록색이며 흰 가루로 덮여 있다.

【조림 · 생태 · 이용】
음수로 내한성과 내건성이 다소 약한 편이므로, 건조하거나 척박한 곳을 피해 식재해야 한다. 맹아력이 강하여 전정에 잘 견딘다. 실생 및 삽목으로 번식한다. 난대림 지역에서 생울타리 및 정원수로 심고 있다. 수피는 구충제, 열매는 약으로 쓰인다.

잎 앞면

잎 뒷면 ©김진석

수피(팔공산) ©김진석

수형

개비자나무과 Cephalotaxaceae

개비자나무

Cephalotaxus koreana Nakai

Cephalotaxus 그리스어 cephalos(두)와 Taxus(주목)의 합성어이며, 주목과 비슷하지만 수구화수가 두상으로 달린 것에서 기인함

koreana 한국의

이명 누은개비자나무, 좀개비자나무, 눈꺼비자나무

한약명 토향비(土香榧, 열매)

E Korean plum yew

C 三尖杉, 朝鮮粗榧

J コウライイヌガヤ

문화재청 지정 천연기념물 경기 화성시 안녕동 융릉 개비자나무(제504호)

수구화수

암구화수(경기 포천시 광릉) ©김진석

구과(팔공산) ©김진석

【분포】

해외/국내 중국, 일본, 동부아시아와 히말라야에도 5종이 자람; 경기도와 충북 이남의 표고 100~1,300m 지역

【형태】

수형 상록침엽관목으로 수고 3~6m이다.

수피 암갈색이고 세로로 갈라져 있다.

어린가지 녹색을 띤다.

겨울눈 좁은 난형이다.

잎 잎자루가 없이 2열로 배열되며 길이 3~5cm이고 선형이다. 비자나무에 비하여 부드럽다. 끝이 예리하나(예두) 만져도 찌르지 않는다. 표면과 뒷면에 중륵이 약간 도드라져 있으며 뒷면 주맥 양쪽은 백색을 띤다.

구화수 녹색으로 3~4월에 피며 암수딴그루이다. 수구화수는 길이 5mm 내외로 편구형이며 10여 개의 포로 싸인 것이 한 화경에 10여 개의 꽃이 달린다. 암구화수는 길이 5mm이며 2송이씩 한군데에 달리고 5~6개의 녹색 포로 싸여있다.

열매 다음해 8~10월에 적색으로 성숙하며, 타원형 또는 도란형이고, 길이 1.5cm의 핵과상이다.

【조림 · 생태 · 이용】

내음성이 강하며 자생지에서는 큰 나무 아래에 섞여서 자라고 있다. 정원수로 심는다. 종자와 삽목으로 증식하며, 종자를 보습저온저장하거나 토중 매장한 후 봄에 파종하거나 채종 당년에 직파하기도 한다. 목재는 가구재, 종자는 착유용으로 쓰인다.

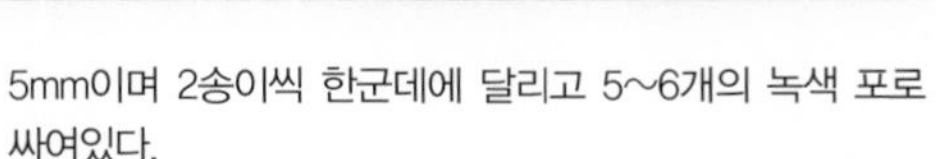

【참고】

개비자나무 학명이 국가표준식물목록에는 *C. harringtonii* (Knight ex J.Forbes) K.Koch로 기재되어 있다.

주목과 Taxaceae

주목

Taxus cuspidata Siebold & Zucc.

Taxus 그리스명 taxos(주목)에서 유래함. 활이란 뜻도 있음
cuspidata 갑자기 뾰족해진

이명 화솔나무, 적목, 경복, 노가리나무
한약명 자삼(紫杉, 어린가지와 잎)
E Japanese yew
C 紅豆杉
J イチイ

산림청 지정 희귀등급 취약종(VU)
문화재청 지정 천연기념물 충북 단양군 가곡면 어의곡리 소백산 주목 군락(제244호), 강원 정선군 사북읍 사북리 두위봉 주목(제433호)

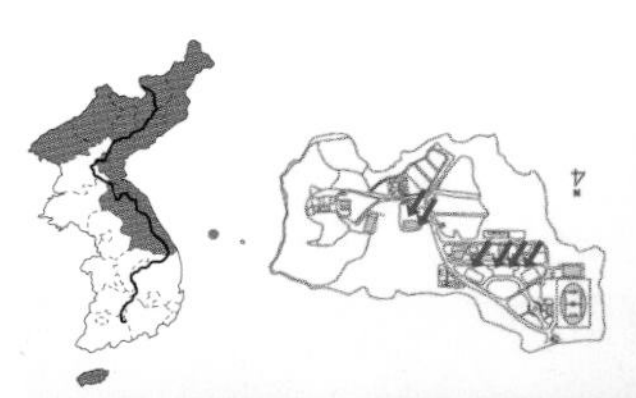

군락(소백산)

수간(노령목)

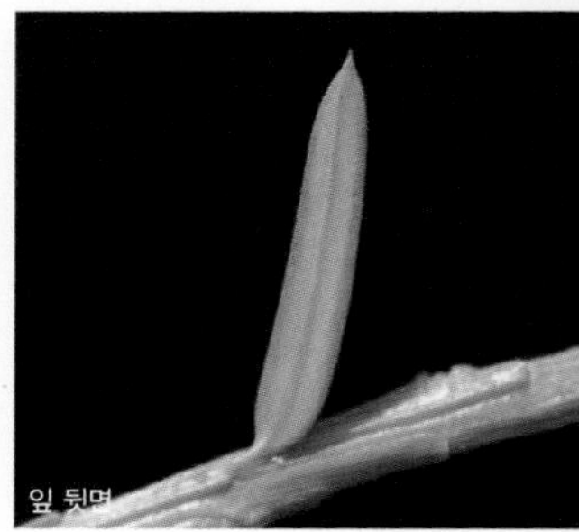
잎 뒷면

잎 앞면

수피

【분포】
해외/국내 극동러시아, 중국, 일본; 한라산, 지리산, 태백산, 소백산을 비롯하여 아고산지대 및 백두대간
예산캠퍼스 교내

【형태】
수형 상록침엽교목으로 수고 17m, 흉고직경 1m이다.
수피 적갈색이며 얇게 벗겨진다.
어린가지 녹색에서 차츰 연한 갈색 또는 회갈색으로 변한다.
잎 선형으로 예두이며 길이 1.5~2.5cm, 너비 2~3mm이다. 보통 2열로 배열된다. 뒷면에는 담황색의 줄이 있고 중간은 도드라져있다.
구화수 4월에 피며 암수딴그루이나 드물게 암수한그루도 있다.
열매 8~9월에 붉게 성숙하고 적색 종의가 종자의 일부를 감싸며 종자의 윗부분은 노출되어 있다.

【조림 · 생태 · 이용】
강음수이고 뿌리의 수직분포는 천근형이다. 종자와 삽목으로 증식시킨다. 종자의 발아형은 다년형으로 파종한 당년 봄부터 4년째 봄에까지 걸쳐 발아한다. 수집한 열매의 과육을 제거한 후 1년 간 저온보습저장한 후 파종하는 것이

수형(계방산)

열매

암구화수

발아율이 높다. 종자는 건조에 약하므로 열매가 익어 떨어지기 전에 채집하는 것이 좋다. 열매를 한번 건조시키면 발아가 어렵다. 주요한 용재수종으로 목재는 건축재, 가구재, 조각재, 연필재 등으로 쓰인다. 잎과 가지는 약용하며, 열매를 둘러싸고 있는 가종피는 먹을 수 있다.

【참고】

회솔나무 (*T. baccata* var. *latifolia* Nakai) 울릉도에서 자라는 주목을 회솔나무라 하며 잎의 넓이가 3~4.5mm 이지만, 최근에 동일종으로 정리되었다.

수구화수

주목과 Taxaceae

설악눈주목

Taxus caespitosa Nakai

Taxus 그리스명 taxos(주목)에서 유래함. 활이란 뜻도 있음
caespitosa 총생(叢生)한

이명 눈주목
J ダイセンキャラボク

산림청 지정 희귀등급 멸종위기종(CR)

자생지(설악산)

줄기

근경

【분포】
해외/국내 설악산의 해발 1,500m 아고산지대

【형태】
수형 상록침엽관목으로 줄기가 옆으로 긴다. 뿌리가 가지에서 발달한다.
수피 적갈색을 띠며 얇게 띠모양으로 벗겨진다. 심재가 유달리 붉다.
잎 선형으로 길이 1.5~2cm이다. 표면은 짙은 녹색이고, 뒷면에 2줄의 황색 줄이 있다.
구화수 4월에 피며 암수딴그루이다. 수구화수는 갈색, 암구화수는 녹색이다.
열매 8~9월에 성숙하며 난형이고, 붉은색 종의는 종자의 일부를 감싼다.

【조림 · 생태 · 이용】
설악산 대청과 중청 사이 사면부 풍충지에 왜림으로 분포하고 있다. 줄기가 옆으로 뻗으면서 생육하고, 음수성이며, 내한성이 강하다. 눈향나무처럼 누워서 생육하는 특성이 있으므로 정원의 조경수로 개발 가치가 높다. 지피용으로 이용 가능하며, 토양 절개지나 성토지 등의 사면에 식재하면 토양교정 및 안정화 능력이 뛰어나다.

잎

주목과 Taxaceae

비자나무

Torreya nucifera (L.) Siebold & Zucc.

Torreya 미국의 식물학자 J. Torrey (1796~1873)에서 유래함
nucifera 견과가 달리는

이명 문목
한약명 비자(榧子, 열매)
E Japanese nutmeg-yew, Kaya, Japanese torreya
C 榧樹
J カヤ

문화재청 지정 천연기념물 전남 장성군 북하면 약수리 백양사 비자나무 숲(제153호) 등 8개 지역에 분포

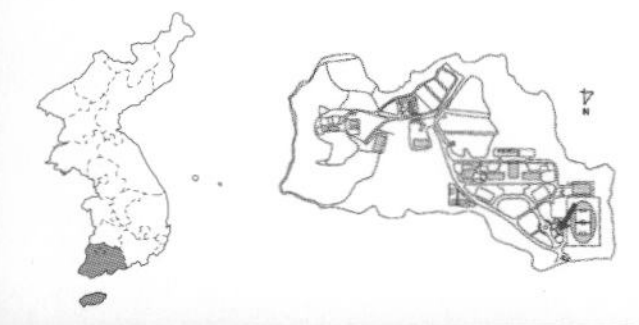

수간 · 잎 앞면 · 잎 뒷면 · 수형 · 수피 · 수구화수

구과

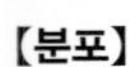

【분포】
해외/국내 일본; 경남 남해, 전남 해남 등 전북 내장산 이남 및 제주도 해발 150~700m 산지의 계곡 사이
예산캠퍼스 교내

【형태】
수형 상록침엽교목으로 수고 25m, 흉고직경 2m이다.
수피 적갈색이며 얇게 벗겨진다.
어린가지 녹색의 어린가지는 보통 1개소에서 3본씩 나오며, 3년째의 가지는 적갈색이다.
잎 선형으로 2줄로 배열되며, 길이 1~2.5cm, 너비 2~3mm이다. 특유의 향기가 있다. 끝은 예첨두로 손을 찌를 정도로 딱딱하며 예리하다. 잎자루의 길이는 3mm이다. 뒷면의 중륵 양측에 두 줄의 백색 기공선이 있으며, 표면의 중륵은 도드라져 있다.
구화수 4~5월에 피며 암수딴그루이다.
열매 다음해 9~10월에 성숙하며 자루가 없다. 타원형이며 길이 2.5cm이고, 녹색의 종의가 전체를 감싸며 익으면 자갈색으로 종의가 벗겨진다.

【조림 · 생태 · 이용】
내음성이 강한 음수수종으로 난대림지역의 적습한 비옥지가 생육적지이다. 뿌리의 수직분포는 심근형이다. 종자와 삽목으로 증식시킬 수 있으나 주로 종자로 증식하고 종자는 건조를 매우 싫어한다. 약간만 건조시켜도 휴면하는 특징이 있다. 열매가 낙하하면 바로 수집하여 탈립시킨다. 정선한 종자는 2~3일 물에 침적시킨 후 직파하거나 종자를 모래와 섞어서 저온습윤저장하였다가 파종한다. 정원수, 풍치수, 생울타리로 식재되며 목재는 가구재, 조각재로 쓰인다. 열매는 식용 또는 약용하며 식용유를 얻는다.

피자식물

쌍자엽식물

Angiosperms

Dicotyledoneae

소귀나무과 Myricaceae

소귀나무

Myrica rubra (Lour.) Siebold & Zucc.

Myrica 그리스어 myrizein에서 유래함. 방향성 관목의 myrike에서 전용함
rubra 적색의

이명 속나무
한약명 양매피(楊梅皮, 수피)
E Chinese waxmyrtle, Chinese bayberry
C 楊梅
J ヤマモモ

산림청 지정 희귀등급 취약종(VU)
환경부 지정 국가적색목록 준위협(NT)

잎 앞면

잎 뒷면

수형

수피

잎

꽃차례

열매

【분포】
해외/국내 일본 남부, 대만, 중국, 필리핀; 제주 서귀포 일대, 한라산 산록 표고 300m 이하 하천 부근

【형태】
수형 상록활엽교목으로 수고 10m, 흉고직경 30cm이다.
수피 회색이며 오랫동안 갈라지지 않고 청갈색 반점이 있다.
어린가지 털이 약간 있다.
잎 가죽질이고 광택이 있으며 장타원상 도피침형 기본주이다. 예두 또는 둔두, 좁은 예저, 길이 5~15cm이다. 가장자리가 밋밋하거나 상반부에 거치가 있다. 털이 없으며, 표면은 녹색, 뒷면은 연녹색을 띤다.
꽃 길이 3~4cm의 수꽃차례는 3~4개의 수술이 있는 많은 작은 포로 구성되며 포에 들어있다. 길이 1~1.2cm의 난상 장타원형의 암꽃차례는 각 포에 1개의 암술이 들어 있다. 암술대는 2개이며 방은 1실이다.
열매 6~7월에 어두운 붉은색으로 성숙한다. 핵과이며 구형으로 지름 1~2cm이고 사마귀 같은 돌기로 덮여 있다.

【조림 · 생태 · 이용】
중용수 또는 음수이나 어느 정도 자라면 양수가 된다. 맹아력이 있고 직근성이며 내조성이 있다. 비옥적윤한 토양에서 잘 자라지만 건조지에도 강하다. 종자결실에 풍년과 흉년이 있다. 주로 종자로 번식시키고 있으나 결실촉진과 품종개량을 위하여 야생종 소귀나무에 절접이나 호접으로 접목하기도 한다. 정원수, 방풍림, 가로수로 쓰인 수피는 약용하며 열매는 식용한다.

열매 / 종자 내부 / 수피 / 수형

가래나무과 Juglandaceae

가래나무

Juglans mandshurica Maxim.

Juglans 고대 라틴명이며 Jovis glans(주피터의 견과)에서 유래함. 열매의 맛이 좋기 때문에 붙여진 것으로 추측됨
mandshurica 만주(滿洲)산의

이명 가래추나무, 산추나무, 산추자나무
한약명 핵도추과(核桃楸果, 열매), 추목피(楸木皮, 근피)
E Manchurain walnut
C 核桃楸, 胡桃楸
J チョウセングルミ

수꽃

암꽃

잎

【분포】
해외/국내 중국(만주), 러시아(시베리아); 중부 이북의 심산 계곡가에 자생

【형태】
수형 낙엽활엽교목으로 수고 20m, 흉고직경 80cm이다.
수피 회색이며 세로로 갈라진다.
어린가지 짧은 털과 샘털이 있고, 장타원형의 피목이 많다.
겨울눈 맨눈이고 원추형으로 짧은 갈색 털로 덮였다.
잎 기수우상복엽이며 소엽 7~17개 있고, 장타원형 또는 난상 타원형이다. 예두이고, 일그러진 아심장저이며, 잔톱니가 있다. 소엽의 길이는 7~28cm이다.
꽃 5월에 피며 암수한그루이다. 꽃대축에 털 있다. 웅화서는 길이 10~20cm, 수술은 12~14개 길게 늘어져 피고, 자화서에 4~10개의 꽃이 달린다. 암술머리는 빨간색이 돈다.
열매 10월에 성숙하며 외과피와 잎자루에 샘털이 밀생한다. 핵과는 난원형으로 예첨두이며 길이 4~4.5cm이다. 내과피는 흑갈색으로 매우 딱딱하며, 8개의 능각 사이는 요철이 매우 심하다. 핵의 내부는 이실이다.

【조림 · 생태 · 이용】
비옥한 산록부나 산골짜기가 생육 적지이다. 주요한 용재 수종으로 목재는 견고하여 농기구, 총 개머리판, 조각재, 장롱을 만드는 데 쓰인다. 수피는 섬유원료로, 열매는 식용, 약용으로, 수피와 근피도 약으로 쓰인다. 씨에서 얻은 기름에는 스테롤, 토코페롤 등이 함유되고, 생잎에는 아스코르브산과 정유, 근피에는 유글론과 그 유도체, 타닌 등이 있다. 봄, 가을에 근피를 벗겨 말리는데 추목피는 소염, 해열약으로 쓰며 그 달인 즙은 악창, 두창, 옹종 등 피부병에 쓴다. 잎은 촌백충의 살충약으로 또는 피부염과 독벌레에 물렸을 때 쓴다. 씨는 기름 자원으로 쓰며 먹을 수 있다.

가래나무과 Juglandaceae

호두나무
***Juglans regia* L.**

Juglans 고대 라틴명이며 Jovis glans(신의 열매)에서 유래, 열매의 맛이 좋기 때문에 붙여진 것으로 추측
regia 딱딱한

이명 호도나무

문화재청 지정 천연기념물 충남 천안시 동남구 광덕면 광덕리 광덕사 호두나무(제398호)

수형

암꽃

수꽃

잎

열매

수피

【분포】
해외/국내 중국; 경기 이남 해발 400m 이하에 식재

【형태】
수형 낙엽활엽교목으로 수고 20m이다. 수관이 퍼지며 가지는 성글게 나온다.
수피 회백색으로 밋밋하지만 수령이 많을수록 깊게 갈라진다.
어린가지 털이 없고 윤채가 나며 피목이 산재한다.
겨울눈 원추형으로 잔털이 있다. 2~3개의 인편에 싸여 있다.
잎 어긋나며 기수우상복엽이다. 소엽은 5~7개이고 길이 7~20cm, 너비 5~10cm이다. 타원형이며 위의 것일수록 커진다. 예두이며, 일그러진 넓은 설저 또는 아심장저이다. 거의 털이 없으며 가장자리가 밋밋하거나 뚜렷하지 않은 거치가 있다.
꽃 4~5월에 개엽과 동시에 피며, 암수한그루이다. 수꽃차례는 6~30개의 수꽃이 달리며, 암꽃차례는 1~3개의 암꽃이 달린다.
열매 9~10월에 성숙하며 핵과로 핵의 내부는 4실이다. 종자는 연갈색의 종자피로 싸여 있으며 다량의 지방이 함유된다.

【조림 · 생태 · 이용】
산골짜기나 산록부 인가 부근의 비옥지가 생육적지이다. 양수성이며 뿌리의 수직분포는 심근형이다. 종자와 접목으로 증식하는데 재배품종을 증식시킬 때는 접목한다. 유실수로 식재하며, 목재는 가구재, 조각재로 쓰인다. 열매는 식용 또는 약용한다.

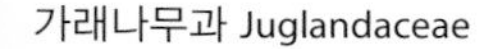
가래나무과 Juglandaceae

굴피나무

***Platycarya strobilacea* Siebold & Zucc.**

Platycarya 그리스어 platys(넓다)와 caryon(견과)의 합성어이며 가래와 달리 견과가 편평한 것에서 기인함
strobilaceus 구과의

이명 굴태나무, 꾸정나무, 산가죽나무, 굴황피나무, 꾸정나무
한약명 화향수엽(化香樹葉, 잎)
E Platycarya
C 化香樹
J ノグルミ, ノブノギ

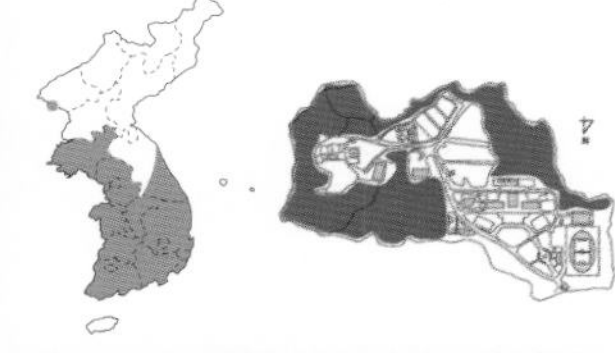

수꽃차례

소엽 앞면

암꽃차례

소엽 뒷면

수피

열매와 겨울눈

열매

【분포】
해외/국내 중국, 일본, 대만; 황해도 이남의 습윤한 산지 계곡부에 자생
예산캠퍼스 연습림

【형태】
수형 낙엽활엽아교목이다.
수피 회색 또는 갈색을 띠며 세로로 갈라지고, 물에 잘 썩지 않는다.
어린가지 굵고 황갈색 또는 갈색이다.
겨울눈 끝눈은 난형이며 부드러운 털이 있다. 곁눈은 끝눈보다 작고 덧눈이 있다.
잎 기수우상복엽으로 어긋나며 소엽은 마주난다. 소엽은 타원상 피침형 또는 난상 피침형이고 7~19개이다. 길이 4~10cm이며 긴 점첨두, 설저 또는 원저이고 낫모양으로 약간 구부러져 있다. 가장자리에 중거치가 있다.
꽃 5~6월에 피며 암수한그루이고 수상꽃차례로 달린다. 가지 끝에 서는 여러 개의 꼬리모양의 수꽃차례 가운데에 타원형의 암꽃차례가 있다. 수꽃차례는 길이 5~8cm, 암꽃차례는 길이 2~4cm이다.
열매 9월에 성숙하며, 솔방울을 닮았고 장타원형으로 길이 2.5~5cm, 너비 2~3cm이다. 구과상으로 가운데에 날개가 달린 종자가 있다.

【조림 · 생태 · 이용】
비옥한 적습지로 양지바른 곳이 생육적지이다. 양수성으로 뿌리의 수직분포는 천근형이다. 종자로 증식시킨다. 가을에 직파하거나 저온저장(1~5℃)하였다가 봄에 파종하기도 한다. 파종 후 복토를 가볍게 해주는 것이 바람직하다. 목재는 건축재로 이용되고, 수피는 물에 잘 썩지 않아 지붕을 잇거나 섬유재료로 이용된다. 잎은 피부염에, 열매는 흑색염료를 얻는 데 이용된다.

가래나무과 Juglandaceae

중국굴피나무

***Pterocarya stenoptera* C. DC.**

Platycarya 그리스어 platys(넓다)와 caryon(견과)의 합성어이며, 가래와 달리 견과가 편평함
stenoptera 좁은 날개의

이명 풍양나무, 당굴피나무, 지나굴피나무, 감보풍
E Chinese wingnut
J シナノサワグルミv

수형

잎

겨울눈 ©김진석

꽃 ©김진석

열매 ©김진석

수피

【분포】
해외/국내 중국, 미국, 일본 등; 전국에 공원수 및 정원수로 식재

【형태】
수형 낙엽활엽교목으로 수고 30m, 흉고직경 1m이다.
수피 회색을 띠며, 세로로 갈라진다.
겨울눈 인편이 없고, 갈색 털로 덮여 있다.
잎 기수우상복엽으로 소엽은 9~25개이다. 소엽의 길이는 4~12cm이고 장타원형 또는 난상 타원형이며 예두이다.
꽃 암수한그루이며 4월에 꽃이 핀다. 황록색의 수꽃차례는 길이 5~7cm이며 가지의 잎겨드랑이에서 나와 아래로 드리운다. 암꽃차례는 길이 5~8cm이다.
열매 10월에 성숙하며 외과피와 잎자루에 샘털이 밀생한다. 열매가 달린 이삭의 크기는 20~30cm이다. 핵과는 난원형으로 예첨두이며 길이 4~4.5cm, 내과피는 흑갈색으로 매우 딱딱하며, 8개의 능각 사이는 요철이 매우 심하다. 핵의 내부는 이실이며, 열매의 양쪽으로 날개가 발달한다.

【조림 · 생태 · 이용】
양수이고, 내한성이 강하여 비옥한 산록부나 산골짜기가 생육적지이다. 건조하거나 척박한 지역의 식재는 피하는 것이 좋고, 하천가나 계곡부의 지위가 높은 비옥지에 식재하는 것이 바람직하다. 주요한 용재수종으로 목재는 견고하여 농기구, 총 개머리판, 조각재, 장롱을 만드는 데 쓰이며, 수피는 섬유원료로 쓰이고, 열매는 식용 또는 약용하며, 수피와 근피도 약용한다.

버드나무과 Salicaceae

사시나무

Populus davidiana Dode

Populus 라틴 옛 이름의
davidiana 중국식물채집가이며 선교사인 A. David의

이명 파드득나무, 백양, 사실황철, 발래나무, 사실버들, 왜사시나무, 산사시나무, 왕사시나무
한약명 백양수피(白楊樹皮, 수피)
E David poplar
C 山楊
J チョウセンヤマナラシ

수형 ©김진석

수피

잎과 암꽃 ©김진석

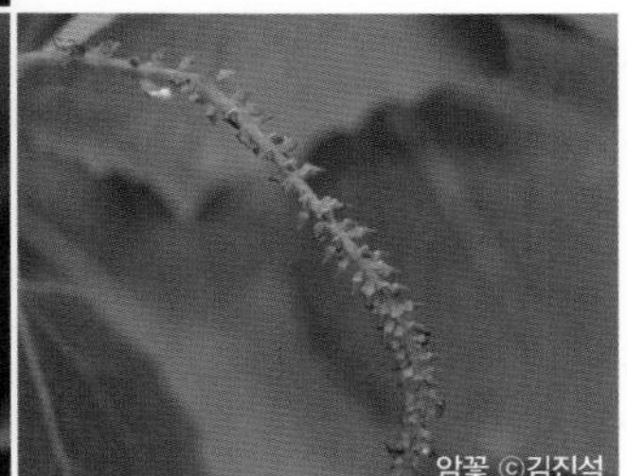
암꽃 ©김진석

【분포】
해외/국내 극동러시아, 중국, 일본; 백두대간 및 경남, 전남 이북의 계곡부 사면이나 화전지

【형태】
수형 낙엽활엽교목으로 수고 10m, 흉고직경 30cm이다.
어린가지 털이 없으며 회갈색이다.
겨울눈 눈비늘조각이 5~6개이며 털이 없다.
잎 어긋나며 원형 또는 넓은 난형으로 길이 2~6cm이다. 둔두 또는 예두, 절저 또는 넓은 설저이며, 얕은 파상거치가 존재한다. 잎자루는 편평하고 털과 선점이 없으며 길이 1~5cm이다.
꽃 4월에 잎보다 먼저 핀다. 꽃받침과 꽃잎이 없다. 흑갈색의 포는 둥글고 깊은 거치가 있으며 개화 직후 곧 떨어진다. 5~9cm의 수꽃차례의 수술은 5~12개이다. 암꽃차례는 길이 4~10cm이고, 자방은 원추형이며, 대에 털이 있다. 암술머리는 2~3갈래로 갈라진다.
열매 5월에 성숙하며, 2~6mm의 피침상 장타원상 또는 원추형의 삭과이다. 짧은 자루가 있으며, 표면에 털이 없고 광택이 난다. 익으면 2갈래로 갈라지면서 종자가 나온다.

【조림 · 생태 · 이용】
산불이 난 자리나 화전지에 주로 나타나고 양수성이며 맹아력이 있다. 목재는 상자, 도시락, 펄프재로 쓰이며 수피는 약용한다. 껍질에 포풀린, 살리신, 타닌, 레진 등이 있으며 어린잎에는 정유가 있다. 봄철에 수피를 벗겨 햇볕에 말린다. 발열, 타박상, 어혈, 각기, 풍독증에 쓰이며 민간에서는 싹잎을 따서 염증약, 류머티즘, 적리 등에 이용되며, 근골절상에 달인 즙을 이용하기도 한다.

【참고】
사시나무 학명이 국가표준식물목록에는 *P. tremula* L. var. *davidiana* (Dode) C.K.Schneid.로 기재되어 있다.

버드나무과 Salicaceae

은사시나무

***Populus tomentiglandulosa* T.B.Lee**

Populus 라틴 옛 이름의
tomentiglandulosa 잎 뒷면에 잔솜털이 밀생하고 엽저에 선이 있는

이명 은수원사시나무

산림청 지정 특산식물

조림지

새잎

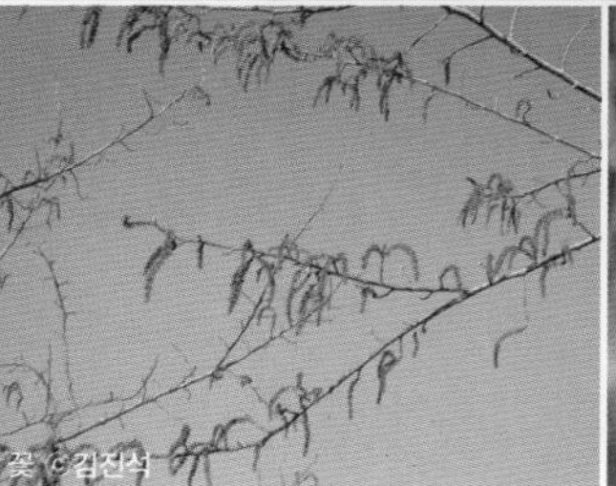
꽃 ⓒ김진석

수피

【분포】
해외/국내 전국 각지에 식재

【형태】
수형 낙엽활엽교목으로 수고 20m, 흉고지름 80cm이다.
수피 백록회색이며 마름모형의 피목이 발달한다.
잎 어긋나며 길이 3~8cm, 난상 또는 원형으로 밑부분은 둥글고 가장자리에 불규칙한 치아상이 존재한다. 표면은 짙은 녹색, 뒷면은 백색의 털이 밀생하며 점차 없어진다. 잎자루는 길이 1~5cm이고 둥근 편이다.
꽃 4월에 잎보다 먼저 피며 암수딴그루이다.
열매 5월에 성숙하며 삭과로 털이 없다.

【조림 · 생태 · 이용】
1970년대 박정희 대통령의 권유로 육종을 실시하였던 현신규 박사의 성을 따서 현사시나무라고도 불리며, 은백양과 수원사시나무의 교잡종이다. 양수이며, 우리나라 산복부 이하의 비옥한 적습지가 주요 조림적지이다. 목재는 건축재, 펄프재, 성냥개비, 상자재, 기구재 등으로 쓰이고, 종자의 털은 화약원료로 쓰인다.

【참고】
은백양 (*P. alba* L.) 학명 *alba*는 백색이라는 뜻이고, 중국명도 銀白楊(은백양)이며, 일본명은 ギンドロ, ウラジロハコヤナギ이다. 유럽 중부에서 아시아 중부까지 분포하고 우리나라 중부 이남에 주로 식재한다. 다이아몬드형 피목이 뚜렷하고, 어린 나무의 잎은 3~5개의 결각이 생기며 잔거치의 발달이 미약하다.
은사시나무 학명이 국가표준식물목록에는 *Populus* × *tomentiglandulosa* T.B.Lee로 기재되어 있다.

버드나무과 Salicaceae

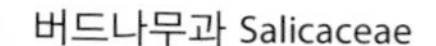

황철나무

***Populus maximowiczii* A.Henry**

Populus 라틴 옛 이름의
maximowiczii 러시아의 분류학자로서 동아시아 식물을 연구한 Maximowicz의

E Japanese poplar
C 遼楊, 臭梧桐
J ドロノキ, ドロヤナギ

수형

잎 앞면

자생지

잎 뒷면

수피 ©김진석

열매 ©김진석

【분포】

해외/국내 중국(만주), 일본, 극동러시아; 강원도 이북 심산 하천 및 계곡부 자생

【형태】

수형 낙엽활엽교목으로 수고 30m이다.
수피 회갈색에서 점차 흑갈색으로 변한다.
잎 어긋나며 단지의 것은 타원형 또는 넓은 타원형이며 길이 3~8cm, 첨두이며 아심장저, 파상의 거치가 있다. 뒷면은 흰빛이고 맥상에만 털이 있으며, 표면에는 잔주름이 많다. 잎자루는 길이 1~4cm, 짧은 융모가 있다. 장지에 달린 것은 난형 또는 넓은 타원형이며 길이 12~20cm이다.
꽃 4~5월에 피며 암수딴그루이다. 수꽃차례는 길이 3~10cm, 암꽃차례는 길이 10~20cm이고, 수술은 30~40개이다.
열매 6월에 성숙한다. 길이 3~6mm이며 털이 없다.

【조림 · 생태 · 이용】

양수로, 골짜기의 비옥한 습지가 조림적지이다. 사시나무와 같은 방법으로 종자를 수집하여 파종한다. 3월, 6~7월, 9월 중에 가지삽목을 하면 뿌리가 잘 내린다. 목재는 상자재, 펄프재로 쓰인다. 봄 새싹과 수피는 약용한다. 잎에 살리신, 아스코르브산, 카로틴 등이 들어있고, 껍질에도 살리신, 살리코틴 등의 배당체가 들어있다. 봄에 눈(싹잎)을 따서 그늘에서 말리고 껍질을 벗겨 햇볕에 말린 전탕액은 발한, 해열제로 인한 열병, 오래된 감기, 폐염, 폐결핵, 학질에 먹으면 좋다. 어린 나무껍질, 가지와 잎도 해열약으로 쓰인다.

【참고】

물황철나무 (*P. koreana* Rehder) 황철나무에 비하여 잎의 표면에 잔주름이 많고, 어린가지에 샘털이 있다. 잎의 뒷면과 잎자루에는 털이 없으며, 북부지방에 자란다.
황철나무 학명이 국가표준식물목록에는 *P. suaveolens* Fisch. ex Poit. & A.Vilm.로 기재되어 있다.

버드나무과 Salicaceae

양버들

Populus nigra var. *italica* Koehne

Populus 라틴 옛 이름의
nigra 흑색의

이명 피라밋드포푸라, 삼각흑양, 대동강뽀뿌라, 니그라포플라나무
E Italian black poplar
J セイヨウハコヤナギ

수형

잎 앞면

수형

수피와 가지

잎 뒷면

【분포】
해외/국내 유럽; 전국의 마을 및 하천 주변에 식재

【형태】
수형 낙엽활엽교목으로 수고 30m, 흉고직경 1m 내외이다. 가지가 줄기에 따라 거의 수직방향으로 자라나므로, 전체 수형이 빗자루를 거꾸로 세워놓은 모양이 된다.
수피 흑갈색이며 오래되면 깊게 갈라진다.
잎 어긋나며 길이 5~10cm, 마름모 비슷한 난형으로 끝이 길게 뾰족하다. 가장자리가 둔하며 너비가 길이보다 길다. 길이가 잎자루와 비슷하고 잎자루는 편평하며 털이 없다.
꽃 4월에 잎보다 먼저 피며 암수딴그루이다. 우리나라의 양버들은 대부분 수나무이다.
열매 5~6월에 성숙하고, 길이 5~7mm, 난형이며 털이 없다.

【조림 · 생태 · 이용】
유럽 원산으로 보통 포플러라고 부르고 있다. 이태리포프라가 도입되어 조림되기 이전에 주로 식재하였다. 양수로, 초기 생장이 빠르다. 재질이 부드러워 상자재, 성냥, 젓가락, 펄프재로 이용된다. 민간에서는 진통, 해열약으로도 쓰인다. 수형이 곧추서 열식하면 좋다. 가로변, 강변 둑에 식재한다.

【참고】
양버들 학명이 국가표준식물목록에는 *P. nigra* L.로 기재되어 있다.

버드나무과 Salicaceae

이태리포푸라

***Populus euramericana* Guinier**

Populus 라틴 옛 이름의
euramericana 유럽과 미국의

가지와 잎 / 겨울눈 ©김진석 / 잎 앞면 / 수피 / 잎 뒷면과 잎자루 / 열매

【분포】

해외/국내 전국의 하천 및 민가 주위에 식재

【형태】

수형 낙엽활엽교목으로 수고 30m, 흉고직경 1m 내외이다.
수피 짙은 회색이며 오래되면 깊게 갈라진다.
겨울눈 녹갈색이며 끈적거린다.
잎 어긋나며 길이 7~10cm, 삼각상 난형으로, 끝이 길게 뾰족하고 밑부분은 편평하다. 잎자루는 편평하다.
꽃 3~4월에 잎보다 먼저 피며 꼬리꽃차례로 달리고, 암수딴그루이다.
열매 5월에 성숙하며 삭과이다. 길이 8mm이고, 2~3개로 갈라진다.

【조림 · 생태 · 이용】

원산지는 유럽의 남부 지중해 연안이며, 내음성이 약한 양수이다. 내공해성이 강한 편이다. 토심이 깊고, 토양이 비옥한 적습지가 알맞고, 건조하고 척박한 풍충지에는 식재를 피하는 것이 좋다. 우리나라 전역의 냇가나 산골짜기 습윤지에 식재되어 있다. 주로 가로수나 하천 수변의 보호수로 식재하고, 목재는 건축재, 가구재, 성냥재, 상자재 등으로 이용된다.

버드나무

Salix koreensis Andersson

Salix 라틴 옛 이름이며 켈트어의 sal(가깝다)과 lis(물)의 합성어로 물가에서 흔히 자라는 것에서 유래함. 라틴어 salire(뛰다)는 생장이 빠르다는 표현이고 그리스어의 helix(회선)는 바구니 등을 만드는 데서 연상함
koreensis 한국의

이명 개왕버들, 뚝버들, 버들, 버들나무
한약명 수양피, 류화(꽃), 류지(가지)
E Korean willow
C 朝鮮柳
J コウライヤナギ

수형

암꽃차례

수꽃차례

잎 앞면과 탁엽

잎 뒷면과 탁엽

수피

【분포】
해외/국내 일본, 중국; 전국 산야의 계곡, 하천, 저수지 등 습한 곳
예산캠퍼스 연습림

【형태】
수형 낙엽활엽관목으로 수고 20m, 흉고직경 80cm이다.
수피 암갈색을 띠며 얕게 갈라진다.
어린가지 밑으로 처지고 황록색으로 털이 있으나 점차 없어진다.
겨울눈 털이 있고 붉은빛 도는 황홍색을 띤다. 가늘고 긴 턱잎은 끝이 뾰족하다.
잎 피침형 또는 좁은 피침형으로 긴첨두이고 예저이며 길이 5~12cm, 너비 7~20mm이다. 표면은 녹색이고 털이 없으며, 뒷면은 흰빛을 띤다. 가장자리에 거치가 있다.
꽃 4월에 피며 암수딴그루이다. 수꽃은 길이 1~2cm, 꽃대축에 털이 있다. 포는 타원형으로 길이 1.5mm, 견모가 밀생하며 밀선과 수술이 각각 2개이고, 수술대 밑에 털이 있다. 암꽃차례는 길이 1~2cm, 꽃대축에 털이 있다. 포는 녹색으로 난형이며 털이 있고 밀선은 1~2개이다. 씨방은 난형으로 대가 없고 털이 있다. 암술머리는 4개로 갈라져 있다. 꽃이 빽빽하다.
열매 5월에 성숙한다.

【조림 · 생태 · 이용】
양수이고, 하천이나 산골짜기의 습윤한 지역이 적지이다. 종자와 삽목으로 번식시킨다. 냇가의 풍치림이나 하천보호수로 심는다. 껍질에 살리신과 타닌, 플라보노이드, 아스코르브산 등이 들어있다. 봄철에 겉껍질과 속껍질을 벗겨 햇볕에 말리고 핀 꽃을 따서 말린다. 속껍질은 해열 진통제, 감기, 류머티스성 열, 학질에 쓰고, 입안과 인후 염증 때에는 입가심을 한다. 꽃은 황달, 열독, 치통에 쓰인다.

【참고】
버드나무 학명이 국가표준식물목록에는 *S. pierotii* Miq.로 기재되어 있다.

겨울눈

수피

가지와 잎

버드나무과 Salicaceae

능수버들

Salix pseudolasiogyne H.Lév.

Salix 라틴 옛 이름이며 켈트어의 sal(가깝다)과 lis(물)의 합성어로 물가에서 흔히 자라는 것에서 유래함. 라틴어 salire(뛰다)는 생장이 빠르다는 표현이고 그리스어의 helix(회선)는 바구니 등을 만드는 데서 연상함
pseudolasiogyne *lasiogyne* 종과 비슷한

이명 수양버들

E Korea weeping willow

C 垂柳

J コウライシダレヤナギ

산림청 지정 특산식물

잎

꽃차례

【분포】

해외/국내 중국(만주); 수평적으로 전국 평지나 강가에 드물게 분포

【형태】

수형 낙엽활엽교목으로 수고 20m, 흉고직경 80cm이다.

수피 회갈색이며 세로로 갈라진다.

어린가지 아래로 처지며 1년에 1~2m가량 자란다. 황록색으로 보통 털이 없다.

겨울눈 밑을 향해 나고 난형으로 끝이 뾰족하고 가지에 거의 붙어있다.

잎 피침형 또는 좁은 피침형으로 점첨두, 설저이다. 길이 7~12cm, 너비 10~17mm이고, 가장자리에 세치가 있다. 표면은 녹색으로 털이 없으며, 뒷면은 흰빛이 돌고 털이 있거나 없다. 잎자루는 길이 2~4mm이다.

꽃 4월에 피며 암수딴그루 또는 드물게 암수한그루도 있다. 수꽃은 길이 1~2cm, 꽃대축에 털이 있다. 포는 타원형, 길이 1.5mm, 둔두, 긴 견모가 있으며, 밀선과 수술이 각각 2개씩이고 수술대는 기부에 털이 있다. 암꽃차례는 길이 1~2cm이며 포는 난형으로 녹색이고 털이 있으며 밀선은 1개이다. 씨방과 포의 끝에 털이 있고 암술머리는 2개로 갈라진다.

열매 5월에 성숙하며 삭과이다.

【조림 · 생태 · 이용】

양수이고, 토양이 비옥한 적습지가 적지이다. 가로수나 풍치수로 심을 때는 수나무의 가지를 삽목으로 증식시키는 것이 바람직하다. 종자와 삽목으로 증식시키는데, 종자를 5월경에 성숙함과 동시에 습기 있는 땅에 뿌리면 발아가 잘 되며, 가지를 끊어 심어도 뿌리가 잘 내린다. 가로수, 연못가의 풍치수, 녹음수 등으로 식재하고 있으며 목재는 기구재, 땔감 등으로 쓰인다.

버드나무과 Salicaceae

용버들

Salix matsudana Koidz. f. *tortuosa* (Vilm.) Rehder

Salix 라틴 옛 이름이며 켈트어의 sal(가깝다)과 lis(물)의 합성어로 물가에서 흔히 자라는 것에서 유래함. 라틴어 salire(뛰다)는 생장이 빠르다는 표현이고 그리스어의 helix(회선)는 바구니 등을 만드는 데서 연상함
matsudanus 중국식물 연구가인 松田定久의

이명 고수버들, 운용버들
E Dragon-claw willow
J ハゴロモヤナギ

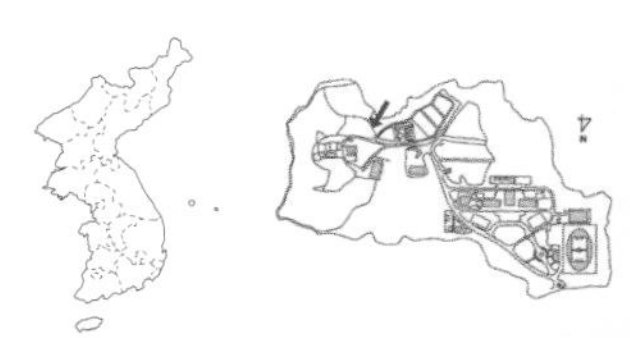

수형

어린가지와 새잎

겨울눈

【분포】
해외/국내 중국 원산; 전국에 정원수 및 가로수로 식재
예산캠퍼스 연습림 임도 옆

【형태】
수형 낙엽활엽교목으로 수고 10m이다.
수피 회갈색이며 세로로 갈라진다.
어린가지 황록색 또는 녹갈색이며, 처음에는 털이 있으나 점차 없어진다. 밑으로 처지고 꾸불꾸불하다. 반면 큰 가지는 위로 향한다.
겨울눈 장난형으로 털이 없고 갈색을 띤다.
잎 어긋나며 좁은 피침형으로 긴 점첨두, 길이 7~16cm, 너비 10~15mm, 예저이다. 표면은 녹색이며 털이 없거나 복모가 약간 있다. 뒷면은 회녹색으로 털이 없으며 가장자리에 뾰족한 잔거치가 있다. 잎자루는 길이 5~7mm로 털이 없으며 대개 꼬인다.
꽃 4월 또는 5월 초순에 잎과 같이 핀다. 수꽃차례는 길이 1.5~2cm이다. 수술은 2개이고 기부에 털이 밀생한다. 수술은 길이 3mm 정도로 털이 없으며, 꽃밥은 황색을 띤다. 길이 1~2cm의 자화수는 포는 난형으로 녹색이고, 털이 있으며 밀선은 1개이다.
열매 5월에 성숙하고 열매가 익으면 솜털이 달린 씨가 퍼진다.

【조림 · 생태 · 이용】
양수이고, 흔히 심고 있으며 대부분이 수그루이며 파마버들이라고 한다. 목재는 땔감이나 판재로 쓰이며 가지가 비틀리면서 밑으로 처지는 모습이 특이하여 독립수, 풍치수, 녹음수로 적당하다.

버드나무과 Salicaceae

수양버들

Salix babylonica L.

수형

암꽃 ©김진석

Salix 라틴 옛 이름이며 켈트어의 sal(가깝다)과 lis(물)의 합성어로 물가에서 흔히 자라는 것에서 유래함. 라틴어 salire(뛰다)는 생장이 빠르다는 표현이고 그리스어의 helix(회선)는 바구니 등을 만드는 데서 연상함

babylonica 바빌로니아의

이명 참수양버들

E Weeping willow

C 垂柳

J シダレヤナギ

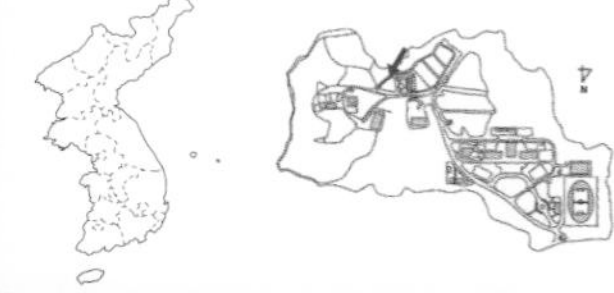

암꽃(왼쪽)과 수꽃(오른쪽) ©김진석

암꽃 확대 ©김진석

【분포】

해외/국내 중국 고유종; 전국에 공원수, 풍치수로 식재

예산캠퍼스 하트연못 옆

【형태】

수형 낙엽활엽교목으로 수고 15~20m이다.

수피 회갈색이며 세로로 갈라지다.

어린가지 적갈색을 띠며 아래로 길게 처진다.

잎 어긋나며 좁은 피침형으로 길이 8~12cm, 너비 5~10mm이다. 가장자리에 세치가 있다. 뒷면이 녹회백색으로 진한 흰빛을 띤다. 씨방에 털이 없다. 잎자루는 길이 3~6mm, 턱잎은 난상 타원형이다.

꽃 4월에 잎보다 먼저 피며, 암수딴그루이다. 수꽃차례는 길이 1.5~3cm, 원통형이이며, 암꽃차례는 길이 2~3cm, 원통형이며 황록색을 띤다.

열매 길이 3~4mm이며, 5월에 녹갈색으로 성숙한다.

【조림 · 생태 · 이용】

원산지는 중국으로 양수이며, 내공해성과 내한성이 강하다. 건조지와 척박지를 제외한 수분조건이 좋은 비옥지에서 생육이 왕성하다. 가로수, 풍치수로 인가 부근이나 연못가에 식재되어 있다. 종자와 삽목으로 증식시키며 버드나무와 같은 용도로 수피, 꽃, 가지는 약용한다. 주성분은 살리신이다.

버드나무과 Salicaceae

왕버들

Salix chaenomeloides Kimura

Salix 라틴 옛 이름이며 켈트어의 sal(가깝다)과 lis(물)의 합성어로 물가에서 흔히 자라는 것에서 유래함. 라틴어 salire(뛰다)는 생장이 빠르다는 표현이고 그리스어의 helix(회선)는 바구니 등을 만드는 데서 연상함

이명 버드나무, 살릭스글라우카
E Korean king willow
J アカメヤナギ

문화재청 지정 천연기념물 광주 북구 충효동 왕버들 군(제539호) 등 4곳

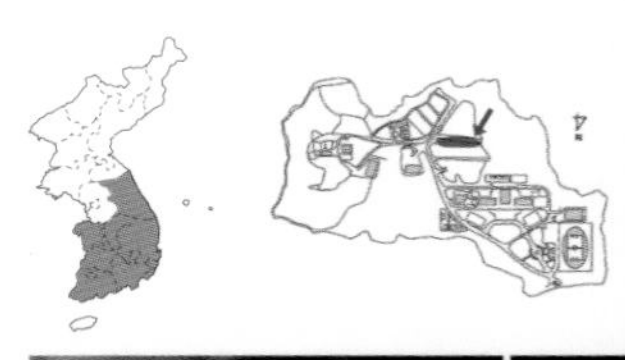

수형

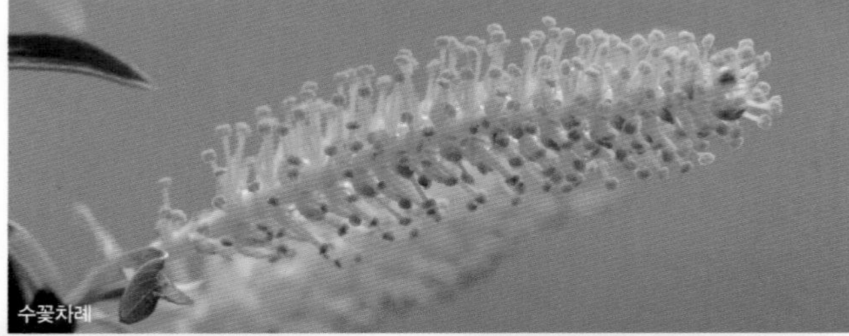
수꽃차례

새잎(붉은색) 앞면

잎 뒷면

열매

수피

【분포】

해외/국내 일본, 대만, 중국; 충청 및 강원 이남 낮은 지대 습지 및 하천가
예산캠퍼스 교내

【형태】

수형 낙엽활엽교목으로 수고 20m, 흉고직경 1m이다.
수피 회갈색을 띠며 깊게 갈라진다.
어린가지 황록색이며 털이 있으나 없어진다. 원형, 타원형의 피목이 많다.
겨울눈 난형, 삼각형이며 길이가 2~5mm으로 적갈색이 돌며 털이 없다.
잎 어긋나며 새로 나올 때는 붉은빛을 띤다. 타원형 또는 장타원형으로 길이 3~10cm, 표면은 녹색으로 광택이 있다. 뒷면은 흰빛이 돌며 가장자리에 안으로 굽은 가는 거치가 있다. 턱잎은 귀모양이다.
꽃 4월에 잎과 같이 꼬리모양으로 피며 암수딴그루이다. 수꽃은 위를 향하며 밀선과 수술이 6개 있다. 암꽃은 위로 비스듬히 서고 밀선이 1개가 있다. 암술대가 짧다.
열매 3~7mm의 열매는 난형 또는 장난형이며, 털이 없고 5~6월에 성숙한다.

【조림 · 생태 · 이용】

양수이고, 공해에 다소 강한 편이다. 새잎의 색깔이 붉으므로 쉽게 식별이 가능하다. 수분조건이 양호하고 지위가 높은 비옥지가 생육적지이다. 습지나 냇가에서 자란다. 공지나 제방에 조림한다. 줄기가 굵고 몸집이 커서 웅장한 느낌이 들며, 그늘이 좋아서 마을의 정자나무로도 많이 심는다. 목재는 상자재, 성냥재, 기구재, 펄프재, 세공재 등으로 쓰이고, 수피는 교착재로 쓰인다.

자생지(설악산 계곡)

버드나무과 Salicaceae

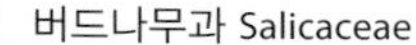

쪽버들

Salix maximowiczii Kom.

Salix 라틴 옛 이름이며 켈트어의 sal(가깝다)과 lis(물)의 합성어로 물가에서 흔히 자라는 것에서 유래함. 라틴어 salire(뛰다)는 생장이 빠르다는 표현이고 그리스어의 helix(회선)는 바구니 등을 만드는 데서 연상함

maximowiczii 러시아의 분류학자로서 동아시아 식물을 연구한 Maximowicz의

E Maximowicz's willow

J ヒロハタチヤナギ

암꽃

수꽃 ©김진석

수피와 잎

잎 앞면

잎 뒷면

잎과 열매 ©김진석

【분포】

해외/국내 중국, 러시아; 강원도 계방산 이북 산지 계곡부

【형태】

수형 낙엽활엽교목으로 수고 20m, 흉고직경 80cm이다.

잎 난상 장타원형 또는 난상 피침형이고, 어긋나며 길이 10~15cm이다. 표면은 짙은 녹색이고 뒷면은 흰빛이 돌며 주맥에 털이 있다. 끝은 꼬리처럼 뾰족하고 밑부분은 둔하거나 심장형이며, 가장자리에는 예리한 잔거치가 있다. 잎자루는 길이 5~18mm이며 털이 없다. 탁엽은 난형~원형이며 가장자리에 치아상 톱니가 있고 일찍 떨어진다.

꽃 5월에 잎이 난 후 피며 암수딴그루이다. 수꽃차례와 암꽃차례는 밑으로 처진다. 수꽃차례 길이는 3~4cm, 암꽃차례 길이는 4~6cm이다.

열매 5월에 성숙하며, 삭과이고 길이 3~7mm이다.

【조림 · 생태 · 이용】

중국과 러시아에 주로 분포하고 우리나라에서는 강원도 이북의 계곡부에 자생하고 있다. 양수이며, 사질양토가 조림적지이다. 쇠죽 바가지 또는 신탄재로 이용된다. 쪽버들은 아직까지 우리나라에서 가로수, 풍치수, 조경수 등으로 식재되지 않고 있으며, 용도 또한 개발되지 않고 있으므로, 중부 이북의 지역에 식재할 가치가 높은 것으로 생각된다.

【참고】

쪽버들 학명이 국가표준식물목록에는 *S. cardiophylla* Trautv. & C.A.Mey.로 기재되어 있다.

버드나무과 Salicaceae

떡버들

Salix hallaisanensis H.Lév.

Salix 라틴 옛 이름이며 켈트어의 sal(가깝다)과 lis(물)의 합성어로 물가에서 흔히 자라는 것에서 유래함. 라틴어 salire(뛰다)는 생장이 빠르다는 표현이고 그리스어의 helix(회선)는 바구니 등을 만드는 데서 연상함
hallaisanensis 한라산의

E Hallasan willow
J タンナヤナギ

산림청 지정 특산식물

수형 / 열매 / 잎 앞면 / 자생지(한라산 백록담) / 잎 뒷면

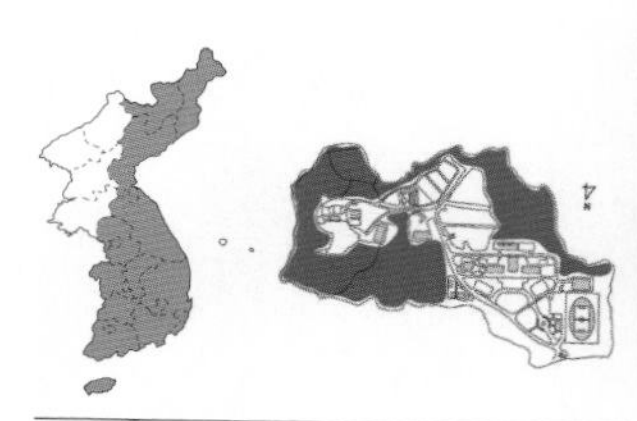

【분포】
해외/국내 일본, 중국, 러시아(사할린, 시베리아); 전국 산지 계곡이나 아고산대
예산캠퍼스 연습림

【형태】
수형 낙엽활엽관목으로 수고 3~6m, 흉고직경 15cm이다.
어린가지 견모가 발달한다.
잎 어긋나며 원형 또는 넓은 난형 또는 타원형으로 길이 3~14cm, 너비 2~7cm이다. 첨두이고 원저이거나 넓은 설저이고 전연이거나 뚜렷하지 않는 거치가 있다. 표면은 녹색이며 주름이 많고 뒷면은 흰빛을 띠고 처음 견모가 있으나 나중에는 중륵상에만 남게 된다. 뒷면의 엽맥이 현저히 튀어 나왔다.
꽃 4~5월에 잎보다 먼저 피며 전년지에 달리고 암수딴그루이다. 수꽃차례는 길이 2~3cm로 타원형이고 꽃대축에 털이 있으며 포는 도피침형이고 길이 2~3mm로 털이 있다. 암꽃차례는 길이 2~3cm이며 포는 도피침형이고 길이 2mm 정도로 털이 있다. 자방은 대와 털이 있고 암술머리는 4개로 갈라진다.
열매 5~6월에 삭과로 익으며 과수는 길이 3~6cm이다.

【조림 · 생태 · 이용】
습윤한 지역에 잘 자란다. 제주도에서는 해발 1,500m 이상에서 분포하고 있다. 산복부 습윤지의 사방조림수종이나 관상수, 조경수, 공원수 등 울타리용으로도 사용된다.

【참고】
호랑버들과 떡버들은 동일종으로 취급되기도 한다.
제주산버들(*S. blinii* H. Lèv.) 제주도 한라산 일대에서 주로 분포하는 제주도 고유수종으로 잎가장자리에 잔톱니가 있고 키가 매우 작고 옆으로 퍼지는 특징을 지닌다.

잎과 열매

수꽃과 겨울눈

열매

수피

성숙 열매

잎 앞면

잎 뒷면

버드나무과 Salicaceae

호랑버들

Salix caprea L.

Salix 라틴 옛 이름이며 켈트어의 sal(가깝다)과 lis(물)의 합성어로 물가에서 흔히 자라는 것에서 유래함. 라틴어 salire(뛰다)는 생장이 빠르다는 표현이고 그리스어의 helix(회선)는 바구니 등을 만드는 데서 연상함

이명 호랑이버들, 노랑버들

E Goat willow, Korean hulteni willow, Korean saugh tree

C 虎狼柳

J コウライバッコヤナギ

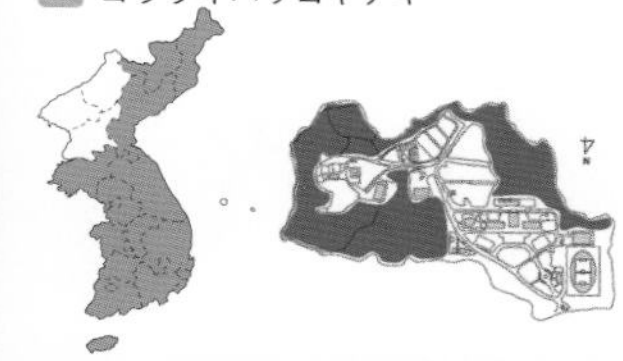

【분포】

해외/국내 일본, 중국, 러시아(사할린, 시베리아); 전국 산지 계곡이나 아고산대 분포

예산캠퍼스 연습림

【형태】

수형 낙엽활엽아교목으로 수고 10m, 흉고직경 60cm이다.

잎 어긋나며 원형 또는 넓은 타원형으로 길이 5~17cm, 첨두이고 예저이다. 불규칙한 거치가 있는 것도 있고 전연인 것도 있다. 떡버들과는 다르게 뒷면에 융모가 끝까지 밀생하여 있다.

꽃 4월에 잎보다 먼저 피며 암수딴그루이다. 수꽃차례는 1~3cm이며 포는 2mm 정도의 피침형으로 털이 있다. 암꽃차례는 2cm로, 암술대는 짧으며 암술머리는 4개이다.

열매 4~6월에 성숙하며 삭과이고, 길이 8~10mm 정도로 털이 있다.

【조림 · 생태 · 이용】

산록부나 산복부의 습기 많은 곳에 주로 서식한다. 산복부 습지의 사방수 또는 밀원식물로 이용되고 있다. 산복부 습지의 사방조림수종으로 쓰인다. 꽃, 잎, 수피는 약용하며 주성분은 살리신이다. 꽃과 잎을 뜯어 그늘에 말리고 껍질을 벗겨 햇볕에 말린다. 꽃, 잎, 껍질을 우린 약은 가슴이 두근거릴 때에 쓰인다. 껍질 전탕액은 발한, 해열, 이뇨제로 쓰인다. 민간에서는 껍질과 줄기를 완화성 지혈제, 치질, 출혈, 코피 날 때 쓰기도 한다.

【참고】

여우버들 (*S. xerophila* Floderus) 잎이 둥글고 엽연에 거치가 거의 없으며, 표면에 주름이지지 않는 점이 호랑버들과 다르다.

버드나무과 Salicaceae

키버들

Salix koriyanagi Kimura ex Goerz

Salix 라틴 옛 이름이며 켈트어의 sal(가깝다)과 lis(물)의 합성어로 물가에서 흔히 자라는 것에서 유래함. 라틴어 salire(뛰다)는 생장이 빠르다는 표현이고 그리스어의 helix(회선)는 바구니 등을 만드는 데서 연상함

이명 고리버들, 산버들, 쪽버들

E Winnow willow

J コリヤナギ

산림청 지정 특산식물

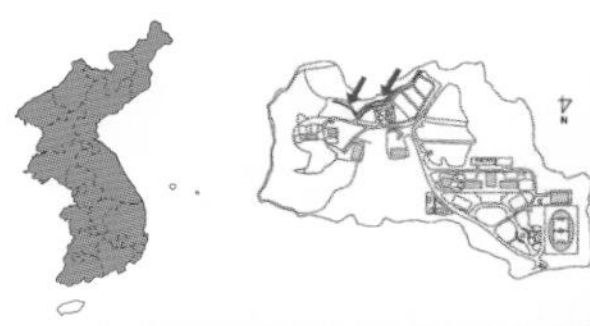

수형

잎

겨울눈

암꽃차례

열매

개화

【분포】

해외/국내 한반도 고유종. 전국의 하천, 계곡가 및 낮은 지대 습지

예산캠퍼스 연습림

【형태】

수형 낙엽활엽관목으로 수고 2~3m이다.

수피 피목이 있고 황갈색 또는 갈색을 띤다.

어린가지 길게 뻗으며 점차 가늘어지고 황갈색 또는 갈색을 띤다.

겨울눈 어긋나거나 마주나며 눈비늘조각은 1개이다.

잎 어긋나거나 마주나며 좁은 피침형으로 길이 4~8cm이다. 가장자리에 뚜렷하지 않은 거치가 있다. 뒷면은 분백색이고 잎자루는 짧다.

꽃 2월 말~3월 초에 피며 암수딴그루이다. 수꽃차례는 길이 2~3cm, 암꽃차례는 길이 2~4cm이며 암술머리는 2개이고 붉은색을 띤다.

열매 4~6월에 성숙하며 삭과이고, 길이 3~4mm로 털이 있다.

【조림 · 생태 · 이용】

원야나 하천 유역이 생육환경이다. 가지로 고리, 키, 기타 세공품에 사용한다.

【참고】

선버들 (*S. subfragilis* Andersson) 제주도를 제외한 전국의 하천이나 저수지에 분포하며, 다른 버드나무류에 비해 수술이 3개씩 달리는 것과 탁엽 표면에 사마귀 같은 돌기가 밀생하는 것이 다르다.

선버들 학명이 국가표준식물목록에는 *S. triandra* L. subsp. *nipponica* (Franch. & Sav.) A.K.Skvortsov로 기재되어 있다.

버드나무과 Salicaceae

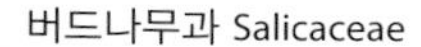

갯버들

Salix gracilistyla Miq.

Salix 라틴 옛 이름이며 켈트어의 sal(가깝다)과 lis(물)의 합성어로 물가에서 흔히 자라는 것에서 유래함. 라틴어 salire(뛰다)는 생장이 빠르다는 표현이고 그리스어의 helix(회선)는 바구니 등을 만드는 데서 연상함
gracilistyla 세장한 암술대의

이명 솜털버들
한약명 조유근(阜柳根, 뿌리)
E Bigcatkin willow
C 細柱柳
J ネコヤナギ

자생지

잎 앞면 · 수꽃차례

잎 뒷면

열매

【분포】
해외/국내 중국, 일본, 러시아; 전국 산골짜기, 냇가, 하천변

【형태】
수형 낙엽활엽관목으로 수고 1~3m이다.
잎 어긋나며 도피침형 또는 넓은 피침형으로 길이 3~12cm, 너비 3~30mm이다. 첨두, 설저이고 둔한 거치가 있다. 뒷면은 융모가 있어 희게 보이고, 주맥과 측맥이 뚜렷하다.
꽃 3~4월에 잎보다 먼저 피며 암수딴그루이다. 수꽃차례는 길이 2.5~3.5cm이며 수술은 검은색이다. 암꽃차례는 길이 2~5cm이며 씨방에 긴 털이 있다. 암술대는 약간 적색을 띠며 길다.
열매 4~6월에 성숙하며 삭과이고 길이 3mm이다.

【조림 · 생태 · 이용】
잎과 가지는 녹비로 사용하며 정원수 꽃꽂이 재료로도 쓰인다. 양수로 내한성이 강하며, 고온, 건조, 척박지는 부적합하고 수분조건이 양호한 비옥지에 분포한다. 냇가, 하천변, 산골짜기의 습지가 생육적지이다. 뿌리의 수직분포는 조유근이라고 하여 약용하며, 가지와 수꽃은 절화용으로 쓰인다. 감기몸살로 인한 전신통을 치료하고 산후경련발작, 소아경풍에 효력이 있다.

버드나무과 Salicaceae

분버들

Salix rorida Laksch.

Salix 라틴 옛 이름이며 켈트어의 sal(가깝다)과 lis(물)의 합성어로 물가에서 흔히 자라는 것에서 유래함. 라틴어 salire(뛰다)는 생장이 빠르다는 표현이고 그리스어의 helix(회선)는 바구니 등을 만드는 데서 연상함
rorida 이슬이 맺힌(분백색 가지의 빛깔에서 유래)

E Pruinashoot willow
J エゾヤナギ

수형 ©김진석

잎 앞면

잎 뒷면

수피

잎 ©김진석

수꽃차례 ©김진석

암꽃차례 ©김진석

【분포】
해외/국내 중국, 일본, 러시아; 경북 소백산, 중부 이북 산지 냇가 및 사면

【형태】
수형 낙엽활엽교목으로 수고 10~15m, 흉고직경 30cm이다.
수피 회갈색을 띤다.
어린가지 적갈색이고 털이 없으며, 전년지는 봄에 분이 생겨 분백색을 띤다. 꽃이 필 무렵에는 전년지가 분백색을 띠지 않는다.
잎 어긋나고 넓은 피침형으로 길이 5~12cm, 끝이 뾰족하다. 표면은 녹색, 뒷면은 털이 없고 흰빛을 띤다. 턱잎은 난형으로 길이 4~8mm, 잎자루는 길이 3~8mm이다.
꽃 3~4월에 잎보다 먼저 피며 암수딴그루이다. 수꽃차례는 길이 2~4cm이고, 포는 긴 도란형으로 상반부가 흑색이며 긴 털이 밀생한다. 꽃밥은 붉은빛의 노란색이다. 암꽃차례는 2~4cm이다. 암술대는 가늘며 암술머리는 2개이다.
열매 4~6월에 성숙하며, 난상의 타원형이다.

【조림 · 생태 · 이용】
건축, 토목, 펄프, 세공에 이용된다.

【참고】
꽃버들 (*S. stipularis* Sm.) 잎은 좁은 피침형, 가장자리는 밋밋하고 뒤로 말리며 뒷면은 털이 있고 은백색이다. 잎의 너비가 1cm 이상이고 턱잎이 피침형이며 가지가 굵고 털이 많다.
꽃버들 학명이 국가표준식물목록에는 *S. udensis* Trautv. & C.A.Mey.로 기재되어 있다.

수형

잎차례

잎차례(확대)

수피

잎

암꽃차례

자작나무과 Betulaceae

오리나무

Alnus japonica (Thunb.) Steud.

Alnus 고대 라틴명
japonica 일본산의

이명 물오리나무, 잔털오리나무, 오리목, 섬오리나무, 너른닢잔털오리나무, 물감나무, 유리목, 적양, 십리절반오리나무
한약명 적양(赤楊, 수피)
E Japanese alder
C 赤楊
J ハンノキ

【분포】
해외/국내 극동러시아, 일본, 중국; 전국 산야의 비옥한 습지
예산캠퍼스 연습림

【형태】
수형 낙엽활엽교목이며 수고 20m, 흉고직경 1m이다.
잎 어긋나며, 장타원상 난형 또는 피침상 타원형, 예첨두로 길이 4~14cm, 너비 2.5~5cm이며, 설저 또는 원저이고, 둔한 거치가 있다. 측맥은 7~9쌍으로 약간 구부러지며, 잎자루는 길이 1~4cm이다.
꽃 2~4월에 잎보다 먼저 피며 암수한그루이다. 수꽃차례는 길이 4~9cm이며 가지 끝에서 아래로 드리워지고, 암꽃차례는 길이 1~1.5cm로 수꽃차례 바로 아래에 달린다.
열매 10~11월에 성숙하며, 타원형이고 길이 1.5~2cm이다.

【조림 · 생태 · 이용】
습지수종으로 비옥한 하천 유역이나 계곡, 호숫가 등지에 식재 가능하다. 양수이나 어려서 음지에서도 잘 자라며 내한성이 강하고 대기오염에도 강하며 바닷가에서도 잘 자란다. 생장속도가 빠르고 수명이 길다. 내한성이 크고 맹아력이 강해 해안지방이나 도심지에서도 잘 자란다. 번식방법은 실생으로 9~10월에 약간 푸른색 열매를 채취하여 양건하고 탈곡하여 공기가 잘 통하는 곳에 보관하였다가 이듬해 봄에 파종한다. 파종상이 건조하지 않도록 주의한다. 목재는 기구재, 조각재, 악기재, 토목용재, 선박재로 이용되고, 수피와 열매에서는 염료와 타닌을 얻기도 한다.

자작나무과 Betulaceae

사방오리

Alnus firma Siebold & Zucc.

Alnus 고대 라틴명
firma 강한, 경고한

이명 사방오리나무
E Japanese green alder
J ヤシャブシ

가지와 잎

잎 앞면

꽃차례와 열매 ©김진석

열매

잎 뒷면

수피 ©김진석

【분포】

해외/국내 일본 고유종; 전국 산지에 사방용 식재

【형태】

수형 낙엽활엽아교목으로 수고 10m, 흉고직경 60cm이다. 밑둥치 부근에서 가지가 잘 분지한다.

어린가지 털이 다소 있고, 가지는 회갈색을 띤다.

잎 어긋나며 좁은 난형 또는 피침형으로 긴첨두, 원저에 가깝다. 길이 4~10cm, 너비 2~4.5cm, 측맥은 13~17쌍, 거의 평행하여 위로 향한다.

꽃 3~4월에 잎보다 먼저 피며 암수한그루이다. 수꽃차례는 길이 4~6cm로 가지 끝에서 아래로 드리워지며, 암꽃차례는 수꽃차례 아래에 달린다.

열매 10~11월에 성숙하며, 넓은 타원상으로 1.5~2cm이다. 통상 2개씩 달리나 1~3개씩 달리기도 한다.

【조림 · 생태 · 이용】

일본 고유종으로, 경북 포항의 영일사방 사업지를 중심으로 사방조림을 위하여 일본으로부터 도입된 양수수종이다. 내공해성과 내건성이 강하며 천근성이다. 번식은 가을에 구과를 채취하여 기건, 채종한 뒤 봄에 파종한다. 척박 건조한 땅에도 잘 자라나 비옥지에서는 더욱 생장이 양호하다. 목재는 목기 제조에 쓰인다. 열매와 수피로부터는 염료를 채취하며, 열매, 수피, 잎으로부터 해열제를 얻기도 한다.

자작나무과 Betulaceae

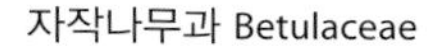

좀사방오리

Alnus pendula **Matsum.**

Alnus 고대 라틴명
pendula 밑으로 처진

이명 각시사방오리나무

잎 ©김진석

수꽃과 겨울눈 ©김진석

【분포】
해외/국내 일본 원산; 남부지역에 간혹 식재

【형태】
수형 낙엽활엽아교목으로 수고 2~7m이고 많은 가지가 생긴다.
어린가지 암회갈색을 띠며, 털이 없다.
잎 좁은 난형 또는 넓은 피침형으로 길이 5~10cm, 너비 1.5~3cm이다. 예두, 설저이며, 가는 복거치가 있다. 뒷면은 담녹색을 띠며, 20~26쌍의 평행하는 측맥이 있고, 맥상에 털이 있다.
꽃 4월에 피며, 암수한그루이다. 수꽃차례는 길이 4~6cm이며 가지 끝에서 1~3개씩 아래로 처진다. 암꽃차례는 수꽃차례 아래쪽에서 3~6개가 옆이나 아래로 처져서 달린다.
열매 10~11월에 성숙하며 밑으로 처지고, 타원상으로 1.5~2cm이다.

【조림 · 생태 · 이용】
양수이고, 일본 원산이며 사방오리와 마찬가지로 사방조림수종으로 도입되었다. 내한성이 약해서 중부 내륙지방에서는 생장이 불량하며, 내공해성과 내염성이 강하다. 번식방법은 종자를 가을에 채취하여 기건저장하였다가 이듬해 봄에 파종하는것이다. 사방조림용으로 식재하고 있으며, 목재는 기구재나 신탄재로 사용되고, 열매는 염료용으로 쓰인다.

물오리나무

Alnus sibirica **Fisch ex Turcz.**

Alnus 고대 라틴명
sibirica 시베리아의

이명 물갬나무, 털물오리나무, 산오리나무, 덤불오리나무, 털떡오리나무, 참오리나무
한약명 水冬瓜
E Manchurian alder
J ヤマハンノキ

잎 앞면
잎 뒷면
수형
수피

꽃

열매

수꽃(왼쪽), 암꽃(오른쪽)

【분포】
해외/국내 중국(동북부), 일본, 러시아(시베리아); 중부 이북의 해발 200~900m 산지에 자라지만, 전 지역에 식재
예산캠퍼스 연습림

【형태】
수형 낙엽활엽교목으로 수고 20m, 흉고직경 60cm이다.
수피 회흑색 또는 회갈색이며 평활하다.
어린가지 짙은 회색이며 부드러운 털이 밀생한다.
겨울눈 장난형으로 길이가 5~10mm, 겉에 털이 있으며 자루가 있다.
잎 원형 또는 넓은 난형으로 길이 8~14cm이다. 예두 또는 둔두, 원저 또는 넓은 설저이며 가장자리에 결각상의 중거치가 있다. 6~8쌍의 측맥이 있다. 표면은 오목하게 들어가 있고, 뒷면에서는 튀어나와 있다. 잎자루는 길이 1.5~3cm로 연모가 밀생한다.
꽃 3~4월에 잎이 나기 전에 피며 암수한그루이다. 수꽃차례는 길이 4~7cm이며 가지 끝에서 2~4개씩 아래로 드리운다. 암꽃차례는 길이 1~2cm의 장타원상이며 3~6개씩 수꽃차례 아래쪽에 달린다.
열매 9~10월에 성숙하며 길이 1.5~2.5cm, 난상 구형이다. 소견과는 길이 3mm 정도의 도란상이며, 가장자리에 막질의 좁은 날개가 있다.

【조림 · 생태 · 이용】
산골짜기의 적습지에서 잘 자라나 건조지에서도 생육이 강하다. 목재는 땔감으로 쓰일 정도이나 지력증진과 사방 조림용으로 유용한 수종이다.

【참고】
물갬나무와 물오리나무는 다른 종으로 취급하기도 하고, 동일종으로도 취급되므로 동일종으로 본 견해를 따랐다.
물오리나무 학명이 국가표준식물목록에는 *A. incana* (L.) Moench subsp. *hirsuta* (Turcz. ex Spach) Á.Löve & D.Löve로 기재되어 있다.

자작나무과 Betulaceae

덤불오리나무

Alnus mandshurica **(Callier) Hand.-Mazz.**

Alnus 고대 라틴명
mandshurica 만주(滿洲)산의

이명 덤불오리, 몽불오리, 설령오리나무

수형

겨울눈

열매와 수꽃차례

수피

잎과 열매

【분포】

해외/국내 중국, 일본, 러시아(캄차카반도); 강원 이북의 아고산지대나 계곡부

【형태】

수형 낙엽활엽아교목으로 수고 4~12m이다.

수피 짙은 회색 또는 암갈색이다.

어린가지 밝은 갈색이며, 피목이 발달했다.

겨울눈 끝이 뾰족한 장난형이다.

잎 광난형 또는 난상 원형으로 길이 5~10cm이며 끝부분은 점차 뾰족해진다. 원저 또는 심장저이며, 예리하고 불규칙한 복거치가 있다. 측맥은 8~12쌍이다.

꽃 4~5월에 개엽과 동시에 피며 암수한그루이다. 수꽃차례는 길이 4~5cm로 2~3개가 가지 끝에서 아래로 향한다. 암꽃차례는 2개씩 수꽃차례 아래에 달리며, 짧은 자루가 있다.

열매 10~11월에 성숙한다. 장타원형이며 윗부분에 암술대의 흔적이 남고, 가장자리에 막질의 날개가 있다.

【조림 · 생태 · 이용】

강원 이북의 아고산지대 습원지역에 주로 자생하며, 내한성과 내공해성이 강하다. 번식은 가을에 종자를 채취하여 기건저장하였다가 봄에 파종을 한다. 목재는 기구재나 토목용재, 화학원료로 사용하고 열매와 나무껍질에서는 염료를 추출하거나 설사, 외상출혈에 약용한다.

【참고】

덤불오리나무 학명이 국가표준식물목록에는 *A. alnobetula* (Ehrh.) K.Koch subsp. *fruticosa* (Rupr.) Raus로 기재되어 있다.

자작나무과 Betulaceae

두메오리나무

Alnus maximowiczii Callier

Alnus 고대 라틴명
maximowiczii 러시아의 분류학자로서 동아시아 식물을 연구한 Maximowicz의

E Maximowicz alder
J ミヤマハンノキ

잎과 열매

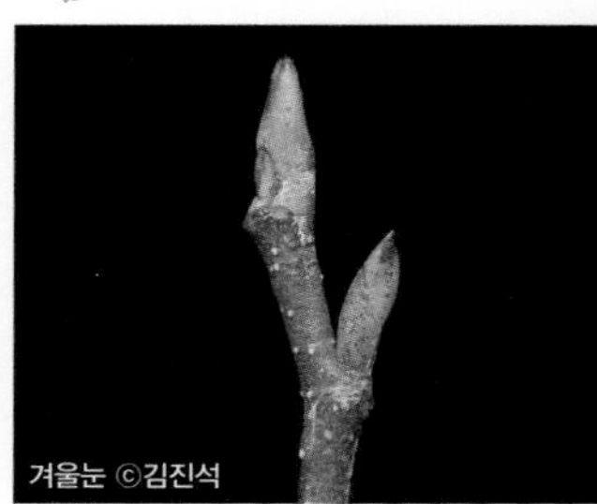
겨울눈 ©김진석

수꽃(아래), 암꽃(위) ©김진석

수피와 수꽃 ©김진석

【분포】
해외/국내 일본, 러시아(시베리아, 캄차카반도); 울릉도 교란지 및 산기슭 골짜기에 자생

【형태】
수형 낙엽활엽소교목으로 수고 5~10m, 흉고직경 30cm이다.
어린가지 밝은 갈색을 띠며, 피목이 발달한다.
잎 어긋나고 털이 없으며, 심장형 또는 넓은 난형으로 점첨두, 심장저 또는 예저이다. 길이 7~10cm, 예거치이다. 표면은 윤채가 있으며 짙은 녹색이고, 뒷면은 점성이 있으며 측맥이 10~12쌍으로 잎가장자리까지 닿는다. 잎자루에 털이 없다.
꽃 4~5월에 피며 암수한그루이다. 수꽃차례는 가지 끝에 달리며 황갈색을 띤다. 총상으로 달리는 암꽃차례는 자갈색으로 3~5개가 달린다.
열매 9월에 성숙하다. 타원형이며 길이 1.5~2cm이고, 1~3cm의 대가 있다.

【조림 · 생태 · 이용】
목재는 토목 용재, 화학원료, 건축재로 사용되며, 수피와 열매에서 염료를 추출한다.

【참고】
두메오리나무와 덤불오리나무는 동일종으로 보거나 다른 종으로 보는 견해가 있으므로 여기서는 다른 종으로 본 견해를 따랐다.
두메오리나무는 잎 뒷면 맥 위에 털이 없고 열매의 길이가 1.5~2cm이다.

잎 앞면 / 잎 뒷면 / 겨울눈 / 수형 / 수피 / 열매 / 암꽃차례(위), 수꽃차례(아래) / 수꽃차례

자작나무과 Betulaceae

자작나무

***Betula platyphylla* var. *japonica* (Miq.) H. Hara.**

Betula 고대 라틴명으로 켈트어 betu에서 유래
platyphylla 넓은 잎의

이명 봇나무
한약명 화피(樺皮), 화목피(樺木皮)
E Japanese white birch
C 白桦, 桦木
J シラカンバ, シラカバ

【분포】
해외/국내 중국, 일본, 러시아, 몽골, 유럽; 주로 강원 이북
예산캠퍼스 교내

【형태】
수형 낙엽활엽교목으로 수고 7~13m이다.
수피 흰빛이며 성목이 되면 종잇장처럼 벗길 수 있으나 자연적으로는 벗겨지지 않는다.
어린가지 자갈색이며 털이 없고 기름샘이 있으며 피목이 많다.
겨울눈 장타원형으로 눈비늘조각은 4~6개이고 겉에 나뭇진이 있다.
잎 장지에서는 어긋나고, 단지에서는 2개씩 나온다. 삼각상 난형으로 길이 5~7cm, 너비 4~6cm, 예첨두, 넓은 설저 또는 아심장저이며 가장자리에 복거치가 있다. 거의 털이 없으나 뒷면 맥겨드랑이에 갈모가 있는 경우도 있다. 잎자루는 1~3cm, 측맥은 6~8쌍이다.
꽃 4~5월에 피며 수꽃차례는 길이 3~8cm이고 무병(無柄)으로 아래로 드리워진다. 암꽃차례는 길이 1~3cm이며 단지에 곧게 서나 열매가 되었을 때에는 아래로 드리워진다.
열매 9월에 성숙하고 종자 양쪽에 종자의 너비보다 넓은 날개가 있다.

【조림 · 생태 · 이용】
산불 등 교란지의 개척수로 적지에서는 생장이 빠르고 수피와 수형이 특이하여 요즘에는 경제조림 외에 가로수, 정원수, 풍치수 등으로 심고 있다. 극양수성이고 천근성이며 전정을 싫어한다. 여름의 고온과 겨울의 낮은 상대습도와 건조를 싫어하는 점을 감안하여 식재하는 것이 좋다. 목재는 가구재, 조각재, 합판재, 펄프재로도 쓰인다. 수피와 새잎을 약용하며 수액을 채취하기도 한다.

【참고】
자작나무 학명이 국가표준식물목록에는 *B. pendula* Roth로 기재되어 있다.

자작나무과 Betulaceae

물박달나무

Betula davurica Pall.

Betula 고대 라틴명으로 켈트어의 betu에서 유래함
davurica 다후리아지방의

이명 째작나무, 사스래나무, 박달나무
한약명 흑화(黑樺, 수피, 봄의 새잎)
E Dahurian birch
C 黑桦
J コオノオレカンバ

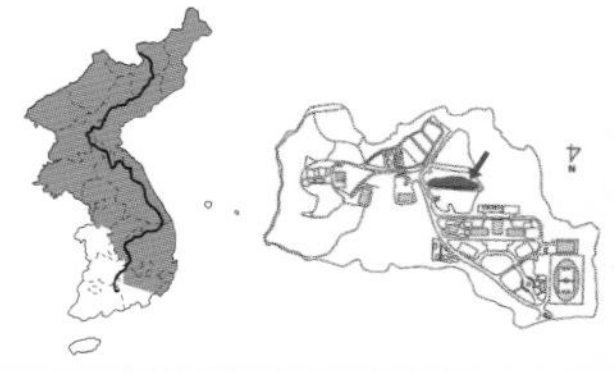

수형

잎 앞면

잎 뒷면

수피

【분포】
해외/국내 극동러시아, 몽골, 일본, 중국; 백두대간 또는 전국 산기슭 양지나 교란지
예산캠퍼스 교내

【형태】
수형 낙엽활엽교목으로 수고 15m, 흉고직경 40cm이다.
수피 회갈색 또는 회색이고 얇은 조각으로 떨어진다.
어린가지 흑갈색을 띠며 털이 있고 지점이 많다.
잎 어긋나며 난형 또는 넓은 난형으로 길이 3~8cm, 예두, 절저 또는 설저이고 가장자리에 성긴 거치가 있다. 표면의 맥상에 털이 있으며, 뒷면에는 지점이 많고 맥상에 잔털이 있으며 황록색이다. 측맥은 7~10쌍이다.
꽃 5월에 개엽과 동시에 피며 암수한그루이다. 수꽃차례는 장지의 앞쪽에서 2~3개씩 아래를 향해 달린다. 암꽃차례는 단지의 앞쪽에서 위로 향해 달린다.
열매 9~10월에 성숙하며 장타원형으로, 길이 1~3cm이다. 열매에 붙어있는 날개의 넓이가 열매의 넓이와 비슷하다.

【조림 · 생태 · 이용】
양수성으로 비옥한 임지에서 척박한 임지에 이르기까지 잘 자라며, 내한성이 강하고 내공해성과 내염성이 약하다. 뿌리는 천근성이지만 옆으로 넓게 확장하여 자라기 때문에 지지력이 양호하다. 맹아력은 약하지만 햇빛이 잘 드는 곳에 천이 초기 수종으로 천연하종갱신이 잘 된다. 목재는 견고하고 치밀하여 농기구재, 공예재, 조각재 등으로 쓰인다. 봄에 새잎을 약용하고, 수액을 음료로 마신다.

자작나무과 Betulaceae

개박달나무

Betula chinensis **Maxim.**

Betula 고대 라틴명으로 켈트어의 betu에서 유래함
chinensis 중국의

이명 짝작이, 참박달나무, 물박달, 웅기개박달, 가는개박달나무, 숲박달, 금강개박달, 개박달, 뚝개박달나무, 화엄개박달나무, 남포박달, 웅기작작나무, 긴잎개박달나무, 긴잎박달

E Chinese birch

J トウカンバ

수형

잎

잎 뒷면

수피

열매

암꽃과 수꽃

【분포】

해외/국내 일본, 중국; 지리산 이북의 산지 능선이나 암반지대

【형태】

수형 낙엽활엽교목 또는 관목으로 수고 3~10m 내외, 흉고직경 30cm 내외이다.

수피 회색빛을 띠며, 벗겨진다. 피목은 선상이며 옆으로 배열한다.

잎 어긋나며 난형 또는 원형으로 첨두, 원저, 아심장저 또는 설저이다. 길이 1~6cm, 너비 3cm 내외로 단거치가 있다. 측맥은 6~10쌍이지만 보통 8~10쌍이다. 잎자루에 털이 있다.

꽃 5월에 핀다. 수꽃차례는 아래를 향하고, 암꽃차례는 난형으로 위를 향해 곧게 선다.

열매 9월에 성숙하며, 중앙의 열편은 선상 피침형으로 털이 많다. 날개가 거의 없다.

【조림 · 생태 · 이용】

양수로 내한성이 강하고 내염성은 약한 편이며, 척박지에서도 잘 자란다. 번식은 가을에 익은 종자를 채취하여 기건저장하였다가 이듬해 봄에 파종한다. 강한 양수성이므로 햇볕을 충분히 받도록 해주어야 한다. 목재는 견고하고 치밀하여 박달나무 못지않게 농기구재, 방망이, 조각재, 공예품으로 쓰인다.

자작나무과 Betulaceae

사스래나무

Betula ermanii Cham.

Betula 고대 라틴명으로 켈트어 betu에서 유래함
ermanii 채집가 Erman의

이명 쇠고채목, 새사스레나무, 고채목, 새수리, 큰사스래피나무, 긴고채목, 좀고채목, 가새사시나무, 묏거자수, 가새사스래, 왕사스래
E Ermans birch
J エゾノタケカンバ

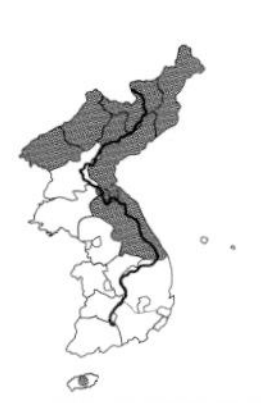

수형(한라산)

잎 앞면

열매

자생지(지리산)

잎 뒷면

수피

【분포】
해외/국내 극동러시아, 중국, 일본; 백두대간, 지리산, 설악산, 한라산 백록담 부근, 소백산, 태백산 등 아고산지대

【형태】
수형 낙엽활엽교목으로 수고 7~8m, 비옥지에서는 10m 이상 자란다. 등치 부근에서 큰 가지가 발달하는 것이 많다.
수피 회색, 적갈색, 또는 거의 백색이며 종잇장처럼 벗겨져서 줄기에 오랫동안 붙어있다.
어린가지 지점과 점상피목이 있다.
잎 어긋나며 삼각상 난형 또는 넓은 난형으로 점첨두. 설저, 아심장저 또는 아원저이며, 길이 5~10cm이고, 성긴 거치가 있다. 측맥은 7~11쌍, 윗면에는 털이 없고, 뒷면에 지점이 있으며 맥상에 털이 있다. 잎자루는 5~30mm이다.
꽃 5~6월에 피며, 암수한그루이다. 수꽃차례는 가지 끝에 매달리고, 길이 3~5cm이다. 암꽃차례는 짧은 가지 앞쪽에서 위를 향해 달리며 길이 1~3cm이다.
열매 9월에 성숙하며, 과수는 장타원형으로 길이 2~4cm, 소견과는 2~3mm이며, 비스듬히 선다.

【조림 · 생태 · 이용】
지리산, 한라산, 설악산, 덕유산, 소백산 등 아고산지대의 습윤비옥하고 약간 그늘진 산정부근에 주로 생육하고 있다. 번식은 가을에 익은 종자를 채취하여 기건저장하였다가 이듬해 봄에 파종한다. 비교적 건조한 입지에서는 풍치수, 녹음수로 식재할 수 있고, 자생지가 주로 아고산대이므로 해발고도가 높은 산지의 조림수종으로 적합하다. 목재는 견고하여 농기구재, 기구재, 조각재, 건축재, 땔감 등으로 사용된다.

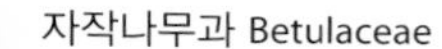

자작나무과 Betulaceae

거제수나무

***Betula costata* Trautv.**

Betula 고대 라틴명으로 켈트어의 betu에서 유래함

이명 물자작나무, 자작나무, 무재작이
한약명 거제수(수액)
E Ribbed birch
C 風桦
J チョウセンミネバリ

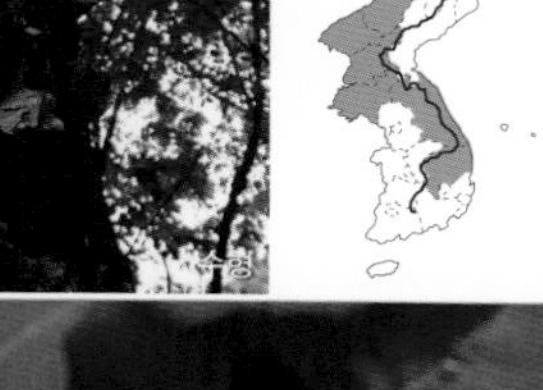

잎 앞면 / 잎 뒷면 / 수피 / 수형

어린가지(피목)

열매 ©김진석

【분포】
해외/국내 중국(동북부); 백두대간 및 아고산 계곡부

【형태】
수형 낙엽활엽교목으로 수고 30m, 흉고직경 1m이다.
수피 흰빛 또는 갈백색이 돌며 종잇장처럼 벗겨진다.
어린가지 지점이 없고 피목은 옆으로 길며 선상이다.
잎 어긋나며 난상 타원형으로 길이 3~8cm이다. 잎자루는 길이 8~15mm, 측맥은 10~16쌍이다. 끝은 좁고 길게 뾰족하며, 원저 또는 아심장저이고, 중예거치가 있다. 표면에는 털이 없거나 때로는 있으며, 뒷면 맥상에 털이 있다.
꽃 5~6월에 피며 암수한그루이다. 수꽃차례는 아래를 향하고, 장타원형의 암꽃차례는 짧은 가지에서 위를 향한다.
열매 9월에 성숙하고 난형 또는 난상 타원형으로 길이 2cm, 짧은 대가 있다. 실편의 중앙열편은 길이 6mm, 측편의 2배쯤 된다. 견과는 난형 또는 넓은 난형이며 한쪽 날개는 열매의 넓이보다 좁다.

【조림 · 생태 · 이용】
백두대간이나 아고산대의 심산지역 계곡부에 주로 생육하고 있으므로 비옥적윤한 토양이 생육적지이다. 종자로 번식하며 종자가 아주 작아 발아력을 잃기 쉬우므로 가을에 종자 채취를 한 뒤 바로 파종한다. 양수성 수목으로 주요한 용재수종이며 풍치수로 식재한다. 목재는 건축재, 가구재, 조각재로 쓰인다. 수액은 음료 또는 약용한다. 수액에는 칼슘, 마그네슘이 일반천연수보다 20~30배 많이 함유되어 있다. 산지 조림수종으로 이용되고 있으나 시내 조경수, 공원수, 가로수 등으로 개발 가치가 있다.

자작나무과 Betulaceae

박달나무

Betula schmidtii Regel

Betula 고대 라틴명으로 켈트어 betu에서 유래함
schmidtii 사할린의 식물 연구가인 F. Schmidt(1751~1834)의

이명 참박달나무, 묏박달나무, 박달, 단목
E Bakdal birch
C 黑樺
J オノオレカンバ

수형

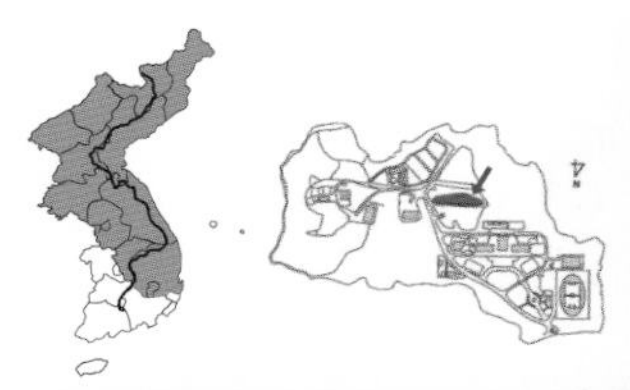

잎
수피

【분포】
해외/국내 극동러시아, 중국, 일본; 백두대간 및 심산 지역 양지바른 사면부나 능선
예산캠퍼스 교내

【형태】
수형 낙엽활엽교목으로 수고 30m, 흉고직경 1m이다.
수피 암회색이며, 벗겨지지 않는다.
어린가지 처음 털과 지점이 있으나 점차 없어진다.
잎 어긋나며 난형으로 길이 4~8cm, 점첨두, 넓은 설저이고 가장자리에 세거치가 있다. 측맥은 9~10쌍이다. 표면은 녹색으로 털이 없으며, 뒷면에는 지점이 있고 맥상에 털이 있으며 담녹색이다. 잎자루는 길이 5~20mm, 털이 있다. 어긋나나 단지에서는 2개씩 무더기로 나온다.
꽃 5월에 피며, 암수한그루이다. 수꽃차례는 가지 끝에서 밑으로 처지고, 암꽃차례는 위를 향해 달리고 원통형으로 길이가 2~4cm이다.
열매 9월에 성숙하고 타원형으로 좁은 날개가 있다. 포린의 측편은 피침형이다.

【조림 · 생태 · 이용】
적윤 비옥한 곳에서 생육이 좋으나 다소 척박한 곳에도 잘 자란다. 강한 양수성이며 뿌리의 수직분포는 천근형이다. 주요한 용재수종으로 목재는 무늬가 아름답고 단단하여 가구재, 차량재, 기계재, 건축토목재, 조각재 등으로 쓰이며, 옛날에는 다듬이방망이, 참빗, 곤봉, 수레바퀴, 농기구 등으로 이용되었다. 껍질은 염료로 이용되고, 수액은 식용 또는 약용하며 술을 만드는 데 이용된다. 어린 싹은 약용한다.

자작나무과 Betulaceae

까치박달

Carpinus cordata **Blume**

Carpinus 켈트어 car(나무)와 pin(머리)의 합성어
cordata 심장형의

이명 나도밤나무, 물박달, 박달서나무
E Heartleaf hornbeam
C 千金榆
J サワシバ

잎 앞면 / 잎 뒷면 / 수피 / 수형 / 겨울눈 / 수꽃차례(전년지)와 암꽃차례(신년지) / 열매

【분포】
해외/국내 중국(중북부), 일본, 러시아; 전국 산지 계곡부
예산캠퍼스 연습림 임도 옆

【형태】
수형 낙엽활엽교목으로 수고 12m이다.
수피 담녹색이며 비늘모양으로 갈라진다.
어린가지 잔털이 있지만 점차 없어지고 세로로 장타원형 피목이 많다.
겨울눈 장타원형이며 끝이 뾰족하고 길이가 7~14mm이다. 눈비늘조각은 20~26개이고 연한 갈색~적갈색을 띠고 가장자리에 털이 있다.
잎 어긋나며, 길이 7~14cm, 난형 또는 타원형으로 급한 첨두, 심한 심장저이며 예리한 복거치가 있다. 측맥은 15~20쌍으로 평행으로 달리고 가장자리까지 다다른다.
꽃 4~5월에 피며 암수한그루이다. 수꽃차례는 전년의 가지에 매달리고, 암꽃차례는 신년지의 끝에 매달린다.
열매 9~10월에 성숙한다. 장타원형으로 드리워진다. 열매가 달린 잎자루는 길이 2~4cm로 털이 없다.

【조림 · 생태 · 이용】
비교적 음수의 성질을 띠고 있으며 산골짜기의 비옥한 적습지가 생육적지이다. 풍치수, 녹음수로 심을 만하다. 목재는 농기구재, 땔감, 방적목관, 표고버섯 재배원목으로 쓰인다. 자연낙하 직전의 열매는 거의 해충의 피해를 받고 있으므로 채종시기를 조금 앞당기는 것이 좋다.

【참고】
잎이 크고 측맥이 많으며, 열매가 원통형이고 과포가 겹쳐져 소견과를 빽빽이 싸고 있다.

자작나무과 Betulaceae

서어나무

Carpinus laxiflora (Siebold & Zucc.) Blume

Carpinus 켈트어 car(나무)와 pin(머리)의 합성어
laxiflora 드문드문 달린 꽃의

이명 셔나무, 초식나무, 서나무, 왕서나무, 큰서나무, 왕서어나무
E Red-leaved hombeam
C 鵝耳櫪
J アカシデ

수형
잎 앞면
잎 뒷면

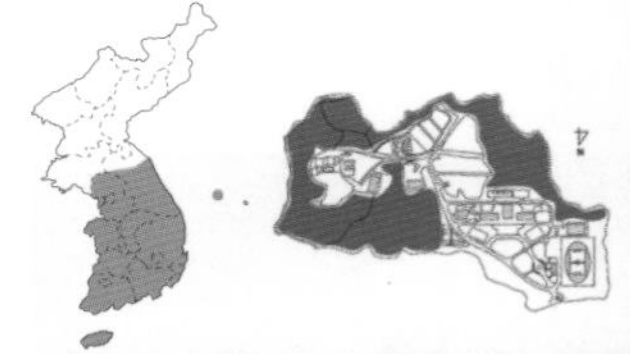

겨울눈

【분포】
해외/국내 일본, 중국; 전국 계곡부나 사면부
예산캠퍼스 연습림

【형태】
수형 낙엽활엽교목으로 수고 15m, 흉고직경 1m이다.
수피 회색으로 평활하지만 근육모양처럼 울퉁불퉁하다.
어린가지 암갈색을 띤다.
겨울눈 장타원형이며 길이가 5~10mm이다. 눈비늘조각은 16~18개이며 연한 갈색~적갈색이고 광택이 있다.
잎 난형 또는 난상 타원형으로 길이 4~7cm, 너비 2~4cm이고 끝은 예두 또는 꼬리처럼 길게 뾰족하며 원저이다. 복거치가 있고, 측맥은 9~15쌍이다. 표면에 털이 없고, 뒷면 맥상에 잔털이 있다. 잎자루는 길이 8~12mm로 처음에는 털이 있으나 나중에는 없게 된다. 봄에 나온 새잎은 적색을 띤다.
꽃 4~5월에 피며 암수한그루이다. 수꽃차례는 전년의 잎겨드랑이에서 나며 아래로 드리워지고, 암꽃차례는 금년의 새로 나온 가지 끝에 돋아난다.
열매 9~10월에 성숙하며, 길이 4~10cm, 2~3cm의 자주를 가지고 아래로 드리워진다. 포는 까치박달보다 성글게 달렸으며, 포의 한쪽에만 거치가 있다.

수간

수꽃차례(전년지)

개엽

잎과 열매

【조림 · 생태 · 이용】

내음성이 강하여 산중턱 이하의 소나무와 낙엽활엽수림 아래에 2차림으로 온대림 지역에 잘 발달되어 있다. 뿌리의 수직분포는 천근형이다. 공원수, 정원수, 풍치수로 적당하며 분재소재로도 가치가 있다. 목재는 건축재, 기구재, 농기계자루, 차륜재, 피아노 공명판에도 쓰이는 고급목재이다.

소사나무

Carpinus turczaninowii Hance

Carpinus 켈트어 car(나무)와 pin(머리)의 합성어

이명 산서나무, 서나무, 왕소사나무, 섬소사나무, 거문소사나무, 큰잎소사나무, 산서어나무
한약명 대과천금(大果千金, 근피)
E Turczaninow hornbeam
J イワシデ

문화재청 지정 천연기념물 인천 강화군 화도면 문산리 참성단 소사나무(제502호)

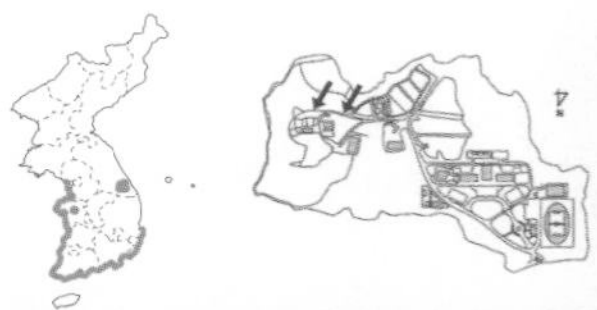

수형

잎 앞면

잎 뒷면

수피

잎

암꽃차례(신년지)와 수꽃차례(전년지)

열매와 겨울눈

【분포】
해외/국내 중국(동북부), 일본(혼슈 이남); 해안에 접한 산지의 능선 및 바위지대, 드물게 내륙
예산캠퍼스 연습림 임도 옆

【형태】
수형 낙엽활엽관목으로 수고 3~10m, 흉고직경 30cm이다.
수피 짙은 회색이며 세로로 불규칙하게 갈라진다.
어린가지 짧은 털로 덮여 있고 연한 갈색~회갈색을 띤다.
겨울눈 난형이며 눈비늘조각은 갈색~적갈색이고 끝부분에 털이 있다.
잎 어긋나며 난형 또는 넓은 난형으로 끝은 첨두 또는 둔두이며, 밑부분은 원저이다. 길이 2~5cm이고, 가장자리에 복거치가 있다. 뒷면의 맥상에 털이 많고, 측맥은 10~12쌍이다.
꽃 4월에 잎이 나기 전에 피며 암수한그루이다. 수꽃차례는 길이 3~5cm이며 전년지에서 아래로 드리우고, 수꽃의 포는 적색을 띤다. 암꽃차례는 신년지의 잎 사이에서 나오며 암술대는 적색을 띤다.
열매 8~9월에 성숙하며, 길이 3~6cm이다. 과포는 길이 1~1.8cm의 난형이며 보통 4~8개가 있다. 가장자리에는 뾰족한 거치가 불규칙하게 나 있다. 소견과는 길이 3~4mm의 난형으로 과포의 기부에 달린다. 표면에는 뚜렷한 능각이 있으며, 과포는 4~8개이다.

【조림 · 생태 · 이용】
해변의 산록부에서 자라며 남쪽지방에서는 산중턱 이상에서도 잘 자란다. 목재는 농기구재, 땔감으로 쓰이며 분재용 및 관상수로도 심을 만하고, 정원수, 분재용으로 심는다. 뿌리는 약용하며, 종자로 증식시킨다. 열매에 충해가 많으므로 조금 일찍 채취한다.

【참고】
소사나무 학명이 국가표준식물목록에는 *C.turczaninovii* Hance로 기재되어 있다.

자작나무과 Betulaceae

개서어나무

Carpinus tschonoskii Maxim.

Carpinus 켈트어 car(나무)와 pin(머리)의 합성어

이명 셔나무, 개서나무, 왕개서나무, 섬개서나무, 서나무, 큰개서나무, 왕개서어나무

E Yeddo hornbeam

J イヌドクサ

문화재청 지정 천연기념물 전남 무안군 청계면 청천리 팽나무-개서어나무 숲(제82호), 전남 함평군 대동면 향교리 느티나무-팽나무-개서어나무 숲(제108호)

열매 ©김진석

종자와 포 ©김진석

수형

수피

잎 앞면

잎 뒷면

【분포】

해외/국내 중국, 일본; 중남부 계곡이나 급경사지

【형태】

수형 낙엽활엽교목으로 수고 15m, 흉고직경 70cm이다.

수피 암회색이고 평활하며 갈라지지 않는다.

어린가지 암갈색이며 털이 많다.

잎 어긋나며 난형 또는 타원형이고 측맥은 12~15쌍이며, 끝이 예리하다. 원저이며 복거치가 있다. 길이 4~8cm이며 잎자루에 털이 있다.

꽃 4~5월에 피며 암수한그루이다. 수꽃차례는 전년지에 달리고 길이 5~8cm이다. 암꽃차례는 신년지에 달리고 길이 6~7cm이다.

열매 9~10월에 성숙한다. 4~12cm, 광난형이고 길이 4~4.5mm이며 끝에 잔털이 있다.

【조림 · 생태 · 이용】

우리나라 남부지역에 주로 분포하는 중용수 또는 음수로, 건조하고 척박한 곳이나 해안가에 잘 자라지만 가끔 해안에 인접한 산지 정상부에도 생육하고 있다. 남부지역 수림에서 이차림으로 잘 생육하고 있다. 번식은 10월에 종자를 채취하여 노천매장하였다가 이듬해 봄에 파종한다. 녹음수, 풍치수로 이용되며 목재는 건축재, 기구재, 농기구재, 차량재, 표고버섯 골목 등으로 쓰인다.

자작나무과 Betulaceae

개암나무

Corylus heterophylla Fisch. ex Trautv.

Corylus 라틴 옛 이름이며 그리스어의 corys(투구)에서 유래함(소총포의 형태에서 유래)
heterophylla 이엽성(異葉性)의

이명 개얌나무, 난티잎개암나무, 물개암나무, 깨금나무, 난퇴물개암나무, 쇠개암나무
한약명 진자(榛子, 열매)
E Siberian filbert
J オヒョウハシバミ

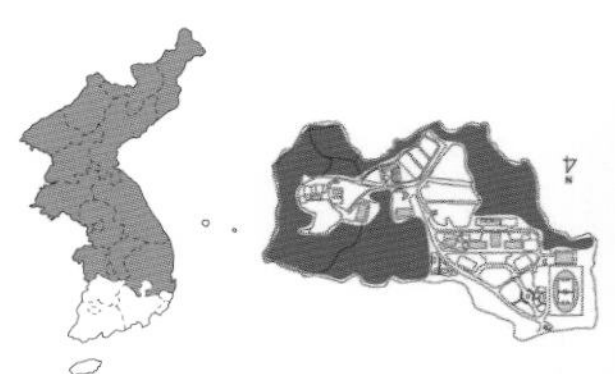

가지와 잎

잎과 열매

열매

수꽃차례

겨울눈

잎 앞면

잎 뒷면

【분포】

해외/국내 중국(중북부), 일본(규슈 이북), 러시아; 전국 산야
예산캠퍼스 연습림

【형태】

수형 낙엽활엽관목으로 수고 2~3m 정도로 자란다.
수피 회갈색으로 불규칙하게 갈라진다.
어린가지 샘털이 있으며 백색의 피목이 뚜렷하다.
겨울눈 난형이며 눈비늘조각은 5~8개이고 적갈색이며 털이 있다.
잎 어긋나며 난원형 또는 광도란형으로 절두, 중륵의 끝이 특별히 뾰족하다. 원저 또는 아심장저이며 불규칙한 복거치이다. 길이는 6~12cm 너비 5~11cm, 6~7쌍의 측맥이 있다. 어린잎의 표면에는 붉은 무늬가 생긴다.
꽃 3~4월에 잎이 나기 전에 피며 암수한그루이다. 수꽃차례는 길이 3~7cm, 전년지 끝에서 아래로 드리운다. 수꽃은 포의 안쪽에 1개씩 달리고 수술은 8개이다. 암꽃은 2~6개가 모여 달리며 적색의 암술대가 겨울눈의 인편 밖으로 나온다.
열매 8~9월에 성숙하고, 길이 2.5~3.5cm, 종모양의 포가 감싸고 있다. 견과는 지름 1~2cm, 난형 또는 구형으로 위쪽에 털이 밀생한다.

【조림 · 생태 · 이용】

양지바른 적습한 비옥지에서 잘 자란다. 양수성이며, 뿌리의 수직분포는 중간형이다. 실생, 접목, 휘묻이, 분주로 번식시킨다. 난티잎개암나무, 개암나무, 참개암나무 등의 열매를 진자라고 하며 식용 또는 약용한다.

【참고】

개암나무속의 열매를 헤이즐넛(hazelnut)이라고 한다. 유럽, 미국 등지에서 대량 생산하고 있다. 국내에서는 난티잎개암나무와 개암나무를 한 종으로 취급한다.

자작나무과 Betulaceae

참개암나무

Corylus sieboldiana Blume

Corylus 라틴 옛 이름이며 그리스어의 corys(투구)에서 유래(소총포의 형태에서 유래)
sieboldiana 일본식물 연구가 Siebold의

이명 가는물개암나무, 참깨금, 개암나무, 좀물개암나무, 물병개암나무
E Asian beaked hazel
J ツノハシバミ

잎과 열매 ©김진석

잎 앞면

잎 뒷면

수피

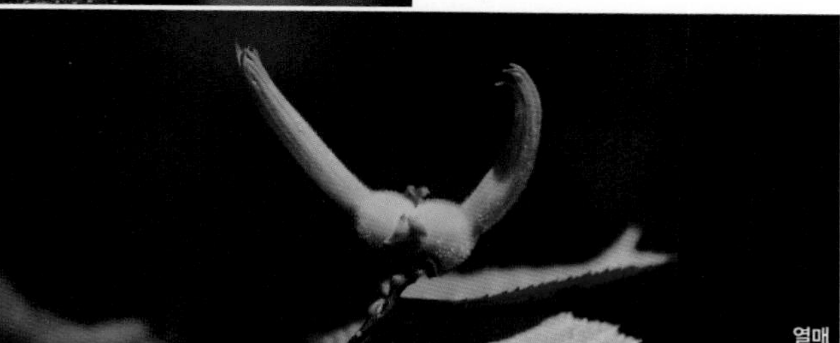
열매

【분포】
해외/국내 중국, 일본; 강원도 이남 산지의 햇빛이 잘 드는 곳, 주로 남부지역

【형태】
수형 낙엽활엽관목으로 수고 2~3m이다.
수피 회색, 회갈색이며, 피목이 발달한다.
겨울눈 끝이 둔한 난상형이며 길이 4~8mm이다.
잎 어긋나며 난상 원형 또는 광도란형으로 예첨두, 원저이고 불규칙한 복거치가 있다. 길이 5~11cm, 뒷면 맥 위에 잔털이 있으며 측맥의 수는 8~10쌍이고, 잎자루에 털이 있다.
꽃 3~4월에 피며 암수한그루이다. 수꽃차례는 전년지 끝에서 밑으로 처지고, 암꽃은 여러 개가 모여 달리며 10여 개의 적색 암술대가 겨울눈 인편 밖으로 나온다.
열매 9~10월에 성숙하며 포가 2개이며 끝이 좁아진다. 포의 길이는 3~7cm, 표면에 가시 같은 털이 밀생한다. 견과로 원추형이다.

【조림 · 생태 · 이용】
우리나라 산중턱 이하에 주로 분포하며, 실생 및 분근으로 번식한다. 관상수나 정원수로 식재하고, 열매는 식용, 약용한다.

【참고】
병개암나무 (*C. hallaisanensis* Nakai) 총포가 길게 발달하지 않고, 짧은 가시처럼 보이며, 한라산에 자란다.

자작나무과 Betulaceae

물개암나무

Corylus sieboldiana Blume var. *mandshurica* (Maxim.) C.K.Schneid.

Corylus 라틴 옛 이름이며 그리스어의 corys(투구)에서 유래함(소총포의 형태에서 유래)
sieboldiana 일본식물 연구가 Siebold의

이명 물깨금나무, 물갬달나무
E Mandshurian hazel
J オオツノハシバミ

잎 ©김진석

잎 앞면

잎 뒷면

열매

수꽃 ©김진석

【분포】
해외/국내 일본, 중국, 러시아(시베리아); 제주도를 제외한 전국 각지의 햇빛이 잘 드는 높은 산지

【형태】
수형 낙엽활엽관목으로 수고 2~5m이다.
어린가지 샘털로 덮여 있다.
잎 넓은 도란형으로 끝부분은 결각이 졌거나 예두, 심장저이며 복거치이다. 표면과 뒷면 맥상에 잔털이 있다. 측맥은 7~9쌍이며 잎자루에도 털이 있다.
꽃 3월에 피며 암수한그루이다. 이른 봄에 수꽃이 먼저 핀다. 암꽃은 겨울눈 속에서 여러 개가 모여 달리고 적색의 암술대가 인편 밖으로 나온다.
열매 10월에 성숙하며 둘러싸고 있는 총포의 길이는 4~5cm, 윗부분이 좁아지지 않고 끝부분은 많은 결각이 져 있어 참개암나무의 열매와 구별된다. 견과의 지름은 1.5cm이다.

【조림 · 생태 · 이용】
양지바른 산록부나 비옥지에서 잘 자란다. 목재는 땔감으로 쓰이고 있을 정도이며 열매는 식용, 약용하고 수꽃화분을 민간에서 부스럼, 습진, 화상, 동상, 젖앓이, 타박상 등에 외용한다. 간염복수, 신염부종에도 쓰인다.

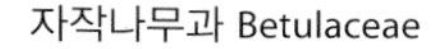

자작나무과 Betulaceae

새우나무

Ostrya japonica Sarg.

Ostrya 그리스어 osteo(뼈)에서 유래함. 재질이 단단한 어떤 수종의 그리스명에서 유래함
japonica 일본산의

이명 좀새우나무
E Japanese hophornbeam
C 鐵木
J アサダ

수형

수피

어린가지와 잎

잎 뒷면

겨울눈 ©김진석

【분포】
해외/국내 중국, 일본; 제주도 및 전남 남해안 일대의 산지에 드물게 분포

【형태】
수형 낙엽활엽교목으로 수고 20m이다.
수피 암회갈색을 띤다, 얇게 세로로 갈라진다.
어린가지 밀모 및 샘털이 있다.
잎 어긋나며 난형 또는 난상 타원형으로 예첨두이다. 처음에는 연모가 밀생하여 벨벳처럼 보이며 나중에는 없어지나 뒷면 맥상에만 끝까지 남는다. 약간 원저에 가깝고 복거치가 있다. 길이 5~13cm, 너비 3~5cm, 측맥은 9~13쌍이다. 털과 샘털이 있는 잎자루의 길이 4~8mm이다.
꽃 4~5월에 개엽과 동시에 피며 암수한그루이다. 수꽃차례는 황록색으로 길이 5~6cm이며 2년지의 끝에서 아래로 향해 피며 녹색 빛을 띤다. 암꽃차례는 녹색이며 신년지 끝에 달리고 길이 1.5~2.5cm이다.
열매 9~10월에 성숙하며, 길이 2~4cm, 너비 1.5~2cm이고, 2cm 내외의 자루가 있어 아래로 처진다.

【조림 · 생태 · 이용】
산중턱 이하의 골짜기에서 잘 자라며 제주도의 낙엽활엽수림에서 드물게 나타난다. 우리나라에서는 제주도를 비롯한 난대림 지역에서 자라고 있지만 일본에서는 홋카이도까지 자라고 있는 것으로 보아 난온대성 수종임을 알 수 있다. 목재는 땔감, 가구재, 밥상을 만드는 데 쓰인다.

참나무과 Fagaceae

밤나무

Castanea crenata Siebold & Zucc.

Castanea 고대 라틴어명이며 그리스어 Castana(밤)에서 유래
crenata 둥근 톱니의

한약명 율자(栗子, 밤), 건률(乾栗, 밤), 율화(栗花, 꽃)
E Japanese chestnut, Chestnut Japanese
C 栗
J クリ

문화재청 지정 천연기념물 강원 평창군 방림면 운교리 밤나무(제498호)

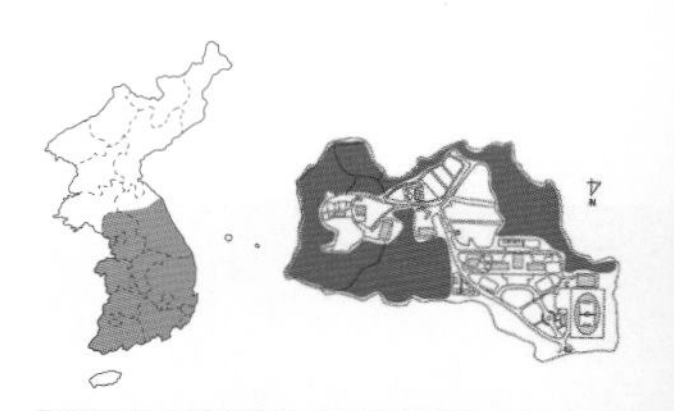

수형

겨울눈

엽연

수피

【분포】
해외/국내 일본, 중국(만주), 남아메리카, 호주; 주로 중부 이남의 인가 주변에 식재
예산캠퍼스 연습림

【형태】
수형 낙엽활엽교목으로 수고 15m, 흉고직경 1m이다.
수피 암회색이며 세로로 불규칙하게 갈라진다.
어린가지 자줏빛이 도는 적갈색으로 단모 또는 성모가 있으나 점차 없어진다.
겨울눈 난형 또는 넓은 난형으로 2~3개의 눈비늘조각으로 덮여 있다.
잎 어긋나며 측지에서는 2줄로 배열한다. 장타원형 또는 타원상 피침형으로 예두이며 기부는 둥글거나 아심장저이고 거치가 있다. 길이는 10~20cm, 가장자리에 파상거치가 있다. 17~25쌍의 측맥이 비스듬이 평행하며 측맥 끝이 침상으로 되어 있다. 표면은 털이 없거나 맥 위에 털이 있으며 선점이 밀포하고 녹색을 띤다. 뒷면에 소선점이 있다. 상수리나무와 굴참나무의 침상에는 녹색이 없으므로 구별된다. 잎자루는 길이 1~1.5cm로 털이 있고 턱잎이 있다.
꽃 백색으로 6~7월에 피며 암수한그루이다. 신년지 밑부분의 잎겨드랑이에 미상꽃차례로 유백색의 수꽃이 달리며,

꽃차례
잎 앞면
잎 뒷면
열매
암꽃과 수꽃
미성숙 열매

암꽃은 포로 쌓여 있고 수꽃 위에 3개씩 한 군데에 모여 달린다. 밤꽃은 향기가 매우 진하여 꿀을 많이 따기도 한다.
열매 9~10월 성숙하며 견과이며 밤송이로 싸여 있다. 1~3개씩 들어있으며 익으면 가시로 덮여있는 껍질이 4갈래로 갈라지면서 속에 있는 밤이 밖으로 드러난다.

【조림 · 생태 · 이용】
양수성으로 내조성과 내건성이 약하지만 대기오염에 견디는 힘은 보통이다. 산록부의 비옥한 적윤지가 조림적지이고, 토심이 깊고 비옥한 산록이나 배수가 잘되는 곳을 좋아한다. 연평균 기온 10~14℃의 기온대가 적당하며 늦가을이나 이른 봄에 서리의 피해를 받기 쉽다. 겨울 동안 이상기후의 영향으로 인해서 줄기가 동해 피해를 받기 쉽다. 여름에는 강우가 비교적 많아도 무방하다. 일조량이 부족한 상태에서는 정상적인 생장과 결실이 이루어지지 않는다. 열매는 식용하며, 꽃은 밀원식물, 하혈, 이질, 살충약 등으로 사용하고, 껍질은 타닌 원료 또는 물을 들이거나 가죽을 이길 때에 쓰며, 만성기관지염, 백일해, 임파선염 치료에 쓰이는 약재로도 활용한다.

참나무과 Fagaceae

구실잣밤나무

Castanopsis sieboldii (Makino) Hatus.

Castanopsis 속명 Castanea(밤)와 opsis(비슷하다)의 합성어이며 밤과 비슷하다는 뜻

sieboldii 일본식물 연구가 Siebold의

이명 새불잣밤나무, 구슬잣밤나무

E Sieboldii chinquapin

C 栲

J スダジイノキ

수형(전남 완도)

잎 앞면

열매

꽃

잎 뒷면

수피

【분포】

해외/국내 중국, 일본, 대만; 남해안 도서 및 제주도의 산지

【형태】

수형 상록활엽교목으로 수고 20m, 흉고직경 1.5m이다.

수피 검은 회색으로 처음은 평활하나 세로로 갈라진다.

잎 어긋나며 2열로 배열된다. 피침형, 도피침형 또는 장타원형으로 길이가 5~15cm, 가장자리에 파상거치가 있다. 1cm 길이의 잎자루가 있다. 뒷면은 인모로 덮여있어 대개 담갈색이지만 흔히 흰빛을 띤 것도 있다.

꽃 5~6월에 피며 암수한그루이다. 수꽃차례는 길이 8~12cm로 신년지 밑부분의 잎겨드랑이에서 나와 아래로 드리워지며 노란색을 띤다. 암꽃차례는 길이 6~10cm로 신년지의 윗부분에 달린다.

열매 다음해 10월에 성숙하며 총포로 싸여 있다. 난상 장타원형으로 모밀잣밤나무보다 크고 익으면 3갈래로 벌어진다. 길이가 1.2~2.1cm(너비의 1.4~2.2배)이다.

【조림 · 생태 · 이용】

내음성이 강하나 큰 나무는 양수로 햇빛을 좋아하며 비교적 다습한 사질양토에서 생육이 좋다. 내한성이 다소 강해 전남, 경남의 일부 내륙지방에서도 잘 자라고 건조에 약한 편이며, 공해에 잘 견뎌 도시환경의 적응성이 뛰어나고 내조성도 크다. 가로수나 녹음수로 적당하며, 목재는 건축재, 기구재, 선박재 등으로 이용된다. 나무껍질은 어망의 염색에 이용된다. 제주도에서는 구실잣밤나무 열매를 채취하여 도토리묵 등으로 먹기도 한다.

참나무과 Fagaceae

너도밤나무

Fagus engleriana **Seemen ex Diels**

Fagus 그리스어 phagein(먹는다)에서 유래된 라틴명이며 견과를 먹는 것에서 유래함
engleriana 분류학자 Engler의

E Engler's beech
C 水青冈
J チョウセンブナ

산림청 지정 희귀등급 약관심종(LC)
문화재청 지정 천연기념물 경북 울릉군 서면 태하리 솔송나무-섬잣나무-너도밤나무 군락(제50호)

군락(울릉도)

수꽃 ©김진석

암꽃 ©김진석

잎 앞면

잎 뒷면

열매

【분포】
해외/국내 중국 내륙; 울릉도에 자생

【형태】
수형 낙엽활엽교목으로 수고 20m이다.
잎 난상 타원형 또는 장난형으로 끝이 뾰족하다. 기부는 둥글거나 넓은 설저이고 가장자리에 파상거치 또는 치아상 거치가 있다. 길이 6~12cm, 9~13쌍의 측맥이 있다. 잎자루에 털이 있고 뒷면 중륵 기부에 털이 있다.
꽃 5월에 피며 암수한그루이다. 수꽃은 신년지의 잎겨드랑이에서 두상으로 모여 달리고, 암꽃은 신년지의 잎겨드랑이에서 2개씩 달린다.
열매 10월에 성숙하고 견과로 삼각형이다.

【조림 · 생태 · 이용】
해풍이 있는 공기습도가 높은 지역에서 자라는 극상림의 하나로, 주로 바닷가 근처에 자생지가 발견된다. 내륙에서는 공기습도가 높고 서늘한 바닷가 근처가 좋다. 내한성이 강하고 생장속도가 느린 음수이나 매우 큰 거목으로 자란다. 많은 토양수분을 요구하지만 공기 중의 습도가 높으면 비교적 건조한 곳에서도 잘 견딘다. 그러나 겨울철 건조에 약하다. 토심이 깊은 비옥적윤한 곳에서 잘 자라나 산복부 이상의 척박지에서도 잘 자라는 편이다. 어릴 때에는 내음성도 강하다. 우리나라 전역에 조림수종 및 공원수로 개발할 가치가 높다.

수간(독일)

【참고】
너도밤나무 학명이 국가표준식물목록에는 *F. multinervis* Nakai로 기재되어 있다.

참나무과 Fagaceae

굴참나무

Quercus variabilis Blume

Quercus 이 속에 속하는 어느 종의 라틴명에서 유래함. 켈트어 quer(질이 좋은)와 cuez(재목)의 합성어
variabilis 각종의, 변하기 쉬운

이명 구도토리나무, 물갈참나무, 부업나무
E Cork oak, Oriental oak
C 栓皮櫟
J アベマキ

문화재청 지정 천연기념물 강원 강릉시 옥계면 산계리 굴참나무 군(제461호) 외 4곳

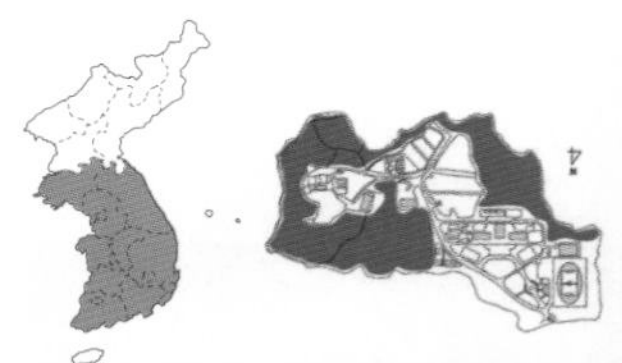

수형

새순

엽연

수피

【분포】

해외/국내 일본, 중국, 베트남, 티베트, 대만; 한반도 전역의 남사면 급경사지
예산캠퍼스 연습림

【형태】

수형 낙엽활엽교목으로 원개형의 수형을 가지고 있다. 수고 25m, 흉고직경 1m이다.
수피 회색으로 상수리나무에 비하여 코르크가 발달하기 때문에 두껍고 세로로 깊게 갈라진다. 두꺼운 코르크층 때문에 산불에 견디는 힘이 강하다.
어린가지 약간 털이 있다.
겨울눈 장난형이다.
잎 어긋나며 장타원형, 타원형 또는 장타원상 피침형으로 길이 8~15cm이며, 뒷면은 회백색을 띤다. 점첨두, 아심장저 또는 원저이고, 가장자리에 바늘모양의 예리한 거치가 있다. 측맥은 9~16쌍이다.
꽃 잎과 함께 4~5월에 피며 암수한그루이다. 상수리나무와 같이 새가지의 위쪽에는 암꽃이 곧추서고, 아래쪽에는 수꽃이 밑으로 늘어진다.
열매 다음해 10월에 성숙하며, 견과로 구형이다. 길이 1.5~2cm, 뒤로 젖혀진 포린으로 싸여져 있다.

암꽃 / 열매 / 수꽃 / 잎 앞면 / 잎 뒷면 / 열매(1년생)

【조림 · 생태 · 이용】

양수이고 성장이 비교적 빠른 편이며, 남향 산허리쪽의 약간 건조한 곳을 좋아한다. 신갈나무보다는 낮은 표고에 나타난다. 햇볕을 많이 받는 척박하고 건조한 곳에서도 잘 자라며 내음성은 약하나 맹아력은 강하여 조건을 가리지 않고 쉽게 재배가 가능하다. 맹아 갱신이 쉽고 군집성이 좋아 순림(純林)을 만들 수 있으며, 재질이 무겁고 마찰에 견디는 힘이 강하므로 기구재나 차량재로 이용된다. 나무껍질은 코르크재료 또는 염료로 이용되며, 열매는 식용으로 이용된다.

충영

참나무과 Fagaceae

상수리나무

Quercus acutissima Carruth.

Quercus 이 속에 속하는 어느 종의 라틴명에서 유래함. 켈트어의 quer(질이 좋은)와 cuez(재목)의 합성어
acutissima 가장 뾰족한

이명 도토리나무, 보춤나무, 참나무
한약명 상실(橡實, 열매), 도토리(열매)
E Sawtooth oak, Oriental chestunt oak
C 麻櫟
J クスギ

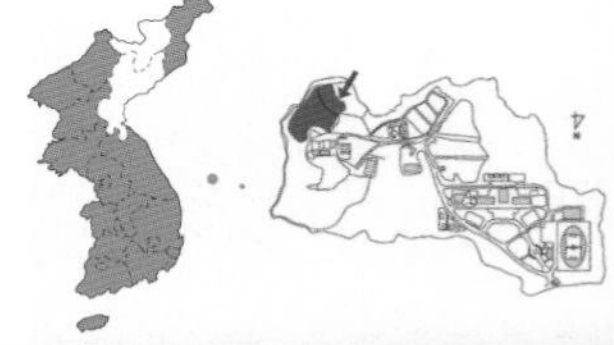

수형

1년생 열매

엽연

수피

【분포】
해외/국내 일본, 중국, 대만, 라오스, 네팔; 전국 해발 800m 이하의 낮은 산지 인가 주변
예산캠퍼스 연습림

【형태】
수형 낙엽활엽교목으로 원개형 수형을 가진다. 수고 20~25m, 흉고직경 1m이다.
수피 회갈색이고 약간 깊게 갈라진다.
어린가지 처음 회백색의 단모가 밀생하나 뒤에는 거의 없어지고 둥근 피목이 산재한다.
잎 어긋나며 장타원상 피침형으로 둔두 또는 예두이고, 기부는 둥근 모양이다. 가장자리에 침상거치가 있다. 길이 8~15cm, 12~16쌍의 측맥이 평행으로 달리며 거치의 끝까지 이어진다. 잎이 밤나무와 비슷하지만 앞면은 광택이 나며 거치 끝에 엽록체가 없어 희게 보이며 뒷면에는 털이 있고 연녹색을 띤다.
꽃 잎과 함께 4~5월에 피며 암수한그루이다. 수꽃차례가 어린가지의 잎겨드랑이에서 길게 드리워진다. 암꽃차례는 윗부분의 잎겨드랑이에 곧추나와 1~3개의 암꽃이 달린다. 수꽃은 5개로 갈라진 화피열편과 8개 정도의 수술로 된다. 암꽃은 총포로 싸여있고 3개의 암술대가 있다.

열매 다음해 10월에 성숙하며, 견과로 길이 2cm이다. 끝이 약간 요형이며 길게 뒤로 젖혀진 포린으로 싸여 있다. 덮인 각두로 거의 윗부분까지 싸인다.

【조림 · 생태 · 이용】

인가 주변의 산록 양지 적윤지 해발 800m 이하에 잘 자라며 제주도에서는 해발 600m 이하에만 분포한다. 내음성은 약하나 내건성과 내한성, 내조성이 강해 건조한 곳이나 해안지방에서도 잘 자란다. 생장이 빠르고 목재의 용도가 넓어 과거 조림을 하기도 하였다. 양수성이며 뿌리의 수직분포도는 심근성이다. 주요한 용재수종으로 목재는 가구, 마루판, 건축, 토목, 선박, 차량, 기구, 포장, 단판, 장식 등에 이용된다. 나무결은 곧고 무거우며 단단하고 펄프 수율이 높아 표백이 잘되어 펄프재로 적당하다. 표고 재배원목으로도 이용된다. 열매는 식용, 약용 또는 공업원료로 이용된다.

참나무과 Fagaceae

졸참나무

Quercus serrata Murray

Quercus 이 속에 속하는 어느 종의 라틴명에서 유래함. 켈트어 quer(질이 좋은)와 cuez(재목)의 합성어
serrata 톱니가 있는

이명 가둑나무, 갈졸참나무, 굴밤나무, 당재잘나무, 소리나무, 재량나무, 재리알, 재잘나무, 침도로나무, 황해속소리나무
E Konara oak
C 抱櫟
J コナラ

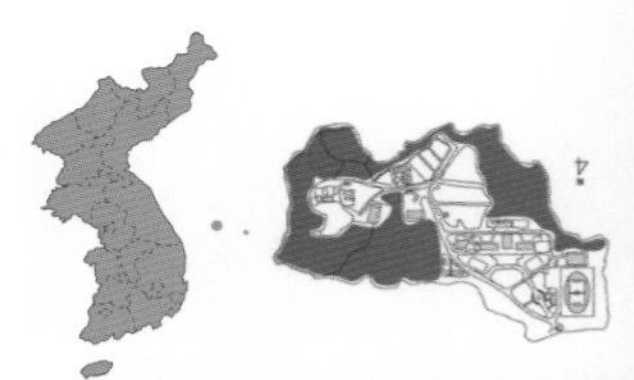

수형(한라산)

겨울눈

열매

수피

【분포】
해외/국내 히말라야, 일본, 대만, 중국; 전국, 주로 중부 이남의 해발고도가 낮은 산지 계곡
예산캠퍼스 연습림

【형태】
수형 낙엽활엽교목으로 수고 23m, 흉고직경 1m이다.
수피 회색으로 처음에는 평활하지만 나중에는 얕게 세로로 갈라진다.
어린가지 견모가 밀생한다.
겨울눈 가지 끝에 겨울눈이 모여나고 눈비늘조각에 털이 있다.
잎 어긋나며 도란상 타원형 또는 난상 피침형으로 길이 6~19cm, 첨두이고 기부는 원저 또는 설저이다. 가장자리에 예리한 거치가 다소 안으로 굽었다. 뒷면은 약간 흰빛을 띤다. 잎자루는 길이 1~2cm로 대부분 털이 있으나 없는 것도 있다.
꽃 잎과 함께 4~5월에 피며 암수한그루이다. 수꽃차례는 길이 2~8cm로 신년지 밑부분의 잎겨드랑이에서 아래로 처진다. 암꽃차례는 길이 1.5~3cm로 다른 참나무류와 달리 신년지 정점 부근의 잎겨드랑이에서 여러 개가 나온다. 수꽃은 3~12개의 수술과 5~8개로 갈라진 화피가 있다. 암꽃은

수꽃
암꽃
개엽
잎 앞면
잎 뒷면

6개로 갈라진 화피와 2~7개로 갈라진 암술대가 있다.

열매 10월에 성숙하며 견과로 각두와 각두를 덮고 있는 포린은 참나무류 중에서 제일 작다. 견과는 약 1/3 부분만 각두에 싸여있다. 장타원형으로 길이 4~28mm, 지름 3~17mm이다.

【조림 · 생태 · 이용】

양수성이며 뿌리의 수직분포는 심근형이다. 특별히 적지를 가리지 않고 토심이 깊고 완만한 경사지에서 생육이 왕성하며 추위에 잘 견딘다. 맹아력이 강하여 생장속도가 빠르다. 목재는 나이테가 뚜렷하고 재면은 참나무 특유의 아름다운 호랑이무늬를 가지고 있으면서 비틀림이나 강도가 커 건축재, 가구재, 농기구재, 표고버섯 재배 원목으로 쓰인다. 열매는 야생조수의 주요한 먹이일 뿐만 아니라 식용하기도 한다. 나무껍질은 약용, 염색제, 목선의 방수 충진재로 이용된다.

참나무과 Fagaceae

갈참나무

Quercus aliena Blume

Quercus 이 속에 속하는 어느 종의 라틴명에서 유래함. 켈트어 quer(질이 좋은)와 cuez(재목)의 합성어
aliena 연고가 없는, 다른, 변한

이명 재잘나무, 큰갈참나무, 톱날갈참나무, 홍갈참나무
E Oriental white oak
C 槲櫟
J ナラガシワ

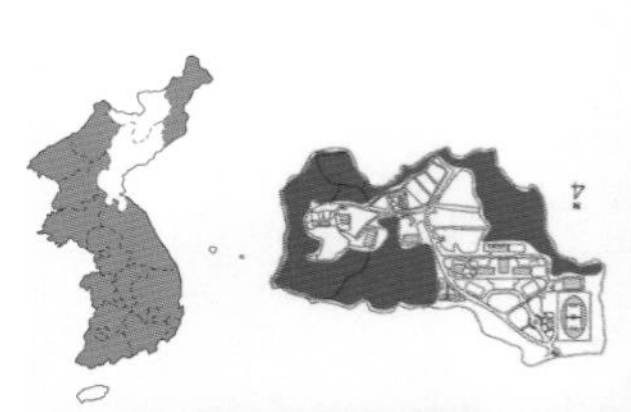

자생지(전남 장성군 백양사 계곡)

수꽃

암꽃

열매

잎 앞면

잎 뒷면

수피

【분포】

해외/국내 동아시아 남부, 중국, 일본; 전국의 해발고도가 낮은 산지 계곡부
예산캠퍼스 연습림

【형태】

수형 낙엽활엽교목으로 수고 25m, 흉고직경 1m이다. 원개형의 수형을 가지고 있다.
수피 회갈색~흑갈색이며 약간 거칠게 그물처럼 얕게 갈라진다.
어린가지 담녹색이고 처음에는 털이 있지만 곧 없어진다.
겨울눈 담녹색으로 처음에는 털이 있지만 곧 없어진다.
잎 어긋나며 타원상 도란형 또는 타원형으로 길이 5~30cm, 너비 3~19cm이다. 둔두 또는 예두, 예저가 보통이지만 원저 또는 심장저가 나타나기도 한다. 끝이 둔하며 4~8쌍의 치아상 또는 뾰족한 거치가 있다. 가장자리에 파상의 큰 거치가 있다. 양면에 처음에는 털이 있으나 표면의 것은 곧 없어지고 표면은 광택이 나는 녹색을 띤다. 뒷면은 회백색으로 2~7개로 갈라진 성모가 있으며 주맥 위의 단모는 곧 떨어진다. 1~3cm의 잎자루가 있다.
꽃 5월에 피며 암수한그루이다. 수꽃차례는 신년지의 잎겨드랑이에서 밑으로 처진다. 암꽃차례는 신년지의 윗부분의 잎겨드랑이에 달린다.
열매 당년 10월에 성숙하며 견과로 장타원형으로 길이 6~23mm, 지름 7~16mm이다. 끝부분에 털이 있다. 견과는 약 1/3 부분만 각두에 싸인다. 각두는 낮은 접시모양으로 바깥부분에 삼각상의 포린으로 덮여있다.

【조림 · 생태 · 이용】

토심이 깊고 비옥한 곳에서 잘 자라고 어려서는 그늘에서도 잘 견디며 커서는 양수로 변한다. 목재는 농기구재, 책상 등을 만드는 데 쓰이며 열매는 식용한다.

겨울눈

암꽃

수피

수형

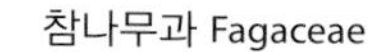
참나무과 Fagaceae

신갈나무

Quercus mongolica Fisch. ex Ledeb.

Quercus 이 속에 속하는 어느 종의 라틴명에서 유래함. 켈트어 quer(질이 좋은)와 cuez(재목)의 합성어
mongolica 몽골의

이명 돌참나무, 만주신갈나무, 물가리나무, 물갈나무, 물신갈나무, 재라리나무, 참나무, 털깃옷신갈, 털물갈나무
한약명 작수피(柞樹皮)
E Mongolica oak
C 蒙櫟
J モンゴリナラ

떡갈나무(왼쪽)와 신갈나무(오른쪽) 잎

잎

【분포】
해외/국내 일본, 중국, 러시아(시베리아); 전국 해발고도가 높은 산지
예산캠퍼스 연습림

【형태】
수형 낙엽활엽교목으로 수고 20~30m, 흉고직경 1m이다.
수피 회색 또는 회갈색이며 세로로 불규칙하게 갈라진다.
어린가지 암회갈색이며 잔가지에는 털이 없다.
겨울눈 난형이고 잎자국은 반달모양이다.
잎 어긋나며 가지 끝에 모여서 달린 것처럼 보인다. 도란형으로 둔두, 예두, 이저이며 가장자리에 파상의 큰 거치가 있다. 길이 7~20cm, 9~12쌍의 측맥이 있다. 1~13mm의 극히 짧은 잎자루가 있다. 뒷면 맥상에 털이 있는 것도 있다.
꽃 잎과 함께 5월에 피며 암수한그루이다. 수꽃차례는 신년지의 아랫부분 잎겨드랑이에서 내려 드리워지는 미상꽃차례로 달린다. 암꽃차례는 수꽃차례가 핀 윗부분의 잎겨드랑이에 달린다.
열매 9월에 성숙하며 견과로 타원형이다. 길이 6~25mm, 지름 6~21mm이다. 각두는 컵모양으로 비늘 같은 포린으로 덮여있다. 포린은 등이 매우 굽었다. 견과는 약 1/2 부분만 각두에 싸인다.

【조림 · 생태 · 이용】
높은 산지에 순림을 형성하며 참나무속 중에서 가장 높은 곳에 분포한다. 비옥적윤한 토양에 잘 자라나 산중턱이나 산 정상 부근의 척박한 토양에서도 적응력이 매우 강하다. 맹아성이 있어 산불이 난 후에도 잘 자란다. 목재는 농기구재, 땔감, 표고버섯 재배의 원목 등으로 쓰이며, 열매는 식용한다. 수피와 잎은 설사, 뇌출혈, 황달, 궤양이 있을 때 이용하며, 구내염과 인후염에 입가심약으로 이용한다.

참나무과 Fagaceae

떡갈나무

Quercus dentata Thunb.

Quercus 이 속에 속하는 어느 종의 라틴명에서 유래함. 켈트어 quer(질이 좋은)와 cuez(재목)의 합성어
dentata 어금니 같은 톱니가 있는, 뾰족한 톱니가 있는

이명 가나무, 가랑닢나무, 선떡갈나무, 왕떡갈, 참풀나무
한약명 곡피(槲皮, 수피), 곡실(槲實, 열매), 곡약(槲若, 새싹)
E Daimyo oak
C 柞櫟
J カミワ

개엽(붉은색)

암꽃(붉은색) · 수꽃 · 수형 · 열매 · 잎 뒷면(털) · 각두 · 수피

【분포】
해외/국내 일본, 중국, 대만, 러시아(시베리아); 전국 산포
예산캠퍼스 연습림

【형태】
수형 낙엽활엽교목으로 수고는 20m, 흉고직경 70cm이다.
수피 회갈색~흑갈색이며 세로로 깊게 갈라진다.
어린가지 갈색이며 굵고 황갈색의 성모가 밀생한다.
겨울눈 각추상 난형이고 털이 있다. 잎자국은 반달모양이다.
잎 가지 끝에서 모여 달리나 어긋난다. 도란형으로 둔두, 이저가 많다. 길이는 보통 10~30cm, 너비 5~17cm, 가장자리에 3~17쌍의 측맥이 뚜렷하며, 큰 치아상 거치가 있다. 양면에 갈색의 별모양 털이 있으나 없어지고 주맥 위에만 남으며 뒷면에는 끝까지 긴 성모가 남는다. 잎자루는 거의 없는 것에서부터 1cm까지 되는 것도 있다. 참나무과의 수목 중에서 잎이 제일 크다.
꽃 4~5월에 피며 암수한그루이다. 꽃차례의 특징은 상수리나무, 굴참나무와 비슷하다.
열매 10월에 성숙하며 견과로 난구형 또는 넓은 타원형으로 길이 10~27mm, 지름 7~19mm, 포린에 싸여 있다. 견과는 2/3 정도 뒤로 젖혀진 긴 포린으로 덮인 각두에 싸인다.

【조림 · 생태 · 이용】
산중턱 이하에서 바닷가까지 잘 자라며 그루터기에 맹아성이 있어 산불이 자주 나는 곳에 잘 자라는 양수이다. 뿌리의 수직분포는 심근형이다. 잎은 녹비, 작잠의 사료나 떡을 싸서 먹는 데 사용된다. 수피에서는 가죽공장에서 사용하는 탄닌을 채취하기도 하고, 열매는 식용한다. 수피와 열매, 새싹은 설사, 악창, 종양, 치질 치료에 쓰인다.

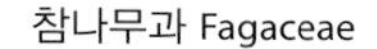

참나무과 Fagaceae

붉가시나무

Quercus acuta Thunb.

수형(노거수)

잎과 겨울눈(잎겨드랑이에 달리는 1년차 열매)

잎 뒷면

수피

어린가지

1년생 열매

열매

Quercus 이 속에 속하는 어느 종의 라틴명에서 유래함. 켈트어 quer(질이 좋은)와 cuez(재목)의 합성어
acuta 예형(銳形)의

이명 가랑닢, 가새나무, 북가시나무
E Japanese evergreen oak, Japanese red oak
C 赤樫
J アカガシ

문화재청 지정 천연기념물 전남 함평군 함평읍 기각리 붉가시나무 자생북한지(제110호)

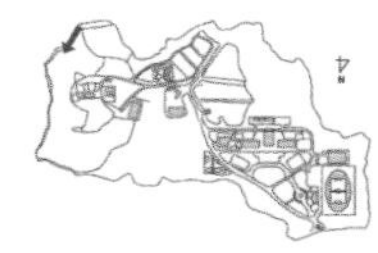

【분포】
해외/국내 일본, 중국, 대만; 남해안 도서지역, 울릉도, 제주도 낮은 산지
예산캠퍼스 연습림 난대 수종

【형태】
수형 상록활엽교목으로 수고 20m, 흉고직경 60cm이다.
수피 흑갈색이며 노목은 약간 벗겨진다.
어린가지 봄에 새로 나온 잎과 함께 갈색의 연모가 밀생하지만 곧 없어진다.
잎 어긋나며 장난형 또는 장타원형으로 길이 7~13cm, 예두이다. 기부는 넓은 설저이며 가장자리에는 거치가 전혀 없거나 상반부에 파상의 거치가 있을 수 있다. 9~13쌍의 측맥이 있다. 잎자루는 길이 1~3cm로 털이 없다.
꽃 5월에 피며 암수한그루이다. 수꽃차례는 신년지의 기부에서 밑으로 처지며 갈황색의 털이 있다. 암꽃차례는 윗부분에서 곧추 나와 2~5개의 꽃이 달리며 수꽃차례처럼 털이 있다. 수꽃은 6개의 화피열편과 많은 수술이 있다. 암꽃은 털로 덮여있는 총포로 싸여있으며 3개의 암술머리가 있다.
열매 이듬해 10월에 성숙하며 견과이다. 각두는 반구형으로 포린이 발달하지 못하고 5~6개의 원심륜이 있으며 이동심륜층에 털이 나 있다. 열매는 타원형으로 길이 2cm이다.

【조림 · 생태 · 이용】
산골짜기와 산중턱 이하의 양지바른 쪽에서 잘 자라나 어릴 때에는 비교적 내음성이 강한 수종이다. 제주도에서는 해발 700m 이하의 지역에서 잘 자란다. 난대지역의 녹화수, 정원수, 생울타리로 식재하고 있다. 목재는 강하고 견고하며 붉은 색깔을 띠고 있고 농기구, 선박재, 건축재, 표고버섯 재배의 원목으로 쓰이기도 한다. 열매는 타닌을 제거한 후 식용하며, 잎, 수피, 열매는 위장약으로 이용한다.

참나무과 Fagaceae

개가시나무

Quercus gilva Blume

Quercus 이 속에 속하는 어느 종의 라틴명에서 유래함. 켈트어 quer(질이 좋은)와 cuez(재목)의 합성어
gilva 붉은빛이 도는 황색의

이명 돌가시나무, 돌종가시나무, 흰가시나무
E Redbark oak
J イチイガシ, イヌギシ

산림청 지정 희귀등급 위기종(EN)
환경부 지정 국가적색목록 취약(VU)
환경부 지정 멸종위기 야생생물 II급

수형

잎 앞면

잎 뒷면

암꽃

열매

수피

【분포】
해외/국내 일본, 대만, 중국(남부); 제주도 저지대

【형태】
수형 상록활엽교목으로 수고 20m이다.
수피 암갈색이며 다소 조각으로 벗겨진다.
어린가지 황갈색 밀모로 덮여있다.
잎 어긋나며 도피침형으로 첨두이며 넓은 예저이다. 길이 5~12cm, 너비 2~3.5cm, 상반부에 예리한 거치가 있으며 표면은 털이 없고 뒷면은 황갈색 성모가 밀생한다. 잎자루는 길이 1cm, 뒷면과 더불어 털이 있다. 측맥 10~14쌍이다.
꽃 4월에 피며 암수한그루이다. 수꽃차례는 길이 5~16cm로 신년지의 기부에서 밑으로 달린다. 축에는 황갈색 털이 밀생한다. 암꽃차례는 신년지 끝부분에 암술이 3개씩 달리고 전체에 황갈색 털이 밀생한다.
열매 당년 11월에 성숙한다. 견과로 길이는 1.4~1.8cm이다. 각두는 견과를 1/4 정도 둘러싸고 길이 6~8mm로 6~7개의 윤층과 밀모가 있다.

【조림 · 생태 · 이용】
내공해성, 내염성이 강하고, 내한성이 약한 음수 또는 중용수이다. 실생으로 번식하며, 정원수로 식재하고, 목재는 건축재로 이용한다.

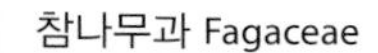

참나무과 Fagaceae

종가시나무

Quercus glauca Thunb.

Quercus 이 속에 속하는 어느 종의 라틴명에서 유래함. 켈트어 quer(질이 좋은)와 cuez(재목)의 합성어
glauca glaucaeformis라는 종과 비슷한

이명 가시나무, 석소리, 종가시
한약명 상과(橡果, 열매)
E Ring-capped oak
C 銕椆
J アラカシ

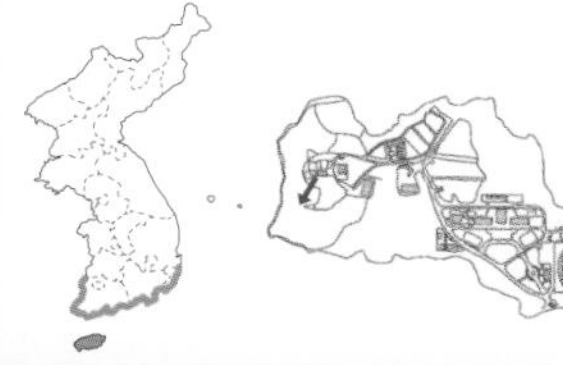

겨울눈 · 신엽

수피 · 수형

잎 앞면과 뒷면

잎

열매

【분포】

해외/국내 히말라야, 일본, 중국, 대만 및 동남아시아; 남해안 도서지역 저지대 산지
예산캠퍼스 연습림 난대 수종

【형태】

수형 상록활엽교목으로 수고 15m이다.
수피 녹색이 도는 회색이며 큰나무가 되어도 갈라지지 않으며 거칠다.
어린가지 암갈색이며 연한 황색털이 있으며 전년지에는 털이 없고 피목이 많다.
잎 어긋나며 도란상 난형 또는 장타원형으로 길이 7~12cm, 너비 2.5~3.5cm, 예첨두 또는 예두이다. 끝이 둥근 모양이고 기부는 넓은 쐐기형이다. 상반부에 안으로 굽은 거치가 있다. 앞면은 털이 있다가 없어지며 광택이 있고 녹색을 띤다. 뒷면은 회백색이며 복모가 있으나 거의 사라진다. 잎자루는 길이 1~2.5cm이다.
꽃 4~5월에 피며 암수한그루이다. 수꽃차례는 신년지의 밑부분에 매달리며 꽃대축에 백색 털이 있다. 암꽃차례는 신년지 중앙부의 잎겨드랑이에 곧추서고 2~3개의 꽃이 달린다. 수꽃은 3개의 화피열편과 15개 정도의 수술이 있다. 암꽃은 3개의 암술대가 있고 꽃은 다수이다.
열매 당년 10~11월에 성숙하며, 견과로 각두에 싸여있다. 각두는 첨구형이며 지름이 6~9mm, 5~6개의 윤층이 있다.

【조림 · 생태 · 이용】

내조성과 내염성이 강하고 공해에도 잘 견디나 추위에는 약하다. 중용수에 가까운 음수이며 풍치수, 방풍림, 정원수, 생울타리로 심고, 목재는 기구재, 건축재, 차량재, 선박재, 기계재 등으로 쓰인다. 열매는 타닌 제거 후 식용하고, 한약으로도 쓰이며 갈증을 풀어 주고, 설사를 그치게 한다.

참나무과 Fagaceae

가시나무

Quercus myrsinaefolia Blume

Quercus 이 속에 속하는 어느 종의 라틴명에서 유래함. 켈트어 quer(질이 좋은)와 cuez(재목)의 합성어
myrsinaefolia *Myrsine*속의 잎과 같은

이명 정가시나무, 참가시나무
한약명 저자(櫧子)
E Myrsinaleaf oak
C 青椆
J シラカシ

수형 ©김진석

잎 앞면 ©김진석

잎 뒷면 ©김진석

열매 ©김진석

수꽃 ©김진석

수피

【분포】
해외/국내 일본, 중국; 남해안 일부 도서지역

【형태】
수형 상록활엽교목으로 수고 15m, 흉고직경 50cm이다.
수피 회흑색이며 큰 나무가 되어도 갈라지지 않는다.
잎 어긋나며 피침형 또는 장타원상 피침형이다. 점첨두이며, 기부는 쐐기형이다. 상반부 가장자리 또는 전 가장자리에 예리한 거치가 있다. 뒷면에는 처음에 털이 있으나 없어진다. 잎맥이 튀어나오지 않았고 손으로 문지르면 약간의 흰 가루가 닦여지면서 녹색 면을 드러낸다.
꽃 4~5월에 피며 암수한그루이다. 수꽃차례는 5~12cm로 전년지의 기부에서 밑으로 달린다. 축에는 부드러운 털이 밀생한다. 암꽃차례는 1.5~3cm로 신년지 끝에서 위로 달리고, 암꽃은 3~4개씩 모여 달린다.
열매 당년 10월에 성숙하고 장타원형 견과로, 길이 1.5cm이며, 각두에는 6~8개의 윤층이 있다.

【조림 · 생태 · 이용】
비교적 비옥한 사질양토에서 잘 자라며, 그늘이나 건조한 곳에서도 잘 자라고 내한성은 약한 편이나 내조성과 맹아력이 강하다. 5℃ 이상에서 월동하고 10~25℃에서 잘 자란다. 번식은 실생과 삽목으로 행한다. 10월에 종자를 채취하여 건사저장하였다가 봄에 파종한다. 내조성이 강하므로 해안지방의 정원수나 공원 풍치림으로 식재한다. 녹음수, 생울타리, 방품림 등으로 이용되고, 목재는 선박재, 건축재, 기구재, 표고 골목 등으로 쓰인다. 잎과 열매는 약용 및 식용한다.

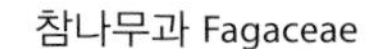
참나무과 Fagaceae

참가시나무

Quercus salicina Blume

Quercus 이 속에 속하는 어느 종의 라틴명에서 유래함. 켈트어 quer(질이 좋은)와 cuez(재목)의 합성어
salicina 버드나무속(*Salix*)과 비슷한

이명 백가시나무, 쇠가시나무
한약명 죽엽청강력(竹葉青岡櫟, 잎과 어린가지)
E Stenophylla evergreen oak, Willow-leaf evergreen oak
C 狭葉椆
J ウラジロガシ

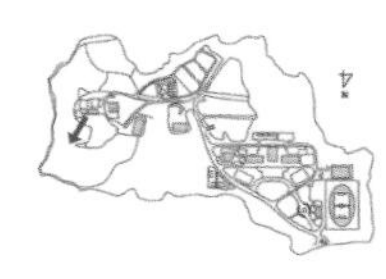

꽃눈

암꽃

【분포】

해외/국내 일본, 대만; 남해안 도서지역, 울릉도 저지대
예산캠퍼스 연습림 난대 수종

【형태】

수형 상록활엽교목으로 수고 10m이다.
어린가지 처음에는 털이 있으나 점차 없어진다.
잎 어긋나며 피침형 또는 장타원형으로 옆선은 약간 뒤틀리고(점첨두), 둔저이다. 길이 7~12cm, 상반부에 예리한 잔거치가 있다. 뒷면에는 털이 없으며, 납질(蠟質)이 생겨 백색으로 되고 10~12쌍의 측맥이 있다. 잎자루는 길이 1~2cm이다.
꽃 5월에 피며 암수한그루이다. 수꽃차례는 신년지의 기부에서 밑으로 처진다. 암꽃차례는 신년지의 잎겨드랑이에서 3~4개의 꽃이 달린 수상꽃차례처럼 곧추선다. 수꽃은 3~4개의 화피열편과 4~6개의 수술이 있다. 암꽃은 총포로 싸여있으며 3개의 암술머리가 있다.
열매 이듬해 10월에 짙은 갈색으로 성숙하며 견과로 타원형 또는 넓은 타원형이다. 각두는 7~9개의 윤층이 있다. 길이 18mm 정도로 끝부분에 잔털이 있다.

【조림 · 생태 · 이용】

실생 및 삽목으로 번식한다. 실생번식은 가을에 종자를 따서 노천매장하였다가 봄에 뿌린다. 삽목번식은 초여름에 하는데 당년생지를 10cm 길이로 끊어 삽목한다. 정원수, 조경수, 공원녹화, 생울타리, 방풍림 등으로 식재된다. 목재를 선박재, 기구재, 건축재, 하드보드, 코르크재 등으로 이용되며, 민간에서는 열매, 잎, 수피를 수검, 하혈, 종독 등에 약으로 이용한다.

졸가시나무

Quercus phillyraeoides A. Gray

Quercus 이 속에 속하는 어느 종의 라틴명에서 유래함. 켈트어 quer(질이 좋은)와 cuez(재목)의 합성어
phillyraeoides 목서과의 *Phillyraea*와 비슷한

C 烏崗櫟
J ウバメガシ

가지와 잎 / 잎 / 잎 뒷면 / 수꽃 / 암꽃 / 겨울눈 / 열매 / 1년생 열매 / 수피

【분포】

해외/국내 일본; 남부지역 조경수, 공원수로 드물게 식재
예산캠퍼스 연습림 난대 수종

【형태】

수형 상록활엽교목으로 수고 10m, 흉고직경 60cm이다.
수피 녹색이 도는 회색이며 큰 나무가 되어도 갈라지지 않으며 거칠다.
어린가지 회암갈색이며 황갈색 별모양 털로 덮여있다. 가지가 많이 나오며 둥근 피목이 많다.
잎 어긋나며 넓은 타원형 또는 도란상 장타원형, 가죽질, 약간 윤채가 있다. 둔두 또는 약간 예두, 원저 또는 얕은 심장저, 길이 3~6cm, 너비 1.5~3cm이다. 가장자리에 파상거치가 있다. 표면은 짙은 녹색, 뒷면은 연녹색을 띤다. 측맥은 6~9쌍, 잎자루는 길이 2~5mm, 털이 있다.
꽃 4~5월에 피며 암수한그루이다. 수꽃차례는 길이 2.5~4cm로 신년지의 밑부분에서 나와 누른빛이 도는 꽃이 많이 달려 밑으로 처진다. 암꽃차례는 길이 4cm로 신년지 윗부분에서 나오고 대개 2개씩 달린다.
열매 이듬해 10월에 성숙하며 견과로 장타원상 난형이다. 길이 15~22mm, 지름 8mm, 깍정이는 견과를 1/2~2/3 정도 둘러싸고 기와장을 인 모양으로 덮여있는 비늘잎과 잔털이 밀포한다.

【조림 · 생태 · 이용】

난대지역의 비옥한 적윤지에서 잘 자란다. 참나무과의 상록수 중에서는 내한성이 제일 강하여 대구, 김천, 전주에서도 큰 나무의 월동은 가능하다. 실생 및 삽목으로 번식한다. 대부분 종자로 증식시키며 노천매장하거나 직파한다. 정원수, 녹음수, 풍치수, 방풍림, 생울타리용으로 쓰이며 목재는 땔감 및 목탄제조용으로 쓰인다. 열매는 식용할 수 있고, 잎은 차의 대용으로 사용한다.

참나무과 Fagaceae

대왕참나무

Quercus palustris Munchh.

Quercus 이 속에 속하는 어느 종의 라틴명에서 유래함. 켈트어 quer(질이 좋은)와 cuez(재목)의 합성어
palustris 소지생의

E Pin oak, Oak pin

잎 앞면 ©김텃골 / 잎 뒷면 ©김텃골 / 수피 / 수형 / 수간 하부의 가지 / 잎 / 열매

【분포】
해외/국내 미국 동부지방 원산; 전국 가로수, 조경수로 식재
예산캠퍼스 온실 옆

【형태】
수형 낙엽활엽교목이며 수고 15~28m(최고 45m), 흉고직경 30~50cm(최대 1m)에 달한다. 상층 가지는 위, 중층 가지는 수평, 하층 가지는 아래를 향한다.
수피 회갈색, 성목이 되면서 수피가 갈라진다.
어린가지 암갈색, 종종 가시같은 가지가 발달하여 핀오크라는 이름이 유명하다.
잎 길이 5~16cm, 폭 5~12cm, 5~7개의 열편이 있고, 각 열편은 핀같이 날카로운 5~7개의 뾰족한 치아상 거치가 발달하였으며, 결각의 파인 부분은 U자 형태이고 심열이다. 각 열편 중륵기부 황갈색 털을 제외하고는 잎에 털이 없고, 단풍색은 청동색이지만 가끔 붉은색이다.
꽃 자웅동주로 자가수분이 불가능하다.
열매 반구형이고 길이 10~16cm, 폭 9~15cm, 각두는 도토리의 약 1/3을 감싸고, 도토리는 매우 쓰다.

【조림 · 생태 · 이용】
핀오크이고 레드오크류에 속하며, 원산지에서는 이식이 용이하고 오염에 강하다. 속성수, 개척수, 수변림 수종인 핀오크는 약 120년 정도의 생육기간을 가지는 단명수이다. 천연습지수종으로 개울가에 주로 분포하고 섬유상 근계형성, 산성토양에 생육, 석회암이나 모래땅에 약하다. 해발 350m까지의 낮은 고도에 자생하고, 유령목의 잎은 낙엽이 떨어지지 않고 봄까지 달려있다. 느릅나무나 네군도단풍나무보다 내음성이 약한 양수로 분류되고, 하층목이 피압될 경우 몇년 내에 고사하므로 우세목과 준우세목의 동령림 임분을 주로 형성하고, 알레로파시 수종으로 분류된다. 경관수로 이용되고, 목재가치는 낮고 열매는 식용할 수 없다.

참나무과 Fagaceae

루브라참나무

Quercus rubra L.

Quercus 이 속에 속하는 어느 종의 라틴명에서 유래함. 켈트어 quer(질이 좋은)와 cuez(재목)의 합성어
rubra 적색의

E Red oak, Northern red oak, Eastern red oak, Mountain red oak, Gray oak

수형

겨울눈 및 1년생 열매

수피

잎

열매

【분포】

해외/국내 북아메리카(동부); 공원에 드물게 분포

【형태】

수형 흉고직경은 보통 60~120cm나 240cm에 달하기도 하고, 수고는 21~27m이다.

수피 회색으로 오랫동안 반짝이고 주간의 수피는 좁고 길고 얕게 갈라지며, 아랫부분의 코르크는 밝은 적색이다.

소지 녹갈색 또는 암갈색이고, 소지의 수피는 부드럽다.

잎 7~11개의 결각이 있고 중륵의 반 정도까지 갈라지는 중열 또는 천열로 U자형 만곡, 길이는 10~25cm, 결각의 깊이는 2~5cm, 가을 단풍은 붉은색 또는 갈색이다.

꽃 4~5월 개화하여 이듬해 10월 성숙한다.

열매 2년에 성숙하고, 길이 2.5cm, 폭 1.8cm, 각두는 길이가 작은 접시형태이다.

【조림 · 생태 · 이용】

수관 폭이 넓고 수령은 약 300년 이상, 내음성이 중간정도인 중용수이고, 열매는 다양한 조류와 야생동물에게 먹이자원이 된다. 다양한 토양과 지형에서 잘 자라 종종 순림을 형성하고, 생육속도가 빠르고, 레드오크 수종 중에서 임업적으로 매우 중요한 경제수종이며, 이식이 용이하고 넓은 수관과 밀생한 잎으로 인해 녹음수로 인기가 많다. 자생지의 기후는 연평균강수량이 미국 북서쪽 760mm, 남부 애팔래치안 산맥 2,030mm, 연강설량은 254cm 이상이며, 연평균기온은 약 4℃이다. 해발고도는 1,680m 까지이고, 습한 토양과 모든 지형에 자라지만 북동향의 사면하부와 사면중부에 가장 잘 자란다. 깊은 토심을 요구하고, 목재의 조직이 치밀하고 아름다워 일반 가구재, 마루판, 악기 등으로 이용된다.

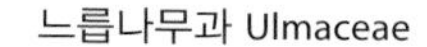

느릅나무과 Ulmaceae

푸조나무

Aphananthe aspera (Thunb.) Planch.

Aphananthe 그리스어 aphanes(희미하다)와 anthos(꽃)의 합성어이며 꽃차례가 뚜렷하지 않다는 뜻
aspera 까칠까칠한

이명 평나무, 곰병나무
E Scabrous aphananthe
C 糙葉樹
J ムクエノキ

문화재청 지정 천연기념물 부산 수영구 수영동 좌수영성지 푸조나무(제311호) 외 3곳

잎 앞면

잎 뒷면

수피

수형

개엽과 개화

꽃 ⓒ이중효

미성숙 열매

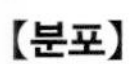

【분포】
해외/국내 중국; 남부지역과 울릉도

【형태】
수형 낙엽활엽교목으로 수고 20m이다.
수피 회백색으로 크게 되면 벗겨져 떨어진다.
잎 어긋나며 난형 또는 좁은 난형으로 길이 5~10cm, 너비 3~6cm이다. 긴 예첨두, 둥글거나 넓은 설저, 예리한 거치가 있다. 측맥은 7~12쌍이며 거의 곧고 거치에 완전히 닿아 있다. 표면은 꺼칠꺼칠하며 뒷면에는 짧은 복모가 있다.
꽃 5월에 피며 암수한그루이다. 수꽃차례는 신년지 잎겨드랑이에 취산형으로 달린다. 암꽃은 1~2개씩 달리며, 화피가 5개이고 녹색이다.
열매 10월에 검게 성숙하고 구형으로 짧은 복모가 있으며 지름이 7~8mm이다.

【조림 · 생태 · 이용】
산록부나 산골짜기의 비옥하고 깊은 땅에서 잘 자라고 내한성이 약해서 서울을 비롯한 중부지방에서는 자라지 못한다. 약간의 내음성을 가지고 있다. 그늘에 어느 정도 견뎌내는 중용수이며, 뿌리의 수직분포는 천근성이나 근계가 넓게 발달하여 강풍이나 해풍에도 강하며 풍치수, 녹음수, 방풍수, 해안지대의 가로수 등으로도 심을 만하다. 종자 채취 후 과육을 제거한 다음, 2~3개월 노천매장을 하였다가 파종한다. 과육은 단맛이 있으며 식용할 수 있고 새들이 즐겨 먹는다. 건축재, 가구재, 선박재, 조각재 등으로 이용한다.

느릅나무과 Ulmaceae

팽나무

Celtis sinensis Pers.

Celtis 단맛이 있는 열매가 달리는 나무의 고대 그리스명에서 전용
sinensis 중국의

이명 둥근잎팽나무, 섬팽나무, 자주팽나무, 가목(榎木)
한약명 박수피(朴樹皮, 수피)
E Japanese hackberry
C 朴樹
J エノキ

문화재청 지정 천연기념물 전남 무안군 청계면 청천길 팽나무-개서어나무 숲(제82호) 외 6곳

수형

꽃차례

열매

잎

수피

【분포】
해외/국내 일본, 대만, 중국 남부, 베트남, 라오스, 태국; 전국, 주로 바닷가 및 남부지방
예산캠퍼스 연습림

【형태】
수형 낙엽활엽교목으로 수고 20m이다. 원개형을 이룬다.
수피 회색을 띤다.
어린가지 흑갈색으로 새가지에 세모가 발생한다.
겨울눈 길이 2~3mmm의 넓은 난상으로 암갈색을 띤다.
잎 어긋나며 난형, 타원형 또는 장타원형으로 첨두, 설저이고 좌우가 약간 비틀어져 있다. 상반부에 거치가 있다. 길이 4~11cm, 3~4쌍의 측맥이 있다. 처음 양면에 털이 있으나 점차 없어진다.
꽃 잡성화이며 4~5월에 피며 암수한그루이다. 금년에 난 신년지의 상부에 암꽃이 맺힌다. 하부에는 수꽃이 맺힌다. 암술머리는 2개로 갈라져 뒤로 젖혀지며 수술은 4개이다.
열매 핵과로 둥글고 지름이 7~8mm 정도이며 과육은 먹을 수 있고 약간의 단맛이 있다. 열매자루의 길이는 6~15mm이다.

【조림 · 생태 · 이용】
뿌리가 잘 발달되어 있어 강풍과 해풍에도 강하며 내염성이 있어 동해안 일대에서 좋은 생육을 보이고 있다. 내륙은 물론 바닷가의 풍치수, 정자목, 가로수 등으로 이용된다. 중용수이고, 목재는 기구재, 농기구재로 쓰인다. 열매는 식용하며 수피는 박수피라고 하여 약용한다.

【참고】
검팽나무 (*C. choseniana* Nakai) 팽나무에 비해 잎 끝이 꼬리처럼 길게 뾰족하며, 잎의 가장자리에는 기부를 제외하고 전체에 뾰족한 톱니가 발달한다.

느릅나무과 Ulmaceae

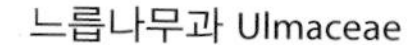

폭나무

***Celtis biondii* Pamp.**

Celtis 단맛이 있는 열매가 달리는 나무의 고대 그리스명에서 전용

biondii 인명 Blini

이명 좀왕팽나무, 팽나무, 자주팽나무

E Biond's hackberry

C 紫彈樹

J ゴバノチヨウセンエノキ

수간

열매

잎

【분포】

해외/국내 일본, 중국; 전국 해안지역, 주로 남부

【형태】

수형 낙엽활엽교목으로 수고 15m이다.

수피 회색을 띤다.

어린가지 적갈색이며 잔털이 밀생한다.

겨울눈 편평하며 길이 3~5mm, 장타원형이다.

잎 어긋나며 도란형 또는 타원형으로 길이 3~7cm, 너비 2~3.5cm이다. 팽나무류 중에서 잎이 제일 작다. 끝은 길에 꼬리처럼 뻗어있다. 넓은 설저 또는 원저이며 중부 이상에 몇 개의 거치가 있다. 측맥은 2쌍, 양면에 잔털이 있으며 뒷면은 회백색을 띤다.

꽃 5월에 피며 암수한그루이다. 수꽃은 신년지의 기부에서 액생하며, 암술은 퇴화되어 털만 있다. 수술은 4개이며 같은 수의 화피열편과 마주난다. 암꽃은 1~3개씩 액생하며 씨방에 털이 밀생한다.

열매 10월에 황적색 또는 적갈색으로 성숙하며 핵과로 구형이며 길이 6~15mm이다.

【조림 · 생태 · 이용】

목포, 홍도, 덕적도, 경남 남해와 황해도 및 일본 구주에 분포한다. 토심은 깊은 비옥한 땅이나 약간의 과습지에서도 잘 자란다. 팽나무류는 비교적 해풍과 염분이 강하다. 동해안, 서해안, 남해안의 고속도로변의 가로수나 풍치수, 방풍림으로 개발할 가치가 있다. 목재는 농기구재, 땔감으로 쓰인다. 열매는 먹을 수 있는데 조류의 주요한 먹이가 된다.

느릅나무과 Ulmaceae

왕팽나무

Celtis koraiensis Nakai

Celtis 단맛이 있는 열매가 달리는 나무의 고대 그리스명에서 전용
koraiensis 한국의

이명 조선팽나무, 둥근잎왕팽나무
E Korean hackberry
C 大葉朴
J チョウセンエノキ

수형

잎

수관

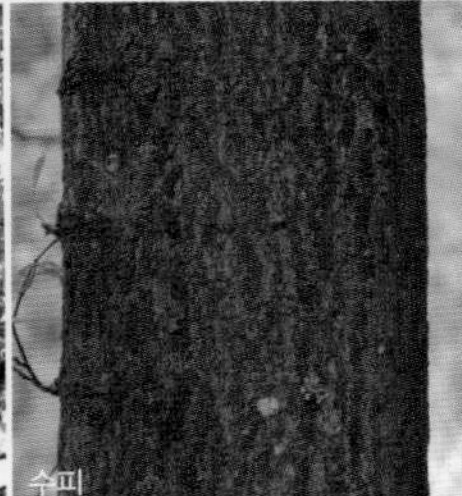
수피

【분포】
해외/국내 중국; 경북 및 중부 이북 산지

【형태】
수형 낙엽활엽교목으로 수고 15m이다.
수피 회색 또는 짙은 회색을 띤다.
어린가지 털이 없으며 전년지에 홍갈색 피목이 있거나 없다.
겨울눈 길이 3~4mm이며 갈색을 띤다.
잎 어긋나며 원형 또는 넓은 도란형으로 윗부분은 결각상이다. 끝은 꼬리처럼 길어지며, 기부는 원저, 절저 또는 아심장저이다. 기부 주위를 제외한 가장자리 하부에까지 거치가 있다. 길이 4.5~11.5cm, 양면과 열매자루에 털이 없다.
꽃 4~5월에 잎과 동시에 피며 수꽃양성화한그루이다. 수꽃은 취산꽃차례로 가지의 기부에 달리며, 암꽃은 꽃대가 길고 잎겨드랑이에 달린다.
열매 10월에 황색 또는 흑색으로 성숙하며 핵과로 둥근 모양이며 길이 1~3cm이다.

【조림 · 생태 · 이용】
경북 이북에 넓게 자라고 중국에도 분포한다. 산복부 및 산골짜기의 비옥한 적습지에서 잘 자란다. 실생으로 번식하며, 종자 채취 후 과육을 제거한 다음 2~3개월 노천매장한 후 파종한다. 풍치수, 녹음수로 심을 만하다. 목재는 건축재, 가구재 등으로 쓰인다. 열매는 먹을 수 있다.

느릅나무과 Ulmaceae

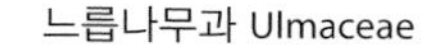

풍게나무

Celtis jessoensis **Koidz.**

Celtis 단맛이 있는 열매가 달리는 나무의 고대 그리스명에서 전용
jessoensis 홋카이도에서 자라는

이명 긴잎풍게나무, 단감주나무
한약명 봉봉목(棒棒木, 가지)
C 朴樹
J エゾエノキ

수형

잎

열매 ©김진석

수피 ©김진석

잎 앞면

잎 뒷면

꽃 ©김진석

【분포】
해외/국내 일본; 전국 드물게 분포. 울릉도에 흔함

【형태】
수형 낙엽활엽교목으로 수고 15m, 흉고직경 60cm이다.
수피 회흑색이며 평활하다.
어린가지 회갈색 또는 적갈색이며 털이 없다.
잎 어긋나며 난형 또는 장타원형으로 예첨두, 좌우가 같지 않은 넓은 설저 또는 원저다. 내곡 예거치가 있으나 하부의 1/3 정도는 거치가 없다. 길이 2~10cm, 3쌍의 측맥이 있다. 표면은 짙은 녹색으로 거칠다. 뒷면은 담녹색으로 맥상에 털이 있는 경우도 있다.
꽃 잡성화로 5월에 피며 암수한그루이다. 4개의 화피열편이 옆으로 퍼진다. 수꽃은 기산꽃차례, 4개의 수술이 화피와 마주난다. 자성화에 4개의 작은 수술과 1개의 암술이 있다. 암술대는 길게 2개로 갈라진다.
열매 10월에 검게 성숙하며 핵과로 둥근 모양이며 열매자루는 길이 2~2.5cm이다.

【조림 · 생태 · 이용】
숲속에서 자라는데 마을 주변과 산기슭, 골짜기에 자란다. 습기가 적절하고 비옥한 사질양토를 좋아한다. 음지나 양지에서 모두 잘 자란다. 건조한 곳에서는 생장이 불량하다. 공해에 대한 저항성이 강한 편으로 해안지방에서도 잘 자란다. 번식은 가을에 종자를 채취하여 노천매장한 후 이듬해 봄에 파종한다. 가로수나 정원수로도 적합하고, 목재는 건축재, 농기구재, 땔감으로 쓰이며 열매는 먹을 수 있다.

느릅나무과 Ulmaceae

시무나무

Hemiptelea davidii (Hance) Planch.

Hemiptelea 그리스어 hemi(반)와 ptelea(느릅나무의 고대 그리스명, 날개)의 합성어이며, 열매에 날개가 반 정도 있는 것에서 기인함
davidii 중국식물 채집가이며 선교사인 A. David의

이명 스미나무, 스무나무, 스믜나무
E David hemiptelea
C 刺榆
J ハリゲヤキ

문화재청 지정 천연기념물 경북 영양군 석보면 주남리 주사골 시무나무-비술나무 숲(제476호)

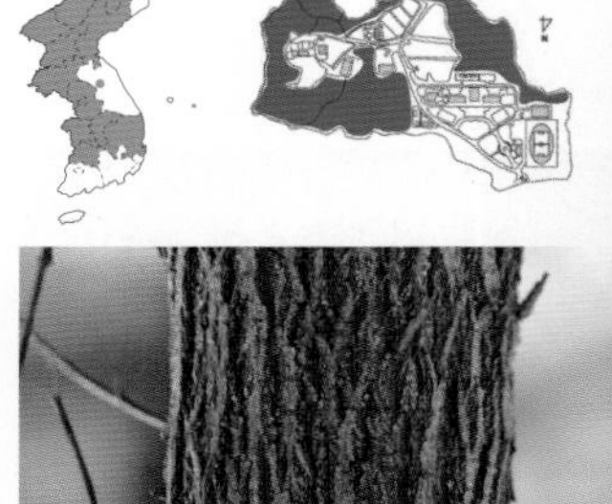

수형

가시

열매

잎 앞면

잎 뒷면

수피

【분포】
해외/국내 중국; 전국적으로 낮은 지대 임연부나 하천가
예산캠퍼스 연습림

【형태】
수형 낙엽활엽교목으로 수고 20m, 흉고직경 2m이다.
수피 회갈색이고 얕게 세로로 갈라진다.
어린가지 1.5~10cm 정도의 긴 자갈색의 가시가 있다.
겨울눈 원형 또는 타원형이며 보통 3개씩 모여 달린다.
잎 어긋나며 장타원형 또는 타원형으로 첨두, 원저 또는 설저이고 거치가 있다. 길이 2~7cm, 측맥은 8~15쌍이고, 뒷면 맥상에 털이 있다.
꽃 잡성주로 4~5월에 피며 암수한그루이다. 잎겨드랑이에 1~4개씩 달린다. 화피는 4갈래로 갈라지며 길이 1~2mm로 연한 노란색 빛을 띤다. 꽃자루 길이는 1~1.5mm로 털이 없고, 수술은 4개, 씨방은 1개, 암술대는 2개이다.
열매 10월에 성숙하며, 시과로 종자의 한쪽에 날개가 있다

【조림 · 생태 · 이용】
전국의 산록부나 하천가에 자라고 내한성이 강하다. 내건성은 약하나 내습성이 커서 홍수에 피해가 거의 없으며, 내조성과 내공해성이 강하다. 토심이 깊고 비옥한 사질양토를 좋아한다. 가을에 종자 채취 후 직파 혹은 노천매장을 하여 충분히 건조시켜 이듬해 봄까지 저온저장을 하였다가 파종해도 된다. 어린가시가 있어 과수원 등의 보호, 방어용 생울타리 조성에 적합하다. 목재는 재질이 견고해 기구재 또는 토목용재로 쓰인다. 나무껍질은 식용, 잎은 사료로 사용, 근피, 수피, 유엽은 약용한다.

잎 앞면 / 잎 뒷면 / 수피 / 수형

느릅나무과 Ulmaceae

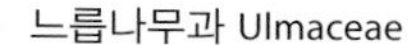

비술나무

Ulmus pumila L.

Ulmus 라틴 옛 이름이며 켈트어의 명칭 elm에서 유래
pumila 키가 작은, 작은

한약명 유백피(수피, 근피), 유엽(잎), 유화(꽃)
E Dwarf elm, Siberian elm
C 白楡
J ノニレ

문화재청 지정 천연기념물 경북 영양군 석보면 주남리 주사골 시무나무-비술나무 숲(제476호)

잎

열매

꽃눈

【분포】
해외/국내 중국, 극동러시아; 지리산 이북 하천 및 평지

【형태】
수형 낙엽활엽교목으로 수고 20m이다.
수피 세로로 깊게 갈라진다.
잎 어긋나며 길이 7cm(3~5cm), 타원형 또는 장타원형, 피침형으로 첨두 또는 점첨두이다. 밑모양은 예저, 원저, 의저이며 가장자리에 단거치 또는 복거치가 있다. 양면에 털이 없으며, 뒷면에 윤기가 있고, 측맥이 뚜렷하다.
꽃 양성화로 3월에 잎보다 먼저 전년지에 달린다. 화피편은 4개로 갈라진다. 가장자리에 털이 있다. 수술은 4~5개, 암술대는 2갈래로 갈라지고 백색 털이 밀생한다.
열매 5월에 성숙하며 시과로 길이 1.2~1.3cm, 너비가 길이보다 넓다.

【조림 · 생태 · 이용】
중국, 극동러시아에 분포하며, 계곡과 산기슭에서 자란다. 음지와 양지 어느 곳이나 토심이 깊고 배수가 양호한 사질양토에서 잘 자란다. 가로수, 녹음수, 공원수로 이용되고 목재는 건축재, 기구재, 선박재 등으로 이용된다. 어린잎과 껍질을 식용하며, 수피, 근피는 유백피, 잎은 유엽, 꽃은 유화라 하며 약용하고, 열매는 사료로 사용한다.

느릅나무과 Ulmaceae

느릅나무

Ulmus davidiana Planch. ex DC. var. *japonica* (Rehder) Nakai

Ulmus 라틴 옛 이름이며 켈트어의 명칭 elm에서 유래
davidiana 중국식물 채집가이며 선교사인 A. David의

이명 혹느릅나무, 반들느릅나무, 빛느릅나무, 떡느릅나무, 뚝나무, 봄느릅나무, 분유, 백유
한약명 유백피(楡白皮, 수피, 근피)
E Japanese elm
C 楡
J ハルニレ

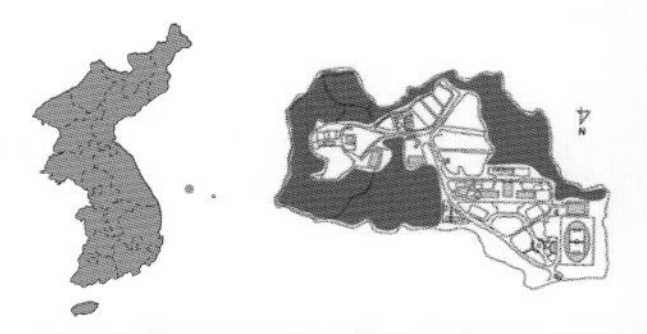

수형

잎 앞면

잎 뒷면

수피

잎차례

열매

【분포】
해외/국내 중국, 일본, 러시아(아무르, 우수리), 몽골; 전국 산지 계곡부
예산캠퍼스 연습림

【형태】
수형 낙엽활엽교목으로 수고 30m, 흉고직경 1m이다. 둥근 수형을 이룬다.
수피 암갈색으로 세로로 균열이 생긴다.
어린가지 적갈색으로 단모가 있다.
겨울눈 난형이며 인편에 털이 약간 있다.
잎 어긋나며 장타원형으로 길이 3~10cm이다. 끝이 뾰족하며 거치가 있고 밑부분은 둥근 모양이다. 표면은 거칠고 미모가 있다. 평활하고 뒷면 맥 위에 털이 있다. 잎자루의 길이는 3~7mm, 10~16쌍의 측맥이 있다. 턱잎은 길이 8~10mm로 곧 떨어진다.
꽃 갈자색의 꽃은 잎이 피기 전인 4월 초~5월 초순에 피며 양성화이다. 전년지의 잎겨드랑이에 7~15개씩 모여서 난다. 종형이며 네 갈래로 갈라진다. 수술은 4개, 암술은 하나이나 암술대는 둘로 갈라진다.
열매 5월 중순에 성숙하며 도란형 또는 타원형의 시과로 중앙부에 잔털이 있다. 길이 1~1.5cm이고, 종자는 날개의 상부에 치우쳐 있는 편이다. 열매에는 전혀 털이 없다.

【조림 · 생태 · 이용】
주요 조림수종(특용수종)으로 목재는 건축재나 가구재, 차량재, 선박재, 악기, 우산 또는 양산 자루나 휨의자 등을 만드는 데 쓰이며, 조경 및 공원수, 하천변 조림용으로 사용된다. 수액은 도자기의 광택을 내는 유액으로 쓰이고 있다. 껍질은 이뇨제, 염증 등의 약제로 쓰이며, 속껍질은 물에 우려내어 소나무 속껍질 가루와 섞어서 먹는 구황식물이다.

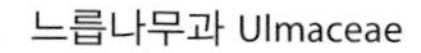

느릅나무과 Ulmaceae

난티나무

Ulmus laciniata (Trautv.) Mayr

Ulmus 라틴 옛 이름이며 켈트어의 명칭 elm에서 유래
laciniata 잘게 갈라진

이명 둥근난티나무
E Manchurian elm
C 裂葉榆
J オヒョウニレ

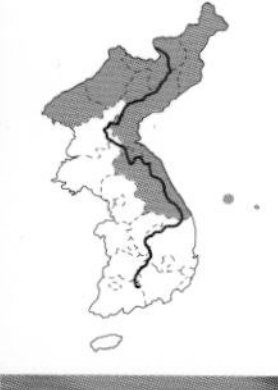

수형(강원 평창군 오두령)

잎 앞면

잎 뒷면

열매

【분포】
해외/국내 극동러시아(남단), 중국, 일본; 백두대간 심산 계곡, 중부 이북 및 울릉도

【형태】
수형 낙엽활엽교목으로 높이 20m이다.
수피 수회갈색이며 세로로 얕게 갈라진다.
어린가지 연한 갈색이며 털이 있다가 점차 사라진다.
잎 어긋나며 넓은 도란형, 타원형으로 예리한 복거치가 있다. 끝부분에 보통 3개의 결각이 생긴다. 급한 예첨두이며 좌우가 같지 않은 설저이며 길이 10~20cm이다. 표면은 거칠고 짧은 털이 있고, 뒷면은 담녹색이며 잔털이 있다.
꽃 4~5월 잎이 나기 전에 전년지에서 나온 취산꽃차례에 양성화가 모여 핀다. 화피편은 길이 5mm, 5~6개로 갈라진다. 수술은 5~6개, 암술대는 2갈래로 깊게 갈라진다.
열매 5~6월에 성숙하며 길이는 1.5~2cm이다. 종자는 길이 5mm, 타원형이며 날개의 중앙부 또는 약간 아래에 위치한다.

【조림 · 생태 · 이용】
계곡과 하천 등 토심이 깊은 적윤지에서 잘 자란다. 내음성과 내한성은 매우 큰 반면, 내조성과 내공해성은 약하다. 목재는 농기구, 가구재, 펄프재, 신탄재 등으로 쓰인다. 수피는 섬유용으로 이용하고 수피와 어린잎은 식용하며 밀원으로 이용한다.

【참고】
왕느릅나무 (*U. macrocarpa* Hance) 석회암지대에 흔히 자라며 충북 단양 이북에 분포한다. 난티나무에 비해 잎자루가 길고 열매가 크며 수술이 7개이다.

느릅나무과 Ulmaceae

참느릅나무

Ulmus parvifolia Jacq.

Ulmus 라틴 옛 이름이며 켈트어의 명칭 elm에서 유래
parvifolia 소형엽의

이명 좀참느릅나무, 둥근참느릅나무, 둥근참느릅, 좀참느릅
한약명 유근피(楡根皮, 수피)
E Chinese elm
J チョウセンアキニレ

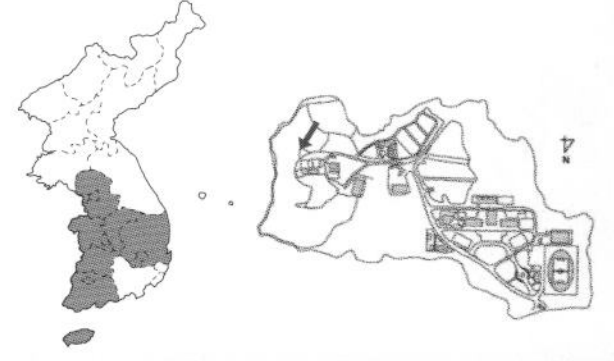

수형

잎

열매

수피

【분포】
해외/국내 중국, 대만, 일본; 경기 이남 임연부, 하천 및 계곡
예산캠퍼스 연습림 임도 옆

【형태】
수형 낙엽활엽교목으로 수고 15m, 흉고직경 70cm이다. 수관의 형태는 원개형이다.
수피 회녹색~회갈색이며 갈색의 작은 피목이 발달하고 오래되면 조각이 되어 벗겨진다.
어린가지 털이 있다.
겨울눈 길이 2~3mm, 난상으로 인편은 적갈색이고 털이 없다.
잎 어긋나며 두껍고 도란상 타원형 또는 장타원형으로 길이 3~5cm이다. 예두 또는 둔두, 설저이며, 좌우의 엽면이 대칭이 되지 않는다. 같은 가지에서 위쪽의 잎일수록 크고 단거치가 있다. 측맥의 수는 10~20쌍이다. 양면에 털이 없으며 윗면에 윤태가 난다. 잎자루는 길이 7mm 이하로 털이 있다.
꽃 9~10월에 신년지의 잎겨드랑이에서 양성화가 3~6개씩 모여 핀다. 화피편은 깔때기모양으로 기부 가까운 곳에서 4개로 갈라진다. 수술은 4~5개이며, 암술은 암술머리가 2개로 갈라져 있으며 백색 털이 밀생한다.
열매 10~11월에 성숙하고 광타원상이며, 길이 1~1.3cm, 털이 없다.

【조림 · 생태 · 이용】
중용수이며, 계곡이나 하천변, 호숫가와 같이 습기가 많고 비옥하며 토심이 깊은 평지에서 자란다. 재질이 견고하고 무거워 기구재나 가구재, 차량재로 이용되나, 목재는 주로 땔감으로 쓰인다. 어린잎과 껍질은 식용으로 한다. 광택이 있는 잎과 수형이 아름답고 수피가 독특해 가로수나 공원수로도 이용한다.

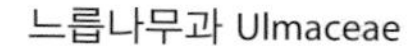

느릅나무과 Ulmaceae

느티나무

Zelkova serrata **(Thunb.) Makino**

Zelkova 캅카스에서 자라는 *Z. carpinifolia*의 토명(土名) Zelkoua(Tselkwa)에서 유래함
serrata 톱니가 있는

이명 규목(槻木), 괴목(槐木), 긴잎느티나무, 둥근잎느티나무
한약명 계유(鷄油, 잎)
E Japanese zelkova, Saw-leaf zelkova
C 欅樹, 光葉欅
J ケヤキ

문화재청 지정 천연기념물 강원 삼척시 도계읍 도계리 긴잎느티나무(제95호) 등 19곳

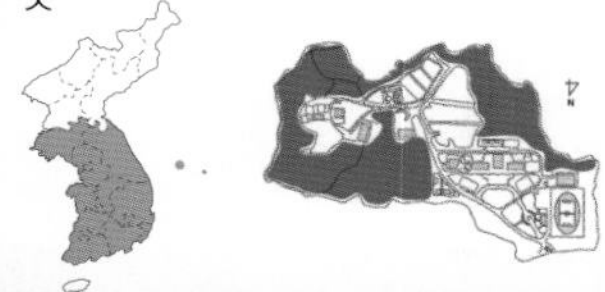

수형

꽃차례

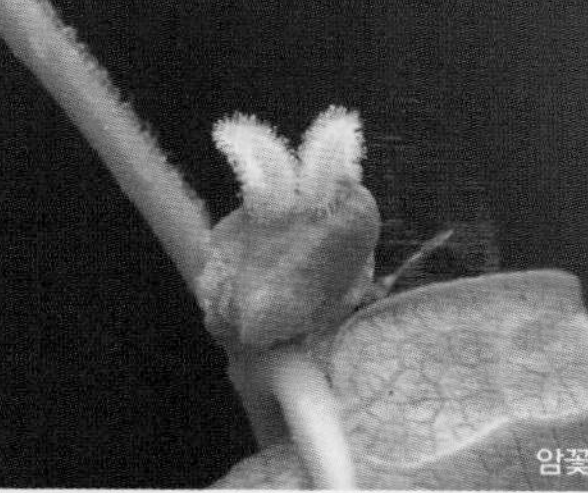
암꽃

수피

잎 앞면

잎 뒷면

열매

【분포】

해외/국내 중국, 일본, 대만, 러시아; 전국 산지 계곡부
예산캠퍼스 연습림 및 교내

【형태】

수형 낙엽활엽교목으로 수고 26m, 흉고직경 3m이다.
수피 생육지에 따라 차이가 있으나 보통 회백색~회갈색이며 오래되면 비늘처럼 떨어진다. 피목은 옆으로 길어진다.
어린가지 가늘고 잔털이 있다.
잎 어긋나며 길이 2~9cm, 장타원형 또는 난상 피침형으로 측맥은 8~15쌍이다. 가장자리에 규칙적인 거치가 있다. 표면과 뒷면의 잎맥에는 뻣뻣한 털이 있으나 점차 없어진다. 잎자루는 2~6mm, 털이 있다.
꽃 4~5월에 잎이 나면서 피며 암수한그루이고 취산꽃차례로 달린다. 수꽃은 지름 3mm 정도이며 짧은 자루가 있고, 수술은 4~6개이며 화피편은 4~8개로 갈라진다. 암꽃은 지름 1.5mm 정도이고 자루가 없으며 화피편은 4~5개로 갈라진다. 암술대는 2갈래로 깊게 갈라지며 자방에 털이 있다. 수꽃은 신년지 밑에 모여 달리고, 암꽃은 신년지 위에 1송이씩 달린다.
열매 5월에 성숙하며 지름 2.5~4mm의 일그러진 편구형으로 핵과이다. 표면에 털이 없으며 자루가 매우 짧다.

【조림 · 생태 · 이용】

중용수 또는 양수로 중성토양과 같은 적윤지에서 잘 자란다. 너무 드물게 심으면 줄기가 곧게 자라지 않고 가지가 여러 갈래로 갈라져서 자라므로 통직한 목재를 생산할 수 없고, 너무 배게 심으면 나무끼리 경쟁하여 말라죽는 나무들이 많아진다. 예로부터 마을 정자나무나 당산목으로 가장 흔히 이용하였으며, 분재, 공원수, 가로수, 생태공원수로 이용된다. 목재는 마루판, 건축재, 기구재, 선백재, 공예재 등으로 다양하게 사용되고, 어린잎은 약용한다.

뽕나무과 Moraceae

닥나무

Broussonetia kazinoki Siebold

Broussonetia 프랑스 몽펠리의 의사이며 자연과학자인 P.M.A. Broussonet (1761~1807)에서 유래
kazinoki 일본명 가지노키(꾸지나무)

이명 딱나무
E Kozo, Japanese paper mulberry
C 小構樹
J コウゾウ

잎과 꽃

암꽃차례

열매

잎 앞면

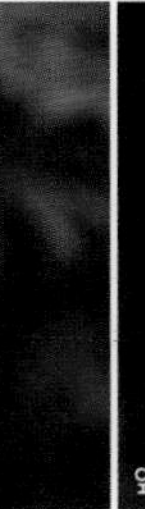

잎 뒷면

수피

【분포】
해외/국내 중국, 일본; 전국 민가나 밭둑

【형태】
수형 낙엽활엽관목으로 수고 3m이다.
수피 매우 질기고 회갈색을 띤다.
어린가지 손으로 꺾을 수 없을 정도로 유연하며 갈색이고 짧은 털이 있으나 곧 없어진다.
잎 어긋나며 난형 또는 난상타원형으로 길이 5~20cm 정도이다. 긴 점첨두, 원저 또는 아심장저이고 거치가 있다. 어린나무에서는 2~3개의 결각이 지는 것도 있다.
꽃 5월에 피고 암수한그루이며 신년지의 윗부분 잎겨드랑이에는 구형의 암꽃이 달리며, 아랫부분에는 구형의 수꽃이 맺힌다.
열매 6월에 붉게 성숙하며 핵과로 편구형이다. 취합과는 구형이다. 외과피는 과경와 더불어 굵어진다. 육질로 되어 적색으로 익으므로 딸기와 비슷하다. 내과피에 입상의 돌기가 있고 열매는 저실자라 한다.

【조림 · 생태 · 이용】
원산지는 한국, 중국, 일본으로 양수이며, 산기슭 양지 쪽, 밭둑에 난다. 사질양토와 같이 부식질이 많은 토양을 좋아하며 내한성이 강하다. 실생 및 무성으로 번식을 한다. 열매와 어린잎을 식용으로 한다. 수피의 섬유가 길고 질겨서 창호지나 표구용 화선지 등 오랫동안 보존을 요구하는 종이와 옷을 만들기도 한다. 종이 및 옷을 만들기 위한 섬유를 채취할 목적으로 식재한 곳도 많다.

【참고】
닥나무 학명이 국가표준식물목록에는 *Broussonetia* x *hanjiana* M.Kim로 기재되어 있다.

암꽃차례

뽕나무과 Moraceae

꾸지나무

Broussonetia papyrifera **(L.) L'Hér. ex Vent.**

Broussonetia 프랑스 몽펠리의 의사이며 자연과학자인 P.M.A. Broussonet에서 유래

이명 닥나무
한약명 저실(楮實, 열매), 저엽(楮葉, 잎), 저수백피(楮樹白皮, 수피)
E Paper mulberry
C 构樹, 楮樹
J カジノキ

미성숙 열매

열매

【분포】

해외/국내 비슷한 품종이 중국, 일본, 대만, 인도, 말레이시아에 있음; 전국 민가 근처나 임연부

【형태】

수형 낙엽활엽교목 또는 소교목으로 수고 12m, 흉고직경 60cm이다.

수피 회갈색이며 황갈색 피목이 있다.

어린가지 털이 빽빽이 난다.

겨울눈 삼각형이며 눈비늘조각은 2개이고 갈색이며 털이 있다.

잎 어긋나거나 때로는 마주나며 잎자루와 어린가지에 털이 밀생한다. 넓은 난형 또는 원형으로 끝은 꼬리처럼 길게 발달하며 대개 결각상, 엽저는 심장저이다. 길이 2~20cm, 단거치 또는 복거치가 있다. 양면에 털이 있다.

꽃 5~6월에 피며 암수딴그루이고 새가지의 잎겨드랑이에 달린다. 수꽃차례는 3~8cm이며, 구형의 암꽃차례는 지름 1~2cm 정도이다.

열매 9월에 붉게 성숙하며 취화과로 구형이다. 열매자루는 짧고, 과피는 적색이며 내과피는 굳고 갈색으로 1개의 능선이 있다.

【조림 · 생태 · 이용】

양수성으로 내한성이 강하며 양지바른 산기슭이나 밭둑에서 자란다. 실생이나 삽목에 의하여 번식을 한다. 나무껍질은 각종 한지원료로 이용되며, 어린잎은 식용하기도 한다. 열매는 저실, 잎은 저엽, 경피부의 백색 유액은 저피간백즙이라 하며 약용한다.

뽕나무과 Moraceae

꾸지뽕나무

Cudrania tricuspidata (Carrière) Bureau ex Lavallée

Cudrania 그리스명 cudros(영광이 있는) 또는 말라야의 토명 cudrang에서 유래 추측
tricuspidata 3첨두의, 3철두의

이명 구지뽕나무, 굿가시나무, 활뽕나무
한약명 자목(木, 줄기)
E Silkworm thorn tree, Tricuspid cudrania
C 柘木
J ハリグワ

수형

가시

수피

열매 ⓒ한심희

꽃

잎

【분포】
해외/국내 중국, 일본; 남부지방 햇빛이 잘 드는 풀밭이나 임연부

【형태】
수형 낙엽활엽소교목 또는 관목으로 수고 2~8m이다.
수피 오래되면 황회색을 띠며 세로로 찢어져 떨어진다.
어린가지 잎겨드랑이에 가지가 변형된 가시가 있다. 잔가지는 연한 갈색이며 털이 있다.
겨울눈 원형으로 겉으로 드러난 눈비늘조각은 6개이고 가로덧눈이 있다.
잎 어긋나며 난형, 타원형 또는 도란형으로 예두 또는 둔두, 원저, 넓은 설저이다. 가장자리가 전연이거나 크게 3개로 갈라지며 길이는 3~9cm이다. 생육장소가 비옥하면 감나무 잎보다 크고 결각도 적으나 바위틈이나 산비탈의 척박지에서 자라는 것은 작고 결각이 심하며 끝이 꼬리처럼 길게 뻗어난다.
꽃 5~6월에 피며 암수딴그루이고 잎겨드랑이에 두상꽃차례로 달린다. 연노란색으로, 원형의 수꽃차례는 지름 1~1.5cm이며, 암꽃차례는 1cm이다.
열매 9~10월에 붉게 성숙하며 취과이다.

【조림 · 생태 · 이용】
양수이며 양지바른 산록이나 밭둑에서 잘 자라고, 내한성 및 내공해성이 강하다. 실생번식 또는 삽목번식을 한다. 나무껍질은 각종 한지원료로 이용되며 어린잎은 식용하기도 하고 열매, 나무껍질 수지 등은 약용한다.

뽕나무과 Moraceae

천선과나무

Ficus erecta Thunb.

수형

Ficus 라틴 옛 이름이며 그리스어의 sycon 에서 유래
erecta 곧은

이명 꼭지천선과, 천선과, 긴꼭지천선과
한약명 우내시(牛奶柴, 줄기와 잎), 우내장(牛奶漿, 열매)
E Erecta fig
C 天仙果
J イヌビワ

수피

잎

열매

【분포】
해외/국내 일본; 남부지역 바닷가 산지

【형태】
수형 낙엽활엽관목으로 수고 2~4m이다. 상처를 주면 무화과나무처럼 흰 유액이 나온다.
수피 평활하며 회백색을 띤다.
어린가지 피목이 발달하여 무늬처럼 보인다.
잎 어긋나며 도란형 또는 도란상 타원형으로 첨두, 설저, 원저 또는 아심장저이고 가장자리는 밋밋하다. 잎자루는 길이 1~4cm이다. 길이 10~20cm, 양면에 털 없다.
꽃 5~7월에 피며 암수딴그루이다. 어린가지 잎겨드랑이에서 구형의 화낭이 1개씩 달린다. 구형의 화낭은 길이 1~2cm로, 안에 다수의 꽃이 들어있다. 수화낭 속에는 수꽃과 충영꽃이 있다. 개화기 1년차에는 충영꽃만 성숙한다. 암화낭 속에는 암꽃만 존재한다. 암술대는 길고 부드럽게 휜다.
열매 9~10월에 흑자색으로 성숙하며, 무화과나무처럼 은화과이다.

【조림 · 생태 · 이용】
바닷가 산록의 양지쪽에서 잘 자란다. 그늘에서도 어느 정도 자라는 중용수이다. 3월, 6~7월에 가지삽목으로 증식시키거나 6~7월에 삽목이 발근이 잘 된다. 꽃은 화낭에 싸여 볼 수 없다. 주로 광택이 나는 잎은 붉게 단풍이 들어 감상의 대상이 되므로 건물 주변이나 주택정원 등에서 조경수로 이용된다. 열매는 식용하고, 뿌리, 잎, 열매는 약용한다.

뽕나무과 Moraceae

좁은잎천선과

Ficus erecta var. *sieboldii* (Miq.) King

Ficus 라틴 옛 이름이며 그리스어의 sycon에서 유래
erecta 곧은

이명 젓꼭지나무

수형

열매

잎 앞면

잎 뒷면

【분포】
해외/국내 남쪽 해안지대와 섬

【형태】
수형 낙엽활엽교목으로 수고 2~4m이다.
잎 어긋나며 피침형으로 점첨두, 예저 또는 아심장저이다. 길이 3.5~20cm, 가장자리가 밋밋하거나 맹아에 거치가 있다. 양면에는 털이 없으나 표면에 털이 약간 있는 것도 있다. 잎맥이 뚜렷하게 돌출한다. 잎자루는 길이 1~3cm이다.
꽃 5~6월에 피며 암수딴그루이다. 새가지의 잎겨드랑이에서 1개의 꽃자루가 자라며, 끝에 3개의 포가 있고, 그 위에 둥근 화낭이 있다. 주머니 같은 화낭은 지름 15mm 내외로 그 안에 많은 꽃이 들어있다. 수꽃은 5~6개의 화피열편과 3개 정도의 수술이 있다. 암꽃은 3~5개의 화피열편과 대가 있는 1개의 씨방에 짧은 암술대가 있다.
열매 은화과인 열매는 9~10월에 흑자색으로 성숙하며 화낭이 자라서 열매로 된다.

【참고】
좁은잎천선과 학명이 국가표준식물목록에는 *F. erecta* Thunb. f. *sieboldii* (Miq.) Corner로 기재되어 있다.

뽕나무과 Moraceae

모람

Ficus oxyphylla Miq. ex Zoll.

Ficus 라틴 옛 이름이며 그리스어의 sycon에서 유래
oxyphylla 예형(銳形)의

E Oriental vining fig
C 薜荔
J イタビカズラ

잎 앞면 / 잎 뒷면 / 수형 / 수피 ©김진석 / 열매

【분포】
해외/국내 일본의 난대 지역, 대만; 남해안 도서지역 바닷가 산지

【형태】
수형 상록활엽만목성으로 길이 2~5m, 흉고직경 8cm이다. 줄기에서 기근을 내려 나무와 바위에 붙어 산다.
수피 회갈색을 띤다.
어린가지 갈색이며 누운 털이 밀생한다.
잎 혁질이며 어긋나고 피침형 또는 타원상 피침형으로 점첨두이다. 기부는 원저 또는 설저이고 거치가 없다. 길이 7~12cm, 너비 2~3cm, 측맥은 5~8쌍이다. 뒷면은 흰빛을 띤다. 잎맥은 그물처럼 튀어나왔고 양면에 털이 없다. 잎자루는 길이 1~2cm로 잔털이 있다.
꽃 7~8월에 피며 암수딴그루이다. 잎겨드랑이나 잎자국에서 1~2개의 회백색의 화낭이 생긴다. 수화낭 윗부분의 입구쪽에 수꽃이 몰려 있고 안쪽에는 충영꽃이 있다. 암화낭 내부는 깔때기모양으로 암꽃만이 존재한다. 암술대는 길고 가늘다.
열매 10월에서 다음해 1월까지 자흑색으로 성숙한다. 지름이 10~12mm이다.

【조림 · 생태 · 이용】
일본 난대지역과 대만에 분포하며, 사양토와 같이 배수가 잘 되는 토양, 과습지는 생육환경에 적합하지 않다. 제주도에서는 해발 600m 이하의 산골짜기에서 잘 자란다. 3~4월 또는 6~7월경에 삽목하면 뿌리가 잘 내린다. 정원, 공원, 분재 등 관상용으로 사용할 수 있으며, 온실식물로 개발 가치가 있다. 잎, 열매는 식용 또는 약용한다.

뽕나무과 Moraceae

애기모람

Ficus thunbergii Maxim.

Ficus 라틴 옛 이름이며 그리스어의 sycon 에서 유래
thunbergii 스웨덴 C.P. Thunberg(1743~1828)의

이명 왕모람
한약명 벽여(薜荔, 수액)
E Climbing fig
C 薜荔
J ヒメイタビ

수형 ©김진석

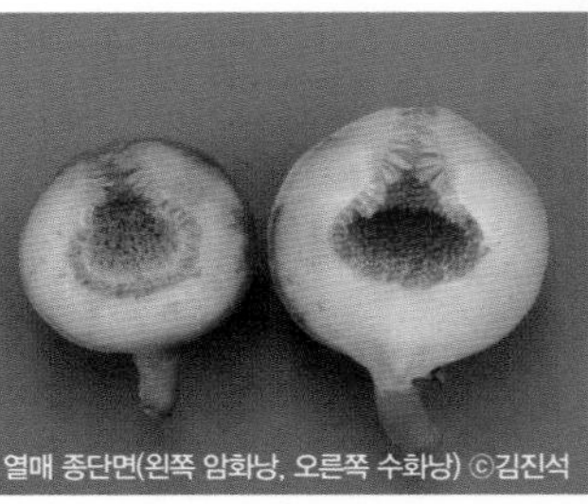
열매 종단면(왼쪽 암화낭, 오른쪽 수화낭) ©김진석

어린잎

잎과 열매 ©김진석

【분포】
해외/국내 일본, 중국, 대만; 남해안 도서지역 산지 숲속

【형태】
수형 상록활엽만목성으로 길이 2~5m이다. 근을 내서 다른 물체를 감는다.
수피 암갈색을 띤다.
어린가지 가지가 많이 갈라지고 갈색의 잔털이 있다.
잎 어긋나며 혁질이고 광난형 또는 타원형으로 둔두, 원저이다. 길이 1~5cm, 너비 1~2cm, 가장자리에 거치가 없으나 어린잎에는 파상의 거치가 있다. 측맥은 5~6쌍이고, 소맥은 뒷면에서 튀어나온다. 광택이 있다.
꽃 7~8월에 피며 암수딴그루이다. 액생하며 화낭은 지름 2cm이하로, 암화낭과 수화낭의 형태는 비슷하다.
열매 10월~이듬해 1월에 성숙하며 흑자색으로 익고, 지름 15~17mm이고, 길이 5~10mm의 대가 있다.

【조림 · 생태 · 이용】
중국 원산으로 양지와 음지 어디서나 잘 자라고 추위에 약하여 내륙지방에서는 월동이 불가능하다. 내건성은 강해 해안지방이나 척박한 곳에서도 잘 자란다. 1년생 가지를 잘라 3~4월 또는 6~7월경 꺾꽂이를 통해 쉽게 묘목을 얻을 수 있다. 수간이나 바위에 공기뿌리를 내려 붙어 자라므로 여러가지 형상을 만들 수 있으며, 잘 익은 열매는 식용한다.

수형 수피 소지와 동아 잎 앞면 잎 뒷면 열매

뿅나무과 Moraceae

무화과나무

Ficus carica L.

Ficus 라틴 옛 이름이며 그리스어의 sycon에서 유래
carica 무화과

이명 무화과
한약명 무화과
E Common fig, Fig tree
C 無花果
J イチジク

【분포】
해외/국내 아시아 서부 지중해; 남부지역 재배

【형태】
수형 낙엽활엽관목으로 수고 2~6m이다.
수피 회백색, 회갈색이며 원형의 피목 발달한다.
어린가지 굵고 갈색 또는 녹갈색을 띤다.
잎 어긋나며 3~5개로 갈라지는 장상엽이고, 길이 10~20cm이다. 갈라진 열편에는 둔한 거치가 있다. 긴 잎자루가 있고, 기부는 심장형이며, 양면이 꺼칠꺼칠하다.
꽃 5~6월 피며 암수딴그루이다. 봄부터 여름에 걸쳐 잎겨드랑이에 주머니모양의 꽃받침이 발달한다. 꽃받침 안에는 많은 작은 꽃이 들어있다.
열매 8~10월에 흑자색 또는 황록색으로 성숙하며 도란형으로 길이 5~8cm이다. 단위결실하는 은화과이다.

【조림 · 생태 · 이용】
경엽에 상처를 내면 뽕나무처럼 흰 유액이 나온다. 흰 유액에는 독성이 있으므로 눈에 들어가지 않도록 주의해야 한다. 민간에서는 이 유액을 사마귀를 없애는 데 사용하기도 한다. 열매(꽃받침)는 식용하거나 잼을 만들고, 말린 열매는 약용한다.

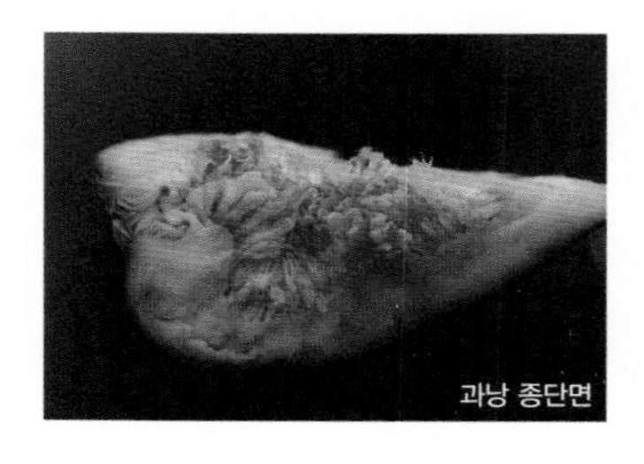
과낭 종단면

뽕나무과 Moraceae

산뽕나무

Morus bombycis Koidz.

Morus 라틴 옛 이름이며 켈트어의 mor(흑)에서 유래함. 열매가 흑색인 것을 지칭함
bombycis 누에의, 명주의

이명 뽕나무
한약명 상백피(桑白皮, 근피), 상엽(桑葉), 상심자(桑子, 열매), 상지(桑枝)
E Bombycis mulberry
C 山桑
J ヤマグワ

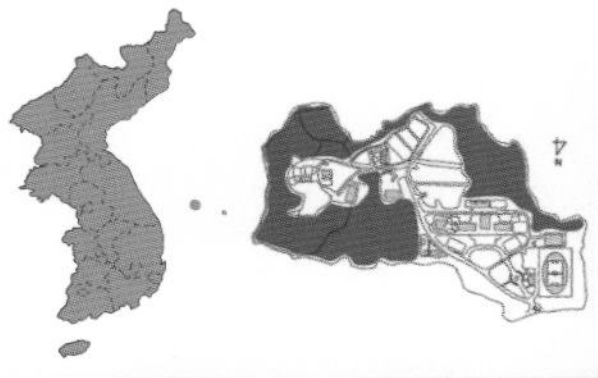

잎 앞면

잎 뒷면

수형

수피

열매

꽃

잎

【분포】
해외/국내 일본, 중국, 대만, 미얀마, 히말라야; 전국 산지
예산캠퍼스 연습림

【형태】
수형 낙엽활엽아교목으로 수고 7~8m, 흉고직경 1m이다.
수피 회갈색이며 세로로 얕게 벗겨진다.
어린 가지 연한 갈색이며 점차 흑갈색으로 변하고 털이 있거나 없다.
겨울눈 난형이며 길이 3~6mm이고 연한 갈색을 띤다.
잎 어긋나며 난형 또는 넓은 난형으로 갈라지는 것도 있다. 끝은 꼬리처럼 길어진다. 기부는 절저 또는 아심장저이고 가장자리에 거치가 있다. 길이 2~22cm, 너비 1.5~14cm이다.
꽃 4~5월에 피며 대부분 암수딴그루이나 드물게 암수한그루도 있다. 수꽃의 꽃받침열편은 난형으로 꽃밥은 황색이다. 암꽃의 꽃받침열편은 장타원형이고 암술머리는 2개로 갈라진다.
열매 6~7월에 갈색에서 흑자색으로 성숙하며, 익은 후에도 겉에 암술대가 남아있다.

【조림 · 생태 · 이용】
논, 밭둑이나 산기슭의 양지에서 자라며, 내한성과 내조성은 강하나 내음성과 내공해성, 내건성은 약한 수종이다. 실생, 삽목, 휘묻이 등으로 번식할 수 있으며, 종자는 과육 제거 후 직파 혹은 노천매장한 후 파종한다. 어린잎과 열매는 식용하며, 잎은 누에의 사료로도 쓰인다. 목재는 가구재, 악기재, 조각재 등으로 사용된다.

뽕나무과 Moraceae

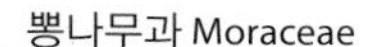

뽕나무

Morus alba L.

Morus 라틴 옛 이름이며 켈트어의 mor(흑)에서 유래함. 열매가 흑색인 것을 지칭함

이명 오디나무, 새뽕나무

E White mulberry

J トウグワ

문화재청 지정 천연기념물 서울 종로구 와룡동 창덕궁 내 뽕나무(제471호)

수형

잎

꽃

열매

【분포】

해외/국내 중국, 일본, 대만; 전국 민가 주변 식재

【형태】

수형 낙엽활엽아교목 또는 관목으로 수고 3m이다.

수피 회백색 또는 회갈색을 띠며 세로로 갈라진다.

겨울눈 난형이며 잔털이 있다.

잎 어긋나며 난형 또는 광난형으로 길이 10cm, 둔두 또는 첨두, 심장저이고 가장자리는 둔거치이다. 표면은 광택 있고, 뒷면 맥 위에 잔털 있다.

꽃 5월에 피며 암수딴그루이다. 수꽃차례는 미상꽃차례로 밑을 향해 있고, 암꽃차례는 길이 0.5~1.5cm, 새가지 밑부분에서 나온다. 암술머리는 2개이다.

열매 6~7월에 붉은색에서 흑자색으로 성숙하며 구형 또는 타원형이다.

【조림 · 생태 · 이용】

자생종은 논, 밭둑 또는 산기슭의 양지에서 잘 자란다. 내한성과 내조성은 강하나 내음성, 내공해성, 내건성이 약하다. 생육속도가 빠르고 녹음수로 이용 가능하다. 어린잎과 열매는 식용하며, 잎은 누에의 사료로 쓰이고, 목재는 밥상, 가구재, 악기재, 조각재 등으로 사용된다. 어린잎과 열매는 식용하고, 녹음수로 이용한다.

【참고】

돌뽕나무 (*M. cathayana* Hemsl.) 전남, 경기도, 경남 및 강원도 이북에 드물게 분포하며, 뽕나무와 산뽕나무에 비하여 잎 전체에 털이 많고 광택이 적으며 톱니가 둔하다.

쐐기풀과 Urticaceae

좀깨잎나무

Boehmeria spicata (Thunb.) Thunb.

Boehmeria 독일 비텐베르그의 Georg Rudolph Boehmer(1723~1803) 교수에서 유래함
spicata 수상화(穗狀花)가 있는

이명 새끼거북꼬리, 신진, 점거북꼬리
E Spicate falsenettle
J コアカソ

수형

암꽃차례

꽃

잎

잎 앞면

잎 뒷면

【분포】
해외/국내 중국, 일본; 전국 하천 및 임연부
예산캠퍼스 연습림 및 교내

【형태】
수형 낙엽활엽반관목으로 수고 1m 내외이다. 밑부분에서 가지가 많이 갈라진다.
수피 붉은빛을 띤다.
잎 마주나며 마름모꼴의 난형으로 끝이 꼬리처럼 길어지고 설저이며 길이 3~8cm이다. 예거치가 드물게 있다. 표면에 눈털이 있고 뒷면의 맥상에도 털이 있다. 같은 마디에 달렸어도 잎자루가 한쪽은 길고 한쪽은 짧다. 잎자루 길이는 1~3cm이다.
꽃 6~8월에 피며 대부분 암수한그루이나 암수딴그루도 드물게 있다. 암꽃차례는 가지의 윗부분에 달리고 수꽃차례는 아랫부분의 가지에 달린다.
열매 10~11월에 성숙한다. 작은 구형으로 모여 달리며 장도란형이고 끝에 털이 있다.

【조림 · 생태 · 이용】
양수이며, 산계곡부의 바위틈이나 개울물이 흐르는 언덕에서 잘 자란다. 내공해성, 내한성, 내건성은 강하며, 번식은 실생이나 삽목을 한다. 가을에 익은 열매를 채취한 후 정선하여 기건밀봉저장하였다가 이듬해 봄에 파종한다. 수피는 섬유질이 발달되어 있어 섬유자원으로 이용되며, 어린순은 나물로 식용한다.

수형

겨우살이과 Viscaceae

겨우살이

Viscum album var. *coloratum* (Kom.) Ohwi

Viscum 라틴어 viscum(새 잡는 풀)에서 유래함. 열매에 점성이 있다는 뜻

이명 겨우사리, 붉은열매겨우사리
한약명 기생목(寄生木), 곡기생(槲寄生)
E Mistletoe
C 寄生木, 槲寄生
J ヤドリキ

잎과 수꽃 / 열매

붉은겨우살이 ⓒ한심희

동백나무겨우살이

꼬리나무겨우살이 ⓒ조현제

【분포】
해외/국내 중국, 일본, 러시아, 유럽, 아프리카; 전국 산지

【형태】
수형 참나무, 팽나무, 물오리나무, 밤나무 및 자작나무에 기생하는 상록활엽관목으로 수고 40~60cm, 길이 1m이다.
수피 황록색을 띤다.
잎 가지 끝에 마주나며 도피침형으로 끝은 둥근 모양이다. 길이 3~7cm, 너비 6~12mm이고, 잎자루는 없다. 짙은 녹색이고 두꺼우며, 윤재가 없다.
꽃 노란색으로 2~3월에 피며 암수딴그루이다. 정생하며 꽃자루가 없다. 작은 포는 술잔모양, 화피는 종모양이며 4개로 갈라진다. 암술머리는 대가 없다.
열매 8~10월에 연한 노란색으로 성숙하며 반투명의 장과이다. 과육은 점성이 강하고 둥근 모양이다. 지름은 6mm 정도로 화피열편과 암술머리가 남아있다.

【조림 · 생태 · 이용】
겨우살이가 기생하게 되면 기주는 쇠약해진다. 겨울철에 새들이 열매를 쪼아 먹을 때 혹은 새의 배설물과 함께 종자가 나무에 부착되어 자연적으로 증식된다. 종자는 발아 후 5년이 지나 본 잎이 나온다. 줄기와 잎은 약용한다.

【참고】
붉은겨우살이 (*V. album* L. f. *rubroauranticum* (Makino) Kitag.) 열매가 붉은빛으로 성숙한다.
꼬리겨우살이 (*Loranthus tanakae* Franch. & Sav.) 3~5cm 길이의 수상꽃차례가 달린다.
동백나무겨우살이 (*Korthalsella japonica* (Thunb.) Engl.) 잎이 퇴화되어 돌기모양이다.
참나무겨우살이 (*Taxillus yadoriki* (Sieboldi) Danser) 보리수나무와 유사한 잎모양이며, 제주도의 다양한 상록수에 기생한다.
겨우살이 학명이 국가표준식물목록에는 *V. album* L. var. *lutescens* Makino로 기재되어 있다.

목련과 Magnoliaceae

백합나무

Liriodendron tulipifera L.

Liriodendron 그리스어 lipos(백합)과 dendron(수목)의 합성어이며, 꽃모양이 백합과 비슷한 것을 지칭함
tulipifera 튤립꽃이 달린

이명 목백합, 튤립나무
E Tulip tree, Tulip poplar, Whitewood
J ハンテンボク

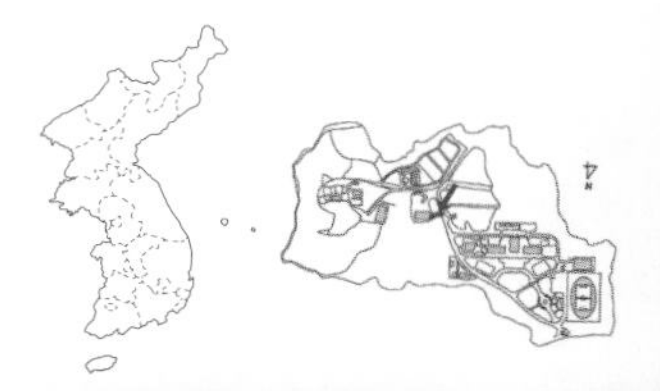

수형

열매

잎 앞면

잎 뒷면

꽃

잎

【분포】

해외/국내 북아메리카(동부 및 중부); 전국 가로수 및 공원수

예산캠퍼스 기숙사 계단 옆

【형태】

수형 낙엽활엽교목으로 수고 30m, 흉고직경 50~100cm이다.

수피 회갈색이며, 얇게 갈라진다.

잎 어긋나며 길이 10~15cm, 사각상 원형으로 끝부분은 절두이고 대형의 턱잎이 있다. 잎자루는 길이 3~10cm이다.

꽃 5~6월에 피며 금년에 나온 새가지의 끝에서 1개씩 핀다. 지름 약 6cm, 꽃받침 3개, 꽃잎 3개이다.

열매 10~11월에 성숙하며, 길이 6~7cm의 구과상이고, 위를 향한다.

【조림 · 생태 · 이용】

양지에서 잘 자라며 내건성, 내공해성, 내한성은 강하나 조해에 약하다. 병충해가 거의 없고 수명이 긴 편이다. 뿌리의 수직 분포는 심근형이다. 가을에 결실하는 열매는 발아율이 7~9% 정도이므로 노천매장한 후 이듬해 봄에 파종한다. 생장속도가 빨라 용재림 조림용으로 적합하지만 평평하고 비옥한 토지를 요구하므로 조림적지가 제한적이다. 수형이 좋아 공원수나 가로수, 녹음수, 경관수, 기념수 등으로 사용된다.

목련과 Magnoliaceae

태산목

Magnolia grandiflora L.

Magnolia 프랑스 몽펠리에대학의 식물학 교수 Pierre Magnol에서 유래
grandiflora 큰 꽃의

이명 양옥란, 양목란, 큰목련꽃
E Bull bay, Southern magnolia
C 荷花玉蘭
J タイサンボク

잎 / 암술 / 잎과 꽃 / 수피 / 잎 앞면 / 잎 뒷면

【분포】
해외/국내 북아메리카; 중남부 및 제주도 공원수 및 정원수

【형태】
수형 상록활엽교목으로 수고 20m이다.
수피 암갈색 또는 회색을 띠며 오래되면 얇은 조각으로 떨어진다.
어린가지 갈색 털 있다.
겨울눈 갈색 털 있다.
잎 어긋나며 장타원형 또는 긴 도란형으로 둔두, 예저이다. 길이 11~22cm, 두꺼운 가죽질로 표면은 짙은 녹색이며 광택이 난다. 뒷면은 갈색 털이 밀생한다.
꽃 5~6월에 피며 백색의 양성화가 가지 끝에 핀다. 향기가 강하고, 꽃잎 9~12개, 꽃받침 3개이다.
열매 10월에 성숙하며, 골돌과로 타원형이다. 길이 7~9cm, 짧은 갈색 털이 있다. 종자는 난형으로 적색의 외종피에 2개씩 싸여있다.

【조림 · 생태 · 이용】
중용수이며 토심이 깊고 비옥하며 보수력이 있는 다소 습한 사질양토 또는 양토를 선호한다. 생장은 빠른 편이며 전정은 되지 않고 이식이 어려운 편이다. 종자번식은 생장이 나빠 대개 접목으로 번식시킨다. 주로 공원수, 조원목으로 많이 쓰이고, 내염성과 내공해성이 강하므로 해변, 유원지, 관광지, 도시나 공장지대의 조원수로 이용이 가능하다. 잎은 꽃꽂이의 소재로 많이 이용된다.

목련
Magnolia kobus DC.

Magnolia 프랑스 몽펠리에대학의 식물학 교수 Pierre Magnol에서 유래
kobus 일본명 고부시

한약명 신이(辛夷, 꽃망울)
E Kobus magnolia
J コブシ

산림청 지정 희귀등급 멸종위기종(CR)
환경부 지정 국가적색목록 관심대상(LC)

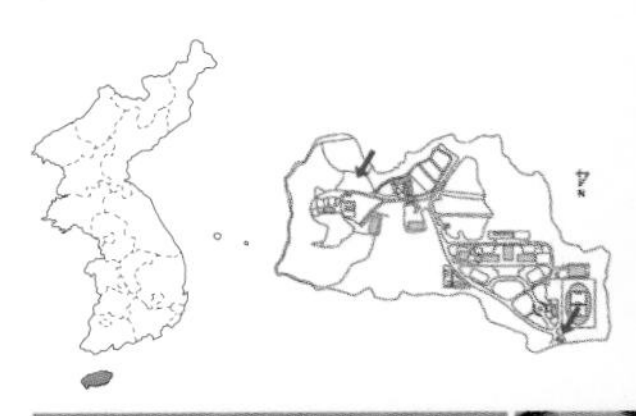

수형 / 잎 앞면 / 잎 뒷면 / 잎눈

꽃눈

꽃

열매

수피

【분포】
해외/국내 일본; 제주도 숲속 드물게 자생, 전국 공원
예산캠퍼스 연습림 임도 옆 및 정문

【형태】
수형 낙엽활엽교목으로 수고 10m, 흉고직경 1m이다.
수피 회백색이고 밋밋하며 피목이 있다.
어린가지 녹색으로 굵고 털이 없이 없으며 많이 갈라진다.
겨울눈 털이 없으나 꽃눈의 포에 밀모가 있다.
잎 넓은 난형 또는 도란형으로 길이 5~15cm, 너비 3~6cm, 끝이 급히 뾰족하다. 기부는 넓은 설저이고, 거치가 없다.
꽃 3~4월에 잎보다 먼저 피며 양성화이다. 꽃잎은 주걱형이고 흰빛을 띤다. 기부는 담홍색이며(백목련도 백색이나 기부에 담홍색은 없음) 6개의 꽃잎이 있고(백목련은 9개) 향기가 있다. 꽃이 활짝 피면 편평하게 펴져서 산만한 느낌을 준다. 꽃받침은 넓은 선형이며 길이 15~23mm, 너비 3~4mm이다. 보통 꽃의 기부에 1개의 어린잎이 붙어있어 백목련과 구별할 수 있다.
열매 9~10월에 성숙하며 집과로 원통형이다. 길이 5~7cm로 곧거나 구부러지고 익으면 칸칸이 벌어지면서 씨가 드러난다. 종자는 타원형이며 길이 12~13mm이고 외피는 적색을 띤다.

【조림 · 생태 · 이용】
한라산 중턱에 자생지가 있다. 양지, 음지를 가리지 않는 중용수이나 음지에서는 개화와 결실이 불가능하며, 토심이 깊고 배수가 좋은 습기 있는 땅을 좋아한다. 산성토양에서 잘 자란다. 정원수, 가로수로 식재하고, 묘목은 백목련의 대목으로 쓰인다. 꽃봉오리를 신이라 하며 약용한다.

목련과 Magnoliaceae

일본목련

Magnolia obovata **Thunb.**

Magnolia 프랑스 몽펠리에대학의 식물학 교수 Pierre Magnol에서 유래

이명 떡갈후박, 왕후박, 황목련
한약명 후박(厚朴, 수피), 후박엽(厚朴葉, 잎)
E Whiteleaf Japanese magnolia
C 日本厚朴
J ホオノキ

수형

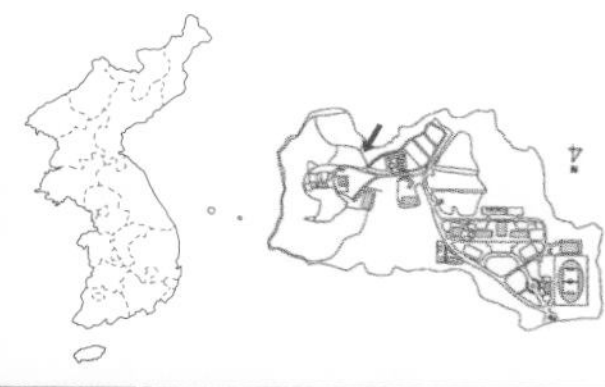

겨울눈

수형

개엽 / 꽃과 잎

꽃 / 열매

【분포】
해외/국내 일본 원산, 중국; 중부 이남 공원수 및 정원수
예산캠퍼스 연습림 임도 옆

【형태】
수형 낙엽활엽교목으로 원산지에서는 수고 20m, 흉고직경 1m이다.
수피 회백색 또는 회색을 띤다. 밋밋하며 피목이 많다.
어린가지 굵고 턱잎자국은 가지를 한 바퀴 돈다.
겨울눈 길죽한 끝눈은 길이 3~5cm이며, 눈비늘조각은 털이 없고 가죽질이다.
잎 어긋나지만 가지 끝에 모여서 달리며, 도란상 장타원형으로 길이 20~40cm, 너비 13~25cm이다. 끝은 뾰족하고 밑으로 좁아지면서 설저이고 거치가 없다. 뒷면은 흰빛을 띠며 가는 털이 있다.
꽃 황백색으로 잎이 핀 다음 5~6월경 가지 끝에서 핀다. 길이 15cm, 강한 향기가 있다. 꽃잎과 비슷하지만 짧은 꽃받침이 3개이며, 약간의 홍색을 띤다. 꽃잎은 6~9개이다.
열매 10~11월에 적색으로 성숙하며 집과로 장타원형이다. 길이 10~15cm, 너비 5~6cm이고, 종자의 길이는 8~10mm이다. 종자는 주머니 같은 낭 속에 두 개씩 들어 있다. 익으면 벌어져서 흰 실에 매달린다.

【조림 · 생태 · 이용】
양수에 가까운 중용수이며 뿌리의 수직분포는 심근형이다. 정원수, 풍치수, 가로수로 식재하고, 목재는 칼집, 가구재, 조각재로 쓰인다. 수피, 잎을 약용한다.

목련과 Magnoliaceae

함박꽃나무

Magnolia sieboldii K.Koch

Magnolia 프랑스 몽펠리에대학의 식물학 교수 Pierre Magnol에서 유래
sieboldii 일본식물 연구가 Siebold의

이명 함백이꽃, 흰뛰함박꽃, 얼룩함박꽃나무
E Oyama magnolia
C 天女木蘭
J オオヤマレンゲ

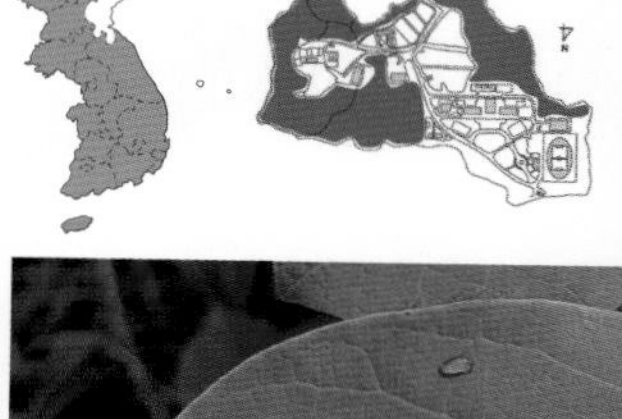

수형

겨울눈

열매

잎과 꽃봉오리

꽃

【분포】
해외/국내 중국, 일본; 전국 산지
예산캠퍼스 연습림

【형태】
수형 낙엽활엽아교목으로 수고 7m이다.
수피 회백색을 띠며, 오래되면 피목이 발달한다.
어린가지 회갈색을 띠며 누운 털이 있다.
겨울눈 장타원형으로 인편은 가죽질이며 털이 없다.
잎 어긋나며 길이 6~15cm, 타원형, 넓은 도란형으로 원저이다. 끝이 뾰족하고 가장자리 밋밋하다. 뒷면은 회녹색이고 맥 위에 털이 있다.
꽃 5~6월에 피며 아래를 향한 백색의 양성화이다. 향기가 있고, 꽃잎은 6개, 꽃받침은 3개이다. 꽃밥과 수술은 붉은색이다.
열매 9월에 성숙하며, 길이 4~7cm, 장타원형이다. 종자는 타원형, 붉은색의 외종피에 싸여있다.

【조림 · 생태 · 이용】
습기가 적당하고 배수가 잘 되는 비옥한 반그늘에서 잘 자란다. 내공해성과 내염성이 약해 대기오염 및 해풍이 심한 곳에서는 생육이 불량하다. 실생 및 특수 삽목으로 번식시킬 수 있으며, 조경수나 정원수, 공원수로 적합한 관상수이다.

목련과 Magnoliaceae

백목련

Magnolia denudata Desr.

Magnolia 프랑스 몽펠리에대학의 식물학 교수 Pierre Magnol에서 유래
denudatus 나출된

이명 흰가지꽃나무
한약명 옥란(玉蘭, 꽃봉오리)
E Yulan
C 玉蘭
J ハクモクレン

【분포】
해외/국내 중국 원산; 전국의 공원 및 정원
예산캠퍼스 교내

【형태】
수형 낙엽활엽교목으로 수고 15m이다.
수피 회백색이며 갈라지지 않는다.
어린가지 연한 밤색이며 누운 털로 덮여있지만 점차 없어진다.
겨울눈 짧은 털로 덮인 눈비늘조각에 싸여있다. 꽃눈은 장난형으로 긴 털로 덮인 눈비늘조각에 싸여있다.
잎 어긋나며 도란형 또는 도란상 장타원형으로 길이 10~15cm, 너비 5~10cm이다. 끝은 둔두이지만 뾰족하고, 기부는 설저이다. 표면에 약간 털이 있고, 뒷면은 담녹색이며 잎맥에 약간 털이 있다.
꽃 백색으로 3~4월에 피며 가지 끝에서 크게 달린다. 꽃받침조각과 9개의 꽃잎은 모양이 서로 비슷하다. 약간 육질이다.
열매 9~10월에 성숙하며 원주형이며 길이 8~12cm, 갈색빛을 띤다. 종피가 갈라지고 붉은 종자가 흰 실에 매달린다.

【조림 · 생태 · 이용】
음지나 양지에서 모두 잘 자라며, 내염성이 강하여 해안지방에도 잘 자란다. 목련류의 종자는 가을에 성숙한 것을 따서 곧 뿌리든지, 3~6개월간 노천매장을 한 후에 봄에 파종한다. 꽃봉오리를 옥란이라고 하여 약용한다.

【참고】
자주목련 (*M. denudata* var. *purpurascens* (Maxim.) Rehder & E.H.Wilson) 꽃잎의 겉이 연한 홍자색이고 안쪽이 백색을 띤다.

목련과 Magnoliaceae

자목련

Magnolia liliiflora Desr.

Magnolia 프랑스 몽펠리에대학의 식물학 교수 Pierre Magnol에서 유래
liliiflora 백합(Lilium) 같은 꽃의

이명 자주목련
한약명 신이(辛夷, 꽃봉오리), 자화옥란(紫花玉蘭)
E Lily magnolia
C 辛夷
J シモクレン, モクレン

수형

꽃

수술과 암술

잎 앞면

잎 뒷면

꽃눈

【분포】

해외/국내 중국 원산; 전국 정원수
예산캠퍼스 산업관 앞

【형태】

수형 낙엽활엽교목으로 수고 15m이다.
잎 어긋나며 도란형으로 길이 8~15cm, 너비 4~11cm, 첨두, 설저이다.
꽃 일반적으로 4월에 잎보다 먼저 피지만 잎이 난 다음 5~6월까지 산발적으로 핀다. 양성화로 자색 또는 암자색의 꽃잎은 완전히 펴지지 않는다. 꽃받침은 3개로 소형이고, 꽃잎은 6개이다. 길이 10cm, 너비 3~4cm이며, 윗부분에 암술군이 있고, 그 아래에 수술이 무더기로 난다.
열매 10월에 갈색으로 성숙하며 골돌과이다. 길이 5~7cm, 난상 타원형이며 종자에 백색 실 같은 종병에 매달려 나온다.

【조림 · 생태 · 이용】

양수이며, 비옥적윤한 사질양토를 선호하고 내염성이 약하나 공해에 견디는 힘은 보통이다. 또한 충분한 햇빛을 받아야 개화와 결실이 잘 되며, 내한성이 약해 중부 내륙에서는 살지못한다. 실생 및 특수 삽목으로 번식시킬 수 있다. 이른 봄에 피는 진한 자주색 꽃은 불교적 분위기를 풍겨, 주로 사찰 주변에 많이 심고, 정원이나 공원에도 식재한다. 꽃봉오리는 신이, 꽃은 옥란화라 하며 약용한다.

목련과 Magnoliaceae

초령목

***Michelia compressa* (Maxim.) Sarg.**

Michelia 스위스의 식물학자 Marc. Micheli(1844~1902)에서 유래
compressa 편평한, 편합된

이명 귀신나무
E Taiwan michelia
J オガタマノキ

산림청 지정 희귀등급 멸종위기종(CR)
환경부 지정 국가적색목록 위기(EN)
환경부 지정 멸종위기 야생생물 II급

동아 ©김진석

수피 ©김진석

수형 ©김진석

잎 뒷면 ©김진석

잎 앞면 ©김진석

열매 ©김진석

【분포】
해외/국내 일본; 제주도에 매우 드물게 자생

【형태】
수형 상록활엽아교목으로 수고 15m, 흉고직경 1m이다.
수피 회색 또는 암갈색을 띠다.
어린가지 녹색이며, 드물게 누운 털이 있다.
겨울눈 표면에 광택이 나며, 황갈색의 털이 있다.
잎 어긋나며 길이 8~12cm, 장타원형이다. 가죽질로 표면은 짙은 녹색, 광택 있다. 뒷면은 청백색이고 잎자루에 황갈색 털이 있다.
꽃 2~3월에 피며 잎겨드랑이에서 백색의 양성화가 1개씩 피고 향기가 있다.
열매 골돌과로 타원형 또는 장타원형이고 적색으로 성숙한다. 종자는 붉은색의 외종피에 싸여있다.

【조림 · 생태 · 이용】
중용수 수종인 초령목은 난대(아열대)성 나무로 동해를 받지 않는 곳에 식재, 보호, 관리하여야 한다. 고온, 건조, 척박한 지역은 부적합하다. 종자와 삽목으로 번식시킬 수 있다. 정원수, 공원수, 기념수 등으로 이용되며, 목재는 가구재, 악기재, 제사상재, 꽃은 향료추출 및 약으로 사용된다.

【참고】
초령목 학명이 국가표준식물목록에는 *M. compressa* Maxim.로 기재되어 있다.

오미자과 Schisandraceae

남오미자

Kadsura japonica (L.) Dunal

Kadsura 일본명 사네가즈라(南五味子) 일부를 취한 것
japonica 일본산의

E Japanese kadsura
J サネアズラ

수형

잎차례 열매

꽃봉오리

잎 앞면

잎 뒷면

줄기

【분포】

해외/국내 중국, 대만, 일본; 제주도 및 남해안 도서 임연부

【형태】

수형 상록활엽만목이다.

수피 오래된 줄기는 갈색의 코르크질이 발달한다.

잎 어긋나며 혁질로 광택이 있다. 장타원형 또는 난형이고 길이 5~11cm, 너비 2.5~5.5cm, 작은 치아상의 거치가 드물게 있다. 뒷면은 자주색을 띠는 것이 많다.

꽃 6~8월경 잎겨드랑이에서 담황백색의 꽃이 피며 암수딴그루이거나 드물게 암수한그루로 양성화이다. 지름이 1.5cm 내외로 꽃잎모양의 것이 9~15개 있는데 꽃잎과 꽃받침의 구별이 어렵다.

열매 10~11월에 붉은색으로 성숙하고 장과이며 공처럼 밀착하여 있다.

【조림 · 생태 · 이용】

양지바른 산기슭의 전석지에서 산수국, 흑오미자, 사스레피나무 등과 혼생하며, 부식질이 많고 배수가 잘 되는 약간 그늘지고 따뜻한 곳에서 잘 자란다. 번식은 종자, 분주, 삽목에 의하며, 종자를 채취하여 노천매장한 후 다음해 봄에 파종하거나 봄부터 여름까지 꺾꽂이하여 묘목을 얻는다. 정원수나 분재로 이용되며, 열매를 오미자 대용으로 약용하나 질이 낮다.

오미자과 Schisandraceae

오미자

Schisandra chinensis (Turcz.) Baill.

Schisandra 그리스어 schizeni(갈라지다)과 aner 또는 andros(수술)의 합성어이며 꽃밥이 종렬됨
chinensis 중국의

이명 개오미자
한약명 오미자(五味子, 열매)
E Chinese magnolia vine
C 朝鮮五味子, 五味子
J チョウセンゴミシ

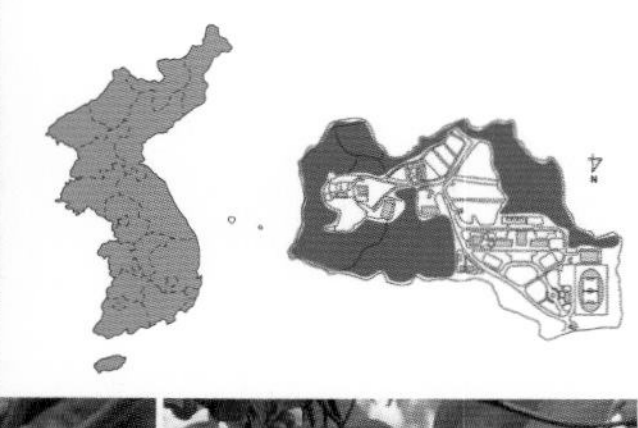

잎 앞면

잎 뒷면

오미자(왼쪽)와 미역줄나무(오른쪽) 잎

수형

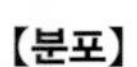

곁눈과 가로덧눈

꽃

꽃차례

열매

【분포】
해외/국내 일본, 중국; 전국 계곡, 주로 전석지
예산캠퍼스 연습림

【형태】
수형 낙엽활엽만목성이다.
어린가지 적갈색을 띠며 원형 또는 타원형으로 피목이 많다.
겨울눈 난형, 장난형으로 끝이 뾰족하며 4~6개의 눈비늘조각에 싸여있다. 곁눈 옆에는 작은 가로덧눈이 달린다.
잎 어긋나거나 단지에서는 모여나며, 잎자루는 길이 1~3cm이다. 넓은 타원형, 장타원형 또는 난형으로 길이 3~10cm, 너비 2~6cm, 예첨두, 설저이다. 뒷면 맥상을 제외하고는 털이 없고 파상거치가 있다.
꽃 4~6월에 금년에 나온 단지의 잎겨드랑이에서 지름 약 1cm의 황백색의 꽃이 핀다. 암수딴그루이며 꽃받침과 꽃잎을 합하여 9장이다. 수꽃에는 6개의 수술이 있고 꽃에는 암술이 다수로 둥근 꽃받침상에 모여 있다. 열매가 되면 꽃받침이 길게 뻗으므로 작은 공모양의 과실수가 생겨 아래로 드리워진다.
열매 8~10월에 붉게 성숙하며 장과이다.

【조림 · 생태 · 이용】
음수성 수종으로 적습한 사질양토와 같이 배수가 잘 되고 통풍이 좋고 부식질이 많은 토양을 선호한다. 강풍에 약하며 센 바람을 막아주는 곳을 선호하고, 강한 햇빛이 내리쬐는 곳은 선호하지 않는다. 종자, 삽목, 분주, 휘묻이 등으로 번식시킬 수 있다. 8~9월 붉게 송이를 이루어 익는 열매는 감상가치가 있다. 어린 순을 나물로 먹거나, 열매는 오미자라 하며 차로 마신다.

오미자과 Schisandraceae

흑오미자

***Schisandra repanda* (Siebold & Zucc.) Radlk.**

Schisandra 그리스어 schizeni(갈라지다)과 aner 또는 andros(수술)의 합성어이며 꽃밥이 종렬됨

이명 북오미자, 검오미자, 검은오미자
J マツブサ

산림청 지정 희귀등급 위기종(EN)
환경부 지정 국가적색목록 미평가(NE)

수형 ©김진석

꽃차례 ©김진석

수꽃 ©김진석

수피 ©김진석

【분포】

해외/국내 일본; 제주도 및 전남 도서 산지 숲속

【형태】

수형 낙엽활엽만목이다.
수피 오래된 수피는 회백색으로 코르크질이 발달한다.
잎 어긋나며 넓은 타원형이거나 넓은 난형으로 길이 2~6cm, 너비 3.5~5cm이다. 혁질로 치아상의 거치가 드물게 있다. 잎자루의 길이가 2~4cm이다.
꽃 6~7월에 피며 암수딴그루이다. 단지의 잎겨드랑이에서 2~4cm의 꽃자루가 나와 아래로 드리워진다. 꽃잎은 9~10개이며 담황녹백색이고, 꽃받침과 꽃잎의 구별이 잘 안 된다.
열매 9~10월에 검게 성숙하며 둥근 모양이다. 지름이 8~10mm이고, 2개의 종자가 들어있다.

【조림 · 생태 · 이용】

음수인 수종으로, 제주도 산악지역에서 자라며, 열매 채취로 인한 훼손이 일어나 개체수가 급격히 감소하고 있다. 내공해성과 내건성은 약하다. 열매는 차 대용으로 하며 가지를 잘라 목욕탕에 넣어 사용한다.

받침꽃과 Calycanthaceae

자주받침꽃

***Calycanthus fertilis* Walter**

Calycanthus 그리스어 calys(꽃받침)와 anthos(꽃)의 합성어이며 꽃잎과 꽃받침이 같다.
fertilis 다산(多産)의, 열매가 많이 달리는

E Carolina allspice
J アメリカロウバイ

수형

잎 앞면 / 어린가지

잎 뒷면

열매

꽃

【분포】

해외/국내 북아메리카; 전국 관상수

【형태】

수형 낙엽활엽관목으로 수고 2~3m이다.
어린가지 녹갈색이고 잔털이 다소 있으며 피목이 산생한다.
잎 마주나며 난상 타원형으로 점첨두, 예저 또는 원저이다. 길이 6~15cm, 너비 3~5cm이고, 표면은 녹색이며, 뒷면은 분백색이다. 가장자리는 밋밋하고 잎살에 투명한 세포가 많다. 잎자루의 길이는 13mm 내외로 잔털이 다소 있다. 표면에 홈이 지고 밑부분이 겨울눈을 둘러싸며 떨어지면 두드러진 기부가 겨울눈 밑부분을 둘러싼다.
꽃 녹자색 또는 적갈색으로 지름 3.5~5cm이며 넓고 향기가 강하다. 많은 화피열편이 꽃받침통의 가장자리에 나선상으로 배열된다. 수술과 암술은 많으며, 암술은 통 같은 꽃받침 안에 들어있다.
열매 삭과와 비슷하고, 도란형이며 길이 5~7cm이다. 끝이 다소 좁고 다수의 종자가 들어있다.

【조림 · 생태 · 이용】

우리나라에는 1957년 아놀드수목원으로부터 도입하였으며, 전국에서 관상용으로 이용하고 있다.

【참고】

자주받침꽃 학명이 국가표준식물목록에는 *C. floridus* L. var. *glaucus* (Willd.) Torr. & A.Gray로 기재되어 있다.

붓순나무과 Illiciaceae

붓순나무

Illicium anisatum L.

Illicium 라틴어 illicio(끌다, 유혹하다)의 뜻이며, 꽃의 향기가 좋은 것을 지칭함

이명 붓순, 가시목, 발갓구, 말갈구
한약명 망초실(분초), 동독회(東毒茴, 잎과 열매)
E Chinese anise, Japanese anise tree
C 樒, 八角茴香
J シキミ

수형

잎 앞면

잎 뒷면

겨울눈

열매

꽃

수피

【분포】
해외/국내 일본; 남해안 도서 및 제주도 숲 속

【형태】
수형 상록활엽아교목으로 수고 3~5m이다.
수피 어두운 회색, 자갈색이고 오래되면 세로로 갈라진다.
어린가지 녹색을 띤다.
잎 어긋나며 장타원형으로 길이 4~10cm이다. 예두, 설저이며 잎맥이 뚜렷하지 않다. 표면은 짙은 녹색이고 광택이 나며, 뒷면은 연한 녹색이다.
꽃 3~4월에 피며, 지름 2.5~3cm, 녹백색으로 양성화가 잎겨드랑이에서 핀다. 10~15개의 꽃잎이 있다.
열매 9~10월에 성숙하고 골돌과이며 황갈색의 종자가 들어있다. 익으면 별모양으로, 지름 2~2.5cm이다.

【조림 · 생태 · 이용】
산록부 수림 아래 습윤지에서 잘 자란다. 음수성이며 맹아력이 있다. 뿌리의 수직분포는 중간형이다. 열매가 터져 날리기 전에 채취하여 말린 후 바로 파종하거나, 종자를 채취하여 건조시키지 않고 노천매장한 후 이듬해 파종한다. 생울타리, 정원수로 심고 있다. 열매와 잎을 약용하며 잎과 가지를 불전에 바치거나 향료로 사용한다. 목재는 염주알, 주판알, 양산대를 만들고, 나무껍질은 혈액응고제, 잎과 가지는 약용 또는 향료로 쓰이며, 열매는 독성이 있어 식용하지 못한다.

잎 앞면

잎 뒷면

겨울눈

수형

수피

유목수피

열매

녹나무과 Lauraceae

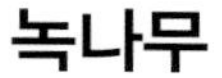

녹나무

***Cinnamomum camphora* (L.) J.Presl**

Cinnamomum 계피의 그리스명이며, cinein(말다)과 amomos(말할 수 없는)의 합성어로 권곡(卷曲)되는 계피와 방향성을 취한 것을 지칭함
camphora 장뇌의 아랍명

이명 장목
한약명 장목(樟木), 장뇌(樟腦, 줄기를 증류, 냉각시킨 결정체)
E Camphor tree, Camphor laurel
C 樟, 樟木
J クスノキ

산림청 지정 희귀등급 약관심종(LC)
문화재청 지정 천연기념물 제주 서귀포시 도순동 녹나무 자생지(제162호)

【분포】
해외/국내 중국, 베트남, 대만, 일본; 제주도

【형태】
수형 상록활엽교목으로 수고 20m, 흉고직경 2m이다.
어린가지 녹색 또는 황록색이며 윤태가 나고 피목이 있다.
잎 어긋나며(생달나무는 호생 또는 아대생) 얇은 혁질이고 자르면 향기가 있다. 난형 또는 타원형으로 길이 6~10cm, 예첨두이다. 기부는 넓은 설저이거나 둥근 모양이고, 3개의 맥이 뚜렷하며 3행맥의 분기점에 보통 2개의 소낭(일종의 선점)이 있다(생달나무는 없음). 거치가 없고, 가장자리가 약간의 파상을 이루며, 양면에 털이 없다. 잎자루는 길이 2.5~3.5cm이다.
꽃 백색으로 5~6월에 피며 잎겨드랑이에서 원추꽃차례(생달나무는 산형꽃차례)가 나온다. 양성화로 지름 4.5mm의 꽃받침잎은 6개, 수술은 12개, 암술은 1개, 겨울눈 인편은 복와상(생달나무 겨울눈은 십자대생)이다.
열매 10~11월에 흑자색으로 성숙하며 장과로 둥근 모양이고, 지름은 8~9mm이다.

【조림 · 생태 · 이용】
중용수에 가까운 음수이며 뿌리의 수직분포는 심근형이고, 맹아성이 있다. 제주도 및 남부 도서지방에 국한해 분포하며, 개체수가 많지 않다. 방풍림, 풍치수로 식재되며, 일본에서는 녹나무의 특이한 향기 때문에 가로수, 정원수 등으로 흔히 식재되고 있다.
목재는 건축재, 선박재로 쓰인다.

꽃

녹나무과 Lauracea

생달나무

***Cinnamomum yabunikkei* H.Ohba**

Cinnamomum 계피의 그리스명이며, cinein(말다)과 amomos(말할 수 없는)의 합성어로 권곡되는 계피와 방향성을 취한 것을 지칭함

이명 신신무
한약명 육계지(肉桂脂, 씨에서 얻은 기름), 천축계(天竺桂, 수피와 열매)
E Japanese camphor, cinnanomon
C 土肉桂
J ヤブニツケイ

문화재청 지정 천연기념물 경남 통영시 욕지면 연화리 생달나무-후박나무 숲(제344호)

수형

꽃과 잎

열매

수피

잎 앞면

잎 뒷면

【분포】
해외/국내 중국, 대만, 일본; 남해안 도서 및 제주도

【형태】
수형 상록활엽교목으로 수고 15m이다.
수피 흑갈색으로 평활하다.
어린가지 녹색이다.
잎 어긋나거나 마주나며 혁질이고 자르면 향기가 있다. 길이 7~10cm(육계나무는 길이 10~15cm), 너비 2~5cm이고, 장타원형으로 예두 또는 예첨두(육계나무는 긴 예첨두)이다. 거치가 없고, 양면에 털이 없다(육계나무는 잎 뒷면에 미세모가 있음). 잎자루의 길이 1~1.5cm이고, 잎맥은 기부에서 3~15mm 위에서 3개로 갈라진다.
꽃 6~7월(육계나무는 5~6월)에 피며 양성화이다. 신년지의 잎겨드랑이에 취산화서 달린다. 꽃받침잎은 6개이며 황색을 띤다. 수술은 12개, 꽃받침잎의 가장자리에 단모가 있다(육계나무는 꽃잎 뒷면에 단모가 밀생).
열매 11~12월에 검게 성숙하며 타원형으로 길이 1.3~1.5mm이다.

【조림 · 생태 · 이용】
음수이며, 보통 산록부의 낮은 지대의 비옥지대에서 잘 자란다. 제주도의 남쪽사면 해발 900m(북쪽 사면에서는 400m)까지 자라고 있다. 내공해성, 내염성은 강한 반면, 내한성, 내건성은 약하다. 생잎에서 향료를 얻기도 하며 종자에서 비누원료를 얻기도 한다. 씨에서 기름을 얻어 약용하고, 육계기름은 카카오기름 대용으로 쓰인다. 흥분제, 향료에 쓰인다. 정원수 또는 공원수로 이용되며, 목재는 건축재, 가구재, 기구재로 사용된다.

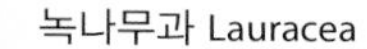

녹나무과 Lauracea

육계나무

Cinnanomum loureirii Nees

Cinnamomum 계피의 그리스명이며, cinein(말다)과 amomos(말할 수 없는)의 합성어로 권곡되는 계피와 방향성을 취한 것을 지칭함

loureirii 인도차이나의 식물을 조사한 Loureiro의

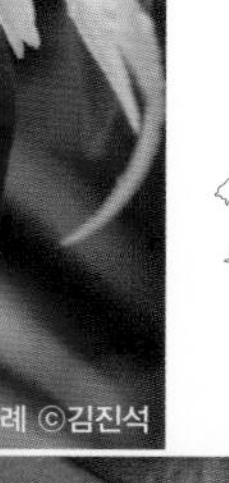

꽃차례 ©김진석

겨울눈

잎 뒷면

【분포】

해외/국내 중국; 제주도 식재

【형태】

수형 상록활엽교목으로 수고 8m 이상, 흉고직경 60cm에 달한다.

수피 회녹색으로 불규칙하게 벗겨진다.

어린가지 녹색이며 잎과 더불어 털이나 피목이 없다.

잎 어긋나거나 마주나고 가죽질이며 자르면 계피향이 난다. 길이 12cm, 난상 장타원형으로 끝이 길게 뾰족해지며 가장자리는 밋밋하다. 털이 없으며 짙은 녹색으로 광택이 있다. 뒷면은 담녹색 또는 분백색이며 미세모가 있다. 밑부분에서 발달한 3개의 뚜렷한 맥이 있다. 잎자루는 길이 1~2cm이다.

꽃 연한 황록색으로 5~6월에 피며 산형꽃차례가 새가지 잎겨드랑이에서 달린다. 꽃받침은 짧은 통형이며 6개로 갈라져서 2줄로 배열된다. 열편은 거의 비슷하고 장타원형이다. 길이 3.5mm 정도로 짧은 털이 난다. 수술 3개씩 4줄로 배열되고 안쪽 줄의 것은 꽃밥이 없으며 암술은 1개이다. 산형꽃차례를 포함하여 꽃길이가 3~5cm에 이른다.

열매 12월에 흑색으로 성숙한다. 장과로 길이 1.5cm, 지름 8mm, 타원형이며 1개의 종자가 들어있다.

【조림 · 생태 · 이용】

음지, 양지 모두에서 자라며 유묘 시 음수이나 성목이 되면 햇빛을 요구한다. 토심이 깊고 습윤하며 비옥도가 높은 적윤지 토양에서 자생한다. 내공해성, 내한성에 약하고 온난다습한 기후에 잘 생육한다. 주로 종자로 번식하며, 열매의 과피가 흑자색이 되었을 때 가지를 끊어서 채종한다. 맵고 향기가 있는 근피를 계피 대용품 또는 과자의 향료로 사용하며, 열매 등은 약용할 수 있다.

녹나무과 Lauraceae

생강나무

Lindera obtusiloba Blume

Lindera 스웨덴 식물학자에 Johann Linder(1676~1723)에서 유래
obtusiloba 둔두, 천열의, 열편 끝이 둔한

향명 개동백나무, 동백나무, 아구사리, 아귀나무, 생나무, 새양나무, 아기나무, 황매목, 단향매
E Japannese spice bush
C 三椏烏藥
J ダンコウバイ

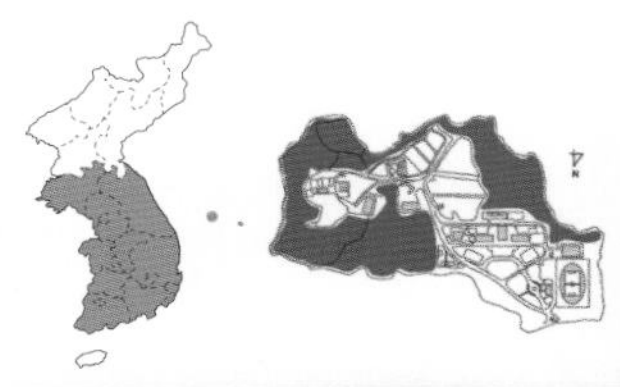

수형

잎 앞면

잎 뒷면

꽃눈

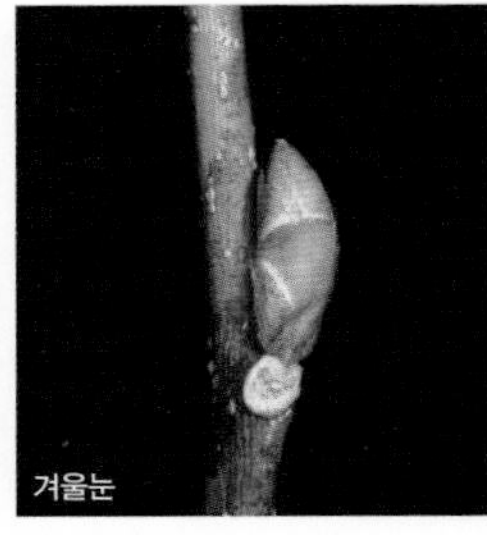
겨울눈

꽃

열매

수피

【분포】
해외/국내 일본, 중국; 전국 산지 아고산 이하
예산캠퍼스 연습림

【형태】
수형 낙엽활엽관목으로 수고 3m이다.
수피 짙은 회색이고 둥근 피목이 많다.
어린가지 황록색 또는 황갈색이며 피목이 많다.
겨울눈 털이 없고 잎눈은 타원형이다. 꽃눈은 둥그스름하며 잎눈보다 훨씬 크다.
잎 어긋나며 난원형 또는 넓은 난형으로 길이 5~15cm이다. 흔히 3~5개의 결각이 생기며 거치가 없다. 둔두, 원저 또는 심장저이며 뒷면 맥상에 털이 있다. 잎자루는 길이 1~2cm이며 털이 있다. 어린잎은 솜털로 덮여있다.
꽃 황색으로 3월에 잎보다 먼저 피며 암수딴그루이다. 꽃자루가 없는 산형꽃차례에 많이 달린다. 꽃받침잎은 길게 6개로 갈라지고, 1cm 길이의 열매자루가 있다. 9개의 수술과 1개의 암꽃이 있다.
열매 9~10월에 흑색으로 성숙하며 장과로 둥근 모양이다. 지름이 7~8mm이며 청색에서 붉은색으로 변한다.

【조림 · 생태 · 이용】
산록양지나 바위틈의 건조지에서도 잘 자라며 그늘진 곳에서도 잘 자란다. 번식은 9월경에 열매를 채취하여 흐르는 물에 과육을 제거한 후 바로 파종하거나, 노천매장한 후 다음해에 파종하고 해가림을 설치한다. 가지와 잎을 문지르면 생강냄새가 나므로 생강나무라고 하며 열매에서 짠 기름을 머릿기름으로 사용한다. 생강나무의 봄 새잎으로 돼지고기를 구워먹을 때 싸서 먹는다.

수형

잎과 열매

열매

녹나무과 Lauraceae

감태나무

Lindera glauca (Siebold & Zucc.) Blume

Lindera 스웨덴 식물학자에 Johann Linder(1676~1723)에서 유래
glauca *glaucaeformis*종과 비슷한

이명 간자목, 뇌성목, 백동백, 백동백나무, 흰동백나무
한약명 산호초(山胡椒, 열매)
E Greyblue spicebush
C 牛筋樹, 山胡樹
J ヤマコウバシ

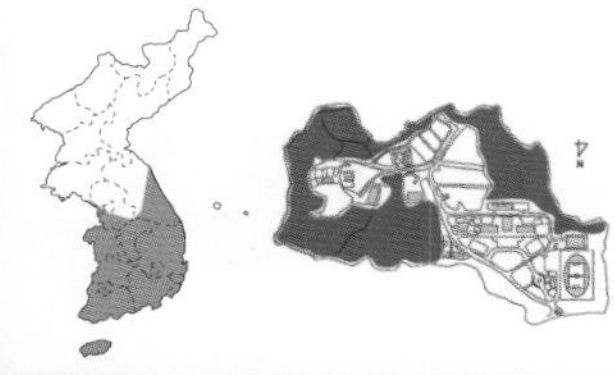

겨울눈

잎 앞면

잎 뒷면

어린가지

【분포】
해외/국내 일본, 중국; 주로 중부 이남 남서부
예산캠퍼스 연습림

【형태】
수형 낙엽활엽관목이다.
수피 다갈색이며 작은 피목이 있다.
어린가지 연한 갈색이며 어릴 때는 털이 있지만 없어진다.
겨울눈 난형으로 끝이 뾰족하거나 털이 있는 7~9개의 적갈색 눈비늘조각에 싸여있다. 꽃눈이 따로 없다.
잎 어긋나며 타원형으로 예두, 설저 또는 원저이다. 표면은 윤태가 나고, 뒷면은 약간 흰빛을 띤다. 처음에는 털이 있으나 점차 없어진다. 잎자루는 길이 3~4cm이고, 난대림 지역에서는 겨울에도 잎자루의 기부가 살아있다.
꽃 노란색으로 4월에 피며 암수딴그루이다. 잎이 날 때 잎겨드랑이에서 나오는 산형꽃차례에 달린다.
열매 9~10월에 검게 성숙하며 구형으로 6~7mm이다. 열매자루는 길이 13~15mm이다.

【조림 · 생태 · 이용】
겨울에도 마른 잎이 떨어지지 않고 가지에 달려있는 특성이 있다. 양수성이기 때문에 산지가 황폐했을 때는 많이 자랐으나 상층목이 발달함에 따라 점차 쇠퇴해가고 있다. 정원수로 개발할 가치가 있다. 가을에 종자를 채취하여 곧바로 노천매장을 실시하여 번식한다. 목재는 재질이 연하여 소코뚜레, 소쿠리의 손잡이, 지팡이재로 사용한다. 열매는 중풍으로 갑자기 말을 못하는 증상에 달여서 복용하고, 복부가 차서 일어나는 통증을 해소한다.

녹나무과 Lauraceae

비목나무

Lindera erythrocarpa Makino

Lindera 스웨덴 식물학자에 Johann Linder(1676~1723)에서 유래
erythrocarpa 붉은 열매의

이명 보얀목, 윤여리나무
한약명 첨당과(詹糖果, 가지와 잎)
E Redfruit spicebush
C 紅果釣樟
J カナクギノキ

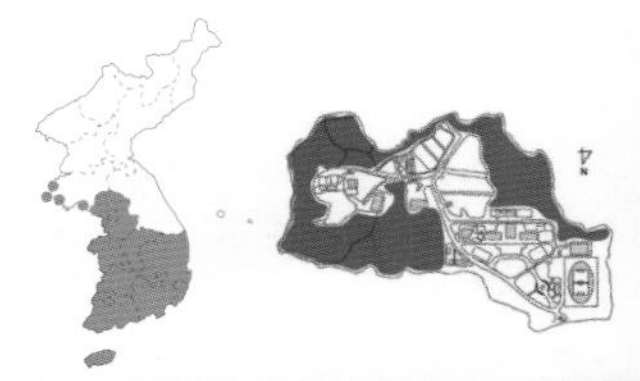

수형

꽃

열매

겨울눈

잎 앞면

잎 뒷면

수피

【분포】
해외/국내 일본, 중국; 중부 이남의 산지 저지대 계곡부
예산캠퍼스 연습림

【형태】
수형 낙엽활엽교목으로 수고 15m이다.
수피 황백색이지만 노목이 되면 작은 조각으로 떨어진다.
어린가지 연한 갈색이며 피목이 있고 잎자국은 원형, 타원형이다.
겨울눈 가지 끝에 달리며 잎눈을 가운데 두고 양쪽으로 둥근 꽃눈이 달린다.
잎 어긋나며 도피침형으로 길이 6~13cm, 너비 1.5~2.5cm이고, 3출맥과 우상맥이 있다. 가장자리가 밋밋한 도피침형이고 둔두, 설저이다. 뒷면은 녹백색이고 털이 있으나 점차 없어진다. 잎자루는 길이 6~10mm로 약간 붉은빛을 띤다.
꽃 황색으로 4~5월에 잎보다 먼저 피며 암수딴그루이다. 산형꽃차례로 달리며, 꽃자루는 1cm 정도 길이로 잔털이 있다.
열매 9~10월에 붉게 성숙하며 구형이다.

【조림 · 생태 · 이용】
비교적 산골짜기의 적습지에서 잘 자란다. 양수와 음수의 중간인 중용수이며 뿌리의 수직분포는 천근형이다. 뿌리돌림에 의한 발근이 잘 된다. 종자를 채취하여 2년간 노천매장한 후 이듬해 3월 말에서 4월 초에 파종한다. 파종 시 직사광선에 노출되면 발아 후 차광을 해주어야 한다. 정원수로 심는다. 목재는 기구재, 나무못 만드는 데 쓴다. 가지와 잎은 약용하며 풍습성으로 인한 전신부종에 이뇨, 해독작용이 있다.

잎과 열매 ©김진석

녹나무과 Lauraceae

털조장나무

***Lindera sericea* (Siebold & Zucc.) Blume**

Lindera 스웨덴 식물학자에 Johann Linder(1676~1723)에서 유래
sericea 견모상(絹毛狀)의, 견사상(絹絲狀)의

이명 조장나무, 생강나무
J ケクロモジ

산림청 지정 희귀등급 약관심종(LC)

수꽃 ©김진석

암꽃 ©김진석

수피 ©김진석

수형(이른 봄) ©김진석

【분포】
해외/국내 일본; 전남 조계산, 무등산 등

【형태】
수형 낙엽활엽관목으로 수고 3m이다.
수피 연한 녹색을 띤다.
어린가지 황록색이며 털이 있으나 차차 없어진다.
잎 어긋나며 장타원형 또는 난상 타원형으로 예점두 또는 첨두, 예저이다. 길이 6~15cm, 너비 2~6cm, 양면에 잔털이 있다. 표면 주맥과 뒷면 맥 위에 긴 털이 밀생한다. 뒷면은 회백색을 띠고, 가장자리는 밋밋하다. 잎자루의 길이는 1~1.8cm이다.
꽃 황색으로 4월에 피며 암수딴그루이다. 산형꽃차례로 달리며 9개의 헛수술과 1개의 암술이 있다.
열매 10월에 검은색으로 성숙하며 핵과로 지름 8mm이고 둥근 모양이다.

【조림 · 생태 · 이용】
전남 조계산과 무등산 일대 일부 지역에만 자라고, 내한성이 약하며, 양수 또는 음수이다. 토양의 수분이 많고 비옥한 곳에서 잘 자라며, 다른 나무처럼 토양을 가리지는 않는다. 정원수, 공원수, 고급 이쑤시개, 지팡이, 꽃꽂이로 이용, 어린가지는 약용, 열매는 착유로 사용된다. 곧은 수형과 연한 녹색 수피, 봄에 힘차게 돋아나는 새순과 아름다운 꽃은 관상 가치가 높아 산울타리용으로 이용된다.

녹나무과 Lauraceae

육박나무

Actinodaphne lancifolia (Blume) Meisn.

Actinodaphne 육박나무, 어원 불명
lancifolia 피침상 잎의

이명 해병대나무, 국방부나무
E Lancifolia actinodaphne
C 交駁
J カゴノキ, コガノキ

수형 / 잎 앞면 / 잎 뒷면 / 잎눈

열매

꽃차례

잎

수피

【분포】
해외/국내 중국, 일본; 남해안 도서 및 제주도 산지

【형태】
수형 상록활엽교목으로 수고 15m이다.
수피 옅은 회흑색으로 둥글게 조각으로 떨어진다.
잎 어긋나며 가지 끝에서는 여러 개가 모여서 달린다. 좁은 긴 장타원형으로 양 끝이 좁고 거치가 없다. 두꺼운 혁질로 표면의 중륵에 털이 없다. 광택이 있고 뒷면은 갈색의 털이 밀생한다. 길이는 5~9cm, 잎자루의 길이는 8~15mm이다.
꽃 10~11월에 피며 암수딴그루이다. 산형꽃차례로 달리며, 화피편은 6개, 수술은 9~12개이다.
열매 다음해 10월에 벽흑색으로 성숙하며 장과이다. 타원형이고 길이 15~18mm이다.

【조림 · 생태 · 이용】
전남, 경남, 제주도의 난대 표고 700m 이하 산록에서 자생한다. 종자 채취 후 과육을 제거하고 직파한다. 맹아력이 강해 전정에 잘 견디므로 적합한 전정을 실시하고, 많은 결실을 위해서는 햇빛을 많이 받아야 한다. 방풍수, 기구재, 악기재, 정원수로 이용된다. 뿌리를 시피장근이라 하며 약용한다.

잎 앞면

잎 뒷면

수피

수형

열매

개엽

녹나무과 Lauraceae

까마귀쪽나무

Litsea japonica **(Thunb.) Juss.**

Litsea 중국에서 유래되었다고 하지만 한명(漢名)은 불명
japonica 일본산의

이명 가마귀쪽나무
E Litsea tree
C 木姜子
J ハマビワ, ケイジュ

【분포】
해외/국내 일본; 남해안 도서 산록

【형태】
수형 상록활엽아교목으로 수고 7m이다.
수피 갈색이고 조각으로 떨어지지 않으며 어린가지에 털이 있다.
잎 어긋나며 가지 끝에서는 여러 개가 모여서 달린다. 좁은 긴 장타원형으로 양 끝이 좁고, 거치가 없으며 두꺼운 혁질이다. 표면의 중륵에 털이 없으며 광택이 있고 뒷면은 갈색의 털이 밀생한다. 길이 8~15cm이고, 잎자루 길이는 2~3.5cm이다.
꽃 10~11월에 피며 암수딴그루이다. 산형꽃차례로 달리며 화피편은 6개, 수술은 9~12개이다.
열매 다음해 10월에 벽흑색으로 성숙하며 장과이다. 타원형으로 길이 15~18mm이다.

【조림 · 생태 · 이용】
양수성에 가까운 음수이며, 바닷가 산기슭에서 자란다. 뿌리의 수직분포는 천근형이다. 제주도 등 해안지방의 가로수로 유명한 수목이며, 바닷바람에 강하다. 유묘 때 생장속도가 빠르며, 방풍림이나 방조림에 적합하다. 정원수로 쓰인다.

미성숙종자

녹나무과 Lauraceae

월계수

Laurus nobilis L.

Laurus 켈트어의 laur(녹색)에서 생긴 라틴명이며 월계수가 상록인 것에 기인함
nobilis 훌륭한, 품위가 있는

이명 계수나무
한약명 월계자(月桂子, 열매)
E Sweet bay tree, Common laurel, Victors laurel
C 月桂
J ゲッケイジュ

꽃

수피

소지와 동아

잎 앞면

잎 뒷면

【분포】
해외/국내 유럽; 제주도 및 남부 관상수

【형태】
수형 상록활엽교목으로 수고 12m이다.
수피 회색이며 뿌리 부근에는 맹아가 많이 나와 뭉쳐난다.
잎 어긋나며 장타원형으로 길이 5~12cm, 너비 2~3.5cm이다. 가장자리는 파상이며 지엽을 자르면 향기가 난다.
꽃 황색으로 4월경 잎겨드랑이에서 피며 암수딴그루이다. 화피는 4개로 갈라지고 각 열편은 도란형이다. 수꽃에는 8~14개의 수술이 있다. 암꽃에는 퇴화한 수술과 한 개의 암술이 있다.
열매 타원형의 장과이며 길이 약 1cm이다. 9~10월경 검은 자색으로 성숙한다.

【조림 · 생태 · 이용】
유럽 원산으로 음지, 양지 모두에서 자라며, 적윤지와 같이 습윤하고 토심이 깊으며 비옥도가 높은 토양이 적지이다. 내공해성, 내한성이 약해 온난다습한 기후에 잘 생육한다. 내륙지방에서는 잘 자라지 못한다. 실생 및 삽목으로 번식이 가능하다. 관상용으로 이용되며 열매와 잎에서 향료를 취하기도 한다. 목재는 공예품으로 사용된다.

미성숙 열매

잎 앞면

잎 뒷면

겨울눈

수형

녹나무과 Lauraceae

후박나무

Machilus thunbergii **Siebold & Zucc. ex Meisn.**

Machilus 인도의 토명(土名) Makilan이 라틴어화된 것
thunbergii 스웨덴 C.P. Thunberg(1743~1828)의

이명 왕후박나무
E Thunbergii camphor
C 紅楠
J タブノキ

문화재청 지정 천연기념물 경남 통영시 욕지면 연화리 생달나무-후박나무 숲(제344호) 등 6곳

수피

꽃

잎과 새순

성숙열매

【분포】
해외/국내 중국, 대만, 일본; 울릉도 및 남해안 도서 저지대

【형태】
수형 수고 20m, 흉고직경 1m이다.
어린가지 잎과 함께 붉은빛이 돌기 때문에 장관을 이룬다.
잎 어긋나지만 가지 끝에 모여 달린다. 두껍고 혁질이며 길이 8~15cm, 너비 3~7cm, 도란상 타원형 또는 도란상 장타원형으로 우상맥이다. 끝은 급하게 짧아져 둔두로 되어 있다. 양면에 털이 없고, 표면은 녹색, 뒷면은 회록색을 띤다. 잎자루의 길이는 2~3cm이다.
꽃 5~6월에 피며 양성화이다. 새잎이 나올 때 잎겨드랑이에서 원추꽃차례가 나온다. 꽃차례의 길이는 4~7cm, 화편은 6개, 12개의 수술(센달나무 수술은 9개)이 있다.
열매 8~9월에 흑자색으로 성숙하며 구형의 장과이다. 종자의 지름은 10~13mm, 열매자루가 약간 적색을 띤다.

【조림 · 생태 · 이용】
제주도와 남부 해안지역에서는 해발 500m 이하의 지역에서 비교적 땅을 가리지 않고 잘 자란다. 8월 말 종자를 채취하여 바로 파종하면 7~10일 내에 발아한다. 바닷가의 방풍림, 풍치수로 심는다. 목재는 건축재, 가구재로 쓰인다.

미성숙열매

녹나무과 Lauraceae

센달나무

Machilus japonica Siebold & Zucc. ex Meisn.

Machilus 인도의 토명(土名) Makilan이 라틴어화된 것
japonica 일본산의

E Machilus camphor tree
C 潤楠
J ホソバタブ, アオカシ

수형 / 잎 앞면 / 잎 뒷면 / 수피

꽃

잎

【분포】

해외/국내 일본; 서해, 남해안 도서 저지대

【형태】

수형 상록활엽교목으로 수고 10m이다.

잎 어긋나며 피침형 또는 도피침형으로 길이 8~20cm, 너비 2~4cm이다. 가늘고 긴 점첨두 또는 꼬리처럼 길어지며, 좁은 설저이다. 표면은 녹색을 띠고, 뒷면은 청록색을 띤다. 거치가 없고 양면에 털이 없다. 후박나무에 비하여 피침형이며 넓이가 좁고, 끝이 예첨두 또는 꼬리처럼 길어져 있기 때문에 구별된다. 우상맥은 12쌍(후박나무는 6~10쌍), 잎자루는 길이 1~3cm이며 털이 없다.

꽃 담황색으로 5~6월에 피며 양성화이다. 신년지의 밑부분에서 긴 꽃자루가 있는 원추꽃차례에 달리고, 화피편은 6개, 수술은 9개이다.

열매 다음해 9월에 녹흑색으로 성숙하며 둥근모양이고 지름 1cm이다.

【조림 · 생태 · 이용】

제주도의 해발 600m 이하의 숲 속이나 냇가에서 잘 자란다. 음수성이며 뿌리의 수직분포도는 천근형이다. 번식은 종자 채취 후 직파 혹은 노천매장한다. 저장할 때는 과육 제거 후 종자를 반그늘에서 약간 말려 비닐주머니에 넣고 5~10℃를 유지한다. 정원수, 풍치수로 심는다. 목재는 건축재, 기구재로 쓰인다.

녹나무과 Lauraceae

참식나무

Neolitsea sericea **(Blume) Koidz.**

Neolitsea 그리스어 neos(新)와 Litsea속의 합성어. Litsea와 비슷하지만 후에 독립됨
sericea 견모상(絹毛狀)의, 견사상(絹絲狀)의

이명 식나무
E Neolitsea tree, Sericeous newlitse
C 丹山新木姜
J シロダモ

문화재청 지정 천연기념물 전남 영광군 불갑면 모악리 불갑사 참식나무 자생북한지(제112호)

【분포】

해외/국내 중국, 대만, 일본; 남해안 도서, 울릉도

【형태】

수형 상록활엽교목으로 수고 15m, 흉고직경 50cm이다.
잎 어긋나며 혁질이고 장타원형이거나 녹색 타원형으로 길이는 8~18cm이다. 잎자루의 길이는 2~3cm, 3개의 큰 맥이 있고 거치가 없다. 표면은 녹색, 뒷면은 흰빛을 띤다. 어린잎은 밑으로 처지며 황갈색 털이 밀생하나 나중에 없어진다.
꽃 황색으로 10~11월에 피며 암수딴그루이고 산형꽃차례로 달린다. 화피편 4개, 수술 6~8개이다.
열매 다음해 10월에 붉게 성숙하며 장과이다.

【조림 · 생태 · 이용】

토심이 깊고 비옥한 토양에서 수세가 강하게 자라며, 내공해성과 내염성이 강하다. 음수에 가까운 중용수이며, 뿌리의 수직분포는 심근형과 천근형의 중간이다. 종자 채취 후 직파해야 발아율이 높다. 노천매장 후 파종, 삽목 또는 접목을 해도 번식이 가능하다. 내한성이 약한 수종으로 동해를 방지, 보호할 필요가 있다. 풍치수, 정원수로 심는다. 목재는 건축재, 기구재로 이용되며, 열매는 착유 및 향료로 사용된다.

녹나무과 Lauraceae

새덕이

Neolitsea ariculata (Blume) Koidz.

Neolitsea 그리스어 neos(新)와 *Litsea*속의 합성어. *Litsea*와 비슷하지만 후에 독립됨

이명 흰새덕이, 흰생덕이
E Ariculata neolitsea tree
C 新木姜
J イヌガシ

잎 앞면
잎 뒷면
수형
수피
열매
잎차례

【분포】
해외/국내 대만, 일본; 남해 도서 및 제주도 저지대

【형태】
수형 상록활엽교목으로 수고 10m이다.
수피 회갈색이며 둥글고 작은 피목이 많다.
잎 어긋나지만 가지 끝에서는 모여서 달린다. 새로 난 잎은 밑으로 처지며 견모가 있으나 성엽이 되면 옆으로 퍼지고 털이 없어진다. 혁질이고 장타원형 또는 도란상 장타원형으로 양 끝이 뾰족하며 거치가 없고 길이 5~12cm, 너비 2~4cm이다. 표면은 녹색이고 광택이 있으며, 뒷면은 흰빛을 띤다. 3개의 맥이 뚜렷하고, 잎자루는 길이 8~15mm이다.
꽃 붉은색으로 3~4월에 피며 암수딴그루이고 산형꽃차례로 달린다. 화피편은 4개, 수술은 6개이다.
열매 10~11월에 흑자색으로 성숙하고 타원형의 장과이며 길이 9~10mm이다.

【조림 · 생태 · 이용】
제주도의 남사면에서는 해발 900m, 북사면에서는 해발 500m 이하까지 분포한다. 음수성이며, 뿌리의 수직분포는 천근형이다. 풍치수, 정원수로 심고 목재는 기구재로 이용한다.

미성숙 열매

계수나무과 Cercidiphyllaceae

계수나무

Cercidiphyllum japonicum Siebold & Zucc. ex J.J.Hoffm. & J.H.Schult.bis

Cercidiphyllum *Cercis*(박태기나무속)와 phyllon(잎)의 합성어이며 잎이 박태기나무의 잎과 같은 것에서 기인함
japonicum 일본의

이명 런향나무, 향의나무, 간장나무
E Katsura tree
J カツラ

잎 앞면

잎 뒷면

수형

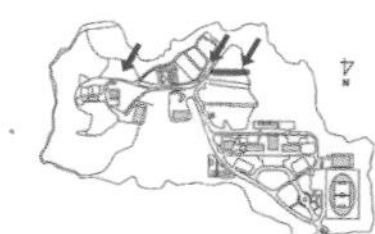

수피

가지와 잎

열매

【분포】

해외/국내 일본 원산, 중국; 전국 공원수 및 조경수
예산캠퍼스 교내 및 온실

【형태】

수형 낙엽활엽교목으로 수고 30m, 흉고직경 2m이다.
수피 어두운 회갈색으로 세로로 갈라진다.
잎 마주나며 길이와 너비가 각 3~7.5cm이고, 넓은 난형으로 밑부분이 심장저이다. 가장자리에 둔한 거치가 있고, 잎맥은 손바닥모양이다. 뒷면은 분백색을 띤다.
꽃 3~4월에 잎보다 먼저 피며 암수딴그루이고 잎겨드랑이에서 나온다. 꽃잎이 없고 암꽃은 3~5개의 암술로, 수꽃은 수술로만 이루어져 있다.
열매 9~10월에 흑갈색으로 성숙하며 길쭉한 원통형으로 3~5개씩 모여 달린다. 종자는 납작한 사다리꼴모양이고, 기부 끝에 날개가 있다.

【조림 · 생태 · 이용】

일본 원산이며, 토심이 깊고 비옥한 사질양토를 좋아한다. 내음성이 있으며, 내염성과 내한성이 강해 중부 이남 어디서나 식재가 가능하다. 번식은 실생과 삽목으로 한다. 가지의 모양이 우아하고 잎보다 먼저 피는 꽃의 향기가 달콤하며, 가을의 단풍은 아름다워 관상용으로 식재한다. 낙엽 분해 시 달콤한 향기가 나 후각적 가치가 높다.

미나리아재비과 Ranunculaceae

세잎종덩굴

***Clematis koreana* Kom.**

Clematis 그리스어 clema(어린가지)의 축소형이며 길고 유연한 가지로 벋어가는 특색에서 기인함
koreana 한국의

이명 종덩굴, 세닢종덩굴, 누른종덩굴, 누른종덜굴, 왕세잎종덩굴, 음달종덩굴, 갈레세잎종덩굴, 양행종덩굴, 응달종덩굴, 큰세잎종덩굴, 큰종덩굴
E Korean clematis
J ミツバハンショウズル

산림청 지정 희귀등급 약관심종(LC)
환경부 지정 국가적색목록 미평가(NE)

수형

열매 ©김진석

꽃

꽃잎와 꽃자루

【분포】
해외/국내 중국; 전국 해발 1,200m 이상 산지

【형태】
수형 낙엽활엽만목으로 길이 1m이다.
잎 마주나며 보통 3출엽이나 때로는 2회3출엽도 나타난다. 소엽은 길이 4~8cm, 난형으로 점첨두, 아심장저 또는 절저이고 가장자리에 예리한 치아상의 거치가 있으며 간혹 3개로 깊게 갈라지기도 한다. 양면에 잔털이 있다. 잎자루의 길이는 5mm, 긴 털이 밀생한다.
꽃 5월에 피며 정생 또는 액생한다. 꽃자루 길이는 5~12cm, 꽃받침은 황색 또는 암자색이고 아래로 처진다. 꽃받침조각은 4장이고 피침상 난형이고 적자색을 띤다. 길이 2.5~3.5cm, 첨두이고 털이 밀생하다. 꽃밥이 없는 퇴화된 수술은 꽃받침 길이의 1/2 정도이다.
열매 7월에 황갈색으로 성숙하며 도란형의 수과이다. 회색털의 암술대는 길이 4.5cm이다.

【조림 · 생태 · 이용】
산야에서 자란다. 실생으로 증식하고, 관상용으로 쓰이며 어린잎과 줄기는 식용한다.

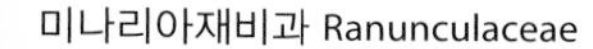

미나리아재비과 Ranunculaceae

요강나물

***Clematis fusca* var. *coreana* (H.Lév.) Nakai**

Clematis 그리스어 clema(어린가지)의 축소형이며 길고 유연한 가지로 벋어가는 특색에서 기인함
fusca 암적갈색의

이명 선종덩굴
J タチハンショウズル

산림청 지정 특산식물

수형

꽃

열매

【분포】
해외/국내 강원도 아고산대(1,200m 이상)

【형태】
수형 낙엽활엽관목으로 수고 30~100cm이다.
잎 마주나며 3개의 소엽으로 구성되거나 또는 단엽으로 깊게 3개로 갈라져 단풍잎처럼 되는 것도 있다. 양면 맥 위에 잔털이 있다.
꽃 5~6월에 피며 줄기 끝에 1개씩 밑을 향해 달린다. 화피에 흑갈색 털이 밀포한다.
열매 9월에 성숙하며 도란형의 수과이다. 표면에 갈색 털이 있고, 암술대가 달려 있다. 암술대는 갈색의 우상모로 덮여있다.

【조림 · 생태 · 이용】
한반도 고유종으로 높은 지대의 풀밭에서 자라며 내한성이 강하고, 토심이 깊고 비옥한 사질양토를 좋아한다. 음지와 양지 어디서나 잘 자라고, 내건성이 약하다. 번식은 가을에 익은 종자를 채취하여 노천매장한 후 다음해 봄에 파종한다. 우단같은 암자색 털에 덮인 종모양의 꽃은 귀엽고 사랑스러워 관상용으로 이용한다. 새순은 식용하지만 독이 있으므로 데친 후 이용한다.

【참고】
요강나물 학명이 국가표준식물목록에는 *C. fusca* Turcz. var. *flabellata* (Nakai) J.S.Kim로 기재되어 있다.

미나리아재비과 Ranunculaceae

병조희풀

Clematis heracleifolia DC.

Clematis 그리스어 clema(어린가지)의 축소형이며 길고 유연한 가지로 벋어가는 특색에서 기인함

heracleifolia 어수리속(*Heracleum*)의 잎과 비슷한

이명 선목단풀, 조희풀, 자지조희풀, 만사초, 담색조희풀, 동의목단풀, 동희조희풀, 만사조, 병모란풀, 어리목단풀, 어리조희풀

E Tube clematis

C 大葉鐵錢蓮

J タチクサボタン

수형

잎

잎 앞면

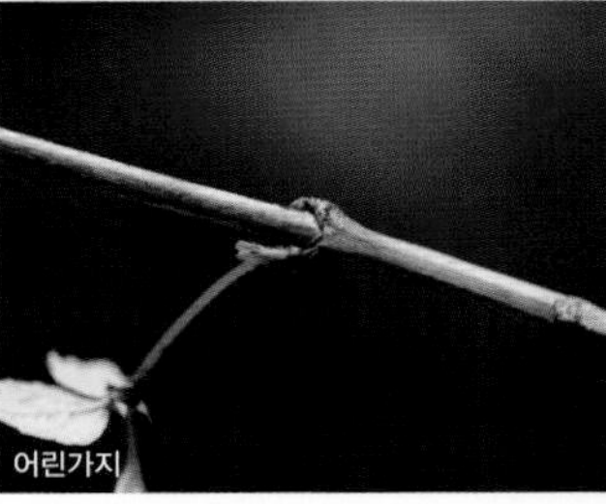
어린가지

꽃

잎 뒷면

【분포】

해외/국내 일본, 중국(만주); 제주도, 남해도서 제외한 전국

【형태】

수형 낙엽활엽관목으로 수고 1m이다.

수피 회갈색이고 세로로 능선이 뚜렷하며 백색 털이 밀생한다.

잎 3출복엽이며 소엽은 다소 혁질이다. 난원형으로 첨두, 원저이며 길이 6~10cm, 너비 3~9cm, 불규칙한 치아상 거치가 드문드문 있다. 뒷면에는 구부러진 털이 있고, 주맥이 현저히 돌출한다. 잎자루의 길이는 15cm이고 털이 있다.

꽃 짙은 하늘색으로 7월 초~9월 초에 피며 액생한다. 산형꽃차례로 달리며 꽃대에 백색 털이 있으며 꽃은 아래를 향하고 피침형이다. 꽃받침조각은 4개, 길이 2~2.5cm로 통형이다. 겉에 털이 있으며 꽃은 뒤로 약간 말린다. 암술대는 길이 1.5~2cm, 깃털 같은 백색 털이 있다.

열매 9월에 성숙하며 난형의 수과이고 양면에 돌출한다. 2cm 이상으로 홍색 털이 있다.

【조림 · 생태 · 이용】

양지나 음지를 모두 좋아하지만 넓은잎나무 밑의 수풀 가장자리나 도로변, 계곡변에서 잘 자란다. 내한성이 강해서 어디에서나 잘 자란다. 내건성은 약하나 대기오염에 대한 적응성은 보통이다. 번식은 가을에 익은 종자를 노천매장하였다가 이듬해 봄에 파종한다. 뿌리는 한약재로 이용된다. 한여름에 진보라색으로 한데 모여 피는 꽃은 조화처럼 완전하고 사랑스러워 공원이나 정원의 하목 소재로 이용된다.

【참고】

병조희풀 학명이 국가표준식물목록에는 *C. urticifolia* Nakai ex Kitag.로 기재되어 있다.

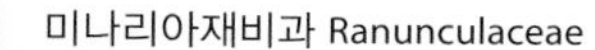
미나리아재비과 Ranunculaceae

자주조희풀

Clematis heracleifolia var. *davidiana* Hemsl.

Clematis 그리스어 clema(어린가지)의 축소형이며 길고 유연한 가지로 벋어가는 특색에서 기인함
heracleifolia 어수리속(*Heracleum*)의 잎과 비슷한

이명 목단풀, 선모란풀, 선목단풀, 자주모란풀, 자주목단풀, 자지조희풀

수형

개화

어린가지와 꽃

꽃

【분포】
해외/국내 중국; 중서부 지역

【형태】
수형 낙엽활엽관목이다.
잎 3출복엽으로 광란형이며 예저이다. 결각모양의 거친 거치가 있고, 잎자루는 길다.
꽃 8월 초~9월 초에 남청색으로 개화하며 암수딴그루로 가지끝 또는 잎겨드랑이 산형꽃차례에 빽빽하게 모여 달리기 때문에 거의 두상꽃차례로 보인다. 꽃받침조각은 4개로 밑부분만 합쳐져 통형으로 되며, 윗부분은 넓게 수평으로 퍼져 아름답고 가장자리에 주름이 지며 뒤로 많이 말린다. 꽃은 아래로 처지지 않는다 .
열매 9월 중순~10월 말에 성숙하며 수과이고 암술대가 남아있다. 잔털이 있으며 편타원형이다.

【조림 · 생태 · 이용】
산중턱의 전석지 및 숲속에서 자라며, 종자와 분근에 의해 번식한다. 뿌리는 냉병을 다스리거나 위장을 튼튼하게 하며, 가래를 삭히는 데 이용된다.

【참고】
자주조희풀 학명이 국가표준식물목록에는 *C. heracleifolia* DC.로 기재되어 있다.

미나리아재비과 Ranunculaceae

개버무리
Clematis serratifolia Rehder

Clematis 그리스어 clema(어린가지)의 축소형이며 길고 유연한 가지로 벋어가는 특색에서 기인함
serratifolia 톱니가 있는 잎의

이명 개버머리, 꽃버무리, 으아리꽃
E Hermitgold clematis
J オオワクノテ

수형

잎 ©김진석

잎 뒷면

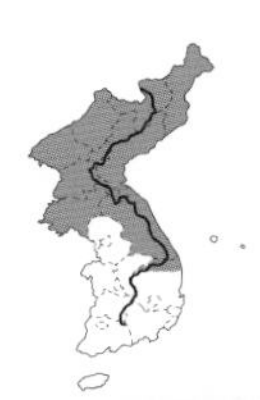

열매

꽃

잎차례와 꽃차례 ©김진석

【분포】
해외/국내 중국, 극동러시아; 백두대간 임연부 또는 냇가

【형태】
수형 낙엽활엽만목성으로 길이 2m이다.
어린가지 적자색을 띤다.
잎 마주나며 2회3출복엽이다. 소엽은 장난형 또는 피침형으로 첨두, 예저 또는 원저이고, 어느 정도 치밀한 거치가 있다.
꽃 황색으로 8~9월에 개화하며 수꽃, 암꽃, 양성화가 한 그루에 달리는 것으로 알려져 있다. 길이 2~2.5cm, 항아리모양, 화피편 4개, 겉에 털이 없고 끝이 뒤로 말린다. 수술대에는 털이 있고, 암술대는 길이 5mm 내외로 연한 황색 또는 백색의 털이 있다.
열매 9~10월 말에 성숙하며 난형의 수과로 노란색 또는 백색 털이 있고 끝에 암술대가 달린다.

【조림 · 생태 · 이용】
숲가장자리, 햇볕이 잘 드는 냇가의 돌틈 또는 허물어진 담장 등지에서 잘 자라는 내한성이 강한 양수로 내음성이 약하다. 배수성, 보습성이 충분하고 유기물 함량이 많은 비옥한 토양에서 잘 자란다. 절개사면, 담장, 철조망, 각종 구조물 등에 식재하면 좋다. 어린잎은 나물로 식용한다.

수형

미나리아재비과 Ranunculaceae

큰꽃으아리

Clematis patens **C.Morren & Decne.**

Clematis 그리스어 clema(어린가지)의 축소형이며 길고 유연한 가지로 벋어가는 특색에서 기인함
patens 개출(開出)한

이명 개비머리, 어사리
한약명 위령선(威靈仙)
E Lilac clematis
C 鐵錢蓮
J カザクルマ

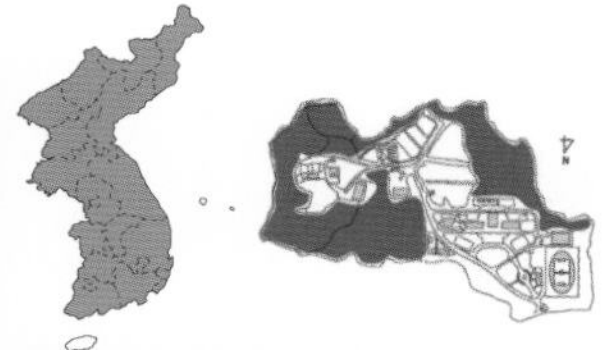

잎

꽃

【분포】
해외/국내 중국(만주); 제주도를 제외한 전국
예산캠퍼스 연습림

【형태】
수형 낙엽활엽만목성으로 길이 2~4m이다.
수피 가늘고 길며 잔털이 있으며 갈색을 띤다.
잎 마주나고 3씩 달리지만 우상복엽인 경우도 있다. 소엽은 3~5매이다. 난형 또는 난상 피침형으로 길이 4~10cm, 첨두 또는 점첨두이고, 기부는 원저이며, 가장자리에 거치가 없다.
꽃 5~6월에 피며 지름 5~15cm로, 어린가지 끝에 한 개씩 달린다. 꽃대에는 포가 없다.
열매 9~10월에 성숙하며 난형인 수과이고 긴 암술대가 달려있다.

【조림 · 생태 · 이용】
숲속이나 숲가장자리의 양지바른 곳에서 잘 자란다. 양지식물로 햇빛이 잘 드는 길가나 숲가장자리, 화전지 등의 배수가 잘 되고 비옥한 곳을 좋아한다. 고온다습한 곳에서는 생육이 쇠약하고 습도 있는 비옥한 토양에서 생육이 좋다. 정원수, 공원수, 생울타리, 절사면 암반지의 녹화용으로 이용되며 새순과 잎은 식용한다.

미나리아재비과 Ranunculaceae

좁은잎사위질빵
Clematis hexapetala **Pall.**

Clematis 그리스어 clema(어린가지)의 축소형이며 길고 유연한 가지로 벗어가는 특색에서 기인함
hexapetala 6꽃잎(六花瓣)의

이명 좀사위질빵, 가는잎사위질빵, 간은닢사위질빵, 가는잎모란풀, 가는잎목단풀
E Sixpetal clematis
J ホソバシロクサボタン

수형 ©김진석

꽃 ©김진석

종자 ©김진석

【분포】
해외/국내 중국, 몽골, 러시아(극동부); 경기 이북의 들이나 낮은 산지

【형태】
수형 낙엽활엽관목으로 수고 50~100cm이다.
수피 세로로 능선이 있으며 털이 없거나 성글게 있다.
잎 마주나며 우상복엽이지만 줄기 윗부분의 것은 3출엽이다. 소엽은 길이 5~9cm, 선상 피침형 또는 타원형으로 끝이 뾰족하고 가장자리가 밋밋하다. 가죽질로 기부의 잎맥이 도드라지고, 잎자루의 길이는 5~20mm이다.
꽃 백색으로 6~7월에 피며 액생 또는 정생한다. 꽃받침조각은 6~8개, 백색이며 도란형 또는 피침형이고 길이 2~3cm, 백색 털이 밀생한다. 뒷면에 솜털이 있고, 안쪽에는 털이 없다.
열매 9월에 성숙하며 수과로 납작하고 난형이고 견모로 덮여있다. 백색 털이 밀생한 길이 2cm 정도의 암술대가 달려있다.

【조림 · 생태 · 이용】
산야의 메마른 숲에서 자생하며, 한국, 중국 동북, 산둥성에서는 근을 위령선이라 하며 약용한다. 위령선은 거풍, 거습, 경락소통, 소담연, 산벽적의 효능이 있다. 통풍, 완비, 요슬냉통, 각기, 말나리아, 징하, 적취, 파상풍, 부종, 편두텅, 인후종통, 심부통 등을 치료한다.

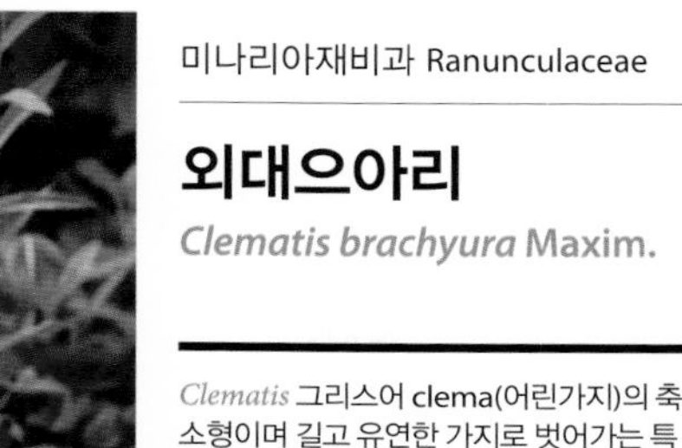
수형 ©김진석

꽃차례 ©김진석

꽃 ©김진석

열매 ©김진석

미나리아재비과 Ranunculaceae

외대으아리

Clematis brachyura Maxim.

Clematis 그리스어 clema(어린가지)의 축소형이며 길고 유연한 가지로 벋어가는 특색에서 기인함
brachyura 짧은

이명 고치대꽃
한약명 위령선(威靈仙)
J イチリンサキセンニンソウ

산림청 지정 특산식물

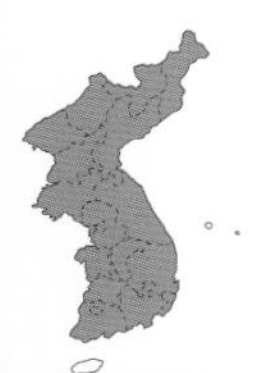

【분포】
해외/국내 제주도 및 도서 지역을 제외한 전국

【형태】
수형 낙엽활엽관목으로 수고 1m이다.
수피 세로로 줄이 있다.
잎 마주나며 3~5개의 소엽이 있다. 잎자루는 길고 덩굴손처럼 다른 물체를 감는다. 소엽은 난형, 타원형 또는 장타원형으로 첨두, 넓은 예저 또는 원저이다. 양면에 털이 없고, 윤채가 있으며, 가장자리가 대개 밋밋하다.
꽃 백색으로 6월 초~9월 말에 피며 가지 끝에 1~3개씩 달린다. 암수한그루 또는 암수딴그루이고 도피침형이며 길이 12~20mm이다. 털이 없고 옆으로 퍼진다. 수술은 많으며 암술은 비교적 적다.
열매 9~10월에 성숙하며 난형의 수과이다. 털이 없고 날개가 있다. 돌기 같은 짧은 암술대가 남아있다.

【조림 · 생태 · 이용】
산지에서 자란다. 햇빛이 강한 남향의 황폐지 등에서 단생한다. 신갈나무, 소나무, 참싸리 등과 혼생한다. 사방지 같은 곳에서도 자란다. 내한성과 내건성이 좋고, 군집성은 약하다. 어린잎은 식용하며, 뿌리를 위령선이라 하여 약용한다. 거풍, 거습, 경락소통, 소담연, 산벽적의 효능이 있다. 통풍, 완비, 요슬냉통, 말라리아, 파상풍 등을 치료한다.

미나리아재비과 Ranunculaceae

참으아리

Clematis terniflora DC.

Clematis 그리스어 clema(어린가지)의 축소형이며 길고 유연한 가지로 벗어가는 특색에서 기인함
terniflora 3출화(三出花)의

이명 왕으아리, 국화으아리, 구와으아리, 음등덩굴, 주름으아리
한약명 위령선(威靈仙)
E Threeflower clematis
C 黃葯子
J センニンソウ

수형 ©김진석

열매 ©김진석

꽃 ©김진석

수피 ©김진석

【분포】
해외/국내 일본, 중국, 대만; 전국의 바닷가 및 인근 산지

【형태】
수형 낙엽활엽만목성으로 길이 5m이다.
수피 회백색이고 세로로 얇게 갈라진다.
어린가지 털이 있다.
잎 마주나며 3~7개의 소엽으로 구성된 우상복엽이다. 소엽은 난형 또는 난원형, 피침형으로 길이 3~10cm, 너비 2~4cm, 둔두 또는 첨두이다. 기부는 원저 또는 아심장저이고, 가장자리에 거치가 없지만 간혹 결각인 것도 있다. 잎자루는 구부러져서 덩굴손과 같은 역할을 한다.
꽃 7~9월에 피며 잎겨드랑이 또는 어린가지의 끝에서 원추꽃차례 또는 취산꽃차례로 달리고 짙은 향기가 있다. 지름이 2~3.5cm 내외이고 꽃받침잎은 4개이다.
열매 황갈색을 띠며 난형의 수과로 표면에 잔털이 있고, 끝에는 암술대가 있다.

【조림 · 생태 · 이용】
산록 이하에서 흔히 자라며, 부식질이 많은 점질양토에서 잘 자라고, 적습지를 좋아한다. 건조와 환경내성에 강한 중용수이며, 양성식물로 노지에서 월동한다. 창문가나 화단에 심어 관상용으로 사용하기도 하며, 정원수, 공원수, 생울타리, 절사면 암반지 등의 녹화용으로 이용된다. 뿌리를 위령선이라고 하여 약용하며, 어린 순과 새잎은 식용한다.

잎

꽃차례

미나리아재비과 Ranunculaceae

으아리

Clematis terniflora **DC. var. *mandshurica*** **(Rupr.) Ohwi**

Clematis 그리스어 clema(어린가지)의 축소형이며 길고 유연한 가지로 벋어가는 특색에서 기인함
terniflora 3출화(三出花)의

이명 큰위령선, 좀으아리, 긴잎으아리, 들으아리, 북참으아리, 위령선, 응아리, 큰으아리
E Sweet autumn clematis
J オオコウライセンニンソウ

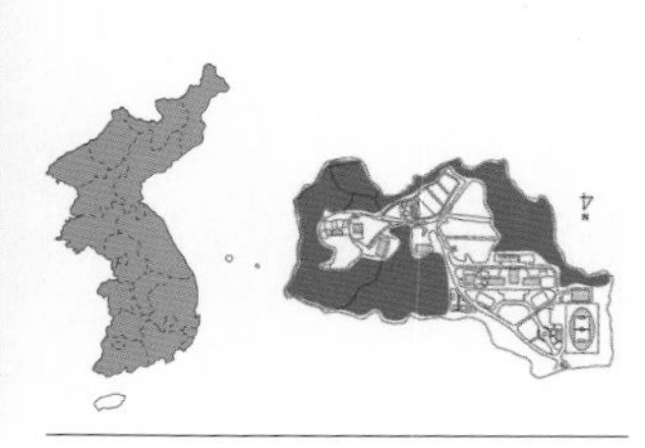

【분포】
해외/국내 중국, 극동러시아; 도서 제외한 전국 임연부 및 풀밭
예산캠퍼스 연습림

【형태】
수형 낙엽활엽만목성이며 수고 2m까지 자라고, 다른 물체를 감거나 약간 비스듬히 자란다. 지상부의 줄기는 겨울에 마른다.
수피 목질화되지 못하고, 겨울에 말라 죽는다.
잎 마주나며 3~7개의 소엽이 있다. 소엽은 난형, 타원형 또는 장타원형으로 엽질은 다소 가죽질을 띤다. 표면은 광택이 나고, 밑부분은 원저 또는 넓은 설저이며, 작은잎자루는 다른 물체를 감는다.
꽃 백색의 꽃은 5월 말~9월 초에 피며, 크기는 2~3cm 잎겨드랑이에서 취산꽃차례로 10~30개가 달린다. 화피편은 4~6개로 수평으로 퍼지며, 수술은 많고 털이 없으며, 암술은 비교적 적은 편이고 암술대에는 긴 털이 많이 있다.
열매 8월 말~11월 초에 성숙하며, 수과로 백색 털이 있고, 암술대의 길이는 10mm이다.

【조림 · 생태 · 이용】
우리나라 전역의 숲가장자리나 풀밭에 흔히 자라고 있는 양수성 수종이다.

미나리아재비과 Ranunculaceae

사위질빵

Clematis apiifolia DC.

Clematis 그리스어 clema(어린가지)의 축소형이며 길고 유연한 가지로 벋어가는 특색에서 기인함

이명 질빵풀, 질빵으아리
한약명 여위(女萎, 뿌리)
E Aoiifolia virgin's bower
C 女萎
J ボダンズル

수형

잎

잎 앞면

열매

꽃

잎 뒷면

【분포】

해외/국내 중국, 일본; 전국 산야
예산캠퍼스 연습림

【형태】

수형 낙엽활엽만목으로 길이 3m이다.
수피 세로로 능선이 진다.
어린가지 잔털이 있다.
잎 마주나며 3출복엽이나 간혹 2회3출한다. 소엽은 난형 또는 난상 피침형으로 점첨두, 원저 또는 넓은 설저이고 결각상 거치가 있다.
꽃 백색에 가까우며 7~9월에 피며 액생한다. 짧은 취산꽃차례 또는 원추꽃차례로 달리며 꽃받침잎은 4개이고 표면에 잔털이 있다.
열매 9월에 성숙하며 수과로 담갈색 털이 있는 암술대가 달려있다.

【조림 · 생태 · 이용】

각 지역의 숲가장자리나 들에서 자라며 화강암계, 현무암계, 화강편마암계, 경상계, 반암계 들에서 잘 자라는 편이다. 내한성이 강한 양지식물로 내음성과 대기오염에 대한 저항성은 약하다. 유독성 식물이지만 식용, 관상용, 약용으로 사용된다. 울타리에 심으면 여름철에 많은 꽃을 볼 수 있으며, 환경이 좋지 않은 곳에서도 잘 견디므로 조경 또는 보안시설의 은폐용으로 적합하다. 염료용으로 이용할 수 있으며 뿌리를 여위라 하여 약용한다.

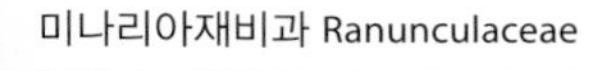
미나리아재비과 Ranunculaceae

할미밀망

Clematis trichotoma Nakai

Clematis 그리스어 clema(어린가지)의 축소형이며 길고 유연한 가지로 벋어가는 특색에서 기인함
trichotoma 3분기(三分岐)의

이명 할미질빵, 셋꽃으아리, 큰잎질빵, 큰질빵풀
J オオボタンズル

산림청 지정 특산식물

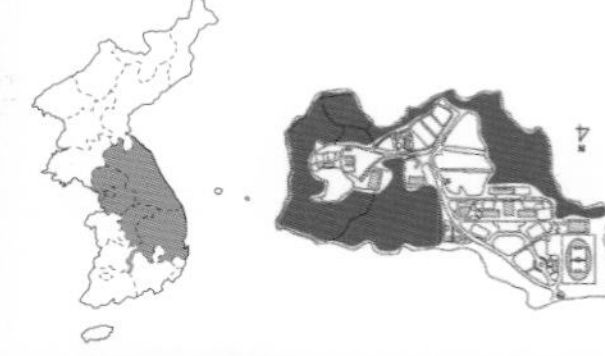

수형

잎차례와 꽃차례

꽃

열매

잎차례

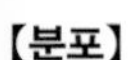

【분포】
해외/국내 지리산 이북 산기슭이나 임연부
예산캠퍼스 연습림

【형태】
수형 낙엽활엽만목성으로 길이 5m이다.
수피 연한 갈색을 띠며, 세로로 능선이 있다.
어린가지 잔털이 있다.
겨울눈 난형 또는 삼각상 난형으로 백색 털이 밀생한다.
잎 마주나며 3~5개의 소엽이 있다. 소엽은 난형, 첨두, 심장저이고, 2~3개의 결각상 거치가 있다. 양면에 털이 있고, 표면에는 털의 거의 없으며, 잎자루에 털이 있다.
꽃 백색으로 5월 말~8월 초에 피며 액생하고 취산꽃차례로 달린다. 꽃자루 길이는 3~5cm, 꽃받침조각은 도피침형으로 겉에 연한 갈색 털이 있다.
열매 8월 중순~11월 초에 성숙하며 수과로 15~16개가 한 군데 모여 달린다. 난형으로 연한 황색 털이 있다.

【조림 · 생태 · 이용】
산야 또는 숲가장자리에서 흔히 자라며 화강암계, 현무암계, 화강편마암계, 편상화강함계, 반암계 등에서 특히 잘 자란다. 내한성이 강한 양지식물로 내음성과 내공해성은 약하다. 유독성 식물이지만 관상용 또는 약으로 사용되며, 환경이 좋지 않은 곳에서도 잘 견디므로 조경 및 보안시설 은폐용으로 적합하다. 줄기와 뿌리는 한방 및 민간에서 천식, 풍질, 절상, 진통 발한, 파상풍 등에 약재로 처방하여 약으로 쓴다.

매자나무과 Berberidaceae

매자나무

Berberis koreana Palib.

Berberis 이 열매를 아랍어로 berberys라고 한데서 유래함. 잎이 조개껍질(berberi)과 비슷해 붙인 이름
koreana 한국의

이명 산딸나무, 상동나무
한약명 소벽(황엽목; 매자나무의 줄기와 뿌리)
E Korean berberry
C 黃蘆木
J チヨウセンメギ

산림청 지정 특산식물

수형 ©김진석

꽃 ©김진석

잎 앞면 ©김진석

겨울눈 ©김진석

열매 ©김진석

잎 뒷면 ©김진석

【분포】

해외/국내 경기 산지, 강원, 충북 일부 지역의 임연부나 하천가

【형태】

수형 낙엽활엽관목으로, 수고 2m이다.
수피 회갈색이며 오래되면 불규칙하게 갈라진다.
어린가지 능선이 있고 가시가 있으며 전년지는 붉은빛을 띤다.
겨울눈 적갈색 눈비늘조각에 싸여있으며 가시의 겨드랑이에 붙는다.
잎 혁질이며 도란형, 난형 또는 타원형으로 길이 3~7cm, 둔두, 설저이고, 균일하지 않는 침상거치가 있다. 뒷면은 주름이 많고, 회녹색을 띠고, 가을에 붉게 물든다.
꽃 황색으로 5월에 피며 양성화이고 잎겨드랑이에서 늘어진다. 잎보다 짧은 총상꽃차례에 달린다.
열매 9월에 붉게 성숙하며, 장과로 지름 6~7mm의 구형이다.

【조림 · 생태 · 이용】

양지바른 산기슭 등 햇빛이 잘 들고, 사질양토와 같이 보습성과 배수성이 좋은 비옥한 토양에서 잘 자란다. 내한성이 강하며 전국 어디서나 볼 수 있지만, 내염성, 내건성, 내공해성은 약해 식재지 선정에 많은 주의를 요구한다. 관상 가치가 높은 관목으로 조경이 많이 되고 있으며, 가는 줄기는 각종 세공품의 재료로도 사용된다. 어린 순은 나물로 식용하며, 잎과 뿌리 등은 건위제와 천연 염료용으로 사용된다.

매자나무과 Berberidaceae

매발톱나무

***Berberis amurensis* Rupr.**

Berberis 이 열매를 아랍어로 berberys라고 한데서 유래함. 잎이 조개껍질(berberi)과 비슷해 붙인 이름
amurensis 아무르지방의

한약명 소벽(小檗, 뿌리와 가지), 황엽목(잎)
E Amur barberrry
C 黃蘆木, 大葉小檗
J アムルメギ

수형

잎차례 꽃차례

잎 앞면

어린가지와 가시

꽃

열매

【분포】

해외/국내 일본, 중국, 러시아(시베리아); 제주도 한라산, 중부 이북 아고산지대

【형태】

수형 낙엽활엽관목으로 수고 1~3m이다.
수피 암회색이다.
어린가지 능선이 있고 2년지에 회황색이며 가시는 3개로 갈라졌으며 길이 1~3.5cm이다.
겨울눈 타원형, 난형이며 갈색 눈비늘조각에 싸여 가시의 겨드랑이에 붙는다.
잎 새가지에 있어서 어긋나며, 단지에서는 뭉쳐난 것처럼 보인다. 길이 3~8cm, 둔두 또는 예두, 설저이고 불규칙한 침상거치가 있다. 뒷면은 주름이 많고 연한 녹색이다.
꽃 4~6월에 피며 총상꽃차례로 달리고, 노란 꽃이 밑을 향한다. 꽃받침조각은 6개, 바깥 3개는 난형, 안쪽 3개는 도란형이다. 수술은 여러 개, 암술은 1개, 기부에 2개의 작은 밀선이 있다.
열매 타원형으로 9월 말~10월 중순에 붉게 성숙한다.

【조림 · 생태 · 이용】

자생지는 제주도 한라산을 비롯한 백두대간 아고산대이며, 중용음수로 내한성은 크고 내공해성과 내염성은 약하다. 실생과 삽목으로 번식시킬 수 있다. 산기슭 및 산중턱의 개방지에서 나며 정원, 공원, 생울타리 등의 조경수로 식재하고 있다. 뿌리 및 경지를 소벽이라 하여 약용한다.

매자나무과 Berberidaceae

일본매자나무

Berberis thunbergii DC.

Berberis 이 열매를 아랍어로 berberys라고 한데서 유래함. 잎이 조개껍질(berberi)과 비슷해 붙인 이름
thunbergii 스웨덴 C.P. Thunberg(1743~1828)의

한약명 삼과침(三顆針, 뿌리)
E Japanese barberry
C 細葉小檗
J トウメギ

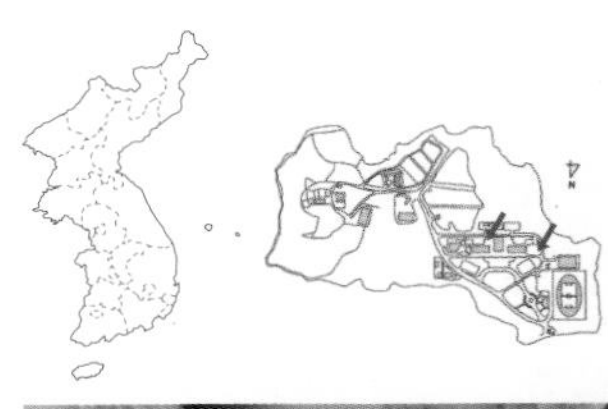

수형

열매

꽃

꽃차례

【분포】
해외/국내 일본, 중국(만주 간도), 몽골, 유럽; 전국 정원수
예산캠퍼스 교내

【형태】
수형 낙엽활엽관목으로 수고 2m이다.
수피 회갈색이며 오래되면 불규칙하게 갈라진다.
어린가지 붉은색, 짙은 갈색으로 털이 없으며 가늘며, 능선이 있고 셋으로 갈라진 가시가 있다.
겨울눈 적갈색 눈비늘조각에 싸여있고, 가시의 겨드랑이에 붙는다.
잎 어린가지의 잎은 어긋나고 단지에 있어서는 뭉쳐나며 도피침형이다. 길이 2~4cm, 거치가 없고, 앞면은 녹색, 뒷면은 회녹색을 띤다.
꽃 4~5월에 피며 양성화이고 총상꽃차례에 8~15개가 달린다. 꽃잎은 황색으로 6장이다.
열매 9월에 붉게 성숙하며 장과이고 타원형 또는 장타원형이다.

【조림 · 생태 · 이용】
원산지는 일본, 중국, 몽골, 유럽 등이며 난대지역에서 잘 자라고, 내한성이 강하다. 가지와 잎은 약용 또는 염료로 쓰이며, 줄기에 예리한 가시가 있고 수형이 잘 다듬어지므로 생울타리용, 관상용으로 심는다.

식재지(충남 태안군 안면도)

매자나무과 Berberidaceae

남천

Nandina domestica Thunb.

Nandina 남천의 일본발음 nanden에서 유래
domestica 국내의

이명 남천죽, 남촉목, 남천촉
한약명 남천죽자(南天竹子, 열매), 남천죽엽(南天竹葉), 남천죽근(南天竹根), 남천실(南天實)
E Nandin, Sacred bamboo
C 南天竹
J ナンテン

꽃

꽃차례

잎 앞면

잎 뒷면

열매

【분포】
해외/국내 중국, 일본; 중부 이남 관상수

【형태】
수형 상록활엽관목으로 수고 1~3m이다.
잎 3회우상복엽으로 엽축에 마디가 있다. 길이 30~50cm, 겨울철에는 잎과 줄기가 붉게 변한다. 작은 잎은 길이 2~10cm의 피침형 또는 타원형이며 엽질이 다소 가죽질이고 털이 없다.
꽃 백색으로 6~7월에 피며 원추꽃차례로 달리고 양성화이며, 꽃받침열편은 3개, 꽃잎과 수술은 6개이며, 수술대가 매우 짧다.
열매 장과로 10월부터 붉은색으로 성숙하기 시작하여 다음해 2월에 성숙하는 것도 있다.

【조림 · 생태 · 이용】
원산지는 중국, 일본이며 석회암지역에서 자란다. 중부지방에서는 월동이 불가능하나 전남, 경남의 따뜻한 지역에서는 가능하다. 내음성이 강해 큰 나무 그늘 밑에서도 잘 자란다. 사질양토와 같이 배수가 잘 되고 비옥한 토양을 선호하며 비교적 각종 공해에 강하여 병충해가 적은 수종이다. 원예품종이 많으며 여름에는 하얀 꽃을, 가을과 겨울에는 붉게 단풍이 든 잎과 붉은 열매를 볼 수 있어 정원수와 조경수로 적합하다. 열매와 뿌리는 약용한다.

【참고】
노랑남천 (var. *leucocarpa* Makino) 열매가 황백색으로 성숙한다.

노랑남천

매자나무과 Berberidaceae

뿔남천

Mahonia japonica (Thunb.) DC

Mahonia 19세기 아메리카 식물학자 B. Mc. Mahon에서 유래
japonica 일본산의

이명 개남천
E Japanese mahonia
J ヒイラギナンテン

수형

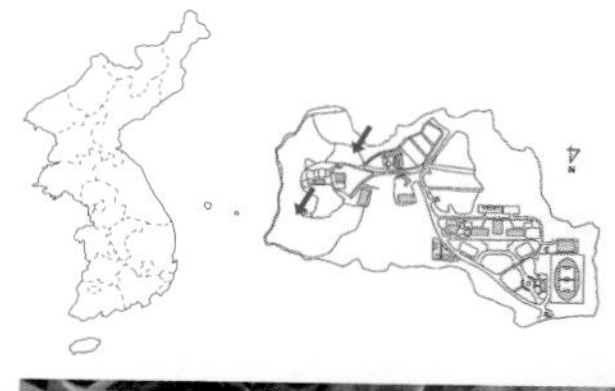

잎

꽃차례

열매

꽃

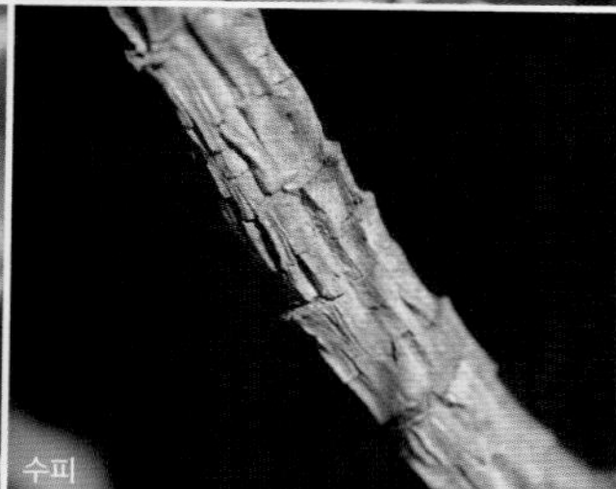
수피

【분포】
해외/국내 중국, 대만; 전국 조경수
예산캠퍼스 연습림 임도 옆

【형태】
수형 상록활엽관목으로 수고 1.5~3m이다.
수피 회갈색을 띠며 코르크질이다.
잎 어긋나며 가지 끝에 모여 달린다. 기수1회우상복엽으로 엽축에 마디가 있다. 잎자루 밑부분이 엽초로 된다. 소엽은 5~8쌍, 난형, 넓은 피침형으로 가장자리에 날카로운 가시가 드문드문 있다. 소엽 표면은 녹색으로 광택이 나고, 뒷면은 황록색을 띠며, 잎자루가 없다.
꽃 노란색으로 3~4월에 피며 줄기 끝에서 몇 개의 총상꽃차례가 나와 밑으로 처진다. 가늘며 긴 꽃자루가 있는 작은 꽃이 달리며 꽃받침조각은 9개, 꽃잎은 6개로 끝이 2개로 갈라진다. 밑은 2개의 밀선이 있다. 수술은 6개, 암술은 1개, 씨방은 1실이다.
열매 7월에 흑자색으로 성숙하며 장과로 백분이 덮여있다.

【조림 · 생태 · 이용】
중국과 대만이 원산이며, 번식을 위해서는 종자 채취 후 과육을 제거하고 물로 씻어, 상자 속에 습기를 머금은 모래와 섞어 저장해야 한다. 채종 즉시 파종하거나 5~6월에 파종한다. 잎은 십대공로엽, 근은 자황련, 줄기는 공로목, 열매를 공로자라 하며 약용한다.

으름덩굴과 Lardizabalaceae

으름덩굴

***Akebia quinata* (Houtt.) Decne.**

Akebia 일본명 아케비에서 유래함
quinata 5개의

이명 목통, 으름, 유름, 졸갱이줄, 목통어름
한약명 목통(줄기), 예지자(預知子, 열매)
E Five-leaf akebia, Chocolate vine
C 木通
J アケビ

수형

수꽃

암꽃

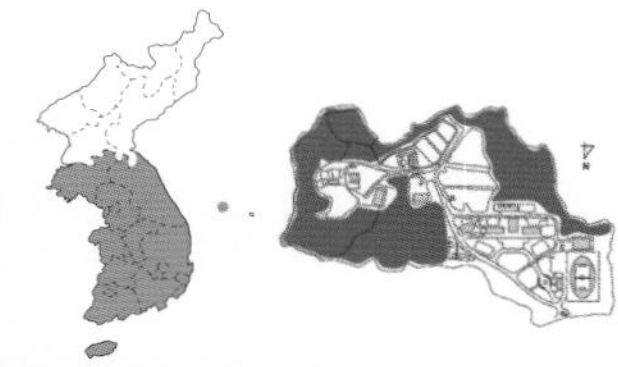

잎 앞면

잎 뒷면

열매

【분포】
해외/국내 일본, 중국; 전국 산지
예산캠퍼스 연습림

【형태】
수형 낙엽활엽만목성이다.
수피 어두운 회색 또는 회갈색을 띠며 피목이 흩어져 나고 오래되면 거칠어져 세로로 얕게 갈라진다.
겨울눈 난형으로 길이가 3~4mm, 12~16개의 눈비늘조각에 싸여있으며 가로덧눈이 있다.
잎 신년지에 어긋나며, 오래된 가지에서는 뭉쳐난다. 장상복엽이며 소엽은 보통 5개나 간혹 6개도 있다. 넓은 난형 또는 타원형으로 길이 3~6cm, 요두이다. 기부는 원저 또는 설저이고 거치가 없다.
꽃 4~5월 잎과 같이 피며 암수한그루이고 단지의 잎 틈에서 나온다. 짧은 총상꽃차례에 달리고 꽃잎은 없다. 3개의 꽃받침잎이 꽃잎처럼 보인다. 암꽃은 자갈색으로 지름이 2.5~3cm이다.
열매 10월에 성숙하며 장과로 길이 6~10cm, 익으면 봉선에 따라 터진다.

【조림 · 생태 · 이용】
햇볕이 잘 쬐이는 부식질이 많은 사질양토에서 잘 자라나 반그늘에도 강한 편이다. 열매는 식용하고 줄기는 약용하며 바구니를 만드는 데 쓰인다. 봄가을에 줄기를 거두어 잎과 가지를 다듬어 햇볕에 말리며 익은 열매를 따서 말린다. 신장염, 심장병으로 인한 붓기, 신경통, 관절염, 임신부종 때 쓴다. 민간에서는 열매를 이뇨제, 해독약, 진통약으로 쓴다.

【참고】
여덟잎으름 (*A. quinata* f. *polyphylla* (Nakai) Hiyama) 소엽의 수가 6~9개(보통 8개)이며, 속리산에서 자란다.

으름덩굴과 Lardizabalaceae

멀꿀

***Stauntonia hexaphylla* (Thunb.) Decne.**

Stauntonia 영국의 G.L. Staunton (1740~1801)에서 유래, 의사이자 중국 대사로서 중국에 주재함
hexaphylla 6엽(六葉)의

이명 멀굴, 멀꿀나무
한약명 야목과(野木瓜), 야목통(줄기와 뿌리)
E Oriental stauntonia, Japanese staunton vine
C 野木瓜
J ムベ

수형

잎

꽃

겨울눈 ©김진석

열매 ©김진석

【분포】
해외/국내 일본, 대만, 중국 난대지역; 남해안 도서지역

【형태】
수형 상록활엽만목성으로 길이 15m이다.
수피 많은 피목이 있어 거칠다.
어린가지 녹색이고 털이 없다.
잎 5~7개의 소엽으로 구성된 장상복엽이다. 소엽은 타원형 또는 난형으로 길이 6~10cm, 너비 2~4cm, 첨두, 원저 또는 넓은 설저이다.
꽃 4~5월에 피며 암수한그루이고, 총상꽃차례로 달린다. 꽃받침잎은 6개이며 바깥쪽 3개는 피침형으로 길이 2cm이고, 안쪽 3개는 이보다 짧은 선형이다. 꽃받침잎은 유백색이며 담황색을 띠고 안쪽에 적자색의 선이 있다.
열매 10월에 성숙하며 장과로 길이 5~8cm, 난형 또는 타원형이다.

【조림 · 생태 · 이용】
계곡과 숲속에서 자라며, 음지와 양지에서 모두 잘 자라는 중용수로 바닷가에서도 생장이 양호하다. 종자, 삽목, 접목, 분주, 휘묻이로 증식이 가능하지만 종자로 증식된 모는 10년 이상이 지나야 개화하므로 실생묘에 절접을 하거나 분주를 하여 개화를 촉진시킨다. 으름덩굴과는 다르게 열매가 익어도 벌어지지 않으며 과육은 먹을 수 있다. 산록부 및 산중턱 아래의 양지바른 곳에 잘 자라며 주로 정원수로 심고 있다. 열매는 식용하며 줄기와 뿌리는 약용한다.

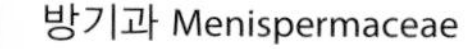

방기과 Menispermaceae

댕댕이덩굴

Cocculus trilobus (Thunb.) DC.

Cocculus 그리스어 coccus(장과)의 축소형이며 작은 장과가 달리는 것을 지칭함

이명 끗비돗초, 댕강덩굴
한약명 목방기(木防己, 뿌리와 줄기)
E Japanese snailseed
C 木防己
J アオツヅラフジ

수형

잎 앞면

꽃차례

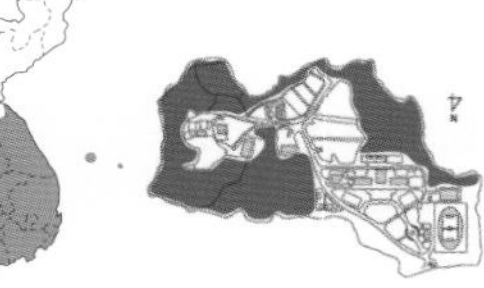

잎 뒷면

꽃

열매

【분포】
해외/국내 일본, 중국, 대만, 필리핀; 전국 양지
예산캠퍼스 연습림

【형태】
수형 낙엽활엽만목성으로 길이 3m이다.
어린가지 녹색이지만 오래되면 회색을 띤다.
잎 어긋나며 길이 3~12cm, 넓은 난형 또는 난형으로 기부는 심장형이다. 거치가 없지만 얕은 결각이 있는 경우도 있다. 3~5개의 맥이 뚜렷하고, 1~3cm의 잎자루가 있다.
꽃 연한 유백색의 꽃은 6~7월에 핀다. 잎겨드랑이에서 짧은 원추꽃차례가 나오며, 암수딴그루이다. 꽃받침 6개, 꽃잎 6개, 수술이 6개이며 꽃잎의 끝이 2개로 갈라진다.
열매 10월에 남흑색으로 성숙하며 구형의 핵과로 지름 6~7mm 내외이다. 백분으로 덮여있으며, 종자에는 가는 환상선이 있다.

【조림 · 생태 · 이용】
산기슭의 양지 및 밭둑의 돌 사이에서 흔히 볼 수 있으며, 내한성이 강하고 중용수이나 양지를 더욱 선호하며 전석지나 황폐지 등의 건조한 곳에서도 잘 자란다. 번식방법은 종자를 파종하여 실생으로 하며, 삽목, 휘묻이로 증식하기도 한다. 줄기는 탄력성이 좋아 바구니 등의 세공용으로 사용되며, 녹색의 잎과 황백색의 꽃은 아름다운 조화를 이루므로 정원이나 공원의 파골라에 심으면 좋다. 어린 식물체는 약용하며, 뿌리는 목방기, 잎은 청단향이라 하여 약용한다.

【참고】
댕댕이덩굴 학명이 국가표준식물목록에는 *C. orbiculatus* (L.) DC.로 기재되어 있다.

방기과 Menispermaceae

새모래덩굴

Menispermum dauricum DC.

Menispermum 그리스어 men(월)와 sperma(종자)의 합성어이며 종자가 반월형(半月形)인 것에 기인함

E Asiatic moonseed
C 蝙蝠葛
J コウモリカズラ

잎

꽃

잎 뒷면

잎

【분포】

해외/국내 중국, 일본; 전국 양지 산기슭 및 풀밭

【형태】

수형 낙엽활엽만목성으로 길이 1~3m이다.
수피 털이 없고 녹색을 띤다.
잎 각이 지는 난형으로, 어긋나며 3~7개의 능각을 이루고 있다. 심장저이고 길이와 너비가 7~13cm, 잎자루의 길이는 5~10cm로 잎에 거의 수직으로 붙어있다. 뒷면은 약간 흰빛을 띤다.
꽃 백색으로 6~7월에 피며 암수딴그루이다. 잎겨드랑이에서 원추꽃차례가 나온다. 수꽃에는 꽃받침 4~6개, 꽃받침보다 짧은 꽃잎은 6~10개, 수술이 12~20개, 암꽃에는 1개의 암술이 있고 암술머리가 2개로 갈라져 있다.
열매 9~10월경에 검은색으로 성숙하며 핵과로 지름 8mm 정도이고 구형이다.

【조림 · 생태 · 이용】

각지의 응달이나 돌담 근처에서 잘 자란다. 양지에서 잘 자라지만 약간의 음지에서도 잘 자란다. 내건성이 강해 습기 있는 땅을 선호하며, 해안지방 또는 도심지에서도 잘 자란다. 황폐지나 도로변의 절토사면에 식재했을 때 사방효과가 좋다. 뿌리를 편복갈근, 덩굴을 편복갈이라 하여 약용한다.

【참고】

함박이 (*Stephania japonica* (Thunb.) Miers) 전남 및 제주도에 분포하며, 새모래덩굴이나 방기에 비하여 꽃이 산형꽃차례로 달리며 열매가 붉은색으로 성숙한다.

방기과 Menispermaceae

방기

***Sinomenium acutum* (Thunb.) Rehder & E.H.Wilson**

Sinomenium 라틴어 sina(중국)와 menis(반월)의 합성어이며, 열매의 핵이 반월형(半月形)으로 중국산이라는 뜻
acutum 예형(銳刑)의

이명 청등
E Orientivine
J オオツヅラフジ

수형

잎

【분포】
해외/국내 일본(규슈), 중국; 남해안 도서

【형태】
수형 낙엽활엽만목성으로 길이 7m이다.
잎 어긋나며 난형 또는 원형으로 길이 6~15cm, 너비 3~12cm, 점첨두, 원저 또는 심장저이며 가장자리는 밋밋하거나 3~7개의 얕은 파상의 결각이 있다. 뒷면에는 회녹색으로 털이 없거나 잔털이 있다. 장상의 맥이 있다. 잎자루의 길이는 5~10cm이다.
꽃 연녹색으로 6~7월에 피며 암수딴그루이다. 원추꽃차례는 액생하며, 꽃차례의 길이는 10~20cm이다. 꽃받침조각과 꽃잎은 각각 6개, 수꽃은 9~12개의 수술이 있다. 암꽃은 3개의 헛수술과 3개의 심피가 있다. 암술대는 젖혀지며 암술머리는 갈라지지 않는다.
열매 흑색으로 10월에 성숙하며 핵과이다. 핵은 길이 5~7mm의 톱니모양이다.

【조림 · 생태 · 이용】
제주도 낮은 지대의 숲가장자리에서 드물게 자라며, 만경을 청풍등이라 하며 약용한다. 청풍등은 진통, 소염, 이뇨약으로 거풍습, 이소변의 효과가 있다. 비통, 수종, 각기, 방광수종, 이뇨, 하초, 안면신경마비 등을 치료한다.

후추과 Piperaceae

후추등

Piper kadsura (Choisy) Ohwi

Piper 고대 라틴명이며 아랍어의 babary 에서 유래 가능

이명 바람등칡, 풍등덩굴, 호초등
E Kadsura pepper
J フウトウカズラ

수형과 수꽃차례

잎 앞면

잎 뒷면

열매

꽃 ©김진석

【분포】
해외/국내 일본, 중국, 대만; 제주도 및 남해안 일부 도서 저지대

【형태】
수형 상록활엽만목성으로 길이 4m이다.
수피 연한 자갈색~황갈색을 띠며, 사마귀 같은 피목이 발달하고 세로로 줄이 나 있다.
잎 뻗어가는 가지의 것은 넓은 난형 또는 심장형이고, 열매가 달린 가지의 것은 난형, 장난형, 또는 광피침형이다. 길이 6~12cm이고 5개의 뚜렷한 맥이 있다. 잎자루의 길이는 5~20mm이다.
꽃 5~6월에 황록색으로 피고 암수딴그루이다. 수꽃차례는 잎과 마주나며, 길이 4~15cm, 방패 모양의 포가 있고, 수술은 2~3개, 꽃밥은 연한 황색이다. 암꽃차례는 길이 2~4cm로 잎보다 짧으며, 자루는 잎자루와 길이가 비슷하다. 자방은 구형이고, 암술머리는 3~4갈래로 갈라진다.
열매 10~12월에 적색으로 성숙하며 지름 4~5mm, 둥글고 길이는 1~2cm이다.

【조림 · 생태 · 이용】
나무그늘 밑에서도 잘 자라는 내음성이 강한 종으로 비옥한 토양을 좋아한다. 바닷바람에는 강하지만 추위에 약하여 중부 내륙지방에서는 야외 월동이 불가능하다. 종자는 과육제거 후 직파하거나, 추운지방에서는 모래에 저장하였다가 뿌린다. 따뜻한 남부지방에서 조경수로 이용한다. 적색의 열매가 겨울철에도 달려있어 아름답다. 난대지역의 관상식물로 가치가 있다. 덩굴줄기는 해풍등이라 하며 약용하고, 생잎은 목욕탕에 넣어 그 향기를 즐긴다.

수형

잎 앞면

잎 뒷면

줄기

꽃 ©김진석

잎과 열매

홀아비꽃대과 Chloranthaceae

죽절초

***Sarcandra glabra* (Thunb.) Nakai**

glabra 탈모한, 다소 매끈한

이명 죽절나무
E Glaber chloranthus
J センリョウ

산림청 지정 희귀등급 멸종위기종(CR)
환경부 지정 국가적색목록 위기(EN)
환경부 지정 멸종위기 야생생물 II급

【분포】

해외/국내 중국, 일본, 대만, 말레이시아, 베트남, 인도; 제주 서귀포시 저지대 하천

【형태】

수형 상록활엽반관목으로 수고 1m 내외이다.
수피 줄기에는 마디가 불쑥 튀어나와 있다.
잎 마주나며 난상 장타원형 또는 피침상 장타원형으로 길이 6~14cm, 너비 4~6cm, 첨두, 설저이고 예리한 거치가 있다.
꽃 연한 녹색으로 6~7월에 피며 양성화이다.
열매 12월에서 다음해 2월까지 붉은색으로 성숙하고 육질이며 둥글다. 지름이 5~7mm이다.

【조림 · 생태 · 이용】

내음성이 강한 수종이기 때문에 식재 시 반그늘을 만들어 주는 것이 좋다. 외국에서는 꽃꽂이용으로 재배하기도 하며, 종자와 삽목, 분주로 증식이 가능하다. 난지에서는 과육제거 후 종자를 직파하거나 습기 있는 모래에 저장하였다가 뿌린다. 파종 후 50일 정도 지나야 발아하므로 해가림을 해주어야 한다. 삽목도 잘 되며 3월 중순~5월 상순, 6월 중순~7월 중순, 9월에 가지삽목을 하며 충분한 해가림이 필요하다. 난대림지역에서 정원수, 생울타리로 식재한다. 잎과 가지, 뿌리는 약용한다.

쥐방울덩굴과 Aristolochiaceae

등칡

Aristolochia manshuriensis Kom.

Aristolochia 그리스어 aristos(가장 좋은)와 lochia(출산)의 합성어이며, 꼬부라진 꽃의 형태를 태아의 모양과 같이 생각하고 굵어진 밑부분의 자궁에 비하면서 해산을 돕는다는 생각에서 기인함
manshuriensis 만주(滿洲)산의

이명 큰쥐방울, 긴쥐방울, 등칙, 칡향
한약명 통탈목(通脫木), 관목통(關木通)
E Manchurian dutch-manspipe
C 木通馬兜鈴
J キタケウマノスズクサ

산림청 지정 희귀등급 약관심종(LC)

수형

잎 뒷면

잎

자생지

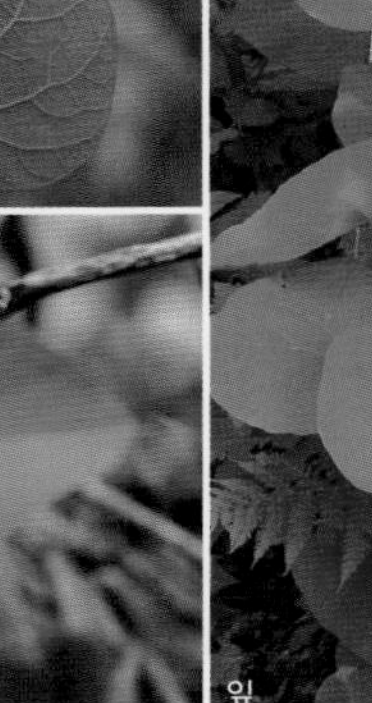
꽃 ©김준수

【분포】
해외/국내 중국, 극동러시아; 경남 이북의 계곡 및 전석지

【형태】
수형 낙엽활엽만목성으로 길이 10m에 달한다.
잎 어긋나며 원형이고 둔두이다. 기부는 심장형이고 길이 10~26cm로 가장자리에 거치가 없다.
꽃 황록색의 양성화가 5월에 피며 U자형으로 구부러진 통상화이다. 상반부는 3개로 갈라진다.
열매 9~10월에 성숙하며 삭과이다. 장타원형으로 6개의 능선이 있다. 길이 10cm, 지름이 3cm, 열매자루는 길이 2cm이며 털이 없고 아래로 드리워진다.

【조림 · 생태 · 이용】
내한성이 크며, 음지와 양지 모두에서, 주로 깊은 산의 반그늘진 계곡의 습윤한 토양에서 잘 자란다. 배수가 잘 되는 토양에서 재배하는 것이 바람직하다. 내염성과 내공해성이 강해 바닷물에 대한 저항성이 커 도심지에서나 바닷가에서도 생육한다. 봄에 가지삽목을 하고, 취목과 종자로 증식한다. 줄기는 파골라 또는 트레리스 등에 이용하면 잘 어울린다. 꽃과 열매의 관상 가치가 뛰어나므로 조경용 소재로도 이용할 수 있다. 목질경은 관목통이라 하며 약용하는데, 강화, 강심, 이뇨, 소종의 효능이 있으며, 심장쇠약, 소변불리, 소변적삽, 요로감염, 요독증, 구내염을 치료한다.

작약과 Paeoniaceae

모란

Paeonia suffruticosa Andrews

Paeonia 그리스신화 중의 의신(醫神) Paeon에서 유래함. 뿌리를 약용으로 한데서 기인함
suffruticosa 아관목(亞灌木)의

이명 목단, 부귀화
한약명 목단피(근피)
E Tree paeory
C 牡丹
J ボタン

【분포】
해외/국내 중국; 전국 식재

【형태】
수형 낙엽활엽관목으로 수고 2m이다.
잎 2회3출엽으로 각각 3~5개로 갈라진다. 표면은 털이 없으며, 뒷면은 잔털이 있다. 흔히 흰빛을 띤다.
꽃 5월에 피며 양성화이고 지름 15cm이다. 꽃받침은 주머니처럼 되어 자방을 둘러싼다. 꽃받침잎은 5개, 꽃잎은 8개 이상, 크기와 형태가 같지 않다. 도란형으로 가장자리에 불규칙한 결각이 있다. 수술은 많고, 암술은 2~6개로 털이 있다.
열매 8~9월에 성숙하며 골돌과이고 혁질이다. 짧은 털이 빽빽하게 나온다.

【조림 · 생태 · 이용】
양수성이나 음지와 양지 어디서나, 주로 깊은 산의 반그늘진 계곡의 습윤한 마사토양에서 잘 자란다. 배수가 잘 되는 토양에서 재배하는 것이 바람직하며, 원예품종이 많다. 실생 및 삽목으로 번식이 가능하다. 줄기는 파골라 또는 트레리스 등에 이용하면 잘 어울리며, 꽃과 열매의 관상 가치가 뛰어난 종으로 조경용 소재로 이용하기에 알맞다. 뿌리는 관목통이라 하며 약용하며 강화, 강심, 이뇨, 소종 등의 효능이 있다. 심장쇠약, 소변불리, 악성종양, 구내염 등을 치료한다.

【참고】
모란 학명이 국가표준식물목록에는 *Paeonia* × *suffruticosa* Andrews로 기재되어 있다.

다래나무과 Actinidiaceae

다래

Actinidia arguta (Siebold & Zucc.) Planch. ex Miq.

Actinidia 그리스어 aktis(방사선)에서 유래. 암술머리가 방사상인 것을 지칭함
arguta 예치(銳齒)의, 뾰족한

이명 다래나무, 다래너출, 다래넌출, 다래넝쿨, 참다래, 참다래나무, 청다래나무, 청다래넌출
한약명 미후도(獼猴桃, 열매), 미후리(獼猴梨)
E Tara vine, Bower actinidia
C 獼猴桃
J サルナシ

문화재청 지정 천연기념물 서울 종로구 와룡동 창덕궁 다래나무(제251호)

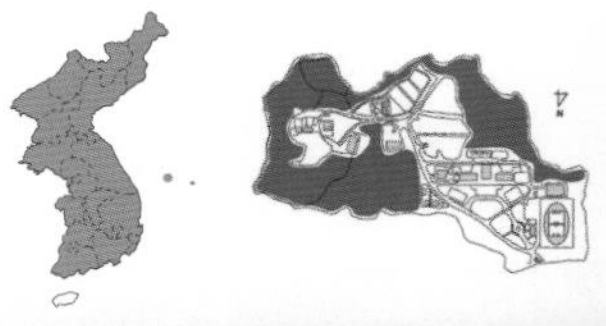

수형

열매

열매 단면

어린가지

꽃

잎 앞면

잎 뒷면

【분포】
해외/국내 일본, 중국; 전국 산지 계곡
예산캠퍼스 연습림

【형태】
수형 낙엽활엽만목성으로 길이 10m이다.
어린가지 줄기의 골속은 갈색이다. 계단모양이고 어린가지에 잔털이 있다. 피목이 뚜렷하다.
잎 어긋나며 넓은 난형, 넓은 타원형으로 점첨두, 원저 또는 아심장저이고 가늘고 예리한 거치가 있다. 길이 5~10cm, 너비 4~7cm이고 잎자루의 길이 3~6cm이다. 표면에 털이 없고 뒷면 맥 위에 연한갈색 털이 있지만 곧 없어진다. 맥겨드랑이에만 갈색이 도는 털이 남는다. 가장자리에 침 같은 잔거치가 있다.
꽃 백색으로 5~6월에 피며 암수딴그루이다. 취산꽃차례는 액생한다. 털이 없고 잎자루보다 짧다. 지름은 2cm, 3~10개가 달리고, 꽃받침, 꽃잎은 5개씩이다. 꽃차례에 담갈색의 부드러운 털이 있다.
열매 10월에 황록색으로 성숙하며, 난상 원형의 장과이고 길이 2.5cm이다.

【조림 · 생태 · 이용】
열매는 식용 또는 약용한다. 열매에는 비타민C가 많아서 괴혈병의 예방과 치료에 쓰인다. 미후도는 진통제, 이뇨제, 지갈해열약으로 열이 날 때와 목마를 때 쓰인다. 민간에서는 열매를 설사약, 거담제로 쓴다. 다래술을 담기도 하며 수액을 채취하기도 한다.

다래나무과 Actinidiaceae

섬다래

Actinidia rufa (Siebold & Zucc.) Planch. ex Miq.

Actinidia 그리스어 aktis(방사선)에서 유래. 암술머리가 방사상인 것을 지칭함

이명 섬다래나무
E Rufa vine
J ナシカズラ

산림청 지정 희귀등급 멸종위기종(CR)
환경부 지정 국가적색목록 취약(VU)

붉은빛 새순 ©김진석
겨울눈 ©김진석
잎 ©김진석
수피 ©김진석
꽃 ©김진석
열매 ©김진석

【분포】
해외/국내 일본, 대만; 남해안 도서

【형태】
수형 낙엽만목성목본으로 길이 10m 이상이다.
잎 어긋나며 광난형으로 길이 6~13cm, 예첨두이며 원저이다. 가장자리에 작은 가시 같은 거치가 있다.
꽃 웅성양성이주(수꽃양성화딴그루)로 6월에 백색으로 피며, 지름 1.2~1.8cm, 취산꽃차례로 달린다. 1~8개의 꽃이 달리고, 수꽃은 양성화에 비해 많이 모여 달리며, 꽃잎은 도란형이고 꽃자루와 꽃받침에는 갈색의 부드러운 털이 밀생한다. 수술은 다수이며 꽃밥은 황색이고 자방은 지름 6~7mm의 구형이며 갈색의 잔털이 밀생한다.
열매 11~12월에 짙은 녹갈색으로 성숙하며 광타원형으로 길이 3~4cm, 피목이 발달한다.

【조림 · 생태 · 이용】
중용수인 섬다래는 고온, 건조, 척박지에서는 생육이 부적합하며, 토심이 깊고 적습한 비옥지가 적합하다. 종자를 정선하여 직파하거나, 약간 습기를 머금은 모래와 섞어 저장하였다가 봄에는 파종을 실시한다. 열매기생충, 진딧물, 응애 등에 의한 병충해 피해가 있다. 도시 공원에 파골라를 만들어 머루, 다래와 함께 올려놓으면 좋다. 열매와 가지, 생엽은 고양이의 병을 고치는 데 쓰인다.

다래나무과 Actinidiaceae

개다래

Actinidia polygama (Siebold & Zucc.) Planch. ex Maxim.

Actinidia 그리스어 aktis(방사선)에서 유래. 암술머리가 방사상인 것을 지칭함
polygamus 잡성화(雜性化)의

이명 개다래나무, 개다래덩굴, 말다래, 말다래나무, 못좆다래나무, 못줒다래나무, 묵다래나무, 쉬젓가래, 쥐다래나무
한약명 목천요(木天蓼, 벌레집 열매)
E Silver vine
C 木天蓼
J マタタビ

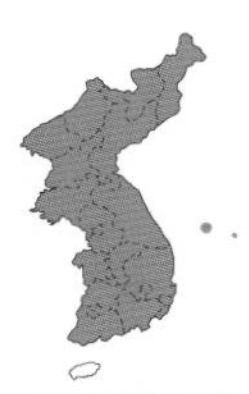

수형

잎

잎과 꽃

꽃

미성숙 열매

【분포】
해외/국내 중국, 일본, 극동러시아; 전국 산지사면, 계곡 및 하천가

【형태】
수형 낙엽만목성목본으로 길이 10m이다.
수피 수간이나 가지가 녹색이며 평활하다.
잎 어긋나며 가지 끝에서는 뭉쳐난다. 길이와 너비가 각각 6~14cm, 3~8cm로 얕게 3~5개로 갈라진다. 심장형이고 거치가 없다. 양면에 털이 없거나, 뒷면에 짧은 털과 맥액에 갈색 밀모가 있는 경우도 있다.
꽃 백색으로 6~7월에 피며 지름 2~2.5cm, 향기가 있다. 원추꽃차례에 1~3개씩 달린다. 꽃받침조각은 5개이며 뒤로 젖혀진다. 꽃잎이 없고, 수술은 합쳐져 한 개로 보인다.
열매 10월에 갈색으로 성숙하며 분과로 익기 전에 벌어지고, 맛이 없다.

【조림 · 생태 · 이용】
양수 또는 중용수이며, 노지에서 월동생육하고 활엽수림하의 부식질이 많은 전석지에서 잘 자란다. 열매기생충, 진딧물, 응애 등에 의한 병충해 피해가 있다. 뿌리의 수직분포는 중간형이다. 벌레집열매(충영)는 약용한다. 열매는 배앓이, 산통 등에 진통제 또는 몸을 덥게 하는 보온약으로 쓰는데 흔히 술을 만들어 쓴다. 이 밖에 열매 가루와 뿌리 증류물도 진통제, 산통, 요통, 목이 마를 때 쓴다. 기생충이 있는 열매는 목천요로 고양이과 동물의 흥분제 및 회복제로 쓰인다.

수형

다래나무과 Actinidiaceae

쥐다래

Actinidia kolomikta **(Maxim. & Rupr.) Maxim.**

Actinidia 그리스어 aktis(방사선)에서 유래. 암술머리가 방사상인 것을 지칭함
kolomikta 시베리아의 토명(土名)

이명 쥐다래나무, 쇠젓가래, 쇠젓다래, 넓은잎다래나무
한약명 구조미후도(狗棗獼猴桃, 열매)
E Kolomikta vine
C 狗棗獼猴桃
J ミヤママタタビ

잎 앞면

양성화

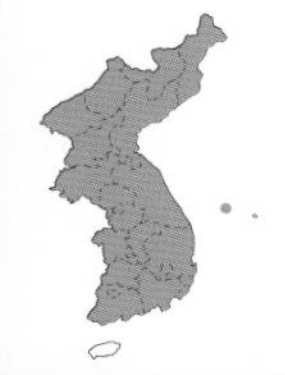

잎 뒷면

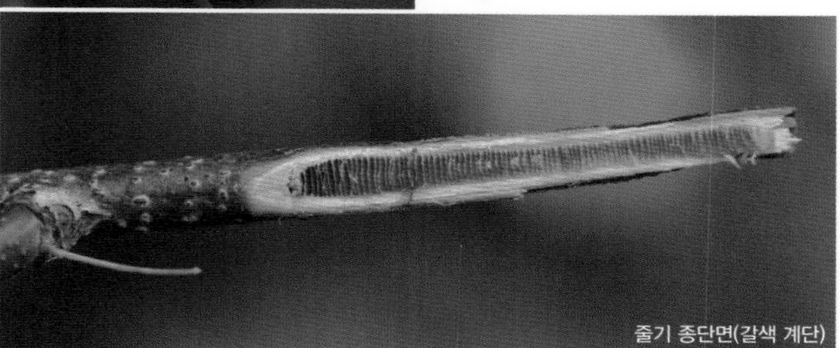
줄기 종단면(갈색 계단)

【분포】
해외/국내 중국, 일본, 러시아; 백두대간 중북부 심산 계곡

【형태】
수형 낙엽만목성목본으로 길이 5m이다.
어린가지 연한 갈색 털이 있다. 가지의 골속은 갈색이고 난형이다.
잎 어긋나며 도란형 또는 넓은 난형으로 길이 6~12cm, 너비 4~8cm, 점첨두이며 원저 또는 심장저이다. 끝은 뾰족하며, 밑부분은 심장형이고, 가장자리에 거치가 있다. 꽃이 달리는 가지 윗부분의 것은 표면이 개화 초기에는 백색이나 개화기가 진행되면서 적색으로 변해간다. 잎자루의 길이 2.5~5cm이다.
꽃 백색으로 5~7월에 피며, 암수딴그루이고, 향기가 있다. 새가지 하부의 잎겨드랑이에서 피며, 지름 1.2~2cm이다. 수꽃은 취산꽃차례로, 수나무의 가지 끝부분의 것은 백색 또는 연한 홍색으로 변하는 것이 많다. 꽃받침, 꽃잎은 5개씩이다.
열매 9~10월에 황색으로 성숙하며, 장난형 또는 타원형이다. 길이 2~2.5cm로 맛이 좋아 먹을 수 있다.

【조림 · 생태 · 이용】
숲속의 음지에서 자라는 중용수이다. 종자를 정선한 뒤 직파를 하거나 약간 습기를 머금은 모래와 섞어 저장하였다가 봄에 파종한다. 관상용으로 이용할 수 있으며 밀원식물로 이용된다. 열매는 식용 또는 약용한다. 비타민C가 함유되어 있다. 잎에는 플라보노이드가 함유되어 있다. 자양성분이 많아서 비타민C 결핍증에 쓰인다. 달여서 복용한다.

다래나무과 Actinidiaceae

양다래

***Actinidia chinensis* Planch. var. *deliciosa* (A.Chev.) A.Chev.**

Actinidia 그리스어 aktis(방사선)에서 유래. 암술머리가 방사상인 것을 지칭함
chinensis 중국의

E Kiwi fruit

재배지
새잎(붉은색

잎과 꽃

잎 앞면

잎 뒷면

【분포】

해외/국내 중국 원산; 남부 재배, 충남 이남 산지 야생화됨

【형태】

수형 낙엽활엽만목성으로 길이 10m이다.
어린가지 붉은빛이 돌며 적갈색의 길고 억센 털이 밀생한다.
잎 어긋나며, 길이 6~17cm, 도란형~아원형이다. 뒷면에 백색 또는 갈색의 성상모가 밀생하고, 끝은 평평하거나 약간 뾰족하다. 밑부분은 둥글거나 심장형이다. 측맥은 5~8쌍, 잎자루의 길이는 3~6cm, 적갈색의 털이 밀생한다.
꽃 백색으로 5~6월에 피며, 수꽃양성화딴그루이다. 줄기 윗부분의 잎겨드랑이에서 나온 꽃차례에 여러 개가 난다. 꽃잎은 5개, 장타원상 난형 또는 광난형으로 꽃밥은 황색, 꽃받침과 자방에는 연한 황색의 잔털이 밀생한다.
열매 광타원형으로 길이 3~5cm, 표면에는 갈색 털이 밀생하고 꽃받침 흔적이 남아있다.

【조림 · 생태 · 이용】

농가에서 소득용 과수로 재배하고 있으며, 해발고도가 낮은 산야에 퍼져나가고 있다. 뉴질랜드의 개량 과실수 품종으로 전세계적으로 널리 식재되고 있다. 뉴질랜드에서는 날지 못하는 새인 키위(kiwi)에서 이름이 유래되었다. 열매는 달콤새콤하다.

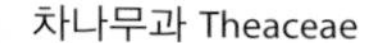

차나무과 Theaceae

차나무

Camellia sinensis (L.) Kuntze

Camellia 마닐라에 살면서 동아시아 식물을 수집한 17세기 체코슬로바키아의 선교사 G.J. Kamell에서 유래함
sinensis 중국의

한약명 다엽, 차엽(茶葉)
E Tea
C 茶
J チャノキ

재배지(전남 보성군)

잎

꽃

잎 앞면

잎 뒷면

열매

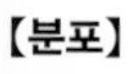

【분포】
해외/국내 중국, 일본, 인도; 경남, 전북 식재

【형태】
수형 상록활엽관목으로 수고 1~5m이다.
수피 회백색이며 평활하다.
어린가지 갈색 잔털이 있다.
겨울눈 은회색이며 광택이 있다.
잎 어긋나며, 길이 2~15cm, 너비 2~5cm, 장타원형 또는 피침상 장타원형으로 예두이다. 기부는 예저에 둔한 거치가 있다. 측맥은 7~9쌍이다. 표면에 광택이 있고, 뒷면에 주맥이 도드라져 있다. 잎자루의 길이는 3~7mm이다.
꽃 백색으로 10~11월에 피며 가지의 잎겨드랑이에서 1~3개씩 아래로 드리워진다. 꽃받침과 꽃잎이 5개씩이다.
열매 다음해 8~11월에 갈녹색으로 성숙하며 편구형으로 3~4개의 둔한 능각이 있다. 종자는 둥글며 길이 1cm이다.

【조림 · 생태 · 이용】
약 1,000년 전에 중국으로부터 도입된 차나무는 차의 맛과 습성에 따라 여러 가지 품종으로 나뉜다. 음수성 수종이며 내염성이 약해 해안지방에는 적합하지 않다. 재배품종이 많으며 목재는 단추를 만드는 데 쓰이며 잎과 꽃이 아름다워, 정원수, 생울타리로도 심는다. 잎은 기호성 음료제로 차 생산에 널리 쓰인다. 눈엽은 다엽, 뿌리는 다수근, 열매는 다자라 하며 약용한다. 머리와 눈을 청량하게 하고, 제번갈, 화담, 소식, 이뇨, 해독의 효능이 있어 두통, 목현, 말라리아 등을 치료한다.

동백나무

Camellia japonica L.

Camellia 마닐라에 살면서 동아시아 식물을 수집한 17세기 체코슬로바키아의 선교사 G.J. Kamell에서 유래
japonica 일본의

한약명 산다화(꽃), 동백기름
이명 동백, 뜰동백나무, 해홍화
E Common camellia
C 山茶
J ツバキ, ヤブツバキ

문화재청 지정 천연기념물 인천 옹진군 백령면 대청리 동백나무 자생북한지(제66호) 등 7곳

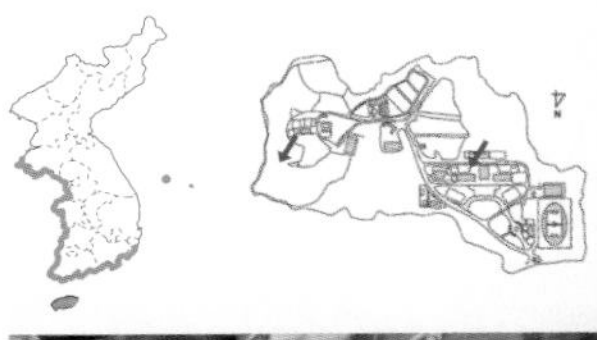

수형

천연기념물(전남 강진군 백련사)

꽃

잎 앞면

잎 뒷면

어린가지와 겨울눈

열매

【분포】
해외/국내 일본, 중국; 해안에 가까운 산지
예산캠퍼스 생명관 뒤

【형태】
수형 상록활엽아교목으로 수고 7m이다.
수피 회갈색이다.
어린가지 연한 갈색으로 털이 없다.
잎 어긋나며 길이 5~12cm, 너비 3~7cm, 타원형으로 첨두이고 넓은 예저이며 파상의 거치가 있다. 표면은 진한 녹색으로 광택이 있고, 뒷면은 담녹색이다. 잎자루는 길이 2~15mm로 털이 없다.
꽃 붉은색으로 11~12월에 피기 시작하여 다음해 4~5월까지 핀다. 1개씩 액생 또는 정생한다. 꽃자루가 없고 반 정도 벌어진다. 소포는 둥글고 겉에 짧은 백색 털이 있다. 꽃잎이 펴지지 않고 비스듬히 선다. 꽃받침잎은 5개, 길이 1~2cm로, 난상 원형이다. 꽃잎은 5~7개가 밑에서 합쳐지고 길이 3~5cm이다. 수술과도 합쳐지고 수술은 많다.
열매 9~11월에 성숙하며 원형의 삭과로 붉은색을 띤다. 지름 3~4cm로 붉은색으로 익으면 3개로 갈라지고, 짙은 갈색 종자가 나온다.

【조림 · 생태 · 이용】
정원수, 생화용으로 쓰이며 열매로 머릿기름을 짤 수 있다. 어린잎은 차의 재료로 사용한다. 음수성이며 뿌리의 수직분포도는 천근형이다. 정원수, 방풍림으로 심는다. 꽃과 씨의 기름을 약용한다.

【참고】
애기동백 (*C. sasanqua* Thunb.) 동백나무보다 수형이 작고 잎몸과 잎자루가 작으며 꽃잎이 통모양이 아니고 장미꽃처럼 활짝 펼쳐진다. 동백나무는 초봄에 피지만, 애기동백은 유일하게 11월 말부터 12월까지 핀다.

차나무과 Theaceae

비쭈기나무

Cleyera japonica Thunb.

Cleyera 17세기 네덜란드의 선의(船醫)임과 동시에 약초연구가인 A. Cleyer에서 유래함
japonica 일본의

이명 빗죽이나무, 비쭉이나무, 빗죽나무
E Japanese cleyera
C 楊桐
J サカキ

【분포】
해외/국내 일본, 중국, 대만; 제주도 및 남해안 도서 산지

【형태】
수형 상록활엽아교목으로 수고 9~15m이다.
어린가지 녹색이다.
겨울눈 장피침형으로 튀어나와 있어 다른 나무에 비해서 특이하다.
잎 어긋나며 길이 7~10cm, 너비 2~4cm, 좁은 장타원형, 난상 타원형이다. 예두, 둔저, 예저이고 거치가 없다.
꽃 6~7월 연한 황백색의 양성화가 잎겨드랑이에서 1~3개씩 개화하며, 꽃잎은 길이 8mm 정도의 장타원형이고, 수술은 25~30개이며 암술대는 1개이다.
열매 11~12월에 검게 성숙하며 원형의 장과로 지름 7~8mm, 겨울 동안에도 달려있다.

【조림 · 생태 · 이용】
한국, 중국, 일본 원산이며, 음수성 수종으로 5℃ 이상에서 월동하고, 10~25℃에서 잘 자라며, 배수가 잘 되는 사질양토에서 잘 자란다. 내한성이 약하여 난대지역에서 생육하며, 깍지벌레, 알락나방, 응애 등에 의한 병충해 피해가 있다. 정원수나 화분식물로 재배된다. 목재는 건축재, 기구재, 참빗재용으로 사용되며 일본에서는 참배용으로 쓰인다.

차나무과 Theaceae

사스레피나무

Eurya japonica Thunb.

Eurya 뜻이 정확하지 않으며 그리스어 eurys(넓다, 크다)에서 유래 가능
japonica 일본의

이명 가새목, 무치러기나무, 섬사스레미나무, 세푸랑나무
한약명 인목(橉木, 가지, 잎, 열매)
E Japanese eurya
C 柃木, 海岸柃
J ヒサカキ

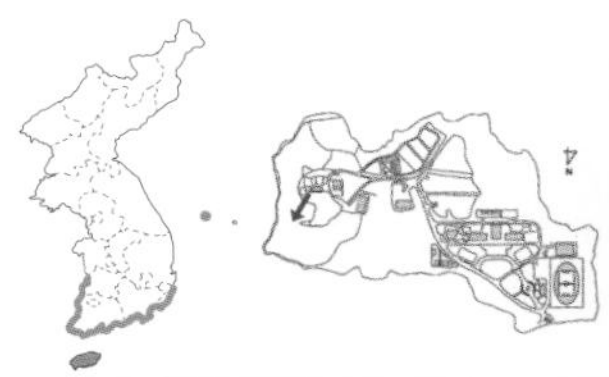

수형

꽃

잎

잎과 열매

열매

【분포】
해외/국내 중국, 일본; 남부지역 해안가 및 산지
예산캠퍼스 연습림 난대 수종

【형태】
수형 상록활엽아교목으로 수고 3~10m이다.
어린가지 연녹색이며 털이 없다. 가지의 끝눈이 빗죽이나무와 비슷한 피침형이다.
겨울눈 맨눈으로 검붉은빛이 돈다.
잎 두 줄로 어긋나며 타원형, 장타원형으로 길이 3~7cm, 너비 1~3cm, 둔두, 예두이다. 기부는 예저이고 파상의 거치가 있다. 중앙맥이 표면에서 오목하게 들어가 있고, 뒷면에서 도드라져 있다. 표면에 윤채가 있고, 뒷면은 황록색이다. 잎자루는 길이 1~5mm이다.
꽃 연한 황록색으로 3~4월에 피며 암수딴그루이고, 지름 5~6mm이다. 묵은 가지의 잎겨드랑이에 1~2개씩 달리고 꽃자루는 길이 1~2mm, 소포는 2개, 끝까지 남아있다. 꽃받침잎은 5개, 둥글고 자흑색이며 길이 1~1.5mm, 가장자리가 막질이다. 꽃잎도 5개로 기부가 합생하며 자백색이고 길이 3~4mm이다. 수꽃의 수술은 10~15개이다. 암꽃의 꽃잎은 길이 2mm로 수술이 없고 씨방이 둥글다.
열매 장과로 10월에 흑자색으로 성숙하며 지름 5~6mm이고 겨울 동안에도 달려있다.

【조림 · 생태 · 이용】
음수성이며 뿌리의 수직분포도는 심근형이다. 정원수, 생울타리로 심는다. 목재는 기구재로 쓰임인다. 푸른 잎이 달린 가지는 화환 장식용으로 쓰이고 지엽을 태운 잿물을 염색매제로 사용한다. 가지, 잎, 열매는 약용하며, 열매와 잎은 염료로 쓰인다. 풍습성으로 인한 관절 부위의 동통을 그치게 하고, 복부팽만을 내리며 외상출혈에 짓찧어 환부에 붙인다.

차나무과 Theaceae

우묵사스레피

Eurya emarginata (Thunb.) Makino

Eurya 뜻이 정확하지 않으며 그리스어 eurys(넓다, 크다)에서 유래 가능
emarginata 요두(凹頭)의

이명 갯쥐똥나무, 섬쥐똥나무
E Emarginate eurya
J ハマヒサカキ

자생지(전남 완도군 구도)
잎 앞면
잎 뒷면
꽃
열매

【분포】
해외/국내 중국, 대만, 일본, 인도; 남해안 도서, 제주도 해안가

【형태】
수형 상록활엽관목으로 수고 2~3m이다.
어린가지 연한 황갈색 털이 밀생한다.
잎 어긋나며, 길이 2~4cm, 도란형으로 2줄로 배열된다. 두껍고 끝은 오목하며 원저 또는 예형이고 가장자리가 뒤로 젖혀진다. 잎자루는 길이 2~3mm이다.
꽃 황록색으로 10~12월에 피며, 잎겨드랑이에 1~4개씩 모여난다. 지름 2~6mm, 강한 냄새가 난다. 꽃잎은 5개이고 길이 3.5mm이다.
열매 다음해 10~11월 중순에 흑자색으로 성숙하며 장과로, 지름 7~10mm이다.

【조림 · 생태 · 이용】
양수 또는 중용수이고 건조에 잘 견디며 해풍과 먼지, 대기오염 등 각종 공해에 매우 강하다. 번식은 10월 하순경 열매가 익으면 따서 물에 씻은 후 과육을 제거하여 직파한다. 생울타리, 수벽, 해안녹음수, 정원수, 화환장식용, 염색용으로 많이 이용되며, 목재는 세공재 등으로 사용된다.

차나무과 Theaceae

노각나무

Stewartia pseudocamellia Maxim.

Stewartia 영국의 John Stuart(1713~1792)에서 유래함. 흔히 Stewart로 씀

이명 노가지나무, 비단나무, 금수목
한약명 모란(帽蘭)
E Korean mounatain camellia, Korean silky camellia
C 紫莖
J コウライシャラノキ, ナツツベキ

산림청 지정 특산식물

수형

열매

꽃

겨울눈

잎 앞면

잎 뒷면

잎과 수피

【분포】
해외/국내 일본; 경북 소백산 및 남부지역 산지

【형태】
수형 낙엽활엽교목으로 수고 10~15m이다.
잎 어긋나며 길이 4~10cm, 너비 2~5cm, 타원형, 넓은 타원형이고 예두이다. 기부는 원저, 넓은 예저이고 파상의 거치가 있다.
꽃 꽃은 암수한꽃으로 6월 말~8월 초에 새가지의 기부에서 액생으로 개화하며 꽃대 길이는 1.5~2cm로 털이 없다. 포는 달걀형 또는 원형이며 길이 4~7mm이다. 꽃받침 조각은 둥글며 융털이 발달하였고 꽃잎은 백색이며 도란형 절두로 5~6개이고, 길이 2.5~3.5cm로 가장자리는 물결모양이다. 암술대는 5개로 갈라지지만 서로 합쳐지고 수술은 5개이다.
열매 10월에 성숙하며 삭과이고 5개로 갈라진다. 오각형의 송곳모양으로 각 실에 3~6개의 종자가 들어있다. 종자의 가장자리에 좁은 날개가 있다.

【조림 · 생태 · 이용】
높은 비옥도와 습기를 요하므로 비옥한 사질양토에서 잘 자라며 배수가 잘 되고 뿌리 근처 토양이 서늘해야 좋다. 내한성이 강하여 우리나라 전역에서 생육이 가능하며, 내음성도 강하여 나무 밑에서도 잘 자란다. 해변에서도 생장이 좋고 공해에도 잘 견디는 수종이다.

【참고】
노각나무 학명이 국가표준식물목록에는 *S. koreana* Nakai ex Rehder로 기재되어 있다.

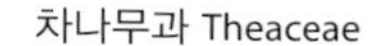

차나무과 Theaceae

후피향나무

***Ternstroemia gymnanthera* (Wight & Arn.) Bedd.**

Ternstroemia 18세기 스웨덴의 자연과학자 C. Ternstroem에서 유래

한약명 백화과(白花果, 잎과 열매)
E Naked-anther ternstroemia
C 厚皮香
J モッコク

잎 앞면

잎 뒷면

새순

수형

수피

꽃

동아

열매

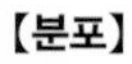

【분포】
해외/국내 일본, 중국, 인도, 보르네오, 필리핀; 제주도 바닷가 및 산지

【형태】
수형 상록활엽교목으로 수고 9m이다.
수피 두껍고 불규칙하게 갈라진다.
잎 어긋나며 가지 끝에 모여 달린다. 길이 4~7cm, 너비 1.5~2.5cm, 좁은 도란형으로 둔두, 예저이고 거치가 없다. 두꺼우며 중앙맥 외에는 측맥이 눈에 보이지 않는다.
꽃 백색 혹은 담황색으로 7월에 핀다. 양성화로 꽃받침과 꽃잎은 5개씩이다. 잎자루는 길이 2~8mm로 자갈색을 띤다.
열매 10월에 적색으로 성숙하며 3~5개의 붉은색 종자가 들어있다.

【조림 · 생태 · 이용】
중용수 또는 양성식물로 추위에 약하다. 종자의 번식은 잘 되지만 유목 때의 성장은 느려 삽목으로 증식시키기도 한다. 종자를 직파하거나 약간 습기를 머금은 모래와 섞어 실온에 두었다가 봄에 파종한다. 발근촉진제를 처리하면 효과가 있다. 목재는 건축재로 쓰이며 수피에서는 적갈색의 염료를 얻는다.

버즘나무과 Platanaceae

양버즘나무

Platanus occidentalis **L.**

Platanus 그리스어 platys(넓다)에서 유래함. 잎이 넓다는 뜻
occidentalis 서부의, 서방의

이명 양방울나무, 쥐방울나무, 플라타너스
E Eastern sycamore Family, Bottonwood, Bottonball
C 美國梧桐
J セイヨウスズカケノキ, プラタナス

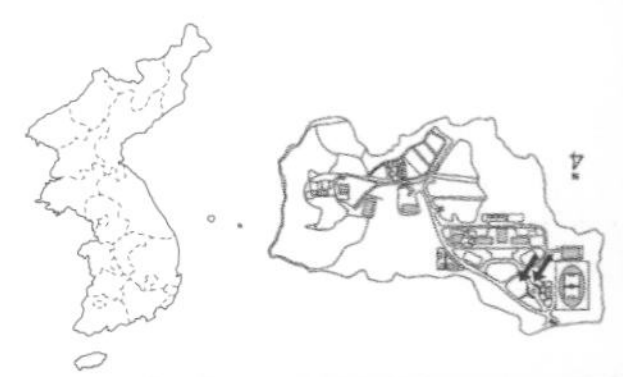

수형 / 겨울눈 / 잎 앞면 / 잎 뒷면

열매

버즘나무 열매

열매 단면

수피

【분포】

해외/국내 미국 원산; 전국 가로수, 풍치수
예산캠퍼스 교내 정문으로 가는 길

【형태】

수형 낙엽활엽교목으로 수고 40~50m이다.
수피 어두운 갈색이고 조각조각 떨어져 황갈색의 얼룩이 진다.
어린가지 황갈색 또는 적갈색이고 털이 없으며 작은 피목이 많다.
겨울눈 난형이며 털이 없고 1개의 적갈색 눈비늘조각에 싸여있다.
잎 넓은 난형으로 얕게 3~5열하고 가장자리에 성긴 거치가 있다. 어린잎일 때는 흰 별모양의 샘털이 있다. 어린가지의 턱잎은 크고 줄기를 감싸고 있으며 가장자리에 거치가 있다.
꽃 암수한그루이고 잎과 함께 핀다. 둥근 연녹색 수꽃은 잎겨드랑이에 달리고, 둥근 붉은색 암꽃은 가지 끝에 1~2개가 달린다.
열매 두상 구과이나 긴 열매자루에 한 개씩 달린다. 수과 중의 끝이 굽지 않는다.

【조림 · 생태 · 이용】

미국 동부지역에서는 상업적으로 조림을 하고 있다. 공해에 강하고 공기정화 능력이 커서 도시 내 식재에 이용된다. 목재는 재질이 단단하고 무늬가 좋아 일반용재나 고급 가구재, 펄프재로 사용한다.

조록나무과 Hamamelidaceae

히어리

Corylopsis gotoana var. *coreana* (Uyeki) T.Yamaz.

Corylopsis *Corylus*(개암나무속)와 opsis(비슷하다)의 합성어이며, 잎이 비슷한 것에서 기인함

이명 조선납판화, 송광납판화, 납판나무, 송광꽃나무

산림청 지정 희귀등급 약관심종(LC)

수형

겨울눈 꽃

수피

잎 앞면

잎 뒷면

열매

【분포】

해외/국내 일본; 지리산, 백운산, 경기도 광덕산 및 남부지역

【형태】

수형 낙엽활엽관목으로 수고 1~2m이다.

수피 회갈색을 띤다.

어린가지 갈색 빛을 띠며 털이 없고 피목이 발달한다.

잎 어긋나며 난형으로 단첨두, 심장저이고, 길이 5~11cm, 너비 7~10.5cm, 예거치이다. 뒷면은 회백색이고, 잎자루의 길이는 1.5~2.8cm, 잎맥은 7~8개이다.

꽃 3~4월에 밝은 황색의 양성화가 피며 총상꽃차례로 5~12개씩 늘어져 달린다. 꽃차례 길이는 3~4cm, 기부의 포는 막질의 장난형으로 양면에 털이 있다. 꽃잎은 끝이 둥글며 도란형이다.

열매 삭과로 지름 7~8mm, 넓은 도란형 또는 구형이고, 윗부분은 뿔처럼 암술대의 흔적이 남는다. 종자는 장타원형이며 광택이 나는 흑색이다.

【조림 · 생태 · 이용】

중용수이며, 지리산, 백운산 등지의 적습한 양지에서 자생한다. 산기슭, 산중턱에서 자란다. 동해를 받을 염려가 있어 동, 남쪽을 향해 식재해야 하며 척박지는 부적합하고, 비옥하고 배수가 잘 되는 곳에서 생육상태가 양호하다. 꽃과 단풍이 아름다워 공원수나 정원수로도 이용된다.

【참고】

히어리 학명이 국가표준식물목록에는 *C. coreana* Uyeki로 기재되어 있다.

조록나무과 Hamamelidaceae

조록나무

Distylium racemosum
Siebold & Zucc.

Distylium 그리스어 2(dis)와 stylos(암술대)의 합성어이며, 암술대가 2개인 것을 지칭함
racemosus 총상꽃차례가 달린

이명 잎버레혹나무
E Isu tree
J イスノキ

수형

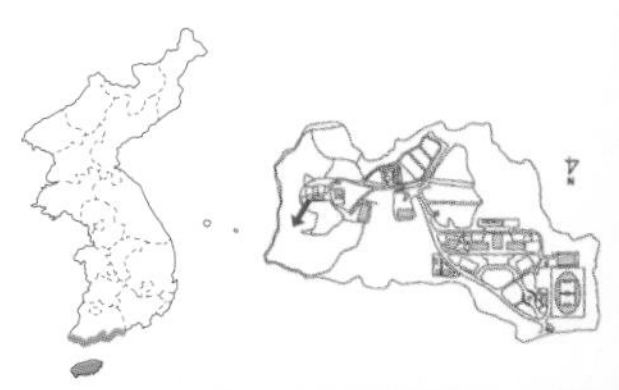

잎차례와 겨울눈

종열

열매

잎 앞면

잎 뒷면

수피

【분포】
해외/국내 중국, 일본, 대만; 남부지역 및 제주도의 산지
예산캠퍼스 교내

【형태】
수형 상록활엽교목으로 수고 20m, 지름 80cm이다.
수피 짙은 회색이며 오래되면 조각상으로 떨어진다.
어린가지 갈색의 퍼진 털이 있으나 점차 없어진다.
겨울눈 갈색의 별모양 털이 밀생한다.
잎 어긋나며 장타원형으로 두 가장자리가 밋밋하다. 잎겨드랑이 양면에는 털이 없고 벌레집이 많이 생긴다.
꽃 4~5월에 피며 총상꽃차례로 액생한다. 성상의 털이 있고, 길이 8cm이다. 꽃받침은 붉은색으로 5~6개로 갈라지고 피침형이며 겉에 갈색의 성모가 있다. 수술은 6~8개, 꽃밥은 적색, 암술은 수꽃에서는 퇴화되며 양성꽃에 1개가 있다. 씨방은 2실이며 성모가 있다. 암술대는 1개이며 2개로 갈라진다.
열매 9~10월에 성숙하며 넓은 난형의 삭과로 겉에 연한 갈색 털이 빽빽이 난다. 단단한 목질이며 성숙하면 2개로 갈라져 타원형 종자가 나온다.

【조림 · 생태 · 이용】
중용수 또는 양수로 반그늘에서도 자라며 건조에 약간 견디나 적습한 토양에서 잘 자란다. 내한성이 약해 내륙지방에서는 생육이 곤란하고 내공해성, 내염성, 내건성은 강하다. 정원수, 공원수, 생울타리, 독립수 등 생태공원에 적당하고 목회즙은 도자기의 유액으로 사용된다.

수형

조록나무과 Hamamelidaceae

풍년화

Hamamelis japonica Siebold & Zucc.

Hamamelis 그리스명으로 hamos(비슷하다)와 melis(사과)의 합성어
japonica 일본의

E Japanese witch hazel
J マンサク

잎과 열매

꽃차례

수피

열매와 꽃눈

꽃

잎눈

【분포】
해외/국내 일본; 조경수, 공원수
예산캠퍼스 연습림 임도 옆

【형태】
수형 낙엽활엽관목으로 수고 2~5m이다.
수피 회색이며 가지가 많이 갈라지고 피목이 있다.
어린가지 회갈색이며 타원형의 피목이 많다.
겨울눈 잎눈은 납작한 유선형이고 장타원형이며 길이가 5~8mm이고 자루가 있다. 둥근 꽃눈은 자루 끝에 2~4개가 모여 달린다.
잎 어긋나며 타원형, 도란형으로 끝이 둔하다. 밑부분은 얕은 심장저이고, 윗부분에 파상의 거치가 있으며 주름이 약간 있다.
꽃 밝은 황색으로 3~4월에 잎이 나기 전에 잎겨드랑이에서 1개 또는 여러 개씩 양성화가 핀다. 꽃받침조각은 4개이고 난형이며 암자색이고 겉에는 긴 털이 밀생한다. 꽃잎은 4개, 헛수술은 선형의 인편모양이다. 암술대는 2갈래로 깊게 갈라진다.
열매 9월에 갈색으로 성숙하며 둥근 난형으로 겉에 짧은 털이 밀생한다. 종자는 흑색이며 광택이 난다.

【조림 · 생태 · 이용】
일본 원산이며, 배수가 잘 되고 보수력이 좋은 사질양토가 육묘에 적합하다. 해가 잘 들고 여름에 서향볕이 강한 곳은 생육에 불리하다. 이른 봄보다 먼저 피는 황색의 꽃은 계절감을 줄 수 있어 정원이나 공원에 식재한다.

조록나무과 Hamamelidaceae

미국풍나무

Liquidambar styraciflua L.

E Gum American sweet
J モミジバフウ

수형

잎

대만풍나무 잎

잎 뒷면

잎차례

열매

열매 단면

수피

【분포】

해외/국내 북아메리카; 조경수

예산캠퍼스 연습림 임도 옆

【형태】

수형 낙엽활엽교목이다.

수피 흑갈색이며 세로로 갈라진다.

어린가지 녹색을 띤 암갈색 또는 회갈색이고 타원형의 눈비늘조각이 있다.

겨울눈 난형 또는 장난형이며 끝이 뾰족하고 눈비늘조각에 부드러운 털이 있다.

잎 어긋나며, 잎몸이 5개로 갈라지며, 가장자리에 자잘한 거치가 있다.

꽃 암수한그루이고 잎과 함께 핀다. 수꽃차례는 곧게 서고, 둥근 암꽃차례는 밑으로 늘어진다.

열매 갈색으로 성숙하며 둥글며 부드러운 가시털로 덮여 있다.

【조림 · 생태 · 이용】

북아메리카에서 도입되어 우리나라 공원이나 대학 캠퍼스에 가끔 식재되고 있다. 앞으로 시범조림해 볼 가치가 높다. 화투의 10월 형태에 그려진 잎으로 '풍'이라고 부른다. 수형이 아름답고 수관폭이 넓어 녹음수, 풍치수로 가치가 높다. 시범조림과 함께 목재용도 개발도 병행할 필요가 있다.

【참고】

대만풍나무 (*L. formosana* Hance) 잎몸이 3갈래로 갈라진다.

조록나무과 Hamamelidaceae

시넨시스포르투네아리아

Fortunearia sinensis Rehder & E. H. Wilson

sinensis 중국의

수형

잎

꽃차례

수피

열매

【분포】

해외/국내 중국 원산; 조경수

예산캠퍼스 교내

【형태】

수형 낙엽활엽관목으로 수고 3~5m이다.

잎 어긋나며 도란형 또는 장타원형으로 예거치 또는 치아상 거치, 급첨두이다. 길이 7~15cm, 너비 4~9cm, 맥겨드랑이에 약간의 털이 있다.

꽃 갈색으로 4월에 피며 총상꽃차례로 달리며 길이 3~6cm, 지름은 4mm, 꽃잎은 5개의 수술과 빨간 꽃밥이 있다.

열매 삭과로 지름 12~15mm이다.

【조림 · 생태 · 이용】

중국에서 자라는 수종을 조경수로 국내에 도입하여 식재하고 있으며, 분포지는 아직까지 넓지 않다. 현재는 국명이 없어 학명을 따라 명명하였다. 적당한 수분을 가진 토양을 선호하며, 생육 온도범위는 영하 12℃까지이다. 공주대학교 예산캠퍼스 연습림에 2개체가 생육하고 있는데, 매우 양호한 생육을 보이고 결실상태도 좋은 편이다. 녹음수, 공원수 및 정원수로 가치가 높다.

두충

Eucommia ulmoides Oliv.

Eucommia 그리스어 eu(좋다)와 commi(고무)의 합성어, 수피 중에 고무질(구타페르카)이 있다는 뜻
ulmoides 느릅나무속(*Ulmus*)과 비슷한

이명 두충
한약명 중국과 일본에서 두중(杜仲), 한국에서 두충(杜沖)
E Eucommia
C 杜仲
J トチュウ

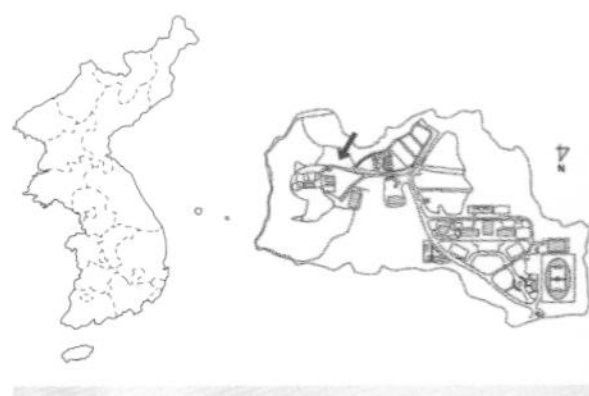

조림지
잎과 미성숙 열매
열매

겨울눈

어린가지와 수피(섬유질)

수피

【분포】
해외/국내 중국(중서부) 원산; 전국 식재
예산캠퍼스 연습림 임도 옆

【형태】
수형 낙엽활엽교목으로 수고 20m이다.
수피 회갈색 또는 흑회색이며 세로로 불규칙하게 갈라진다.
어린가지 끝에는 잎자국이 있고 끝눈이 없으며 원형 또는 타원형으로 피목이 많다.
겨울눈 난형이며 끝이 뾰족하고 8~10개의 눈비늘조각에 싸여있다.
잎 어긋나며 길이 5~16cm, 너비 2~7cm, 타원형으로 첨두이다. 기부는 넓은 예저 또는 예저, 예리한 거치가 있다. 처음 미모가 있다가 나중에 없어진다. 맥 위에는 잔털이 있다. 5~6쌍의 뚜렷한 잎맥이 있다.
꽃 4월에 피며 암수딴그루이다. 화피가 없다. 수꽃은 4~10개의 수술이 있고, 암꽃은 신년지 밑부분에 달린다.
열매 10~11월에 성숙하며 길이 3~3.5cm, 장타원형으로 가장자리가 날개로 되어있다.

【조림 · 생태 · 이용】
중국 원산이며, 추위에 어느 정도 강한 편이라 우리나라 대부분 지역에서 재배가 가능하다. 토양수분이 많은 비옥지로 토심이 깊고 배수가 잘 되는 사질양토가 적지이다. 가을에 서리가 오기 전에 잎을 뜯어 모아 그늘에서 말린다. 잎을 해열, 진해, 눈을 밝게 하는 약으로, 풍열감기, 유행성 감기로 인한 발열에 쓰며, 껍질을 강장, 강정, 진정, 진통약으로, 허리가 아픈 데와 유정 등에 이용한다.

자생지

범의귀과 Saxifragaceae

매화말발도리

Deutzia uniflora Shirai

Deutzia 식물학자 Thunberg의 후원자인 네덜란드의 Johan Van Der Deutz에서 유래함
uniflora 꽃이 1개인

이명 개말발도리, 댕강목, 삼지말발도리, 좁은잎댕강목, 좁은잎말발도리, 지리말발도리, 지이말발도리, 해남말발도리
E Apricot deutzia
C 溲疏
J チョウセンウメウツギ

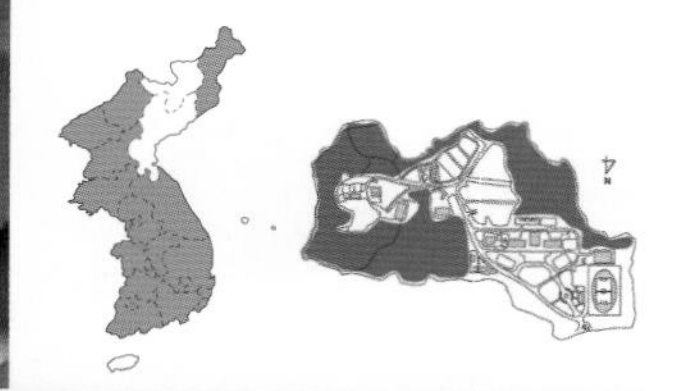

어린가지

꽃

겨울눈

잎 앞면

잎 뒷면

열매

【분포】
해외/국내 일본; 전국 암반지
예산캠퍼스 연습림

【형태】
수형 낙엽활엽관목으로 수고 1m이다. 바위틈에 자라며, 대개 비스듬하게 자란다.
수피 회색을 띠며, 불규칙하게 벗겨진다.
어린가지 성모가 밀생한다.
겨울눈 장난형이고 끝이 뾰족하다.
잎 마주나며, 장타원형 또는 넓은 피침형으로 점첨두, 넓은 설저이다. 길이 4~6cm, 불규칙한 가는 거치가 있으며 양면에 보통 5개로 갈라진 성모가 있다.
꽃 4월 초~6월 초에 피며 전년지의 측면에 1~3개씩 핀다. 5장의 꽃잎은 흰빛이며 바깥에 성모가 있고 꽃받침에도 성모가 있다.
열매 10월 중순에 성숙하며 종모양의 삭과로 3개의 홈이 파졌다.

【참고】
바위말발도리 (*D. grandiflora* var. *baroniana* Diels) 신년지에서 1~3개씩 꽃이 핀다.

바위말발도리 잎 뒷면 ©김진석

바위말발도리 열매 ©김진석

국가표준식물목록에는 수국과(Hydrangeaceae)로 기재되어 있다.

물참대

Deutzia glabrata Kom.

Deutzia 식물학자 Thunberg의 후원자인 네덜란드의 Johan Van Der Deutz에서 유래
glabrata 탈모한, 다소 매끈한

이명 댕강말발도리, 댕강목
E Korean deutzia
C 毛溲疏
J チョウセントネリコ

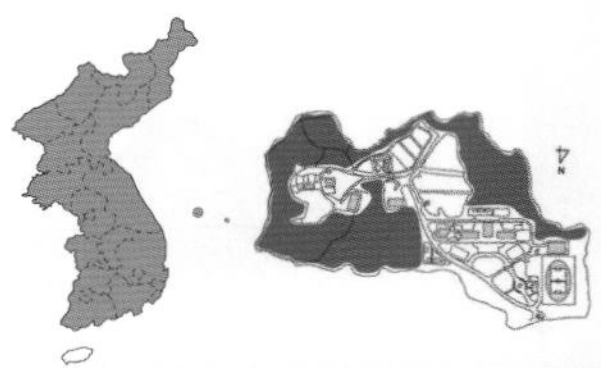

수형

열매

어린가지와 수피

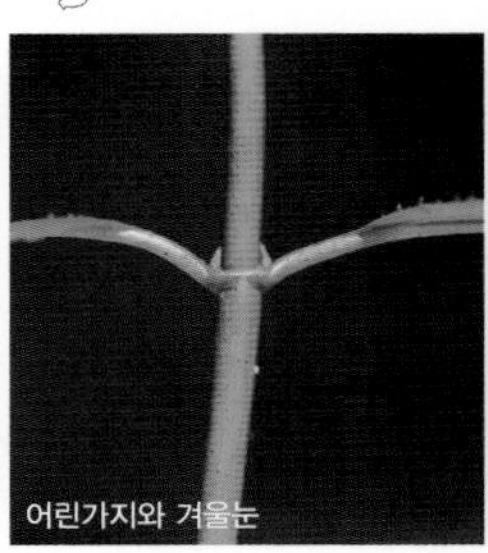
어린가지와 겨울눈

잎 앞면

잎 뒷면

잎

【분포】
해외/국내 중국; 제주도를 제외한 전국 계곡부
예산캠퍼스 연습림

【형태】
수형 낙엽활엽관목으로 수고 2m이다.
수피 회갈색이며 불규칙하게 벗겨진다.
어린가지 오래된 가지에서는 수피가 회색 또는 검은 회색으로 벗겨진다.
겨울눈 난형으로 끝이 뾰족하다.
잎 마주나며 피침형 또는 장타원형으로 점첨두, 설저이다. 길이 2~14cm, 너비 1~4.5cm, 작은 거치가 있다. 표면은 녹색이며 거의 털이 없거나 3~4개로 갈라진 성모가 산생한다. 뒷면은 담녹색으로 털이 없다.
꽃 백색으로 5~6월에 산방꽃차례로 핀다. 지름 8~12mm, 털이 없고, 꽃받침에 성모가 있다.
열매 9월에 성숙하고 종형의 삭과이며, 지름이 5~6mm이다. 종자가 많이 들어있다.

【조림 · 생태 · 이용】
산골짜기 숲속, 숲가장자리 및 그늘이 지고 습기가 있는 계곡 또는 전석지에서 생육한다. 성질이 강건한 식물로 특별한 재배관리는 필요하지 않고, 보습상태가 적절한 그늘진 곳에서 재배하는 것이 바람직하다. 맹아력이 좋아 열식하며 생울타리로 재배하면 좋다.

【참고】
국가표준식물목록에는 수국과(Hydrangeaceae)로 기재되어 있다.

수형

열매

꽃차례

범의귀과 Saxifragaceae

말발도리

Deutzia parviflora Bunge

Deutzia 식물학자 Thunberg의 후원자인 네덜란드의 Johan Van Der Deutz에서 유래
parviflora 소형화(小形花)의

이명 말발도리나무, 털말발도리, 태백말발도리, 속리말발도리
한약명 수소(溲疏, 열매)
E Parviflora deutzia
C 小花溲疏
J トウウシギ

어린가지

잎 앞면

잎 뒷면

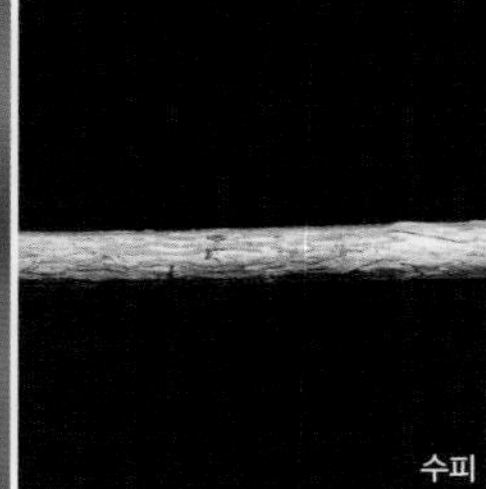
수피

【분포】
해외/국내 중국; 제주도를 제외한 전국 저지대

【형태】
수형 낙엽활엽관목으로 수고 2m이다.
수피 흑회색을 띤다.
어린가지 녹갈색 또는 녹색이고, 별모양의 털이 있다.
잎 마주나며, 타원형 또는 난상 타원형으로 점첨두, 설저이고 잔거치가 있다. 양면과 어린가지의 잎자루에 5개로 갈라진 성모가 있다.
꽃 백색으로 5~6월에 피며 산방꽃차례에 달린다. 꽃차례에도 성모가 있다.
열매 9월에 성숙하며, 종형의 삭과이고, 끝은 3각형으로 5개로 갈라진다.

【조림 · 생태 · 이용】
실생번식은 가을에 종자를 채취하여 온실 안에서 이끼 위에 파종해야 발아가 된다. 삽목번식은 좋은 품종의 새로 자란 가지를 삽수로 하여 꺾꽂이를 한다. 해가림을 해주어야 한다. 맹아력이 있어서 생울타리나 차폐물로 식재하면 좋고 절사지 녹화용으로도 적합하다.

【참고】
애기말발도리 (*D. gracilis* Siebold & Zucc.) 일본 원산으로 꽃은 원추꽃차례이며 잎은 양면에 털이 있다.

애기말발도리 수형

국가표준식물목록에는 수국과(Hydrangeaceae)로 기재되어 있다.

범의귀과 Saxifragaceae

빈도리

Deutzia crenata Siebold & Zucc.

Deutzia 식물학자 Thunberg의 후원자인 네덜란드의 Johan Van Der Deutz에서 유래
crenata 둥근 톱니의

이명 일본말발도리
J ウツギ

꽃차례

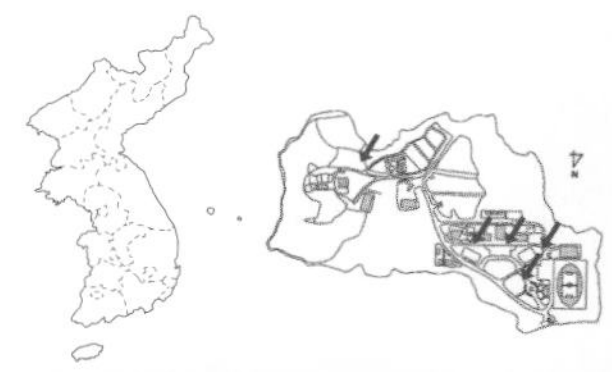

잎 ©김진석

꽃차례와 잎차례

열매 ©김진석

잎 앞면과 뒷면

【분포】
해외/국내 일본; 전국 관상수
예산캠퍼스 연습림 및 교내

【형태】
수형 낙엽활엽관목이다.
수피 세로로 얇게 갈라지며 벗겨진다.
어린가지 적갈색을 띤다.
잎 마주나며, 길이 3~6cm, 너비 1.5~3cm, 난형 또는 난상 피침형으로 예첨두, 원저이다. 가장자리 잔거치가 있으며, 양면에 성상모가 있다. 잎자루의 길이는 2~5mm이다.
꽃 5~7월 피며 원추꽃차례에 달린다. 꽃잎은 장타원형으로 5개 있다. 종모양의 꽃받침통은 성상모가 밀생하며 열편 5개, 수술 10개이다.
열매 10월에 성숙하며 원형의 삭과로 성상모가 밀생하고, 암술대가 남아있다.

【조림 · 생태 · 이용】
관상용으로 식재하고, 열매를 약용한다.

【참고】
만첩빈도리 (for. *plena* Schneid) 겹꽃이 핀다.
꼬리말발도리 (*D. paniculata* Nakai) 원추꽃차례로 달린다.

만첩빈도리

국가표준식물목록에는 수국과(Hydrangeaceae)로 기재되어 있다.

범의귀과 Saxifragaceae

산수국

***Hydrangea serrata* f. *acuminata* (Siebold & Zucc.) E.H.Wilson**

Hydrangea 그리스어 hedro(물)와 angeion(용기)의 합성어이며 삭과의 형태에서 유래함
serrata 톱니가 있는

이명 털수국, 털산수육
J ヤマアジサイ

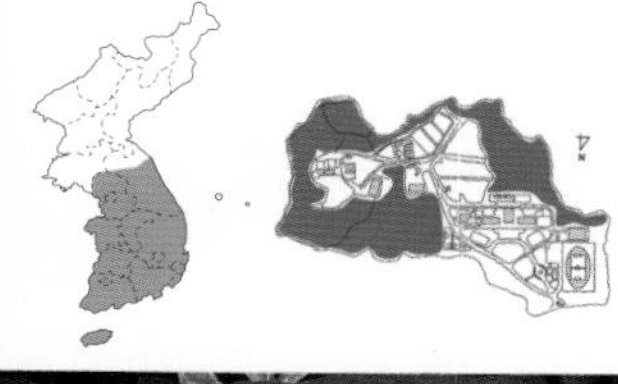

수형

잎

꽃

잎과 열매

【분포】
해외/국내 일본, 대만; 전국 계곡부 및 습한 전석지
예산캠퍼스 연습림

【형태】
수형 낙엽활엽관목으로 수고 0.5m~2m이다.
수피 갈색이며 얇게 갈라지고 오래되면 조각으로 떨어진다.
잎 마주나며 길이 5~10cm의 장타원형 또는 난상 타원형이다. 끝은 꼬리처럼 길게 뾰족하고, 밑부분은 둥글거나 쐐기형이며, 가장자리에는 삼각상의 뾰족한 거치가 있다. 표면은 광택이 있고 털이 없고, 뒷면은 맥 위와 맥액에 털이 밀생한다. 잎자루는 길이 1~3cm이다.
꽃 6~7월에 가지 끝에서 피고 산방꽃차례에 장식화와 양성화가 모여나며, 지름 5~10cm이다. 가장자리의 큰 꽃은 장식화이며 장식화의 꽃받침열편은 3~4개이고 백색~자주색, 연한 청색 등으로 색이 다양하다. 화통은 길이 0.5cm로 소형이며 꽃잎은 5개, 수술은 10개이다.
열매 10~11월에 성숙하며 길이 3~4mm의 난형 또는 타원형이다. 종자는 타원형이며 양 끝에 도기 모양 날개가 있다.

【조림 · 생태 · 이용】
전석지나 산골짜기에서 자라며 그늘진 계곡에서 다수가 군집을 이루고 있다. 건조한 바위틈, 습한 계곡에서도 잘 자라며, 내음성, 내한성, 내공해성이 강하다. 비옥하고 보습성이 충분한 사질양토를 좋아한다. 도시 조경용수, 경계용수로 식재할 수 있다. 뿌리, 잎, 꽃은 약용한다.

【참고】
산수국 학명이 국가표준식물목록에는 *H. macrophylla* (Thunb.) Ser. subsp. *serrata* (Thunb.) Makino로 기재되어 있다.
국가표준식물목록에는 수국과(Hydrangeaceae)로 기재되어 있다.

범의귀과 Saxifragaceae

나무수국

***Hydrangea paniculata* Siebold**

Hydrangea 그리스어 hedro(물)와 angeion(용기)의 합성어이며 삭과의 형태에서 유래함
paniculata 원추형의

이명 풀수국
E Paniculata hydrangea
J ノリウツギ

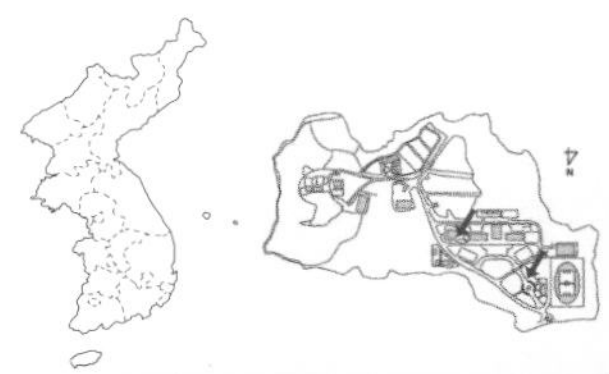

수형

잎 앞면

잎 뒷면

수피

잎과 열매

꽃

잎차례

【분포】

해외/국내 일본; 전국에 공원수 및 정원수로 식재
예산캠퍼스 학생회관 옆, 교내

【형태】

수형 낙엽활엽관목으로 수고 2~4m이다.
잎 잎은 마주나며 때로는 3개가 돌려나는 것도 있다. 난형, 타원형으로 끝이 예리하며 기부는 둥글고 가장자리에 낮은 거치가 있다. 너비 3~8cm이고, 표면에 털이 약간 있으나 점차 사라진다.
꽃 7~8월에 개화하고, 가지 끝에서 원추꽃차례가 나오며 많은 꽃이 핀다. 장식화는 꽃잎과 같이 보이는 큰 꽃받침 3~5개와 퇴화한 수술과 암술이 있고 열매를 맺지 못한다. 작은 꽃은 꽃받침 5개, 꽃잎 5개, 수술 10개, 화주 3개이다. 꽃은 잘 떨어지지 않고 그냥 겨울까지 달려있다.
열매 10~11월에 성숙한다.

【조림 · 생태 · 이용】

일본 원산이며 중용수이다. 관상용, 정원수, 독립수, 경계 식재용으로 이용되며 목재는 나무못이나 세공용으로, 나무껍질은 제지용의 풀을 만드는 데 사용된다. 꽃의 분단화 뿌리는 분단화근이라 하여 약용하며 소습, 파혈 등의 효능이 있다.

【참고】

국가표준식물목록에는 수국과(Hydrangeaceae)로 기재되어 있다.

범의귀과 Saxifragaceae

수국

Hydrangea macrophylla (Thunb.) Ser.

Hydrangea 그리스어 hedro(물)와 angeion(용기)의 합성어이며 삭과의 형태에서 유래
macrophylla 큰 잎의

이명 분수국
E Chinese sweetleaf
J アジサイ

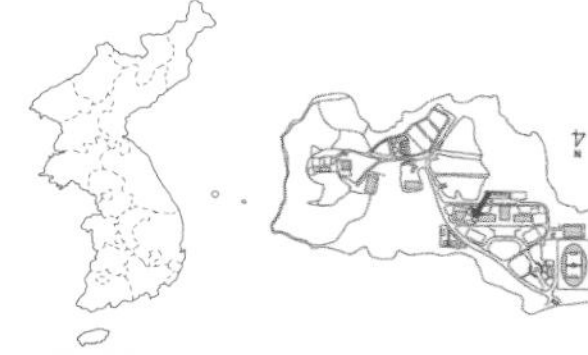

수형

잎

꽃

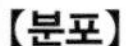
【분포】
해외/국내 일본; 전국 관상수
예산캠퍼스 학생회관 뒤

【형태】
수형 낙엽활엽관목으로 수고 1m이다.
수피 회갈색이며 얇게 갈라지고 오래되면 조각으로 떨어진다.
잎 마주나며 난형 또는 넓은 난형으로 두꺼우며 짙은 녹색을 띠고 윤채가 난다. 점첨두, 넓은 예저이고 가장자리에 거치가 있다.
꽃 6~7월에 피며 무성화로 산방꽃차례로 달린다. 둥근 모양이며 지름 10~15cm, 꽃받침잎은 4~5개이고, 하늘색 또는 연한 붉은색으로 변한다.
열매 암술이 퇴화되어 결실은 하지 못한다.

【조림 · 생태 · 이용】
일본 원산이며 중용수이다. 추위에 약하여 월동 중 대부분의 지상부가 해를 입는다. 중성토양이 생육적지이며 강한 산성토양에서는 푸른 꽃을, 알칼리성 토양에서는 붉은 꽃을 피운다. 반음지 식물로 습기가 많은 비옥한 곳을 좋아하며 내공해성이 강하고 병충해가 없어 관리가 용이하다. 정원수, 꽃꽂이용으로 많이 이용된다.

【참고】
국가표준식물목록에는 수국과(Hydrangeaceae)로 기재되어 있다.

범의귀과 Saxifragaceae

등수국

***Hydrangea petiolaris* Siebold & Zucc.**

Hydrangea 그리스어 hedro(물)와 angeion(용기)의 합성어이며 삭과의 형태에서 유래함
petiolaris 잎자루 위의

이명 넌출수국, 덩굴수국, 섬수국
E Climbing hydrangea
J ゴトウズル

수형

꽃차례

잎과 열매

큰 줄기와 나무를 기어올라가는 작은 줄기

잎

【분포】
해외/국내 일본; 울릉도, 제주도 숲속

【형태】
수형 낙엽활엽만목성으로 길이 20cm이다.
수피 갈색이며 세로로 얇게 벗겨진다.
어린가지 갈색 또는 적갈색이며 주름이 지고 전년지부터는 공기뿌리가 나와 다른 물체에 달라붙는다.
겨울눈 끝눈은 장난형이고 털이 없으며 2개의 눈비늘에 싸여있다. 곁눈은 끝눈보다 작다.
잎 마주나며 넓은 난형 또는 원형으로 첨두 또는 점첨두. 원저 또는 심장저이다. 길이 4~10cm, 너비 3~10cm, 예리한 거치가 있다. 표면에 털이 없는 것 또는 잎맥에 털이 있는 것이 있다. 뒷면 맥액에 털이 있고, 잎자루는 길이 2~8cm로 털이 없다.
꽃 6~7월에 가지 끝에 피며 산방상 취산꽃차례로 달리고 지름 14~25cm이다. 가장자리의 중성화에 꽃잎 같은 3~4개의 꽃받침이 있다. 가장자리에 거치가 있고 지름 3cm이다. 양성화의 꽃받침과 꽃잎은 각각 5개, 수술은 15~20개이고, 암술대는 2~3개이다.
열매 삭과로 둥근 모양이며 절두리고 씨방은 2~3실이다

【조림 · 생태 · 이용】
해안, 산지에서 자라며 제주도에서는 숲속이나 계곡의 바위 또는 수간에 붙어 자란다. 양지를 좋아하나 음지에서도 잘 자라며, 내한성이 약하지만 때로 서울지방에서도 볼 수 있다. 계곡이나 호반과 같이 습기가 적당하고 비옥한 토양에서 잘 자란다.

【참고】
국가표준식물목록에는 수국과(Hydrangeaceae)로 기재되어 있다.

범의귀과 Saxifragaceae

고광나무

***Philadelphus schrenkii* Rupr.**

Philadelphus 기원전 283~247년의 이집트왕 Ptolemy Phila-Delphus에서 유래
schrenkii 인명 Schrenck의

이명 쇠영꽃나무, 오이순, 털고광나무
한약명 동북산매화(고광나무와 섬고광나무의 꽃, 뿌리)
E Mock orange
C 東北山梅花
J チョウセンバイカウツギ, マンシュウバイカウツギ

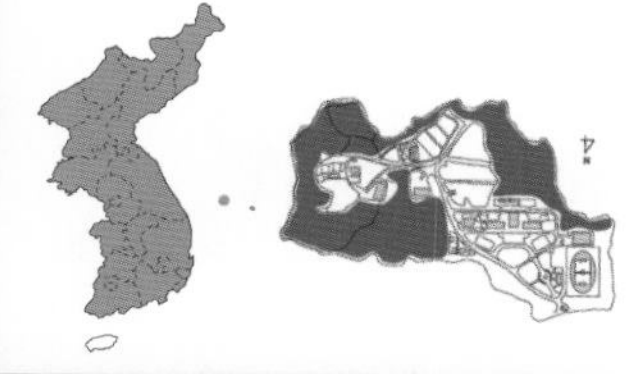

꽃차례

어린가지와 잎

잎 뒷면

꽃

열매

【분포】
해외/국내 중국; 전국 계곡부
예산캠퍼스 연습림

【형태】
수형 낙엽활엽관목으로 수고 2~4m이다.
수피 회갈색이며 오래되면 세로로 얇게 갈라져 벗겨진다.
가지 다소 털이 있고 전년지는 회갈색이며 껍질이 벗겨진다.
겨울눈 세모진 잎자국 속에 숨어있어 관다발자국은 3개이다.
잎 마주나며 난형 또는 타원형으로 점첨두, 넓은 설저이고, 뚜렷하지 않은 거치가 있다. 길이는 7~13cm, 너비 4~7cm, 열매가 달려있는 것은 길이 4.5~7.5cm, 너비 1.5~4cm이다. 표면은 녹색으로 거의 털이 없고, 뒷면은 담녹색으로 맥상에 잔털이 있다.
꽃 백색으로 4~5월에 피며 총상꽃차례에 5~7개의 꽃이 달린다. 잔털이 있으며, 밑에서 피는 꽃은 액생한다. 지름이 3~3.5cm로 향기가 있고 암술대는 4개로 갈라져 있으며 기부에 잔털이 있다.
열매 9~10월에 성숙하며 난형 또는 타원형의 삭과이고 끝이 뾰족하다.

【조림 · 생태 · 이용】
산골짜기의 토양수분이 알맞은 곳에서 잘 자란다. 관상용으로 심기도 하며 새잎을 식용하기도 한다. 꽃, 뿌리는 약용한다. 여름철에 꽃이 한창 필 때 꽃을 뜯어 그늘에서 말리며 봄과 가을에 뿌리를 캐어 물에 씻고 햇볕에 말린다. 꽃을 우려 민간에서 신경성 강장약, 이뇨제로 쓰인다. 뿌리는 치질에 효과가 있다.

【참고】
국가표준식물목록에는 수국과(Hydrangeaceae)로 기재되어 있다.

범의귀과 Saxifragaceae

까마귀밥나무

***Ribes fasciculatum* var. *chinense* Maxim.**

Ribes 아랍명의 전용. Alphonso De Candolle에 의하면 붉은 구즈베리에 대한 덴마크의 구어체 ribs에서 유래함
fasciculatum 속생(束生)의

이명 까마귀밥여름나무, 가마귀밥여름나무, 호가마귀밥여름나무, 꼬리까치밥나무, 북가마귀밥여름나무

E Chinese currant
C 華茶藨
J シナヤブサンザシ

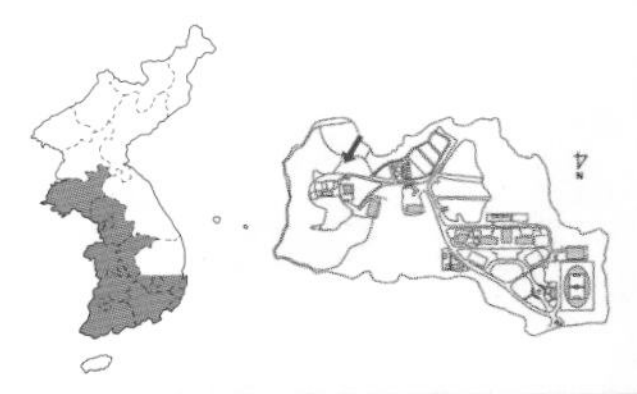

수형

꽃

잎 앞면

미성숙 열매

잎 뒷면

【분포】

해외/국내 중국, 일본; 한반도 서부지역
예산캠퍼스 연습림 임도 옆

【형태】

수형 낙엽활엽관목으로 수고 1~1.5m이다.
수피 자갈색 또는 회갈색을 띤다.
어린가지 회백색이며 점차 자갈색으로 변하고 처음에는 부드러운 털이 있다. 가지에 가시가 없다.
겨울눈 피침형으로 적갈색 눈비늘조각에 느슨하게 싸여있다. 곁눈은 가지와 나란히 붙는다.
잎 어긋나며 둥근 모양으로 3~5개로 갈라지며 둔두이다. 기부는 심장저 또는 절저이며 길이 5~10cm, 둔한 거치가 있다. 표면에 털이 없고, 뒷면은 담녹색이며 잎자루와 더불어 융모가 있다.
꽃 잎겨드랑이에 여러 개가 달리며 4월에 피고 암수딴그루이다. 꽃받침은 황록색이며 난상 타원형으로 뒤로 젖혀진다. 암꽃의 꽃받침 밑에는 씨방이 발달되어 있다.
열매 10월에 붉게 성숙하며 과육은 쓴맛이 있으나 식용하기도 한다. 1개의 열매에 10여 개의 종자가 들어있다. 길이 4~5mm이다.

【조림 · 생태 · 이용】

산록부의 산골짜기에 잘 자란다. 종자, 삽목, 휘묻이로 증식시킬 수 있다. 종자채취 후 과육을 제거하고 습기 있는 모래와 섞어 저온저장 또는 토중 매장해 두었다가 봄에 파종한다. 건조시키면 2년째 봄에 발아한다. 7월 상순~중순에 삽목이 잘 된다. 정원수로 심으며 새 잎은 식용한다.

【참고】

개당주나무 (*R. fasciculatum* Siebold & Zucc.) 잎은 장상 모양으로 3~5갈래로 갈라진다. 꽃은 4월에 피며, 암수딴그루이고 연둣빛을 띠며 잎겨드랑이에 달린다.
국가표준식물목록에는 까치밥나무과(Grossulariaceae)로 기재되어 있다.

범의귀과 Saxifragaceae

까치밥나무

***Ribes mandshuricum* (Maxim.) Kom.**

Ribes 아랍명의 전용. Alphonso De Candolle에 의하면 붉은 구즈베리에 대한 덴마크의 구어체 ribs에서 유래함
mandshuricum 만주(滿洲)산의

E Manchurian currant
C 茶藨
J オオモミジマグリ

수형, 잎 앞면, 개화, 잎 뒷면, 꽃, 열매

【분포】
해외/국내 중국; 지리산 이북 아고산

【형태】
수형 낙엽활엽관목으로 수고 2m이다.
수피 자갈색, 회갈색이며 오래되면 세로로 터진다.
어린가지 자갈색으로 털이 없다.
겨울눈 난형으로 자갈색 눈비늘조각에 싸이며, 털이 있다.
잎 원형으로, 3~5개로 갈라지며, 잎 길이는 5~10cm, 예두이다. 기부는 심장저, 가장자리는 복거치이다. 표면은 녹색, 잔털이 산생하며, 뒷면에 융모가 있다. 털이 없는 잎자루는 길이 1~6cm이다.
꽃 3~4월에 피며 총상꽃차례로 달리는 양성화이다. 길이 20cm, 밀모가 있고, 40~50개의 꽃이 달린다. 꽃받침 원형으로 뒤로 젖혀진다. 수술은 길게 밖으로 나오고, 암술머리는 둘로 갈라져 있다.
열매 9~10월에 검붉게 성숙하며, 식용한다.

【조림 · 생태 · 이용】
까치밥나무속의 나무들은 잣나무털녹병 병원균의 중간기주가 된다. 높은 산의 수림 속에서 잘 자라는 내음성이 강한 수종이다. 열매는 식용 또는 약용하며 개앵도나무의 열매를 소모산마자(疏毛山麻子)라고 하며 식용, 약용한다. 열매에 비타민C, 당, 정유 등이 있다. 가을에 익은 검붉은 열매를 따서 그늘에서 말리거나 그대로 쓰며 잎을 뜯어 그늘에서 말린다. 민간에서는 이뇨제, 지사제로 쓰고, 어린잎은 향료로 쓴다. 까마귀밥여름나무의 양묘법에 준한다.

【참고】
까막바늘까치밥나무 (*R. horridum* Rupr. ex Maxim.) 줄기에 가시가 있고 가시는 줄기에 밀생한다.
국가표준식물목록에는 까치밥나무과(Grossulariaceae)로 기재되어 있다.

범의귀과 Saxifragaceae

꼬리까치밥나무

Ribes komarovii **Pojark.**

Ribes 아랍명의 전용. Alphonso De Candolle에 의하면 붉은 구즈베리에 대한 덴마크의 구어체 ribs에서 유래함
komarovii 만주식물을 연구한 러시아의 식물학자 V.L. Komarov의

이명 이삭까치밥나무
J ホザキヤブサンザシ

수형 ©김진석

꽃차례 ©김진석

잎 앞면 ©김진석

잎 뒷면 ©김진석

【분포】
해외/국내 지리산 이북 아고산 및 석회암지대에 드물게 자생

【형태】
수형 낙엽활엽관목으로 수고 2.5m이다.
잎 어긋나며, 난상 원형이고 3~5개로 갈라지고 거치가 드물게 있다. 첨두, 예저, 복거치가 있고 길이 3~4cm이다. 표면에 털이 없으며 뒷면 맥 위에 샘털이 있다.
꽃 암수딴그루로 4월에 피며 총상꽃차례에 샘털이 있고, 포는 떨어진다. 암꽃차례는 길이 5cm, 꽃받침조각은 둥근 모양, 꽃잎은 도란상 타원형이고 수술이 꽃잎보다 길다. 암꽃에 있어서 씨방은 도란형이고 털이 없으며 꽃받침조각은 타원형이다.
열매 붉은색으로 9~10월에 성숙하며 구형이다.

【조림 · 생태 · 이용】
지리산 노고단과 같은 심산지역의 수림 밑에서 자라며, 관상용 조경수, 정원수, 공원수 등으로 식재 가능하다.

【참고】
국가표준식물목록에는 까치밥나무과(Grossulariaceae)로 기재되어 있다.

범의귀과 Saxifragaceae

명자순

***Ribes maximowiczianum* Kom.**

Ribes 아랍명의 전용. Alphonso De Candolle에 의하면 붉은 구즈베리에 대한 덴마크의 구어체 ribs에서 유래함
maximowiczianum 러시아의 분류학자로서 동아시아 식물을 연구한 Maximowicz의

이명 일본까치밥나우, 조선까치밥나무, 좀까치밥나무, 참까치밥나무
C 茶藨
J チョウセンザリコミ

수형

잎 앞면

열매

잎 뒷면

어린가지와 겨울눈

【분포】
해외/국내 중국, 일본, 극동러시아; 전국 심산지 능선부 및 계곡부

【형태】
수형 낙엽활엽관목이다.
수피 회색, 회갈색이고 세로로 갈라져 벗겨진다.
어린가지 털이 없다.
겨울눈 피침형으로 짧은 자루가 있다.
잎 3갈래로 크게 갈라지며, 복거치, 예두, 절저 또는 심장저이다. 길이 2~3cm, 양면 및 잎자루에 잔털이 산생한다. 잎자루는 1cm 이하이다.
꽃 4월에 피며 암수딴그루이고 총상꽃차례에 2~3개의 꽃이 달린다. 선형의 털이 있고 꽃차례의 포가 일찍 떨어진다.
열매 9월에 붉게 성숙하며 원형의 장과이다.

【조림 · 생태 · 이용】
심산지역의 수림 밑에서 자라며, 주로 3월이나 8~9월 중순경에 가지삽목을 하거나 휘묻이를 한다. 관상용으로 사용되며, 열매는 둥글고 붉게 익으면 식용이 가능하다.

【참고】
국가표준식물목록에는 까치밥나무과(Grossulariaceae)로 기재되어 있다.

범의귀과 Saxifragaceae

바위수국

Schizophragma hydrangeoides Siebold & Zucc

Schizophragma 그리스어 schizo(갈리다, 갈라지다)의 phragma(벽)의 합성어이며 열매가 익으면 벽의 늑(肋)과 늑 사이가 갈라진다는 데서 기인함
hydrangeoides 수국속(*Hydrangea*)과 비슷한

이명 바위범의귀
E Japanese hydrangea vine
C 鑽地風
J イワガラミ

수형

열매와 포

잎

【분포】
해외/국내 일본; 울릉도, 제주도

【형태】
수형 낙엽활엽만목성으로 줄기가 10m 이상 자란다. 줄기에서 기근이 나와서 나무나 바위에 붙어 자란다.
수피 회색이고 세로로 갈라진다.
어린가지 연한 갈색, 적갈색이다.
겨울눈 끝눈은 난형, 원통형이고 4~6장의 갈색 눈비늘조각에 싸여 있고, 털이 많다. 곁눈은 끝눈보다 작다.
잎 마주나며 넓은 난형으로 길이와 너비가 각각 5~10cm, 예두, 원저 또는 심장저, 치아상 예거치이다. 양면의 맥액에 단모 있고, 뒷면은 녹백색이다.
꽃 5~7월에 피며 새가지의 끝에 커다란 취산꽃차례가 달린다. 지름이 20cm, 잔털이 있다. 무성화는 한 개의 꽃받침으로 되며 난원형이고 거치가 없으며, 길이 3~3.5cm이다.
열매 삭과로 10월에 성숙하며 긴 암술대와 더불어 길이 6~8mm이고 10개의 능선이 있다.

【조림 · 생태 · 이용】
산중턱 이상의 수림이나 산골짜기에서 잘 자라며, 내음성, 내한성, 내조성이 강하다. 부식질이 풍부하며 토심이 깊고 습한 지역에서 잘 자라며 약간 그늘진 곳이 생육적지이다. 남부 해안지방 외에는 월동이 불가능하며 난대에 분포하고 있지만 온대남부까지 생육이 가능하다. 잎과 꽃은 아름다워 절사면의 지피식물로 적합하고 암석정원이나 아치 등에 덩굴식물로 이용해도 좋다.

【참고】
국가표준식물목록에는 수국과(Hydrangeaceae)로 기재되어 있다.

돈나무과 Pittosporaceae

돈나무

Pittosporum tobira **(Thunb.) W.T.Aiton**

수형

잎차례

겨울눈

열매

꽃

Pittosporum 그리스어 pitta(피치)와 spora(종자)와 합성어이며, 종자가 흑색이고 윤채가 있으며 점착성이 있다는 뜻
tobira 일본명 도베라의

이명 갯똥나무, 섬엄나무, 섬음나무, 음나무, 해동, 똥낭

E Japanese pittosporum, Austalian laurel, Mock orange, House brooming moc

C 海桐花

J トベラ

【분포】

해외/국내 중국, 대만, 일본; 남부지역 및 제주도 바닷가 또는 산지

【형태】

수형 상록활엽관목으로 수고 2~3m이다.

수피 회색이며 뿌리 부근에는 맹아가 많이 나와 뭉쳐난다.

잎 어긋나지만 가지 끝에 모여 달리며 긴 도란형으로 둔두, 설저이다. 거치가 없고 뒤로 약간 말리는데 건조하면 더 많이 말린다. 길이 4~10cm,. 너비 2~3cm이다.

꽃 황백색의 꽃은 4~6월 가지 끝에서 피며 암수딴그루이고 취산꽃차례로 달리며 향기가 있다. 양성화이지만 수나무에 있는 암술은 기능이 퇴화되어 있다. 꽃받침, 꽃잎, 수술은 각각 5개이다.

열매 9~12월에 성숙하며 삭과이고 3개로 갈라진다. 점성이 있는 붉은 종자가 들어있다.

【조림 · 생태 · 이용】

한국, 중국, 일본이 원산지이며, 바닷가의 햇빛이 잘 드는 양지, 습기가 충분한 사질양토에서 주로 자란다. 울릉도에서는 해발 800m 이하의 지역에서 자란다. 양수 또는 중용수인 수종으로 내조성과 내공해성, 병충해에 강하고 내한성은 약하다. 남부지방에서는 녹지대의 전면에 식재하거나 도심지의 공원수로 심는다. 염분에 대한 저항성이 있어 방풍림으로도 적합하다. 목재는 어구를 만드는 데 사용하며, 가지와 잎은 칠리향이라 하여 약용한다. 정원수로 심고 있으며 잎은 가축의 사료로 이용된다.

돈나무 성숙 열매

장미과 Rosaceae

명자나무(명자꽃)

***Chaenomeles speciosa* (Sweet) Nakai**

Chaenomeles 그리스어 chaino(갈라지다)와 melon(사과)의 합성어이며 열매가 사과 같지만 갈라지는 것에서 유래함

이명 가시덱이, 당명자나무, 잔털명자나무, 청자, 자주해당

E Japnese quince, Flowering quince

C 貼梗木瓜

J ボケ, チョウセンボケ

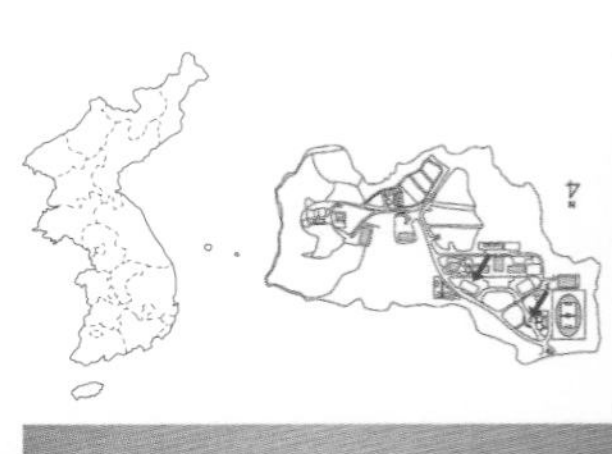

꽃

꽃(홍백색)

잎과 꽃

모과(위)와 산당화(아래)의 열매

개화

잎

【분포】

해외/국내 중국; 전국 관상수

예산캠퍼스 정문 느티나무 주변 및 생명관 앞

【형태】

수형 낙엽활엽관목으로 수고 1~2m이다.

수피 암자색을 띤다.

어린가지 가시가 있으며, 큰 턱잎이 있으나 일찍 떨어진다.

잎 어긋나며 타원형 또는 장타원형으로 예두, 예저이다. 길이 4~8cm, 너비 1.5~5cm, 가장자리에 잔거치가 있다. 잎자루가 짧고, 턱잎은 난형 또는 피침형으로 일찍 떨어진다.

꽃 4~5월에 피며 단지에 1개 또는 여러 개가 달린다. 수꽃의 씨방은 여위고 자성화의 씨방은 살이 찌며 크게 자라고 꽃자루가 짧다. 꽃받침은 짧으며 종형 또는 통형이고 5개로 갈라진다. 열편은 원두, 꽃잎은 5개, 원형, 도란형, 타원형이고 밑부분이 뾰족하다. 백색, 분홍색, 빨간색으로 핀다.

열매 가을에 누렇게 성숙하며 타원형으로 크기는 10cm이다.

【조림 · 생태 · 이용】

해가 잘 드는 양지바른 곳을 좋아하며 건조한 곳에서는 생장이 좋지 않다. 배수가 잘 되면서 보수력이 좋은 사질양토가 좋으며 지하수가 높은 곳에서는 겨울에 뿌리가 쉽게 언다. 꽃은 흰빛, 홍백색 등 원예품종이 많다. 양수성이며, 뿌리의 수직분포는 천근성이고 맹아성이 있다. 번식은 씨와 꺾꽂이, 포기나누기, 휘묻이 등이 용이하며, 특수한 품종은 접붙이기도 하나 일반적으로는 꺾꽂이로 번식시킨다. 정원수, 생울타리로 이용되고, 열매는 약용한다.

장미과 Rosaceae

채진목

Amelanchier asiatica **(Siebold & Zucc.) Endl. ex Walp.**

Amelanchier 프랑스의 토명(土名)
asiatica 아시아의

이명 독요나무
한약명 부이목피(扶移木皮, 수피)
E June berry
C 唐棣
J サイフリボク

산림청 지정 희귀등급 멸종위기종(CR)
환경부 지정 국가적색목록 위기(EN)

【분포】

해외/국내 일본, 중국; 제주도 산지 계곡부에 드물게 자생
예산캠퍼스 연습림

【형태】

수형 낙엽활엽관목 또는 소교목으로 수고 5~10m이다.
수피 회갈색 또는 암갈색을 띤다.
어린가지 잔가지는 적갈색이며, 원형 또는 타원형의 피목이 많다.
겨울눈 피침형 또는 장타원형으로 끝이 뾰족하고 5~9개의 적갈색 눈비늘조각에 싸여있다.
잎 어긋나며 표면에는 털이 없으나 뒷면에는 어릴 때는 흰 샘털이 있다가 없어진다. 난형 또는 타원형으로 예두, 원저이고, 길이 4~8cm, 너비 2~4cm이다.
꽃 4~5월에 피며 복총상꽃차례로 달리고, 전년가지의 마디나 가지 끝에서 나온다. 화경과 꽃받침에 희고 부드러운 털이 있다. 꽃잎은 5장으로 가늘고 길며, 수술 20개, 암술대는 5개이다.
열매 8~9월에 자흑색으로 성숙하며 구형의 이과로, 지름 6~8mm이다. 끝에는 꽃받침이 붙어있다.

【조림 · 생태 · 이용】

양지와 음지 어디서나 잘 자라며, 맹아력이 좋아 수형조절이 자유롭고 이식이 용이하다. 유목 때의 생장속도는 빠르다. 부식질이 많은 석회질의 토양을 좋아한다. 제주도의 해발 1,000m까지 분포하고 있는 것으로 보아 온대 남부지역에서도 시험 식재할 가치가 있다. 중용수, 정원수로 식재한다. 열매에서 감미로운 맛이 나며, 잼 또는 파이의 재료가 되기도 한다. 새들이 즐겨 먹는 열매이기도 하다. 꽃은 절화용으로 쓰이고, 수피를 약용한다.

장미과 Rosaceae

모과나무

Chaenomeles sinensis (Thouin) C. K. Schneid

Chaenomeles 그리스어 chaino(갈라지다)와 melon(사과)의 합성어이며 열매가 사과 같지만 갈라지는 것에서 유래함
sinensis 중국의

이명 모과, 화류목, 화려목, 화리목
한약명 모과, 목과
E Chinese flowering-quince
C 木瓜
J カリン

문화재청 지정 천연기념물 충북 청주시 흥덕구 오송읍 연제리 모과나무(제522호)

수형 개화 수피

열매

꽃 잎과 꽃

【분포】
해외/국내 일본, 중국; 전국 식재
예산캠퍼스 기숙사 옆, 생명관 앞

【형태】
수형 낙엽활엽교목이며 수고 10m, 흉고직경 80cm이다.
수피 회록갈색을 띠며 조각으로 떨어지면 회색 자국이 남는다.
어린가지 새잎과 같이 흰 털이 많이 있지만 없어진다.
겨울눈 광난형으로 길이 1~3mm이고, 눈비늘조각 3~4개에 싸여있다.
잎 어긋나며 타원상 난형 또는 장타원형으로 길이 4~8cm, 양 끝이 뾰족하고 가장자리에 뾰족한 세치가 있다. 어린잎은 선상이며, 표면에는 털이 없으나 어린잎 뒷면에 털이 있다. 턱잎은 장타원형, 길이 7~8mm, 곧 떨어진다.
꽃 4~5월에 담홍색을 피며 단생이다. 꽃받침과 꽃잎은 5개, 수술은 약 20개, 암술머리는 5개로 갈라지다.
열매 9~10월에 성숙하며 이과로 대형이며 길이 10~15cm이다. 황색으로 익으며 향기가 있다.

【조림 · 생태 · 이용】
수세는 강건하며 양수성으로 뿌리의 수직분포는 천근형이다. 염기와 공해에 강하며 토심이 깊어 비옥한 적윤지에서는 생장이 왕성하며 개화와 결실이 잘 된다. 과수로 식재하며 과육이 시고 딱딱해 열매의 향기가 그윽하다. 차나 술을 담그며 관상용으로 식재한다. 목재는 장식재, 가구재 등으로 사용된다. 열매는 명사라 하여 약용하는데 소담, 거풍습 등의 효능이 있다.

수형

겨울눈

열매

수피

잎 앞면

잎 뒷면

장미과 Rosaceae

섬개야광나무

Cotoneaster wilsonii Nakai

Cotoneaster 라틴어 cotonea(모과)와 aster(종류라는 뜻의 접미사)의 합성어로, 어떤 종의 잎은 모과나무의 잎과 비슷하다는 데서 유래함
wilsonii 미국의 Ernest Henry Wilson (1876~1930)의

이명 섬개야광, 삼야광나무
E Ulleung island's cotoneaster
J タケシマシャリンウ

산림청 지정 희귀등급 멸종위기종(CR)
산림청 지정 특산식물
환경부 지정 국가적색목록 위급(CR)
환경부 지정 멸종위기 야생생물 II급
문화재청 지정 천연기념물 경북 울릉군 울릉읍 도리 섬개야광나무-섬댕강나무군락(제51호)

【분포】
해외/국내 중국; 울릉도 바닷가와 송곳산 해발 500m 지역 암반부

【형태】
수형 낙엽활엽관목으로 수고 1~4m이다.
수피 잿빛이 도는 자주색이다.
어린가지 털이 있다.
잎 어긋나며 길이 2~4cm, 난형, 타원형 또는 도란형으로 양 끝이 좁아지며 끝은 둥글거나 둔하고 가장자리는 밋밋하다. 뒷면에는 흰색 견모가 밀생하나 점차 없어진다. 잎자루는 길이 2.5mm, 털이 있다. 턱잎은 선형으로 길이 1~4mm, 끝까지 남아있다.
꽃 흰색으로 5~6월에 피며 가지 끝에 산방원추꽃차례로 달린다. 포와 소포는 흑자색, 꽃받침통은 소포로 둘러싸인다. 수술보다 긴 꽃잎의 길이가 3mm, 암술대는 2개이다.
열매 8~9월에 적자색으로 성숙하고 난형이다.

【조림 · 생태 · 이용】
과육을 제거한 후 종자를 저온습윤 처리하면 발아율이 양호하다. 대부분 파종 1년째 봄에 발아한다. 채종 적기가 늦었거나 종자 저장이 부적당하면 2년째 봄에 발아한다. 휴면지삽목과 녹지삽목이 잘 된다.

꽃 ©김진석

장미과 Rosaceae

홍자단

***Cotoneaster horizontalis* Decne.**

Cotoneaster 라틴어 cotonea(모과)와 aster(접미사로서 종류라는 뜻)의 합성어로, 어떤 종의 잎은 모과나무의 잎과 비슷하다는 데서 유래함
horizontalis 수평의

E Rock cotoneaster
C 平枝栒子
J ベニシタン

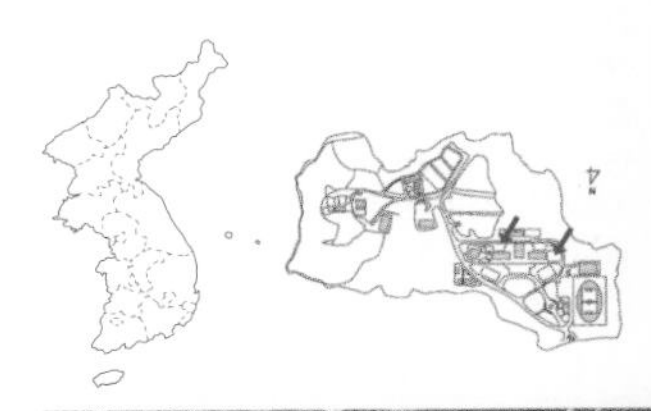

수형

잎과 꽃

열매

잎 앞면

잎 뒷면

【분포】
해외/국내 중국; 전국 관상수
예산캠퍼스 생명관 뒤 산업관 옆

【형태】
수형 낙엽활엽관목으로 수고 1m 내외이다.
어린가지 담황갈색의 연모가 밀생한다.
잎 어긋나며 도란형 또는 장타원형으로 길이 0.5~1.6cm이다. 끝이 예리하거나 둔하고, 잎자루가 매우 짧다.
꽃 6월에 핀다.
열매 9~10월에 붉게 성숙한다.

【조림 · 생태 · 이용】
중국에서 도입된 키가 낮은 관목으로 우리나라에 드물게 분포한다. 7~9월에 가지삽목과 종자로 증식한다. 관목 중에서도 키가 작고 사방으로 가지가 뻗으며, 마디마디에서 많은 꽃과 열매가 달린다. 키가 낮은 관목이며, 사방으로 분지하여 널리 뻗어 나간 소지에 수많은 꽃과 열매가 달리므로 감상가치가 매우 높다. 여러 나라에서 정원수로 식재하고 있으며, 우리나라에서도 공원이나 정원 등에 관상용으로 이용하고 있다. 중국에서는 뿌리와 지부를 부인병의 치료제로 이용하고 있으며, 열매는 작은 새들의 먹이가 된다.

수형

장미과 Rosaceae

산사나무

Crataegus pinnatifida Bunge

Crataegus 그리스어 kratos(힘)와 agein(갖다)의 합성어로, 재질이 단단한데서 유래함
pinnatifida 우상(羽狀) 중렬(中裂)의

이명 아가위나무, 아그배나무, 찔구배나무, 질배나무, 애광나무, 동배, 산사, 야광나무, 이광나무, 뚤광나무
한약명 산사(山楂, 열매), 산리홍(山里紅)
E Large chinese hawthorn
C 山楂
J オオサンザシ, オオミサンザシ

잎

열매

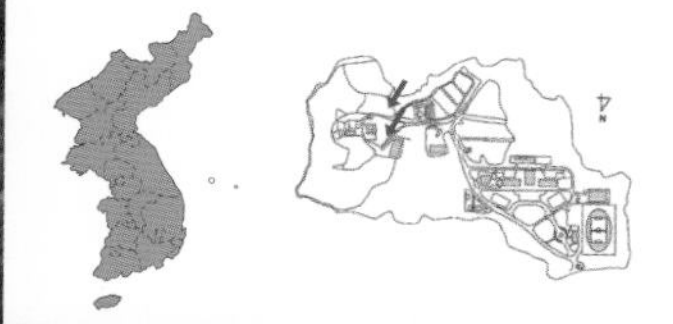

수피

가시

턱잎

잎눈 개엽

【분포】
해외/국내 일본, 중국, 극동러시아; 전국 계곡이나 하천
예산캠퍼스 연습림 임도

【형태】
수형 낙엽활엽교목으로 수고 6m이다.
수피 회갈색을 띠며, 불규칙하게 얇은 조각으로 갈라져 벗겨진다.
어린가지 길이 1~2cm의 예리한 가시가 있다. 가시가 없는 경우도 있다.
겨울눈 반구형이며 곁눈은 끝눈보다 작다.
잎 어긋나며 광난형으로 절저 또는 넓은 설저이고, 5~9개의 우상으로 깊게 갈라진다. 각 열편에 불규칙한 거치가 있다. 양면의 중륵과 측맥에 털이 있고, 길이 5~10cm이다. 잎자루의 길이 2~6cm, 턱잎은 크고 거치가 있다.
꽃 4~5월에 피며 산방꽃차례로 털이 있으며, 담홍색 또는 백색이다.
열매 9~10월에 성숙하며 구형의 이과로 지름 1.5cm이다. 붉게 익고 흰 점이 있다. 한 개의 이과 안에 보통 3~5개의 종자가 들어있다.

【조림 · 생태 · 이용】
내조성과 내한성은 강하나 내음성이 약해 햇빛을 좋아하며, 사질양토로 토심이 깊고 비옥한 토양을 선호한다. 산지, 자갈 섞인 밭, 개간지에서도 생육이 좋다. 대부분 씨앗으로 번식하나 육묘이식도 유리하다. 정원수나 공원수로 적합하며, 열매의 신맛은 떡, 술, 정과 등 별미의 음식을 만드는 데 쓰인다.

이노리나무
Crataegus komarovii Sarg.

Crataegus 그리스어 kratos(힘)와 agein(갖다)의 합성어로, 재질이 단단한데서 유래함
komarovii 만주식물을 연구한 러시아의 식물학자 V.L. Komarovi의

이명 왕이노리나무, 털이노리나무
E Korean hawthorn, Korean may tree
J ウスバサンザシ

산림청 지정 희귀등급 멸종위기종(CR)
환경부 지정 국가적색목록 위기(EN)

수형

잎 앞면

잎

열매

잎 뒷면

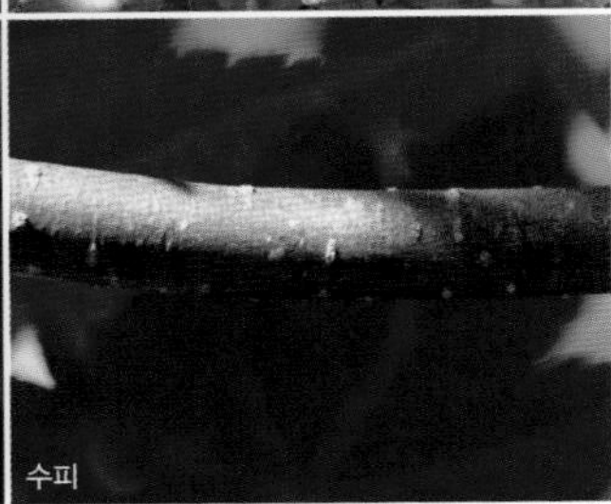
수피

【분포】
해외/국내 중국; 설악산

【형태】
수형 낙엽활엽아교목으로 수고 5m이다.
어린가지 털이 있다.
잎 어긋나며 길이 4~8cm, 3~5개의 장상으로 깊게 갈라진다. 각 열편에는 가는 거치가 있다. 첨두, 심장저 또는 절저이며, 표면에 털이 없고, 뒷면 맥상에 털이 있다.
꽃 4~5월에 피며 산방꽃차례로 백색의 양성화가 모여 핀다.
열매 9~10월에 붉게 성숙하며 이과로 열매껍질에 피목이 없다. 과경 길이는 1.2~1.5cm이다.

【조림 · 생태 · 이용】
점봉산, 설악산의 능선부에 주로 자라며, 자생지가 1~2곳으로 개체수가 매우 적은 수종이다. 기후변화에 따른 자생지 환경 악화에 대한 대비가 필요하다. 현재 우리나라 산림청 지정 희귀등급 멸종위기종(CR)에 속하고, 환경부 지정 국가적색목록 위기종(EN)에 해당된다. 분포지인 설악산 일대 능선부가 남방한계선이므로 현지 내 보존뿐만 아니라 현지 외 보존이 시급한 실정이다. 내한성과 내조성이 강하지만 내음성은 약하다. 사질양토의 토심이 깊고 비옥한 토양을 선호한다. 실생 및 삽목으로 번식이 가능하다. 정원 및 공원에 관상용 등으로 식재한다. 열매, 뿌리, 종자 등은 약용한다. 또한 열매는 야생조류의 좋은 먹이이다.

【참고】
이노리나무 학명이 국가표준식물목록에는 *Malus komarovii* (Sarg.) Rehder로 기재되어 있다.

수형 ©김진석

장미과 Rosaceae

아광나무

Crataegus maximowiczii C.K.Schneid.

Crataegus 그리스어 kratos(힘)와 agein(갖다)의 합성어로 재질이 단단한데서 유래
maximowiczii 러시아의 분류학자로서 동아시아 식물을 연구한 Maximowicz의

이명 뫼산사나무, 산산사나무, 뫼찔광나무, 야광나무
E Siberian crab
J ミヤマサンザシ

수피 ©김진석

잎 ©김진석

꽃 ©김진석

열매 ©김진석

【분포】
해외/국내 중국, 일본, 러시아(극동부); 북부지방

【형태】
수형 낙엽활엽아교목으로 수고 5m이다.
어린가지 가지가 변한 가시가 있는 경우도 있다.
잎 어긋나며 난형 또는 광타원형으로 첨두, 예저이고, 길이 3~7cm, 너비 3~5cm이다. 표면에는 털이 없고, 뒷면에 백색의 융모 있다.
꽃 5월에 백색으로 성숙하며 복산방꽃차례에는 융털이 밀생하여 짧은 가지에 정생한다. 꽃받침조각에 털이 없어 꽃잎이 둥글다.
열매 9~10월에 붉은색으로 성숙한다. 종자는 장란형으로 5개의 불규칙한 줄이 있다. 첨두, 둔저이며 길이 5mm, 폭 3mm의 황색빛을 띠는 이과이다. 어릴 때는 밀모가 있으나 점차 없어진다.

【조림 · 생태 · 이용】
분포지는 우리나라 북부지방으로 남한에서는 자생지를 찾아보기가 쉽지 않다. 산골짜기 및 도랑의 둑에 주로 자라며 산사나무에 비해 가시가 없고 잎 뒷면에만 털이 있다. 아광나무 국명은 중국명에서 유래했는데, 산사나무 및 근연식물들의 말린 열매를 산사라고 하여 한약재로 사용한다. 소화재, 지사제, 어혈에 사용되며 열매는 그대로 식용할 수 있다.

장미과 Rosaceae

비파나무

Eriobotrya japonica (Thunb.) Lindl.

Eriobotrya 그리스어 erion(연모)과 botrys(포도송이)의 합성어로, 표면이 백색 연모로 덮이고 열매가 송이로 된 것에서 유래함
japonica 일본의

한약명 비파엽(枇杷葉)
E Liquat, Japanese medlar
C 枇杷
J ビワ

수형

잎 앞면과 뒷면

잎

열매

꽃

종자

수피

【분포】
해외/국내 일본, 중국; 제주도 및 남해안 식재

【형태】
수형 상록활엽아교목으로 수고 10m이다.
어린가지 굵으며, 갈색 털이 있다.
잎 어긋나며, 뒷면에 갈색 털이 밀생하고 가지 끝에 모여서 달린다. 길이 15~25cm, 너비 3~5cm이며, 1cm 이하의 짧은 잎자루가 있고, 치아상 거치가 있다.
꽃 10~11월에 피며, 가지 끝에 원추꽃차례가 나온다. 지름 1cm로 백색이며 향기가 있다. 꽃차례의 축에는 갈색 털이 밀생한다.
열매 구형 또는 타원형의 열매는 지름 3~4cm로 가지 끝마다 몇개씩 모여 달리며 다음해 6월에 황색으로 성숙한다. 종자는 1~5개이고 흑갈색이다.

【조림 · 생태 · 이용】
원산지는 일본, 중국이며, 석회암지대에서 잘 자란다. 중용수 또는 양수이며 뿌리의 수직분포는 천근형이다. 종자는 휴면성이 없어 직파하면 바로 발아하며, 형질이 우수한 나무를 얻기 위해 접목한다. 가뭄에도 잘 견딜 수 있어 독립수, 경계식재 및 차폐용으로 적합하고 가로변이나 정원에 많이 식재할 수 있다. 남부지방에서는 과수로 재식하며 배 모양의 황색 열매는 식용한다. 또한 과실, 뿌리, 수피, 꽃, 종자, 잎은 증류액을 약용한다.

수형

잎

꽃

장미과 Rosaceae

가침박달

Exochorda serratifolia S. Moore

Exochorda 그리스어 exo(바깥)와 chorde(끈)의 합성어이며, 태좌 곁에 실이 생기는 수가 있는 것에서 유래함
serratifolia 톱니가 있는 잎의

이명 까침박달
E Serrateleaf pearlbush
J カガミクサ

산림청 지정 희귀등급 약관심종(LC)
환경부 지정 국가적색목록 관심대상(LC)
문화재청 지정 천연기념물 전북 임실군 관촌면 덕천리 가침박달군락(제387호)

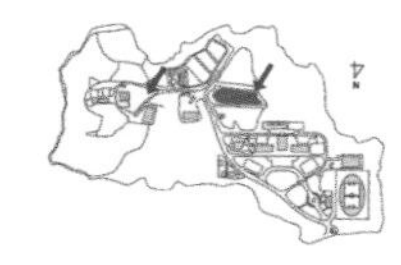

잎 뒷면

수피

개화

열매

【분포】
해외/국내 일본, 중국, 러시아, 미국, 유럽; 중부 이북 암반부 및 건조지
예산캠퍼스 교내

【형태】
수형 낙엽활엽관목으로 수고 1~5m이다.
겨울눈 난형이며 인편은 적자색이고 가장자리에 백색 털이 있다.
잎 어긋나며 길이 5~9cm의 타원형 또는 장타원상 난형으로 끝은 뾰족하다. 기저 부분은 쐐기형 또는 넓은 쐐기형이고 가장자리의 상반부에 뾰족한 거치가 있다. 양면에 털이 없으며 뒷면은 분백색을 띤다. 잎자루는 길이 1~2cm이며 털이 없다.
꽃 4~5월에 신년지의 끝에서 피며 총상꽃차례로 백색의 양성화가 모여 달린다. 꽃차례는 길이 10cm 가량으로 3~10개 정도의 꽃이 달린다. 지름 3~4cm이다. 꽃잎은 5장, 길이 1.5~2cm의 도란형이다. 꽃받침조각은 길이 2mm 정도의 삼각형이며 털이 없다. 수술은 15~25개, 암술대와 자방은 각각 5개씩이다.
열매 7~8월 중순에 성숙하며 삭과로 길이 1~1.2cm의 도란형이다. 5~6개로 돌출된 능각이 있고 표면에 털이 없다. 종자는 지름 1cm 정도이고 납작하며 날개가 있다.

【조림 · 생태 · 이용】
충남 예산에 심어도 잘 자라며, 햇빛이 잘 드는 산록의 비교적 비옥한 토양에서 주로 자란다. 토양은 부식질이 풍부한 비옥토에서 재배하는 것이 생육은 물론 개화 결실에 좋다. 음지에서도 적응이 가능하나 햇빛이 잘 드는 양지에서 재배하는 것이 좋음 내한성이 강하여 전국 어디서나 잘 자란다. 꽃이 아름다워 정원수로 이용한다.

장미과 Rosaceae

황매화

***Kerria japonica* (L.) DC.**

Kerria 영국 식물학자 John Bellenden Ker(1764~1842)에서 유래, 1804년 이후에는 John Gawler로 수정
japonica 일본의

이명 죽도화, 죽단화, 수중화
한약명 체당화(꽃)
E Japanese kerria
C 棣棠花
J ヤマブキ

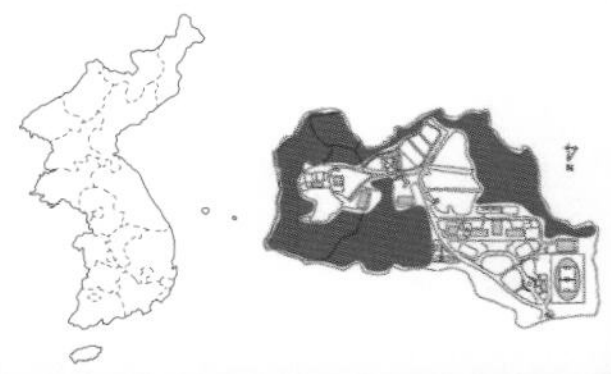

수형

열매

꽃 ©김텃골

꽃눈

【분포】
해외/국내 일본, 중국; 중부 이남 정원수
예산캠퍼스 연습림

【형태】
수형 낙엽활엽관목으로 수고 2m이다.
수피 녹색으로 뿌리에서 많은 가지가 나와 뭉쳐난다.
잎 어긋나며 난형으로 점첨두, 원저 또는 아심장저이고 길이 3~7cm, 너비 2~4cm이다. 복거치가 있고, 측맥은 6~8쌍으로 평행하다.
꽃 4~5월에 개엽과 동시에 황색으로 곁가지 끝에 1개씩 핀다. 지름 3~5cm이고 꽃받침과 꽃잎이 각각 5개씩이다.
열매 8~9월에 성숙하며, 보통 5개씩 달리지만 1~4개도 달린다. 처음에는 녹색이나 성숙할 무렵에는 흑갈색을 띤다.

【조림 · 생태 · 이용】
한국, 중국, 일본이 원산지이다. 음지와 양지를 가리지 않고 잘 자라고 생장이 빠르고 추위와 공해에도 강하며 습기가 많고 비옥한 식양토 및 사양토가 적당하다. 고온, 건조, 척박지는 부적지이며 내염성과 내조성이 약한 편이므로 바다 가까운 곳에서는 생장이 불량하다. 종자는 휴면성이 없어 직파하면 바로 발아되며, 형질이 우수한 나무를 얻기 위해 접목을 실시하기도 한다. 진딧물, 응애 등의 병충해 피해를 입는다. 정원수로 식재하고, 꽃은 약용한다.

장미과 Rosaceae

죽단화

***Kerria japonica* f. *pleniflora* (Witte) Rehder**

Kerria 영국 식물학자 John Bellenden Ker(1764~1842)에서 유래, 1804년 이후에는 John Gawler로 수정
japonica 일본의

이명 겹죽도화, 겹황매화, 죽도화
E Japanese kerria

수형
어린가지와 겨울눈
잎 뒷면
꽃

【분포】
해외/국내 중국; 전국 식재
예산캠퍼스 교내

【형태】
수형 낙엽활엽관목으로 수고 2m이다.
수피 불규칙하게 갈라져 조각조각 떨어진다.
어린가지 녹색으로 능선이 있다.
잎 어긋나며 장타원형으로 예저 또는 아심장저이고 길이 3~7cm, 너비 2~3.5cm이다. 가장자리에는 결각상의 이중거치가 있다. 표면은 털이 없고 잎맥이 오목하게 들어가며, 뒷면은 맥이 돌출하고 맥 위에 털이 있다. 잎자루는 길이 5~15mm이다.
꽃 4~6월에 황색을 띠며 단지 끝에 1개씩 피고, 지름 3~4cm이다. 꽃받침조각은 난형으로 첨두이고 털이 없으며 잔거치가 있다. 꽃잎은 겹꽃이다.
열매 거의 맺지 않는다.

【조림 · 생태 · 이용】
음지와 양지를 가리지 않고 잘 자라며 생장이 빠르고 추위와 공해에 강하다. 비옥하며 습기가 많은 식양토 및 사양토가 적당하다. 번식은 삽목 또는 분주에 의해 증식한다. 내조성은 약한 편으로 바다 가까운 곳에서는 생장이 어렵다. 정원에 관상용으로 많이 식재한다.

장미과 Rosaceae

야광나무
Malus baccata (L.) Borkh.

Malus 그리스어 malon(사과)에서 유래함
baccata 장과(漿果)의, 장과상의

이명 동배나무, 아그배나무, 들배나무, 아가위나무, 당아그배나무
한약명 임금(林檎, 열매)
E Siberian crab
C 山荊子
J シベリヤコリンゴ

수형

꽃

잎

열매

잎 앞면

잎 뒷면

수피

【분포】
해외/국내 일본, 중국, 극동러시아; 전국 계곡부

【형태】
수형 낙엽활엽교목으로 수고 6m이다.
수피 적갈색을 띤다.
잎 어긋나며 타원형 또는 난형으로 점첨두, 설저이고 길이 3~8cm이다. 가장자리에 잔거치가 있다.
꽃 5월에 흰빛 또는 담홍색으로 피며, 지름이 3~3.5cm이다. 꽃받침과 암술대 기부에 털이 있다.
열매 10월에 붉게 또는 누렇게 성숙하며, 원형의 이과로 지름이 8~12mm이며, 과경 길이는 3~5cm이다. 끝에 꽃받침이 없다.

【조림 · 생태 · 이용】
양수로, 산지 계곡부의 너무 비옥하지 않고 배수가 잘 되는 곳에서 잘 자란다. 추위에는 강하나 그늘에서 견디는 힘이 약하며, 습기가 많은 토양에서 번성하고 내공해성과 내병성이 아주 강하다. 홍색 또는 황색의 열매가 낙엽 후 초겨울까지 달려 있다. 독립수, 녹음수, 공원수, 가로수 및 차폐용으로 적합한 수종이다. 목재는 기구재로, 나무껍질은 염료로, 열매는 생식한다.

장미과 Rosaceae

아그배나무

***Malus sieboldii* (Regel) Rehder**

Malus 그리스어 malon(사과)에서 유래함
sieboldii 일본식물 연구가 Siebold의

이명 시볼드아그배나무, 삼엽매지나무
한약명 해홍(海洪, 열매)
E Toringo crab
C 裂葉海棠
J ズミ, ヒメカイドウ, ミツバカイドウ, コリンゴ

【분포】
해외/국내 일본, 중국; 중부 이남 산지, 전국 식재
예산캠퍼스 교내

【형태】
수형 낙엽활엽아교목으로 수고 2~10m이다.
수피 회갈색을 띠며, 세로로 갈라지고 조각으로 벗겨진다.
어린가지 자갈색이며, 털이 있지만 점차 없어진다.
겨울눈 장난형으로 끝이 뾰족하고 3~4개의 눈비늘조각에 싸여있다.
잎 어긋나며 타원형 또는 장타원형으로 길이 3~8cm, 너비 2~4cm이고 거치가 있다. 가끔 1~2개의 결각이 있는 것도 달린다. 어린가지의 잎은 3~5개로 갈라진다. 잎자루는 1.5~4cm이다.
꽃 5월에 피며 3~7개씩 단지에 매달린다. 꽃받침, 꽃잎이 보통 5개씩이다. 처음에는 담홍색이지만 나중에는 흰빛으로 변한다. 2~3cm의 가는 꽃가루가 있다. 암술대는 보통 3개이다.
열매 9~11월에 황홍색으로 성숙하며 구형으로 지름 5~7mm이고, 과경 길이는 2~4cm이다.

【조림 · 생태 · 이용】
양수로, 뿌리는 천근형이다. 실생과 접목하여 번식한다. 실생묘는 사과나무의 대목으로 사용되며 열매는 식용한다. 목재는 기구재로 사용되며, 꽃이 나무를 덮어 매우 아름답고 열매가 붉게 익는 등 감상가치가 높다. 독립수, 군식, 정원수, 공원수, 학교 등에 식재한다. 분재로도 사용된다.

【참고】
아그배나무 학명이 국가표준식물목록에는 *M. toringo* (Siebold) de Vriese로 기재되어 있다.

장미과 Rosaceae

사과나무

***Malus pumila* Mill.**

Malus 그리스어 malon(사과)에서 유래함
pumilus 키가 작은, 작은

이명 능금나무, 사과
E Commom apple
J リンゴ

과수원

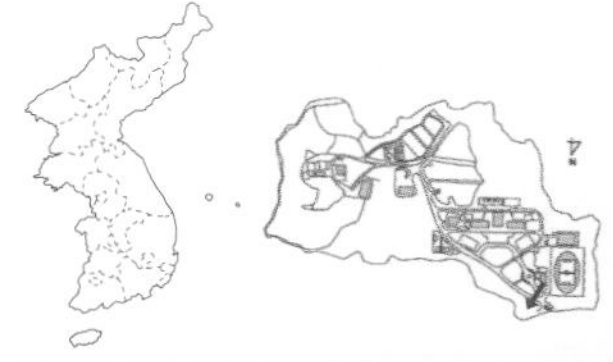

꽃

잎과 꽃

열매

어린가지와 개화

수피

【분포】
해외/국내 서아시아에 자생, 전 세계에 식재; 전국 식재
예산캠퍼스 교내

【형태】
수형 낙엽활엽아교목으로 수고 3~5m이다.
어린가지 자줏빛을 띤다.
잎 어긋나며, 타원형 또는 난형으로 넓은 설저 또는 원저이고 가장자리에 거치가 있다.
꽃 백색 또는 연분홍색의 양성화로 4~5월에 잎과 함께 잎겨드랑이에서 나와 산형으로 달린다.
열매 8~9월에 성숙하며, 이과이다.

【조림 · 생태 · 이용】
양수성 수종으로 중부 이남 표고 300m 이하 인가 부근에서 식재되고 있다. 재배품종은 이과 형태, 색깔, 숙기 등의 차이로 구분되고 국광, 후지, 데라샤스, 쓰가루, 골덴데리샤스, 과구오구, 아오모리, 왜성사과(대목이 왜성) 등이 있다. 적성병, 진딧물, 응애 등에 의한 병충해피해가 있다. 주로 생식하며 가공품(술, 주스, 소스, 제리 등)으로 식용되고 있다.

장미과 Rosaceae

나도국수나무

Neillia uekii Nakai

Neillia 스코틀랜드 에든버러의 식물학자 Patrick Neill에서 유래

이명 조팝나무아재비
J スグリウツギ

환경부 지정 국가적색목록 관심대상(LC)

수형

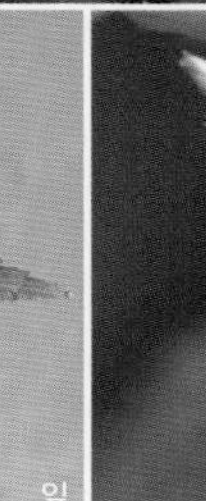

잎

꽃 ©김진석

열매 ©김진석

【분포】
해외/국내 중국; 중부 이북 임연부 및 하천가

【형태】
수형 낙엽활엽관목으로 수고 1~2m이다.
어린가지 가지에 털이 있으나 점차 없어진다.
잎 어긋나며 난형으로 점첨두, 아심장저이고 길이 5~8cm이다. 가장자리에 결각상의 거치 있다. 표면에 잔털이 있거나 없고, 뒷면은 잎겨드랑이 이외에는 털이 없다. 잎자루는 길이 5~15mm, 털이 없는 것과 잔털이 있는 것 있다.
꽃 총상꽃차례는 가지 끝에 달리며, 성모가 있다. 소화경에 밀모가 있는 것과 샘털만 있는 것이 있다. 꽃받침통에 샘털이 있고, 꽃잎은 난형, 자방 1개이다.
열매 난형으로 샘털이 밀생하며 윗부분에 꽃받침이 남아 있다. 골돌 안에 종자가 2개 들어있다.

【조림 · 생태 · 이용】
국수나무, 줄딸기, 생강나무 등과 혼생하며 군집을 이루기도 한다. 양지를 좋아하나 음지에서도 잘 자라고 내건성이 약하며 비옥적윤한 곳을 좋아한다. 해안지방에서도 잘 자라고 대기오염에 대한 저항성도 강하다. 번식은 모수로부터 분주, 분근하면 쉽게 묘목을 얻을 수 있다. 귀엽고 맹아력이 강한 꽃은 관상용으로 사방지나 도로변의 절토사면 녹화에 적합하다.

장미과 Rosaceae

홍가시나무

Photinia glabra **(Thunb.) Franch. & Sav.**

Photinia 그리스어 photeinos(빛나다)에서 유래함. 홍색의 새잎이 반짝반짝거리는 것을 지칭함
glabra 탈모한, 다소 매끈한

이명 붉은순나무, 홍가시
한약명 초림자(醋林子, 열매)
E Photonia
C 光葉石楠
J カナメモチ, アカメモチ

수형

잎

잎 앞면

잎 뒷면

꽃

【분포】
해외/국내 일본; 남부지역 식재

【형태】
수형 상록아교목으로 수고 10m이다.
잎 봄에 나오는 새잎은 붉은빛을 띤다. 어긋나며 장타원형, 도피침형으로, 거치가 있다. 길이 5~10cm, 너비 2~3cm이다.
꽃 5~6월에 백색으로 가지 끝에서 원추꽃차례로 개화하며 화경에 털과 껍질눈이 없다. 꽃부리는 지름 7~8mm이며 백색이고, 꽃받침통은 짧은 거꿀원뿔모양으로, 꽃받침조각은 삼각형이고 꽃잎은 광타원형 또는 원형 기부에 샘털이 존재한다. 수술은 20개이며 씨방은 중위이고 2실, 2개의 암술대는 밑부분이 유착된다. 또한 암술대에는 황색의 꿀샘이 있다.
열매 이과로 10~12월에 붉게 성숙한다.

【조림 · 생태 · 이용】
음수이며, 고온, 건조, 척박지는 생육에 부적합하다. 번식은 실생 또는 삽목을 통한 번식방법이 있으며, 응애 등에 의한 병충해 피해를 입는다. 공원수, 정원수, 방풍림, 생울타리 등의 조경수로 사용되며, 목재는 기구재, 선박재 등으로 사용된다.

장미과 Rosaceae

물싸리

***Potentilla fruticosa* var. *rigida* (Wall.) Th.Wolf**

Potentilla 라틴어 potens(강력)의 축소형이며, 처음에는 *P. anserina*의 강한 약효 때문에 지칭함
fruticosa 관목상(灌木狀)의

E Shrubby cinquefoil, Golden hardhack, Widdy
C 金露梅
J キンロウバイ

꽃 / 잎 / 잎 앞면 / 수피 / 잎 뒷면 / 어린가지

【분포】
해외/국내 북반구의 유럽~북아메리카; 함경도 고산지대 바위 틈

【형태】
수형 낙엽활엽관목으로 수고 1.5m이다.
수피 회색을 띠며 세로로 잘게 갈라진다.
어린가지 잔털이 있다.
잎 어긋나며 기수우상복엽이고 소엽은 3~7개(보통 5개)이다. 타원형 또는 장타원형이고 양 끝이 좁다. 길이 1~2cm로, 표면에 털이 없고, 뒷면은 잔털이 있으며 암녹색을 띤다. 가장자리가 뒤로 반곡되며 녹색 털이 있다. 턱잎은 피침형으로 연한 갈색이고 털이 있다.
꽃 6~8월에 피며, 지름 3cm이며 신년지 끝에 달리거나 2~3개가 액생한다. 꽃받침열편은 난상 삼각형으로 겉에 견모가 있으며 황록색을 띤다. 꽃잎은 황색이고 지름 1.5cm 정도로 둥근 모양이다.
열매 수과는 난형으로 윤채가 있고, 긴 털이 있다.

【조림 · 생태 · 이용】
백두산 등지의 고산지대 암석 위에서 자라며, 수고가 작은 풀이나 소관목들과 함께 군락을 이룬다. 성질이 강건하여 재배가 용이하므로 여름철의 더위에는 생육이 적합하지 않다. 척박지에서도 잘 견뎌 병충해 발생도 적으며 가능한 한 바람이 잘 통하는 곳에서 재배하는 것이 이롭다. 최근에는 원예종으로 다양한 장소에 조경용 소재로 사용된다.

【참고】
물싸리 학명이 국가표준식물목록에는 *Dasiphora fruticosa* (L.) Rydb.로 기재되어 있다.

장미과 Rosaceae

윤노리나무

Pourthiaea villosa (Thunb.) Decne.

Pourthiaea 프랑스인 가톨릭신부 Pourthie(1866년 한국에서 치명)를 추도하여 붙인 이름
villosa 연모가 있는

이명 긴윤노리나무, 꼭지윤노리, 꼭지윤노리나무, 꼭지윤여리, 참윤여리
한약명 모엽석남근(毛葉石楠根, 뿌리)
E Chinese christmas berry
C 毛葉石楠
J ワタゲカマツカ, オオカマツカ

꽃차례

열매

단지

수피

【분포】
해외/국내 중국, 일본; 중부 이남, 주로 남부 산지

【형태】
수형 낙엽활엽관목으로 수고 6m이다.
어린가지 백색 털과 타원형의 피목이 있다.
잎 어긋나며, 도란형 또는 장타원형으로 점첨두, 설저이고, 가장자리에 예거치가 있다. 길이 4~10cm, 너비 2~5cm, 잎자루의 길이 3~8mm이다.
꽃 4~5월경에 백색을 띠며 핀다. 새가지 끝에 지름 3~5cm의 산방꽃차례가 달린다. 꽃받침, 꽃잎은 각각 5개씩이다. 수술은 20개, 암술머리는 2~4개로 구분된다.
열매 9~10월에 붉게 성숙하며, 도란형의 이과로, 길이 8~10mm이다.

【조림 · 생태 · 이용】
내한성이 강하고 음지나 양지를 가리지 않으며 숲의 중간층을 형성한다. 내건성은 보통이고 내공해성, 내염성은 약하고 생육이 더딘 편이며 병충해가 비교적 적다. 정원수, 분재로 식재하고, 목재는 낫자루 등 기구재로 쓰인다. 뿌리는 약용하고, 채진목의 양묘법에 준한다.

【참고】
떡잎윤노리 (var. *brunnea* (H.Lév.) Nakai) 잎이 두껍고 도란형이며, 잎자루가 짧고 꽃차례가 크며 열매의 지름이 12mm 내외이다.

떡잎윤노리나무 잎과 열매

장미과 Rosaceae

개벚지나무

***Prunus maackii* Rupr.**

Prunus plum(자두)의 라틴명
maackii 러시아의 자연사학자 R. Maack의

이명 개벚지나무, 개벗나무
J ウラボシザクラ

【분포】
해외/국내 중국, 러시아; 백두대간

【형태】
수형 낙엽활엽교목으로 수고 10m이다.
수피 황갈색으로 광택이 나고 가로로 긴 피목이 발달한다.
잎 어긋나며 길이 4~8cm이고, 타원형 또는 마름모꼴 난형이다. 끝은 길게 뾰족하고, 밑부분은 둥글거나, 넓은 쐐기형이며, 가장자리에는 뾰족한 거치가 촘촘히 있다. 뒷면은 회녹색이고 선점이 밀생한다. 측맥은 10~13쌍이다. 잎자루는 길이 1~1.5cm, 털이 있으며 끝에 2개의 밀선이 있다. 턱잎은 선형이며 가장자리에 샘털이 있다.
꽃 5~6월에 피며 새가지 끝에서 나온 총상꽃차례에 백색의 양성화가 모여 달린다. 지름 8~10mm, 꽃잎은 장타원형 또는 도란형이다. 꽃받침열편은 난상 피침형 또는 삼각형이고 겉에 잔털과 샘털이 있으나 곧 떨어진다. 꽃잎보다 긴 수술은 25~30개이고, 자방은 털이 없으며 암술대는 수술보다 약간 짧다.
열매 7~8월에 흑색으로 성숙하며, 구형이고, 지름 5~7mm이다.

【조림 · 생태 · 이용】
심산지역에 자라며, 양수로 햇빛이 잘 드는 습한 적윤지 토양에서 자란다. 다소 군집성도 있고 내음성이 약간 있는 편이며 내공해성과 내병충성은 보통이다.

【참고】
귀룽나무와 비슷한 점도 있지만 수피가 확연히 구분되고, 꽃차례 하부에 잎이 없는 점과, 꽃의 수술이 꽃잎보다 길며 잎 뒷면에 선점이 밀생하는 점이 다르다.

장미과 Rosaceae

귀룽나무

***Prunus padus* L.**

Prunus plum(자두)의 라틴명
padus 그리스명

이명 귀룽나무
한약명 앵액(櫻額, 열매)
E Bird cherry, European bird cherry, Hagberry
C 稠李
J エゾノウワミズザクラ

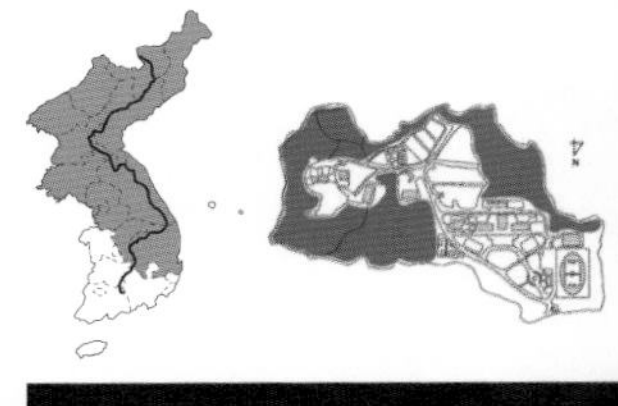
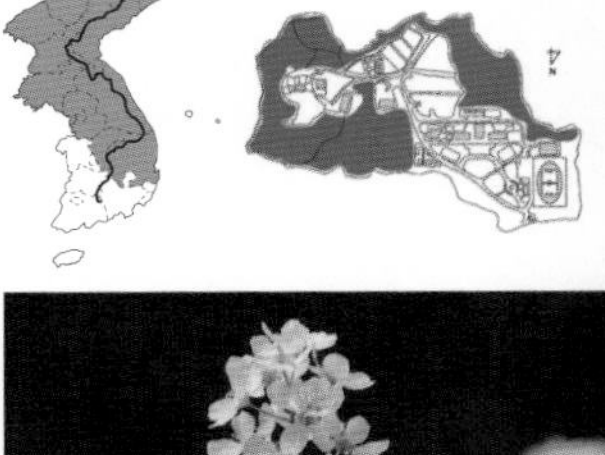

수형

잎 앞면
잎 뒷면
겨울눈
어린가지

꽃

열매

수피

【분포】
해외/국내 일본(홋카이도), 중국, 몽골, 러시아(시베리아), 유럽; 중부 이북 산지 계곡부
예산캠퍼스 연습림

【형태】
수형 낙엽활엽교목으로 수고 15m이다.
어린가지 가지를 꺾으면 냄새가 난다.
잎 어긋나며 도란상 타원형, 도란형 또는 타원형으로 예두, 원저, 세치가 있다. 잎자루는 길이 1~1.5cm, 털이 없고 밀선이 있다.
꽃 백색으로 5월에 피며 새가지 끝의 총상꽃차례에 달린다. 꽃차례는 약간 밑으로 처지고 길이 10~15cm, 털이 없으며 꽃차례의 화부에 잎이 달린다.
열매 6~7월에 검게 성숙하며 핵과이다.

【조림 · 생태 · 이용】
높은 산의 골짜기에서 잘 자란다. 습기가 있는 음지 또는 비옥한 사질양토에서 잘 자라며 추위와 공해, 염기에 강하다. 목재는 기구재와 조각재로 사용되며, 속성 조경수, 공원의 녹음수, 독립수, 화기조림용 및 경계식재용으로 적당하다. 1년생 가지 및 잎, 열매는 약용한다. 관상 가치가 높고 종류가 다양하므로 양묘에 많은 노력을 하여 이용하는 것이 효과적이다.

장미과 Rosaceae

산개벚지나무

***Prunus maximowiczii* Rupr.**

Prunus plum(자두)의 라틴명
maximowiczii 동아시아 식물을 연구한 러시아의 분류학자 Maximowicz의

이명 산개벗지나무, 산개벗나무
E Miyama cherry
C 黑樱桃
J ミヤマザクラ

【분포】
해외/국내 일본, 중국; 제주도 한라산, 지리산, 강원도 이북 높은 산

【형태】
수형 낙엽활엽교목으로 수고 15m이다.
수피 암회색으로 거칠다.
어린가지 털이 있고, 회색을 띤다.
잎 어긋나지만 단지에서는 뭉쳐난다. 난형, 도란형 또는 타원상 도란형으로 길이 4~8cm, 급한 점첨두이고 원저이다. 잎자루는 8~12mm로 털이 있다.
꽃 백색으로 4~5월에 잎보다 약간 늦게 피며, 총상꽃차례에 가까운 산방꽃차례로 달린다. 거치가 있는 포가 있으며, 꽃자루에 털이 있다.
열매 7~8월에 검게 성숙하며, 원형이고 지름 5mm이다.

【조림 · 생태 · 이용】
심산지역에 자라며 양수로 햇빛이 잘 드는 습한 적윤지 토양에서 자란다. 다소 군집성도 있고 내음성이 강한 편이며 내공해성과 내병충성은 보통이다. 여름에 종자를 채취하여 그늘에서 건조시키고, 가을에 노천매장한 후 다음해 봄에 파종하며, 접목도 가능하다. 관상용 또는 조경용으로 개발 가치가 충분하다.

장미과 Rosaceae

섬개벚나무

***Prunus buergeriana* Miq.**

Prunus plum(자두)의 라틴명
buergeriana 일본식물 채집가 Buerger의

이명 섬개벚나무
E Buergeri cherry
J イヌザクラ

수형 / 엽저와 겨울눈 / 수피

꽃차례

잎 앞면

잎 뒷면

【분포】
해외/국내 일본; 제주도 한라산 해발 500~1,200m 숲속

【형태】
수형 낙엽활엽교목으로 수고 10m이다.
수피 짙은 회색으로 광택이 나며, 오래되면 불규칙하게 갈라져 작은 조각으로 떨어진다.
잎 어긋나며 좁은 장타원형 또는 장타원형으로 길이 5~8.5cm이고 예첨두, 설저이다. 잔거치가 있고, 뒷면 중앙맥에는 털이 있다. 잎자루는 길이 1~1.5cm, 털이 없다.
꽃 전년지에서 백색의 양성화가 총상꽃차례로 20~30개씩 모여 달리며, 4~5월에 잎이 완전히 전개된 후에 꽃차례 기부에는 잎이 없다. 꽃은 지름 5~7mm로 꽃잎은 넓은 도란형이며 끝이 둥글다. 꽃받침열편은 넓은 난형으로 털이 없으며 가장자리에 미세한 톱니가 존재한다. 수술은 10~20개로 꽃잎보다 길며 자방에 털이 없다. 암술대의 길이는 수술의 1/2 정도이다.
열매 8월에 황적색에서 자흑색으로 성숙하며, 원형의 핵과로, 밑부분에 꽃받침이 남아있다.

【조림 · 생태 · 이용】
제주도의 해발 500~1,200m의 지역에 드물게 자란다. 양수성이며 뿌리의 수직분포는 중간형이다. 종자 채취 후에는 과육을 제거하고, 5~10℃의 조건에 저장한 후 파종을 한다. 종자 저장 시에는 고온과 건조를 피하여야 한다. 정원수, 풍치수로 심고 목재는 건축재, 가구재, 조각재로 이용한다.

장미과 Rosaceae

앵도나무

Prunus tomentosa **Thunb.**

Prunus plum(자두)의 라틴명
tomentosa 가는 솜털이 밀생한

이명 앵도, 앵두나무, 함도
한약명 앵도(櫻桃), 앵도리, 앵도근
E Nanking cherry, Hansen's bush cherry, Chinese bus
C 毛櫻桃
J ユスラウメ

수형 / 잎 앞면 / 잎 뒷면

꽃 / 꽃차례 / 열매

【분포】
해외/국내 중국; 전국 식재

【형태】
수형 낙엽활엽관목으로 수고 2~3m이다.
수피 흑갈색을 띤다.
어린가지 융모가 밀생한다.
잎 어긋나며 도란형 또는 타원형으로 길이 5~7cm, 너비 3~4cm, 예두이며 원저이고 거치가 있다. 주름이 많고 뒷면에 융모가 밀생한다.
꽃 4월에 잎보다 먼저 또는 같이 피며 백색 또는 연홍색으로, 둥글며 1개 또는 2개씩 모여 달린다. 꽃자루의 길이는 2mm, 밀모가 있다. 꽃받침통은 원통형. 꽃받침조각은 톱니 같고, 겉에 잔털이 있다. 꽃잎은 연한 홍색 또는 백색으로 도란형이며 씨방에 털이 밀생한다.
열매 6월에 붉게 성숙하며 핵과이다.

【조림 · 생태 · 이용】
중용수이며 적윤지의 토양에 알맞다. 실생 및 무성으로 번식시킬 수 있다. 열매는 식용하며 붉게 달리는 열매와 꽃은 감상 가치가 높다. 독립수, 차폐용, 경계식재용, 생울타리용, 관상용, 정원수로 사용된다.

【참고】
중국 원산으로 우리나라에는 1600년대에 도입되었다.

장미과 Rosaceae

복사나무
Prunus persica (L.) Batsch

Prunus plum(자두)의 라틴명
persica 페르시아의

이명 복숭아나무, 복성아나무, 복사
한약명 도인(桃仁, 씨), 백도화(白桃花, 꽃), 도엽(桃葉, 잎)
E Peach
C 桃
J モモ

수형

겨울눈

잎 앞면

잎 뒷면

【분포】
해외/국내 일본, 중국; 전국 식재, 인가 주변 야생화됨
예산캠퍼스 교내

【형태】
수형 낙엽활엽아교목으로 수고 6m이다.
수피 암홍갈색을 띤다.
잎 어긋나며 피침형 또는 도피침형으로 점첨두, 넓은 설저이다. 길이 8~15cm, 너비 1.5~3.5cm, 둔거치가 있고 양면에 털이 없다.
꽃 4월에 잎보다 먼저 담홍색으로 1~2개 핀다. 짧은 대가 있으며, 씨방과 꽃받침에 털이 많다.
열매 9월에 성숙하며 핵과로 타원형 또는 원형이고, 지름이 3cm이다. 털이 많으며, 핵은 과육과 잘 떨어지지 않는다.

【조림 · 생태 · 이용】
양수로 음지에서는 생장이 불량하고 내건성이 약하다. 내조성과 내한성이 강하여 중부 내륙지방에 심고 있으나 가끔 동해를 입는다. 공원수, 과수로 심고 있다. 씨, 꽃, 잎은 약으로 쓰인다.

선점과 겨울눈
만첩백도 수형
꽃 ©김텃골
만첩백도 꽃
열매
만첩홍도 수형

【참고】

만첩백도 (for. *albo-plena* Schneider) 흰 꽃이 겹으로 핀다.
만첩홍도 (for. *rubroplena*) 붉은 꽃이 겹으로 핀다.

만첩홍도 꽃

장미과 Rosaceae

복사앵도나무

***Prunus choreiana* Nakai ex Im**

Prunus plum(자두)의 라틴명
choreiana 조령의(鳥嶺), 정령(頂嶺)의

이명 복사앵도

산림청 지정 특산식물
산림청 지정 희귀등급 위기종(EN)
환경부 지정 국가적색목록 미평가(NE)

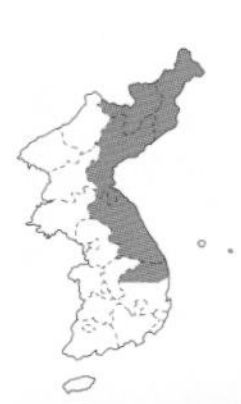

수형 ©김진석

열매 ©김진석

꽃 ©김진석

잎 ©김진석

【분포】
해외/국내 중국; 강원 이북, 경북 봉화, 석회암지대

【형태】
수형 낙엽활엽관목으로 수고 2~4m이다.
수피 회색을 띠며, 종잇장처럼 벗겨진다.
어린가지 밤색으로 윤채가 있다.
잎 난상 타원형 또는 도란상 타원형이다. 어긋나며 길이 3~7cm, 너비 1.5~3cm이다. 끝은 뾰족하고 밑부분은 쐐기형이며, 가장자리에는 얕은 거치가 있다. 잎자루는 길이 2~4mm, 짧은 털이 약간 있다.
꽃 3~4월 잎이 나기 전에 피며, 지름 1.5~2cm, 연한 홍색의 양성화가 줄기에 1~2개씩 달린다. 꽃자루는 길이 2~3mm, 잔털이 밀생하고, 꽃잎은 타원상 도란형으로 끝이 원형이다. 꽃받침조각은 길이 2~3mm, 삼각상 난형으로 양면에 털이 밀생한다. 수술은 길이 6~7mm, 20~25개로, 꽃잎보다 약간 짧다. 암술은 길이 12mm이고, 암술대는 중간 이하에서 털이 밀생한다. 자방에는 털이 거의 없다.
열매 5~6월에 적색으로 성숙하며, 지름 1.5~2cm, 광타원형, 구형이다.

【조림 · 생태 · 이용】
햇빛이 잘 드는 점질토양에서 잘 자라며, 양지에서 재배하는 것이 좋다. 토양은 적당한 보습성과 부식질이 풍부한 비옥토가 적합하다. 내한성이 강해 전국 어디서나 재배가 가능하다. 꽃이 아름다워 정원수는 물론 경관수로 식재할 만하며, 열매는 식용이 가능하다.

꽃

장미과 Rosaceae

풀또기

Prunus triloba var. *truncata* Kom.

Prunus plum(자두)의 라틴명

E Flowering almond
J オヒョウモモ

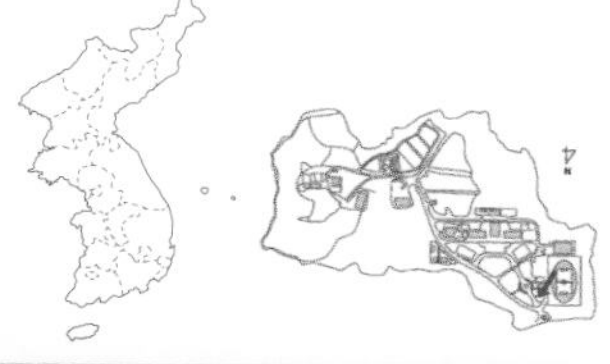

새잎과 꽃

잎

【분포】
해외/국내 중국; 전국 식재
예산캠퍼스 공원

【형태】
수형 낙엽활엽관목으로 수고 3m이다.
수피 적갈색이고 광택이 있으며 얇은 조각으로 갈라져 뒤로 말린다.
어린가지 진한 적갈색이며 짧은 털로 덮여있다.
겨울눈 납작한 세모꼴이며, 털이 있다.
잎 어긋나며 도란형 또는 도삼각형으로 끝은 뾰족하거나 절두이고, 밑부분은 넓은 예저이다. 길이 3~5cm, 가장자리에 복거치가 있다. 잎자루는 길이 5mm이고 털이 있다.
꽃 4~5월에 잎보다 먼저 연한 홍색으로 피고, 지름 2~5cm이다.
열매 8월에 붉게 성숙하며, 길이 1~1.5cm, 강한 털이 있다.

【조림 · 생태 · 이용】
추위에 강하며 내염성과 내공해성이 있고, 비옥적윤한 토양에서 잘 자란다. 내음성은 약하나 내건성은 보통으로 건조한 곳에서도 생장이 양호하다. 꽃이 예뻐 정원이나 공원의 관상수로 적합하다.

장미과 Rosaceae

매실나무

Prunus mume (Siebold) Siebold & Zucc.

Prunus plum(자두)의 라틴명
mume 일본명 우메

이명 매화나무
한약명 오매(烏梅, 덜 익은 매실을 가공한 것), 매화(꽃)
E Japanese apricot, Japanese flowering apricot
C 梅
J ウメ

문화재청 지정 천연기념물 전남 구례군 마산면 황전리 화엄사 매실나무(제485호)

수형

잎

꽃

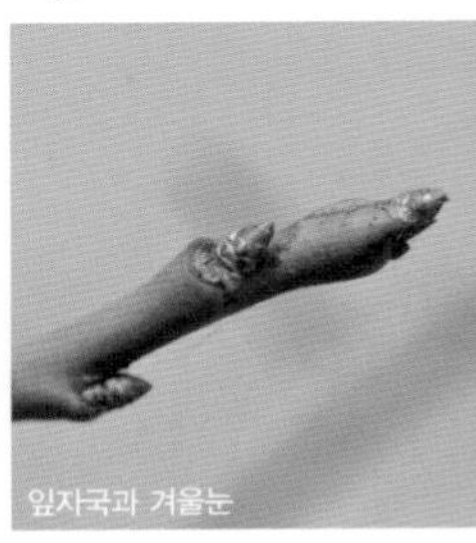
잎자국과 겨울눈

꽃(꽃받침)

열매

수피

【분포】
해외/국내 일본, 대만, 중국; 전국 식재
예산캠퍼스 생명관 뒤편 및 기숙사 앞

【형태】
수형 낙엽활엽교목으로 수고 4~6m이다.
수피 짙은 회색이며 불규칙하게 갈라진다.
어린가지 잔가지는 녹색이며 털이 없거나 약간 있고 흰빛을 띠는 작은 점들이 많다.
겨울눈 광난형으로 끝이 뾰족하고 11~14개의 눈비늘조각에 싸여있으며, 가로덧눈이 있다.
잎 어긋나며, 난형 또는 광난형으로 긴 점첨두, 원저이다. 길이 4~10cm, 복세거치가 있다. 양면에는 약간의 미모가 있고 뒷면 맥겨드랑이에 갈모가 있다. 잎몸 기부 또는 잎자루의 상부에 선점이 있다. 턱잎 길이 5~9mm이다.
꽃 2~3월에 지난해 가지의 잎겨드랑이에 꽃대가 거의 없이 1~3개가 달리며 잎이 나오기 전에 흰빛 또는 담홍색으로 피며 향기가 강하다.
열매 6월에 황록색으로 성숙하며 핵과로 지름 2~3cm이고 한쪽에 얕은 골이 있다. 표면에 밀모가 있다.

【조림 · 생태 · 이용】
서북향이 막힌 양지바른 곳이면 서울을 비롯한 중부지방 어디에서나 잘 자라나 내염성이 약한 편이어서 해안지방에서는 잘 자라지 못한다. 종자는 과육과 잘 떨어지지 않으며 종자 표면에 작은 구멍이 많이 있다. 양수성이며 천근성이다. 과육은 식용, 약용 및 매실주의 원료로 이용된다.

장미과 Rosaceae

개살구나무

***Prunus mandshurica* (Maxim.) Koehne**

Prunus plum(자두)의 라틴명
mandshurica 만주산의

이명 개살구
한약명 고행인(苦杏仁, 씨)
E Mandshurian apricot
C 東北杏
J マンシウアンズ

수형

어린가지와 잎

수피

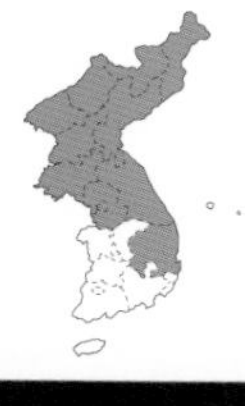

잎 앞면

잎 뒷면

【분포】
해외/국내 중국, 극동러시아; 전국 산지 드물게 분포

【형태】
수형 낙엽활엽교목으로 수고 5~10m이다.
수피 코르크가 발달하므로 살구나무와 쉽게 구별된다.
어린가지 밤색이고 털이 없다.
잎 어긋나며 광난형 또는 광타원형으로, 긴 점첨두, 설저 또는 원저이고 길이 5~12cm이다. 가장자리에 불규칙한 복거치가 있으며, 양면에 털이 없으나 뒷면 맥겨드랑이에 잔털이 있다.
꽃 4월에 잎보다 먼저 피며 담홍색 또는 거의 백색을 띤다.
열매 7~8월에 황색으로 성숙하며, 핵과로 난원형이다. 털이 많고, 지름 2~2.5cm, 육은 핵에서 잘 떨어지지만 떫은 맛이 있다.

【조림 · 생태 · 이용】
산기슭의 양지에서 자란다. 고온, 건조, 척박지는 부적지이며, 토심이 깊고 비옥한 양지바른 사질양토가 생육에 이롭다. 진딧물, 응애, 나방, 자벌레, 흑성병, 탄저병 등의 병충해 피해가 있다. 열매는 드물게 식용이 가능하며 종자는 약용할 수 있다.

장미과 Rosaceae

살구나무
Prunus armeniaca L.

Prunus plum(자두)의 라틴명
armeniaca 흑해 연안에 있는 아르메니아의

이명 살구, 개살구나무, 행자, 행목
한약명 행인(杏仁, 씨)
E Apricot
C 杏
J アンズ

수형

살구나무(왼쪽)와 매실나무(오른쪽) 잎

꽃차례

꽃(꽃받침)

열매

선점

【분포】
해외/국내 중국; 전국 식재
예산캠퍼스 교내

【형태】
수형 낙엽활엽아교목으로 수고 5m이다.
수피 코르크질이 발달하지 않다.
겨울눈 난형 또는 광난형으로 끝이 뾰족하다. 18~22개의 눈비늘조각에 싸여있다.
잎 어긋나며 광타원형 또는 광난형으로 점첨두, 설저이고 양면에 털이 없다. 길이 6~8cm, 너비 4~7cm, 불규칙한 단거치가 있다.
꽃 담홍색으로 4월에 잎보다 먼저 피며 지름이 25~35mm이다. 거의 대가 없고 향기가 거의 없다. 꽃받침은 5개이고 뒤로 젖혀진다.
열매 7월에 황색 또는 황적색으로 성숙하며 지름이 약 3cm이다. 핵에 요점이 없고 측면에 날개 같은 돌기가 없으며, 과육과 핵이 잘 분리된다.

【조림 · 생태 · 이용】
살구는 매실나무보다 내한성이 강하므로 추운 곳에서도 결실을 잘 맺는다. 정원수, 가로수, 과수로 식재하고, 열매는 식용 또는 약용한다.

【참고】
시베리아살구 (*P. sibirica* L.) 잎은 난형으로 가장자리에 세치가 있으며, 종자의 측면에 날개 같은 돌기가 있다.

장미과 Rosaceae

자두나무

***Prunus salicina* Lindl.**

Prunus plum(자두)의 라틴명
salicina 버드나무속(*Salix*)과 비슷한

이명 자도나무, 오얏나무, 오얏, 이(李)
한약명 이핵인(李核仁)
E Japanese plum
C 李
J スモモ

【분포】
해외/국내 중국, 극동러시아; 전국 식재

【형태】
수형 낙엽활엽아교목으로 수고 8m이다.
수피 자갈색이며, 가로로 피목이 발달하고 오래되면 세로로 갈라진다.
잎 어긋나며 장도란형 또는 타원상 장난형으로 급한 점첨두, 설저이다. 길이 5~10cm, 너비 2~4cm, 둔치 혹은 복거치가 있다. 잎자루는 길이 1~2cm, 털이 없으며 잎몸의 기부 또는 잎자루의 상부에 2~4개의 선점이 있다.
꽃 백색으로 4월에 잎보다 먼저 피고 보통 3개씩 달린다. 지름은 약 2cm이다.
열매 7월에 황색 또는 적자색으로 성숙하며 난원형 또는 구형으로 자연생의 것은 지름 약 2cm 내외지만 재배종은 7cm에 달한다. 핵과로 한쪽에 홈이 있다.

【조림 · 생태 · 이용】
양수로 화강암계, 현무암계, 화강편마암계, 경상계, 반암계 등의 토양에서 생육이 양호하며, 대개 인가 주변의 유휴지나 텃밭에서 잘 자란다. 내한성은 강하나 내건성과 내염성이 약하고, 대기오염에 대한 저항력은 보통이다. 보통 과수로 재배되나 정원에 식재하여 꽃과 과일을 감상할 수 있다. 열매는 생식하기도 하며 잼이나 파이 등으로도 가공하여 먹는다.

장미과 Rosaceae

올벚나무

Prunus pendula f. ascendens (Makino) Kitam.

Prunus plum(자두)의 라틴명
pendula 밑으로 처진

이명 올벗나무, 발강올벗나무, 화엄벗나무, 붉은올벚나무
E Ascendens cerry
J エドヒガン

문화재청 지정 천연기념물 전남 구례군 마산면 황전리 화엄사 올벚나무(제38호)

수형

꽃

잎

수피

【분포】
해외/국내 일본; 남부지역 산지

【형태】
수형 낙엽활엽교목으로 수고 10~15m이다.
어린가지 회자색을 띠며, 털이 있다.
잎 어긋나며 넓은 피침형 또는 장타원형으로 점첨두, 설저이다. 길이 6~10cm, 예치 또는 복거치가 있다. 양면에 털이 있으나 나중에는 뒷면 맥상에만 털이 남고 잎자루에도 털이 있다.
꽃 3~4월에 잎이 나오기 전에 일반 벚나무류보다 먼저 핀다. 2~5개가 산형꽃차례 비슷하게 모여 달리며 담홍색이다. 꽃자루는 8~10mm, 털이 있고 꽃받침 등에도 털이 있다.
열매 6~7월에 검은색으로 성숙하며 원형이다.

【조림 · 생태 · 이용】
양수성 수종으로 산골짜기에 잘 자란다. 해가 잘 드는 곳이 좋으며, 토질은 비교적 가리지 않고 표토가 깊고 비옥한 토양에서 잘 자란다. 독립수, 군식용, 녹음수 및 가로수에 적합하며 경관조성용으로도 사용된다.

열매

【참고】
올벚나무 학명이 국가표준식물목록에는 *P. spachiana* (Lavallée ex Ed.Otto) Kitam. f. *ascendens* (Makino) Kitam.로 기재되어 있다.

벚나무

Prunus serrulata **Lindl. f.** ***spontanea*** **(E.H.Wilson) Chin S.Chang**

Prunus plum(자두)의 라틴명
serrulata 잔톱니가 있는

이명 벚나무, 산벚나무, 참벚나무
E Japanese flowering cherry, Oriental cherry
J ヤマザクラ

수형

잎

꽃차례

수피

선점

열매

겨울눈

【분포】
해외/국내 중국, 일본; 평북, 함남 이남의 낮은 산지

【형태】
수형 낙엽활엽교목으로 수고 10~20m이다.
수피 암갈색으로 옆으로 벗겨진다.
어린가지 털이 없으며 암갈색을 띤다.
잎 어긋나며, 장타원형 또는 도란형으로 길이 10cm이고, 급한 첨두, 원저 또는 넓은 설저이다. 털모양의 거치 또는 복세치가 있다. 양면 및 잎자루에 털이 없으며 잎자루는 길이 2~3cm, 2~3개의 밀선이 있다. 뒷면은 회녹색을 띠며, 봄의 새 잎은 적갈색 또는 담자색을 띤다.
꽃 4월에 개엽과 동시에 피며 산방꽃차례 또는 산형꽃차례에 2~5개씩 달리며 담홍색 또는 백색이다. 꽃자루와 꽃받침 등에 털이 없으며 화축과 포가 있다.
열매 6~7월경 적색에서 흑색으로 성숙하며 원형이다.

자방

장미과 Rosaceae

잔털벚나무

Prunus serrulata **Lindl. var.** ***pubescens*** **(Makino) Nakai**

Prunus plum(자두)의 라틴명
serrulata 잔톱니가 있는

이명 잔털벚나무, 사옥
E Mountain oriental cherry
J ウスゲヤマザクラ

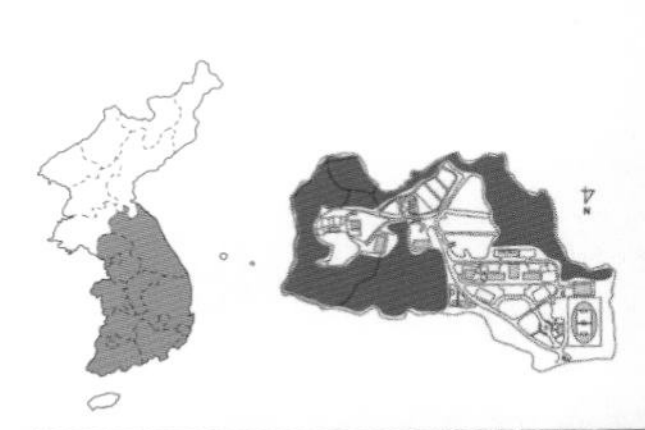

수피와 꽃

잎

자방

미성숙 열매

성숙한 열매

수피

【분포】
해외/국내 중국, 일본; 전국
예산캠퍼스 연습림

【형태】
수형 낙엽활엽관목으로 수고 20m, 흉고직경 90cm이다. 통직하고 많은 가지를 내어 원추형이다.
수피 암자갈색을 띤다. 옆으로 벗겨지며 피목이 옆으로 길게 나타난다.
어린가지 털이 없다.
잎 어긋나며 난형으로 길이 5~8cm, 너비 2.5~4.4cm, 점첨두, 원저이고, 예거치이다. 뒷면에 털이 밀생하나 맥 위에만 남는다. 잎자루의 길이는 11~18mm, 2~4개의 밀선이 있으며, 선점이 잎자루에 달린다.
꽃 4~5월에 개엽과 동시에 피며, 지름은 3.5cm, 2~3개씩 산형꽃차례로 달린다. 꽃자루 길이는 2cm, 작은꽃자루의 길이는 4.3cm, 털이 없다. 포의 길이는 5~6mm이고, 거치가 있다. 꽃잎은 둥글며 길이가 2cm, 끝이 오목하다. 암술 길이는 15mm로, 암술대에 털이 없다.
열매 5월~6월에 검은색으로 성숙하며 원형으로 지름이 3.5mm, 핵은 연노란색을 띤다.

【조림 · 생태 · 이용】
양수로 평탄하고 습기를 많이 머금고 있는 비옥지에서 잘 자라며 내한성과 내공해성이 강하다. 번식은 여름에 채취한 종자를 마른 모래와 섞어 저장한 후에 노천매장을 하고 다음해 봄에 파종을 실시한다. 공원수나 가로수로 식재하며, 목재는 건축재, 기구재, 화장대 또는 악기재로 사용된다.

장미과 Rosaceae

겹벚나무

***Prunus donarium* Sieb.**
(*P. lannesiana* Wils.)

Prunus plum(자두)의 라틴명

E Donarium cherry
J サトザクラ

수형

수피와 잎

꽃

자방

【분포】
해외/국내 일본; 전국 식재
예산캠퍼스 온실 옆

【형태】
수형 낙엽활엽교목으로 수고 10m이다.
꽃 다른 벚나무류에 비하여 늦게 핀다. 꽃잎은 수십 장이며 수술이 1개이고 암술은 퇴화되어 있어 견실하지 못한다. 홍색, 백색 외에 황록색 등이 있다.

【조림 · 생태 · 이용】
접목으로 증식이 가능하다. 꽃색깔에는 홍색, 흰색 이외에 황록색 등이 있어 아름답다. 정원수, 가로수, 공원수 등으로 심는다.

장미과 Rosaceae

양벚나무

Prunus avium L.

Prunus plum(자두)의 라틴명
avium 새의, 서양벚나무의 옛 이름

이명 양벗나무, 양벗, 단벗나무
E Sweet cherry, Brid cherry, Mazzard, Gean
J セイヨウミザクラ

수형

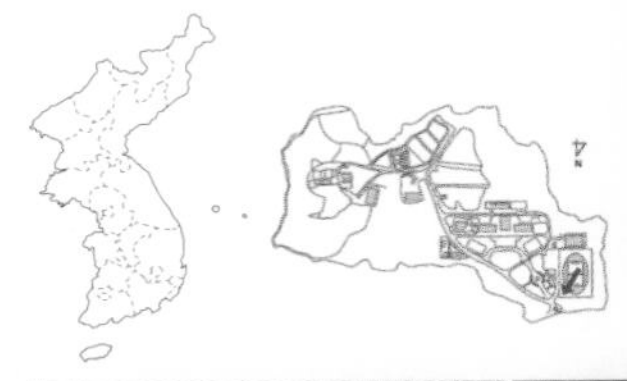

꽃 / 열매(물앵도)

겨울눈

잎 앞면

잎 뒷면

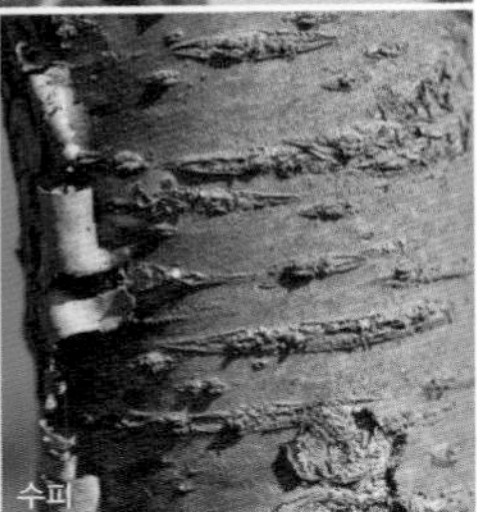
수피

【분포】
해외/국내 아시아 서부, 유럽 남동부, 아프리카 북부; 전국 조경수
예산캠퍼스 교내

【형태】
수형 낙엽활엽교목으로 수고 10m이다.
어린가지 털이 없다.
잎 어긋나며 난형 또는 도란상 장타원형으로 예첨두이다. 길이 8~15cm, 너비 5~7cm, 불규칙하고 둔거치 있다. 표면에 뚜렷한 주름이 있으며, 뒷면 맥 위에 퍼진 털이 있다. 잎자루는 길이 1.5~5cm, 1~2개의 밀선이 있다.
꽃 5월에 피며, 지름 2.5~3.5cm이고 산형꽃차례에 백색으로 3~5개씩 달린다. 꽃자루는 길이 4cm, 털이 없다. 꽃받침통은 윗부분이 좁고, 꽃받침조각은 뒤로 젖혀지며 가장자리가 밋밋하고 털이 없다. 꽃잎은 도란형으로 원두, 약간 오므라지며 길이 1.5cm이다.
열매 6~7월에 황적색으로 성숙하며 원형 또는 난상 원형으로 지름 2.5cm, 단맛이 난다.

【조림 · 생태 · 이용】
양수로, 적습하고 토심이 깊은 비옥지에서 생육이 좋다. 빗짜루병, 갈색무늬구멍병, 근두암종병, 탄저병, 나방류, 진딧물, 응애 등의 병해충 피해를 받는다. 세계적인 과수로 재배되고 있으며 개량품종이 많아 생식 또는 잼, 과실주, 통조림 등으로 사용되고 있다.

잎 앞면

잎 뒷면

수형

꽃눈

열매

꽃차례

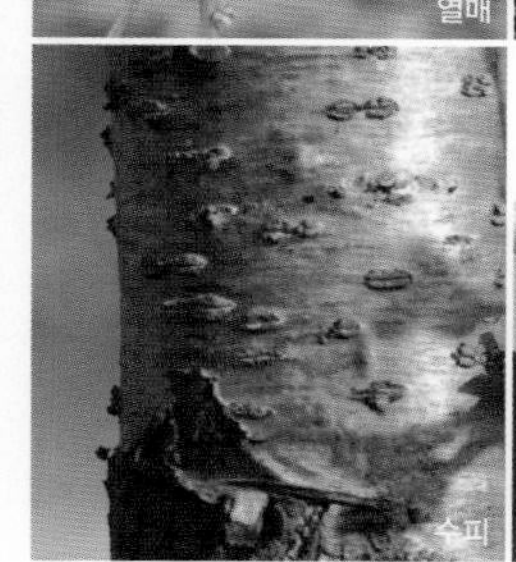
수피

꽃자루

장미과 Rosaceae

왕벚나무(제주왕벚나무)

Prunus yedoensis Matsum.

Prunus plum(자두)의 라틴명
yedoensis 일본 에도(江戸, 도쿄의 옛 이름)의

이명 왕벚나무, 사구라나무, 사꾸라, 민벚나무, 제주벗나무, 큰꽃벗나무
E Yoshino cherry
C 日本櫻花
J ソメイヨシノ

산림청 지정 희귀등급 멸종위기종(CR)
환경부 지정 국가적색목록 위기(EN)
문화재청 지정 천연기념물 제주 서귀포시 남원읍 신례리 왕벚나무 자생지(제156호) 외 3곳

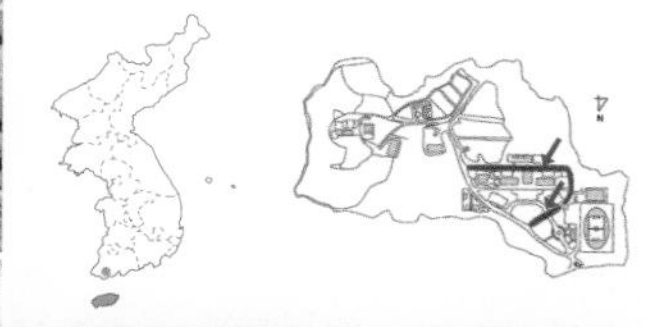

자방

【분포】
해외/국내 전국 식재, 제주도 한라산과 전남 대둔산 자생
예산캠퍼스 교내

【형태】
수형 낙엽활엽교목으로 수고 15m이다.
수피 짙은 회색이며 가로로 긴 피목이 많다.
어린가지 갈색 또는 자갈색이며 부드러운 털이 약간 있지만 없는 것도 있고 피목이 많다.
겨울눈 난형 또는 장난형으로 끝이 뾰족하며 길이가 5~8mm이고 부드러운 털이 있다. 눈비늘조각은 12~16개이다.
잎 어긋나며 타원상 난형으로 점첨두, 원저이고 길이 6~12cm이다. 뒷면과 잎자루에 털이 있고 예리한 복거치가 있다.
꽃 4월에 잎보다 먼저 백색 또는 연한 홍색으로 핀다. 짧은 산방꽃차례에 3~6개의 꽃이 달리고 꽃받침통은 긴 원통형이며, 소화경에 털이 있다.
열매 6~7월에 흑색으로 성숙하며, 원형으로 지름이 7~8mm이다.

【조림 · 생태 · 이용】
양수로 비옥하고 토심이 깊은 토양에서 생육이 양호하다. 내한성이 약해 중부 내륙지방에서는 월동하기가 어렵다. 공원수나 독립수, 군식용, 녹음수 및 가로수로 적합하며, 목재는 가구재, 기구재, 건축내장재 등으로 사용된다.

【참고】
국가표준식물목록에는 제주도에 자생하는 왕벚나무가 제주왕벚나무(*Prunus* × *nudiflora* (Koehne) Koidz.)로 기재되어 있다.

장미과 Rosaceae

산벚나무

Prunus sargentii Rehder

Prunus plum(자두)의 라틴명
sargentii 미국의 식물학자 C.S. Sargent (1841~1927)의

이명 산벚나무, 사젠트벚나무, 왕산벚나무, 홍산벚나무
E Mountain cherry
J オオヤマザクラ

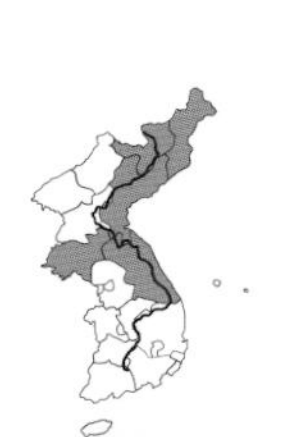

수형

꽃

잎

수피

【분포】
해외/국내 러시아, 일본; 백두대간 높은 산지

【형태】
수형 낙엽활엽교목으로 수고 20m이다.
수피 어두운 밤색을 띤다.
어린가지 굵으며, 새싹에는 약간 점성이 있다.
잎 어긋나며, 타원형, 난상 타원형 또는 도란상 타원형이다. 길이는 8~12cm, 너비 4~7cm, 점첨두, 원저 또는 아심장저로 예거치가 있다. 표면은 녹색이며 산모가 있는 수도 있다. 뒷면은 흰가루 빛으로 털이 없고, 잎자루는 길이 1.5~3cm, 털이 없고 윗부분에 한 쌍의 붉은 밀선이 있다.
꽃 4월에 담홍색 또는 흰빛으로 피며 산형꽃차례로 달린다. 암술대에 털이 없고, 화경이 짧다. 꽃차례에 1~3개의 큰 꽃이 핀다. 꽃잎의 끝이 오므라들며, 향기가 없다.
열매 6월에 흑색으로 성숙한다.

【조림 · 생태 · 이용】
중용수로, 평탄하면서 습기가 많은 비옥지가 생육적지이며, 내한성과 내공해성이 강하다. 실생 및 무성생식으로 번식시킬 수 있다. 공원수, 가로수로 많이 식재하며, 목재는 조각, 칠기, 장식, 제도판, 가구, 악기, 무늬단판에 사용한다.

장미과 Rosaceae

섬벚나무

***Prunus takesimensis* Nakai**

Prunus plum(자두)의 라틴명
takesimensis 울릉도의

이명 섬벚
J クケシマザクラ

산림청 지정 특산식물

수형
잎
꽃 ©김진석
수피 ©김진석
열매 ©김진석
겨울눈 ©김진석

【분포】
해외/국내 울릉도 해안가 및 산지

【형태】
수형 낙엽활엽교목으로 수고 20m이다.
수피 암자갈색으로 피목이 옆으로 길게 나타난다.
어린가지 털이 없고 회갈색 또는 회자색을 띤다.
겨울눈 장타원형으로 점질이 있다.
잎 어긋나며 광타원형 또는 난상 타원형으로 길이 8~15cm, 너비 4~9cm이다. 끝이 뾰족하고 뒷면은 회녹색이다. 잎자루는 2.5~3cm이며, 상부에 밀선이 있다.
꽃 백색으로 4월에 잎보다 먼저 피며 2~5개씩 산형꽃차례로 달린다. 총병이 거의 없으며 소화경은 길이 1.5~1.8cm, 꽃받침조각은 피침상 삼각형으로 밋밋하다. 암술대에 털이 없고, 화경이 짧다. 꽃잎은 도란형 또는 광타원형으로 끝이 오목하다. 수술은 30~40개, 꽃받침이 뒤로 젖혀진다.
열매 6월에 적자색을 띠며 성숙하고 구형의 핵과이다.

【조림 · 생태 · 이용】
울릉도 특산식물로 잎보다 꽃이 먼저 피는 벚나무류 중에서 가장 빨리 개화한다. 때로는 동해를 받으며, 양지에 습기가 있는 비옥한 토양을 선호하고 내공해성이 강하다. 실생 및 접목으로 번식시킬 수 있으며, 가로수, 공원수로 고려될 수 있다.

장미과 Rosaceae

이스라지

***Prunus japonica* var. *nakaii* (H. Lèv.) Rehder**

Prunus plum(자두)의 라틴명
japonica 일본의

이명 이스라지나무, 산앵도, 산앵도나무, 유수라지나무, 오얏, 물앵두
한약명 욱리인(郁李仁, 열매), 욱리근(郁李根, 뿌리)
E Japanese bush cherry
C 長梗郁李
J チョウセンニワウメ

꽃과 잎

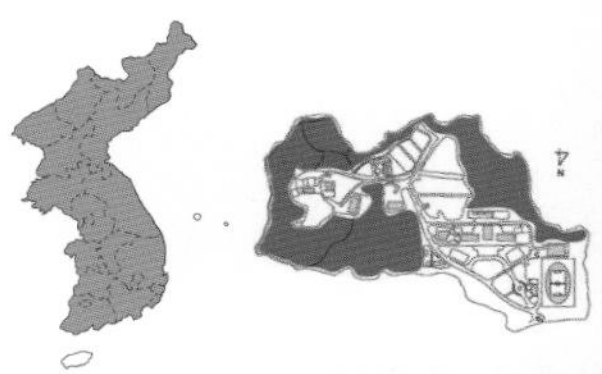

잎 앞면

열매

겨울눈

잎 뒷면

수피

【분포】
해외/국내 전국 임연부
예산캠퍼스 연습림

【형태】
수형 낙엽활엽관목으로 수고 1.5m이다. 밑부분에서 가지가 많이 갈라진다.
수피 회갈색을 띤다.
잎 어긋나며 난형, 난상 타원형 또는 장타원형으로 급한 점첨두, 원저 또는 설저이고, 복세치가 있다. 표면에는 털이 없으나, 뒷면 맥상에 잔털이 있다.
꽃 담홍색을 띠며 5월에 피는데 2~4개씩 산형으로 달린다. 꽃자루는 길이 1.7~2.2cm, 꽃자루와 꽃받침 등에 털이 있거나 없는 경우도 있다.
열매 7~8월에 붉게 성숙하며 핵과이다.

【조림 · 생태 · 이용】
숲가장자리나 계곡에서 자란다. 추위에는 강하나 내음성이 약해 햇볕이 많이 드는 전석지나 초지에 자생하며, 배수가 잘 되는 사질양토가 적합하다. 실생 및 무성으로 번식한다. 정원수 또는 공원수로 이용되며, 열매는 잼이나 과실주를 만들어 식용한다.

꽃 ©김진석

장미과 Rosaceae

산옥매

Prunus glandulosa **Thunb.**

Prunus plum(자두)의 라틴명
glandulosa 선이 있는, 선질(腺質)의

이명 옥매, 옥매화, 산매
E Flowering almond
J ヒトエノシロバナニワザクラ

【분포】
해외/국내 중국; 전국 관상수

【형태】
수형 낙엽활엽관목으로 수고 1~1.5m이다.
어린가지 갈색, 회갈색으로 털이 약간 있거나 없다.
잎 어긋나며, 길이 3~7cm, 피침형 또는 도피침형으로 잎자루 길이는 4~6mm이다.
꽃 4~5월 연홍색의 양성화로 1~2개씩 핀다. 꽃받침열편은 피침형으로 뒤로 젖혀진다. 꽃잎은 도란형으로 암술대는 털이 없다.
열매 7~8월에 성숙하며 붉은색이고 구형이다.

【조림 · 생태 · 이용】
내한성이 강하고 습지에서도 잘 견디며 건조에는 약하다. 비옥한 사질양토가 생장에 좋으며, 햇빛이 잘 드는 양지에서 개화 결실이 잘 된다. 실생 및 무성으로 번식이 가능하다. 꽃이 아름답고 열매가 탐스러워 정원의 관상수로 적합하고, 열매는 식용할 수 있다.

장미과 Rosaceae

옥매

***Prunus glandulosa* f. *albiplena* Koehne**

Prunus plum(자두)의 라틴명
glandulosa 선이 있는, 선질(腺質)의

이명 만첩옥매, 백매, 흰옥매
J シロバナニワザクラ

수형

꽃
잎

【분포】
해외/국내 중국; 전국 관상수

【형태】
수형 낙엽활엽관목으로 수고 1m이다.
수피 암갈색이다.
어린가지 홍갈색이고 지그재그로 자라며 털이 없다.
잎 어긋나며 넓은 도란형으로 첨두, 넓은 예저, 절저이다. 길이 2~5cm, 너비 2~3cm, 뒷면 잎맥에 백색 털이 나고, 결각상 이중거치이며, 잎자루 길이는 5mm이다.
꽃 백색으로 6월에 산방꽃차례에 달리며, 잎자루에 털이 없고, 씨방에 털이 있다.
열매 9월에 성숙하며 골돌과이다. 복봉선에 따라 쪼개진다.

【조림 · 생태 · 이용】
양수성 수종이며, 해가 잘 들고 다소 습한 곳이 생육적지이며 건조한 곳은 좋지 않다. 내한성은 강한 반면 내염성은 약하다. 정원수로 심을 때는 다른 화목류와 혼식해도 좋다. 삽목 또는 포기나누기로 번식시킬 수 있다. 인가 부근에서 식재되고 있으며 정원수, 공원수로 식재하고 있다.

장미과 Rosaceae

홍매

***Prunus glandulosa* f. *sinensis* (Pers.) Koehne**

Prunus plum(자두)의 라틴명
glandulosa 선이 있는, 선질(腺質)의

이명 홍옥매
E Chinese plum

수형

꽃

【분포】
해외/국내 전국 관상수

【형태】
수형 낙엽활엽관목으로 수고 1.5m이다.
어린가지 회갈색이다.
잎 어긋나며 피침형, 광피침형 또는 장타원형으로 예두, 넓은 예저이다. 길이 3~9cm, 너비 1~2cm, 가장자리에 파상의 잔거치가 있다. 잎자루는 길이 4~6mm이다.
꽃 적색의 양성화로 5월에 잎과 같이 피며 만첩이다. 꽃자루는 길이 1cm이고, 잔털이 있다. 꽃받침통은 도란형이며 꽃받침조각은 뒤로 젖혀지고 선상의 잔거치가 있다. 꽃잎은 타원형이고 암술대와 씨방에 털이 없으나 간혹 잔털이 있는 것도 있다.
열매 6~8월에 성숙하며 거의 원형으로 털이 없는 적색 핵과이고 지름 1~1.3cm이다.

【조림 · 생태 · 이용】
내한성이 강하고 습지에도 잘 견디나 건조에는 약하다. 사질양토의 비옥한 토양에서 생장이 좋고, 햇빛이 잘 드는 양지에서 개화결실이 잘 된다. 실생, 삽목, 분주에 의해 번식한다. 여름에 익은 열매를 채취하여 직파해야 발아가 되고 새로 자란 가지로 꺾꽂이하면 발근이 되며, 원줄기에서 돋아나는 어린 묘목을 포기나누기하여 증식한다.

장미과 Rosaceae

피라칸다

***Pyracantha angustifolia* (Franch.) C.K.Schneid.**

Pyracantha 그리스어 pyro(불꽃)와 acantha(가시)의 합성어이며, 가시가 있고 열매가 적색인 것을 지칭함
angustifolia 좁은 잎

한약명 적양자(赤陽子)
E Angustifolius firethorn
C 火棘
J タチバナモドキ, ホソバノトキワサンザシ

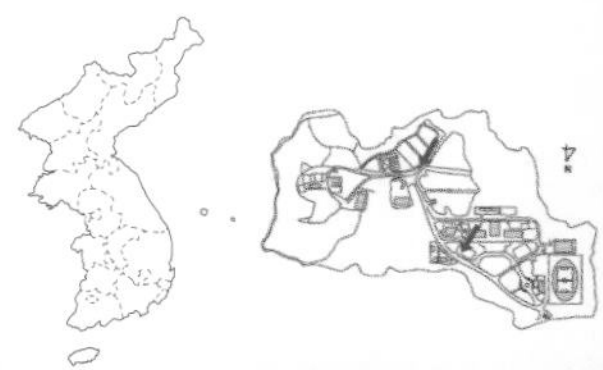

수형

열매

꽃

가시

잎

수피

【분포】
해외/국내 중국; 전국 식재
예산캠퍼스 교내

【형태】
수형 낙엽활엽관목으로 수고 1~2m이다.
어린가지 담황갈색의 연모가 밀생한다.
잎 어긋나지만 단지에서는 모여난다. 타원형의 선형 또는 장타원형으로 원두이다. 길이 2~6cm, 너비 5~10mm, 뒷면에는 회백색의 면모가 밀생한다.
꽃 5~6월에 단지의 끝에서 산방꽃차례로 핀다. 꽃자루와 꽃받침에 회백색의 연모가 밀생한다.
열매 10~12월에 황색으로 성숙하며 구형으로 익으며 끝이 오목하다, 꽃받침이 남아있다.

【조림 · 생태 · 이용】
중용수로, 비옥지에서 생육이 좋고 내음성도 강하지만 많은 착과가 되지 못하므로 양지에 식재한다. 실생 및 무성으로 증식시킬 수 있다. 가을에 맺어 봄까지 달리는 열매는 매우 감상가치가 높고 정원수, 생울타리, 기초식재용 또는 경계식재용으로 적합하며 꽃꽂이용으로 심는다.

장미과 Rosaceae

산돌배

***Pyrus ussuriensis* Maxim. ex Rupr.**

Pyrus 배나무의 라틴 옛 이름이며 Pirus라고도 함
ussuriensis 시베리아 우수리지방의

이명 산돌배나무, 돌배
E Chinese pear, Sand pear
J チョウセンヤマナシ

문화재청 지정 천연기념물 경북 울진군 서면 쌍전리 산돌배(제408호), 경북 영양군 영양읍 무창리 산돌배(제519호)

【분포】
해외/국내 일본, 중국, 극동러시아; 전국 산지
예산캠퍼스 연습림

【형태】
수형 낙엽활엽교목으로 수고 10m이다.
어린가지 갈색이며 털이 없다.
잎 어긋나며 원형 또는 난상 원형으로 점첨두, 원저이다. 길이 5~10cm, 양면에 털이 없고, 침상의 거치가 있다. 잎자루는 길이 2~5cm이고 털이 없다.
꽃 산방꽃차례로 달리며 지름 3~3.5cm이다. 소화경은 길이 1~2cm, 털이 없다. 꽃받침잎은 끝이 둥글며 옆으로 퍼진다. 꽃잎은 도란형이며 암술대 기부에 털이 있다. 암술대는 5개이다.
열매 8~9월에 황색으로 성숙하며 원형으로 지름 3~4cm이다.

【조림 · 생태 · 이용】
마을 근처 또는 산지에서 자라며, 내한성이 강하고 음지와 양지를 가리지 않는다. 내건성이 약하고 내공해성이 강하다. 하얀 꽃과 수형이 우아하여 공원에 적합하고, 열매는 생식하거나 술을 담근다. 수피는 이목피, 가지는 이지, 잎은 이엽, 과피는 이피 등이라 하여 약용한다.

장미과 Rosaceae

돌배나무

Pyrus pyrifolia (Burm.f.) Nakai

Pyrus 배나무의 라틴어 옛 이름이며 Pirus 라고도 함
pyrifolia 배(*Pyrus*)와 잎이 비슷한

이명 돌배, 산배나무
E Sand pear, Chinese pear, Japanese pear, Asian pear, Oriental pear
J ヤマナシ

수형

꽃

열매

잎

수피

【분포】
해외/국내 중국, 일본; 중부 이남 해발 700m 이하

【형태】
수형 낙엽활엽아교목이다.
어린가지 갈색으로 처음에 털이 있으나 없어진다.
잎 난상 장타원형 또는 광난형으로 긴 점첨두이다. 기부는 원저 또는 아심장저이고 길이 7~12cm이다. 가장자리는 침상 거치이다. 잎자루는 길이 3~7cm이다.
꽃 백색으로 4~5월 피며, 가지의 끝 산방꽃차례와 비슷하다. 지름이 약 3cm이다. 암술대는 4~5개이다.
열매 8월 다갈색으로 성숙하고 원형으로 지름 3cm이다.

【조림 · 생태 · 이용】
토양은 양토가 적당하고 저습한 계곡에서 잘 자란다. 양수성이며, 뿌리의 수직분포는 중간형이다. 실생 및 삽목으로 번식이 가능하다. 종자는 노천매장하였다가 파종하거나 3~4월에 가지삽목과 뿌리삽목을 하기도 한다. 묘목은 배나무의 대목으로 사용된다. 풍치수, 공원수로 식재한다. 목재는 가구재로 쓰이고, 열매를 산리(山梨)라고 하며 식용 또는 약용한다. 과수용, 정원용, 분재로도 이용된다.

장미과 Rosaceae

콩배나무

Pyrus calleryana var. *fauriei* (C.K.Schneid.) Rehder

Pyrus 배나무의 라틴어 옛 이름이며 Pirus 라고도 함
calleryana 지명

이명 돌배나무, 좀돌배나무, 산돌배, 문배, 황이
E Korean sand pear, Callery pear
C 豆梨
J マメナシ

잎과 미성숙 열매

열매

꽃차례

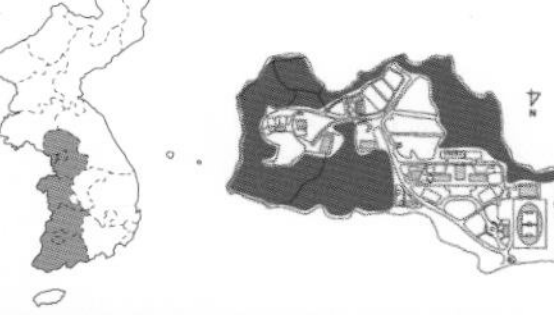

잎

꽃과 전년지 열매

【분포】
해외/국내 일본, 중국; 한반도 중서부 지역
예산캠퍼스 연습림

【형태】
수형 낙엽활엽관목으로 수고 3m이다.
수피 진회색, 흑자색이며, 오래되면 그물모양으로 갈라진다.
어린가지 자갈색이며, 털이 있지만 점차 없어진다.
겨울눈 장난형이며, 끝이 뾰족하고 3~4개의 눈비늘조각에 싸여있다.
잎 어긋나며 광난형 또는 원형으로 첨두 또는 점첨두, 넓은 설저 또는 아심장저이다. 길이는 2~5cm, 잔거치가 있으며 처음 털이 있으나 점차 없어진다. 잎자루는 길이 3~4cm이다.
꽃 4~5월에 단지 끝에 5~9개의 백색으로 핀다. 지름이 1.7~2.2cm이고, 꽃자루에 잔털이 있다. 꽃받침에 털이 있다. 암술대는 2~3개이다.
열매 10월에 녹갈색에서 검게 성숙하며 원형이고 지름이 1~1.5cm이다.

【조림 · 생태 · 이용】
충남 예산 가야산, 공주 등지에 산포하며 내한성이 강하고 양지에서 잘 자라며 토심이 깊고 적윤한 사질양토에서 생장이 양호하다. 공해에도 강하다. 종자는 노천매장하였다가 파종하거나 3~4월에 가지삽목과 뿌리삽목을 하기도 한다. 묘목은 배나무의 대목으로 사용되며, 실생 및 삽목으로 번식이 가능하다. 울타리용 또는 조경수로 사용된다.

장미과 Rosaceae

배나무

Pyrus pyrifolia var. *culta* (Makino) Nakai

Pyrus 배나무의 라틴 옛 이름이며 Pirus라고도 함
pyrifolia 배(pyrus)의 잎과 비슷한

이명 일본배
E Nashi
J ニホンナシ

과수원

꽃 확대(암술과 수술)

꽃

잎

수피

【분포】
해외/국내 일본; 전국 식재

【형태】
수형 낙엽활엽아교목 또는 교목으로 수고 7~15m이다.
수피 진한 회색, 흑자색을 띠며, 오래되면 불규칙하게 갈라진다.
어린가지 자갈색, 갈색을 띠며, 타원형 또는 원형의 피목이 발달한다.
잎 어긋나며 달걀상 원형이고 길이 7~12cm, 너비 3~5cm이다. 끝은 길게 뾰족하고, 밑부분은 넓은 쐐기형 또는 얕은 심장형으로 가장자리에는 끝이 바늘모양인 뾰족한 거치가 있다. 잎자루는 길이 3~4.5cm이다.
꽃 4~5월에 개엽과 동시에 피며, 짧은 가지 끝에 백색의 양성화가 5~10개씩 모여 달린다. 꽃잎은 도란형 또는 원형으로 길이 8~10mm이다. 소화경은 길이 3~4cm이고, 꽃받침열편은 피침형이며 안쪽 면에 백색 털이 밀생한다. 수술은 20개 정도이고 꽃잎보다 짧다. 암술대는 5개이고 수술보다 길다.
열매 9~10월에 황갈색으로 성숙하며 지름 4~6cm(개량종은 지름 15cm 정도까지), 구형이다. 표면에는 연한 갈색 반점이 흩어져 있고, 꽃받침열편은 일찍 떨어진다.

【조림 · 생태 · 이용】
원산지는 일본이며, 내한성이 강하고 양지에 잘 자란다. 토양은 양토가 적합하고 저습한 계곡에서 생장이 양호하다. 번식은 종자를 층적저장한 후 봄에 일찍 파종한다. 과수용, 관상용, 식용, 약용으로 사용된다.

장미과 Rosaceae

다정큼나무

***Rhaphiolepis indica* (L.) Lindl. ex Ker var. *umbellata* (Thunb. ex Murray) H.Ohashi**

Raphiolepis 그리스어 raphe(침)와 lepis(인편)의 합성어이며, 포가 침형인 것에서 유래함
indica 인도의

이명 둥근잎다정큼나무, 쪽나무
E Yeddo-hawthorn, Japanese hawthorn
J シャリンバイ

수형(경남 거제도)

열매

꽃

겨울눈

잎 앞면

잎 뒷면

꽃눈

【분포】
해외/국내 일본, 대만; 남해안 도서 및 남부지역 바다 근처

【형태】
수형 상록활엽관목으로 수고 2~4m이다.
어린가지 돌려나며 처음에는 면모로 덮이지만 곧 없어진다.
잎 어긋나지만 가지 끝에 모여 달리며, 장타원형 또는 도란상 장타원형으로, 둔두이다. 길이 3~10cm, 너비 3~4cm, 얕은 둔거치가 있고, 다소 뒤로 젖혀진다.
꽃 백색으로 4~6월에 피며 가지 끝에서 원추꽃차례가 달린다. 꽃잎 지름은 2cm이고, 꽃자루이나 꽃받침에 황갈색의 면모가 밀생한다. 꽃받침, 꽃잎은 각각 5개씩이다.
열매 9~10월에 성숙하며, 원형의 이과로, 검은색이며 광택이 있다.

【조림 · 생태 · 이용】
내한성, 내음성이 약해 따뜻한 지역의 양지에 재식하고, 토심과 보습력이 있는 사질양토가 적지이다. 과다한 질소비료는 동해를 받으므로 삼가고 자연형으로 관리해야 한다. 응애, 깍지벌레류에 의한 병해충 피해가 있다. 정원수, 공원수, 해안방조림, 경관수로 이용되며 수피는 염료로 사용한다.

장미과 Rosaceae

병아리꽃나무

Rhodotypos scandens (Thunb.) Makino

Rhodotypos 그리스어 rhodon(장미)과 typos(형)의 합성어이며, 꽃이 찔레꽃과 비슷한데서 유래함
scandens 기어올라가는 성질의

이명 죽도화, 이리화, 개함박꽃나무, 대대추나무, 병아리꽃, 자마꽃
한약명 계마(鷄麻, 뿌리)
E Black jetbead
C 鷄麻
J シロヤマブキ

문화재청 지정 천연기념물 경북 포항시 남구 동해면 발산리 모감주나무-병아리꽃나무 군락(제371호)

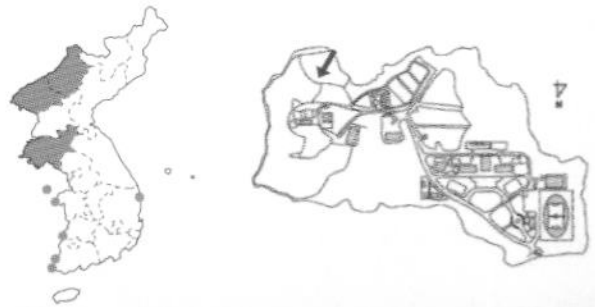

수형

미성숙 열매

열매

꽃

【분포】
해외/국내 일본, 중국; 중부 이남 저지대
예산캠퍼스 연습림 임도 옆

【형태】
수형 낙엽활엽관목으로 수고 2m이다.
수피 회색 또는 짙은 회색이고, 피목이 많다. 가는 줄기가 많이 나오며, 가지에 털이 없다.
어린가지 녹색이며, 겨울이 되면 갈색으로 변하고 백색 털이 있지만 점차 없어진다.
겨울눈 난형으로 끝이 날카로워지고 6~12개의 눈비늘조각에 싸여있으며, 가로덧눈이 있다.
잎 마주나며 난형 또는 광난형으로 점첨두, 원저이며 길이 4~8cm, 너비 2~4cm이다. 복거치가 있고 2~3mm의 아주 짧은 잎자루가 있다. 표면은 주름이 많고 뒷면에 견모가 많다.
꽃 백색으로 4~5월에 단지의 끝에 한 개씩 맺히며 지름 3~4cm이다. 꽃받침과 꽃잎은 각각 4개씩이다.
열매 9월에 검게 성숙하며 4개씩 달린다.

【조림 · 생태 · 이용】
인가 부근 또는 해안가에서 자라며, 안면도 모감주나무 군락 내 동반수종으로 나타난다. 척박한 토양과 그늘에도 잘 자라며 실생 및 삽목으로 번식이 가능하다. 낙엽 전 종피가 흑색으로 되었을 때 채취하여 직파하든가 노천매장을 해야 한다. 정원수로 심는다. 뿌리와 열매는 약용한다.

수형

장미과 Rosaceae

돌가시나무

***Rosa wichuraiana* Crep. ex Franch. & Sav.**

Rosa 라틴 옛 이름이며 그리스어의 rhodon(장미)과 켈트어의 rhodd(붉다)에서 유래
wichuraiana 채집가 Wichura의

이명 긴돌가시나무, 대도가시나무, 대마도가시나무, 반들가시나무, 붉은돌가시나무, 홍돌가시나무
E Memorial rosa, Trailing rosa
J テリハノイバラ

꽃

잎 앞면

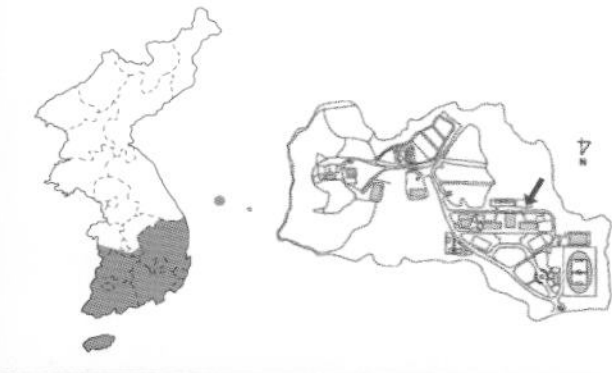

줄기와 턱잎

열매

【분포】
해외/국내 일본, 대만, 중국; 중부 이남 바닷가
예산캠퍼스 농구장 옆

【형태】
수형 반상록 포복성 관목이다.
수피 가시가 많으며 털이 없다.
잎 어긋나며 5~9개의 소엽으로 구성된 우상복엽이다. 길이는 1~2.5cm, 타원형 또는 넓은 타원형으로 예두, 원저이고 길이 8~18mm이다. 거치가 있으며 양면에 털이 없다. 턱잎 치아상이며, 하반부에 잎자루와 붙어있다.
꽃 5~7월에 피며 가지 끝에 1~5개씩 달리고 지름 3~4cm이다. 털이 없거나 샘털이 있다. 꽃잎은 5개, 끝이 오목하고, 가장자리에 몇 개의 선형의 열편이 있다.
열매 9~10월에 붉게 성숙한다.

【조림 · 생태 · 이용】
바닷가 산기슭의 양지 쪽 바위틈에서 자라며 관상용으로 많이 이용된다.

【참고】
돌가시나무 학명이 국가표준식물목록에는 *R. lucieae* Franch. & Rochebr. ex Crép.로 기재되어 있다.

장미과 Rosaceae

목향장미

Rosa banksiae Aiton

Rosa 라틴 옛 이름이며 그리스어의 rhodon(장미)과 켈트어의 rhodd(붉다)에서 유래함
banksiae 서향과 Banksia의

이명 덩굴장미
J サクラバラ

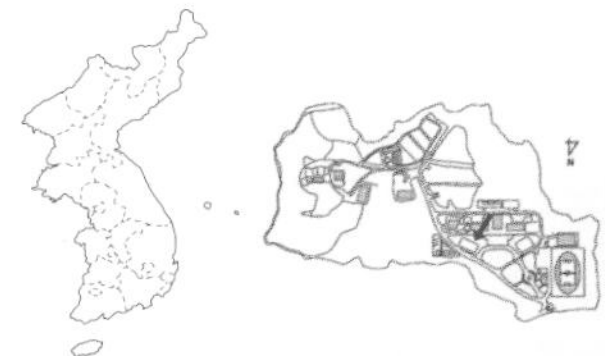
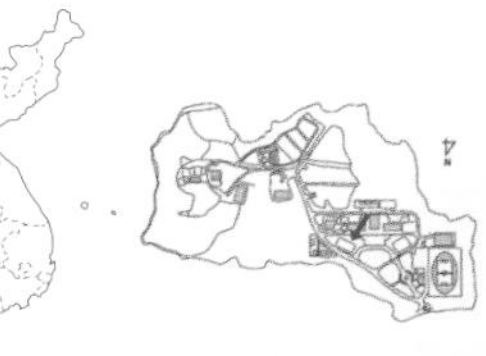

수형

잎 앞면
잎 뒷면
어린가지와 잎차례

턱잎

꽃

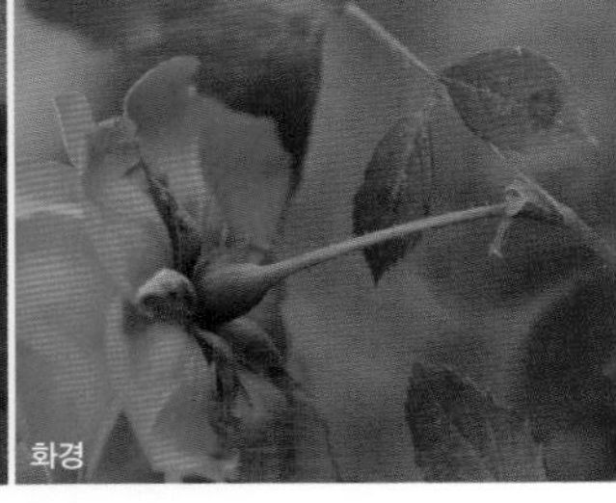
화경

【분포】
해외/국내 세계적으로 널리 분포; 전국 각지에서 식재
예산캠퍼스 생명관 앞 주차장

【형태】
수형 낙엽활엽만목성이며 길이 5m이다.
잎 어긋나고, 기수우상복엽이며 잎자루과 잎줄기에 구자가 있다. 소엽은 5~7개 난형 또는 도란형이며 길이는 3~9cm, 폭 5~28mm이다. 표면은 녹색이며 뒷면은 연녹색 또는 회녹색 털이 없는 것이 많으나 비교적 털이 많은 것도 있으며, 가장자리에 뾰족한 거치가 있다. 턱잎은 녹색이고 질이 얇으며, 잎자루 기부에 붙어서 한쪽에 빗살같이 깊게 갈라지고 끝이 뾰족하다.
꽃 붉은색의 꽃은 5~7월에 새가지 끝부분에서 산방꽃차례로 핀다. 꽃받침잎은 끝이 뾰족한 모양으로, 안쪽과 가장자리에 털이 있으며 꽃대과 꽃자루에 샘털이 있거나 없다. 꽃잎은 겹잎 또는 만첩이며, 수술은 꽃잎보다 짧고 암술대는 합쳐져서 하나로 되며 수술대와 길이가 비슷하다.
열매 열매는 없다.

【조림 · 생태 · 이용】
삽목, 아접으로 번식이 가능하며 열매가 없으므로 주로 봄, 가을에 삽목한다. 꽃이 아름다워 원예용으로 전국에 식재하며, 특히 덩굴성이므로 정원이나 아파트 공원 등에 터널형 또는 아치형 구조로 모양을 다양하게 꾸민다.

장미과 Rosaceae

찔레꽃

Rosa multiflora **Thunb.**

Rosa 라틴 옛 이름이며 그리스어의 rhodon(장미)과 켈트어의 rhodd(붉다)에서 유래함
multiflora 많은 꽃의

이명 찔레나무, 가시나무, 설널네나무, 새버나무, 질누나무, 질꾸나무, 들장미
E Baby rose
C 多花薔薇
J ノイバラ

【분포】
해외/국내 일본, 중국; 전국 산야
예산캠퍼스 연습림

【형태】
수형 낙엽활엽관목으로 수고 2m이다.
수피 어릴 때는 흑자색이지만 오래되면 불규칙하고 얇게 갈라지면서 벗겨지다.
어린가지 녹색이지만 겨울에 붉게 되고 가지에 가시가 있다. 가지 끝이 밑으로 처진다.
겨울눈 세모꼴이며, 길이 2.5mm이다.
잎 어긋나며 5~9개의 소엽으로 구성된 우상복엽이다. 소엽은 타원형 또는 도란형으로 양 끝이 뾰족하고 길이 2~3cm, 거치가 있다. 표면에는 털이 없으나 뒷면에는 털이 있다. 턱잎은 빗살같이 갈라져 있으며 하반부가 잎자루와 마주쳐 있다.
꽃 5~6월에 가지의 끝에서 원추꽃차례로 백색 또는 담홍색으로 핀다. 지름 2cm 내외이다. 꽃받침, 꽃잎이 5개씩이며 꽃받침에는 면모가 밀생이다. 암술대에 털이 없다.
열매 9~10월에 붉게 성숙하며 장과이다. 열매의 크기는 6~8mm이고, 열매에 꽃받침이 없다.

【조림 · 생태 · 이용】
한국과 중국, 일본이 원산지이며, 습기가 많은 하천이나 호반 주변에 많이 자란다. 배수가 잘 되는 양지바른 곳이 생장에 좋다. 내한성, 내조성, 내염성, 내공해성이 강하다. 관상용, 생울타리용으로 사용되며 맹아지의 새순은 식용이 가능하다.

장미과 Rosaceae

흰인가목

Rosa koreana Kom.

Rosa 라틴 옛 이름이며 그리스어의 rhodon(장미)과 켈트어의 rhodd(붉다)에서 유래함
koreana 한국의

E Korean rose
J ヒメサンショウバラ

산림청 지정 희귀등급 위기종(EN)
환경부 지정 국가적색목록 관심대상(LC)

꽃과 잎

열매

맹아지 가시

꽃받침

잎 뒷면

턱잎

소지

【분포】

해외/국내 중국, 극동러시아; 강원 설악산, 발왕산 등 고지대, 경기 능선 및 너덜지대

【형태】

수형 낙엽활엽관목으로 수고 1m이다.
어린가지 암적색이며 자모가 발달한다.
잎 어긋나며 우상복엽이다. 소엽은 7~13개이며, 타원형으로 둔두, 예저 또는 원저이다. 가장자리에 선상의 예리한 거치가 있으며 길이 1~3cm이다. 뒷면에 털이 있는 것도 있다. 잎자루 가장자리에 샘털이 있다.
꽃 5~6월에 백색으로 가지 끝에 1개씩 달리며 지름이 2.5~4cm이다. 꽃받침조각은 길이가 10~15cm로 길고 좁다. 꽃잎은 5장으로 넓은 도심장형이고 향기가 있다.
열매 7~9월에 적색으로 성숙하며 좁은 장타원형이다.

【조림 · 생태 · 이용】

내한성, 내공해성, 내조성이 강하며 내건성은 보통이다. 양수이지만 음지에서도 생장이 양호하다. 번식은 실생, 분주, 삽목에 의하며, 종자를 노천매장한 후 파종하거나 근맹아를 포기나누기한 후 이식하면 쉽게 묘목을 얻을 수 있다. 맹아력이 강하고 적응성이 좋아 황폐지 또는 경관이 좋지 않은 곳에 울타리로 식재하면 아름다운 경관을 조성할 수 있다.

수형

장미과 Rosaceae

생열귀나무

Rosa davurica **Pall.**

Rosa 라틴 옛 이름이며 그리스어의 rhodon(장미)과 켈트어의 rhodd(붉다)에서 유래함

이명 해당화, 범의찔레, 가마귀밥나무, 붉은인가목, 좀붉은인가목, 뱀찔네, 산붉은인가목, 생열귀장미
한약명 자매과(刺玫果, 열매)
E Davurica rosa
C 山刺玫
J ヤマハマナス, カマハマナシ

줄기(가시)

꽃

열매

【분포】
해외/국내 중국, 극동러시아; 강원도 이북 산야 및 계곡부

【형태】
수형 낙엽활엽관목으로 수고 1~1.5m이다.
수피 가지가 많이 갈라지며, 가시는 턱잎 밑에 있다.
잎 어긋나며 5~9개의 소엽을 가진 우상복엽이다. 소엽은 타원형 또는 장타원형으로 예두, 원저이고 길이 1~3cm, 작은 거치가 있다. 뒷면에 선점이 있으며, 탁엽 가장자리에 샘털이 있다.
꽃 5월에 연홍색으로 새가지 끝에 1~3개가 달린다. 지름이 4~5cm이고 향기가 강하다.
열매 6월에 적색으로 성숙하고 구형이다. 열매의 크기는 1~1.5cm 이고, 열매에 꽃받침이 달려 있다.

【조림 · 생태 · 이용】
산록이나 계곡의 암석지에 자라며 추위에 강하고 양지와 음지, 바닷가 또는 도심지에서도 생장이 양호하다. 습기가 있는 비옥한 땅에서도 잘 생육한다. 분근, 삽목, 실생에 의해 번식할 수 있다. 과육을 제거한 종자를 가을에 직파하거나 노천매장을 한 후에 봄에 파종한다. 관상용, 밀원, 향료로 사용되며 열매는 식용한다. 열매는 자매과, 뿌리는 자매과근, 꽃은 자매화라 하여 약용할 수 있다.

해당화
Rosa rugosa Thunb.

Rosa 라틴 옛 이름이며 그리스어의 rhodon(장미)과 켈트어의 rhodd(붉다)에서 유래함
rugosa 주름이 있는

한약명 매괴화(玫瑰花)
E Turkestan rose, Japanese rose
C 玫瑰
J ハマナス

수형

잎 앞면
잎 뒷면
어린가지와 겨울눈

열매

꽃

개화

어린가지

【분포】
해외/국내 중국, 일본; 전국 해안가

【형태】
수형 낙엽활엽관목으로 수고 1.5m 내외이다.
수피 가시는 길이 2~9mm로 자모 및 융털이 있다.
잎 어긋나며 기수우상복엽이다. 소엽은 7~9개이며, 두껍고 타원형으로 예두 또는 둔두이다.
꽃 5~7월에 새가지 끝에 진한 분홍색으로 핀다. 지름 6~9cm이다. 꽃받침통은 원형, 열편은 피침형, 꽃잎은 넓은 도란형으로 오목하다.
열매 7~8월에 적색으로 성숙하며 편구형으로 지름 2~2.5cm이며 광택이 있다.

【조림 · 생태 · 이용】
꽃과 열매가 아름답고 향기로워 정원수로도 심으나 대개는 가시가 많고 곁가지를 많아 울타리용으로 이용한다.

【조림 · 생태 · 이용】
해안가나 산기슭에서 자라며 바닷가 모래사장에서 순비기나무와 혼생하여 잘 자란다. 내륙 깊숙한 곳에서도 추위와 공해에 잘 견디며 내건성이 강하다. 햇빛을 많이 받는 곳이 생육적지이며, 토질은 자생지가 모래사장이지만 양토에도 잘 생육한다. 꽃과 열매가 아름답고 향기로워 정원수로도 많이 심으며, 가시가 많아 낮은 울타리용으로 이용된다.

장미과 Rosaceae

인가목

***Rosa acicularis* Lindl.**

Rosa 라틴 옛 이름이며 그리스어의 rhodon(장미)과 켈트어의 rhodd(붉다)에서 유래함
acicularis 침상의

이명 관모인가목, 금강찔레, 둥근민둥인가목, 민둥인가목, 민인가목, 제주가시나무, 털민둥인가목, 흰민둥인가목, 흰인가목

꽃과 잎

꽃

꽃받침

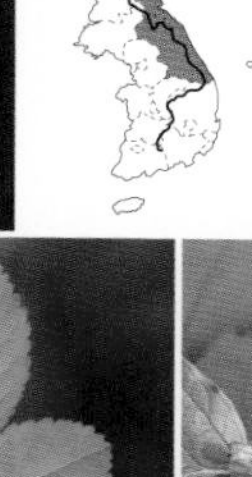

어린가지의 가시

잎 앞면

잎 뒷면

열매

【분포】

해외/국내 중국, 일본, 극동러시아; 강원 백두대간, 지리산 이북 아고산

【형태】

수형 낙엽활엽관목으로 수고 1~1.5m이다.

수피 침상의 가시 많다.

잎 어긋나며 3~7개 소엽이 있다. 우상복엽으로 광타원형이며 예거치이다. 뒷면 맥 위 엽축에 잔털과 샘털이 밀생한다. 화살모양의 턱잎이 있다.

꽃 5~6월에 가지 끝에 연한 홍색의 양성화가 1~3개씩 개화하며, 꽃자루는 길이 2~3.5cm로 꽃차례의 축과 마찬가지로 잔털과 샘털이 밀생한다. 꽃은 지름 3.5~5cm이고, 꽃잎은 도란형 또는 아원형으로 끝이 오목하고 둥글다. 꽃받침의 열편은 피침형이며 끝이 꼬리처럼 길게 뾰족하게 발달하여 열매가 성숙할 때까지 남아있다. 수술은 꽃잎보다 짧고 암술보다 길다.

열매 길이 1~2cm, 장타원형이며, 8~9월에 적색으로 성숙한다.

【조림 · 생태 · 이용】

백두대간을 축으로 아고산대에 주로 분포하고 있고, 숲가장자리나 등산로 주변 유입광량이 많은 곳에 드문드문 생육하고 있다. 내한성이 강한 편이다. 꽃이 화려하고 아름다워 정원수, 공원수 등으로 개발할 가치가 높다.

장미과 Rosaceae

섬딸기
Rubus ribisoideus Matsum.

Rubus 라틴 옛 이름이며 적색(ruber) 열매에서 기인
ribesioideus *Ribes*속과 비슷한

E Ribisoideus bramble
J ハチジョウイチゴ

잎

열매

줄기와 가시

【분포】
해외/국내 남부 해안가 임연부

【형태】
수형 낙엽활엽관목으로 수고 2m이다.
어린가지 부드러운 밀모가 있으나 오래되면 없어지고 가시가 없다.
잎 삼각상 난형 또는 타원형으로 예두, 심저 또는 절저이다. 길이 5~7cm, 너비 4~6cm, 가장자리가 3~5개로 갈라지며 불규칙한 드문 거치가 있다.
꽃 백색으로 3~4월에 새가지 끝에서 피며 화경과 꽃받침에 부드러운 털이 밀생한다.
열매 6월에 등황색으로 성숙하며 원형으로, 종자에 무늬가 있다.

【조림 · 생태 · 이용】
내한성이 강해 서울지방에서도 월동 가능하며, 양지를 선호하지만 음지에서도 잘 생육한다. 사질양토를 선호하고 황폐하고 척박한 곳이 생육적지이다. 번식은 실생, 분주, 분경을 통해 실시할 수 있으며 분주, 분근으로도 쉽게 묘목을 얻을 수 있다.

【참고】
거문딸기 (*R. trifidus* Thunb.) 섬딸기와 유사한 종인 거문딸기는 제주도 및 전남에서 자생하고, 꽃이 위를 향해 달리며, 어린가지의 잎자루와 꽃자루에 샘털이 있다.

산딸기

Rubus crataegifolius **Bunge**

열매 / 잎 앞면 / 꽃 / 잎 뒷면 / 수형 / 어린가지

Rubus 라틴 옛 이름이며 적색(ruber) 열매에서 기인
crataegifolius 산사속(*Crataegus*)의 잎과 비슷한

이명 산딸기나무, 나무딸기, 흰딸, 함박딸, 참딸, 곰딸, 긴잎산딸기, 긴잎나무딸기, 긴나무딸기
한약명 우질두(덜 익은 열매)
E Hawthornleaf raspberry
C 牛迭肚
J クマイチゴ

【분포】
해외/국내 중국, 일본, 극동러시아; 전국 산야
예산캠퍼스 연습림

【형태】
수형 낙엽활엽관목으로 수고 2m이다.
수피 붉은빛이 도는 줄기는 보통 윗부분이 비스듬히 휘며 가시가 많고 털이 없다.
어린가지 털이 있다.
겨울눈 난형이며, 끝이 뾰족하고 3~5개의 눈비늘조각에 싸인다. 보통 곁눈 양쪽에 가로덧눈이 달린다.
잎 얕게 3~5개로 갈라지며, 길이 4~10cm, 너비 3~8cm이다. 각 열편의 가장자리에 복거치가 있다. 뒷면에 털이 있거나 없으며 가시가 나는 경우도 있다. 잎자루의 길이는 2~8cm이다.
꽃 5~6월에 백색으로 새로 나온 가지의 끝에 2~6개씩 모여 핀다. 꽃의 크기는 1.5~2cm이다. 꽃받침과 꽃잎은 각각 5개씩이다.
열매 6~7월에 황홍색으로 성숙한다. 열매의 크기는 1~1.5cm이다.

【조림 · 생태 · 이용】
한국과 중국, 일본이 원산지이고, 각지의 산야에서 자라며, 양성식물로 음지에서는 자라지 못해 개방된 곳에서만 대군집을 형성한다. 열매는 잼, 파이 등으로 식용하며 미성숙 위과는 복분자, 뿌리는 복분자근, 잎은 복분자엽이라 하여 약용한다. 간, 삽정, 축뇨, 조양, 명목의 효능이 있다.

장미과 Rosaceae

섬나무딸기

Rubus takesimensis Nakai

Rubus 라틴 옛 이름이며 적색(ruber) 열매에서 기인
takesimensis 울릉도의

이명 섬산딸기, 왕곰딸기
E Ulleung island's bramble
J タケシマイチゴ

산림청 지정 특산식물

수형

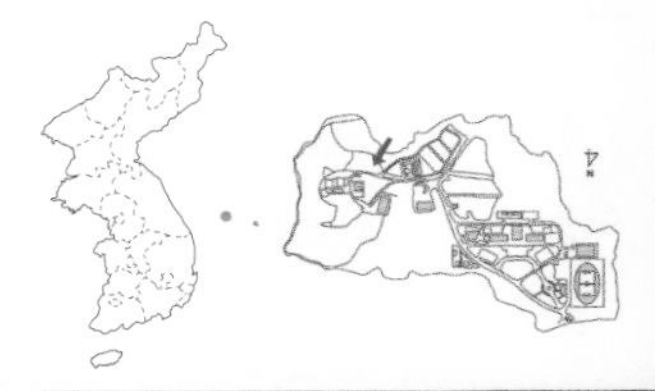

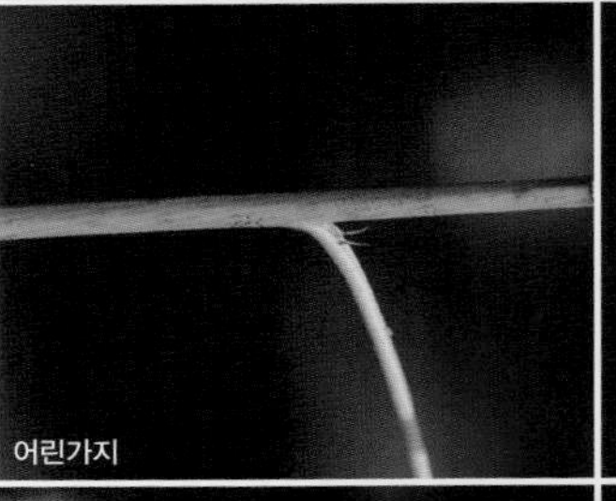
어린가지

잎 앞면

근경

잎 뒷면

【분포】
해외/국내 울릉도
예산캠퍼스 온실

【형태】
수형 낙엽활엽관목으로 수고 4m이다.
어린가지 굵고 모여나며, 가시와 털이 없다.
잎 어긋나며 장상으로 3~7개로 갈라진다. 열편은 넓은 광난형으로 끝이 뾰족하며 가장자리에 복거치가 있다. 양면 맥 위에 미세한 털이 있다. 잎자루와 뒷면 중륵에 가시가 있다. 큰 것은 길이와 너비가 각각 16cm이고, 잎자루가 10cm에 이르는 것도 있다.
꽃 5월에 백색으로 잎 끝에 산방꽃차례로 달리며 미세한 털이 있다. 턱잎은 선형 또는 피침형으로 가는 포가 있다. 꽃받침은 외면에 미모, 내면에 융모가 있다. 꽃잎은 도란형, 수술은 다수가 있다.
열매 7월에 붉게 성숙하며 집합과로 원추형이다.

【조림 · 생태 · 이용】
양성식물로 음지에서는 자라지 못하며, 개방된 곳에서 대군집을 이루며 생육한다. 번식은 딸기를 새끼에 묻혀서 땅속에 얕게 묻어 두면 발아가 이루어진다. 한방에서는 딸기를 약용하며, 달콤한 맛이 나 잼, 파이 등으로 식용한다.

수형

잎

줄기와 잎차례

미성숙 열매

장미과 Rosaceae

서양산딸기

Rubus fruticosus **L.**

Rubus 라틴 옛 이름이며 적색(ruber) 열매에서 기인
fruticosus 관목상의

이명 블랙베리
E Blackberry

【분포】
해외/국내 유럽 원산

【형태】
수형 낙엽활엽관목이며 수고 1~2m이다.
잎 어긋나며, 3~5갈래의 작은 잎으로 이루어진 장상복엽으로 길이 3~8cm, 장타원상 도란형 또는 난상 장타원형이다. 끝은 길게 뾰족하고 밑부분은 둔하거나 쐐기형이며 가장자리에 뾰족한 복거치가 촘촘히 있다. 표면에는 털이 없고 광택이 있으며 뒷면에는 백색의 털이 밀생한다. 잎자루의 길이는 2~6cm이며 가시가 있다.
꽃 백색, 연한 홍색의 꽃이 5~6월에 가지 끝의 산방꽃차례에 개화한다. 꽃잎의 길이는 7~9mm이며 도란상, 원형 가장자리는 물결모양으로 주름이 약간 있다. 꽃받침열편은 5개이며 좁은 삼각형이고, 바깥면에는 부드러운 털이 밀생한다. 수술은 곧추서고 꽃잎보다 짧으며 암술은 다수이고 수술보다 약간 짧다.
열매 열매는 적색에서 흑색으로 성숙한다. 길이는 1.5~2cm으로 장타원형이다.

【조림 · 생태 · 이용】
딸기 생산을 목적으로 재배하고 있으며 개량품종이 많다. 줄기가 발달하고 가시가 날카로워 서양에서는 양이나 사슴이 걸리면 빠져나가지 못해 죽는 경우도 있다. 열매의 맛은 우리나라에 자생하는 다른 딸기 종류에 비해 달지 않은 것이 특징이다.

장미과 Rosaceae

수리딸기

Rubus corchorifolius L.f.

Rubus 라틴 옛 이름이며 적색(ruber) 열매에서 기인
corchorifolius *Corchorus*속의 잎과 같은

이명 청수리딸기, 민수리딸
E Juteleaf raspberry
C 山莓
J ビロドイチゴ

수형

열매

꽃

줄기와 잎

【분포】
해외/국내 일본, 중국, 대만, 베트남; 중부 이남의 산지

【형태】
수형 낙엽활엽관목으로 수고 1m이다.
어린가지 밀모 있고, 가지에 가시 있다.
잎 어긋나며 난형 또는 장난형으로 길이 8~15cm이고, 점첨두, 절형 또는 약간의 심장저이다. 작은 복거치가 있다. 맹아지의 잎에서는 얕게 3열하는 것도 있다. 잎자루의 길이는 1.5~2cm이며 가시가 있다.
꽃 2~4월에 곁가지 끝에 1~2개씩 달리고 백색이다. 지름이 3cm, 아래를 향한다.
열매 4~6월에 성숙하며 원형으로 자름 3cm이고 황홍색 또는 붉게 성숙한다. 종자에 주름이 많다.

【조림 · 생태 · 이용】
원산지는 한국, 중국, 일본이며, 내음성은 약하나 내건성은 강해 덤불을 형성한다. 번식은 분주와 삽목에 의하며, 잘 익은 딸기를 새끼에 비벼 땅에 묻어 두면 발아가 이루어진다. 근주에서 발생한 맹아목을 포기나누기를 하여 증식시킨다. 열매는 맛이 감미로우며 비타민이 풍부하여 생식할 수 있고, 주스나 잼, 파이를 만들기도 한다.

장미과 Rosaceae

멍덕딸기

Rubus idaeus **L. var.**
microphyllus **Turcz.**

Rubus 라틴 옛 이름이며 적색(ruber) 열매에서 기인
idaeus 지중해 크레타섬 Ida산의

이명 산멍덕딸기, 두메딸기, 멧딸기, 긴잎멍석딸기
E Korean raspberry
C 覆盆子
J チョウセンウラジロイチゴ

【분포】
해외/국내 중국 북부, 몽골, 러시아; 강원(태백산, 함백산, 설악산) 이북의 높은 산지 능선 및 바위지대

【형태】
수형 낙엽활엽관목으로 수고 1m이다.
수피 바늘 같은 황갈색 또는 붉은색 가시가 촘촘히 난다.
겨울눈 난형이며, 끝이 뾰족하고 겨울눈 및 부분의 잎자루가 깨끗이 떨어지지 않고 남아있는 경우가 있다.
잎 어긋나며 3출우상복엽이다. 소엽은 타원형 또는 난형으로 가운데 잎이 가장 크고 가장자리에 불규칙한 복거치가 있다. 잎자루에 융모와 때로는 가시가 있다. 표면에는 녹색 또는 홍록색의 잔털이 있으며, 뒷면은 흰 샘털로 덮여있고 중륵에 가시가 있다.
꽃 6~7월에 백색으로 피며 산방꽃차례로 달린다. 꽃차례에 샘털과 가시가 많다.
열매 8~9월에 붉게 성숙한다.

【조림 · 생태 · 이용】
북부와 중부의 산기슭에서 자란다. 열매는 땀내기약으로 사용된다. 잎과 꽃의 우림약은 치질, 또는 눈의 염증을 치료할 때 사용되며, 신경쇠약, 고혈압, 동맥경화에도 사용된다. 꽃은 질 좋은 꿀을 생산한다는 점에서 중요하다.

장미과 Rosaceae

복분자딸기

Rubus coreanus Miq.

Rubus 라틴 옛 이름이며 적색(ruber) 열매에서 기인
coreanus 한국의

이명 곰딸, 곰의딸, 복분자딸, 복분자
한약명 복분자(覆盆子)
E Korean raspberry
C 插田泡(삽전포)
J トックリイチゴ

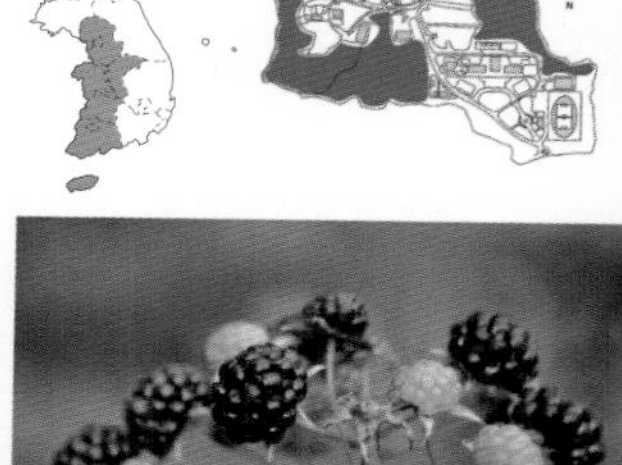

수형
줄기와 새순
잎 앞면
잎과 줄기

열매

잎 뒷면

【분포】
해외/국내 중국; 전국 산야, 남서부지역
예산캠퍼스 연습림

【형태】
수형 낙엽활엽관목으로 수고 3m이다.
수피 비스듬히 휘어지며 끝이 땅에 닿으면 뿌리를 내린다. 털이 없고 소지가 흰 가루로 덮여있다.
겨울눈 장난형이며, 끝이 뾰족하고 겉은 흰 가루로 덮여있다.
잎 어긋나며 우상복엽이고 소엽은 5~7개이다. 난형 또는 타원형으로 예두, 넓은 설저 또는 원저이다. 길이 3~7cm, 불규칙한 예거치가 있으나 거의 없어진다. 뒷면 맥상에만 약간 남는다.
꽃 5~6월에 담홍색으로 피며 산방꽃차례로 가지 끝에 매달린다.
열매 7~8월에 검붉게 성숙하며 반구형이다.

【조림 · 생태 · 이용】
중용수로 산기슭 양지 쪽에서 난다. 내한성, 내조성, 내공해성이 강하며 음지보다는 양지에서 번식이 용이하다. 건조지와 습지 모두에서 잘 자란다. 종자, 분근, 삽목에 의해 번식이 가능하며, 모수에서 생긴 작은 묘목을 포기나누기하거나, 열매를 새끼에 묻혀 땅에 묻으면 발아가 이루어진다. 방어보호용, 생울타리 소재로 적합하며, 열매는 생식한다.

장미과 Rosaceae

멍석딸기

Rubus parvifolius **L.**

꽃

잎 앞면

수술

Rubus 라틴 옛 이름이며 적색(ruber) 열매에서 기인
parvifolius 소엽형의

이명 번둥딸나무, 멍두딸, 수리딸나무, 멍딸기, 덤풀딸기, 사수딸기, 멍석딸, 제주멍석
한약명 봉루(蓬藟), 호전표(薅田藨, 가지와 잎, 열매)
E Parvifolius bramble
C 茅莓
J ナワシロイチゴ

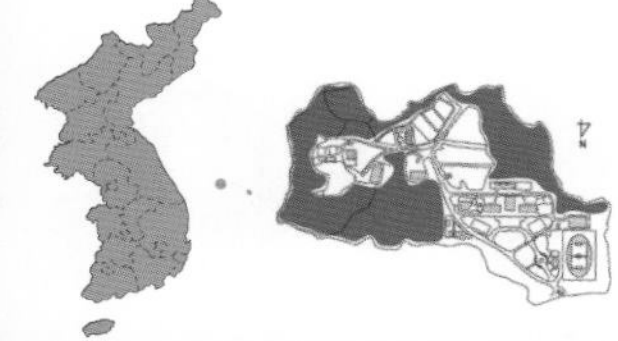

잎 뒷면

열매

【분포】
해외/국내 중국, 일본; 전국 산야
예산캠퍼스 연습림

【형태】
수형 포복성의 낙엽활엽관목으로 수고 30cm 내외이다.
수피 옆으로 길게 기어가며 자라고, 짧은 가시가 있다.
잎 어긋나며 3매의 소엽이 있고 우상 3출엽이다. 소엽은 넓은 도란형 또는 원형으로 맹아지에 있어서는 5출 하는 것도 있다. 가운데 잎이 크고 복거치가 있다. 표면에는 잔털이 있고, 뒷면은 부드러운 털이 있으며 백색이다.
꽃 5~6월에 새가지의 끝이나 잎겨드랑이에서 핀다. 산방꽃차례 또는 원추꽃차례이며 총상꽃차례이다. 꽃자루에 가시와 털이 있다. 꽃잎은 붉은색이고 5개로 꽃받침보다 짧으며 위로 향한다.
열매 6~8월 성숙하며 적색으로, 표면에 단모 있다.

【조림 · 생태 · 이용】
산기슭 및 논이나 밭둑에서 난다. 음지에서는 생육이 불량하므로 양지에 식재하며, 토심이 깊고 적습한 비옥지가 생육적지이다. 종자 번식은 가능하나 딱딱한 불투수성의 씨껍질과 배의 휴면 때문에 발아에 장기간이 필요하므로 실용적이지 않다. 황폐지나 사방지 복구용으로 사용되며, 뿌리는 염료로, 열매는 생식, 잼 또는 파이제조용, 약용, 술제조용으로 사용된다.

장미과 Rosaceae

곰딸기

***Rubus phoenicolasius* Maxim.**

Rubus 라틴 옛 이름이며 적색(ruber) 열매에서 기인
phoenicolasius 페니키아에서 자라는

이명 붉은가시딸기, 섬가시딸나무
E Wineberry
C 多腺懸鉤子
J ウラジロイチゴ

열매
잎
잎 앞면

열매

줄기

잎 뒷면

【분포】
해외/국내 일본, 중국; 전국 산야
예산캠퍼스 연습림

【형태】
수형 낙엽활엽관목으로 수고 3m이다.
수피 줄기는 적자색이며 줄기에 가시가 드물게 있고 붉은 샘털이 밀생한다.
잎 어긋나며 우상복엽으로 3~5매의 소엽이 있다. 중앙의 잎이 훨씬 크며 가장자리에 복거치가있다. 뒷면에 흰 털이 밀생하여 희게 보인다.
꽃 5~7월에 새로 나온 가지 끝에서 총상꽃차례로 피며 담홍색이다. 꽃받침이 꽃잎보다 길다.
열매 7~8월에 붉게 성숙한다.

【조림 · 생태 · 이용】
음습지에서 자라며 내한성이 강하고 계곡의 전석지 및 음지에서도 잘 자란다. 비옥적윤하고 토심이 깊은 곳이 생육적지이며, 해변이나 도심지에서도 많이 볼 수 있다. 실생 및 삽목으로 번식할 수 있다. 황폐한 척박지나 전석지같은 곳에 식재하면 군집을 이룬다. 열매는 생식하거나, 잼이나 파이를 만들어 식용한다.

장미과 Rosaceae

줄딸기

***Rubus oldhamii* Miq.**

Rubus 라틴 옛 이름이며 적색(ruber) 열매에서 기인
oldhamii 채집가 Old-Ham의

이명 덩굴딸기, 곰의딸, 동꿀딸기, 덤불딸기, 애기오엽딸기
E Oldhami Bramble
J サナギイチゴ

열매

수형

꽃과 잎

꽃

【분포】
해외/국내 일본, 중국; 전국 산야
예산캠퍼스 연습림

【형태】
수형 낙엽활엽관목으로 수고 2m이다.
수피 짙은 자주색이 돌고 털이 없으며 갈고리처럼 굽은 가시가 있다.
어린가지 부드러운 털이 있지만 점차 없어진다.
겨울눈 난형으로 끝이 뾰족하고 적갈색 눈비늘조각에 싸여있다. 세로덧눈이 달리기도 한다.
잎 어긋나며 5~9개의 소엽으로 된 우상복엽이다. 소엽은 난형 또는 난상 타원형으로 예두 또는 둔두, 설저이며 복거치가 있다.
꽃 5월에 새로 난 가지 끝에 1개씩 달린다. 화경은 길이 3~4cm이고 가시가 있다. 꽃잎은 백색 또는 담홍색이다.
열매 7~8월에 붉게 성숙한다.

【조림 · 생태 · 이용】
산록 및 계곡에서 자생한다. 번식은 포기나누기나 뿌리나누기를 하여 쉽게 증식시킬 수 있고, 사면같은 곳에 직파할 때는 새끼에 열매를 문질러 일정하게 자른 후 흙에 묻어 놓으면 발아가 된다. 잎갈나무 등의 조림지에서 무성하게 자라 대군집을 형성한다. 절터나 화전지 또는 식생 파괴지에 군락을 이루며, 추위에 강해 해안지방이나 도심지에서도 잘 자란다. 황폐지나 절사지 등에 지피 보존식생으로 적합하다.

【참고】
줄딸기 학명이 국가표준식물목록에는 *R. pungens* Cambess.로 기재되어 있다.

장미과 Rosaceae

거지딸기

***Rubus sumatranus* Miq.**

Rubus 라틴 옛 이름이며 적색(ruber) 열매에서 기인

이명 거지딸
E Sorbifolia bramble
J コジキイチゴ

산림청 지정 희귀등급 취약종(VU)
환경부 지정 국가적색목록 관심대상(LC)

열매 ©김진석

꽃 ©김진석

줄기©김진석

잎 ©김진석

【분포】
해외/국내 일본, 중국, 대만; 제주도 임연부나 계곡부

【형태】
수형 낙엽활엽관목이다.
어린가지 황갈색 가시가 밀생한다.
잎 어긋나며 우상복엽으로 3~5개의 소엽이 있다. 피침형으로 점첨두, 원저, 아심장저이고, 복거치이다. 잎맥을 제외하고는 털이 없고 뒷면의 주맥에 구부러진 가시가 있다.
꽃 4월 샘털로 덮인 원추꽃차례로 달려 피며 꽃받침이 뒤로 젖혀진다.
열매 6월에 노랗게 성숙하고 길이 1.5cm이며, 식용이 가능하다.

【조림 · 생태 · 이용】
남해안 및 제주도 해안가에 자생지가 있고, 개체수가 매우 적은 수종이다. 따라서 자생지의 확인 및 현지 내외 보존을 위한 대책마련이 필요하다. 종자번식은 가능하나 딱딱한 불투수성의 씨껍질과 배의 휴면 때문에 장기간의 시간이 필요하므로 실용적이지 않다. 따라서 2~3월 가지삽목을 하거나 3~4월 뿌리삽목으로 증식시켜야 한다. 산지에 생육하며 열매는 식용한다.

열매 ©김진석

장미과 Rosaceae

검은딸기

***Rubus croceacanthus* H.Lév.**

Rubus 라틴 옛 이름이며 적색(ruber) 열매에서 기인
croceacanthus *Crocus*속의 꽃 같은

이명 섬딸, 검섬딸기
J サイシウヤマイチコ

가시 ©김진석

잎 ©김진석

【분포】
해외/국내 제주도 임연부 및 길가

【형태】
수형 낙엽활엽관목으로 수고 1m이다.
수피 줄기에 샘털이 밀생한다.
잎 어긋나며 소엽 5~9개이고 복엽으로 가늘고 긴 모양이다. 줄기 및 잎자루와 뒷면 맥 위에 잔털, 샘털이 밀생한다. 드물게 굽은 작은 가시 있다.
꽃 5~6월 피며 가지 끝 1~3개 달린다. 백색의 양성화이다. 꽃잎은 아원형이고, 꽃차례의 축과 꽃자루에 잔털, 샘털 밀생하며 드물게 작은 가시 있다. 꽃받침열편이 길게 뾰족하다.
열매 6~7월에 붉은색으로 성숙하며 난형이다.

【조림 · 생태 · 이용】
제주도 숲가장자리나 길가에 자생하고 있다. 다른 딸기류 수종과 마찬가지로 공원이나 정원 등에 관상수로 개발할 가치가 있다.

장미과 Rosaceae

장딸기

Rubus hirsutus Thunb.

Rubus 라틴 옛 이름이며 적색(ruber) 열매에서 기인
hirsutus 거친 털이 있는, 많은 털이 있는

이명 땃딸기, 땅딸기, 노랑장딸기
E Hirsute raspberry
C 逢虆
J クサイチゴ

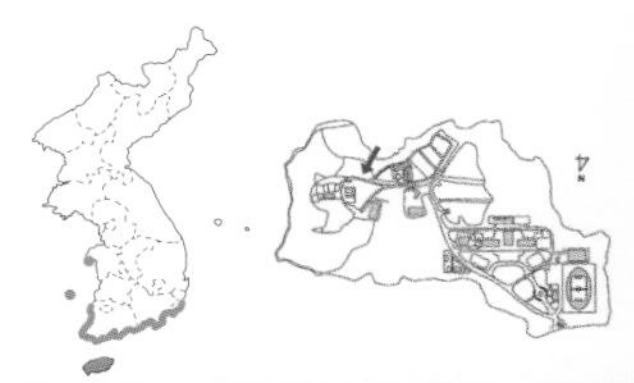

열매

잎과 꽃

꽃

【분포】
해외/국내 일본, 중국; 남부지역 임연부
예산캠퍼스 온실

【형태】
수형 낙엽활엽반관목으로 수고 20~60cm이다.
수피 줄기와 가지에 짧고 부드러운 털과 샘털이 촘촘히 나며 군데군데에 돋는 가시는 끝부분이 밑을 향한다.
겨울눈 장난형이다.
잎 어긋나며 우상복엽이고 3~5개의 소엽으로 구성된다. 난형 또는 난상 타원형으로 예첨두, 원저이다. 길이 3~6cm, 너비 1.5~3cm, 복거치가 있고 양면에 털이 있다. 잎자루는 길고 기부에 침상 거치가 있다.
꽃 4~6월 단지에 1~2개가 백색으로 피며 지름이 3~4cm이다.
열매 6~7월경 붉게 성숙하며 원형으로 지름이 8mm이다.

【조림 · 생태 · 이용】
햇빛이 잘 들고 적당한 보습성을 갖는 토양에서 뿌리가 옆으로 뻗어서 새싹이 나와 군집을 형성한다. 건조한 곳에서는 생장이 불량해 비옥적윤한 곳을 좋아한다. 내한성은 약해 중부지방에서도 적절한 방풍 또는 방한 관리에 의해 월동이 가능하다. 포기나누기가 잘 되어 여름철에 익은 열매를 채취하여 노천매장한 후 이듬해 봄에 파종한다. 줄기가 왕성하게 옆으로 퍼져 나가므로 지피용 소재로 매우 유망하다. 뿌리 및 잎은 자파라 하며 약용된다.

수형 ©김진석

장미과 Rosaceae

가시딸기

***Rubus hongnoensis* Nakai**

Rubus 라틴 옛 이름이며 적색(ruber) 열매에서 기인
hongnoensis 제주도의 홍노리산의

이명 가시딸, 섬가시딸기
J サイシウバライチゴ

산림청 지정 희귀등급 취약종(VU)
산림청 지정 특산식물
환경부 지정 국가적색목록 관심대상(LC)

잎(9개 소엽)

잎(5개 소엽) ©김진석

꽃 ©김진석

【분포】
해외/국내 제주도 하천가, 숲속

【형태】
수형 낙엽활엽관목이다.
수피 털과 가시가 없다.
어린가지 간혹 잎과 줄기에 가시 있다.
잎 어긋나며 5~9개의 작은 복엽이 있다. 소엽은 길이 4~7cm, 피침형, 난상 피침형으로 점첨두, 원저, 설저이고 복거치이며, 양면에 털이 없고, 선점 있다.
꽃 3~4월에 백색의 양성화가 피며 가지 끝에 1개씩 달린다. 꽃잎은 도란형, 아원형이고, 꽃받침잎은 좁은 삼각형, 길이 1~1.5cm이다. 뒷면에 누운 털, 표면에 잔털이 밀생한다. 열매가 될 때 뒤로 젖혀진다.
열매 5~6월에 성숙하며 난형으로 적색이다.

【조림 · 생태 · 이용】
제주도 바닷가 계곡 부근에서 자란다. 개체수가 많지 않아 자생지의 확인 및 보전을 위한 대책마련이 필요하다. 삽목으로 번식이 가능하며, 식용한다.

장미과 Rosaceae

겨울딸기
Rubus buergeri Miq.

Rubus 라틴 옛 이름이며 적색(ruber) 열매에서 기인
buergeri 일본식물 채집가 Buerger의

이명 겨울딸, 땅줄딸기, 왕딸, 늘푸른줄딸기
E Buerger raspberry
C 寒莓
J フユイチゴ

남오미자, 자금우 등과 함께 자라는 자생지

열매

잎 앞면

잎 뒷면

【분포】
해외/국내 중국, 일본, 대만; 제주도, 전남 흑산도 임연부

【형태】
수형 상록성 소관목 또는 만목으로 수고 2m이다.
수피 단모가 밀생하며, 대부분 가시가 없으나 있는 것도 있다.
잎 어긋나며 심장형으로 예두 또는 둔두이고 5개로 얕게 갈라진다. 길이와 너비가 약 5~10cm이고, 잎자루와 뒷면에 털이 밀생한다.
꽃 6~8월에 가지 끝이나 잎겨드랑이에서 핀다. 꽃받침, 꽃잎은 각각 5개이고, 꽃잎은 백색이다.
열매 11~12월에 성숙하며 적색이고 식용한다.

【조림 · 생태 · 이용】
숲속에서 자라는 만경목으로 내한성이 약해 내륙지방에서는 잘 자라지 못하지만 해안지방에서는 잘 생육한다. 중성식생으로 습한 곳 또는 건조한 곳에서 잘 자란다. 내음성은 보통으로 반음지와 양지 모두 생장이 양호하다. 번식은 실생, 삽목, 분주, 휘묻이로 한다. 겨울에 열매에서 종자를 채취한 후 파종을 한다. 열매는 맛이 달콤한 장과로 생식하며 잼, 파이, 주스 등을 만든다.

잎과 꽃차례

장미과 Rosaceae

쉬땅나무

Sorbaria sorbifolia **(L.) A.Braun var. *stellipila* Maxim.**

Sorbaria 마가목속(*Sorbus*)의 잎모양이 비슷한 데서 기인
sorbifolia *Sorbus*속의 잎과 같은

이명 개쉬땅나무, 마가목, 쉬나무, 빕쉬나무
한약명 진주매(珍硅梅, 수피, 꽃, 잎, 뿌리)
E False spiraea
C 東北珍硅梅
J ホザキナナカマド

소엽 앞면

소엽 뒷면

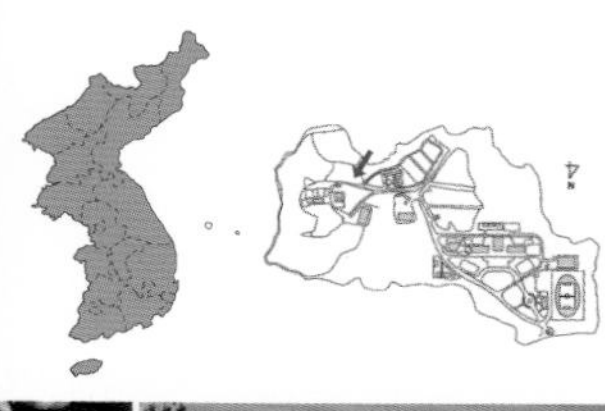

잎 앞면

잎 뒷면

꽃

열매

【분포】
해외/국내 중국, 일본, 극동러시아; 경북 이북 임연부 및 계곡부
예산캠퍼스 온실

【형태】
수형 낙엽활엽관목으로 수고 2m이다.
수피 회갈색이고 둥근 피목이 있다.
어린가지 적갈색 또는 연한 갈색이고 가지 단면의 골속은 굵다.
겨울눈 난형으로 길이가 5~9mm이고 끝은 약간 날카로워지거나 둥글며 5~8개의 눈비늘조각에 싸여있다.
잎 어긋나며 기수우상복엽으로 길이 20~30cm이다. 소엽은 6~11쌍으로 피침형, 예첨두, 꼬리처럼 길다. 기부는 둥근 모양으로 잎자루가 없고, 복거치가 있다.
꽃 백색으로 6~7월 가지 끝에 원추꽃차례로 달린다. 꽃의 크기는 5~6mm, 꽃차례의 길이는 10~12cm, 꽃잎은 도란형이다. 수술은 40~50개이며 꽃잎보다 길다.
열매 9월에 성숙하며 5개의 골돌과이다. 장원형이며 길이 6mm이고 털이 밀생한다.

【조림 · 생태 · 이용】
산골짜기나 냇가에서 군상으로 자란다. 정원수로 이용한다.

군락

장미과 Rosaceae

당마가목

Sorbus amurensis Koehne

Sorbus 고대 라틴명
amurensis 아무르지방의

이명 털눈마가목, 털순마가목
E Amur mountoin ash
J トウナナカマド

꽃 ©김진석

열매 ©김진석

잎 앞면 ©김진석

겨울눈 ©김진석

턱잎 ©김진석

잎 뒷면 ©김진석

【분포】
해외/국내 일본; 중부 이북 아고산지대

【형태】
수형 낙엽활엽아교목으로 수고 8m이다.
어린가지 다소의 털이 있다.
겨울눈 흰 털로 덮인다.
잎 어긋나며 소엽은 13~15개이고 우상복엽이다. 소엽은 길이 3~5cm, 타원상 피침형, 난상 피침형으로 뒷면에 흰빛이 돌고 의저이다. 기부를 제외한 가장자리에 거치가 있다. 턱잎은 광난형 또는 아원형으로 가장자리에 큰 거치가 있으며 줄기를 완전히 감싼다.
꽃 백색의 양성화로 6~7월에 가지 끝 복산방꽃차례로 달린다. 암술대는 3~4개, 꽃잎은 광난형, 아원형이며 꽃자루에 털이 밀생하나 없어진다.
열매 9~10월에 성숙하며 크기는 6~8mm이고, 적색 또는 황적색으로 난상 원형이다.

【조림 · 생태 · 이용】
음수성 수종으로 그늘진 곳에서 생육이 좋으며, 공중습도, 토양습도가 비교적 높은 곳에서 잘 생육한다. 내공해성, 내병충성이 강하다. 번식방법은 실생, 삽목, 분주에 준한다. 정원수, 공원수, 첨경수로 이용되고 있으며 수피는 약용하고, 열매는 차 및 생식으로 사용된다.

【참고】
당마가목 학명이 국가표준식물목록에는 *S. pohuashanensis* (Hance) Hedl.로 기재되어 있다.

장미과 Rosaceae

마가목

***Sorbus commixta* Hedl.**

Sorbus 고대 라틴명
commixta 혼합한

이명 은빛마가목
한약명 마가피, 전공등(丁公藤), 천산화추(天山花楸)
E Mountoin Ash
C 花楸樹
J ナナカマド

【분포】
해외/국내 러시아, 일본; 황해, 강원 이남 고지대 산지
예산캠퍼스 연습림 임도 옆

【형태】
수형 낙엽활엽관목으로 수고 7~10m이다.
수피 회갈색을 띠며, 어릴 때는 타원형의 피목이 많고 오래되면 얕게 갈라진다.
겨울눈 장타원형으로 끝이 뾰족하고 2~4개의 눈비늘조각에 싸여있다. 끈끈한 성질이 있다.
잎 어긋나며 우상복엽이다. 소엽은 9~15개이며, 피침형 또는 장타원형으로 길이 3~7cm이다. 긴 점첨두이고 설저, 예리한 단거치 또는 복거치가 있다. 가을에 황적색으로 단풍이 든다.
꽃 5~6월에 피며 암술대는 3~4개이다. 꽃받침, 꽃잎은 각 5개이며 수술은 20개이다.
열매 9~10월에 붉게 성숙하며 원형의 이과로 지름이 6~8mm이다.

【조림 · 생태 · 이용】
음수성이며, 배수가 잘 되면서 보수력이 있는 비옥한 사질양토 또는 습기가 있는 토양이 생육적지이다. 고온, 건조, 척박지는 생육에 불리하다. 정원, 공원 등에서 조경수로 사용되며 수피는 약용, 열매는 생식, 과실주, 차, 목재는 조각재, 지팡이 등으로 사용된다.

장미과 Rosaceae

팥배나무

Sorbus alnifolia (Siebold & Zucc.) C.Koch

수형

Sorbus 고대 라틴명
alnifolia 오리나무속(*Alnus*)의 잎과 같은

이명 산매자나무, 물앵도나무, 물방치나무, 왕팥배나무, 팟배나무, 둥근팟배나무, 팟배, 왕잎팟배나무, 팟배, 왕잎팟배, 긴팟배, 참팥배나무, 둥근잎팥배나무, 달피팥배나무, 벌배나무
한약명 수유과(水榆果, 열매)
E Alnifolia mountain ash
C 水榆花楸
J アズキナシ, ハカリノメ

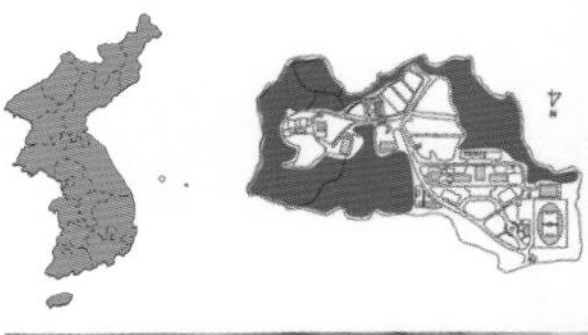

잎 앞면

잎과 꽃

열매

겨울눈

수피

【분포】
해외/국내 중국, 극동러시아, 일본; 전국 산지
예산캠퍼스 연습림

【형태】
수형 낙엽활엽교목으로 수고 15m이다.
수피 회갈색 또는 흑갈색을 띤다.
어린가지 흑자색 또는 홍자색이며 광택이 있고 백색 피목이 있다.
겨울눈 장난형이며 끝이 뾰족하고 5~6개의 눈비늘조각에 싸여있다.
잎 어긋나며 난형, 광난형 또는 타원형으로 길이 5~10cm, 너비 3~7cm이다. 끝은 짧은 점첨두이고 원저이며 불규칙한 복거치가 있다. 표면은 처음 털이 있으나 없어지고 뒷면 맥상에 복모가 있다. 8~10쌍의 측맥이 가장자리까지 비스듬히 평행하게 뻗혀있다. 잎자루는 약간 붉은빛이 돌며 길이가 1~3cm이다.
꽃 5~6월에 어린가지의 끝에 산방꽃차례로 맺히며 지름이 약 1.5cm이다. 꽃받침, 꽃잎은 각 5개씩이고 수술은 약 20개이다.
열매 9~10월에 황홍색으로 성숙하며 이과이고 길이 8~10mm이다.

【조림 · 생태 · 이용】
양수성을 띠는 종으로, 어떤 토양에서도 잘 자라며 산능선부의 건조지에서 잘 생육한다. 나무 전체를 덮는 열매의 관상 가치가 매우 높아, 정원수, 공원수, 가로수로 알맞으며, 꿀샘이 깊어 밀원자원으로 이용된다. 목재는 가구재, 공예재로 사용되며, 열매는 수유과라 하여 약용한다.

【참고】
팥배나무 학명이 국가표준식물목록에는 *Aria alnifolia* (Siebold & Zucc.) Decne.로 기재되어 있다.

수형

장미과 Rosaceae

꼬리조팝나무

Spiraea salicifolia L.

Spiraea 그리스어 speira(나선, 화환, 륜)에서 유래된 그리스명이며 처음에는 *Ligustrum vulgare*를 speiraia 라고 하였으나 전용되었으며 열매가 나선상인 종이 있다. 화서형(花序形)에서 화환을 만드는 나무라는 뜻

salicifolia 버드나무속(*Salix*)의 잎과 비슷한

이명 개쥐땅나무, 붉은조록싸리

E Willow-leaf spiraea

C 綉線菊

J ホザキシモツケ

꽃

잎 앞면

잎 뒷면

열매

【분포】

해외/국내 일본, 중국, 극동러시아; 지리산 이북 계곡부

【형태】

수형 낙엽활엽관목으로 수고 1~1.5m이다.

잎 어긋나며 피침형 또는 넓은 피침형으로 첨두이다. 기부는 설저로 표면에 털이 없고, 뒷면에 잔털이 있다. 가장자리 전면에 잔 예거치가 있다.

꽃 담홍색으로 6~8월에 피며, 원추꽃차례로 달린다. 꽃자루 및 작은꽃자루에 잔털이 많다. 꽃받침과 꽃잎은 각각 5개, 수술은 많고 꽃잎보다 길다. 암술은 5개, 수술밥은 황색을 띤다.

열매 9~10월에 갈색으로 성숙하며, 5개의 삭과로 구성된다.

【조림 · 생태 · 이용】

산골짜기 및 습지 근처에서 자란다. 내한성이 강하며 음지보다 양지를 선호한다. 내건성이 약해 척박한 곳에서는 견디지 못하며 해안지방에서 잘 자란다. 전정으로 수형조절이 자유로워 차폐지, 생울타리로 적합하며 정원수나 관상수로도 사용된다. 어린잎은 식용하며, 줄기, 잎은 월경폐지, 변비, 소변불통, 타박상, 관절염, 기침, 외상 등에 쓴다.

장미과 Rosaceae

참조팝나무

***Spiraea fritschiana* C.K.Schneid.**

Spiraea 그리스어 speira(나선, 화환, 륜)에서 유래된 그리스명이며 처음에는 *Ligustrum vulgare*를 speiraia 라고 하였으나 전용되었으며 열매가 나선상인 종이 있다. 화서형(花序形)에서 화환을 만드는 나무란 뜻
fritschiana 오스트리아의 Karl F. Fritsch의

이명 좀조팝나무, 바위좀조팝나무, 고려조팝나무, 물조팝나무, 왕조팝나무, 애기바위조팝나무
E Fritsch spiraea
C 華北綉線菊
J チョウセンシモツケ

꽃차례

수형

잎과 꽃

【분포】
해외/국내 중국; 중부 이북의 심산 능선부 및 계곡부

【형태】
수형 낙엽활엽관목으로 수고 1~1.5m이다.
어린가지 가지에 능각이 있으며 털이 없다.
잎 어긋나며 타원형, 장타원형, 난상 타원형으로 첨두, 설저이고 길이 3~5cm이다. 맹아지에서는 길이 10cm 되는 것도 있다. 가장자리 하부까지 단거치 또는 복거치이다. 표면과 뒷면에 거의 털이 없으며, 뒷면은 회녹색을 띤다.
꽃 5~6월에 피며 복산방꽃차례로 새가지 끝에 달리며 지름 7~10cm나 되는 대형의 꽃차례이다. 꽃은 백색을 띠며 중앙은 담홍색을 띤다.
열매 골돌과로 9~10월에 성숙하고 복면을 따라 갈라지며 털이 없다.

【조림 · 생태 · 이용】
산중턱 절토사면이나 다른 식물들이 잘 자라지 못하는 메마른 땅에 생육하고, 배수성과 보습성이 좋은 사질양토에 식재하는 것이 좋다. 토양 산성도는 중성에서 잘 자라며, 내한성과 내조성, 내건성, 내공해성이 강하고 음지와 양지에서 모두 잘 자란다. 키 작은 관목으로 꽃이 아름다워 공원이나 화단의 경계목으로 식재해도 좋고, 분에 모아 심어 분물로도 사용한다.

장미과 Rosaceae

둥근잎조팝나무

Spiraea betulifolia **Pall.**

수형

Spiraea 그리스어 speira(나선, 화환, 륜)에서 유래된 그리스명이며 처음에는 *Ligustrum vulgare*를 speiraia 라고 하였으나 전용되었으며 열매가 나선상인 종이 있다. 화서형(花序形)에서 화환을 만드는 나무란 뜻

betulifolia 자작나무속(*Betula*)의 잎과 비슷한

이명 둥근조팝나무

J マルバシモツケ

산림청 지정 희귀등급 자료부족종(DD)

참조팝나무(왼쪽)와 둥근잎조팝나무(오른쪽) 잎 앞면

참조팝나무(왼쪽)와 둥근잎조팝나무(오른쪽) 잎 뒷면

잎과 꽃

꽃

【분포】

해외/국내 강원, 경북 등

【형태】

수형 낙엽활엽관목으로 수고 1m이다.

어린가지 적갈색을 띠며 능선이 있고 털이 없다.

겨울눈 난형이며 예두이다.

잎 어긋나며, 길이 2~5cm, 타원형 또는 광난원형으로 둔두, 둔저, 복거치 또는 단거치가 있다. 표면은 짙은 녹색, 뒷면은 회녹색을 띤다. 잎맥이 돌출하며 털이 없거나 맥 위에 털이 있다. 잎자루는 길이 1~3mm이다.

꽃 백색으로 6~7월에 피며 털이 없는 산방꽃차례로 달린다. 꽃차례의 지름은 2.5~6cm이다. 꽃받침은 5개이며 난상 피침형으로 안쪽에 털이 밀생하고 결실기에는 뒤로 젖혀진다. 꽃잎은 5개이며 수술보다 훨씬 짧다. 꽃밥은 흰빛을 띠며, 자방은 5개이다.

열매 골돌과로 암술대가 남아있다.

【조림 · 생태 · 이용】

경북, 강원도 산지의 양지바른 곳에 다른 식물들이 잘 자라지 못하는 입지에 나타난다. 배수성과 보습성이 양호한 사질양토에 식재하는 것이 좋다. 내한성과 내건성, 내공해성이 강하고 양지에서 잘 자란다. 키 작은 관목으로 꽃이 아름다워 공원이나 화단의 경계목 등으로 식재해도 좋고, 화분용으로도 가치가 높다.

장미과 Rosaceae

인가목조팝나무

Spiraea chamaedryfolia L.

Spiraea 그리스어 speira(나선, 화환, 륜)에서 유래된 그리스명이며 처음에는 *Ligustrum vulgare*를 speiraia 라고 하였으나 전용되었으며 열매가 나선상인 종이 있다. 화서형(花序形)에서 화환을 만드는 나무란 뜻
chamaedryfolia *Teucrium chamaedrys*의 잎과 비슷한

이명 인가목, 조팝나무, 털인가목조팝나무, 기장조팝나무, 철연죽, 털철연죽
E Elm-leaf spiraea
C 石蠶葉綉線菊
J アイズシモツケ

수형

열매

【분포】
해외/국내 중국, 극동러시아, 일본; 백두대간 숲속

【형태】
수형 낙엽활엽관목으로 수고 1m이다.
어린가지 가지의 능선이 뚜렷하고 털이 없다.
잎 어긋나며 난형으로 첨두이다. 기부는 원저이다. 표면에 털이 없고, 뒷면은 회백색이고 맥겨드랑이에 털이 있으며 복거치이다.
꽃 5~6월에 피고, 새가지의 끝에 산방상 또는 산형꽃차례에 달린다. 양성화로 지름이 8~10mm이다. 꽃잎은 백색이고, 꽃자루에 털이 없다. 수술은 35~50개이며 꽃잎보다 길다. 암술은 4~5개이며 암술대는 수술대보다 짧다.
열매 9월에 성숙하고, 골돌로 길이는 3mm 정도이고 4~5개씩 모여 있다. 배봉선을 따라 털이 밀생한다.

【조림 · 생태 · 이용】
깊은 산의 수림 아래에 잘 자란다. 내건성이 강해 척박한 곳에서도 잘 생육하며 군집을 이룬다. 내한성, 내공해성이 강해 양지와 음지 모두 생육이 가능하다. 여름에 개화하는 흰색의 작은 꽃은 소담스럽고 우아하여 절사면 또는 암반 녹화용으로 적합하다. 분재용 소재 또는 생울타리용으로도 식재하며, 목재는 지팡이 재료로 사용된다.

산조팝나무

***Spiraea blumei* G.Don**

Spiraea 그리스어 speira(나선, 화환, 륜)에서 유래된 그리스명이며 처음에는 *Ligustrum vulgare*를 speiraia 라고 하였으나 전용되었으며 열매가 나선상인 종이 있다. 화서형(花序形)에서 화환을 만드는 나무란 뜻

blumei 네덜란드의 분류학자인 K.L. Blume의

이명 긴잎산조팝나무, 찰조팝나무, 개조팝나무, 넓은잎산조팝나무

E Blumei spiraea

C 綉球繡線菊

J ヤマシモツケ

수형

꽃

잎과 꽃

꽃차례

【분포】

해외/국내 일본, 중국; 강원, 경북, 충북, 경기 산지

【형태】

수형 낙엽활엽관목으로 수고 1m이다.

잎 어긋나며 난형 또는 원형으로 상반부에 둥근 거치가 있다. 원저 또는 넓은 설저이고 길이 3~4cm이다. 표면은 녹색, 뒷면은 흰빛을 띤다. 3~5쌍의 측맥이 뒷면에 돌출하여 있다.

꽃 5월경 지름 3~4cm의 백색의 꽃이 산형꽃차례에 15~20개씩 달린다. 꽃받침과 꽃잎이 각각 5개이고, 꽃 전체에 털이 없다.

열매 10월에 성숙하고, 4~6개씩 모여 달리며 길이 3~4mm이고, 골돌과로 복면이 돌출한다. 암술대는 배면선단에 달린다.

【조림 · 생태 · 이용】

산지의 능선 바위 곁에서 때로 작은 군집을 형성하며 자라고, 석회암지대에서도 잘 생육한다. 번식은 종자와 삽목, 분주에 의한 방법이 있다. 관상용으로 이용되며, 새잎은 식용하고 뿌리 및 근피는 마엽수구, 열매는 마엽수구근이라 하며 약용한다.

장미과 Rosaceae

아구장나무

Spiraea pubescens Turcz.

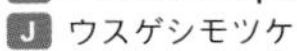

Spiraea 그리스어 speira(나선, 화환, 륜)에서 유래된 그리스명이며 처음에는 *Ligustrum vulgare*를 speiraia 라고 하였으나 전용되었으며 열매가 나선상인 종이 있다. 화서형(花序形)에서 화환을 만드는 나무란 뜻
pubescens 잔연모가 있는

이명 물참대, 아구장조팝나무
E Pubescent spiraea
J ウスゲシモツケ

꽃차례

잎과 꽃

【분포】
해외/국내 중국, 극동러시아; 전라도와 경남 이북의 산지 암반부

【형태】
수형 낙엽활엽관목으로 수고 2m이다.
어린가지 잔털이 있다.
줄기 가지가 활모양으로 구부러짐
잎 어긋나며 타원형 또는 도란형으로 첨두, 예저 또는 넓은 예저이다. 길이 3~4cm, 상반부에 거치가 있으나 때로는 3개로 갈라지는 것도 있다. 표면에 잔털이 있거나 없고, 뒷면에는 회녹색의 밀모가 있다. 잎자루는 길이 2~3mm이다.
꽃 백색으로 5월에 피며 산형꽃차례로 달린다. 지름 5~8mm이고, 꽃차례에 털이 없다. 꽃받침잎은 곧고, 화관은 수술과 길이가 같다.
열매 9~10월에 성숙하고 4~6개씩 모여 있으며, 골돌로 3~4mm이다. 배봉선을 따라 누운 털이 있고 끝에 암술대의 흔적이 남는다.

【조림 · 생태 · 이용】
한국과 중국이 원산지이며, 양수 또는 중용수로 산지에서 자라며, 산비탈 양지 메마른 암석지에 자생하는 암생식생이다. 양지와 음지 모두에서 잘 자라며 내한성, 내조성, 내건성과 내공해성이 강해 바위나 암벽에 붙어서 잘 자란다. 고온건조한 장소에서는 식재를 삼가야 하며, 이식은 3~4월에 실시하고 얕게 심어야 한다.

【참고】
아구장나무 학명이 국가표준식물목록에는 *S. chartacea* Nakai로 기재되어 있다.

수형

잎 앞면

꽃

잎 뒷면

열매 ©김진석

장미과 Rosaceae

당조팝나무

Spiraea chinensis Maxim.

Spiraea 그리스어 speira(나선, 화환, 륜)에서 유래된 그리스명이며 처음에는 *Ligustrum vulgare*를 speiraia 라고 하였으나 전용되었으며 열매가 나선상인 종이 있다. 화서형(花序形)에서 화환을 만드는 나무란 뜻

chinensis 중국의

E Chinese spiraea

J トウシモツケ, イブキシモツケ

【분포】

해외/국내 일본, 중국; 주로 경북 및 강원도 북부

【형태】

수형 낙엽활엽관목으로 수고 1.5m이다.

어린가지 황갈색 밀모가 있고, 가지는 옆으로 휘어진다.

잎 어긋나며 마름모꼴 난형 또는 예두 또는 원저, 넓은 설저이다. 길이는 3~5cm, 상부의 가장자리에는 결각상 거치가 있거나 또는 셋으로 갈라진다. 표면은 녹색, 뒷면에는 황갈색 밀모 있다.

꽃 4~6월에 피며 산형꽃차례로 달리고, 반구형이다. 꽃차례에 16~25개의 꽃이 달리고, 꽃자루에는 털이 밀생하며 암술대는 수술대보다 짧다.

열매 9~10월에 성숙하며 골돌과이고 털이 있다.

【조림 · 생태 · 이용】

석회암, 사문암, 안산암 등 냇가나 강가 따위의 돌이 많은 곳에서 생육한다. 암생식생으로 내건성과 맹아력이 크고 대기오염에 대한 저항성도 양호하다. 관상용으로 사용되며, 9월에 종자를 채취하여 시설온실의 이끼 위에 파종, 육묘하면 많은 묘목을 얻을 수 있다.

【참고】

떡조팝나무 (*S. chartacea* Nakai) 잎이 두껍고 윤채가 나며 잎의 뒷면에 밀모가 있다. 맥이 돌출한다. 전남 흑산도, 홍도에 자라며, 떡잎조팝나무라고도 한다.

장미과 Rosaceae

갈기조팝나무

Spiraea trichocarpa **Nakai**

Spiraea 그리스어 speira(나선, 화환, 륜)에서 유래된 그리스명이며 처음에는 *Ligustrum vulgare*를 speiraia 라고 하였으나 전용되었으며 열매가 나선상인 종이 있다. 화서형(花序形)에서 화환을 만드는 나무란 뜻

trichocarpa 털이 있는 열매의

이명 갈퀴조팝나무, 갈키조팝나무

E Korean spiraea

J チョウセンコデマリ

수형 ©김진석

잎

잎 앞면 ©김진석

열매 ©김진석

꽃차례 ©김진석

잎 뒷면 ©김진석

【분포】

해외/국내 중국(네이멍구); 중부 이북 임연부, 석회암지대

【형태】

수형 낙엽활엽관목으로 수고 1~1.5m이다.

어린가지 능각이 지며 털이 없다.

잎 어긋나며 장타원형 또는 도란상 장타원형으로 둔두 또는 예두이다. 양면에 털이 없으며 뒷면은 흰빛이 돈다. 가장자리 상단부가 둔거치이다.

꽃 백색으로 신년지 끝에 5~6월에 피며 지름 6~9mm이고 복산방꽃차례로 달린다. 꽃자루에 잔털이 있고, 꽃잎은 둥글거나 오목하다. 꽃받침잎이 벌어지며 곧게 선다. 수술과 꽃잎의 길이는 유사하다.

열매 골돌과로 9~10월에 4~6개씩 성숙하며 갈색 털이 밀생한다. 암술대 흔적이 남는다.

【조림 · 생태 · 이용】

야산의 산허리나 계곡에서 잘 자라며, 햇빛이 잘 드는 석회암지대에 대부분 군집을 형성한다. 토양은 배수성, 보습성이 좋은 사질양토가 적지이며 내건성과 내공해성이 강하다. 녹지삽목이 가능하며 파종상자에 수태를 깔고 종자를 고르게 파종하면 발아가 잘 된다. 흰꽃은 설화를 연상케 하고, 가을에 익는 갈색 털에 싸인 열매는 야성미를 느끼게 하므로 공원 등지에 조경용으로 많이 식재된다. 개화한 가지는 꽃꽂이용 소재로 사용된다.

장미과 Rosaceae

조팝나무

Spiraea prunifolia Siebold & Zucc. f. *simpliciflora* Nakai

Spiraea 그리스어 speira(나선, 화환, 륜)에서 유래된 그리스명이며 처음에는 *Ligustrum vulgare*를 speiraia 라고 하였으나 전용되었으며 열매가 나선상인 종이 있다. 화서형(花序形)에서 화환을 만드는 나무란 뜻

prunifolia 벚나무속(*Prunus*)의 잎과 같은

이명 홑조팝나무

한약명 목상산, 촉질(뿌리, 어린가지, 잎), 소엽화(笑靨花, 뿌리)

E Simpliciflora spiraea

C 綬線菊

J ヒトヘノシジミバナ

수형

잎 앞면

잎

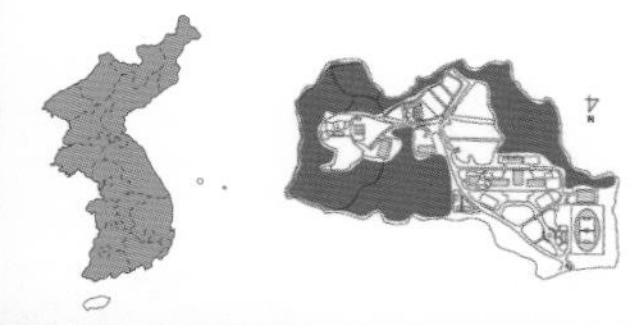

잎 뒷면

꽃

겨울눈

【분포】

해외/국내 중국(중남부); 제주도를 제외한 전국

예산캠퍼스 연습림

【형태】

수형 낙엽활엽관목으로 수고 1.5~2m이다.

수피 오래되면 회색을 띠고 피목이 있다.

어린가지 회갈색 또는 적갈색이고 모가 지며 광택이 나고 끝부분은 말라 죽는다.

겨울눈 둥그스름하며 1~2개의 붉은색 눈비늘조각에 싸여있다.

잎 어긋나며 타원형으로 첨두, 설저이고 잔거치가 있다. 양면에 털이 없다.

꽃 백색으로 4~6개의 꽃이 4월에 피며 전년지에서 산형꽃차례로 달린다. 꽃잎은 5개로 도란형 또는 타원형으로 길이 4~5mm이다.

열매 골돌과로 9월에 성숙하며 4~5개씩 모여 나고, 털이 없으며, 길이는 2.5~3.5mm이다.

【조림 · 생태 · 이용】

한국이 원산지이며 중용수로, 산록의 양지 쪽이나 밭 언덕의 돌이 많은 곳에서 잘 자란다. 줄기나 뿌리는 약으로 사용되며 새잎은 식용한다.

【참고】

만첩조팝나무 (*Spiraea prunifolia* Siebold & Zucc.) 겹꽃의 원예종으로 어린가지는 적갈색을 띠며 산형꽃차례로 달린다.

장미과 Rosaceae

공조팝나무

***Spiraea cantoniensis* Lour.**

Spiraea 그리스어 speira(나선, 화환, 륜)에서 유래된 그리스명이며 처음에는 *Ligustrum vulgare*를 speiraia 라고 하였으나 전용되었으며 열매가 나선상인 종이 있다. 화서형(花序形)에서 화환을 만드는 나무란 뜻

cantoniensis 중국 광둥(廣東)의

이명 깨잎조팝나무

E Reeves spiraea

C 麻葉繡線菊

J コデマリ

수형

열매

꽃차례

잎

【분포】

해외/국내 중국; 전국 식재

【형태】

수형 낙엽활엽관목으로 수고 1~2m이다.

수피 가로로 벗겨져 떨어진다.

줄기 뿌리에서 무더기로 나와 덤불처럼 보이나 가지 끝부분이 활처럼 구부러진다.

어린가지 털이 없고 적갈색을 띤다.

잎 어긋나며 피침형 또는 장원형으로 예두, 좁은 설저이다. 상반부에 성긴 복거치가 있다. 뒷면은 흰빛을 띤다.

꽃 4~5월에 피며 산형꽃차례로 달린다. 꽃자루의 길이는 1~1.5cm이고, 꽃받침과 꽃잎이 각각 5개이다.

열매 골돌과로 7~10월에 성숙하며 5개로 갈라진다.

【조림 · 생태 · 이용】

산록의 양지쪽이나 밭 언덕의 돌이 많은 곳에서 잘 자란다. 뿌리, 어린가지, 잎은 약용한다. 종자, 삽목, 분주로 증식시킨다.

장미과 Rosaceae

국수나무

***Stephanandra incisa* (Thunb.) Zabel**

Stephanandra 그리스어 stephanos (관)와 andron(수술)의 합성어이며, 수술이 관상(冠狀)으로 남는데서 유래
incisa 예리하게 갈라진

이명 고광나무, 뱁새더울, 거렁방이나무
E Lace shrub
C 小野珠蘭
J コゴメウツギ

【분포】
해외/국내 중국, 대만, 일본; 전국 산야
예산캠퍼스 연습림

【형태】
수형 낙엽활엽관목으로 수고 1~2m이다.
어린가지 원형이며 잔털 또는 샘털이 있다.
잎 어긋나며 삼각상 광난형으로 점첨두 또는 첨두, 절저 또는 아심장저이다. 길이 2~5cm이고 결각상 거치가 있다. 표면에 털이 있거나 없는 경우도 있으며 뒷면 맥상에 털이 있다.
꽃 5~6월에 피며 원추꽃차례가 어린가지 끝에 달린다. 꽃잎이 5개, 수술 10개, 암술 1개이다.
열매 골돌과로 8~9월에 성숙하며 털이 있다. 한 개의 골돌과에 1~2개의 종자가 들어있다.

【조림 · 생태 · 이용】
수림 속의 음지에서도 잘 자라는 중성식생으로 내한성, 내건성, 내조성, 내공해성이 강하며, 산골짜기의 습기 있는 그늘진 곳이나 밭 언덕의 양지쪽에서 잘 자란다. 녹음이 우거진 여름에 가지 끝에서 피어나는 흰색의 꽃이 아름다워 공원 등에 식재를 하며 조경수로 사용된다. 염료식물로도 이용이 가능하다. 황색의 단풍이 든다. 삽목과 분주로 증식한다.

장미과 Rosaceae

중산국수나무

Physocarpus intermedius C.K.Schneid.

Physocarpus 그리스어 physa(수포, 기포)와 karpos(열매)의 합성어로 주머니 같은 열매가 있다는 데서 기인
intermedius 중간의

이명 중국국수나무, 증산국수나무

수형

꽃
잎과 열매

꽃차례

열매

【분포】
해외/국내 중국; 전국 식재

【형태】
수형 낙엽활엽관목으로 수고 2m이다.
수피 황갈색을 띠며 오래되면 벗겨진다.
어린가지 종모양의 돌기가 있다.
잎 어긋나며, 길이 2~6cm이고 아원형 또는 난형으로 둔두, 원저 또는 예저이다. 가장자리에 둔한 복거치 있다. 흔히 결각상이지만 간혹 얕게 3갈래로 갈라지기도 한다. 3출맥이 있고 뒷면의 맥 위에만 털이 있다.
꽃 5~6월에 피는 양성화로 새가지 끝의 산방상 총상꽃차례에 달리고 소화경에는 가는 털이 약간 있다. 꽃받침통에도 털이 있다. 꽃받침 안쪽에는 밀모가 있다. 꽃잎은 백색이고 수술보다 짧으며 지름은 1cm이다.
열매 골돌과로 9월에 성숙하며 4~5개의 씨방으로 되어있다.

【조림 · 생태 · 이용】
내한성, 내건성, 내공해성이 강해 양수이지만 반음지에서도 잘 자란다. 제반조건에 대한 적응력이 뛰어나 일단 한곳에 정착하면 천연하종발아되어 하나의 큰 군집을 형성하고 맹아력도 좋다. 번식은 맹아를 포기나누기하면 쉽게 묘목을 얻을 수 있으며, 가을에 익은 종자를 이끼 위에 파종, 육묘하면 대량의 묘목을 얻을 수 있다. 생울타리용으로 적합하며 뜰에 심기도 한다.

【참고】
중산국수나무 학명이 국가표준식물목록에는 *P. opulifolius* (L.) Maxim. var. *intermedius* (Rydb.) B.L.Rob.로 기재되어 있다.

장미과 Rosaceae

섬국수나무

***Physocarpus insularis* (Nakai) Nakai**

Physocarpus 그리스어 physa(수포, 기포)와 karpos(열매)의 합성어로, 주머니 같은 열매가 있다는 데서 기인
insularis 섬에서 자라는

이명 섬조팝나무
E Ulleung island's lace shrub
J タケシマシモツケ

산림청 지정 희귀등급 멸종위기종(CR)
산림청 지정 특산식물
환경부 지정 국가적색목록 위급(CR)

꽃 ©김진석

잎 ©김진석

꽃자루 ©김진석

【분포】
해외/국내 울릉도 산지 해발 600m 이하

【형태】
수형 낙엽활엽관목으로 수고 1m이다.
어린가지 약간 붉은빛이 나며, 가지는 회색빛이 도는 암갈색이다.
잎 어긋나며 광난형으로 길이 2~5cm, 너비 2~3.5cm이다. 끝은 뾰족하고 밑은 넓게 뾰족하거나 일자모양이고 뒷면 잎겨드랑이에 털이 있다. 가장자리에 결각상 복거치가 있다. 잎자루 길이는 5mm이다.
꽃 5~6월에 백색으로 피며, 새가지 끝에 산방꽃차례로 달린다. 꽃자루 및 작은잎자루에 털이 없다.
열매 골돌과로 5개씩 나온다. 자방은 복봉선을 따라 털이 있다. 가을에 성숙하고 양쪽 봉선을 따라 터진다.

【조림 · 생태 · 이용】
내한성이 강하여 음지나 양지 모두 잘 자란다. 내건성은 높고 대기오염에도 강한 편이다. 번식은 실생으로 종자를 채취하여 이끼 위에 파종, 육묘하여 묘목을 생산한다. 5월에 눈처럼 피는 흰꽃과 수형이 아름답고 맹아력이 강하다. 환경개선을 위한 도시나 주택 주변의 생울타리 조성에 좋은 수종이다. 암생식생으로 도로변이나 절사면 녹화에 적합하다.

【참고】
섬국수나무 학명이 국가표준식물목록에는 *Spiraea insularis* (Nakai) H.C.Shin, Y.D.Kim & S.H.Oh로 기재되어 있다.

콩과 Fabaceae

자귀나무

Albizia julibrissin Durazz.

Albizia 이탈리아의 F. Degli Albizzi를 기념
julibrissin 동인도명

한약명 합환피(合歡皮, 수피), 합환화(合歡花, 꽃)
E Silk Tree, Mimosa, Mimosa Tree
C 合歡樹, 夜合樹
J ネムノキ

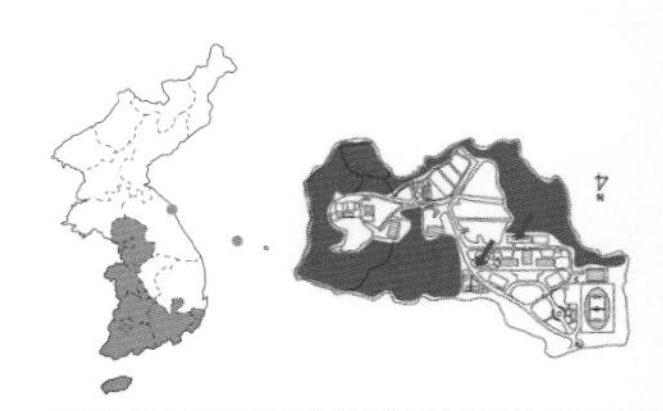

수형

꽃

잎차례

열매

잎 뒷면

【분포】
해외/국내 중국, 대만, 인도, 네팔, 일본; 전국 양지바른 곳
예산캠퍼스 연습림 및 학생식당 밑

【형태】
수형 낙엽활엽아교목으로 수고 5~8m이다.
잎 우수2회우상복엽으로 길이 20~30cm이고, 우편은 7~12쌍, 우편축의 양측에 약 15~30쌍의 소엽이 마주난다. 소엽은 낫모양으로 구부러져 있다. 길이 6~12mm이며 뒷면이 흰빛을 띤다. 우편축 양쪽의 소엽은 낮에는 나래처럼 펴져 있고 밤에는 서로 합쳐진다.
꽃 6~7월에 수꽃양성화한그루(웅성양성동주, andromonoecious)로 10~20개의 연한 홍색 꽃이 모여 피는 두상꽃차례가 원추상으로 달린다. 꽃받침통은 길이 3mm, 털이 있고 끝이 5갈래로 얕게 갈라진다. 화관은 길이 5~6mm, 종형이고, 5갈래로 갈라진다. 수술은 25개 정도이며 길이는 3~4cm, 꽃잎 밖으로 길게 나온다.
열매 9~10월에 성숙하며, 길이 15cm, 편평한 꼬투리에 5~6개의 종자가 들어있다.

【조림 · 생태 · 이용】
한국, 중국, 일본이 원산지이며, 양수성 수종이다. 산록 및 계곡의 토심이 깊고 건조한 곳에서 잘 생육한다. 습기가 있고 부식질이 함유되어 있는 토양에서 잘 자라며, 중부 이북 지방에서는 추위에 약하기 때문에 간혹 동해를 받는 경우가 있으나 뿌리에서 맹아가 재발생한다. 목재로서의 가치는 없고, 농촌에서는 잎을 녹비로 이용한다. 관상수로 정원이나 공원에 적당하다.

콩과 Fabaceae

왕자귀나무

Albizia kalkora **(Roxb.) Prain**

Albizia 이탈리아의 F. Degli Albizzi를 기념

이명 왕자귀, 작윗대나무, 흰자위나무
E Kalkora mimosa
J チョウセンネムノキ

산림청 지정 희귀등급 위기종(EN)
환경부 지정 국가적색목록 취약(VU)

수형

잎

열매 ©한상희

자생지(전남 목포시 유달산)

【분포】
해외/국내 중국, 대만, 일본; 전남 해안가 산지

【형태】
수형 낙엽활엽아교목으로 수고 6m이다.
겨울눈 잎자국 밑에 존재한다.
잎 어긋나며, 길이 20~45cm, 우수2회우상복엽이다. 소엽은 길이 2~4cm, 장타원형이며 좌우비대칭이다. 해가 지면 작은 잎이 서로 마주 본다.
꽃 백색의 꽃이 6~7월에 피며 두상꽃차례가 원추상으로 달린다. 꽃받침통은 길이 3mm, 난형이고 털이 있다. 끝이 5갈래로 갈라지며, 화관 길이는 5~6mm, 수술은 30~40개이다.
열매 협과로 10월에 갈색으로 성숙하며, 길이 8~17cm이다. 종자는 협과 속에 4~12개 들어있으며 길이 7mm이다.

【조림 · 생태 · 이용】
중국, 대만, 일본에 분포하고, 우리나라에서는 전남 해안가 산지에 생육하고 있다. 산림청과 환경부의 위기종 또는 취약종으로 지정될 정도로 보호 가치가 높다. 양수성 수종으로 중부 이북지방에서는 추위에 약하기 때문에 식재가 불가능하다. 자귀나무에 비해 잎이 넓은 것이 특징이므로 차별화된 관상수로 남부지역 정원이나 공원에 식재할 만하다.

콩과 Fabaceae

족제비싸리

Amorpha fruticosa L.

Amorpha 그리스어 amorphos(기형)에서 유래함. 꽃부리가 불완전하다는 데서 기인함
fruticosa 관목상(灌木狀)의

한약명 자수괴(紫穗槐, 잎, 왜싸리 씨)
E Indigobush amorpha, Falseindigo, Shrubby amorpha
C 紫穗槐
J イタチハギ

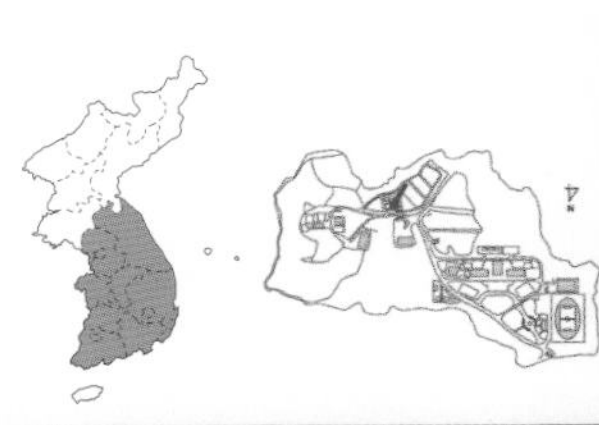

【분포】

해외/국내 북아메리카; 전국 산지 임연부, 하천 주변
예산캠퍼스 하트연못 옆

【형태】

수형 낙엽활엽관목으로 수고 3m이다.
수피 회갈색, 회색을 띤다.
어린가지 털이 있다가 차츰 없어진다.
겨울눈 갈색의 난형이며 털이 없다.
잎 어긋나며 기수1회우상복엽으로 11~25개의 소엽으로 구성된다. 소엽은 난형 또는 타원형으로, 길이 1.5~3cm이며, 미철두, 원저이다.
꽃 5~6월에 짙은 자색을 띠며 수상꽃차례는 가지 끝에 달린다. 길이 7~15cm이고, 빽빽하게 달리며 향기가 강하다. 기판은 길이 6mm, 난상 원형으로 익판과 용골판이 없다.
열매 9~11월에 짙은 갈색으로 성숙하며 길이 7~10mm이고 약간 굽은 장타원형이다. 표면에는 사마귀 같은 선점이 있다. 종자는 길이 5mm, 신장형이며 광택이 있다.

【조림 · 생태 · 이용】

경사지나 나지의 녹화용으로 쓰인다. 가지에 맹아성이 있어 연료용으로 쓰인다. 수피와 열매는 약용한다.

자생지

수형과 자생지

가시와 겨울눈

어린가지와 잎차례

콩과 Fabaceae

실거리나무

Caesalpinia decapetala (Roth) Alston

Caesalpinia 이탈리아의 식물학자 Andrea Caesalpino(1519~1603)에서 유래함

이명 띠거리나무, 띠거리나무
한약명 운실(씨)
E Brasiletto
C 云實
J ジャケツイバラ

수피

잎 앞면

잎 뒷면

열매

【분포】
해외/국내 중국, 일본, 인도; 제주도 및 서남해안 산야

【형태】
수형 낙엽활엽덩굴성관목으로 가지가 길게 뻗는다.
수피 구부러진 가시가 산생한다.
잎 어긋나며 우수2회우상복엽으로 소엽은 5~10쌍, 길이 1~2cm이다. 많은 점이 있고 거치가 없다. 잎자루에도 구부러진 가시가 산생한다.
꽃 가지 끝에서 피는 총상꽃차례로 길이 20~30cm, 화경은 길이 3~4cm, 털이 없다. 화관은 좌우대칭이며 황색을 띠며, 지름이 25~30mm이다.
열매 9월에 성숙하며 꼬투리의 길이는 7~9cm, 너비 2.7cm, 장타원형이다. 종자는 흑갈색을 띤다.

【조림 · 생태 · 이용】
건조한 곳을 좋아하며 비옥한 사질양토에서 잘 자란다. 적습지에서 잘 자라며 환경내성은 약하다. 양수이며 서리가 내리지 않는 지역에서 월동하고, 10~25℃에서 잘 자란다. 실생번식하며, 노천매장 후 파종한다.

꽃 ⓒ황영심

콩과 Fabaceae

참골담초

Caragana fruticosa **(Pall.) Besser**

Caragana 몽골명 caragon에서 유래
fruticosa 관목상(灌木狀)의

E Manchurian peashrub

수형

열매 ©김진석

꽃 ©김진석

잎 ©김진석

【분포】
해외/국내 중국, 러시아; 강원 이북 산지 암반부

【형태】
수형 낙엽활엽관목으로 수고 2m이다.
수피 회갈색이며 광택이 있다.
어린가지 연한 갈색으로 능선이 발달한다.
잎 어긋나며 8~12개의 소엽이 있으며 길이 1.5~3.5cm이다. 도란상 타원형이며 끝이 오목하다.
꽃 5~6월에 새가지 밑 잎겨드랑이 부분에서 황색으로 피며 길이 1.5~2.5cm이다. 꽃받침은 5갈래로 갈라지고 길이 6~7mm이다. 꽃이 작은 편이다.
열매 8~9월에 성숙하며 협과로 길이 3~4cm이다.

【조림 · 생태 · 이용】
꽃은 금작화, 근피는 금작근이라 하여 약용한다. 자음, 화혈, 건비의 효능이 있으며 노열해수, 두운요산, 소아감적, 급성유선염, 타박상을 치료한다.

【참고】
좀골담초 (*C. microphylla* Lam.) 소엽은 10~18개이고, 꽃받침통은 길이(9~12mm)가 너비보다 길다. 꽃의 길이는 25mm, 열매의 길이는 40~50mm이다.

콩과 Fabaceae

골담초

Caragana sinica (Buc'hoz) Rehder

Caragana 몽골명 caragon에서 유래
sinica 중국의

이명 금작목, 금작화
한약명 금작근(金雀根, 뿌리)
E Chinese peashub
C 錦鷄兒
J モレスズバ

꽃

잎과 가시

가시

꽃

【분포】
해외/국내 중국; 전국 식재
예산캠퍼스 연습림 임도 옆

【형태】
수형 낙엽활엽관목으로 수고 2m이다.
수피 회갈색, 짙은 갈색을 띠며, 가로로 긴 피목이 발달한다.
어린가지 5개의 능선이 발달하고, 털이 없다. 엽흔 아래에 2개의 가시가 있다.
겨울눈 광난형으로 인편은 6개이다.
잎 어긋나며 2쌍의 소엽으로 구성된 우수1회우상복엽이다. 소엽은 넓은 타원형 또는 도란형이고, 길이 1~3cm, 미요두이거나 원두이며, 뒷면은 회록색이다.
꽃 4~5월에 피는데 잎겨드랑이에 황색의 양성화가 1~2개씩 달린다. 길이 2.5~3cm이고, 기판이 완전히 젖혀진다. 꽃받침은 길이 1.2~1.4cm, 끝이 5갈래로 갈라진다. 열편 가장자리에는 털이 있다. 꽃자루는 길이 1cm 정도이며 중앙부에 1개의 관절이 있다. 수술은 10개이며 기부에서 암술대와 합착된다. 암술대는 1개이고 수술보다 약간 더 길다.
열매 9월에 성숙하며 길이 3~3.5cm, 원주형으로 털이 없다.

【조림 · 생태 · 이용】
비옥한 사질양토는 물론, 토박지에서도 잘 자라며 튼튼하고 내한성과 내건성이 강해 생장이 빠르며 위로 자란다. 양수이지만 반그늘에서 잘 견디며, 내조성이 강해 해변이나 공해가 심한 도심지에서 잘 자란다. 뿌리와 가지는 약용하며, 정원수로 많이 식재한다.

콩과 Fabaceae

박태기나무

Cercis chinensis Bunge

Cercis 고대 그리스명이며 꼬투리가 칼집(cercis)과 같은 것에서 기인
chinensis 중국의

이명 소방목, 밥태기꽃나무, 구슬꽃나무
한약명 자형피(紫荊皮, 수피)
E Chinenese redbud, Chinese judas tree
C 紫荊
J ハナズオウ

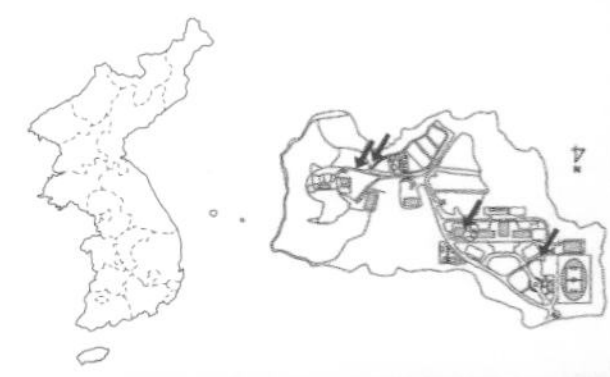

수형 / 꽃눈 / 잎 앞면 / 잎 뒷면

열매

꽃

꽃 확대

【분포】
해외/국내 중국(중남부)의 석회암지대; 전국 조경수
예산캠퍼스 교내 및 연습림 임도 옆

【형태】
수형 낙엽활엽관목으로 수고 3~4m이다. 소교목이 되는 성질이 있다.
수피 회백색을 띠며 작은 피목이 발달한다.
어린가지 적갈색, 황갈색을 띠며 광택이 나고 피목이 발달한다.
겨울눈 엽아는 난형, 인편이 2개이고, 꽃눈은 원형, 인편이 다수 있다.
잎 어긋나며 콩과식물 중에서는 드물게 보는 단엽이다. 심장형이며 지름이 6~11cm, 기부에서 5출맥이 발달하고 잎맥은 장상이다.
꽃 4월에 잎이 나오기 전에 피며 2년지에 산형꽃차례로 7~10(최대 20~30)개 정도 달린다. 접형화관으로 자홍색으로 핀다.
열매 8~9월에 성숙하며 협과로 꼬투리의 길이가 5~12cm이다.

【조림 · 생태 · 이용】
양수성 수종이고 추위에 강하며, 수분요구도와 비옥도가 낮아 황폐지나 척박지에서도 잘 자란다. 토질은 배수가 잘 되며 보수력이 있는 비옥한 사질양토가 생육적지이다. 이른 봄의 꽃을 관상하기 위하여 정원이나 공원에 식재수로 많이 심으며, 염료식물로도 사용할 수 있다.

수형

콩과 Fabaceae

개느삼

Sophora koreensis Nakai

Echinosophora 그리스어 echinos(바다밤송이, 고슴도치)와 *Sophora*(느삼속)의 합성어이며 *Sophora*와 비슷하지만 열매 겉에 가시 같은 돌기가 있는 것을 지칭함
koreensis 한국의

이명 개너삼, 개능함, 개미풀, 느삼나무
E Korean necklace pod
J イヌクララ

산림청 지정 특산식물
산림청 지정 희귀등급 위기종(EN)
환경부 지정 국가적색목록 취약(VU)
문화재청 지정 천연기념물 강원 양구군 양구읍 한전리 개느삼 자생지(제372호)

잎

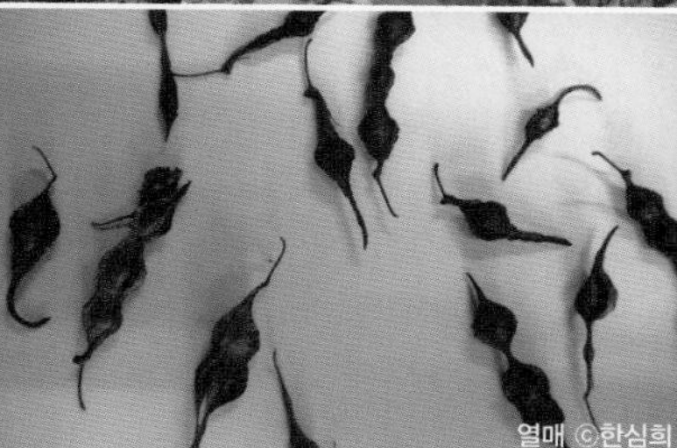
열매 ©한심희

꽃 ©한심희

【분포】
해외/국내 강원 양구, 인제 건조한 산지 능선부

【형태】
수형 낙엽활엽관목으로 수고 1m이다.
수피 암갈색이며 피목이 발달한다.
어린가지 암갈색이며 털이 밀생한다.
겨울눈 광난형으로 털로 덮여있다.
잎 어긋나며 소엽 13~27개이다. 길이 4~6cm, 타원형으로 끝이 오목하고, 가장자리가 밋밋하다. 뒷면에 백색 털이 밀생하고 잎자루에도 털이 발달한다.
꽃 노란색으로 4~5월에 피며 원추꽃차례에 모여 달린다. 길이 15mm, 꽃받침은 5갈래로 갈라지고 뒤쪽의 2개가 약간 작다.
열매 7~8월에 성숙하며 협과로 길이 7cm, 겉에 돌기가 많다. 결실률이 좋지 않다.

【조림 · 생태 · 이용】
햇빛이 잘 드는 양지에서 잘 자라고, 배수성이 양호한 사질양토를 선호하며 척박지에서도 잘 자란다. 적절한 시비관리는 생육 상태를 좋게 한다. 내한성과 내건성이 강하며 척박한 경사지에 식재할 수 있다. 식재 시에는 밭고랑을 만들고 고랑의 밑부분에 심어 뿌리가 위로 뻗어 가게 재배하면 잘 자란다. 녹화용으로 이용할 수 있다.

콩과 Fabaceae

만년콩

Euchresta japonica Hook. f. ex Regal

Euchresta 그리스어 euchrestos(유용)에서 유래
japonica 일본의

이명 산두근
E Euchresta, East Asian euchresta
J ミヤマトベラ

산림청 지정 희귀등급 멸종위기종(CR)
환경부 지정 멸종위기 야생생물 Ⅰ급
환경부 지정 국가적색목록 위급(CR)

잎과 열매 ©김진석

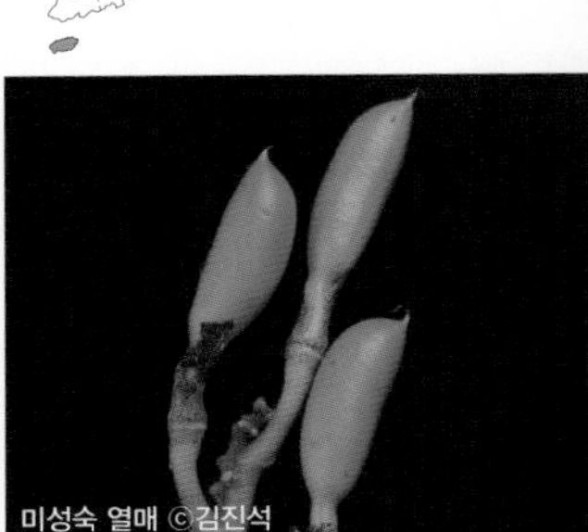
미성숙 열매 ©김진석

꽃차례

【분포】
해외/국내 중국, 일본; 제주도 상록활엽수림

【형태】
수형 상록활엽관목으로 수고 30~60cm이다.
잎 어긋나며 줄기, 잎자루 및 꽃차례에 연한 갈색 털이 있다. 3개의 소엽으로 구성된다. 소엽은 길이 5~8cm, 너비 3~5cm, 타원형 또는 도란형으로 둔두이고 거치가 없다.
꽃 6~7월에 백색으로 총상꽃차례에서 핀다. 꽃의 길이는 1cm이며, 꽃받침은 길이 2.5~3mm, 끝이 5개로 갈라지고 잔털이 있다.
열매 9월에 성숙하며 협과로 길이 14~15mm이고 4~5mm의 자루가 있다.

【조림 · 생태 · 이용】
음수성 수종으로 내한성이 약하다. 햇볕이 전혀 없는 상록수림의 북향에 자생하며, 학술적 가치가 높다. 번식은 가을에 익은 종자를 채취하여 정선한 후 직파한다. 일본에서는 나무 밑에 지피식물로 심고 있고 조경용수로도 이용한다. 뿌리는 약용으로 이용할 수 있다.

콩과 Fabaceae

주엽나무

***Gleditsia japonica* Miq.**

Gleditsia Linne와 같은 시대의 식물학자인 독일의 Johann Gottlieb Gleditsch(1714~1786)를 기념
japonica 일본의

이명 주염나무, 조협나무
한약명 조협자(열매), 조각자(가시), 조협(열매)
E Korean honey locust
C 朝鮮皁莢
J チョウセンサイカチ

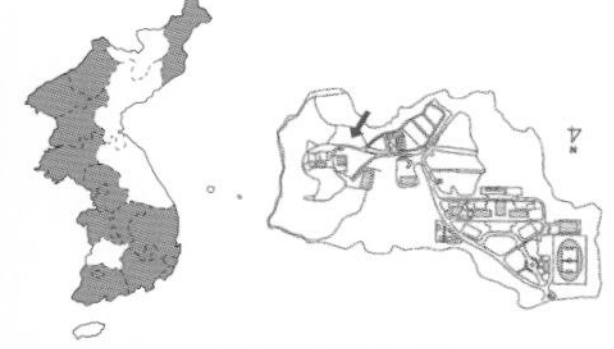

수형

잎

열매

수피와 가시

【분포】
해외/국내 중국, 일본; 전국 저지대 계곡 및 산기슭
예산캠퍼스 연습림 임도 옆

【형태】
수형 낙엽활엽교목으로 수고 20m이다.
잎 어긋나며 우수1~2회우상복엽으로 길이 12~22cm이다. 2년지의 가지에서는 4~5매가 무더기로 난다. 소엽은 5~8쌍이며 파상 거치가 있다. 엽축은 윗면에 홈이 파지고 다소 익상으로 핀다.
꽃 5~6월에 담녹색의 잡성 암수한그루로 피며 대가 없고 지름 6mm이다. 10cm 내외의 총상꽃차례에 달린다.
열매 10월에 성숙하며 꼬투리는 비틀려 꼬여져 있다. 길이 20cm, 너비 3cm이다.

【조림 · 생태 · 이용】
양수 또는 중용수로, 산기슭의 계곡 사이나 물가에 생육한다. 습기가 있고 토심이 깊은 비옥한 토양에서 생육이 좋다. 고온, 건조, 척박한 지역은 부적지이다. 실생, 삽목, 종자로 번식이 가능하다. 풍치수로 심으며 건축재, 가구재로 쓰인다. 열매와 가지는 약용하는데 열매는 기관지염, 잦은 기침에 거담제로 쓰이고, 가시는 항염증, 배농, 부스럼, 선암에 이용한다.

콩과 Fabaceae

조각자나무

Gleditsia sinensis Lamarck

Gleditsia Linne와 같은 시대의 식물학자인 독일의 Johann Gottlieb Gleditsch(1714~1786)를 기념
sinensis 중국의

이명 참조각자나무, 개주염나무, 중국주엽, 주엽나무, 조협나무 **E** Chinese honey locust
C 猪牙皂, 皂角
J ヤクヨウサイカチ

문화재청 지정 천연기념물 경북 경주시 안강읍 옥산리 독락당 조각자나무(제115호)

잎과 열매

암꽃 ©김진석

잎 ©김진석

열매 ©김진석

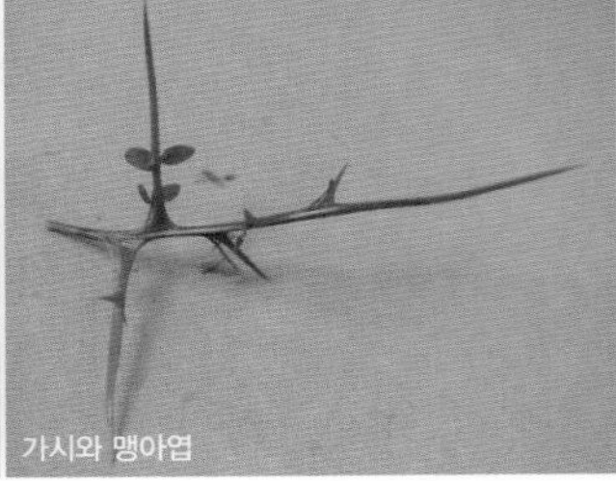
가시와 맹아엽

수피와 가시 ©김진석

【분포】
해외/국내 중국; 전국 식재

【형태】
수형 낙엽활엽교목으로 수고 30m이다.
잎 어긋나며 길이 5~20cm이고 3~6쌍의 소엽으로 우상복엽한다. 소엽은 좌우비대칭이며 가장자리에 얕은 거치가 있고, 소엽의 뒷면과 엽축, 잎자루에는 굽은 털이 있다.
꽃 6월에 잡성 암수한그루로 핀다. 길이 5~14cm, 녹황색의 꽃이 피고 꽃잎은 4개이다. 꽃받침열편은 삼각상 피침형이고, 양면에 털이 있다. 자방에는 털이 밀생한다 .
열매 10월에 성숙하며 협과로 , 비틀리지 않으며 길이 12~35cm이다. 꼬투리를 쪼개면 매운 냄새가 난다.

【조림 · 생태 · 이용】
양수성 수종으로 열매 및 가시는 약용한다. 습기가 있고 토심이 깊은 비옥한 사질양토가 생육에 좋으며, 건조하고 척박한 지역은 부적지이다. 실생 및 삽목을 통해 번식이 가능하다. 꽃잎, 종자 및 가시는 약용하며, 목재는 기구재, 가구재로 사용된다.

수형 ©김진석

잎과 꽃 ©김진석

콩과 Fabaceae

낭아초

Indigofera pseudotinctoria Matsum.

Indigofera 라틴어 indigo(쪽)와 fero(있다)의 합성어이며, 쪽에서 염료를 취하는 것에서 유래함
pseudotinctoria tinctoria종과 비슷한

이명 랑아초, 물깜싸리
E False indigo
J コマツナギ

【분포】
해외/국내 중국, 일본; 중부 이남 풀밭

【형태】
수형 낙엽활엽관목으로 수고 30~60cm이다.
어린가지 누운 털이 존재한다.
잎 어긋나며 소엽 7~11개이고, 타원형으로 길이 6~25mm이다. 뒷면에 털이 있고 흰빛이 돌며, 가장자리가 둥글다.
꽃 자색으로 7~8월에 피며 원줄기 끝에 달리고, 길이 10~13mm이다. 꽃받침의 길이는 2.5mm~3mm, 백색의 털이 존재한다.
열매 9~10월에 성숙하며 협과로 길이 2~3cm, 타원형이며 검은색이다. 속에 5~6개의 종자가 존재한다.

【조림 · 생태 · 이용】
내한성과 내건성이 강하여 전국 어디서나 잘 자란다. 햇빛이 잘 드는 양지, 배수성이 양호한 사질양토가 적합하다. 성질이 강건하고 재배가 용이하다. 내음성이 약하므로 음지에 식재하지 않는다. 번식은 가을에 익은 협과를 따서 햇볕에 건조시켜 종자를 얻은 후 기건저장하였다가, 봄철에 열탕처리하여 파종한다. 척박지나 절개지에 심으면 좋다. 뿌리는 약용하며 이수, 해독 등의 효능이 있다. 편도선염이나 타박상을 치료하기도 한다.

콩과 Fabaceae

땅비싸리

Indigofera kirilowii Maxim. ex Palib.

Indigofera 라틴어 indigo(쪽)와 fero(있다)의 합성어이며, 쪽에서 염료를 취하는 것에서 유래함
kirilowii 채집가 Kirilow의

이명 논싸리, 땅비수리, 완도당비사리, 젓밤나무, 큰땅비싸리
E Kirilow indigo
J チョウセンニワフジ

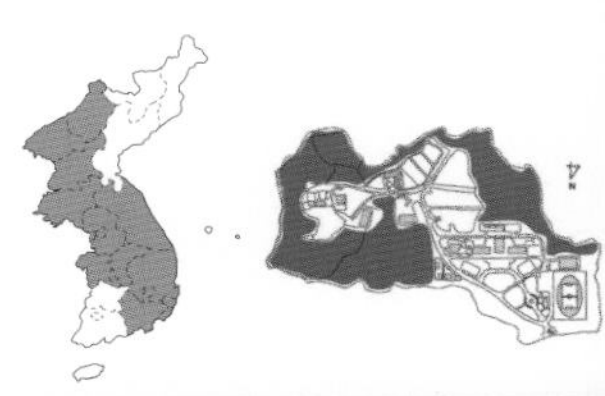

수형

꽃

잎 앞면

열매

잎과 꽃차례

잎 뒷면

【분포】
해외/국내 중국, 일본; 전라도 제외한 전국 산지
예산캠퍼스 연습림

【형태】
수형 낙엽활엽관목으로 수고 1m이다.
잎 어긋나며 소엽 7~11개이고, 길이1~4cm, 도란형으로 가장자리가 밋밋하다. 양면에 누운 털이 있다.
꽃 5~6월에 분홍색으로 피며, 길이 2cm, 총상꽃차례에 모여 달린다. 꽃받침은 털이 없으며 길이 3mm이다.
열매 9~10월에 성숙하며 협과로 길이 3.5~5.5cm, 원통형이다. 종자는 타원형으로 10개 이상 들어있다.

【조림 · 생태 · 이용】
원산지는 한국과 중국이며 양수성이다. 숲가장자리, 길가 등에 군집을 이루고 햇빛이 잘 드는 곳, 직사광선 아래서 잘 자란다. 배수성이 양호한 사질토양을 선호하며, 건조하고 척박한 경사지나 절개사면의 녹화용으로 적합하다. 도로 주변에 군식해도 좋다. 염료식물로 이용할 수 있다.

수형

콩과 Fabaceae

된장풀

***Desmodium caudatum* (Thunb.) DC.**

Desmodium 그리스어 desmos(쇠줄, 밧줄)와 eidos(구조)의 합성어이며, 열매가 쇠줄처럼 짤록짤록한 것을 지칭함
caudatum 꼬리가 있는, 꼬리모양의, 미상(尾狀)의

이명 쉬풀, 쉽싸리풀, 털도둑놈의갈고리
E Caudate tickclover
J ミソナオシ

산림청 지정 희귀등급 약관심종(LC)

수피

잎

열매 ©황영심

【분포】
해외/국내 일본, 중국, 대만, 인도, 인도네시아, 부탄, 스리랑카, 미얀마; 제주도 임연부

【형태】
수형 낙엽활엽관목으로 수고 1.5m이다.
수피 흑갈색을 띠며 전체에 털이 있다.
잎 어긋나며 3개의 소엽으로 구성된다. 잎자루의 길이가 1~4cm로 좁은 날개가 있다. 소엽은 2~9cm, 장타원상 피침형으로 첨두이다. 기부는 설저이고, 표면에 털이 없으며, 뒷면 잎겨드랑이가 도드라져 있고 맥상에 털이 있다.
꽃 6~7월에 피며 총상꽃차례로 액생 또는 정생한다. 길이 8~15cm이고 꽃받침 바로 아래로 작은 피침형의 소포가 있다.
열매 9월에 성숙하며, 꼬투리는 4~6개의 마디로 되어있다. 겉에 갈고리와 같은 털이 있어 옷에 잘 붙는다.

【조림 · 생태 · 이용】
내한성이 강하여 때로 서울지방에서도 월동하며 따뜻한 양지를 좋아한다. 건조한 곳에서도 잘 견디고 해변에서도 번성한다. 맹아력은 보통이다. 번식은 9월에 익은 종자를 이듬해 봄에 파종한다. 된장 구더기 방지에 이용한다. 줄기와 잎을 된장에 넣으면 벌레가 생기지 않는다 하여 된장풀이라 부른다.

콩과 Fabaceae

조록싸리

Lespedeza maximowiczii C.K.Schneid.

Lespedeza 미국의 폴로리다 주지사 Vincente Manuel de Céspedes에서 유래함. 인쇄할 때 오식(誤植)에서 Lespedez로 됨
maximowiczii 러시아의 분류학자로 동아시아 식물을 연구한 Maximowicz의

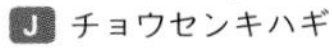
E Korean lespedeza
J チョウセンキハギ

수형

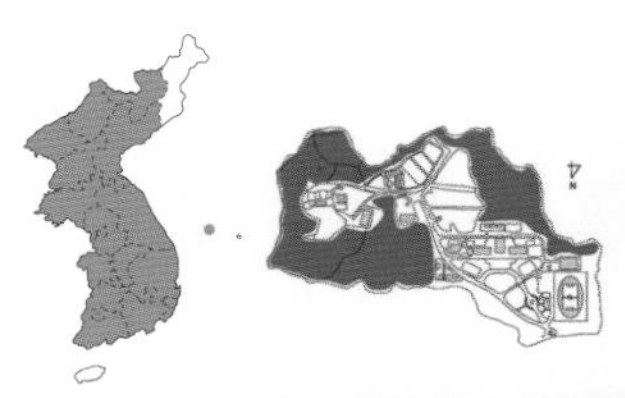

꽃 확대

잎 앞면

열매

꽃

잎 뒷면

【분포】
해외/국내 중국(중부 일부), 일본(쓰시마); 전국 산야
예산캠퍼스 연습림

【형태】
수형 낙엽활엽관목으로 수고 1~3m이다.
겨울눈 피침형, 삼각상 난형으로 인편 가장자리에 털이 있다.
잎 어긋나며 3출엽이고 난상 타원형으로 첨두, 넓은 설저 또는 원저이다. 표면에는 털이 없으나 뒷면에는 담녹색 견모가 있다. 잎자루는 길이 3cm, 털이 있다.
꽃 6~7월에 피며 길이 3~8cm의 총상꽃차례에 홍자색의 양성화가 모여 달린다. 기판은 길이 9mm, 넓은 도란형으로 보랏빛의 붉은색이다. 익판은 길이 8.5mm, 장타원형으로 붉은 보라색이다. 용골판은 길이 9.5mm 정도의 도란형으로 연붉은색이다. 꽃받침은 길이 4~5mm, 4갈래로 깊고 날카롭게 갈라지며 전체에 긴 털이 밀생한다. 꽃받침열편은 측면 열편이 가장 길며 끝이 꼬리처럼 길게 뾰족하다. 수술은 10개, 자방은 타원형이고 털이 있으며, 암술대는 길이 7mm 정도이고 밑부분에 털이 있다.
열매 9~10월에 성숙하며 납작한 장타원형으로 길이 1.5cm이다. 전체에 털이 밀생하며 종자가 1개씩 들어있다.

【참고】
털조록싸리 (*L. maximowiczii* C.K.Schneid. var. *tomentella* (Nakai) Nakai) 어린가지와 꽃차례 및 잎 표면에 개출모가 있다.
해변싸리 (*L. maritima* Nakai) 경상도, 전라도, 강원도에 분포하며, 갈색의 긴 털이 전체에 밀생한다. 잎이 광택이 나는 가죽이고 꽃받침 열편이 뾰족하다.

콩과 Fabaceae

참싸리

***Lespedeza cyrtobotrya* Miq.**

Lespedeza 미국의 폴로리다 주지사 Vincente Manuel de Céspedes에서 유래함. 인쇄할 때 오식(誤植)에서 Lespedez로 됨
cyrtobotrya 굽은 총사화(송이)의

E Shortstalk bushclover
J ミヤマハギ

【분포】

해외/국내 중국, 일본, 극동러시아; 전국 산야
예산캠퍼스 연습림

【형태】

수형 낙엽활엽관목으로 수고 2m이다.
잎 3출엽이고 길이 2~4cm, 광타원형으로 끝이 오목하다. 뒷면은 연한 녹색이고 잔털이 있다. 잎자루는 길이 1~4cm이다.
꽃 7~9월에 자주색으로 피며, 잎겨드랑이에서 나온다. 총상꽃차례로 기판과 익판은 길이가 8~12mm, 용골판은 길이 7.5~9.5mm이고, 모두 도란형이다.
열매 10월에 성숙하며 협과로 길이 4.5~5.5mm이고 전체에 털이 있다. 종자는 1개씩 들어있다.

【조림 · 생태 · 이용】

양수이나 음지에서도 잘 자란다. 번식은 10월에 종자를 채취한 후 살충처리를 하여 기건저장하였다가, 발아촉진을 위한 열탕처리를 실시한 후 파종한다. 각종 공해에도 강해 도시 식재가 가능하며 관상용이나 사방지, 척악임지, 절개지에 식재한다. 양봉가들에게 밀원식물로 가치가 높으며, 사료용으로도 사용된다.

콩과 Fabaceae

싸리

Lespedeza bicolor Turcz.

Lespedeza 미국의 폴로리다 주지사 Vincente Manuel de Céspedes에서 유래함. 인쇄할 때 오식(誤植)에서 Lespedez로 됨
bicolor 두 가지 색이 있는

이명 싸리나무, 소형
E Shurb lespedeza
C 胡枝子, 萩
J エゾヤマハギ

수형

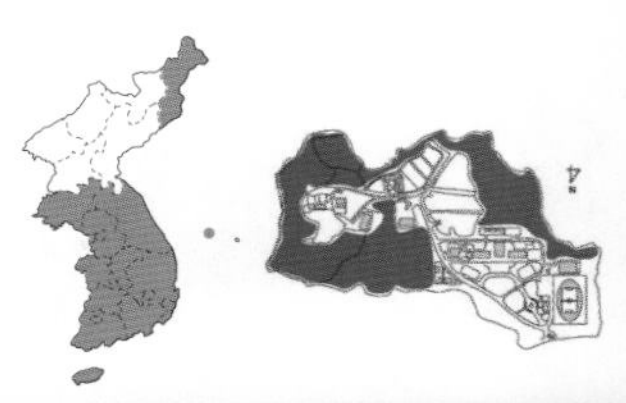

잎 앞면

열매

꽃

잎 뒷면

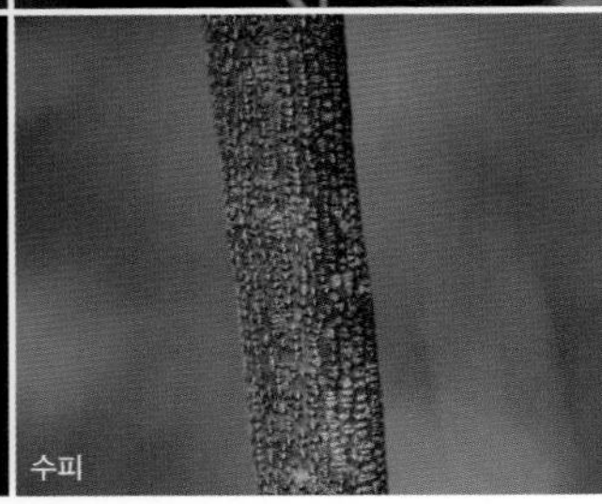
수피

【분포】

해외/국내 중국(중부 이북), 일본, 몽골, 러시아(동부); 전국 산야
예산캠퍼스 연습림

【형태】

수형 낙엽활엽관목으로 수고 1.5~3m이다.
어린가지 능선이 있고 처음에는 흰 털이 있다.
잎 어긋나며 3출엽이며 광난형 또는 도란형으로 원두 또는 약간 요두이다. 잎맥의 연장인 짧은 침상돌기가 있다. 뒷면은 회록색을 띠며 복모가 약간 있다. 총잎자루 길이는 2.5~5cm, 털이 없거나 약간 있다.
꽃 7~8월에 피며 잎겨드랑이에서 나온 길이 4~8cm의 총상꽃차례에 홍자색의 양성화가 모여 달린다. 기판은 길이 9~12mm, 도란형으로 꽃잎 중 가장 길다. 익판은 길이 7~10mm, 좁은 도란형이고, 용골판은 길이 8.5~10mm, 도란형이다. 꽃받침은 길이 3.0~4.5mm, 4갈래로 갈라지며 전체에 털이 밀생한다. 꽃받침열편은 길이 1.2~2.3mm, 삼각상 피침형으로 끝이 뾰족하지만 꼬리처럼 길어지지는 않는다. 수술은 10개, 자방은 타원형이고 털이 있다. 암술대는 길이 7~8mm, 밑부분에 털이 있다.
열매 9~10월에 성숙하며 납작한 광타원형 또는 도란형으로 길이 5~7mm, 전체에 털이 밀생한다. 종자는 1개씩 들어있다. 종자는 신장형으로 길이 3mm, 적갈색을 띤다.

【참고】

풀싸리 (*L. thunbergii* (DC.) Nakai) 소엽이 광타원형 또는 장타원형으로 원두이고, 겨울 동안 지상부가 대부분 고사한다.

콩과 Fabaceae

검나무싸리

Lespedeza melanantha **Nakai**

꽃과 잎

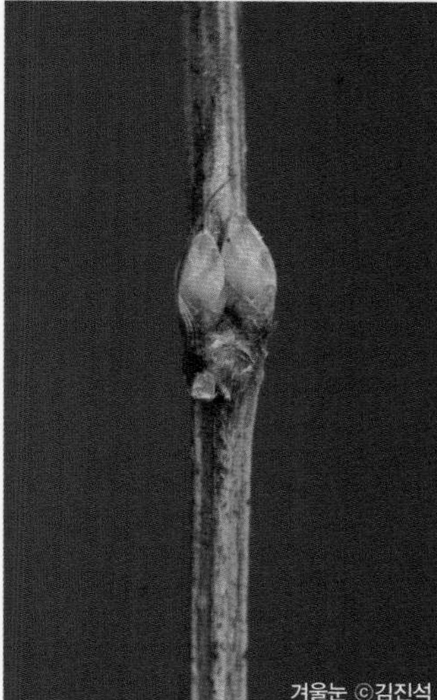
겨울눈 ©김진석

잎 ©김진석

꽃 ©김진석

열매 ©김진석

Lespedeza 미국의 폴로리다 주지사 Vincente Manuel de Céspedes에서 유래함. 인쇄할 때 오식(誤植)에서 Lespedez로 됨
melanantha 흑색 꽃의

이명 쇠싸리, 흑싸리
E Black-flower lespedeza

【분포】
해외/국내 중부 이남 특정 산지의 바위지대

【형태】
수형 낙엽활엽관목으로 수고 3m이다.
잎 어긋나며 3출엽이고 길이 1.5~3cm, 도란형이다. 뒷면은 연한 녹색, 털이 있다.
꽃 6~7월에 피며 짙은 붉은 보라색으로 총상꽃차례에 모여 달린다. 꽃받침은 4개로 갈라지고 털이 있다. 자방은 타원형이며 암술대는 길이 6mm이다.
열매 9~10월에 성숙하고 협과로 길이 5mm이다. 종자는 1개씩 들어있다.

【조림 · 생태 · 이용】
양지에서 잘 자라고 내한성이 강해 건조에도 강하며, 불모지나 황폐한 땅에서도 잘 생육한다. 번식은 종자를 채취하여 2~3일간 말린 후 살충제를 약간 섞어 보관하다가 봄에 파종한다. 밀원식물로 식재하거나 사방지나 도로변, 철로변에 식재하며, 잎과 꽃은 혈압강하약으로 쓰인다.

콩과 Fabaceae

개싸리

***Lespedeza tomentosa* (Thunb.) Siebold ex Maxim.**

Lespedeza 미국의 플로리다 주지사 Vincente Manuel de Céspedes에서 유래함. 인쇄할 때 오식(誤植)에서 Lespedez로 됨
tomentosa 가는 솜털이 밀생한

E Woolly lespedeza
J イヌハギ

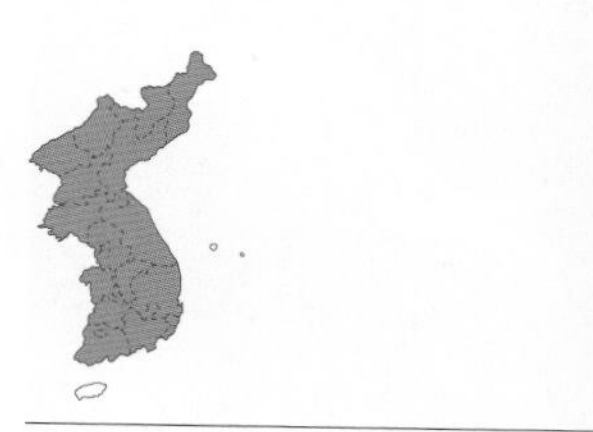
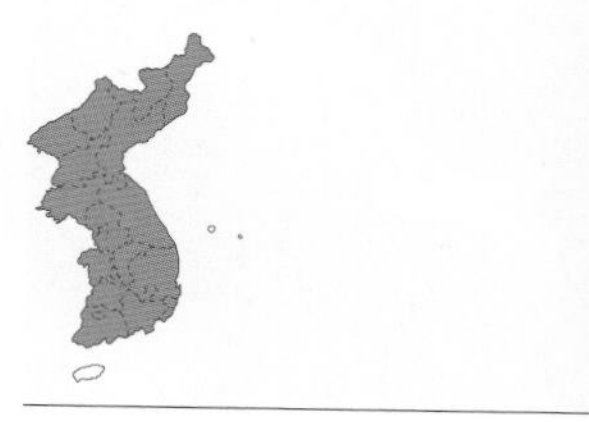

수형

【분포】
해외/국내 중국, 일본, 러시아(시베리아); 전국 산야

【형태】
수형 낙엽활엽관목으로 수고 1m이다.
잎 어긋나며 우상3출복엽이고 장타원형으로 길이 3~6cm이다. 중앙소엽이 측소엽보다 크다. 양 끝이 둥글고, 윗면에 잔털이 있고, 잎맥이 도드라진다.
꽃 8~9월 연황백색으로 총상꽃차례에 많이 달린다. 길이 7~8mm이고, 꽃받침은 5개로 깊게 갈라진다. 기판은 끝이 뾰족하고 중앙에 붉은 줄이 있다 .
열매 9~10월에 성숙하며 원형의 협과이다. 열매 표면에 털과 더불어 그물맥이 있다.

【조림 · 생태 · 이용】
산비탈, 양지의 메마른 풀밭에서 생육한다. 종자를 기건저장 혹은 노천매장한 후 뿌린다. 뿌리를 소설인삼이라 하며 약용한다. 소설인삼은 보자, 건비, 보허의 효능이 있어 허로, 허종을 치료한다.

콩과 Fabaceae

비수리

Lespedeza cuneata **(Dum. Cours.) G.Don**

Lespedeza 미국의 플로리다 주지사 Vincente Manuel de Céspedes에서 유래함. 인쇄할 때 오식(誤植)으로 인해 Lespedez로 됨
cuneata 쐐기형의

한약명 야관문(夜關門, 지상부)
E Chinese lespedeza
C 截葉鐵掃帚
J メドハギ

【분포】
해외/국내 일본, 중국, 대만; 전국 각처의 들
예산캠퍼스 학생기숙사 옆

【형태】
수형 낙엽활엽초본성 반관목이며 높이 1m이다.
수피 짧은 가지는 능선과 더불어 털이 있다.
잎 어긋나고 3출엽이며 소엽은 좁은 도피침형 절두, 요두 또는 예저이다. 길이는 1~2cm, 너비 2~4mm로 표면에는 털이 없으며 뒷면에는 잔털이 있고 잎자루의 길이는 5~15mm이다.
꽃 백색의 꽃이 8~9월에 개화한다. 잎보다 짧으며 잎겨드랑이에서 모여 달린다. 중앙부에 자주색 줄이 있고 꽃받침잎은 좁은 피침형으로 거의 밑부분까지 갈라진다. 각 열편의 길이는 2~3mm로 1맥과 명주실 같은 털이 있다.
열매 10월에 암갈색으로 성숙한다. 열매는 협과이며 넓은 난형이고 길이 3mm로, 잔털이 있다. 1개의 종자가 들어있으며 신장형에 가깝고 길이는 1.5~2mm로 황록색 바탕에 적색 반점이 있다.

【조림 · 생태 · 이용】
종자를 기건저장 혹은 노천매장한 후 뿌린다. 뿌리가 달린 전초를 약용한다. 술에 담가 먹는 경우에는 꽃이 활짝 핀 상태에서 채취 후 잘게 자른 후에 술을 넣어 숙성한 후에 먹는다.

콩과 Fabaceae

다릅나무

Maackia amurensis Rupr.

Maackia 러시아의 자연사학자 R. Maack (1825~1886)에서 유래
amurensis 아무르지방의

이명 개물푸레나무, 개박달나무, 소터래나무, 쇠코둘개나무, 쇠코뜨래나무, 좀살다릅나무
한약명 조선괴(朝鮮槐), 양괴(懷槐, 가지)
E Amur maackia
C 怀槐, 朝鲜槐
J カライヌエンジュ

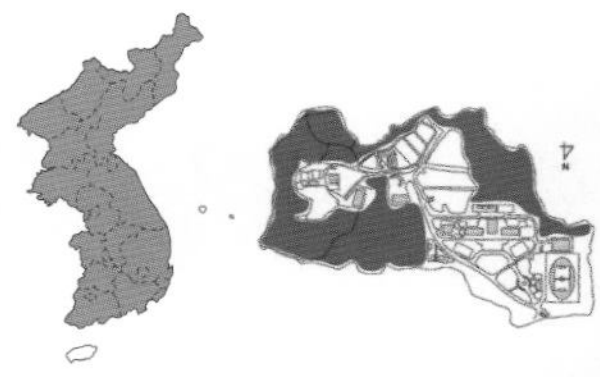

새순

잎 앞면

끝눈과 곁눈

잎

잎 뒷면

【분포】
해외/국내 중국, 일본; 전국 산지
예산캠퍼스 연습림

【형태】
수형 낙엽활엽교목으로 수고 15m, 흉고직경 50cm이다.
잎 어긋나며 길이 5~8cm, 기수1회우상복엽이며 소엽 7~11개이다. 타원형 또는 장난형으로 점첨두, 원저이며 양면에 털이 없다.
꽃 백색으로 7월에 피며 길이 5~15cm의 총상꽃차례 또는 원추꽃차례로 가지 끝에 달린다. 길이 10~20cm이다.
열매 9월에 성숙하며 협과이고 넓은 선형이며 털이 없다. 길이는 5cm이다.

【조림 · 생태 · 이용】
건조한 척박지에도 잘 자라므로 척박지의 녹화용으로 시험식재 할 가치가 있다. 공원수, 가로수, 녹음수로 심는다. 목재는 건축재, 공예재로 쓰인다. 다릅나무의 수피와 가지는 약용하는데 민간에서는 껍질을 진통제, 종양치료약으로 쓴다. 껍질가루 또는 고약은 상처를 빨리 아물게 한다.

목재 단면(수령 약 70년생, 직경 12cm로 심재발달)

콩과 Fabaceae

솔비나무

Maackia fauriei (H.Lév.) Takeda

Maackia 러시아의 자연사학자 R. Maack (1825~1886)에서 유래
fauriei 채집가 U.Faurie 신부의

E Jejudo maackia
J サイシウイヌエンジュ

산림청 지정 특산식물

수형 ©김진석
잎
꽃 ©김진석
수피
잎 앞면
잎 뒷면
겨울눈

【분포】
해외/국내 제주도 한라산 해발 1,200m 이하

【형태】
수형 낙엽활엽아교목으로 수고 8m이다.
수피 녹갈색이며 오래되면 벗겨진다.
어린가지 회흑색이다.
겨울눈 난형이며 털이 없다.
잎 어긋나며 소엽은 9~17개이고 타원상 달걀형으로 가장자리가 밋밋하고 끝이 둥글다.
꽃 연백색으로 7~8월에 피며 가지 끝의 총상꽃차례에 모여 달린다. 꽃차례에는 갈색털이 밀생하며, 꽃의 길이는 7~11mm이다. 기판은 뒤로 완전히 젖혀져 꽃받침에 닿는다.
열매 10~11월에 성숙하며, 협과로 장타원형이다. 길이 3~7cm, 한쪽에 날개가 있다. 종자는 장타원형, 2~4개씩 들어있다.

【조림 · 생태 · 이용】
기구재로 이용하고 수피는 염료용으로 쓰인다.

【참고】
솔비나무는 다릅나무(*M. amurensis* Rupr.)에 비하여 소엽이 작고 많다.

콩과 Fabaceae

애기등

Millettia japonica **(Siebold & Zucc.) A.Gray**

Millettia 18세기 프랑스의 J.A. Millett에서 유래
japonica 일본의

이명 애기등나무, 등
E Summer-white oiltree
J ナツフジ

산림청 지정 희귀등급 취약종(VU)
환경부 지정 국가적색목록 관심대상(LC)

꽃차례

수형

【분포】
해외/국내 일본; 경남 거제도, 전라도 풀밭이나 임연부

【형태】
수형 낙엽활엽만목이다.
수피 황갈색 빛을 띤다.
어린가지 황갈색으로 피목이 발달했다.
겨울눈 삼각형이며 털이 밀생한다.
잎 어긋나며 소엽은 9~13개이고, 길이 2~6cm, 달걀형이다. 끝이 길게 뾰족하고, 가장자리는 밋밋하다.
꽃 녹백색으로 7~8월에 피며 총상꽃차례에 모여 달린다. 기판과 용골판의 길이는 12mm로 비슷하며 꽃받침은 5갈래로 갈라지고, 넓은 종형이다.
열매 10~11월에 성숙하며 협과로 길이 10~15cm이다. 6~7개의 종자가 있고, 지름 8mm, 납작한 원형이다.

【조림 · 생태 · 이용】
종자, 삽목 및 휘묻이로 증식시키며 품종보존을 위해 접목한다. 종자를 노천매장하거나 모래와 섞어 두었다가 파종한다. 정원수 생화용 및 절토지피복으로 이용되며, 열매는 식용이 가능하다.

콩과 Fabaceae

칡

***Pueraria lobata* (Willd.) Ohwi**

Pueraria 스위스 식물학자 Marc. N. Puerari(1765~1845)에서 유래
lobata 천열된

이명 칙, 칙덤불
한약명 갈근(葛根, 뿌리), 갈화(葛花, 꽃)
E kudzu-vine
C 葛藤
J クズ

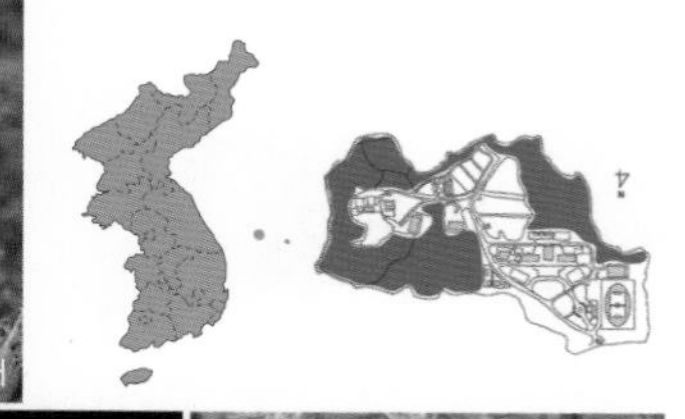

수형 꽃 열매 줄기 잎 앞면

잎 뒷면

꽃차례

【분포】
해외/국내 중국, 일본, 서아시아, 러시아(동부); 전국 산야
예산캠퍼스 연습림

【형태】
수형 낙엽활엽만목성으로 오래된 것은 줄기의 지름이 10cm이다. 지면이나 다른 나무를 왼쪽으로 감아 올라간다.
수피 갈색 또는 흑갈색을 띠며 피목이 발달하고, 오래되면 세로로 갈라진다.
어린가지 어린가지에는 황갈색의 긴 털이 밀생한다.
잎 어긋나며, 3출엽이다. 소엽은 마름모형 또는 난형으로 전연 또는 얕게 셋으로 갈라진다. 양면에 털이 있고, 뒷면은 흰빛을 띤다.
꽃 8월에 홍자색의 접형화가 피며 잎겨드랑이에서 길이 10~18cm의 총상꽃차례가 나와 곧게 선다. 기판 중앙에 황색 무늬가 있으며 익판은 적자색을 띤다.
열매 9~10월에 성숙하며 꼬투리의 길이는 5~8cm, 너비 8~10mm, 편평하며 털이 밀생한다.

【조림 · 생태 · 이용】
양수성으로 산기슭 양지 쪽에 나며 햇볕을 잘 받는 곳이면 어디서나 잘 생육한다. 생육이 왕성하기 때문에 경사지나 황폐지에 식재하여 토양침식을 방지하며, 주위 식물을 감아올라가 생육을 저해하므로 주의를 요한다. 번식은 분주, 종자재배, 종내잡목, 삽목 등으로 이루어지는데, 대개 삽목에 의해 번식되고 있다. 수피는 갈포제조용으로 쓰인다. 꽃은 약용하며, 뿌리는 갈근이라 하여 칡차로 쓰이고 약용하기도 한다.

콩과 Fabaceae

아까시나무

Robinia pseudoacacia **L.**

Robinia 헨리4세 시대에 파리의 원예가 Jean Robin(1550~1629)이 1600년에 미국에서 들여오고 그의 아들인 Vespasian Robin(1579~1662)이 유럽에 퍼뜨린 것을 기념함
pseudoacacia 아까시나무와 비슷한

이명 개아까시나무, 아카시아나무, 아카시아
한약명 자괴화(刺槐花, 꽃)
E Black locust, False acacia, Bristly locust, Mossy locust
C 刺槐, 洋槐
J ニセアカシヤ

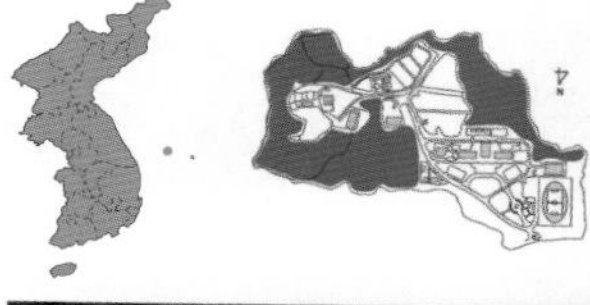

수형

꽃

가시

수피

잎

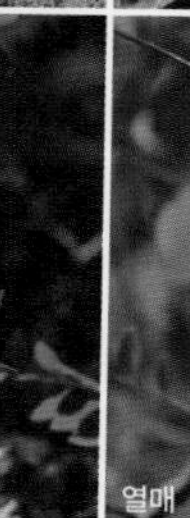
꽃차례

열매

【분포】
해외/국내 북아메리카; 전국 산야
예산캠퍼스 연습림

【형태】
수형 낙엽활엽교목으로 수고 10~25m이다.
수피 흑갈색을 띠며 세로로 갈라진다.
어린가지 가시가 있다.
잎 어긋나며, 기수1회우상복엽이고 소엽은 9~19개이다. 타원형 또는 난형으로 길이 2~5cm, 원두, 미철두이다. 기부는 원저 또는 설저이고 가장자리에 거치가 없다. 소엽병의 기부에 작은 턱잎이 있다.
꽃 5~6월에 백색의 양성화가 새가지의 잎겨드랑이에서 나온 총상꽃차례에 모여 달린다. 길이 1.5~2cm, 나비모양으로 향기가 진하다. 꽃받침은 길이 7~9mm, 5갈래로 얕게 갈라진다. 자방은 선형이고 털이 없다. 암술대는 길이 8mm, 끝이 굽는다.
열매 9~10월에 갈색으로 성숙하며 납작한 선상 장타원형이고 길이 5~12cm이다. 종자는 길이 5~6mm로 신장형이며 짙은 갈색이다.

【조림 · 생태 · 이용】
목재는 기구재로 쓰이고 꽃은 주요한 밀원식물로 쓰인다. 척박한 땅에도 잘 자라나 원래는 비옥한 토양을 좋아하는 나무이다. 풍치수, 가로수, 사방조림수종으로 식재한다.

【참고】
꽃아까시나무 (*R. hispida* L.) 줄기, 가지 및 꽃자루가 길고 딱딱한 적색 털이 밀생한다.
흔히 '아카시아'로 부르기도 하지만, 원산지가 열대지방인 진짜 아카시아(*Acacia*)와는 다른 식물속이다.

콩과 Fabaceae

회화나무

Styphnolobium japonicum (L.) Schott

Sophora Linne가 어떤 종에 대한 아랍명을 전용
japonica 일본의

이명 과나무, 회나무, 화이나무, 괴화나무, 학자목
한약명 괴화(槐花, 꽃봉오리), 괴실(槐實, 종자), 괴지(槐枝, 가지), 괴각(槐角, 열매)
E Japanese pagoda tree, Chinese scholar tree
C 槐樹
J エンジュ

문화재청 지정 천연기념물 서울특별시 종로구 와룡동 창덕궁 회화나무 군(제472호) 외 5곳

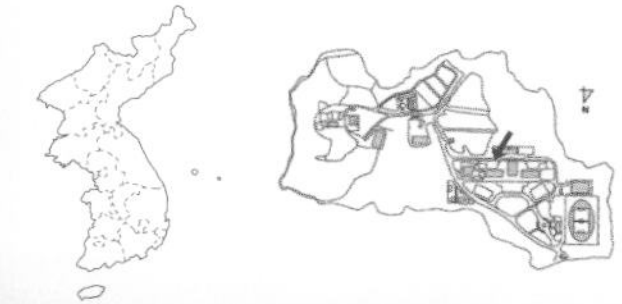

소엽 앞면

소엽 뒷면

수형

수피

잎과 열매

어린가지와 겨울눈

꽃차례

열매

【분포】
해외/국내 중국; 전국 정원수
예산캠퍼스 생명관 뒤 건물 옆

【형태】
수형 낙엽활엽교목으로 수고 30m이다.
어린가지 녹색을 띤다.
잎 어긋나며 기수우상복엽이고 소엽은 9~15개이다. 난형 또는 좁은 난형으로 예두, 원저이다. 뒷면은 회색이며 잔복모가 있다.
꽃 7~8월에 황백색의 양성화가 길이 30cm 정도의 원추꽃차례에 모여 달린다. 꽃받침은 길이 4mm, 바깥면에 털이 있다. 수술은 10개이며 자방에는 털이 없다.
열매 10~11월에 성숙하며 길이 3~7cm의 염주상 장타원형으로 봄까지 달려있다. 껍질은 육질이며 익어도 벌어지지 않는다. 종자는 길이 7~9mm, 난형으로 황록색을 띤다.

【조림 · 생태 · 이용】
중용수 또는 양수성으로, 뿌리의 수직분포는 천근성이다. 실생, 꺾꽂이, 접붙이기 등이 가능하지만, 실생번식이 가장 이상적이다. 정자목, 기념수, 공원수, 가로수로 식재한다. 목재는 건축재, 가구재로 쓰이고, 꽃과 열매는 약용한다. 꽃봉오리로는 황색의 염료를 만들기도 한다.

콩과 Fabaceae

등

Wisteria floribunda (Willd.) DC.

Wisteria 등나무속. Wistaria 참조
floribunda 꽃이 피는

이명 참등, 등나무, 참등나무, 왕등나무, 연한붉은참등덩굴, 조선등나무
E Floribunda wisteria, Loose clustered, Japanese wisteria
C 多花紫藤
J ドヨウフジ

문화재청 지정 천연기념물 부산광역시 금정구 청룡동 범어사 등군락(제176호) 외 3곳

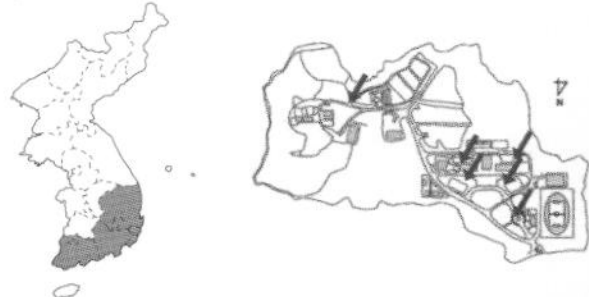

정자수

꽃

흰등 꽃

열매

꽃차례

【분포】
해외/국내 일본; 전국 식재. 경상도, 전남 계곡부 자생
예산캠퍼스 교내

【형태】
수형 낙엽활엽만목성으로 길이 10cm이고, 다른 나무들을 오른쪽으로 감아 올라간다.
어린가지 밤색 또는 회색의 얇은 막으로 덮여있다.
겨울눈 장난형으로 길이 5~8mm, 인편은 2~3개이다.
잎 어긋나며 기수1회우상복엽이고 소엽은 13~19개이다. 난상 타원형 또는 난상 장타원형으로 길이 4~8cm, 점첨두, 원저이다. 어린잎의 양면에 털이 있으나 없어진다.
꽃 4~5월에 연한 자주색의 양성화가 가지 끝에서 나온 총상꽃차례에 모여 달림. 길이 1.5~2cm, 나비모양이다. 기판은 넓은 도란형으로 중앙부에 황색의 무늬가 있다. 밑부분에는 2개의 돌기 같은 경점(callus)이 있다. 꽃받침은 넓은 종형으로 겉에 잔털이 있다. 끝이 5갈래로 갈라진다.
열매 10~11월에 성숙하며, 길이 10~20cm의 선상 도피침형이다. 표면에는 벨벳 같은 부드러운 털이 밀생하며 익으면 2갈래로 갈라진다. 종자는 지름 1.2cm, 납작한 원형으로 광택이 나는 갈색을 띤다. 표면에는 밤색 무늬가 있다.

【조림 · 생태 · 이용】
원수, 생화용 및 절토지 피복용으로 이용한다. 열매는 먹을 수 있다. 종자, 삽목 및 휘묻이로 증식시키며 품종보존을 위하여 접목한다.

【참고】
흰등 (for. *alba* Rehder & Wilson) 백색의 꽃이 핀다.
흰등 학명이 국가표준식물목록에는 *W. floribunda* (Willd.) DC. f. *alba* Rehder & E.H.Wilson로 기재되어 있다.

대극과 Euphorbiaceae

예덕나무

Mallotus japonicus **(L.f.) Müll. Arg.**

Mallotus 그리스어 mallotos(긴 연모가 있는)에서 유래함. 열매에 샘털이 밀생함을 지칭함
japonicus 일본의

이명 꽤잎나무, 비닥나무, 시닥나무, 예닥나무
한약명 야오동(野梧桐, 수피)
E Japanese mallotus
C 野椿桐
J アカメガシワ

자생지(전남 완도)

잎

엽저(잎맥)

암꽃

열매

【분포】
해외/국내 일본, 대만; 남부지역 및 도서

【형태】
수형 낙엽활엽아교목으로 수고 10m이다.
수피 회백색을 띤다.
어린가지 별모양의 인모로 덮여있고, 붉은빛이 돌지만 점차 회백색으로 된다.
잎 어긋나며 길이 10~20cm, 도란형으로 거치가 없으나 얕게 3~4개로 갈라진다. 뒷면에 황색의 선점이 있다. 잎자루는 붉은색을 띠고 길이는 5~20cm이다.
꽃 황색으로 6월에 피며 암수딴그루이고 새가지 끝에서 원추꽃차례로 달린다. 자방에 3개의 암술머리가 있다. 꽃받침은 2~3갈래로 갈라져 있다.
열매 8~10월에 갈색으로 성숙하며 삭과로 삼각상 구형이다. 과피에 선점, 성모 및 강모가 있다.

【조림 · 생태 · 이용】
양수성 수종으로 낮은 지대의 약간 습한 곳에서 자란다. 내한성이 약해 중부지방에서는 야외 월동이 불가능하고 음지보다 양지에서 생장이 더욱 좋다. 건조에 강해 척박지에서 군집을 이룬다. 번식은 가을에 종자를 채취하여 노천매장한 후 이듬해 봄에 파종한다. 풍치수로 심는다. 목재는 건축재로 쓰인다. 수피를 야오동이라고 하여 약용한다.

대극과 Euphorbiaceae

조구나무(오구나무)

Sapium sebiferum (L.) Roxb.

Sapium 라틴 옛 이름이며 점질이란 뜻에서 유래함. 본속의 어떤 종으로 새잡는 풀을 만들었다는 데서 기인함
sebiferum 지방이 있는

E Chinese tallow tree, Vegetable-tallow
J ナンキンハガ

수형

열매

잎

수피

【분포】
해외/국내 남부지역 식재

【형태】
수형 낙엽활엽교목으로 수고 15m이다.
수피 처음에는 평활하지만 나중에는 불규칙하게 세로로 갈라진다.
잎 어긋나며 약간 두꺼우며 길이 3~12cm, 삼각형 능형에 예첨두, 절저이다. 끝이 길게 뾰족해지며, 가장자리는 밋밋하고 잎자루는 길다. 상단에 2개의 선점이 있다. 뒷면은 담녹백색이다.
꽃 6~7월에 피며 가지 끝의 총상꽃차례에 달린다. 윗부분에 10~15개의 수꽃이 달리고 향기가 있다. 밑부분에는 2~3개의 암꽃이 달린다. 수꽃의 꽃받침은 술잔모양이고 수술은 2~3개이다. 암꽃은 한쪽에 선체가 있는 작은 포로 싸여있다. 꽃받침의 일부가 퇴화되며 암술은 1개이고 암술대는 3개이다.
열매 9~11월에 흑색으로 성숙하며 삭과로 구상 타원형이고 첨두, 길이 1cm 정도이다. 3개의 종자가 들어있고 종자는 납질로 덮여있으며 백색이다. 길이 7mm이며 독이 있다.

【조림 · 생태 · 이용】
양수이고, 내한성과 내건성이 약해 바닷가에서 잘 자라며, 도심지에서 공해에 대한 피해가 적다. 번식은 가을에 채취되는 종자를 노천매장한 후 이듬해 봄에 파종한다. 목재는 가구재나 펄프재로 쓰이고 잎은 염료용로 쓰인다. 열매는 유지자원으로 이용된다. 가을에는 단풍이 훌륭하므로 가로수나 공원수로 이용된다.

대극과 Euphorbiaceae

사람주나무

***Sapium japonicum* (Siebold & Zucc.) Pax & Hoffm.**

Sapium 라틴 옛 이름이며 점질이란 뜻에서 유래함. 본속의 어떤 종으로 새잡는 풀을 만들었다는 데서 기인함
japonicum 일본의

이명 귀룽목, 쇠동백나무, 신방나무, 아구사리
E Japanese sapium
J シラキ

수형 수꽃차례 잎과 열매 수피 잎 앞면 잎 뒷면 새순

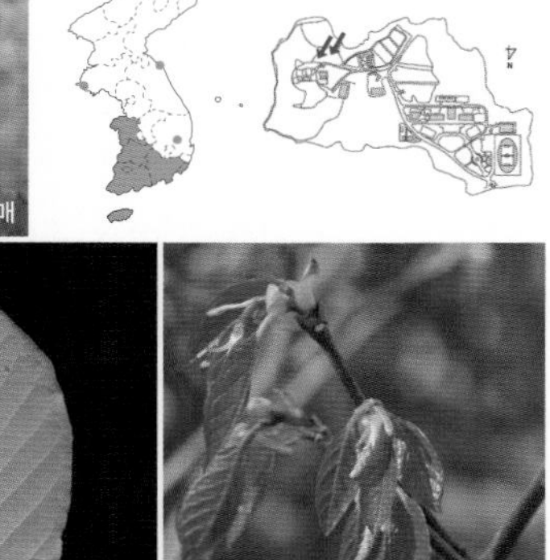

【분포】
해외/국내 일본; 중부 이남 계곡부, 해안가 산지
예산캠퍼스 연습림 임도 옆

【형태】
수형 낙엽활엽아교목으로 수고 4~6m이다.
잎 어긋나며 타원형 또는 난형으로 길이 7~15cm, 너비 5~10cm, 가장자리가 밋밋하거나 약간 파상을 이루기도 한다. 표면의 밑부분과 뒷면 측맥의 끝부분에 선점이 있다. 뒷면은 흰빛을 띤다.
꽃 황록색으로 4~6월에 피며 암수한그루이고 총상꽃차례에 달린다. 수꽃이 윗부분에 많이 달리고, 3개의 꽃받침조각과 2~3개의 수술이 있다. 암꽃은 밑부분에 몇 개씩 달리고 4개의 꽃받침조각, 3개의 암술대가 있다.
열매 7~10월에 성숙하며 삭과로 삼각상 구형이다. 지름 1.2~1.8cm, 3개로 갈라진다. 종자는 3개씩 들어있고, 청갈색 바탕에 선상의 흑색 반점이 있다.

【조림 · 생태 · 이용】
중용수로, 적습하고 토심이 깊은 비옥한 토양에서 생육이 이롭다. 고온, 건조, 척박한 토양은 생육에 이롭지 않다. 정원수, 공원수, 가로공원에 적당해 조경수로의 가치가 크다. 종자는 기름을 짜서 식용, 도료용, 등유용으로 사용한다.

【참고】
수피는 회백색으로 백색 가루가 묻은 것 같아 백목(白木)이라고도 하며, 가지 또는 잎에 상처를 내면 백색 유액이 나온다.
사람주나무 학명이 국가표준식물목록에는 *Neoshirakia japonica* (Siebold & Zucc.) Esser로 기재되어 있다.

대극과 Euphorbiaceae

광대싸리

Glochidion chodoense J.S.Lee & Im

Securinega 라틴어 securis(도끼)와 negare(거절하다)의 합성어이며, 재질이 단단함을 지칭함
suffruticosa 아관목의

이명 고리비아리, 공정싸리, 구럭싸리, 굴싸리, 싸리버들옻
E Suffrutescent securi-nega
C 葉底珠, 一葉萩
J ヒトツバハギ

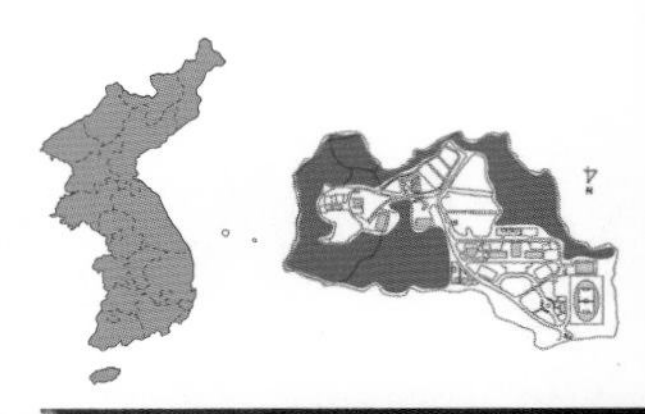

수형

잎과 꽃

잎 앞면

열매

잎 뒷면

【분포】
해외/국내 동아시아; 전국 산야
예산캠퍼스 연습림

【형태】
수형 낙엽활엽관목으로 수고는 10m까지 자라지만 대부분 1~3m이다. 가지가 많이 갈라지며 끝이 아래로 처진다.
수피 회색, 회갈색을 띠며 오래되면 불규칙한 조각으로 갈라진다.
잎 어긋나며 아주 얇고, 타원형 또는 장타원형으로 길이 2~5cm, 거치가 없다. 뒷면은 약간 흰빛을 띠며, 잎자루는 길이 2~8mm이다.
꽃 6~8월에 피고 암수딴그루이며 잎겨드랑이에서 연한 황색, 황록색으로 모여 달린다. 지름 2~3mm, 꽃잎과 꽃받침 열편은 5개이다. 수꽃은 자루가 짧고 다수가 빽빽이 모여 달리며 수술은 5개이다. 암꽃은 길이 1cm 정도의 꽃자루가 있고 잎겨드랑이에 1~5개가 달린다. 암꽃의 자방은 편구형이고 3갈래로 갈라진다. 암술대는 Y자 모양을 이룬다.
열매 10~11월에 황갈색으로 성숙하며 편구형이다. 지름 4~5mm, 3갈래의 얕은 골이 있다. 종자는 길이가 2~3mm이고 갈색을 띤다.

【조림 · 생태 · 이용】
양수식물이며 중생식물로, 주로 개울가나 계곡 주변에서 번성하고, 산기슭 및 산중턱의 건조한 곳에서도 잘 자란다. 내한성은 강하고 내공해성은 약하다. 목재는 땔감으로 하며 열량이 높고, 새순은 봄철에 식용된다. 가지와 뿌리, 잎은 일엽추라 하며 약용한다.

대극과 Euphorbiaceae

조도만두나무

Glochidion chodoense J.S.Lee & Im

E Jodo cheesetree

산림청 지정 희귀등급 멸종위기종(CR)
산림청 지정 특산식물
환경부 지정 국가적색목록 미평가(NE)

수형(전남 목포시) ©한심희

잎 ©한심희

열매 성숙과정과 종자 ©한심희

【분포】
해외/국내 전남 밭둑, 풀밭 및 임연부

【형태】
수형 낙엽활엽관목으로 수고 2~3m이다.
수피 회색, 회갈색을 띠며 불규칙하게 갈라진다.
잎 어긋나며 길이 5~8cm, 장타원형 또는 타원형이다. 끝은 둔하거나 뾰족하고 밑부분은 쐐기형이며, 가장자리가 밋밋하다. 양면에 털이 많으며 뒷면은 연한 녹색을 띤다. 특히 맥 위에 털이 많다. 잎자루는 길이 1~2mm, 털이 밀생한다.
꽃 7~8월에 피며 암수한그루이고 잎겨드랑이에 녹백색, 황록색으로 모여 달린다. 꽃잎은 6개로 길이 2mm, 좁은 도란형이다. 수꽃의 꽃자루 길이는 7~9mm, 암꽃의 꽃자루 길이는 1mm 이하이다. 암술머리는 6개 이상, 자방에는 백색 털이 밀생한다.
열매 9~10월에 성숙하며 편구형이고 보통 6갈래로 갈라진다.

【조림 · 생태 · 이용】
중용수종으로 자생지가 1~2곳이며, 개체수가 매우 적다. 내한성이 약하므로 난대 도서지방 및 해안지방에 식재가 가능하다.

【참고】
전남 조도에서 최초로 발견되어 1994년에 학계에 보고된 한반도 고유종이며, 열매의 모양 때문에 '만두나무'라는 이름이 붙여졌다.

굴거리나무과 Daphniphyllaceae

굴거리나무

Daphniphyllum macropodum Miq.

수형

Daphniphyllum 월계수의 그리스 옛 이름 daphne와 phyllon(잎)의 합성어이며, 잎 모양이 비슷한데서 기인함
macropodum 긴 대(柄)의, 굵은 대의

이명 굴거리, 만병초, 청대동, 교양목
E Macropodous daphniphyllum
J ユズリハ

문화재청 지정 천연기념물 전북 정읍시 내장동 굴거리나무군락(제91호)

수피

잎

암꽃

수꽃

열매

【분포】
해외/국내 중국; 울릉도, 남부지역

【형태】
수형 상록활엽소교목으로 수고 10m, 흉고직경 30m이다.
수피 회갈색, 타원형의 피목이 발달한다.
어린가지 붉은빛을 띠며 털이 없다.
겨울눈 좁은 타원형으로 적색이다.
잎 어긋나며 가지 끝에 모여서 달린다. 장타원형으로 길이 12~20cm이다. 뒷면은 흰빛을 띤다. 두껍고 12~17쌍의 측맥이 있으며 잎맥 간의 거리가 10~15mm이다. 어린 잎자루는 길이 3~4cm, 약간 붉은빛을 띤다.
꽃 5~6월에 피며 암수딴그루이고 전년지의 잎겨드랑이에서 나온다. 수꽃은 꽃잎과 꽃받침이 없다. 암술머리는 적색이다.
열매 10~11월에 암청색으로 성숙하며 타원형이다. 길이 1cm인 핵과로 아래를 향해 달려있다.

【조림 · 생태 · 이용】
음수성이며 뿌리의 수직분포는 천근형이다. 제주도 한라산에서는 해발 1,200m까지 분포하며 번식은 실생과 삽목(휘묻이, 가지삽목)으로 하는데, 주로 실생으로 번식한다. 정원수, 공원수로 식재하며, 목재는 기구재로 쓰인다. 수피와 잎은 약용하며, 구충제로 쓰인다.

굴거리나무과 Daphniphyllaceae

좀굴거리나무

***Daphniphyllum teijsmannii* Zoll. ex Teijsm. & Binn.**

Daphniphyllum 월계수의 그리스 옛 이름 daphne와 phyllon(잎)의 합성어이며, 잎 모양이 비슷한 데서 기인함

이명 좀굴거리, 애기굴거리나무
E Common daphniphyllum
J ヒメユズリハ

자생지(경남 거제도)

수피

잎차례

굴거리나무(왼쪽)와 좀굴거리나무(오른쪽) 잎 앞면

굴거리나무(왼쪽)와 좀굴거리나무(오른쪽) 잎 뒷면

굴거리나무(왼쪽)와 좀굴거리나무(오른쪽) 잎 꽃차례

열매

【분포】
해외/국내 남해안 도서 및 제주도

【형태】
수형 상록활엽교목으로 수고 10m, 흉고직경 30m이다.
수피 회갈색을 띠며, 피목이 드물게 있다.
잎 가지 끝에 모여 달리며 길이 7~10cm, 좁은 타원형이다. 표면은 진한 녹색이며, 뒷면은 밝은 녹색, 측맥은 8~10쌍이다.
꽃 5~6월에 피는 암수딴그루이다. 전년지 잎겨드랑이에서 나온 총상꽃차례로 달리며 꽃잎이 없다. 수꽃은 꽃받침이 있다. 암술
열매 12월~이듬해 1월에 남흑색으로 성숙하며 지름 8~9mm, 타원형이다. 표면이 울퉁불퉁하고 위를 향해 서 있다.

【조림 · 생태 · 이용】
음수로, 건조한 곳을 싫어한다. 가을에 익는 열매를 정선하여 종자만 얻은 다음, 노천매장한 후 이듬해 봄에 파종한다. 맹아력은 거의 없으며 이식은 가능하다. 잎과 껍질은 약용하며, 정원수로 공원에 심을 만한 관상수이다.

운향과 Rutaceae

유자나무

***Citrus junos* Siebold ex Tanaka**

Citrus 그리스명 kitron(상자)에서 유래된 라틴명이며, 레몬나무에 대한 오래된 이름
junos 유자나무의 일본 옛 이름 유노스에서 유래

이명 산유자나무, 유자
E Fragrant citrus
J ユズ

열매 ©김진석

잎 ©김진석

【분포】
해외/국내 중국; 제주도 및 남부지방 식재

【형태】
수형 상록활엽관목으로 수고 4m이다.
잎 어긋나며 길이 6~9cm, 장난상 타원형으로 예첨두이다. 거의 거치가 없고, 잎자루에 넓은 날개가 있다.
꽃 백색으로 5~6월에 피며 잎겨드랑이나 가지 끝에 한 개씩 나온다.
열매 10~11월에 황색으로 성숙하며 지름 4~7cm, 편구형이다. 과피는 울퉁불퉁하고 과육과 잘 떨어지지 않는다. 중심부가 비어있고 10개의 방으로 구분된다.

【조림 · 생태 · 이용】
중용수로, 내한성이 약하고 한국은 난대에서 식재가 가능하며, 고온, 건조, 척박지는 생육하기에 부적합하다. 삽목에 의하여 번식이 가능하다. 백색 꽃 및 황색의 열매는 관상 가치가 있다. 신맛의 열매는 음료용으로 이용되거나, 향기가 강해 조미료로 사용된다.

운향과 Rutaceae

귤

Citrus unshiu S.Marcov.

Citrus 그리스명 kitron(상자)에서 유래된 라틴명이며, 레몬나무에 대한 오래된 이름
unshiu 온주(溫州)의 일본 발음

이명 귤나무, 밀감나무, 참귤나무
E Unishiu orange, Satsuma orange, Mandarin orange
J ミカン

문화재청 지정 천연기념물 제주특별자치도 제주시 도련일동 귤(제523호)

【분포】
해외/국내 대만, 중국, 일본 원산; 제주도 식재

【형태】
수형 상록활엽아교목으로 수고 3~5m이다.
수피 갈색이고 잘게 갈라진다.
잎 어긋나며 피침형 또는 넓은 피침형으로 밋밋하거나 파상의 잔거치가 있다. 잎자루에 좁은 날개가 있거나 없다.
꽃 6월에 피고 백색으로 향기가 있다. 꽃받침과 꽃잎이 각각 5개, 20개 정도의 수술과 1개의 암술이 있다.
열매 10월에 등황색 또는 황적색으로 성숙하며 지름 5~7.5cm이다. 과피는 과육과 잘 떨어지며, 중심부가 비어 있다. 9~10개의 실로 구분되어 있다. 외피가 평활하여 윤채가 있고, 대개 종자가 없다.

【조림 · 생태 · 이용】
양수성으로, 내조성은 강하나 바람이 부는 곳에서는 생장이 불량하다. 토심이 깊고 비옥한 사질양토에서 잘 자라는 양수이다. 연평균 기온이 15~17℃인 곳이 적지이며, 토심이 깊고 배수가 잘 되며 습기가 있는 비옥지가 생육이 좋고, 고온, 건조, 척박지는 부적합하다. 전정은 4월에 실시하고, 착과를 고려하여 가지는 균등하게 배치한다. 소경목은 4월에 식재하며, 대경목은 7월에 이식 또는 식재한다. 종자, 삽목으로 증식시킨다. 탱자나무를 대목으로 하여 접목재배한다. 열매는 식용한다.

쉬나무

Euodia daniellii Hemsl.

Evodia 그리스어 eu(좋다)와 odia(향기)의 합성어이며, 열매에 정유(精油)가 있어 향기가 있는 것에서 기인함
daniellii 인명 Daniell의

이명 디지나무, 소동백나무, 쇠동나무, 수유나무, 시유나무
E Korean evodia
J チョウセンゴシュユ

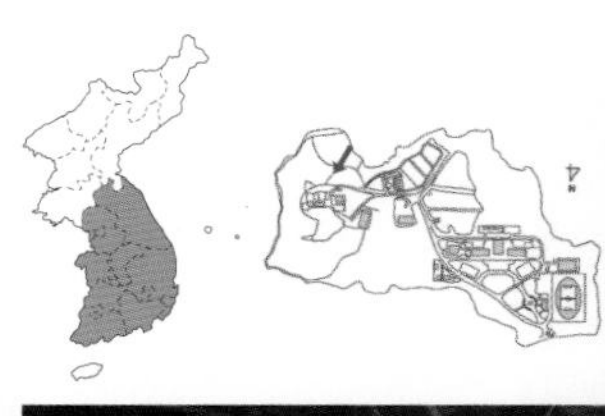

수형

잎 앞면

꽃차례

열매

잎 뒷면

수피

【분포】
해외/국내 중국; 전국 저지대 및 민가 주변
예산캠퍼스 연습림 임도 옆

【형태】
수형 낙엽활엽아교목으로 수고 10m이다.
수피 회색, 짙은 회색을 띠며 피목이 발달한다.
어린가지 회갈색이며 짧은 털이 있으나 점차 없어진다. 2년지는 적갈색으로 되며 피목이 흩어져 난다.
겨울눈 맨눈이며 부드러운 털로 덮여있다. 끝눈은 곁눈보다 크다.
잎 마주나며 기수1회우상복엽이고, 소엽은 7~11개이다. 타원형, 난형 또는 장난형으로 길이 5~12cm, 점첨두, 원저 또는 넓은 설저이며 파상 거치가 있다. 뒷면은 회록색을 띠고, 맥겨드랑이에 꼬부라진 털이 있다.
꽃 흰빛을 띠며 8월에 피고 새가지 끝에 원추꽃차례가 달린다. 꽃잎과 꽃받침조각은 각각 4~5개씩이다.
열매 10월에 붉은색으로 성숙하며 원형이다. 삭과는 5개로 갈라진다. 종자는 타원형, 검은색을 띠며 윤채가 있다.

【조림 · 생태 · 이용】
양수이며, 사질양토에서 잘 자라나 척박지, 해변가, 건조지에서도 생육이 가능하다. 인가 부근의 토심이 깊고 비옥한 사질양토가 적지이며 내한성, 내공해성과 내병충성이 강하다. 각처의 마을 주변이나 전답의 변두리에서 자란다. 병충해에 대한 저항성이 커서 관리상 편리하다. 실생 및 무성생식으로 번식이 가능하다. 종자에서 기름을 짜서 등유, 머릿기름 또는 해충구제에 사용하고 씨는 새의 먹이가 된다.

수형

운향과 Rutaceae

상산

Orixa japonica Thunb.

Orixa 일본명 '고구사기'를 오리사기로 읽어서 생긴 이름
japonica 일본의

이명 송장나무, 상산나무, 일본상산
한약명 취산양(臭山羊), 상산(常山, 뿌리, 줄기, 잎)
E Japanese orixa
C 日本常山, 臭常山
J コクサギ

잎

잎과 꽃

열매

【분포】
해외/국내 중국, 일본; 경남, 전라, 충남, 경기 해안 및 제주도 산지

【형태】
수형 낙엽활엽관목으로 수고 2m이다.
잎 어긋나며 길이 5~12cm이고 타원형 또는 도란형으로 윤채가 나며 확대경으로 보면 잎맥에 투명한 세점이 많다. 독특한 냄새가 난다.
꽃 황록색이며 암수딴그루이고 4~5월 잎이 조금 나올 무렵 핀다. 수꽃은 길이 2.5~5cm의 총상꽃차례로 전년지에서 10개 정도 모여 피고 길이 1~2cm의 암꽃은 꽃차례에 1~2개씩 달린다.
열매 11월에 성숙하며 삭과이고 4개로 갈라진다. 굳은 내과피가 반전함에 따라 흑색 종자가 멀리까지 산포한다.

【조림 · 생태 · 이용】
중용수 또는 양수로, 내한성, 내조성, 내공해성이 강해 바닷가에서 잘 자란다. 산록부의 수림 아래나 개울의 언덕에 잘 자란다. 뿌리 잎, 줄기를 약용한다. 민간에서는 잎의 즙액을 진딧물이나 해충의 방제에 사용한다. 가을에 종자를 채취하여 직파하거나 습기 있는 모래와 섞어 저온저장하였다가 봄에 파종한다. 뿌리를 취상산이라 하여 약용하며 청열해표, 행기지통, 용토담연, 거풍이습의 효능이 있다. 후통, 치통, 위통, 류머티스 관절염, 이질, 무명종독을 치료하는 데 이용된다.

운향과 Rutaceae

황벽나무

***Phellodendron amurense* Rupr.**

Phellodendron 그리스어 phellos(코르크)와 dendron(수목)의 합성어이며, 수피에 코르크가 발달하는 것에 기인함
amurense 아무르지방의

이명 황경피나무, 황경나무, 황병피나무
한약명 황백피(黃柏皮)
E Amur corktree
C 黃蘗
J アムルキハダ

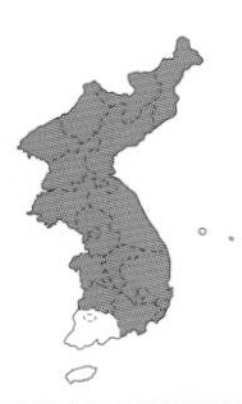

수형
소엽 앞면
잎

열매, 확대

소엽 뒷면

수피

【분포】
해외/국내 중국, 일본, 러시아(극동); 제주도와 전남을 제외한 전국 산지

【형태】
수형 낙엽활엽교목으로 수고 10m이다.
수피 연한 회색을 띠고 코르크질이 잘 발달하여 깊이 갈라진다. 내피는 황색을 띤다.
겨울눈 길이 2~4mm, 반구형으로 잎자루 속에 묻혀 있어 가을에 잎이 떨어진 뒤에야 볼 수 있다.
잎 마주나며 기수1회우상복엽으로 소엽은 5~13쌍이다. 길이 5~10cm, 난형 또는 피침상 난형으로 예두 또는 긴 예두, 원저이며 둔한 거치가 있다. 뒷면은 흰빛을 띤다.
꽃 황록색으로 5~7월에 피며 암수딴그루이다. 가지 끝에 원추꽃차례가 달리며, 꽃차례에 털이 있다.
열매 9~12월에 성숙하며 핵과로 겨울 동안에도 달려있다.

【조림 · 생태 · 이용】
양수성으로 뿌리의 수직분포는 천근형이다. 풍치수로 심는다. 목재는 주요한 건축재, 가구재로 쓰인다. 내피는 약으로 쓰며, 수피는 코르크용으로 사용한다. 수피는 약용한다

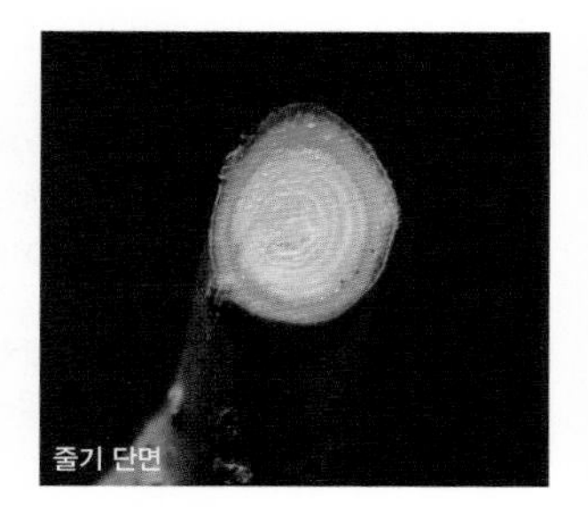
줄기 단면

수형

운향과 Rutaceae

탱자나무

Poncirus trifoliata (L.) Raf.

Poncirus 귤에 대한 프랑스어 poncire에서 유래
trifoliata 3개의 잎의

한약명 지실(枳實, 덜 익은 열매), 지각(枳殼, 잘 익은 열매), 지경피(수피와 근피)
E Trifoliate orange, Hardy orange
C 枸桔, 枳
J カラタチ

문화재청 지정 천연기념물 인천 강화군 강화읍 갑곶리 탱자나무(제78호), 인천 강화군 화도면 사기리 탱자나무(제79호)

잎과 가시

열매

잎 앞면

꽃

【분포】
해외/국내 중국; 중부 이남 울타리용 식재

【형태】
수형 낙엽활엽관목으로 수고 3m이다.
어린가지 녹색으로 다소 납작하며, 길이 1~4cm 가시가 있다.
겨울눈 반구형으로 길이 2~3mm, 가시의 하단에 생긴다.
잎 어긋나며 3출엽이고 잎자루에 약간의 날개가 있다. 소엽은 길이 2~5cm, 타원형 또는 도란형으로 끝은 둔하고 밑부분은 쐐기형이며 가는 거치가 있다.
꽃 잎이 나기 전에 백색으로 4~5월에 가시가 있는 곳에 1개씩 핀다. 꽃의 지름은 3~5cm, 꽃잎은 길이 1.5~3cm이다. 꽃받침열편은 5~7개이다. 수술은 보통 20개 정도이며 길이가 각각 다르다. 자방에는 털이 있으며 암술대는 짧다.
열매 9~10월에 황색으로 성숙하며 구형으로 지름 약 3cm이다. 향기가 있고 부드러운 털이 있다.

【조림 · 생태 · 이용】
중용수 또는 양수로, 내한성이 강한 편이고 토성을 가리지 않고 잘 자란다. 토양은 비옥하며 물이 잘 빠지는 곳이 좋다. 생울타리, 약용으로 식재한다. 종자를 채취하여 직파하거나 습기 있는 모래와 섞어 두었다가 파종한다. 종자 저장 시 건조에 주의해야 한다. 묘목은 밀감류의 대목으로 쓰인다. 줄기에 매우 강한 가시가 나 있어 방어용으로 사용할 수 있으므로 과수원 생울타리로 최적합한 수종이다. 차폐용으로 사용이 가능하다. 열매는 지실, 열매의 껍질을 지각, 근피를 지근피라고 하여 약용한다.

운향과 Rutaceae

왕초피나무

***Zanthoxylum coreanum* Nakai**

Zanthoxylum 그리스어 xanthos(황색)와 xylon(목재)의 합성어
coreanum 한국의

이명 왕산초나무, 왕좀피나무
E Large-leaflet prickly-ash
J オオバザンショウ

수형 / 신년지 / 엽축

잎 앞면

잎 뒷면

【분포】

해외/국내 중국, 대만; 제주도 저지대 임연부

【형태】

수형 낙엽활엽관목으로 수고 7m이다.
수피 회갈색을 띠며, 밑부분이 넓어진 가시가 있다.
가지 잔가지는 잔털이 있으며 굵고, 길이 6~20mm이다.
겨울눈 원형으로 매우 작다.
잎 어긋나며 우상복엽이다. 길이는 2~5cm, 윤채가 있고 향기가 강하다. 소엽은 7~13개, 난형 또는 장난형으로, 밑은 좁고 끝은 날카롭다. 가장자리에 투명한 샘과 더불어 파상 거치가 있다. 엽축에는 잎모양의 좁은 날개가 있고 흔히 마주나는 가시가 있다.
꽃 4~5월에 피며, 암수딴그루이고 짧은 원추꽃차례에 달린다. 꽃잎이 없다. 꽃받침조각은 5~8개이고, 수술은 5~8개, 암술은 3~5개가 있다. 암술대는 자방보다 약간 짧다.
열매 8~9월에 붉은빛을 띠며 성숙하고 구형의 삭과로 선점이 있다.

【조림 · 생태 · 이용】

내한성이 강하여 서울지방에서도 월동이 잘 되고 생장이 좋다. 내건성이 강해 전석지에서도 잘 견디며, 내음성이 있어 큰 나무 아래서도 잘 자라고 내조성과 내공해성이 강하다. 번식은 9월에 익은 종자를 채취하여 노천매장한 후 봄에 파종을 한다. 우리나라 특산으로, 제주도 저지대의 계곡이나 해변에서 자라는 희귀종이며 맹아력이 강하다. 어린 잎에는 특이한 향기가 있어서 국이나 된장국 등을 끓일 때 향신료로 사용한다.

【참고】

왕초피나무 학명이 국가표준식물목록에는 *Z. simulans* Hance로 기재되어 있다.

운향과 Rutaceae

초피나무

Zanthoxylum piperitum (L.) DC.

Zanthoxylum 그리스어 xanthos(황색)와 xylon(목재)의 합성어
piperitum 후추 같은

이명 산초나무, 좀피나무, 진피, 제피
한약명 산초(山椒, 열매), 화초(花椒, 과피), 초목(椒目, 열매)
E Japan pepper
C 山椒
J サンショウ

가시와 잎 / 꽃 / 잎 앞면 / 수피 / 잎 뒷면 / 열매

【분포】
해외/국내 일본; 중부 이남
예산캠퍼스 연습림

【형태】
수형 낙엽활엽관목으로 수고 3m이다.
수피 회갈색을 띠며, 가시나 돌기가 있다.
어린가지 녹색, 적갈색을 띤다. 가시가 2개씩 마주 달리고 작은 피목이 있다.
겨울눈 맨눈이며 거의 원형으로 길이가 1.5~3mm이다. 겉은 누운 털로 덮여있다.
잎 어긋나며 기수1회우상복엽이다. 소엽은 9~19개, 난형 또는 난상 타원형으로 길이 1~3.5cm, 4~7개의 파상거치가 있다. 거치의 기부 잎 표면에 유점이 있어 향기가 강하다. 흔히 엽축에 마주나는 가시가 있는 경우도 있다.
꽃 5~6월에 피며 암수딴그루이다. 복총상꽃차례가 잎겨드랑이에서 나온다. 담황색의 꽃이 피는 것처럼 보이나 꽃잎이 없다.
열매 9~10월에 적갈색으로 성숙하며 선점이 있고 검은 종자가 들어있다.

【조림 · 생태 · 이용】
중용수로, 따뜻한 지방에서 자생하나 온도의 적응력은 넓은 편이라, 잡목림의 간별한 수림 밑 정도의 반그늘진 곳이 생육하는 데 이롭다. 천근성으로 뿌리가 옆으로 퍼져 건조에는 약하다. 해가 잘 들지 않고 통풍이 안 되는 곳에서는 결실이 잘 되지 않으므로 주의해야 한다. 정원수로 식재한다. 어린잎은 식용, 열매는 식용 또는 약용, 향신료로 이용한다.

운향과 Rutaceae

개산초

***Zanthoxylum planispinum* Siebold & Zucc.**

Zanthoxylum 그리스어 xanthos(황색)와 xylon(목재)의 합성어
planispinum 편평한 가시의

이명 개산초나무, 겨울사리좀피나무, 사철초피나무
E Bambooleaf prick-lyash, Winged prickly-ash
J フユサンショウ

수형

열매 ⓒ김진석

암꽃 ⓒ김진석

수피 ⓒ김진석

【분포】
해외/국내 네팔, 라오스, 베트남, 태국, 필리핀, 중국, 대만, 일본; 남부지역 및 해안가 산지

【형태】
수형 상록활엽관목으로 수고 4m이다.
어린가지 적갈색으로 턱잎이 변한 편평한 마주나는 가시가 있다.
겨울눈 맨눈이며, 세모꼴로 작다.
잎 3~7개의 소엽이 있고, 길이 3~12cm, 난형, 난상의 피침형으로 가장자리에 잔거치가 있다. 잎자루에 날개가 있다.
꽃 5~6월에 피며 암수딴그루이다. 잎겨드랑이의 1~6cm의 총상꽃차례 또는 복총상꽃차례에 연노란색으로 자잘하게 모여 핀다.
열매 9~10월에 적갈색으로 성숙하며 둥근 삭과이다. 종자는 검은색을 띤다.

【조림 · 생태 · 이용】
음수성 수종으로, 내한성이 약하나 때로 중부지방에서도 월동하고, 양지를 좋아하지만 음지에서도 잘 자란다. 내건성이 약하므로 비옥적윤한 토양을 선호하며 바닷가에서도 잘 자란다. 관상용 또는 생울타리로 식재한다. 실생으로 번식한다. 가을에 종자를 채취하여 모래와 섞어 노천매장하였다가 이듬해 봄에 파종한다. 일부 종자는 2년 후에 발아하기도 한다. 열매는 죽엽초근, 잎은 죽엽초엽이라 하며 약용한다.

【참고】
개산초 학명이 국가표준식물목록에는 *Z. armatum* DC.로 기재되어 있다.

미성숙 열매

운향과 Rutaceae

산초나무

Zanthoxylum schinifolium Siebold & Zucc.

Zanthoxylum 그리스어 xanthos(황색)와 xylon(목재)의 합성어
schinifolium 옻나무과 중 *Schinus*속의 잎과 같은

이명 분지나무, 산추나무, 상초나무, 초피나무, 재피나무
한약명 야초(野椒, 과피), 애초(崖椒, 열매)
E Peppertree prick-lyash
C 香椒子, 野椒, 崖椒

J イヌザンショウ

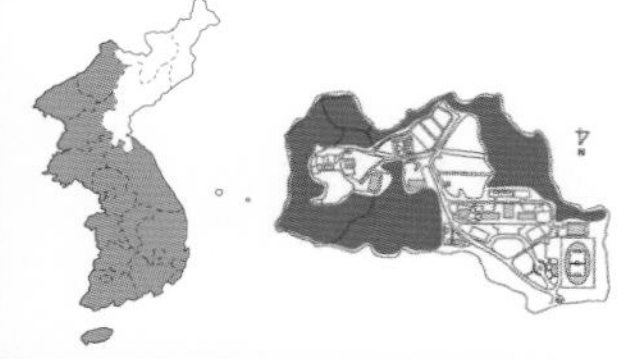

꽃

열매

잎과 꽃차례

【분포】
해외/국내 중국, 대만, 일본; 전국 산지
예산캠퍼스 연습림

【형태】
수형 낙엽활엽관목으로 수고 3m이다.
수피 회갈색, 갈색을 띠며 가시가 남아있다.
어린가지 가시가 어긋나며 1개씩 떨어져나는 가시가 있다. 작은 피목이 있다.
잎 어긋나며 기수1회우상복엽이다. 소엽은 13~21개, 피침형 또는 타원상 피침형으로 길이 1.5~5cm, 예두, 설저이고 둔한 거치가 있다.
꽃 담녹색으로 9월에 피며 암수딴그루이다. 산방꽃차례의 길이는 5~10cm이고, 새가지 끝에 달린다.
열매 삭과로 10월에 적갈색, 적색으로 익는다. 종자는 검은색이다.

【조림 · 생태 · 이용】
산야에 흔히 자라며, 내한성이 강하지만 양수로 내음성이 약하다. 토지의 조건은 가리지 않으며, 내염성이 약해 해변산록은 부적지이다. 번식은 가을에 익은 종자를 채취하여 1월에 노천매장한 후 봄에 파종을 하며, 일부 종자는 2년 후에 발아하기도 한다. 맹아력은 보통으로 초피나무보다 가지가 적다. 종자에서 기름을 짜며 열매를 먹기도 하나 초피나무보다 가치가 적고, 민간에서는 열매를 기침약으로 달여 먹거나 유선염에 물에 개어서 붙인다. 또한 밀가루에 잎 가루를 넣고 반죽하여 타박상에 바르면 염증에 효과가 있다.

운향과 Rutaceae

머귀나무

Zanthoxylum ailanthoides Siebold & Zucc.

Zanthoxylum 그리스어 xanthos(황색)와 xylon(목재)의 합성어
ailanthoides 가죽나무속(*Alianthus*)과 비슷한

이명 매오동나무, 민머귀나무
한약명 식수유(食茱萸, 씨), 야초(野椒, 과피)
E Ailanthoides fagara, Alianthus-like prickly-ash
C 樗葉花椒
J カラスザンショウ

수형

열매 ©김진석
수피

수관 ©김진석

잎과 꽃차례

치수

【분포】
해외/국내 필리핀, 중국, 대만, 일본; 울릉도, 남부 및 해안 부근 산지

【형태】
수형 낙엽활엽교목으로 수고 15m이다.
수피 회갈색, 가시가 많이 있다.
어린가지 녹색, 적자색으로 가시가 많다.
겨울눈 반구형, 3개의 눈비늘조각에 싸여있다.
잎 어긋나며 기수우상복엽이다. 길이 40cm 이하, 엽축에 가시가 있으나 없는 경우도 있다. 소엽은 19~23개이고 넓은 피침형으로 점첨두, 원저이며 둔거치가 있다. 뒷면은 분백색이고 갈색의 유점이 산재해 있으며, 잎맥이 돌출해 있다. 소엽의 길이는 7~12cm, 소엽병의 길이는 2cm이다.
꽃 황백색으로 암수딴그루이며 7~8월에 피고, 새가지 끝에 산방상 원추꽃차례에 달린다. 꽃받침, 꽃잎, 수술이 각각 5개씩이다.
열매 11~12월에 성숙하며 흑색의 삭과로 광택이 있다. 향기가 적고 매운맛이 난다.

【조림 · 생태 · 이용】
바닷가에 자라고 양수로, 내건성이 강하나 내한성은 약해 내륙지방에서는 월동하기가 힘들다. 동백나무, 사스레피나무 같은 상록활엽수와 함께 혼생한다. 번식은 가을에 익은 종자를 채취하여 1월 중 노천매장하였다가 봄에 파종한다. 열매는 향료, 종자는 착유, 줄기, 잎, 뿌리는 약용한다.

【참고】
좀머귀나무 (*Z. fauriei* (Nakai) Ohwi) 머귀나무에 비해 잎이 소형이고, 잎자루와 가시가 붉은빛이 돈다.

소태나무과 Simaroubaceae

소태나무

Picrasma quassioides (D.Don) Benn.

Picrasma 그리스어 picrasmon(쓴맛)에서 유래함. 지엽에 강한 쓴맛이 있어 지칭함
quassioides *Quassia*속과 비슷한

이명 쇠태
한약명 苦木(봄, 가을에 가지의 수피를 벗기고 목질 부분만 적당히 잘라서 건조시킨 것)
E Bitterwood
C 苦木, 黃楝樹
J ニガキ

문화재청 지정 천연기념물 경북 안동시 길안면 송사리 소태나무(제174호)

수형

수꽃차례

겨울눈

열매

잎 앞면

잎 뒷면

【분포】
해외/국내 중국; 전국 산지 계곡부
예산캠퍼스 연습림

【형태】
수형 낙엽활엽아교목으로 수고 10~12m이다.
수피 적갈색을 띠며 오랫동안 갈라지지 않는다. 황색 피목이 있다.
겨울눈 난형으로 길이 6~8mm, 인편 없이 나출되어 있다. 겉에는 부드러운 갈색 털이 밀생한다.
잎 어긋나며 기수1회우상복엽이다. 소엽은 9~15매, 길이 4~8cm, 좁은 난형으로 점첨두, 원저 또는 의저이며 파상거치가 있다.
꽃 황록색으로 5~6월에 피며 암수딴그루이다. 새가지의 잎겨드랑이에서 산방꽃차례가 나온다. 꽃차례 길이는 5~10cm이고, 황갈색의 털이 있다.
열매 9월에 녹남색으로 성숙하며 핵과로 타원상 구형이다.

【조림 · 생태 · 이용】
햇볕이 드는 곳을 좋아하고 고온, 건조, 척박지는 생육이 나쁘지만, 기본적으로 토성은 가리지 않는 편이다. 양수이며, 주로 산골짜기나 산복부에 자란다. 풍치수, 정원수, 약용수로 식재한다. 목재는 기구재, 수피와 잎은 구충제 또는 섬유재료로 쓰인다. 목질부, 열매, 수피는 약용한다.

잎과 열매

소태나무과 Simaroubaceae

가죽나무

Ailanthus altissima **(Mill.) Swingle**

Ailanthus 몰루카섬의 방언으로 하늘의 나무라는 뜻, 영어의 'Tree of heaven'은 이것의 번역
altissima 키가 매우 큰

이명 가중나무, 개가죽나무, 까중나무
한약명 저근백피(樗根白皮), 저백피(樗白皮)
E Tree of heaven, Copal tree, Varnish tree
C 臭椿, 樗
J シンジュ

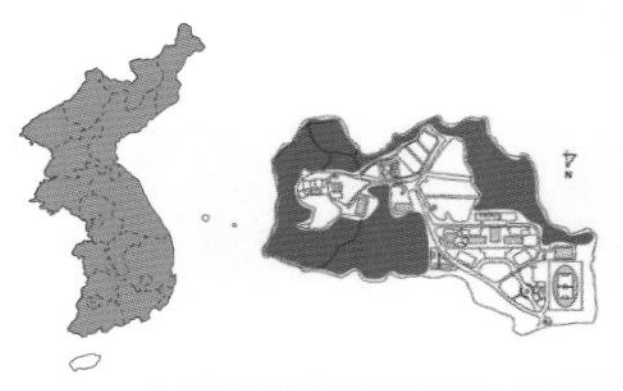

수형

잎

꽃

소엽 앞면과 뒷면

소지와 엽흔

열매

【분포】
해외/국내 중국; 전국 인가 주변
예산캠퍼스 연습림

【형태】
수형 낙엽활엽교목으로 수고 20m이다.
겨울눈 편구형으로 길이 3~6mm, 2~3개의 인편으로 싸여있다.
잎 어긋나며 기수1회우상복엽이다. 소엽은 13~25개로 장난형 또는 난상의 피침형이고, 길이 8~12cm, 점첨두, 원저에 가깝다. 소엽의 하부에 2~4개의 거치가 있으며 각 거치의 끝에 선점이 있어 특이하다.
꽃 녹백색으로 암수딴그루이며 6~8월에 피고 가지의 끝에서 원추꽃차례로 나온다. 꽃받침열편과 꽃잎은 각각 5개이다. 꽃잎은 길이 3mm, 장타원형으로 아랫부분은 안으로 약간 말리고 백색 털이 밀생한다. 수꽃은 수술이 10개, 꽃잎보다 길며, 화사 중간 이하에 긴 털이 밀생한다. 암꽃은 수술이 꽃잎보다 약간 짧고, 5개의 심피 끝에서 나온 암술대는 윗부분에서 합착되어 있다.
열매 9~10월에 황갈색, 황적색으로 성숙하며 좁은 타원형으로 길이 3~4.5cm이다. 종자는 지름 5mm, 납작한 삼각상 난형 또는 원형이다.

【조림 · 생태 · 이용】
내한성, 내조성, 내건성이 강하고 해변가에서도 생장이 양호하다. 대기오염에도 강하지만, 미국흰불나방의 피해가 심하다. 중용수 또는 양수성이며 근맹아력이 강하다. 녹음수, 가로수로 쓰인다. 목재는 기구재로 쓰인다. 뿌리와 줄기의 껍질을 약용한다.

【참고】
소엽의 기부에 1~2쌍의 선점이 있는 것이 특징이며, 잎을 문지르면 다소 역한 냄새가 난다.

멀구슬나무과 Meliaceae

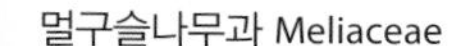

참죽나무

Cedrela sinensis Juss.

Cedrela *Cedrus*속의 축소형이며 목재가 *Cedrus*와 비슷해서 지칭함
sinensis 중국의

이명 참중나무, 충나무, 쭉나무
한약명 춘목잎, 춘근피(근피), 향춘피(근피), 춘백피(椿白皮)
J チャンチン

소엽 앞면

소엽 뒷면

수형

수피와 열매

잎

잎과 꽃

【분포】
해외/국내 중국, 부탄, 인도, 인도네시아, 라오스, 말레이시아, 미얀마, 네팔, 태국; 전국 식재

【형태】
수형 낙엽활엽교목으로 수고 20m이다.
수피 외피가 얕게 갈라져서 붉은색 껍질이 나타난다.
잎 어긋나며 기수 또는 우수우상복엽이다. 소엽은 10~22개, 길이 8~15cm, 타원형으로 예첨두, 넓은 설저이고 거치가 없거나 낮은 거치가 있는 경우도 있다. 양면에 털이 거의 없지만 뒷면 측면의 기부에 갈모가 있다.
꽃 6월에 피는 백색의 양성화로 크기는 작다. 길이 40cm의 원추꽃차례로 아래로 향한다. 꽃잎은 5개이다.
열매 9월에 성숙하며 장타원형의 삭과로 종자에 날개가 있다.

【조림 · 생태 · 이용】
중용수로, 내한성이 약하고 서해안이나 남부지방에서 식재하고 있다. 비옥지에서 잘 자라며 뿌리에서 새싹이 많이 난다. 정원수, 가로수로 식재하는데 건축재, 조선재로도 쓰인다. 어린잎은 식용하고, 근피는 약용한다.

동아

【참고】
참죽나무 학명이 국가표준식물목록에는 *Toona sinensis* (Juss.) M.Roem.로 기재되어 있다.

멀구슬나무과 Meliaceae

멀구슬나무

Melia azedarach L.

Melia 물푸레나무의 그리스명이지만 잎모양이 비슷하기 때문에 이 속으로 전용함
azedarach 아랍 토명(土名)

이명 구주목, 구주나무, 말구슬나무, 고랭댕나무, 고롱골나무, 멀구실낭
한약명 고련피(苦楝皮, 근피), 천연자(川楝子, 열매), 고련자(苦楝子, 열매)
E Japanese bead tree
C 楝樹, 苦楝
J センダン

문화재청 지정 천연기념물 전북 고창군 고창읍 교촌리 고창군청 멀구슬나무(제503호)

수형

수피

열매

꽃차례

잎

어린가지

【분포】
해외/국내 중국, 대만, 인도, 네팔, 말레이시아~호주 북부, 솔로몬제도; 전남, 경남 및 제주도 식재

【형태】
수형 낙엽활엽교목으로 수고 15m이다.
잎 어긋나며 기수2~3회 우상복엽이다. 소엽은 난형 또는 타원형으로 길이 3~7cm, 예두, 가장자리에 결각 또는 둔거치 있다.
꽃 담자색으로 5~6월에 피며 새가지의 끝에서 길이 10~15cm의 원추꽃차례가 나온다. 5~6개의 꽃받침열편이 있으며, 길이는 2mm로 난상 타원형이고, 바깥면에 털이 있다.
열매 9~10월에 황색으로 성숙하며 난상 원형의 핵과로 지름이 1.5cm이다. 잎이 떨어진 다음에도 달려있다.

【조림 · 생태 · 이용】
양지와 음지 어디서나 자라는 중용수로, 남부지방에서만 식재가 가능하다. 사질양토나 적윤지 토양에서 잘 자라지만, 충분한 공간이 있으면 산록에서도 잘 자란다. 번식은 실생으로 한다. 10월 초에 열매가 노랗게 되면 채종하여 과육을 제거한 뒤 직파한다. 종자가 건조하지 않도록 주의한다. 파종 후 2년째 봄에 발아한다. 가로수, 정원수로 쓰이며, 열매, 수피, 잎은 약용하고, 목재는 가구재로 쓰인다.

꽃

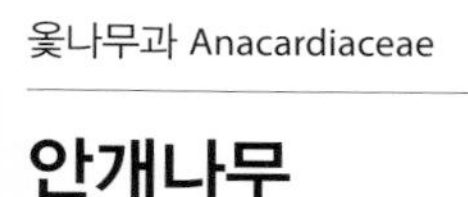

옻나무과 Anacardiaceae

안개나무

Cotinus coggygria Scop.

Cotinus 야생 올리브나무의 그리스 옛 이름
coggygria 테오프라스토스가 사용한 Coccygea의 변형

이명 스모크트리, 개옻나무
E Smoke tree, Smokebush, Smoke plant, Venetian sumac, Wig tree

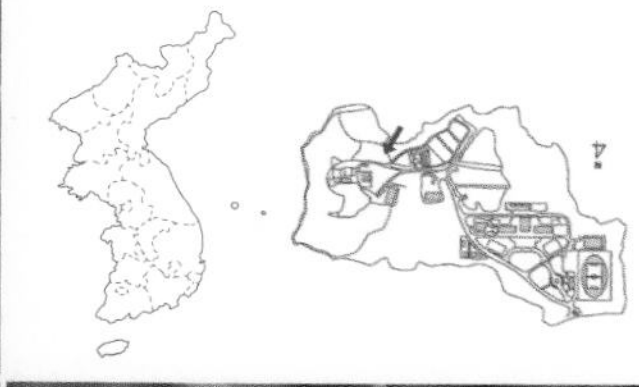

잎 앞면

잎 뒷면

잎

【분포】
해외/국내 중국, 히말라야, 남부 유럽; 전국에 식재
예산캠퍼스 연습림 임도 옆

【형태】
수형 낙엽활엽아교목으로 수고 3~5m이다.
수피 자갈색이며 곧은 편이고, 피목이 발달한다.
잎 어긋나며 도란형으로 소엽은 원저이며 요두이다. 가을에 노랗게 단풍이 든다.
꽃 연한 자주색의 꽃이 5~7월에 피며, 원추꽃차례에 흰 털이 있다.
열매 핵과로 매우 작고 넓다.

【조림 · 생태 · 이용】
서양에서 스모크트리(Smoke tree)라 불리고, 남유럽에서 중앙아시아, 히말라야를 넘어 중국 북부까지 자라는 나무로 척박하거나 공해가 심한 곳에서도 자랄 수 있다. 조경수로도 쓰이고 있으며, 경계식재, 차폐식재, 군식에 이용한다. 가지는 절화용 또는 드라이 플라워로 활용하여 화훼 쪽에서 많이 사용된다. 잘린 가지에서는 오렌지 향과 비슷한 향기도 난다. 어린 목재를 황색 염료로 사용하기도 하고, 가지와 잎을 소염제로 활용하기도 한다. 안개나무 역시 옻나무과인 만큼 피부가 예민한 사람은 조심해서 다뤄야 한다.

옻나무과 Anacardiaceae

붉나무
Rhus javanica L.

Rhus 그리스 옛 이름 rhous가 라틴어화된 것

이명 굴나무, 불나무, 뿔나무, 오배자나무, 북나무
한약명 오배자(나무에 기생하는 벌레집), 염부목(鹽膚木, 잎과 뿌리)
E Nutgall tree
J ヌルデ

수형 / 잎 앞면 / 잎 뒷면 / 꽃차례 / 새순 / 충영(오배자) / 꽃 / 열매

【분포】
해외/국내 중국, 대만, 캄보디아, 인도, 인도네시아, 라오스, 싱가포르, 태국, 베트남 등 동남아시아, 일본; 전국 저지대 산야
예산캠퍼스 연습림

【형태】
수형 낙엽활엽아교목으로 수고 6~7m이다.
수피 회갈색을 띠며 수피에 상처를 주면 흰 수액이 나온다.
어린가지 갈색 털이 밀생한다. 작은가지는 황색이며 털이 없고 피목이 많다.
겨울눈 연한 황갈색 털로 덮여있고, 잎자국은 U자형이다.
잎 어긋나며 길이 30~40cm에 달하는 대형의 기수1회우상복엽이다. 엽축 양쪽으로 날개가 있다. 뒷면에는 황갈색의 털이 밀생한다. 소엽은 7~13개, 장타원형 또는 난상 장타원형으로 거치가 있다. 길이 5~12cm, 너비 2.5~6cm, 표면에는 짧은 털이 있고 뒷면에는 갈색 털이 있다. 가을에 붉은 단풍이 들고, 잎자루는 갈색 털이 밀생한다.
꽃 황색으로 암수딴그루이며 8~9월에 핀다. 가지 끝에서 곧게 서는 원추꽃차례는 길이 15~30cm, 밀모가 있다. 꽃받침조각과 꽃잎은 각각 5개이다. 암꽃은 1개의 암술과 5개의 퇴화한 수술이 있다.
열매 10월에 황적색으로 성숙하며 핵과로 지름 4mm이다. 짧은 황갈색 털이 밀생하며 익으면 짠맛과 신맛이 나는 흰 가루로 덮인다.

【조림·생태·이용】
중용수 또는 양수로 햇빛이 잘 드는 산록부나 계곡에서 잘 자란다. 내공해성이 강하며, 내염성은 약하다. 잎에 달리는 벌레집을 오배자라고 하며, 약용 및 염료로 쓴다. 조경수로도 식재하고 있으며, 목재는 기구재, 공예재로 쓰인다.

【참고】
붉나무 학명이 국가표준식물목록에는 *R. chinensis* Mill.로 기재되어 있다.

옻나무과 Anacardiaceae

개옻나무

***Rhus trichocarpa* Miq.**

Rhus 그리스 옛 이름 rhous가 라틴어화된 것
tricocarpa 털이 있는 열매의

이명 개옷나무, 새옷나무, 털옷나무
E Bristly-fruit lacquer tree
J ヤマウルシ

【분포】
해외/국내 일본, 중국; 전국 산야
예산캠퍼스 연습림

【형태】
수형 낙엽활엽소교목으로 수고 7m이다.
수피 회갈색, 회백색을 띤다.
어린가지 붉은색으로 짧고 부드러운 털이 밀생한다.
겨울눈 맨눈이며 갈색 털로 덮여있다. 난형의 끝눈은 길이 3~10mm, 원형의 곁눈은 작다.
잎 어긋나며 기수1회우상복엽으로 가지 끝에 모여 달린다. 소엽은 13~17개, 난형 또는 난상 장타원형으로 길이 5~10cm이다. 뒷면에 털이 많고 가장자리는 밋밋하며 2~3개의 거친 거치가 있는 것도 있다. 가을에 붉게 단풍이 든다. 잎자루는 약간 붉은색을 띤다.
꽃 암수딴그루이고 5~6월에 피며 황록색을 띤다. 잎겨드랑이에서 나오는 원추꽃차례에 달린다. 꽃차례의 길이는 15~30cm이고 황갈색의 털이 있다. 화축에 갈색의 털이 밀생한다.
열매 10월에 황갈색으로 성숙하며 편구형의 핵과이다. 지름 5~6mm이고, 자모로 덮여 있다. 겉에 가시 같은 털이 촘촘히 있다.

【조림 · 생태 · 이용】
중용수 또는 양수로, 산복 및 산록 척박한 건조지에서도 잘 자란다. 번식은 가을에 종자를 채취하여 씨껍질에 있는 납 성분을 제거하고 노천매장하였다가 봄에 파종한다. 수액은 도료 및 약용을 하고, 어린잎은 식용 및 약용한다. 독성이 있어 피부염을 일으킬 수도 있으니 이용에 주의해야 한다.

【참고】
개옻나무 학명이 국가표준식물목록에는 *Toxicodendron trichocarpum* (Miq.) Kuntze로 기재되어 있다.

옻나무과 Anacardiaceae

산검양옻나무

***Rhus sylvestris* Siebold & Zucc.**

Rhus 그리스 옛 이름 rhous가 라틴어화된 것
sylvestris 임중생의, 야생의

이명 산검양옻나무
E True lac-quertree
J ヤマハゼ

수형

꽃차례

열매

소엽

【분포】
해외/국내 일본, 중국, 대만; 남부지역 산지 임연부

【형태】
수형 낙엽활엽아교목으로 수고 3~8m이다.
겨울눈 황갈색의 긴 털이 밀생한다.
잎 어긋나며 7~15개의 소엽으로 구성된다. 적색을 띠는 엽축에는 갈색의 털이 밀생한다. 소엽은 길이 7~12cm, 넓은 피침형으로 끝은 길게 뾰족하며 가장자리는 밋밋하다. 잎자루가 짧다. 가을철에 붉은 단풍이 든다.
꽃 황록색으로 5~6월에 피며 줄기 끝의 잎겨드랑이에서 나온 원추꽃차례에 모여 달린다. 꽃차례는 길이 8~15cm, 꽃잎은 5개이며 뒤로 젖혀진다. 꽃받침조각은 5개이며 난형이다.
열매 10~11월에 황갈색으로 성숙하며 핵과이다. 지름 7~8mm, 털이 없으며 평활하다.

【조림 · 생태 · 이용】
중용수 또는 양수로, 주로 제주도 및 경남, 전남의 산지에 흔하게 분포한다. 기구재, 세공업용으로 이용된다. 잎은 야칠수엽, 뿌리는 야칠수근이라 하며 약용한다. 가지에는 피세틴, 푸스틴이 함유되어 있고 종자에는 지방유가 함유되어 있다. 회충증, 파혈, 통경, 소적, 살충의 효능이 있다.

【참고】
검양옻나무 (*R. succedanea* L.) 전남 및 제주도에서 자생하며 산검양옻나무에 비해 식물체 전체가 털이 없고 잎끝이 꼬리처럼 길게 뾰족해진다. 또한 겨울눈은 털이 없고 인편으로 싸여 있다.
산검양옻나무 학명이 국가표준식물목록에는 *Toxicodendron sylvestre* (Siebold & Zucc.) Kuntze로 기재되어 있다.

잎 앞면

옻나무과 Anacardiaceae

옻나무

***Rhus verniciflua* Stokes**

Rhus 그리스 옛 이름 rhous가 라틴어화된 것
verniciflua 바니시가 나는

이명 옷나무, 참옷나무
한약명 건칠(乾漆, 생옻을 말린 것)
E Varnish tree, Lacquer tree, Japanese laquer tree
C 漆樹
J ウルシ

수형과 열매 / 열매 / 잎 앞면 / 수피 / 잎 뒷면 / 꽃차례 ©김진석

【분포】
해외/국내 중국; 전국 식재

【형태】
수형 낙엽활엽교목으로 수고 20m이다.
수피 암회색을 띤다.
어린가지 갈색의 털이 있다.
겨울눈 맨눈이며 갈색 털로 덮여있다. 난형의 끝눈은 길이 3~10mm, 원형의 곁눈은 작다.
잎 어긋나며 가지 끝에 모여 달리고 대형의 기수1회우상복엽이다. 소엽은 7~17개, 난형 또는 난상 타원형으로 길이 7~20cm, 너비 3~6cm이다. 표면에 흔히 털이 있고 뒷면 맥상에 퍼진 털이 있다. 가장자리가 밋밋하며 가을에 붉은 단풍이 든다.
꽃 황록색으로 6월에 줄기 끝에 잎겨드랑이에서 피며 원추꽃차례로 달리고 암수딴그루 또는 잡성화이다. 꽃차례의 길이는 15~30cm이고, 황회색의 털이 있다. 꽃잎은 5개이며 장타원형이고 약간 뒤로 젖혀있다.
열매 9월에 성숙하며 편원형으로 지름이 6~8mm이다. 연한 황색이고 털이 없다. 중과피에는 세로줄이 있다.

【조림 · 생태 · 이용】
음수로, 햇빛이 잘 드는 곳이 생육적지이며, 토양의 경우 중성 또는 약알칼리성 땅이 좋다. 쉽게 건조되지 않는 토양에서 잘 자라며 표근성을 갖고 있어 배수가 특히 강조된다. 10월에 종자를 채취하여 씨껍질의 납질을 제거하고 노천매장한 후 이듬해 봄에 파종한다. 수액을 옻이라고 하며, 옻칠을 구충제, 공업용 또는 약용으로 쓴다.

【참고】
옻나무 학명이 국가표준식물목록에는 *Toxicodendron vernicifluum* (Stokes) F.A.Barkley로 기재되어 있다.

옻나무과 Anacardiaceae

덩굴옻나무

***Rhus ambigua* H.Lév.**

Rhus 그리스 옛 이름 rhous가 라틴어화된 것
ambigua 의심스러운, 불확실한

E Asian lacquer tree
J ツタウルシ

산림청 지정 희귀등급 멸종위기종(CR)
환경부 지정 국가적색목록 취약(VU)

잎과 꽃차례

수형 ©김진석

【분포】
해외/국내 일본, 중국; 전남 도서지역

【형태】
수형 낙엽활엽만목성으로 길이 10m이다.
수피 회갈색 빛을 띠고, 줄기가 덩굴성이다.
어린가지 갈색의 잔털이 밀생한다.
잎 어긋나며 3출엽이다. 소엽은 길이 5~15cm, 난형으로 짧은 예첨두, 둔저이다. 표면에 털이 없고 광택이 있다. 뒷면의 맥겨드랑이에 갈색 털이 밀생한다.
꽃 황록색으로 암수딴그루이고 5월에 핀다. 길이 5~6mm, 잎겨드랑이에서 나온 총상꽃차례에 모여 달린다. 꽃잎은 5개이며 길이 3mm, 뒤로 젖혀진다.
열매 8~9월에 연한 황색으로 성숙하며 지름 5~6mm, 국내에서는 결실이 힘들다.

【조림 · 생태 · 이용】
남부 일부 섬지방에서 드물게 자생하고, 일본의 경우 낙엽수림지대에 넓게 분포한다. 산지 심처에서도 자라지만, 주로 암석지, 전석지, 능선부와 같이 햇빛이 잘 드는 곳에 자란다. 번식은 공기뿌리가 있는 줄기를 끊어서 꺾꽂이한다. 독성이 있으므로 피부가 약하고 알레르기가 있는 사람은 주의해야 한다. 황폐지 보호용으로 식재한다. 가을에 단풍이 주황색으로 물들기 때문에 아름다운 경관 조성이 가능하다.

【참고】
덩굴옻나무 학명이 국가표준식물목록에는 *Toxicodendron orientale* Greene로 기재되어 있다.

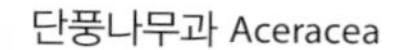

단풍나무과 Aceracea

신나무

Acer tataricum **L. subsp. *ginnala* (Maxim.) Wesm.**

Acer 단풍나무의 라틴명으로 갈라진다는 뜻
tataricum 중앙아시아 또는 러시아 타타르(Tatar)주의

이명 시닥나무, 시다기나무, 광리신나무, 곽지신나무, 광이신나무, 괭이신나무, 붉신나무
한약명 다조축(茶條槭, 근피)
E Amur maple, Ginnala maple
J カラコギカエデ

수형

잎

꽃차례

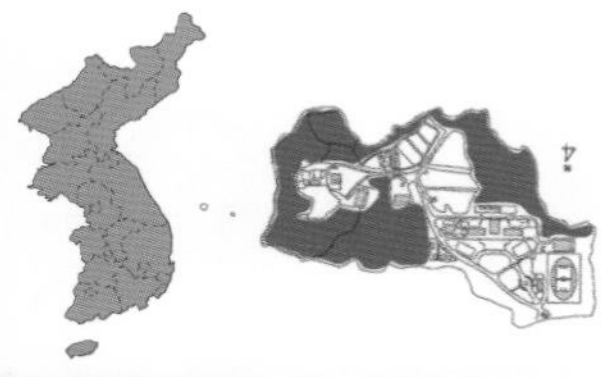

수피

잎 앞면

잎 뒷면

열매

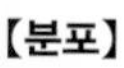

【분포】

해외/국내 중국(중북부), 일본, 러시아(동부), 몽골; 전국의 낮은 산지에 자생
예산캠퍼스 연습림

【형태】

수형 낙엽활엽아교목으로 수고 5~8m이다.
수피 회갈색 또는 홍갈색을 띤다.
어린가지 회갈색, 짙은 적갈색을 띠며, 털이 없고 피목이 흩어져 난다.
겨울눈 삼각형, 원추형으로 길이가 2~3mm, 6~8개의 눈비늘조각에 싸여있다.
잎 마주나며 난상 타원형으로 길이 4~10cm, 너비 3~6cm, 꼬리모양의 예첨두, 원저, 아심장저이다. 하반부는 흔히 3개로 갈라지고, 불규칙한 결각과 더불어 복거치가 있다.
꽃 5~6월에 피며, 수꽃만 피는 꽃차례와 수꽃과 양성화가 섞여 있는 꽃차례가 함께 있는 수꽃양성화한그루이다. 새가지 끝에서 나온 산방꽃차례는 길이 10~15cm, 황록색의 꽃이 모여 달린다. 꽃받침조각은 길이 1.5~2mm, 난형으로 가장자리에 털이 있다. 수술은 8개, 자방에는 털이 약간 있다. 암술대는 2갈래로 깊게 갈라진다.
열매 9~10월에 성숙하며 2개의 시과로 이루어져 있다. 시과는 90° 이하로 벌어진다. 날개를 포함한 길이가 4~5cm이고, 털이 없다.

【조림 · 생태 · 이용】

양수성에 가까운 중용수로, 각지의 산골짜기나 개울가의 습지에 자란다. 잎에서 염료를 얻으며 목재는 농기구재로 쓰인다. 민간에서 잎과 뿌리를 완화성 지사제로 사용하고 있다. 이른 봄에 나무줄기에 구멍을 뚫고 흐르는 즙을 받아 청량음료로 쓰며 체증에도 사용한다.

단풍나무과 Aceraceae

당단풍나무

Acer pseudosieboldianum (Pax) Kom.

Acer 단풍나무의 라틴명으로 갈라진다는 뜻
pseudosieboldianum *sieboldianum*종과 비슷한

이명 고로실나무, 박달나무, 고로쇠나무, 좁은단풍, 왕단풍나무, 섬단풍나무, 넓은고로실나무, 산단풍나무, 산단풍, 털참단풍, 털단풍, 왕단풍, 당단풍, 서울단풍, 아기단풍, 애기단풍

E Korean maple, Manshurian fullmoon maple

J トウハウチワカエデ

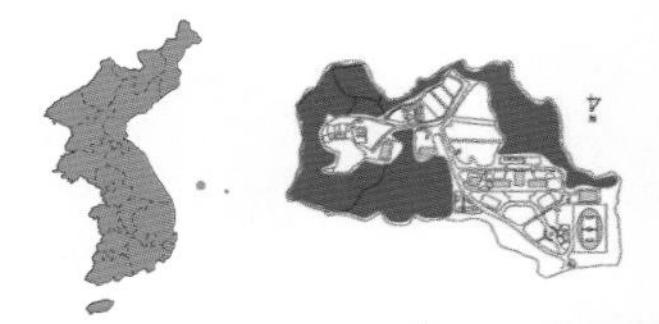

수형

꽃차례

잎

겨울눈

꽃

열매

수피

【분포】

해외/국내 중국 동북부, 극동러시아; 전국 산지
예산캠퍼스 연습림

【형태】

수형 낙엽활엽교목으로 수고 8m이다.
수피 잿빛을 띤다.
어린가지 녹색 또는 자록색으로 흰털이 성글게 있다.
겨울눈 둥근 난형이며 흔히 눈 밑에 긴 털이 촘촘히 난다.
잎 마주나며 길이 7~10cm, 보통 9~11개로 갈라진다. 표면에 털이 약간 있거나 없고, 뒷면 잎맥을 따라 연모가 있다.
꽃 4~5월에 백색 또는 황백색인 양성화로 피고 산방꽃차례로 정생하는 10~20개의 꽃이 달린다. 암수한꽃으로 2~3개씩 달리며 길이 1cm이다. 꽃받침에는 털이 있고, 5~6갈래로 갈라지며, 꽃잎은 4개다. 자방에는 털이 없다 .
열매 9월~이듬해 1월에 성숙하며 시과로 자갈색을 띤다. 날개가 벌어지고 끝이 둥글며 길이는 2cm이다.

【조림 · 생태 · 이용】

비옥적윤한 북향의 산록과 계곡이 적지이고, 내음성이 강하여 교목성인 층층나무, 신갈나무 등의 숲 중간층에 군생하며 내한성이 강하여 다른 나무의 하목으로 크게 자란다. 조경수종으로 경계식재용으로 쓰이고 단목이나 군식을 한다. 목재는 재질이 치밀하여 단단하고 휘거나 갈라지지 않으므로 악기재, 조각재, 건축, 내장제로 쓰인다.

【참고】

섬단풍나무 (*A. takesimense* Nakai) 당단풍나무에 비해서 잎이 13개(간혹 14개)로 갈라지며 시과는 털이 없으며 좁은 단풍의 열매와 비슷하다. 완도 및 울릉도에 자란다.

단풍나무과 Aceraceae

단풍나무

Acer palmatum **Thunb.**

Acer 단풍나무의 라틴명으로 갈라진다는 뜻
palmatum 장상의, 손바닥 모양의

이명 산단풍나무, 내장단풍, 단풍
E Japanese maple, Palmate maple
C 丹楓
J チョウセンヤマモミジ, チョウセンハウチワ

문화재청 지정 천연기념물 전북 고창군 고수면 은사리 문수사 단풍나무 숲(제463호)

【분포】
해외/국내 일본(혼슈 이남); 중부 이남 산지
예산캠퍼스 연습림

【형태】
수형 낙엽활엽교목으로 수고 10~15m이다.
수피 보통 적갈색을 띠며 매끈하다.
어린가지 새가지는 녹색에서 적갈색으로 변하며 털이 없다.
겨울눈 삼각형, 광난형이며 길이가 2~3mm, 눈 밑에 짧은 털이 조금 있다. 보통 가지 끝에 2개의 가짜 끝눈이 달린다.
잎 마주나며 길이 3~7cm, 7개의 열편으로 갈라진다. 각 열편의 끝은 꼬리처럼 길게 뾰족하고 밑부분은 평평하거나 얕은 심장형이다. 가장자리에는 불규칙한 복거치가 있다. 뒷면 맥겨드랑이에는 연한 갈색 털이 있다. 잎자루는 길이 2~6cm이다.
꽃 황록색으로 4~5월에 새가지 끝에서 모여서 핀다. 잡성화로 지름 4~6mm이며, 꽃받침열편과 꽃잎은 각각 5개임이다. 꽃받침열편은 길이 3mm, 난형으로 붉은색을 띤다. 가장자리에 털이 있다. 수술은 8개, 자방에는 털이 없고 암술대는 2갈래로 깊게 갈라진다.
열매 2개의 시과로 이루어져 있으며 7~9월에 성숙한다. 시과는 날개가 거의 수평으로 벌어지며 길이 1.5~2cm이고 털이 없다.

【조림 · 생태 · 이용】
음지와 양지 모두에서 잘 자라는 중용수이고 습기가 약간 있는 비옥한 사질양토에서 잘 자란다. 내한성과 병충해, 내공해성이 강하고 내음성은 보통이다. 경계식재용으로 쓰이며 요점 식재나 군식을 하며 가로조경, 공원수, 정원수, 잔디밭에 단식할 때 쓰이며 분재로도 많이 이용한다. 목재는 건축재나 기구재, 악기재, 조각재 등으로 사용된다.

단풍나무과 Aceraceae

홍단풍

Acer palmatum var. *amoenum*

Acer 단풍나무의 라틴명으로 갈라진다는 뜻
palmatum 장상의, 손바닥 모양의

E Japanese red maple
C 野材槭
J ノムラカエデ

수형
개화와 개엽
꽃과 잎

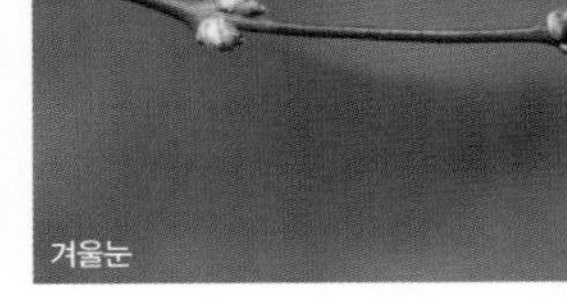
겨울눈

열매
수피

【분포】
해외/국내 일본 원산; 전국에 조경수로 식재
예산캠퍼스 교내

【형태】
수형 낙엽활엽교목으로 수고 7~13m이다.
수피 보통 적갈색을 띠며 매끈하다.
어린가지 녹색이다.
겨울눈 삼각형, 광난형이며 길이가 2~3mm이다. 눈 밑에 짧은 털이 조금 있다. 보통 가지 끝에 2개의 가짜 끝눈이 달린다.
잎 마주나며 봄부터 가을까지 붉은 것이 특징이나 잡종이 많아서 봄에만 붉은색을 띠고 6~7월부터는 푸른 색깔을 띠는 것이 보통이다. 보통 7개로 갈라지지만 9열하는 것도 있다. 각 열편은 난상 피침형이며 점차 뾰족해져 꼬리모양으로 되며 거치가 없고 기부는 심장저이다.
꽃 4~5월에 피며 수꽃과 양성화가 있다.
열매 시과로 두 개의 날개가 거의 평형으로 달린다.

【조림 · 생태 · 이용】
내음성이 강하고 일본 원산으로, 우리나라에서는 조경수로 식재하고 있다. 번식법은 단풍나무와 홍단풍의 묘목을 대목으로 하여 호접으로 증식시킨다. 조경수, 공원수로 식재하고 있다.

잎

단풍나무과 Aceraceae

세열단풍(공작단풍)

***Acer palmatum* var. *dissectum* Maxim.**

Acer 단풍나무의 라틴명으로 갈라진다는 뜻
palmatum 장상의, 손바닥 모양의

J チリメンカエデ

수형

잎 앞면

꽃

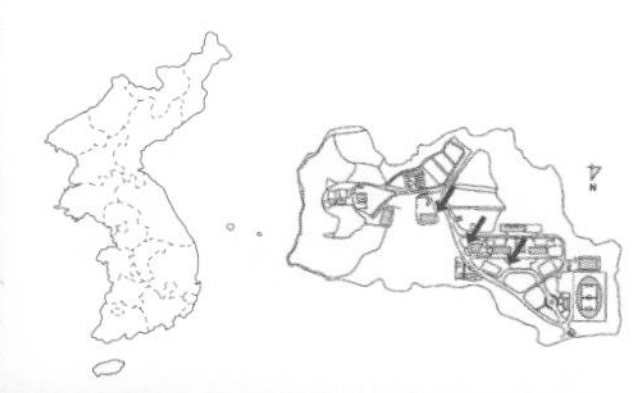

잎 뒷면

잎

【분포】
해외/국내 일본 원산; 전국에 조경수로 식재
예산캠퍼스 교내

【형태】
수형 낙엽활엽관목으로 수고 2m이다.
수피 보통 적갈색을 띠며 매끈하다.
어린가지 가지가 사방으로 퍼지며 약간 처지는 성질이 있다.
잎 마주나며 봄부터 초여름까지의 어린잎은 자갈색을 띠고 있다가 점차 푸르게 변한다. 장상으로 깊게 기부까지 7~11개로 갈라진다. 열편은 선상 피침형으로 각 열편은 다시 우상의 열편으로 갈라져 있다. 가을에 단풍이 들지 않는다.
꽃 4~5월에 피며 수꽃과 양성화가 있다.
열매 9~11월에 갈색으로 성숙하며 열매의 특징은 단풍나무와 같다.

【조림 · 생태 · 이용】
내음성이 강하고 일본 원산으로, 우리나라에서는 조경수로 식재하고 있다. 번식법은 단풍나무와 세열단풍나무를 대목으로 하여 접목(주로 호접)으로 증식시킨다. 단풍나무 잎이 여러 갈래로 갈라져서 세열단풍이라는 이름이 붙여졌다. 또한 잎이 가늘고 촘촘해서 멀리서 보면 공작의 깃털같이 보여, 공작단풍이라고도 부른다. 조경수, 공원수로 식재하고 있다.

단풍나무과 Aceraceae

고로쇠나무

***Acer pictum* subsp. *mono* (Maxim.) Ohashi**

Acer 단풍나무의 라틴명으로 갈라진다는 뜻
pictum 색이 있는, 아름다운

이명 신나무, 단풍나무, 참고로실나무, 우산고로쇠, 섬고로쇠, 개고리실, 울릉단풍나무
한약명 지금축(地錦槭, 수피)
E Mono maple
J イタヤカエデ

수형
잎 앞면
잎 뒷면

꽃

열매

수피

【분포】
해외/국내 일본; 전국 산지
예산캠퍼스 연습림

【형태】
수형 낙엽활엽교목으로 수고 20m이다.
수피 어릴 때 분백색을 띠고, 장령목이 되면서 세로로 골이 져 갈라진다.
어린가지 잔가지는 황갈색, 적갈색이며 털이 없고 세로로 긴 피목이 있다.
겨울눈 난형, 광난형이며 끝이 뾰족하고 6~10개의 눈비늘조각에 싸여있다.
잎 마주나며 길이 7~15cm, 편원형, 장상으로 얕게 5~7갈래로 갈라진다. 각 열편의 끝은 꼬리처럼 길게 뾰족하다. 가장자리는 밋밋하며 1~2개의 큰 거치가 생기기도 한다.
꽃 황록색으로 암수한그루이고 4~5월에 새가지 끝에 산방꽃차례로 모여 달린다. 꽃잎은 길이 3~3.5mm, 도란상 장타원형, 연한 녹황색을 띤다. 꽃받침열편과 꽃잎은 각각 5개, 수술은 8개, 꽃잎보다 약간 짧다.
열매 9~10월에 성숙하며 2개의 시과로 길이는 2~3cm, 90° 이하로 벌어져 달리지만 변이가 있다.

【조림 · 생태 · 이용】
중용수 또는 양수로, 각 처의 산록부나 계곡부의 비옥습윤한 지역에 자란다. 주요한 조림수종으로, 정원수, 풍치수로 식재한다. 목재는 악기재, 기구재로 쓰인다. 수피는 약용한다.

【참고】
우산고로쇠 (*A. okamotoanum* Nakai.) 울릉도에 자생하는 고로쇠나무는 내륙의 것보다 잎과 열매가 크다는 특징이 있어 예전에는 우산고로쇠로 구분했으나 최근에는 고로쇠나무와 동일종으로 처리한다.
고로쇠나무 학명이 국가표준식물목록에는 *A. pictum* Thunb. var. *mono* (Maxim.) Maxim. ex Franch.로 기재되어 있다.

단풍나무과 Aceraceae

중국단풍

***Acer buergerianum* Miq.**

Acer 단풍나무의 라틴명으로 갈라진다는 뜻
buergerianum 일본식물 채집가 Buerger의

이명 당단풍나무, 세뿔단풍, 세갈래단풍나무, 메시닥나무
한약명 계조축(鷄爪槭, 가지와 근피)
J トウカエデ

잎 앞면 / 잎 뒷면 / 수형 / 수피 / 열매 / 잎 차례 / 소지의 동아와 엽서

【분포】
해외/국내 중국; 전국에 조경수로 식재
예산캠퍼스 교내

【형태】
수형 낙엽활엽교목으로 수고는 15m이다.
수피 황갈색으로 오래되면 벗겨진다.
어린가지 백색의 부드러운 털이 있으며 피목이 흩어져 난다.
겨울눈 난형이며 끝이 뾰족하고 길이가 2~3mm, 12~36개의 눈비늘조각에 싸여있다.
잎 마주나며 길이 4~8cm로 윗부분이 얕게 3개로 갈라지며 열편의 길이가 같다. 가장자리가 밋밋하고 기부에 3개의 뚜렷한 맥이 발달한다. 표면은 짙은 녹색이고 뒷면은 연한 녹색 또는 회백색을 띤다. 잎자루는 잎의 길이와 비슷하다. 어린나무의 잎은 보다 깊게 갈라지고 열편에 거치가 있다.
꽃 담황색으로 4~5월에 피며 산방꽃차례가 가지 끝에 달린다. 꽃잎과 꽃받침열편은 각각 5개이며, 꽃잎은 길이 2mm 정도의 주걱상 피침형이다.
열매 8~9월에 성숙한다. 시과로 털이 없다. 분과는 서로 평평하거나 예각으로 벌어지며 길이 2~3cm이다.

【조림 · 생태 · 이용】
중용수 또는 양수로 땅을 가리지 않고 잘 자라지만, 토심이 깊고 통기성이 좋은 적습비옥지에서 생장이 좋다. 종자는 건조를 싫어하므로 열매가 갈색이 되었을 때 채취하여 노천매장한 후 파종한다. 산록 및 마을 부근에서 풍치수, 가로수로 식재하고 공원수, 정원수로 이용된다. 목재는 기구재, 가구재 등으로 쓰이고 있다.

단풍나무과 Aceraceae

꽃단풍

Acer pycnanthum Koch

Acer 단풍나무의 라틴명으로 갈라진다는 뜻
pycnanthum 밀생의

J ハナノキ

수형

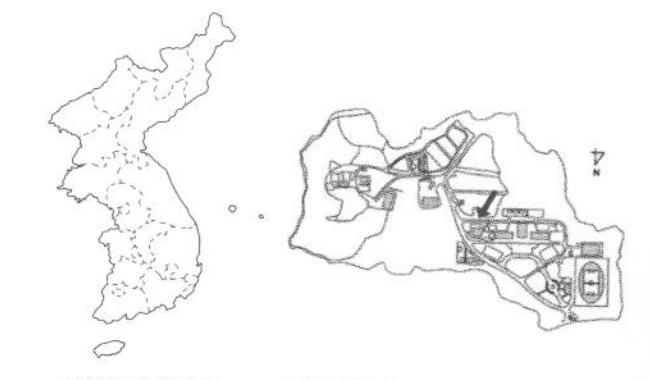

꽃

잎 앞면

잎 뒷면

【분포】
해외/국내 일본 원산; 전국에 공원수 및 조경수로 식재
예산캠퍼스 교내

【형태】
수형 낙엽활엽교목으로 수고 15m이다.
수피 회백색이고 가지에 붉은빛이 돌며 피목은 흰빛이 돈다.
어린가지 털이 없으나 어릴 때 갈색 털이 다소 있다.
잎 끝이 뾰족하고 밑부분이 원저 또는 얕은 심장저이고 길이 4~7cm, 너비 3~6(8)cm로 털이 없다. 표면은 짙은 녹색이고 뒷면은 분백색이며 3개로 갈라진다. 열편 가장자리에 거치가 있으며, 중앙열편이 다른 열편보다 길다. 잎자루는 길이 3~6cm, 가을철에 붉게 단풍이 든다. 암나무는 수나무보다 잎이 더 크고 넓게 3개로 갈라진다.
꽃 잎보다 먼저 4월에 피며 암수딴그루로 꽃차례는 모여나고 꽃받침과 꽃잎의 형태가 거의 비슷하다. 적색으로 특이하기 때문에 꽃단풍이란 이름이 생겼다.
열매 6월에 성숙하며 2개의 시과로 이루어져 있다. 시과는 날개가 예각 또는 둔각이다.

【조림 · 생태 · 이용】
원산지에서는 난대성 수종으로 계곡부나 냇가의 습지에서 잘 자란다. 종자는 6월에 성숙하고, 떨어진 종자는 곧 발아하나 일부 종자는 다음해 봄에 발아되기도 한다. 종자와 휘묻이로 증식시킨다. 조경수, 공원수로 식재하고 있다.

단풍나무과 Aceraceae

부게꽃나무

Acer ukurunduense **Trautv. & C.A.Mey.**

Acer 단풍나무의 라틴명으로 갈라진다는 뜻
ukurunduense 시베리아 Ukurundu산(産)의

이명 산겨릅나무, 부개근나무, 털부개근나무, 청부게꽃나무, 부갸근나무, 털부갸근나무
E Candle-shape maple
C 花楷槭
J オガラバナ

수형

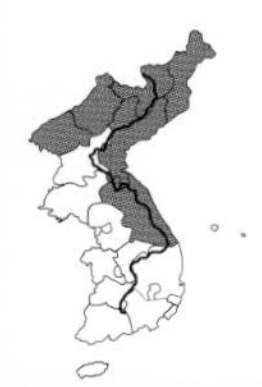

꽃차례

잎 앞면과 뒷면

잎 뒷면 엽저

열매

【분포】
해외/국내 일본, 중국, 극동러시아; 경상도 및 강원도 이북지역, 지리산 이북의 높은 산지 및 정상부

【형태】
수피 연한 갈색을 띤다.
어린가지 노란색 또는 붉은색이고 털이 있다.
겨울눈 좁은 난형 또는 난형으로 인편은 2~3쌍이고 화백색의 털이 밀생한다.
잎 마주나며 타원상 난형 또는 광난형으로 첨두, 심장저이고 5~7개로 갈라진다. 길이 8~14cm, 결각에 예리한 거치가 있다. 뒷면 잎맥에 밀모가 있다.
꽃 황록색으로 6~7월에 피며 암수한그루 또는 양성화로, 가지 끝에 10cm 길이의 총상꽃차례에 달린다.
열매 9~10월에 성숙하며 시과로 길이 1.5cm이다. 날개는 예각으로 벌어지며 잔털이 있다.

【조림 · 생태 · 이용】
음지와 양지 모두에서 잘 자라며, 비옥한 적윤지에서 생장이 좋고 내한성이 강하다. 공해에도 강하여 도심지에서 적응을 잘하며, 해안에서 잘 자란다. 맹아력이 좋으며, 번식법으로는 실생번식하는데, 가을에 종자를 마르지 않도록 건사저장하였다가 봄에 파종한다. 정원수로 심을 수 있고, 목재는 건축재, 기구재, 조각재, 신탄재 등으로 이용한다.

단풍나무과 Aceraceae

청시닥나무

Acer barbinerve Maxim.

Acer 단풍나무의 라틴명으로 갈라진다는 뜻
barbinerve 맥에 털이 있는

이명 산겨릅나무, 청여장, 털시닥나무, 개시닥나무, 민시닥나무, 푸른시닥나무
E Barbedvein maple
J チョウセンアサノハカエデ

수형

(왼쪽부터) 청시닥나무, 시닥나무, 부게꽃나무 잎

꽃

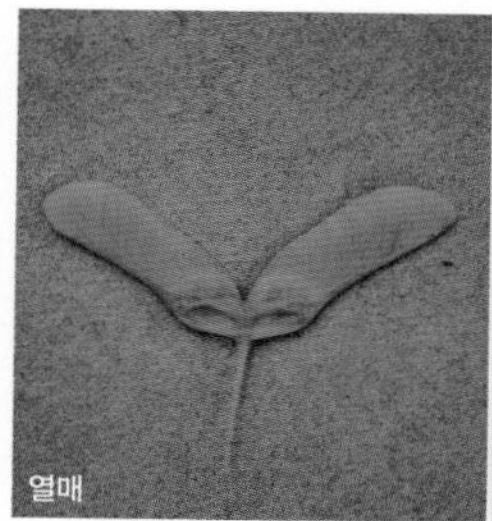
열매

잎 앞면

잎 뒷면

1년지와 2년지

【분포】
해외/국내 중국, 극동러시아; 지리산 이북의 높은 산지

【형태】
수형 낙엽활엽아교목으로 수고 10m이다.
수피 회갈색을 띤다.
어린가지 누른빛이 돌지만 간혹 붉은색인 것도 있으며 털이 있다.
잎 마주나며 광난형이고 5개로 갈라지며 점첨두, 아심장저 또는 절저이다. 길이 5~10cm, 너비 5~8cm, 표면에 털이 거의 없고 가장자리에 복거치가 있다. 열편 끝에 거치가 있다. 잎자루의 길이는 4~13cm로 잔털이 있다. 노란 단풍이 든다. 중앙 열편 엽선부분에 거치가 없다.
꽃 황록색이고 5~6월에 피며 총상꽃차례로 정생한다. 꽃대에는 털이 드문드문 존재한다. 암꽃은 새가지의 정단에서 나오고 수꽃은 전년도 가지 끝에 나온다. 꽃잎은 4개이고 도란상 타원형이다.
열매 9월 중순~10월 초에 성숙하며 시과이고 둔각 또는 직각으로 벌어진다. 주름살이 많고 날개가 피침형이다.

【조림 · 생태 · 이용】
중용수로, 산지의 심처에서 자란다. 고온, 건조, 척박지는 부적지이며, 토심이 깊고 적습한 비옥지에서 생육이 좋다. 시과를 채취하여 직파하거나 노천매장하였다가 봄에 파종한다. 목재는 가구재, 기구재로 쓰이고 수피, 잎, 열매는 약용으로 쓰인다.

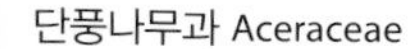

단풍나무과 Aceraceae

시닥나무

***Acer komarovii* Pojark.**

Acer 단풍나무의 라틴명으로 갈라진다는 뜻
komarovii 만주식물을 연구한 러시아의 식물학자 V.L. Komarov의

이명 단풍자래, 시당나무
E Rubripes maple, Red-twig maple
J チョウセンミネカエデ

수관

암꽃

열매

잎 앞면과 뒷면

수꽃

【분포】

해외/국내 중국, 극동러시아, 일본; 지리산 이북의 높은 산지

【형태】

수형 낙엽활엽아교목으로 수고 10m이다.
수피 회색빛을 띤다.
어린가지 자주색을 띤다.
겨울눈 길이 4~6mm, 난상 장타원형으로 적색 또는 적자색을 띤다. 인편이 2개가 있고 털이 없다.
잎 마주나며 장난형이고 3~5개로 갈라진다. 열편은 난형이고 점첨두, 아심장저이다. 길이 5~10cm, 너비 5~10cm, 치아상 또는 파상의 거치가 있다. 뒷면 주맥에 갈색 털이 밀생한다. 잎자루의 길이는 2~5cm로 붉은빛을 띤다.
꽃 6~7월에 피며 암수한그루이고 길이 6~8cm로 총상꽃차례에 달린다. 황록색의 꽃이 5~7개씩 달리고 지름은 8~10mm이다. 꽃잎은 5개, 난상 도피침형 또는 주걱형이며 꽃받침열편보다 약간 짧다. 꽃받침열편은 5개, 가는도피침형이다 .
열매 10월에 성숙하며 시과로 길이 2~2.5cm이다.

【조림 · 생태 · 이용】

중용수로, 경남, 전북지역의 아고산지대에서 자라며, 주로 강원도 이북지역의 산복, 산정의 심처에서 자생한다. 고온, 건조, 척박지는 부적지이며, 토심이 깊고 적습한 비옥지에서 생육이 좋다. 시과를 채취하여 직파하거나 노천매장하였다가 봄에 파종한다. 조경수로 가치가 있으며, 목재는 기구재로 쓰인다.

단풍나무과 Aceraceae

산겨릅나무

Acer tegmentosum Maxim.

Acer 단풍나무의 라틴명으로 갈라진다는 뜻
tegmentosum 눈비늘조각으로 덮인

이명 산저릅, 참겨릅나무
한약명 청해축(靑楷槭, 수피)
E East Asian stripe maple
C 花楷槭
J マンシウウリハダカエデ

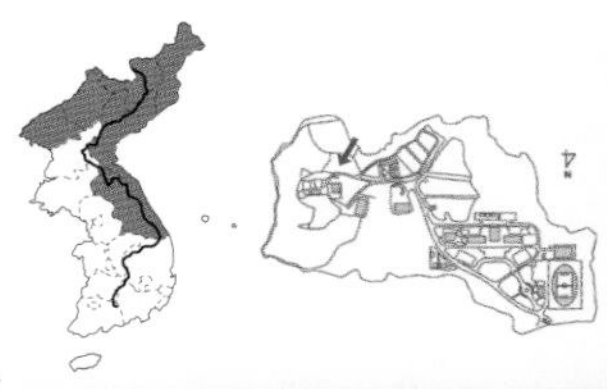

수형

열매

꽃

잎

【분포】
해외/국내 중국, 극동러시아; 백두대간 계곡부 및 아고산
예산캠퍼스 온실

【형태】
수형 낙엽활엽교목으로 수고 15m 정도로 자란다.
수피 유목일 때는 녹색이고 털이 없으며 줄이 있다.
어린가지 잔가지는 녹색~황록색이며 털이 없다.
겨울눈 장타원형으로 자루가 있고, 황적색, 적갈색의 인편이 2개가 있다.
잎 마주나며 광난형, 원형으로 사람의 손바닥만 하거나 그보다 크다. 점첨두, 심장저 또는 아심장저이고 3~5개로 얕게 갈라지며 복거치가 있다.
꽃 5월에 가지 끝에서 연한 녹색, 황록색의 총상꽃차례가 나와 아래로 핀다. 암수한그루 또는 암수딴그루이다. 꽃잎과 꽃받침열편은 장타원형이다. 수술은 8개이며, 자방에는 털이 없고 암술대는 2갈래로 갈라져 뒤로 젖혀진다.
열매 9월에 성숙하며 시과이고 둔각 또는 수평으로 벌어진다. 날개를 포함한 길이가 2.5~3cm이다.

【조림 · 생태 · 이용】
음지, 양지 모두에서 잘 견디는 중용수이며 내병충성 강하나 내공해성은 보통이다. 내음성이 아주 강해서 뿌리 근처에 직사광선이 닿지 않도록 주의해야 한다. 부식질이 많은 곳에서 잘 자란다. 심산계곡 및 산록에 자생한다. 9월에 채취한 종자를 직파하거나 노천매장하였다가 봄에 파종한다. 조경수로 쓰일 수 있으며, 목재는 기구재, 악기재용으로, 수피는 섬유용으로 쓰인다.

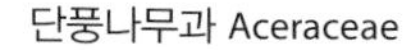
단풍나무과 Aceraceae

은단풍
Acer saccharinum L.

Acer 단풍나무의 라틴명으로 갈라진다는 뜻
saccharium 설탕의

이명 사탕단풍나무, 평양단풍나무, 양단풍나무

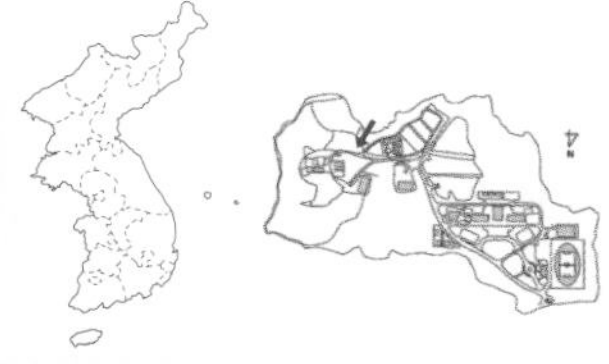

수형

수피

잎 앞면

잎 뒷면

【분포】
해외/국내 북아메리카 원산; 전국 식재
예산캠퍼스 연습림 임도 옆

【형태】
수형 낙엽활엽교목으로 수고 25m 정도로 자란다.
수피 회백색이고 가지에 붉은빛이 돌며 피목은 흰빛이 돈다.
어린가지 잔가지는 자갈색~회갈색이며 백색 피목이 흩어져 나고 자르면 냄새가 난다.
겨울눈 잎눈은 길이 3~5mm의 난형으로 인편은 가장자리에 털이 있다. 꽃눈은 구형이고 모여 달린다.
잎 마주나며 길이 8~16cm의 난형~아난형이고 장상으로 5갈래 깊게 갈라진다. 끝은 꼬리처럼 길게 뾰족하며 가장자리에는 뾰족한 거치가 불규칙하게 있다. 뒷면은 은백색을 띠고, 처음에는 털이 있다가 차츰 없어진다. 잎자루는 길이 6~12cm이다.
꽃 2~3월에 잎이 나오기 전 짧은 원추꽃차례에 모여 핀다. 잡성화로 개체에 따라 성별이 매년 일정하지는 않은 것으로 알려져 있다. 황록색의 수꽃은 수술이 4~6개이다. 암꽃의 암술대는 길이 2~3mm이며 두 갈래로 깊게 갈라진다.
열매 4~5월에 성숙하는 2개의 시과는 90° 이하로 벌어지며, 날개를 포함해 길이 3~6cm이다.

【조림 · 생태 · 이용】
양수로, 내공해성, 내한성이 강하며 어릴 때는 내음성도 강하다. 토심이 깊고 비옥적윤한 곳에서 생장이 좋다. 공원수, 녹음수로 쓰인다.

【참고】
설탕단풍 (*A. saccharum* Marsh.) 은단풍에 비해 가장자리가 밋밋하거나 치아상의 거치가 있다. 캐나다 국기에 나오는 잎이다.

단풍나무과 Aceraceae

복자기

Acer triflorum **Kom.**

Acer 단풍나무의 라틴명으로 갈라진다는 뜻
triflorum 3개의 잎의

이명 가슬박달, 산참대, 개박달나무, 까치박달, 젓털복자기, 나도박달, 기슬박달
한약명 삼화축(三花槭, 수액)
E Three-flower maple
J オニノメグスリ, オニメグスリ

수형

잎

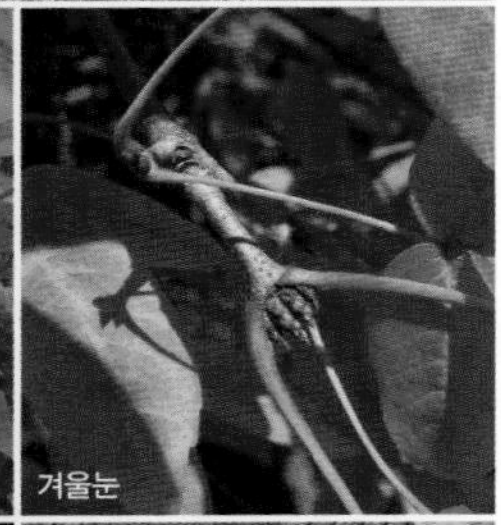
겨울눈

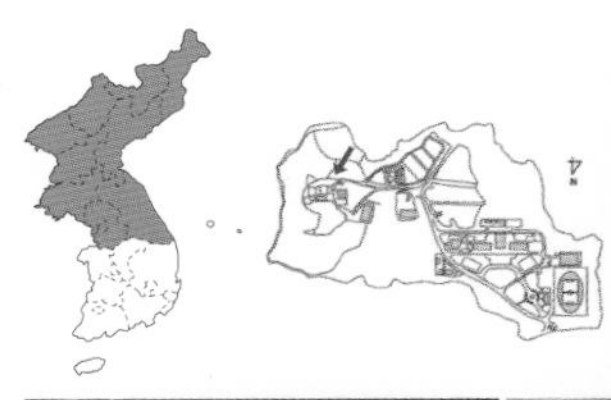

열매

잎 앞면

잎 뒷면

수피

【분포】
해외/국내 중국; 중부 이북의 산지
예산캠퍼스 연습림 임도 옆

【형태】
수형 낙엽활엽교목으로 수고 15~20m이다.
수피 회백색이고 가지에 붉은빛이 돌며 피목은 흰빛이 돈다.
어린가지 잔가지는 황갈색~적갈색이며 피목이 흩어져 난다.
겨울눈 장난형이며 11~15개의 눈비늘조각에 싸여있다. 눈비늘조각은 어두운 적갈색이며 끝이 조금씩 벌어지기도 하고 털이 있는 것도 있다.
잎 마주나며 3개의 소엽으로 구성되어 있다. 소엽은 4~9cm로 피침형, 타원형으로 예두, 원저이며 가장자리에 2~4개의 큰 거치가 있다. 뒷면 맥 위에는 밀모가 있다. 잎자루는 길이 2.5~6cm이고 털이 밀생한다. 가을철 붉은 단풍이 든다.
꽃 황록색으로 4~5월에 3개씩 모여 피고 잎이 나면서 함께 새가지 끝에서 나온다. 꽃받침 열편과 꽃잎은 각각 5개이다. 잡성화로 산방꽃차례에 달린다. 수술은 10개로 꽃잎보다 길다. 자방에는 털이 밀생하고, 암술대는 2갈래로 갈라진다.
열매 9~10월에 성숙하며 2개의 시과로 이루어져 있다. 시과는 날개가 예각 또는 둔각으로 밀모가 있다. 열매는 3개가 달린다.

【조림 · 생태 · 이용】
중용수로, 고온, 건조, 척박지는 부적지이며, 토심이 깊고 적습한 비옥지에서 생육이 좋다. 산록 및 계곡부에서 자생한다. 6~7월경에 시과를 채취하여 직파하면 발아율이 높다. 2년간 노천매장하였다가 봄에 파종하기도 한다. 이식이 용이하며 생장속도는 느리다. 단풍이 아름다워 정원수, 풍치수로 심는다. 목재는 기구재로 쓰이고 수액은 약용한다.

단풍나무과 Aceraceae

복장나무

***Acer mandshuricum* Maxim.**

Acer 단풍나무의 라틴명으로 갈라진다는 뜻
mandshuricum 만주(滿洲)산의

이명 까치박달, 복박나무, 복작나무
E Manchurian maple
J マンシウカエデ

수형

잎 / 꽃

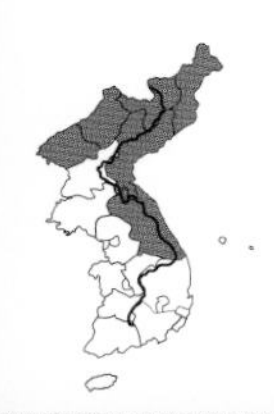

잎 뒷면

단풍

【분포】
해외/국내 중국, 극동러시아; 지리산 이북의 아고산지대

【형태】
수형 낙엽활엽아교목으로 수고 10m이다.
수피 잿빛을 띤다.
어린가지 적갈색을 띤다.
겨울눈 길이 5mm이고 피침상 장난형이며 끝이 뾰족하다.
잎 마주나며 3매의 소엽이 있다. 소엽은 길이 5~10cm, 장타원형 또는 타원상 피침형으로 점첨두, 예저이다. 뒷면은 회색빛, 소잎자루는 붉은빛을 띤다.
꽃 5월에 피며 양성 또는 암수딴그루이고 황록색 꽃은 3~5개씩 취산꽃차례로 달린다. 꽃받침열편은 난형, 꽃잎은 도란형이다. 꽃잎보다 약간 긴 수술은 8개이다.
열매 9~10월에 성숙하며 시과로 예각 또는 거의 직각으로 벌어지고 털이 없다. 열매는 3~5개가 달린다.

【조림 · 생태 · 이용】
어릴 때는 음수이지만 크면 양수로 바뀐다. 적습의 사질양토에서 잘 자란다. 음지에서도 잘 자라며 추위에 강하다. 건조한 토양에서도 잘 적응한다. 내염성과 내공해성은 보통이지만 내한성이 강하다. 무늬가 아름다워 가구재나 무늬합판, 건축재, 차량재, 선박재 등의 고급용재로 쓰인다.

수관

단풍나무과 Aceraceae

네군도단풍

Acer negundo L.

Acer 단풍나무의 라틴명으로 갈라진다는 뜻
negundo 토명(土名)

이명 네군도단풍나무
C 梣葉槭
J ネグンドカエデ, トネリコバノカエデ

수관

수꽃 ©김진석

열매 ©김진석

【분포】

해외/국내 북아메리카 원산; 전국 식재

【형태】

수형 낙엽활엽교목으로 수고 20m이다.

수피 회갈색을 띤다.

어린가지 녹색을 띠며 흰 가루로 덮여있다.

겨울눈 길이 4~6mm, 장난형으로 인편은 2~3쌍이 있고, 가장자리에 약간의 털이 있다.

잎 마주나며 소엽은 3~9개이다. 난상 타원형으로 길이 5~10cm, 점첨두, 둔저이며 큰 거치가 드문드문 있다. 정생의 소엽은 결각상으로 3~5개로 갈라진다.

꽃 3~4월에 피며 암수딴그루이다. 수꽃은 산방꽃차례, 15~50개가 달리고, 암꽃은 밑으로 처지는 총상꽃차례에 5~15개가 달린다.

열매 9~10월에 성숙하며 시과이고 예각으로 벌어진다. 날개를 포함한 길이가 3~3.5cm이다.

【조림 · 생태 · 이용】

1930년경에 우리나라에 도입되었고, 생장이 빠르며 맹아력이 좋다. 양수로, 산록이나 평지에 식재되고 있으며, 토심이 깊고 비옥한 적습지에 잘 자란다. 채취한 종자를 노천매장하였다가 이듬해 봄에 파종한다. 3~4월경 가지삽목을 해도 뿌리가 잘 내린다. 녹음수로 쓰이나 흰불나방의 피해가 매우 심하다. 목재는 건축재, 가구재, 기구재로 쓰인다.

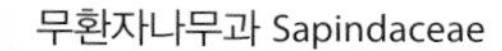

무환자나무과 Sapindaceae

모감주나무

Koelreuteria paniculata Laxm.

Koelreuteria 독일의 식물학자 Joseph Gottlieb Koelreuter(1734~1806)에서 유래
paniculata 원추형의

이명 염주나무
한약명 낙화(欒華, 꽃)
E Golden wreath, Golden-rain tree
J モクゲンジ

산림청 지정 희귀등급 취약종(VU)
문화재청 지정 천연기념물 경북 포항시 남구 동해면 발산리 모감주나무-병아리꽃나무 군락(제371호) 외 3곳

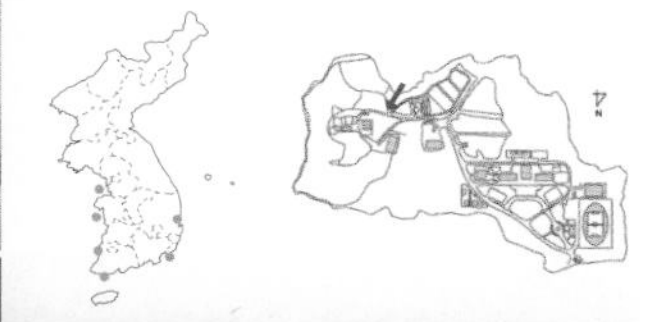

【분포】
해외/국내 일본, 중국; 중부 이남 해안지대
예산캠퍼스 기숙사 옆 및 연습림 임도 옆

【형태】
수형 낙엽활엽소교목으로 수고 8~10m이다.
잎 어긋나며 7~15개의 소엽으로 구성된 기수1회우상복엽으로 길이 25~35cm이다. 소엽은 난형, 장타원상 난형으로 길이 3~10cm, 너비 3~5cm, 뒷면 잎맥을 따라 털이 있다. 가장자리에 불규칙하고 둔한 거치가 있다.
꽃 6~7월에 황색의 잡성화가 피며 가지 끝에서 15~35cm의 원추꽃차례가 나온다. 짧은 퍼진 털이 있고 지름은 1cm이며, 중심부는 적색이다. 꽃받침은 거의 5개로 갈라지고, 꽃잎은 4개이나 한쪽에는 없는 것 같이 보인다. 뒤로 젖혀진 아랫부분에 붉은색 부속체가 있다.
열매 10월에 성숙하며 삭과이고 꽈리같으며, 길이 4~5cm, 익으면 3개로 갈라지면서 3개의 검은 씨가 드러난다. 3개의 흑색종자는 둥글며 윤채가 있다. 이것으로 염주를 만들기 때문에 염주나무라고도 한다.

【조림 · 생태 · 이용】
양수로, 추위와 공해에 강하고 비옥요구도가 낮아 척박지에서도 잘 생육하며 토양에 관계없이 잘 자라나 양지바른 곳을 좋아한다. 내조성과 내염성, 내건성이 대단히 강하다. 꽃은 약용한다.

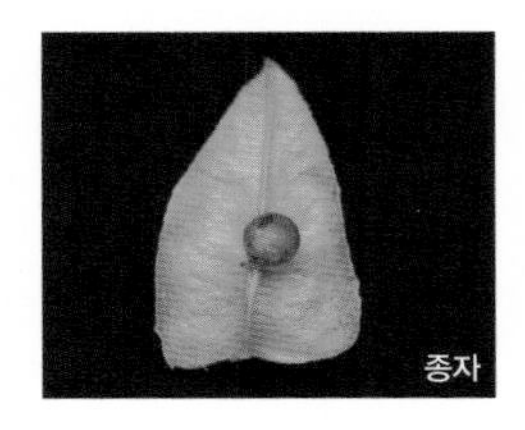

무환자나무

Sapindus mukorossi Gaertn.

Sapindus 라틴어 sapo indicus(인도의 비누)에서 유래, 과피에 비누성분이 있어 인도에서는 예부터 세탁용으로 사용했다는 데서 기인
mukorossi 일본명 무쿠로지

이명 모감주나무, 무환자, 무환수
한약명 무환자(씨), 연명피(수피)
E Soaptree, Soapberry
J ムクロジ

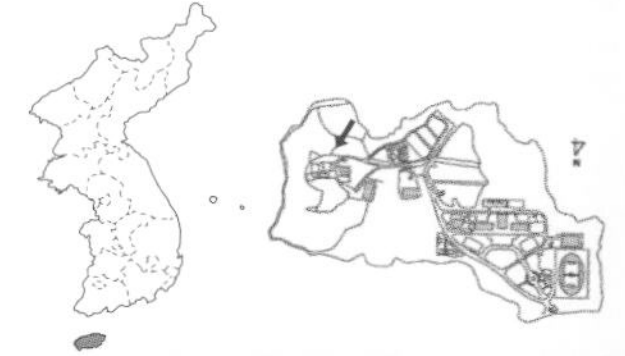

수형

소엽 앞면

소엽 뒷면

겨울눈과 잎자국

열매

수관

잎

【분포】
해외/국내 일본, 중국 난대지역, 대만, 인도, 네팔; 중부 이남 산지 및 사찰, 제주도
예산캠퍼스 연습림 임도 옆

【형태】
수형 낙엽활엽교목으로 수고는 20m이다.
수피 녹갈색이며 털이 없고 밋밋하다.
겨울눈 반구형이다.
잎 어긋나며 9~13매의 소엽으로 구성된 우상복엽이다. 소엽은 장타원상 난형, 장타원상 피침형으로 가장자리가 밋밋하며 끝이 뾰족하다. 길이 7~14cm, 너비 3~4.5cm로 양면에 털과 거치가 없다. 작은 잎자루 길이는 2~6mm이다.
꽃 5월에 피며 암수한그루이다. 어린가지 끝에 원추꽃차례가 달리며 길이 20~30cm로 짧은 털이 있다. 암수딴꽃은 지름 4~5mm로 담황색이다. 꽃받침조각과 꽃잎은 각각 4~5개이다. 수꽃에 8~10개의 수술이 있고 암꽃은 1개의 암술이 있다.
열매 9~11월에 황갈색으로 성숙하며 원형의 핵과이다. 털이 없으며 속에 들어있는 지름 약 2cm인 1개의 검은 종자로 염주를 만든다.

【조림 · 생태 · 이용】
양수로, 추위에 약하나 토심이 깊고 비옥적윤한 사질양토에서 생장이 좋다. 내음성이 약하여 숲 속이나 음지에서는 생장이 불량하고 내공해성과 내병충성은 강하다. 목재는 책상, 기구재로 쓰이고 삶은 물은 비누 대용으로 쓰이며 종자는 약용 또는 염주를 만드는 데 쓰인다. 수피도 약용한다.

칠엽수과 Hippocastanaceae

가시칠엽수

Aesculus hippocastanum **L.**

Aesculus 라틴어 aescare(먹다)에서 유래, 처음에는 참나무의 이름이었으나 전용되었고 열매를 식용 또는 사료로 하는 것에서 기인함

이명 마로니에

E Chestnut common horse, Chestnut european horse, Chestnut horse, Horse chestnut

잎 앞면 / 잎 뒷면 / 꽃 / 수형

겨울눈 / 열매

꽃차례

【분포】

해외/국내 유럽 동남부 원산; 전국 식재

【형태】

수형 낙엽 활엽 교목으로 수고 30m이다.

잎 마주나며 5~7개의 소엽으로 된 장상복엽이다. 소엽은 장도란형, 길이 10~25cm로 점첨두이고 끝이 둔한 복거치가 있다. 소엽의 앞면에는 털이 없으며 어릴 때에는 뒷면 밑부분과 잎자루에 갈색 털이 있다.

꽃 6월에 피고 흰 바탕에 붉은 점이 있으며 지름 2cm 정도이다. 원추꽃차례는 길이 10~30cm이다. 대부분이 수꽃이지만 꽃차례의 아랫부분에 적은 수의 양성화가 달린다.

열매 9월에 성숙하며 원형으로 가시가 있고 지름이 2.5~6cm이다. 3개로 갈라지면서 밤처럼 생긴 종자가 나온다.

【조림 · 생태 · 이용】

어릴 때 내음성이 강하고, 자라면서 햇빛을 좋아한다. 유럽 원산으로 꽃이 풍성하게 피고 수형이 아름다워 전국에서 가로수로 식재하고 있다. 열매에 가시가 달려 칠엽수와 구분할 수 있으며 마로니에, 유럽칠엽수, 서양칠엽수라고도 한다. 수관폭이 넓어 한여름에 뜨거운 햇빛을 막아주는 녹음수로서의 기능이 있으므로 사람이 많이 찾는 공원이나 관광지에 주로 식재하고 있다. 특히 아파트 조경용으로 전국적으로 이용되고 있다. 목재는 가구재, 악기재로 쓰이고, 열매는 타닌을 제거한 후 식용 가능하다.

칠엽수과 Hippocastanaceae

칠엽수

***Aesculus turbinata* Blume**

Aesculus 라틴어 aescare(먹다)에서 유래, 처음에는 참나무의 이름이었으나 전용되었고 열매를 식용 또는 사료로 하는 것에서 기인함

이명 왜칠엽나무, 칠엽나무

E Japanese horse chestnut

C 日本七葉樹

J トチノキ

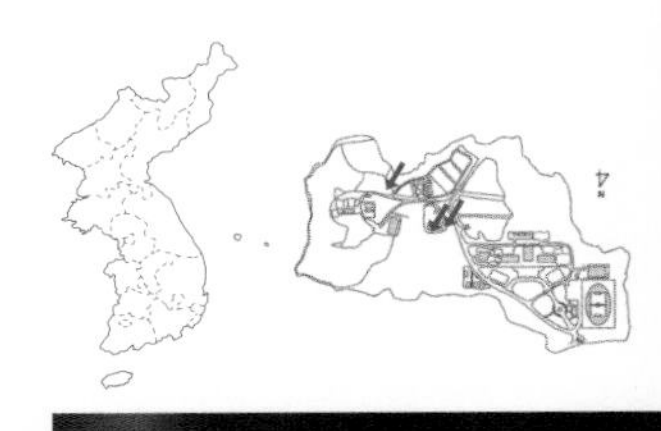

수형

겨울눈

수피

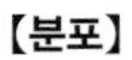

열매(확대)

열매

잎

【분포】

해외/국내 일본; 전국 식재

예산캠퍼스 기숙사 옆 및 연습림 임도 옆

【형태】

수형 낙엽활엽교목으로 수고 30m이다. 통직하고 여러 개가 나와 둥근 수형을 만든다.

수피 회갈색이며 세로로 얕게 갈라진다.

어린가지 적갈색이다.

겨울눈 겉에 끈적거리는 갈색의 나무진이 묻어있다.

잎 마주나며 5~7개의 소엽으로 구성된 장상복엽이다. 장도란형으로 밑부분의 것은 작으나 가운데의 것이 가장 크다. 길이 20~35cm, 점첨두이고, 예형이다. 둔한 복거치가 있고 많은 측맥이 평형으로 달린다. 뒷면에 적갈색의 부드러운 털이 있다.

꽃 5~6월에 피는 잡성화로 길이 15~25cm, 너비 6~10cm이고 가지 끝에 원추꽃차례가 달리며 짧은 퍼진 털이 있다. 홍백색의 꽃잎은 4개로 갈라진다. 꽃받침은 종형으로 불규칙하게 5갈래로 갈라진다. 수꽃에는 7개의 수술과 1개의 퇴화된 암술이 있다. 양성화에는 7개의 수술과 1개의 암술이 있다.

열매 9~11월에 성숙하며 도원추형으로 황색갈이다. 지름 5cm, 3개로 갈라졌고, 겉에 잔돌기가 있다. 종자는 적갈색으로 1개씩 들어있다.

【조림 · 생태 · 이용】

어려서 음수이지만 자라면서 햇빛을 좋아하며 도시 공해에 약하다. 중부 이남의 토심이 깊은 비옥적윤한 곳에서 잘 자란다. 생장속도는 어릴 때는 빠르나 자람에 따라 보통이며 직근성이므로 이식이 곤란하다. 가로수, 녹음수로 심고 있으며 목재는 가구재, 악기재로 쓰이고, 열매는 타닌을 제거한 후 먹을 수도 있다.

나도밤나무

***Meliosma myriantha* Siebold & Zucc.**

Meliosma 그리스어 meli(봉밀)와 osme(향기)의 합성어이며 봉밀의 향기가 있다는 뜻
myrianthus 많은 종류의 꽃이

이명 나도합나리나무
E Abundant-flower meliosma
J アワブキ

【분포】
해외/국내 일본, 중국; 남부지역 및 제주도 산지

【형태】
수형 낙엽활엽아교목으로 수고 10m, 흉고직경 30cm이다.
수피 갈색이며 피목이 발달한다.
어린가지 갈색의 샘털이 있다.
잎 어긋나고 얇으며 도란형의 장타원형으로 길이 5~20cm이다. 끝은 뾰족하고 원저이며, 양면에 털이 있다. 가장자리에 끝이 예리하고 잔거치가 발달한다. 잎자루에는 갈색 털이 있다.
꽃 황백색으로 6~7월에 피며 지름 3mm이다. 새가지 끝에 나오는 원추꽃차례에 모여 달린다. 꽃받침조각은 4~5개이고 길이 1mm이다. 꽃잎은 5개인데 안쪽의 2개는 바깥쪽의 3개의 꽃잎보다 작다.
열매 9월 말~11월 초 붉은색으로 성숙하며 핵과로 지름 7mm이다. 핵은 갈색이며 주맥이 약간 돌출되어 있다.

【조림 · 생태 · 이용】
중용수로 음지에서 잘 견디며, 건조에 약하고 적윤한 토양을 좋아하며, 계곡의 습기가 많은 장소에서 자란다. 내한성이 약하여 서울지방에서는 때로 월동 중에 동해를 받기도 하며 내병충성은 보통이다. 해안가에서는 생장이 양호하지만 대기오염이 심한 지역에서는 생장이 불량하다. 가을에 종자를 채취하여 노천매장하였다가 봄에 파종한다. 발아까지는 1~2년 정도 걸린다. 목재의 향기와 거품을 소세공재로 사용한다. 장식 목적으로 쓰이기도 한다. 녹음수, 가로수, 공원수의 중층목으로도 사용한다.

나도밤나무과 Sabiaceae

합다리나무

Meliosma oldhamii Maxim.

Meliosma 그리스어 meli(봉밀)와 osme(향기)의 합성어이며 봉밀의 향기가 있다는 뜻
oldhamii 채집가 Old-Ham의

이명 합대나무
E Oldham's meliosma
J ヌニデアワブキ

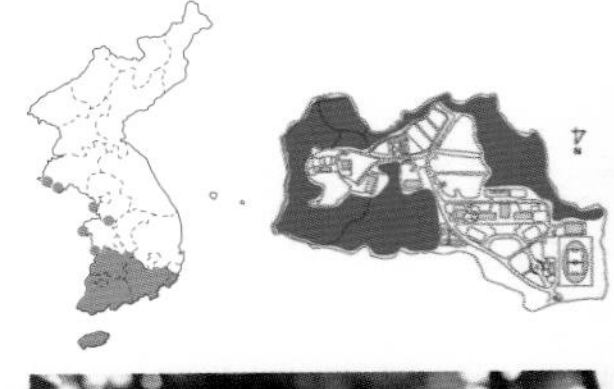

수형 겨울눈 꽃차례 소엽

복엽과 미성숙 열매

성숙 열매

수피

【분포】
해외/국내 중국, 일본, 대만; 중부 이남 산지 및 해안지대
예산캠퍼스 연습림

【형태】
수형 낙엽활엽교목으로 수고 10m이다.
수피 회갈색이다.
어린가지 굵으며 어릴 때 황갈색 털이 있다.
겨울눈 맨눈이며 갈색 털로 덮여있고 잎자국은 반달모양이다.
잎 어긋나며 기수1회우상복엽이다. 소엽은 9~15개이고 약간 굳었다. 잎자루가 짧고 난상 타원형, 피침상 타원형이며 점첨두, 예저이다. 길이 5~10cm, 너비 2~3.5cm, 양면에 털이 있다. 특히 뒷면 맥 위에 털이 많고 끝이 거의 까락 같은 낮은 거치가 드문드문 있다.
꽃 백색으로 6월에 피며 원추꽃차례는 가지 끝에 달린다. 각 분지에 총상으로 달리고 꽃자루가 짧다. 꽃잎은 꽃받침보다 3배 정도 길며 둥글다. 씨방에 털이 밀생한다.
열매 9~10월에 적색으로 성숙하며 원형으로 지름 4~5mm 정도로 작다.

【조림 · 생태 · 이용】
중용수로 산록 및 계곡에서 자라며, 내한성이 약하지만 음지에서 잘 견딘다. 건조에 약하고 적윤한 토양을 좋아한다. 해안가에서는 생장이 양호하지만 대기오염이 심한 지역에서는 생장이 불량하다. 채취한 열매의 과육을 벗긴 후 직파하거나 노천매장하였다가 봄에 파종한다. 발아하는 데 1~2년이 걸린다. 목재는 기구용으로, 어린 순은 식용한다.

【참고】
합다리나무 학명이 국가표준식물목록에는 *M. pinnata* (Roxb.) Maxim. var. *oldhamii* (Miq. ex Maxim.) Beusekom로 기재되어 있다.

감탕나무과 Aquifoliaceae

대팻집나무

Ilex macropoda Miq.

Ilex 서양호랑가시(holly) 또는 holly oak(*Quercus ilex*)의 라틴명
macropoda 긴 대[柄]의, 굵은 대의

이명 대패집나무, 물안포기나무
한약명 대병동청(뿌리와 잎)
E Largepetiole holly, Macropoda holly
C 大柄冬青
J アオハダ

【분포】
해외/국내 중국, 일본; 중부 이남 산지
예산캠퍼스 연습림

【형태】
수형 낙엽활엽교목으로 수고 15m, 흉고직경 30cm이다.
어린가지 털이 없고, 단지가 발달한다.
잎 어긋나며 단지에서는 뭉쳐난다. 광난형으로 길이 3~10cm, 너비 3~4.5cm이고 예두이다. 기부는 원저 또는 예저이며 거치가 있다. 표면에 처음 털이 있으나 점차 없어지고, 뒷면 맥 위에 끝까지 털이 남아있다. 측맥은 6~8쌍으로 뒷면이 돌출해 있다.
꽃 녹백색으로 5~6월에 피는데 암수딴그루이다. 단지에 모여 달리며, 지름 4mm이고, 꽃받침조각과 꽃잎은 각각 4~5개이다.
열매 9~10월에 붉게 성숙하며 핵과로 지름이 7~8mm이고 육질이다.

【조림 · 생태 · 이용】
중용수로, 산중턱의 수림 속에 자란다. 수형과 열매가 아름다워 정원수로 심을 만하다. 내음성, 내건성, 내한성이 강한 반면 공해에 비교적 약하다. 10월에 채취한 열매의 과육을 제거한 후 습사에 노천매장하였다가 다음해에 파종한다. 과육에 발아억제 물질이 있으므로 반드시 과육을 제거해야 한다. 정원수, 풍치수로 심는다. 잎은 식용 또는 차의 대용으로 쓰이며 목재는 가구재로 쓰인다.

호랑가시나무

Ilex cornuta Lindl. & Paxton

Ilex 서양호랑가시(holly) 또는 holly oak(*Quercus ilex*)의 라틴명
cornuta 뿔이 있는

이명 둥근잎호랑가시, 묘아자, 묘아자나무, 범의발나무, 호랑이가시나무, 호랑이등긁기나무
한약명 공토잎, 공토자(열매), 구골엽(잎)
E China holly, Horned holly
C 枸骨
J ヒイラギモドキ, ミナヒイラギ

산림청 지정 희귀등급 취약종(VU)
환경부 지정 국가적색목록 관심대상(LC)
문화재청 지정 천연기념물 전북 부안군 변산면 도청리 호랑가시나무군락(제122호), 전남 나주시 공산면 상방리 호랑가시나무(제516호)

열매

암꽃

꽃눈

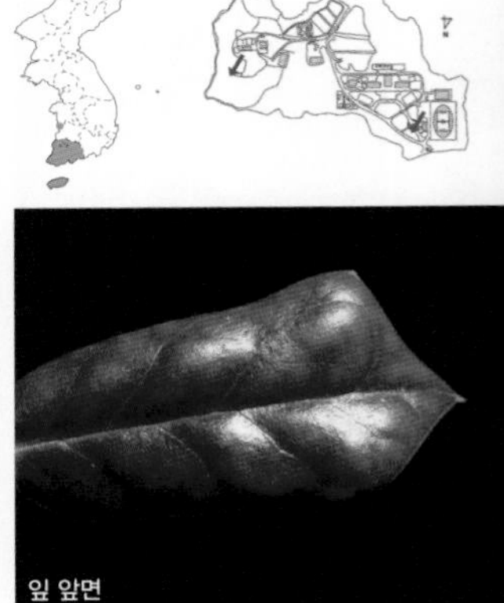

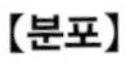

잎 앞면

잎 뒷면

수피

【분포】
해외/국내 중국; 남부지역 및 도서지역 산지
예산캠퍼스 연습림 및 느티나무 옆

【형태】
수형 상록활엽관목으로 수고 5m이다. 가지가 무성하며 털이 없다.
수피 회백색이고 갈라지지 않는다.
잎 어긋나며 혁질이고 윤채가 있다. 타원상 육각형으로 각 모서리는 가시로 되고 길이 3.5~10cm이다. 잎자루 길이는 5~8mm이고 양면에 털이 없다. 표면은 짙은 녹색, 뒷면은 황록색을 띤다.
꽃 암수딴그루 또는 잡성화로 4~5월에 피며 지름 7mm이다. 5~6개씩 달리고, 산형꽃차례로 전년지에 액생하며 향기가 있다. 화병은 길이 5~6mm, 털이 없다. 암술은 암술대가 없으며 암술머리가 약간 높아져서 4개로 갈라지고 흑색이 된다.
열매 9~10월에 적색으로 성숙하며 원형으로 지름 8~10mm이다. 종자는 4개씩 들어있다. 난형이고 세모지고 맥문은 황록색이다. 길이 6mm, 너비 4mm, 종피는 두껍게 굳는다.

잎과 미성숙 열매

완도호랑가시나무 잎과 열매

서양호랑가시나무 잎

서양호랑가시나무 수형(상록교목)

【조림 · 생태 · 이용】

음수로, 내한성이 약하며 전남, 제주, 변산반도 이남의 산록양지에서 잘 자란다. 정원수, 생울타리로 식재한다. 종자와 삽목으로 증식시킨다. 종자를 채취한 후 과육을 제거한 다음 노천매장하였다가 봄에 파종한다. 발아하는 데 1~2년이 걸리고, 6~7월에 가지삽목이 잘 된다. 열매는 약용, 수피는 염료로 쓰인다. 잎은 구골엽, 뿌리는 구골근이라 하여 약용한다.

【참고】

물푸레나무과의 구골나무(*Osmanthus heterophyllus* (G.Don) P.S.Green)와 비슷한데 호랑가시나무는 감탕나무과이고 잎이 어긋나며 구골나무는 잎이 마주난다. 서양호랑가시나무는 교목성이고 거치가 많다. 완도호랑가시나무(*I. xwandoensis* C.F. Mill. & M. kim)는 결각이 적다.

감탕나무과 Aquifoliaceae

꽝꽝나무

Ilex crenata Thunb.

Ilex 서양호랑가시(holly) 또는 holly oak(*Quercus ilex*)의 라틴명
crenata 둥근 톱니의

한약명 파연동청(波緣冬靑, 점액)
E Japonese holly, Box-leaf holly
C 鈍齒冬靑
J イヌツゲ

문화재청 지정 천연기념물 전북 부안군 변산면 중계리 꽝꽝나무군락(제124호)

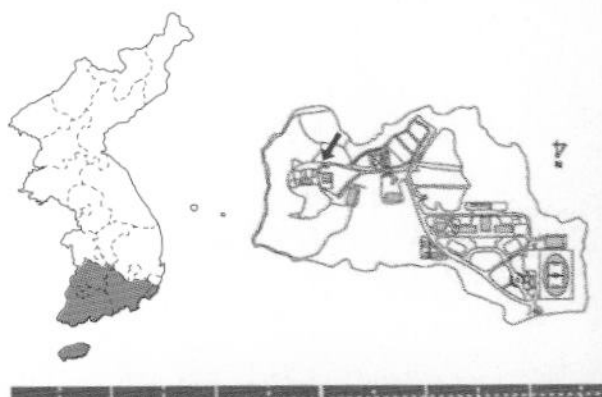

잎과 열매 ©한심희

잎 앞면
잎 뒷면

열매

꽃

꽝꽝나무(왼쪽)와 좀꽝꽝나무(오른쪽) 잎

좀꽝꽝나무 꽃

수피

【분포】
해외/국내 일본; 제주도, 경남, 전남, 전북 변산반도의 산지 숲속에 자생
예산캠퍼스 온실 옆

【형태】
수형 상록활엽관목으로 수고 3m이다. 많은 가지가 나온다.
어린가지 잔털이 있다.
잎 어긋나며 촘촘히 달린다. 타원형, 장타원형 또는 좁은 도란형으로 예두 또는 둔두, 예저이다. 길이는 1.5~3cm, 너비는 6~20mm, 가는 거치가 있다. 표면은 윤채가 나는 짙은 녹색이며 약간 도드라져 있다. 뒷면은 연한 녹색이고 작은 선점이 있다. 잎자루는 길이 1~5mm이다.
꽃 백색으로 5~6월 잎겨드랑이에 피며 암수딴그루이다. 수꽃은 짧은 총상 또는 복총상꽃차례에 3~7개씩 달리고, 퇴화된 암술이 있다. 암꽃은 잎겨드랑이에 1개씩 달린다. 꽃자루가 길며 퇴화된 4개의 수술과 1개의 4실 씨방이 있다.
열매 10월에 흑색으로 성숙하며 구형의 핵과이다. 지름은 약 6mm, 열매꼭지 길이는 4~6mm이다.

【조림 · 생태 · 이용】
음수이나 양지쪽에서도 잘 자란다. 뿌리의 수직분포는 천근형이다. 정원수, 생울타리로 식재한다. 나무껍질 점액을 약용하는데 끈끈한 점액질로 파리를 잡는 데 쓰거나 반창고용으로 이용한다.

【참고】
좀꽝꽝나무 (var. *microphylla* Maxim. ex matsum.) 변산반도와 거제도, 보길도, 제주도에 분포하며 잎 길이 8~14mm, 타원형이며 잎이 반곡이 진다.

감탕나무과 Aquifoliaceae

감탕나무

Ilex integra Thunb.

수형(울릉도)

잎

꽃

Ilex 서양호랑가시(holly) 또는 holly oak(*Quercus ilex*)의 라틴명
integra 전연(全緣)의

이명 끈제기나무, 떡가지나무
한약명 감탕고무
E Machi tree, Elegance female holly
C 細葉冬青, 冬青
J モチノキ

문화재청 지정 천연기념물 전남 완도군 보길면 예송리 감탕나무(제338호)

수피

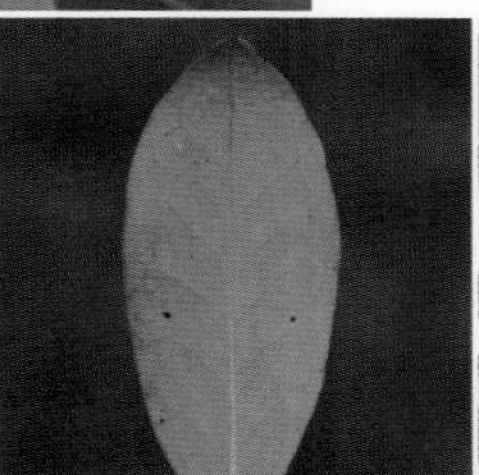

잎 앞면

잎 뒷면

열매

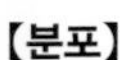
【분포】

해외/국내 중국 북부~남부; 남부지역 및 도서지역 산지

【형태】

수형 상록활엽아교목으로 수고 10m, 흉고직경 30cm이다.
잎 어긋나며 혁질이고 타원형, 장타원상 도란형으로 길이 5~10cm, 너비 2~3.5cm이다. 끝은 둥글거나 뾰족하고, 양면에 털이 없다. 거치가 없으나 2~3개의 거치가 있는 경우도 있고, 잎자루 길이는 15mm 이하이다.
꽃 황록색으로 지름 8mm이고 암수딴그루이며 3~4월에 핀다. 수꽃은 여러 개씩 잎겨드랑이에 달리고, 암꽃은 1~2개씩 달린다. 꽃받침조각과 꽃잎은 각각 4개이다.
열매 11~12월에 붉게 성숙하며, 둥글고, 지름이 1~1.2cm이다.

【조림 · 생태 · 이용】

음수로 제주, 전남, 경상도 해안 및 도서지방의 산복 산록에 자생한다. 내한성이 약하여 내륙지역에서 생육하기 힘들며, 적습하고 토심이 깊고 비옥한 토양이 적지이다. 9월에 채취한 열매의 과육을 제거한 후 습사에 노천매장하였다가 다음해 봄에 파종하며 가지삽목도 한다. 정원수, 조경수로 식재한다. 목재는 조각재로 쓰인다. 수피에 비교적 많은 양의 고무질이 있다.

감탕나무과 Aquifoliaceae

먼나무

Ilex rotunda Thunb.

Ilex 서양호랑가시(holly) 또는 holly oak(*Quercus ilex*)의 라틴명
rotunda 원형의

이명 좀감탕나무, 멋나무, 먹낭
한약명 구필응(球必應, 수피와 근피)
E Rotunda holly, Round-leaf holly
C 鐵冬青
J クロガネモチ

열매

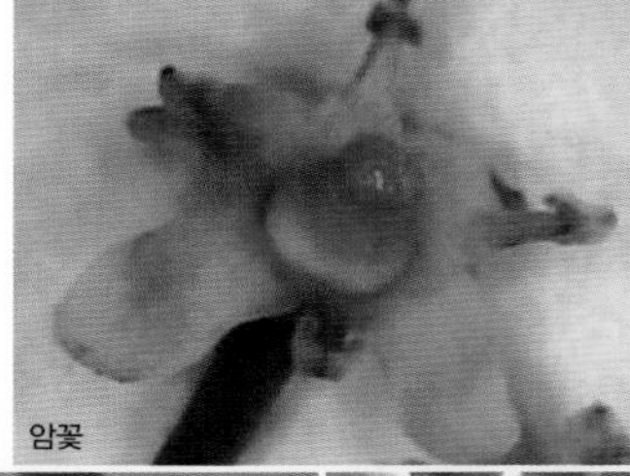
암꽃

수꽃

꽃차례

잎 앞면

열매

수피

【분포】
해외/국내 중국, 대만, 베트남, 일본; 남부지역 및 제주도 산지

【형태】
수형 상록활엽교목으로 수고 10m, 흉고직경 1m이다.
수피 녹갈색이며 작은 피목이 발달한다.
잎 어긋나며 광타원형으로 길이 4~11cm, 너비 3~4cm이다. 중륵이 표면에서는 들어가며 뒷면에서는 도드라져 있다. 항상 거치가 없고 잎자루의 길이는 15~25mm이다.
꽃 연한 자주색으로 지름이 4mm이고 암수딴그루이다. 5~6월에 피며 잎겨드랑이에 모여 달린다. 꽃받침조각과 꽃잎은 각각 4~5개이다. 꽃잎은 꽃받침보다 길고 뒤로 완전히 젖혀진다.
열매 11월에 적색으로 성숙하며 핵과로, 지름 5~8mm이고 겨울 동안에도 달려있다.

【조림 · 생태 · 이용】
음수성이며 뿌리의 수직분포는 천근형이다. 정원수, 풍치수로 심는다. 목재는 기구재, 건축재로 쓰인다. 수피와 근피를 약용한다.

가로수(제주 서귀포)

감탕나무과 Aquifoliaceae

낙상홍

Ilex serrata Thunb.

Ilex 서양호랑가시(holly) 또는 holly oak(*Quercus ilex*)의 라틴명
serrata 톱니가 있는

한약명 낙상홍(落霜紅, 잎과 근피)
E Japanese winter berry
J ウメモドキ

【분포】
해외/국내 일본; 전국 식재
예산캠퍼스 연습림 임도 옆

【형태】
수형 낙엽활엽관목으로 수고 2~3m이다.
수피 회갈색을 띤다.
어린가지 짙은 갈색이며 털이 있다.
잎 어긋나며 장타원형 또는 난상 타원형으로 길이 4~8cm, 너비 3~4cm이다. 끝은 뾰족하며 가장자리에 예리한 거치가 있다. 앞면에 짧은 털이 있고, 뒷면의 튀어나온 잎맥을 따라 털이 있다.
꽃 암수딴그루로 6월에 피는데 어린가지의 잎겨드랑이에 연분홍색의 작은 꽃이 산형상으로 모여 핀다. 수꽃은 5~20개, 암꽃은 2~4개, 꽃잎은 4~5개이다.
열매 10월에 붉게 성숙하며 작은구슬모양이다. 지름은 5mm이고, 서리가 내려 잎이 떨어진 다음에도 그대로 매달려 있다. 종자는 백색으로 6~8개씩 들어있다.

【조림 · 생태 · 이용】
양수 내지 중용수의 특성을 띠고 있고, 건조하지 않은 토양에서는 어디서나 잘 자란다. 추위에 강하며 맹아력과 내조성, 내공해성이 강하여 바닷가와 도심지에서도 생장력이 좋다. 10~11월에 채취한 과육을 제거한 후 습사에 노천매장하였다가 다음해 봄에 파종한다. 정원수로 식재하고, 잎과 근피는 약용한다.

【참고】
미국낙상홍 (*I. verticillata* (L.) A. Gray) : 낙상홍에 비해 잎과 잎의 톱니가 크고 꽃이 백색으로 피며 꽃잎과 꽃받침열편, 수술이 6~8개씩 난다.

미국낙상홍 수꽃

노박덩굴과 Celastraceae

푼지나무

Celastrus flagellaris Rupr.

Celastrus 어떤 상록수에 대한 고대 그리스 명이며 celas는 늦가을이란 뜻
flagellaris 편상의, 포복지가 있는

이명 청다래넌출, 분지나무
E Hookedspine bittersweet
J イワウメズル

수형

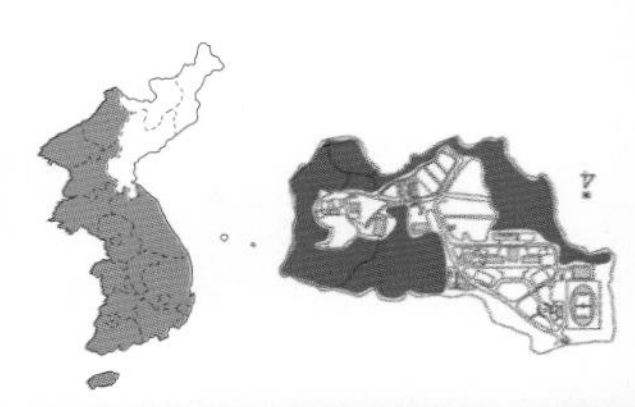

꽃차례

잎 앞면

줄기

잎 뒷면

【분포】
해외/국내 일본, 중국; 전국의 낮은 산지
예산캠퍼스 연습림

【형태】
수형 낙엽활엽만목성으로 길이 5m이다.
수피 줄기에 가시가 있다.
잎 잎은 어긋나며 넓은 타원형, 난형이고 길이 2~5cm, 너비 1.5~4cm로, 미세한 거치가 있다. 뒷면 맥상에 작고 돌출한 털이 있다. 탁엽은 가시로 변한다.
꽃 6월경 황록색의 꽃이 개화한다. 암수딴그루이며 지름 6~7mm이고, 잎겨드랑이에서 1~3개씩 취산꽃차례로 핀다.
열매 10월에 연한 황색으로 성숙한다. 난형이며 지름이 5~8mm로, 성숙하면 3개로 갈라진다. 종자는 황적색의 종의로 둘러싸여 있다.

【조림 · 생태 · 이용】
중용수로, 함경북도를 제외한 산록, 계곡부 하천변 둑, 비탈 암석지 등에서 자생한다. 인가 부근의 울타리나 수림에서 자란다. 노박덩굴과 유사하지만, 줄기에 날카로운 가시가 발달하여 노박덩굴에 비해 나무를 잘 타며 기어오를 수 있다. 10월에 채취한 삭과에서 종자를 선별하여 종의를 제거한 후 습사에 노천매장하였다가 다음해 봄에 파종한다. 종자는 착유, 울타리 및 벽면 차폐용으로 이용하며, 어린잎과 성숙한 잎은 식용한다.

노박덩굴과 Celastraceae

노박덩굴

Celastrus orbiculatus Thunb.

Celastrus 어떤 상록수에 대한 고대 그리스명이며 celas는 늦가을이란 뜻

이명 놉방구덩굴, 노방덩굴, 노파위나무, 노랑꽃나무, 노박따위나무, 노방패너울, 노팡개나무, 노팡개더울
한약명 南蛇藤(남사등)
E Oriental bittersweet
C 南蛇藤
J ツルウメモドキ

【분포】
해외/국내 중국, 일본; 전국 산지
예산캠퍼스 연습림

【형태】
수형 낙엽활엽만목성으로 길이 10m이다.
수피 갈색 또는 회갈색으로 털이 없다.
잎 장타원형, 아원형으로 길이 4~10cm, 엽병 1~2cm이다. 표면과 뒷면에 털이 없다.
꽃 황록색이고 암수딴그루로 5~6월 잎겨드랑이에서 핀다. 꽃받침, 꽃잎은 각각 5개씩이다.
열매 10월에 성숙하며 원형의 삭과로 지름 약 8mm이다. 종자는 황적색 종피로 싸여있다.

【조림 · 생태 · 이용】
중용수로 밭 주위의 울타리나 하천 및 산록 계곡부에 자생한다. 토심이 깊고 적습한 비옥지에서 생육이 좋다. 10월에 채취한 삭과에서 종자를 선별하여 종의를 제거한 후 노천매장하였다가 다음해 봄에 파종한다. 3월에 가지삽목이나 뿌리삽목으로 증식시킨다. 가지는 생화용, 새잎은 식용, 열매는 제유용, 수피는 섬유용으로 쓰인다. 씨와 뿌리, 줄기는 약용한다. 뿌리는 피순환을 잘하게 하는 약으로 쓰인다.

노박덩굴과 Celastraceae

털노박덩굴

Celastrus stephanotifolius (Makino) Makino

Celastrus 어떤 상록수에 대한 고대 그리스명이며 celas는 늦가을이란 뜻
stephanotiifolius *Setohanotis*속의 잎과 비슷한

이명 큰노박덩굴, 털노박덩굴, 왕노박덩굴
E Hairy oriental bittersweet
J ケツルウメモドキ

수형 ©김진석

꽃차례 ©김진석

수꽃 ©김진석

잎 뒷면 ©김진석

【분포】
해외/국내 일본(혼슈 남부 이남); 중부 이남 산지에 자생

【형태】
수형 낙엽활엽만목성으로 길이 10m, 지름 20cm이다.
잎 어긋나며 길이 6~12cm, 광타원형 또는 아원형으로 급첨두, 급예두이고 얕은 둔거치가 있다. 표면에는 털이 없고, 뒷면 맥 가장자리 위에 백색의 굽은 털이 밀생한다. 잎자루 길이는 2~3cm이다.
꽃 황록색이고 암수딴그루이며 5~6월에 핀다. 새가지 아랫부분 및 잎겨드랑이에 모여 달린다. 꽃잎은 장타원형이고, 꽃차례와 작은 화경에 백색의 굽은 털이 밀생한다. 꽃받침조각, 꽃잎, 수술은 각각 5개씩이다.
열매 10~11월에 밝은 황색으로 성숙하며 3갈래로 갈라진다.

【조림 · 생태 · 이용】
산기슭 숲속에 자라며, 양지와 음지 모두에서 잘 자란다. 내한성과 내건성, 대기오염에 대한 저항성이 강하다. 울타리용, 관상용으로 식재한다. 열매는 식용하며, 씨는 제유용으로 사용한다.

수형

겨울눈

열매

꽃

잎 앞면

잎 뒷면

노박덩굴과 Celastraceae

사철나무

Euonymus japonicus Thunb.

Euonymus 그리스 옛 이름으로 eu(좋다)와 onoma(명성)의 합성어이며 좋은 평판이란 뜻이지만 가축에 독이 있다고 나쁜 평판이 있는 것을 반대로 표시하였다. 그리스 신화에 나오는 신의 이름이기도 함
japonicus 일본의

이명 들쭉나무, 개동굴나무, 겨우사리나무, 긴잎사철나무, 넓은잎사철나무, 동청목, 들축나무, 무른나무, 무른나무사철, 푸른나무
한약명 조경초(調經草)
E Spindle tree, Japanese spindle tree, Evergreen spindletree
J マサキ

문화재청 지정 천연기념물 경북 울릉군 울릉읍 독도리 독도 사철나무(제538호)

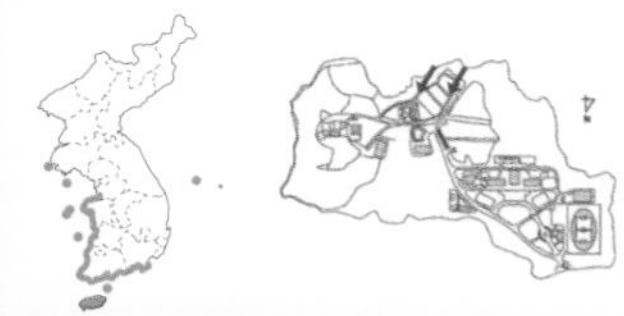

잎과 꽃대

【분포】
해외/국내 일본, 중국; 중부 이남 해안가 산지
예산캠퍼스 기숙사 및 교내

【형태】
수형 상록활엽관목으로 수고 6~9m이다.
어린가지 녹색이며, 털이 없다.
잎 마주나며 혁질이고, 도란형 또는 좁은 타원형으로 예두 또는 둔두, 약간 예저이다. 길이 3~9cm, 너비 3~4cm, 둔거치가 있다. 잎자루 길이는 1cm이다.
꽃 연한 황록색으로 지름 7mm이며, 6~7월에 취산꽃차례로 달린다. 꽃받침, 꽃잎, 수술은 4개씩이다.
열매 10월~12월에 성숙하며 원형의 삭과로 지름 6~10mm이다. 익으면 3~4개로 갈라진다. 종자는 황적색의 종의로 둘러싸여 있고, 겨울 동안에도 매달려 있다.

【조림 · 생태 · 이용】
중용수로, 해안산록 및 마을 부근에 자생한다. 내한성이 강하지 못해 중부 내륙 산악지역에는 식재할 수 없다. 내염성, 내음성이 강하여 해변에서도 잘 자란다. 비옥한 사질양토에서 잘 자라나 비교적 토질은 가리지 않는 편이다. 종자 채취 후 과육을 제거하여 노천매장하였다가 봄에 파종하기도 하나, 주로 3~4월, 5~10월에 가지삽목을 한다. 조경수, 생울타리로 이용되며, 수피는 약용으로 쓰인다.

노박덩굴과 Celastraceae

줄사철나무(좀사철나무)

Euonymus fortunei (Turcz.) Hand.-Mazz. var. *radicans* (Siebold ex Miq.) Rehder

Euonymus 그리스 옛 이름으로 eu(좋다)와 onoma(명성)의 합성어이며 좋은 평판이란 뜻이지만 가축에 독이 있다고 나쁜 평판이 있는 것을 반대로 표시하였다. 그리스 신화에 나오는 신의 이름이기도 함
fortunei 동아시아 식물 채집가 Fortune의

이명 덩굴들축, 덩굴사철나무, 줄사철, 좀사철나무
한약명 부방등(扶芳藤, 줄기와 잎)
E Radicans winter creeper spindletree
J ツルマサキ

문화재청 지정 천연기념물 전북 진안군 마령면 동촌리 줄사철나무군락(제380호)

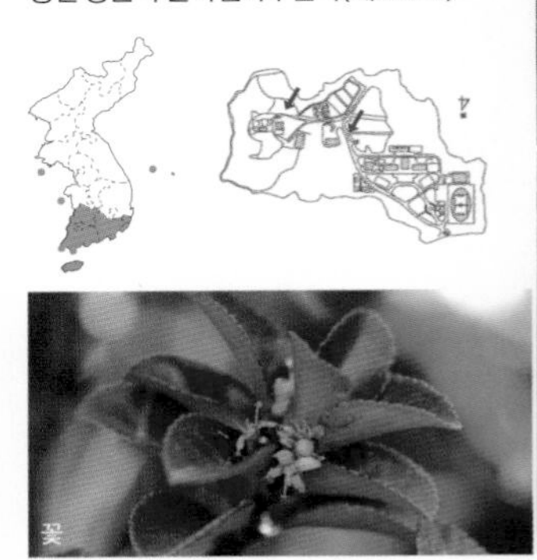

꽃

수형 / 새순 / 나무에 붙어 자라는 모습 / 잎과 꽃차례 / 열매

【분포】
해외/국내 일본, 중국; 중부 이남 산지 임연부 및 바위지대
예산캠퍼스 교내 및 온실

【형태】
수형 상록활엽만목성으로 다른 나무와 바위에 붙어 자란다.
어린가지 녹색을 띠며, 약간 모가 지고 뚜렷하지 않은 돌기가 있다.
잎 마주나며, 타원형 또는 장타원형으로 길이 2~6cm, 너비 1~2cm이다. 예두 또는 둔두, 예저이고 둔거치가 있다. 잎자루는 길이 2~9mm이며 형태와 크기는 변이가 많고 어린나무의 것은 1cm 내외이다.
꽃 5~7월에 피며 잎겨드랑이에서 나온 취산꽃차례에 황백색, 황록색의 양성화가 7~15개씩 모여 달린다. 지름이 약 6mm이고, 꽃받침, 꽃잎, 수술은 4개씩이다.
열매 10월에 연한홍색으로 성숙하며 삭과로 둔한 사각상 편구형이다. 종자는 황적색의 종의로 둘러싸여 있다.

【조림 · 생태 · 이용】
중용수로, 산록 및 해안 마을 부근에 자생한다. 덩굴이 부착할 수 있는 공간이나 나무 등이 있어야 한다. 내한성, 내음성, 내조성, 내공해성이 강하다. 번식은 10월에 열매를 채취하고 건조시켜 종자의 가종피를 제거한 후 습사에 노천매장하였다가 다음해 봄에 파종한다. 껍질에는 구타페르카 고무와 비슷한 고무질 성분이 있다. 봄에 수피를 벗겨 햇볕에 말려 강장약, 진통제로 쓴다.

잎

노박덩굴과 Celastraceae

회목나무

Euonymus pauciflorus Maxim.

Euonymus 그리스 옛 이름으로 eu(좋다)와 onoma(명성)의 합성어이며 좋은 평판이란 뜻이지만 가축에 독이 있다고 나쁜 평판이 있는 것을 반대로 표시하였다. 그리스 신화에 나오는 신의 이름이기도 함
pauciflorus 소수 꽃의

이명 개회나무, 실회나무, 개개회나무
E Few-flower spindletree
J イトマユミ

꽃

어린가지와 잎 앞면

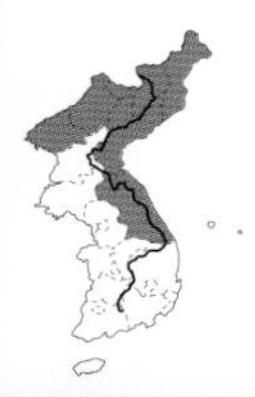

수피

잎 뒷면

열매

【분포】
해외/국내 중국, 극동러시아; 주로 백두대간 및 높은 산지

【형태】
수형 낙엽활엽관목으로 수고 3m이다.
수피 녹색을 띠며 검은 피목이 도출되어 있다. 줄기는 사마귀 같은 돌기가 있다.
잎 마주나며 장난형 또는 난형, 타원형으로 점첨두 또는 첨두, 예형이다. 길이 3~6cm이고, 뒷면에 잔털이 산생한다. 가장자리에 잔거치가 있다. 잎자루는 매우 짧으며 털이 있다.
꽃 적갈색으로 6~7월에 취산꽃차례가 잎겨드랑이에 달린다. 1~3개의 꽃이 잎 표면의 주맥 위에 달린 것처럼 보인다. 4수성이고 꽃대는 2cm이다.
열매 9~10월에 붉은색으로 성숙하며 원형으로 지름 8mm이고 4개의 능각이 있다. 종자는 검은색이며, 붉은색의 가종피에 싸여있다.

【조림 · 생태 · 이용】
심산지에서 생육하며 내한성이 강하다. 양지나 음지를 가리지 않고, 해변에서도 잘 자란다. 9~10월에 채취한 삭과에서 종자를 선별하여 종의를 제거하고 습사에 2년간 노천매장하였다가 다음해 봄에 파종한 후, 해가림을 설치한다. 새순과 잎은 식용으로 쓰인다. 관상용으로 이용하거나 맹아력이 강해 생울타리 소재로 개발 가치가 있다.

노박덩굴과 Celastraceae

화살나무

Euonymus alatus **(Thunb.) Siebold**

Euonymus 그리스 옛 이름으로 eu(좋다)와 onoma(명성)의 합성어이며 좋은 평판이란 뜻이지만 가축에 독이 있다고 나쁜 평판이 있는 것을 반대로 표시하였다. 그리스 신화에 나오는 신의 이름이기도 함
alatus 날개가 있는

이명 흔립나무, 홋잎나무, 참빗나무, 챔빗나무, 참빗살나무
한약명 위모, 귀전우(鬼箭羽)
E Winged spindle, Burning bush spindletree
J ニシキギ

열매

【분포】
해외/국내 일본, 중국; 전국 산지
예산캠퍼스 연습림 임도 옆 및 교내

【형태】
수형 낙엽활엽관목으로 수고 3m이다.
수피 회백색, 회갈색을 띠고 오래되면 비늘처럼 떨어진다. 피목은 옆으로 길어짐. 생육지에 따라 차이가 있다.
어린가지 흔히 2~4줄로 코르크질의 날개가 발달한다.
겨울눈 장난형으로, 길이 3~5mm, 끝이 뾰족하다.
잎 어긋나며 도란상 타원형 또는 도란형으로 끝이 뾰족하거나 길게 뾰족하다. 밑부분은 쐐기형이고 길이 4~10cm이며 가장자리에는 뾰족한 잔거치가 있다. 양면에 모두 털이 없고, 뒷면은 연한 녹색이며, 측맥 사이의 그물맥이 뚜렷하다. 잎자루 길이는 1~3mm이다.
꽃 5~6월에 2년지에서 나온 취산꽃차례에 황록색의 양성화가 3개씩 모여 달린다. 지름 6~8mm이고 꽃잎, 꽃받침열편, 수술이 각각 4개이다. 꽃잎은 광난형 또는 아원형이고, 수술은 밀선반 가장자리에 달린다. 암술대는 1개이다.
열매 9~10월에 적색으로 성숙하며 1~2개의 분과로 나누어진다. 분과는 길이 5~8mm이고 타원형, 도란형이다. 종자는 밝은 적색의 가종피로 싸여있다.

【조림 · 생태 · 이용】
중용수에 가까운 음수로 산록, 산복 및 암석지에 자생한다. 정원수로 쓰이며 잎은 식용, 열매는 살충용, 가지의 날개는 약용으로 쓰인다. 목재는 지팡이나 활 제조에 쓰인다.

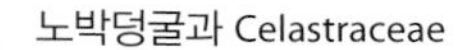

노박덩굴과 Celastraceae

참빗살나무

***Euonymus hamiltonianus* Wall.**

Euonymus 그리스 옛 이름으로 eu(좋다)와 onoma(명성)의 합성어이며 좋은 평판이란 뜻이지만 가축에 독이 있다고 나쁜 평판이 있는 것을 반대로 표시하였다. 그리스 신화에 나오는 신의 이름이기도 함

이명 물뿌리나무, 화살나무
한약명 귀전우(鬼箭羽, 가지)
E Sieboldiana spindle tree, Hamilton's spindletree
J マユミ

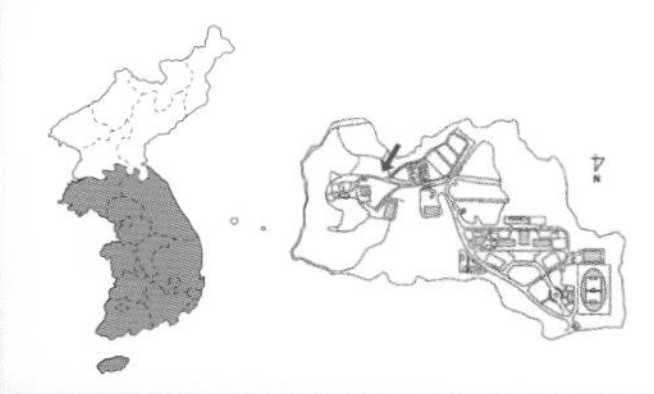

수형

수피

꽃차례

잎 앞면

잎 뒷면

열매

열매와 종자

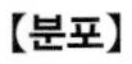

【분포】
해외/국내 일본, 중국; 중부 이남 산지의 임연부 및 바위지대
예산캠퍼스 연습림 임도 옆

【형태】
수형 낙엽활엽아교목으로 수고 8m이다.
수피 회백색을 띠며, 매끄럽다.
어린가지 녹색이고 세로로 흰줄이 있다.
잎 마주나고 피침상 장타원형이며 첨두이고 원저 또는 넓은 설저이다. 길이 5~15cm, 너비 2~8cm, 고르지 못한 잔거치가 있다. 털이 없으며, 잎자루의 길이는 약 7mm이다.
꽃 5~6월에 피며 취산꽃차례가 전년지에 액생한다. 지름은 약 10mm이며 꽃받침, 꽃잎 및 수술은 4개씩이다. 소화경의 길이는 2~2.5cm이고 3~12개의 연한 녹색의 꽃이 달린다.
열매 10~11월에 붉게 성숙하며 삭과이고 사각형으로 4개의 능선이 있다. 종자에는 날개가 없고, 주황색의 종피로 싸여있다.

【조림 · 생태 · 이용】
참빗살나무에는 변이가 많다. 중용수로, 비옥적윤한 토양에서 잘 자라며 열매와 단풍이 아름다워 정원수로 쓰이고 있다. 목재는 활 제조에 쓰인다. 잎과 열매는 약용으로 쓰는데 민간에서 잎과 열매의 추출액을 해산 때와 생리불순 때에 먹으며 껍질은 진경약, 구충제, 기침약으로 쓴다.

노박덩굴과 Celastraceae

좀참빗살나무

Euonymus bungeana Maxim.

Euonymus 그리스 옛 이름으로 eu(좋다)와 onoma(명성)의 합성어이며 좋은 평판이란 뜻이지만 가축에 독이 있다고 나쁜 평판이 있는 것을 반대로 표시하였다. 그리스 신화에 나오는 신의 이름이기도 함
bungeana 북지식물(北支植物) 연구가 Bunge의

이명 좀챔빗나무
E Winterberry spindle tree
J ヒメマユミ

수형

꽃차례

열매

잎

수피

【분포】
해외/국내 중국, 일본, 러시아(동부); 중부 이남

【형태】
수형 낙엽관목 또는 소교목으로 수고 5m이다.
어린가지 둥글다.
잎 마주나며 타원상 난형 또는 타원상 피침형으로 점첨두, 넓은 예저이다. 길이 5~10cm, 가장자리에 잔거치가 있고, 잎자루는 길이 8~25mm이다.
꽃 황녹색으로 6월에 피며 4수성이고 액생하는 취산꽃차례에 달린다. 지름 1cm이고, 화경은 길이 1~2cm이고 3~7개씩 달린다.
열매 10월에 붉은색으로 성숙하고 삭과로 깊은 4개의 홈이 있다. 4개로 갈라지고, 종자는 적색의 종피에 싸여있다.

【조림 · 생태 · 이용】
중용수로, 양지에서 잘 자라고 토심이 깊고 보수력이 있는 비옥한 땅이 적지이다. 실생, 삽목에 의해 번식이 가능하다. 정원수 및 신탄재로 쓰이고 뿌리, 수피, 열매를 사면목이라 하며 약용한다. 근피와 경피에는 고무가 함유되어 있다.

【참고】
좀참빗살나무 학명이 국가표준식물목록에는 *E. hamiltonianus* Wall. var. *maackii* (Rupr.) Kom.로 기재되어 있다.

잎 앞면
잎 뒷면
잎

미성숙 열매

꽃차례

수피
열매

노박덩굴과 Celastraceae

참회나무

Euonymus oxyphyllus Miq.

Euonymus 그리스 옛 이름으로 eu(좋다)와 onoma(명성)의 합성어이며 좋은 평판이란 뜻이지만 가축에 독이 있다고 나쁜 평판이 있는 것을 반대로 표시하였다. 그리스 신화에 나오는 신의 이름이기도 함
oxyphyllus 예형(銳形)잎의

이명 노랑회나무, 뾜회나무, 회나무, 회뚱나무, 회뚝이나무
E Pendulous euonymus, Sharp-leaf euonymus, Korean pindle tree
C 垂絲衛矛
J ツリバナマユミ

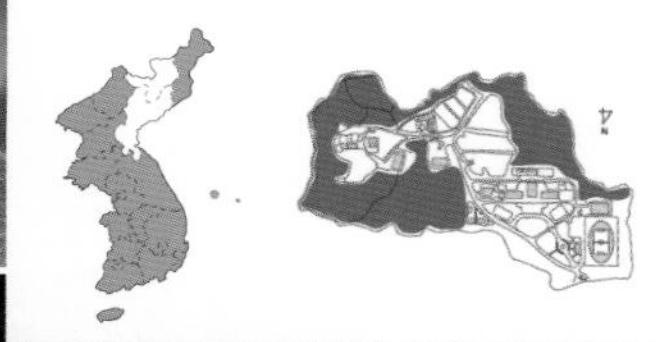

열매와 종자

【분포】
해외/국내 중국, 대만, 일본; 전국 산지
예산캠퍼스 연습림

【형태】
수형 낙엽활엽관목 또는 아교목으로 수고 1~4m이다.
수피 회색 또는 회갈색을 띤다.
어린가지 녹색이며, 단면이 원형이다.
잎 마주나며 길이 2~10cm, 너비 2~5cm이고 난상 피침형, 난상 타원형으로 점첨두 또는 첨두, 원저 또는 넓은 설저이다. 낮은 거치가 있다.
꽃 긴 꽃자루가 있는 취산꽃차례가 잎겨드랑이에서 나오며 자색 혹은 백색으로 5~6월에 핀다. 꽃받침, 꽃잎, 수술이 각 5개씩이고 중앙에 1개의 암술이 있다.
열매 9~10월에 암적색으로 성숙하고 삭과로 5개의 능선이 약간 나며 익으면 5조각으로 갈라져 밑으로 처진다.

【조림 · 생태 · 이용】
음수로, 함경도를 제외한 전국의 산록 계곡에 자생한다. 9~10월에 채취한 삭과에서 종의를 제거한 후 노천매장하였다가 다음해 봄에 파종하여도 발아하는 데 2~3년이 걸린다. 주로 삽목으로 증식시키며, 3월, 6~10월경에 발근촉진제를 사용하면 더욱 효과적이다. 새순의 잎은 식용, 뿌리, 수피는 약용, 섬유용으로 쓰인다. 나무껍질은 밧줄 대용, 짚신용으로 쓰인다.

노박덩굴과 Celastraceae

회나무

Euonymus sachalinensis (F.Schmidt) Maxim.

Euonymus 그리스 옛 이름으로 eu(좋다)와 onoma(명성)의 합성어이며 좋은 평판이란 뜻이지만 가축에 독이 있다고 나쁜 평판이 있는 것을 반대로 표시하였다. 그리스 신화에 나오는 신의 이름이기도 함
sachalinensis 사할린의

이명 좀나래회나무, 나래회나무, 지이회나무, 자주나래회나무
E Sachalinensis spindle tree, Siberian spindletree
J ムラサキツリバナ

수형

잎 앞면

잎 뒷면

꽃차례

열매

【분포】
해외/국내 일본, 중국(만주); 전국 산지

【형태】
수형 낙엽활엽관목으로 수고 4m이다.
겨울눈 피침형으로 길이 1.4~2mm, 6~10개의 적갈색 인편이 있다.
잎 마주나며, 난상 피침형, 난상 타원형으로 첨두, 원저이다. 길이 3~10cm이며 둔거치 있다.
꽃 자주색으로 6~7월에 피며 잎겨드랑이에서 5~7cm의 꽃자루가 있는 취산꽃차례가 나온다. 꽃받침, 꽃잎, 수술은 각각 5개이다.
열매 9월에 암자색으로 성숙하며 원형이다. 너비 10mm인 5개의 날개가 있다.

【조림 · 생태 · 이용】
음수로 심산지역에서 생육한다. 내한성과 내음성이 강하여 큰 나무 밑에서도 잘 자라고, 내건성이 다소 있다. 바닷가에서도 잘 적응하고 대기오염에 대한 저항성이 강하다. 번식은 가을에 채취한 종자를 과육을 제거한 후 2년간 노천매장하였다가 봄에 파종한다. 정원수로 이용하거나, 수피는 섬유질이 강해서 밧줄 대용으로 한다. 어린잎과 잎은 식용이 가능하다.

수형

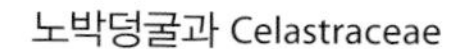

노박덩굴과 Celastraceae

나래회나무

Euonymus macropterus Rupr.

Euonymus 그리스 옛 이름으로 eu(좋다)와 onoma(명성)의 합성어이며 좋은 평판이란 뜻이지만 가축에 독이 있다고 나쁜 평판이 있는 것을 반대로 표시하였다. 그리스 신화에 나오는 신의 이름이기도 함
macropterus 큰 날개의

이명 회뚝이나무, 회나무
E Macroptera spindle tree, Ussuri splindletree
C 黃瓢子, 黃心子
J ヒロハノツリバナ

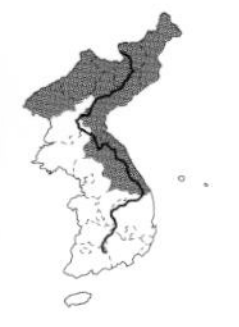

잎과 열매

열매

꽃

【분포】

해외/국내 중국, 극동러시아, 일본; 주로 백두대간 및 높은 산지

【형태】

수형 낙엽관목 또는 아교목으로 수고 2~3m이다.
수피 회색 또는 회갈색 빛을 띤다.
어린가지 가지가 둥글고 약간 굵다
잎 마주나며 도란형 또는 도란상 장타원형으로 첨두, 예저이다. 길이 5~12cm, 너비 3~7cm, 안으로 굽은 둔거치 있다.
꽃 황녹색을 띠며 6~7월에 피며 취산꽃차례에 달린다. 꽃은 4수성이다.
열매 너비는 1~1.8cm이고, 표면에 4개의 긴 날개가 있다. 적갈색의 종자는 적황색의 종의로 둘러싸여 있다.

【조림 · 생태 · 이용】

산록과 계곡에서 자생하고 내한성이 강하며 양지와 음지 모두에서 잘 자란다. 내건성이 약하여 습기가 있는 곳을 좋아한다. 내조성 및 내공해성이 강하다. 번식은 가을에 익은 종자를 채취하여 2년간 노천매장하였다가 이듬해 파종한다. 도로변이나 공원, 정원에 식재하여 관상용으로 이용하기 좋은 수종이다. 수피는 섬유용으로, 목재는 조각재나 세공재로 쓰인다. 새순과 잎은 식용한다.

노박덩굴과 Celastraceae

미역줄나무

Tripterygium regelii **Sprague & Takeda**

Tripterygium 그리스어 treis(3), pterygion(작은 날개)의 합성어이며 삭과에는 3개의 날개가 달려있는 것을 지칭함
regelii 독일의 분류학자 E.A. Von Regel의

이명 메역순나무, 한삼덩굴, 노방구덩불, 미역순나무
E Regal threewing-nut
J クロズル

수형

잎 앞면
잎 뒷면

꽃

열매

열매

어린가지

【분포】
해외/국내 미얀마, 중국, 대만, 일본; 전국 산지

【형태】
수형 낙엽활엽만목성으로 길이 10m 이상이다.
수피 회색을 띤다.
어린가지 적갈색으로 작은 돌기가 많고, 5줄의 능선이 있다.
겨울눈 삼각형으로 인편이 4~6개이며 털이 없다.
잎 어긋나며 난형 또는 타원형이고 길이 5~15cm, 너비 4~10cm, 점첨두 또는 첨두이다. 끝이 약간 구부러지며 둔거치가 있다.
꽃 백색으로 6~7월경에 많이 핀다. 가지 끝이나 잎겨드랑이에서 원추꽃차례가 나오며 꽃받침, 꽃잎 및 수술은 각 5개씩이다.
열매 9~10월에 담녹색으로 성숙하며, 3개의 날개가 있는 시과이다.

【조림 · 생태 · 이용】
내한성, 내건성, 내조성, 내공해성이 강하고 내음성은 조금 약한 편이다. 높은 산의 중복부 이상에 많이 분포하고 있으며, 지리산에서는 천왕봉과 중봉 사이의 해발 1,800~1,900m 지역까지 자라고 있다. 번식은 뿌리에서 나온 것을 포기나누기하거나, 가을에 익은 종자를 채취하여 노천매장하였다가 이듬해 봄에 파종한다. 뿌리, 줄기, 잎에 독성이 있어 살충제로 이용된다. 수피는 섬유용, 차폐수 등으로 쓰인다.

소엽 앞면 / 소엽 뒷면 / 수형 / 어린가지와 겨울눈 / 복엽 / 수피 / 꽃차례 / 열매

고추나무과 Staphyleaceae

말오줌때

Euscaphis japonica (Thunb.) Kanitz

Euscaphis 그리스어 eu(좋다)와 scaphis(쪽배, 삭)의 합성어이며 적색의 삭과가 아름다운데서 연상함
japonica 일본의

이명 말오줌나무, 나도딱총나무
E Euscaphis, Korean sweetheart tree
C 野鴉春
J ゴンズイ

【분포】
해외/국내 베트남, 중국, 일본; 제주도 및 도서지역

【형태】
수형 낙엽관목 또는 아교목으로 수고 3~5m이다.
어린가지 털이 없고 자갈색을 띤다.
잎 마주나며 기수1회우상복엽으로 소엽은 5~11개이다. 소엽은 좁은 난형으로 예첨두, 원저이고 낮은 거치가 있다. 길이 4~8cm, 너비 2~4cm이고 털이 없으며 표면에 광택이 있다.
꽃 녹백색으로 5월에 피며 원추꽃차례로 달린다. 화경 길이는 6~15cm이다.
열매 8~9월에 성숙하며 1~3개씩 달린다. 종자는 흑색으로 윤채가 있고 원형이며 지름 5~6mm이다.

【조림 · 생태 · 이용】
내한성이 약하여 중부지방에서는 월동이 불가능하고 음지와 양지 모두에서 잘 자란다. 토질은 가리지 않으나 다소 습한 땅을 좋아하며 비옥적윤한 해안에서 생장이 양호하다.

자생지

고추나무과 Staphyleaceae

고추나무

Staphylea bumalda DC.

Staphylea 그리스어 Staphyle(송이 또는 포도)에서 유래. 총상꽃차례에서 기인함
bumalda 인명 Bumalda의

이명 개철초나무, 고치때나무, 까자귀나무, 넓은잎고추나무, 둥근잎고추나무, 매대나무, 미영꽃나무, 미영다래나무, 민고추나무, 반들잎고추나무, 쇠열나무, 철죽잎
한약명 성고유(省沽油, 열매와 뿌리)
E Bumalda bladdernut
J ミツバウツギ

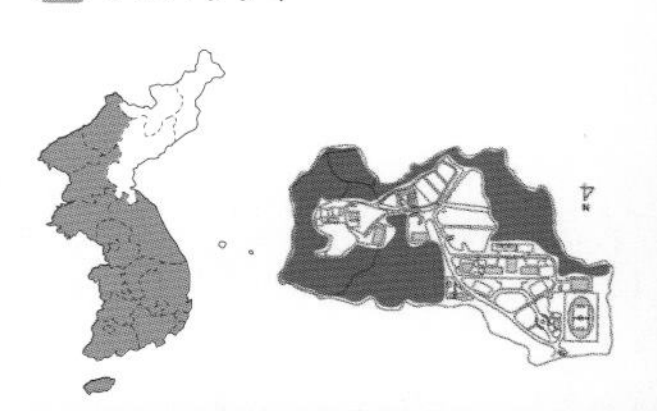

꽃

잎 앞면

잎 뒷면

열매

열매

잎과 열매

수피

【분포】
해외/국내 일본, 중국; 전국 산지
예산캠퍼스 연습림

【형태】
수형 낙엽활엽관목 또는 아교목으로 수고 3~5m이다.
수피 회갈색을 띠며 세로로 갈라진다.
어린가지 털이 없으며 오래되면 둥글고 회록색을 띤다.
겨울눈 원형이다.
잎 마주나며 3출엽이고 가운데 소엽 밑부분이 소엽병으로 흐른다. 난형으로 양 끝이 좁고 표면에 털이 없으나 뒷면 맥상에 털이 있다. 흰빛이 돌며 거치가 있다. 길이 4~10cm, 너비 1.8~3.5cm이다.
꽃 백색으로 5~6월에 피며 새가지의 끝에 길이 5~8cm의 원추꽃차례가 나온다. 아래로 처지며 자잘하게 모여 달린다. 꽃부분 5수이며 암술대가 1개 있다. 꽃대 길이는 8~12cm이다.
열매 9~10월에 성숙하며 편평하고 주머니처럼 생긴 삭과로 윗부분이 2개로 갈라진다. 길이 1.5~2.5cm이고 첨두이다. 종자는 도란형으로 담황색을 띠고 윤채가 있으며 길이 5mm, 2실 씨방에 각각 1~2개씩 들어있다.

【조림 · 생태 · 이용】
내한성이 강하고 음지나 양지 모두에서 잘 자라며 건조한 것보다는 습기가 있는 곳을 좋아한다. 내조성과 내공해성은 보통이다. 생울타리용으로 심어 나물로 채취하고 정원수로 식재한다. 목재는 나무못이나 젓가락을 만드는 데 쓰인다. 열매와 뿌리는 약용한다. 어린잎은 나물로 이용 가능하다.

원지과 Polygalaceae

애기풀

Polygala japonica **Houtt.**

Polygala 그리스어 polys(많다)와 gala(젖)의 합성어이며 Dio Scorides가 유즙을 잘 분비시킨다고 생각했던 어떤 작은 관목에 붙인 이름
japonica 일본의

이명 영신초, 아기풀
E Dwarf milkwort
J ヒメハギ

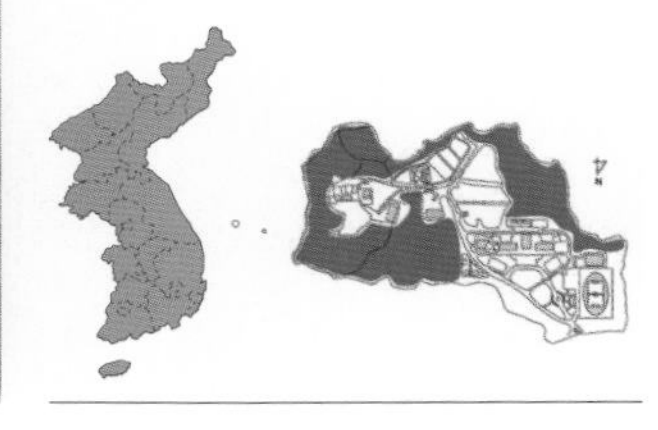

【분포】
해외/국내 일본(오키나와), 대만; 전국 산지
예산캠퍼스 연습림

【형태】
수형 초본성 반관목으로 수고 20cm이다. 뿌리에서 여러 대가 나와 곧추 또는 비스듬히 자란다.
잎 어긋나며 타원형, 장타원형 또는 난형으로 길이 2cm, 잔털이 있다.
꽃 접형화 비슷한 연한 홍색으로 4~5월에 피며 총상꽃차례로 달린다. 꽃받침잎은 5개로 꽃잎처럼 생긴 2개의 꽃받침잎이 날개모양으로 된다.
열매 9월에 성숙하고 삭과로 편평한 원형이다.

【조림 · 생태 · 이용】
제주, 전남(지리산), 전북(익산), 경남(거제도), 경북, 충남(계룡산), 충북, 강원, 경기(남한산성), 황해, 함남, 함북에 야생한다. 영신초라고 불리며, 지해, 화담, 활혈, 지혈, 안신, 해독의 효능이 있다. 여름과 가을에 채취하여 씻어서 햇볕에 말린다. 어린 순을 나물로 해서 먹고 전초는 약용한다.

회양목

Buxus koreana **Nakai ex Chung & al.**

Buxus 라틴명이며 puxas(상자)에서 유래. 이 나무로 작은 상자를 만드는 것을 지칭함
koreana 한국의

이명 회양나무, 도장나무, 고양나무, 도장목
한약명 유근피(楡根皮, 수피)
E Korea box tree
C 黃楊
J チョウセンヒメツゲ

잎과 꽃

열매

꽃

겨울눈

잎 앞면

잎 뒷면

꽃눈

【분포】
해외/국내 일본; 중부 이남 석회암지대에 자생하며 전국 식재
예산캠퍼스 교내

【형태】
수형 상록활엽관목 또는 아교목으로 수고 7m이다.
어린가지 녹색을 띠며, 네모지고 털이 있다.
잎 마주나며 혁질이고 타원형 또는 도란형으로 둔두 또는 미요두이며 예저이다. 길이 12~17mm, 거치가 없으며 약간 뒤로 젖혀진다. 표면은 녹색, 뒷면은 황록색이고, 중륵 하반부에 털이 있다. 잎자루에 털이 있다.
꽃 암수한그루로 연한 황색이며 3~4월에 피고 잎겨드랑이에 모여 달린다. 꽃차례 중앙에 암꽃이 있고 그 주위를 수꽃들이 둘러싸고 있다. 암꽃, 수꽃 모두 꽃잎이 없다. 수꽃은 꽃받침조각이 4개, 수술은 1~4개, 길이는 6~7mm이다. 암꽃은 꽃받침조각이 6개, 자방은 삼각형, 암술머리는 3갈래로 갈라진다.
열매 6~7월에 성숙하며 도란형으로 길이 1cm이다. 끝부분에는 암술대가 변한 뿔모양의 돌기가 있다. 종자는 길이 6mm, 장타원형으로 광택이 나는 흑색이다.

【조림 · 생태 · 이용】
석회암지대에 잘 자라며 강한 음수이다. 정원수로 심는다. 목재는 조각재로 쓰이며 잎이 붙은 어린가지는 약용한다.

자생지(강원 동강 석회암지대)

【참고】
회양목 학명이 국가표준식물목록에는 *B. sinica* (Rehder & E.H.Wilson) M.Cheng var. *insularis* (Nakai) M.Cheng로 기재되어 있다.

수형

갈매나무과 Rhamnaceae

망개나무

***Berchemia berchemiifolia* (Makino) Koidz.**

Berchemia 18세기 네덜란드 식물학자 Berhout Von Berchem에서 유래
berchemiaefolia *Berchemia*속의 잎과 비슷한

E Asian supplejack
J ヨコクラノキ

산림청 지정 희귀등급 취약종(VU)
환경부 지정 국가적색목록 관심대상(LC)
문화재청 지정 천연기념물 충북 괴산군 청천면 사담리 망개나무 자생지(제266호) 외 3개 지역

꽃 ⓒ김준수

잎 앞면

수피

잎 뒷면

열매

【분포】
해외/국내 일본; 중부 이남 계곡부

【형태】
수형 낙엽활엽교목으로 수고 15m, 흉고직경 40cm이다.
수피 회색을 띠며 세로로 잘게 갈라진다.
잎 어긋나며, 장타원형으로 끝은 길게 뾰족하고, 가장자리가 밋밋하거나 물결모양이다. 길이 7~12cm, 뒷면은 분백색을 띤다. 잎자루는 길이 6~10mm, 털이 없다.
꽃 황록색으로 6월에 피며 취산꽃차례에 모여 달린다. 지름 3~4mm이다.
열매 8월에 성숙하며 핵과로 길이 7~8mm이다. 먼저 노란빛이 돌고 그 뒤 붉게 되어 성숙한다.

【조림 · 생태 · 이용】
중용수로, 토심이 깊은 적윤성 토양을 좋아하며 모든 토양에서 잘 자란다. 내한성이 강하여 서울지방에서도 월동이 가능하고 양지에서는 천연발아도 잘 된다. 내공해성과 내병충성은 보통이다. 실생 및 삽목으로 번식이 가능하며, 9월에 종자를 채취하여 수선한 후 노천매장하였다가 이듬해 봄에 파종한다. 이식력이 강하다. 관상가치가 높은 수종으로 양묘할 가치가 있다. 재질이 우수하고 가공성이 좋아 기구재나 조각재로 이용한다.

갈매나무과 Rhamnaceae

먹넌출

Berchemia racemosa var. *magna* Makino

Berchemia 18세기 네덜란드 식물학자 Berhout Von Berchem에서 유래함
racemosus 총상꽃차례가 달린

이명 왕곰버들
E Large-leaf paniculous supplejack
J オニクマヤナギ

산림청 지정 희귀등급 취약종(VU)
환경부 지정 국가적색목록 위기(EN)

수형

꽃차례

열매 / 잎

【분포】
해외/국내 일본; 안면도 산지

【형태】
수형 낙엽활엽만목성으로 길이 10m 이상이다.
수피 녹갈색을 띤다.
잎 어긋나며 장타원상 난형으로 길이 5~10cm이다. 가장자리가 밋밋하고, 측맥은 9~13쌍이다. 표면은 짙은 녹색, 뒷면은 흰빛이 돈다. 잎자루의 길이는 1~2cm이다.
꽃 황록색으로 7~10월에 피며 원추꽃차례에 모여 달린다. 지름 3mm이다. 꽃받침조각은 5개이다.
열매 이듬해 6~7월에 성숙하며 핵과이다. 지름 4mm이며, 가을에 흑색으로 성숙한다.

【조림 · 생태 · 이용】
내한성이 강하여 중부 내륙지방에서도 월동이 가능하고 양지나 음지 모두에서 생장이 좋다. 건조에는 약하며 비옥적윤한 곳에서 번무하고 대기오염에 대한 저항성이 강하다. 번식은 가을에 종자를 채취하여 정선한 후 노천매장하였다가 봄에 파종하거나, 당년에 자란 가지를 꺾꽂이한다. 희귀종이므로 천연기념물로 보호하고 있고 학술적 연구가치가 있다. 맹아력이 강하고 수세도 강건하게 생장한다.

【참고】
먹넌출 학명이 국가표준식물목록에는 *B. floribunda* (Wall.) Brongn.로 기재되어 있다.

겨울눈

청사조(왼쪽)와 먹년출(오른쪽) 잎 앞면

청사조(왼쪽)와 먹년출(오른쪽) 잎 뒷면

수형

갈매나무과 Rhamnaceae

청사조

Berchemia racemosa Siebold & Zucc.

Berchemia 18세기 네덜란드 식물학자 Berhout Von Berchem에서 유래
racemosa 총상꽃차례가 달린

E Paniculous supplejack
J クマヤナギ

산림청 지정 희귀등급 멸종위기종(CR)
환경부 지정 국가적색목록 위기(EN)

열매

잎

【분포】
해외/국내 일본; 충남 및 변산반도

【형태】
수형 낙엽활엽만목성으로 길이 10m이다.
수피 어두운 녹자색을 띤다.
잎 어긋나며 장타원상 난형으로 길이 8~13cm이다. 끝이 다소 뾰족하고, 밑부분이 둥글며, 가장자리가 밋밋하다. 뒷면은 흰빛을 띠고, 측맥은 7~8쌍이다.
꽃 녹백색으로 7~8월에 피며 원추꽃차례로 달린다. 꽃받침조각은 좁은 삼각형이다.
열매 10월에 흑색으로 성숙하며 핵과이다.

【조림 · 생태 · 이용】
산골짜기의 수림 속에서 잘 자란다. 내한성이 강하여 중부 내륙지방에서도 생육이 가능하고 양지나 음지 모두에서 생장이 좋다. 건조에는 약하며 비옥적윤한 곳에서 번무하고 대기오염에 대한 저항성이 강하다. 번식은 가을에 종자를 채취하여 정선한 후 노천매장하였다가 봄에 파종하거나, 당년에 자란 가지를 꺾꽂이한다. 희귀종으로 보호되고 있으며, 맹아력이 강하고 수세도 강건하게 생장한다. 철망이나 울타리, 스크린에 올려서 갖가지 형상으로 키우면 좋다.

갈매나무과 Rhamnaceae

헛개나무

Hovenia dulcis Thunb.

Hovenia 네덜란드의 선교사 David V. D. Hoven에서 유래
dulcis 단

이명 고려호리깨나무, 민헛개나무, 볼게나무, 호리깨나무, 홋개나무
한약명 지구자(枳椇子, 열매자루와 열매)
E Honey tree, Rasin tree, Oriental raisin tree
C 枳椇
J チョウセンケンポナシ, ケンポナシ

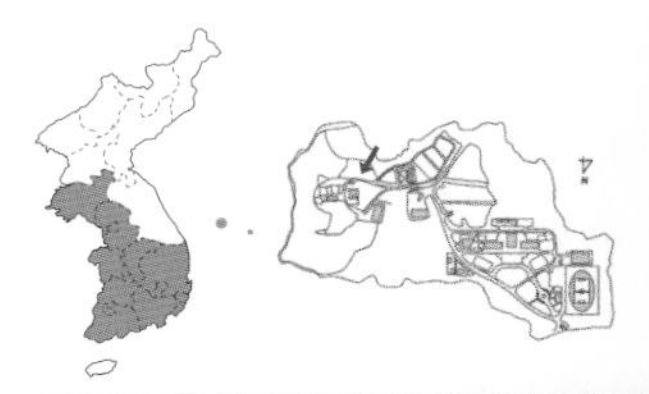

자생지(계곡부 전석지)

수형과 미성숙 열매

잎 앞면

꽃차례

열매

헛개나무(왼쪽)와 산뽕나무(오른쪽)의 엽기부

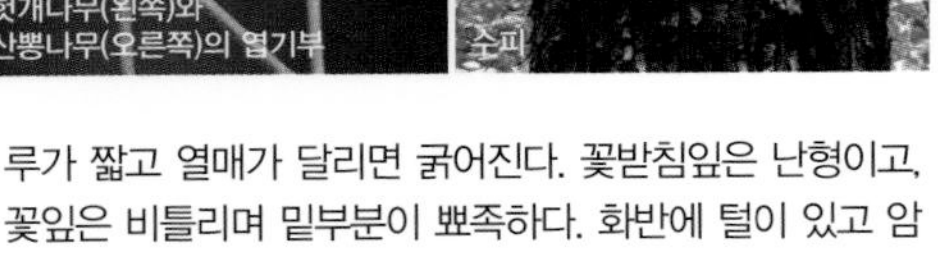
수피

【분포】
해외/국내 일본, 중국; 중부 이남 산지 자생
예산캠퍼스 온실

【형태】
수형 낙엽활엽교목으로 수고 10m이다.
겨울눈 겨울눈은 2개의 눈비늘조각으로 싸여있으며 털이 있다.
잎 어긋나며 길이 8~15cm, 너비 6~12cm, 광난형, 타원형으로 점첨두, 일그러진 아심장저, 원저이다. 3개의 뚜렷한 큰 맥이 있다. 표면은 털이 없고 녹색이며, 뒷면은 연한 녹색이다. 맥 위에 털이 있거나 없으며, 가장자리에 둔한 거치가 있다. 잎자루는 길이 3~6cm, 털이 없으며 턱잎이 없다.
꽃 백색으로 7월에 피며 취산꽃차례는 가지 끝 부근에서 액생 또는 정생한다. 털이 없고 지름 4~6cm이며 소꽃자루가 짧고 열매가 달리면 굵어진다. 꽃받침잎은 난형이고, 꽃잎은 비틀리며 밑부분이 뾰족하다. 화반에 털이 있고 암술대가 3개로 갈라진다.
열매 10월 성숙하며 원형으로 갈색이 돌며 지름 8mm이다. 3개의 방에 각각 1개의 종자가 들어있다. 종자는 편평하며, 외과피는 윤채가 있고 다갈색을 띤다.

【조림 · 생태 · 이용】
산골짜기나 산중턱 이하의 수림 중에서 잘 자란다. 양수에 가까운 중용수이다. 풍치수, 정원수로 심을 만하다. 목재는 건축재, 악기재, 조각재로 쓰인다. 열매는 식용 또는 약용한다. 열매자루는 육질로 되어있고 달기 때문에 먹을 수 있고 술을 부패시키는 작용이 있다고 한다.

갈매나무과 Rhamnaceae

까마귀베개

***Rhamnella franguloides* (Maxim.) Weberb.**

Rhamnella 속명 *Rhamnus*의 축소형
franguloides 속명 *frangula*와 비슷한

이명 가마귀베개, 푸대추나무, 가마귀마개, 망개나무, 헛갈매나무
E Crow's pillow

수형

꽃

잎

수피

잎 뒷면

열매

【분포】

해외/국내 일본, 중국; 중부 이남 및 제주도 임연부

【형태】

수형 낙엽활엽관목으로 수고 7m이다.
수피 흑갈색을 띠며 회백색의 반점이 있다.
어린가지 갈색을 띤다.
잎 어긋나며 길이 5~13cm, 도란상의 장타원형이다. 끝은 길게 뾰족하고, 가장자리에 잔거치가 있다. 뒷면 맥 위에 털이 있고, 잎맥은 7~10개이다. 잎자루의 길이는 3~8mm이다.
꽃 황록색으로 6~7월에 피며 취산꽃차례에 3~15개씩 모여 달린다. 지름 3.5mm이고, 암수한그루이다. 꽃받침조각은 삼각형이다.
열매 9~10월에 성숙하며 핵과로 길이 7~10mm이다. 처음에는 노란색이지만 점차 흑색으로 성숙한다. 종자는 원통형이고 길이 10mm이다.

【조림 · 생태 · 이용】

내한성이 강하여 서울지방에서도 월동이 가능하며, 음지와 양지 모두에서 잘 자란다. 건조한 곳에서는 생장이 불량하다. 토심이 깊고 비옥적윤한 곳을 좋아하며 바닷가와 도심지에서도 잘 자란다. 관상용으로 식재하며 목재는 신탄재로 쓰인다.

【참고】

산황나무 (*Rhamnus crenata* Siebold & Zucc.) 전남 일부 지역의 산지에서 드물게 분포하며, 잎은 까마귀베개와 유사하지만, 가지 끝에 가시가 있고 겨울눈에 긴 털이 있으며 열매가 둥근 것이 특징이다. 뿌리와 수피는 독성을 가지고 있다.

갈매나무과 Rhamnaceae

갈매나무

Rhamnus davurica Pall.

Rhamnus 그리스 옛 이름이며 가시가 있는 관목이란 뜻으로 켈트어의 ram은 관목이라는 뜻

이명 참갈매나무
한약명 서린자(열매), 서리(열매)
E Davurica buckthorn, Dahurian buckthorn
C 鼠李
J チョウセンクロツバラ

자생지(강원 소계방산)

수형(강원 오대산)

잎 앞면

열매

수피와 잎

잎 뒷면

【분포】
해외/국내 일본, 중국; 중부 산지 아고산대 능선 자생

【형태】
수형 낙엽활엽관목으로 수고 5m이다.
수피 짙은 회색이고 가지 끝이 가시로 변한다.
어린가지 녹색이며 오래된 가지는 회백색이다.
잎 마주나지만 약간 어긋나는 것도 있다. 길이 5~10cm, 너비 2~5cm, 타원상 도란형, 장타원형, 점첨두, 예저, 둔한 거치가 있다. 양면에 털이 없거나, 잎맥에 털이 있다. 뒷면은 회록색이고, 가장자리에 둔한 잔거치가 있다. 잎자루는 길이 6~25mm, 턱잎은 가늘고 빨리 떨어진다.
꽃 황록색으로 5~6월에 피며 암수딴그루이다. 가지 밑 부근의 잎겨드랑이에 1~2개씩 달린다. 4수성이고 수술에 퇴화된 암술이 있다. 암꽃에 꽃밥이 없는 수술이 있다. 꽃받침잎은 난형, 3각상 피침형이고, 꽃잎은 장타원형, 도란상 타원형이다.
열매 9~10월에 흑색으로 성숙하며 장과모양의 구형이다. 1~2개의 종자가 들어있다. 종자는 뒷면에 홈이 진다.

【조림 · 생태 · 이용】
양수이며 습한 곳이나 계곡부에 생육한다. 계방산, 소계방산 능선부의 갈매나무는 운무의 영향을 많이 받아 높은 공중습도로 매우 크게 자란다. 내한성은 강하나 공해에 약하다. 번식은 가을에 종자를 채취하여 노천매장하였다가 이듬해 봄에 파종한다. 열매는 약용하며 수피는 염료로 쓰인다. 가을에 익은 열매를 따서 햇볕에 말린다. 열매는 약한 설사약, 이뇨제로 쓰인다.

갈매나무과 Rhamnaceae

참갈매나무

***Rhamnus ussuriensis* J.J.Vassil.**

Rhamnus 그리스 옛 이름이며 가시가 있는 관목이란 뜻으로 켈트어의 ram은 관목이라는 뜻
ussuriensis 시베리아 우수리지방의

E Ussuri buckthorn

수형

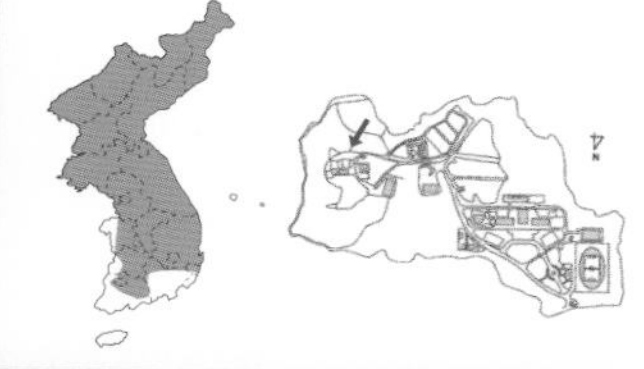

수피

잎 앞면

잎 뒷면

어린가지 가시

【분포】
해외/국내 중국, 일본; 지리산 이북의 임연부, 산지 능선 및 계곡
예산캠퍼스 연습림

【형태】
수형 낙엽활엽관목으로 수고 2~4m이다.
수피 암회갈색을 띤다.
어린가지 가지의 끝이 가시로 변한다.
잎 마주나지만 단지에서는 모여 달린다. 좁은 타원형으로 첨두, 예저, 길이 3~16cm, 너비 2~5cm, 양면이 거의 같은 색을 띠며 잔거치가 있다.
꽃 연한 황록색으로 5~6월에 피며 암수딴그루이다. 단지 또는 잎겨드랑이에 모여 달린다. 수꽃은 수술이 4개이고 암꽃의 암술대는 2~3갈래로 갈라진다.
열매 9~10월에 흑색으로 성숙하며 구형, 난상 구형이고 종자에 깊은 홈이 있다.

【조림 · 생태 · 이용】
양수이며 습한 곳이나 계곡부에 자란다. 내한성은 강하나 공해에 약하다. 번식은 가을에 종자를 채취하여 노천매장 하였다가 이듬해 봄에 파종한다. 수피와 열매에 황색 색소가 있어 염료용으로 사용한다. 열매를 서리, 뿌리를 서리근, 수피는 서리피라고 하며 약용한다.

갈매나무과 Rhamnaceae

좀갈매나무

Rhamnus taquetii (H.Lév. & Vaniot) H.Lév.

Rhamnus 그리스 옛 이름이며 가시가 있는 관목이란 뜻으로 켈트어의 ram은 관목이라는 뜻
taquetii 1906~1915년에 많은 식물을 수집하여 프랑스로 보낸 신부 J. Taquet (1873~1952)의

이명 섬갈매나무
한약명 서리(열매)
E Jejudo buckthorn
J サイシウクロツバラ

산림청 지정 희귀등급 멸종위기종(CR)
산림청 지정 특산식물
환경부 지정 국가적색목록 위급(CR)

수형 ©김진석

잎과 열매 ©김진석

꽃

열매 ©김진석

【분포】
해외/국내 한라산

【형태】
수형 낙엽관목으로 높이 1m이다.
어린가지 털이 있으나 점차 없어진다.
잎 어긋나는데 단지에서는 무더기로 나며 도란형이고 단첨두이다. 길이 1~3cm로 표면에 털이 없고, 뒷면에 털이 있다. 가장자리에 둔한 거치가 있다. 잎자루는 길이 7~10mm로 털이 거의 없거나 있다.
꽃 암수딴그루로 4수성이며 5~6월에 피고 1~2개씩 잎겨드랑이에 달린다. 수꽃의 꽃받침조각은 피침형 또는 삼각형이며 끝이 뾰족하다. 꽃잎은 피침형으로 꽃받침의 길이의 절반 정도지만 수술보다는 길다. 씨방이 극히 작다.
열매 9~10월에 성숙하며 핵과로 도란상 구형이다. 소과경은 길이 4~7mm이다. 종자는 밑부분에 세로로 긴 구멍이 있다.

【조림 · 생태 · 이용】
한라산 해발 1,000m 이상에서 자생한다. 자생지가 1~2곳으로 알려져 있고, 개체수도 매우 적어 자생지 확인 및 유전자원의 현지 내외 보전이 이루어지고 있다. 종자의 과육을 제거한 후에 직파하거나 노천매장을 하였다가 봄에 파종한다. 현지 내외 보존가치가 높은 수종이다.

잎

잎과 가시

열매

수꽃

암꽃

단지

갈매나무과 Rhamnaceae

짝자래나무

Rhamnus yoshinoi **Makino**

Rhamnus 그리스 옛 이름이며 가시가 있는 관목이란 뜻으로 켈트어의 ram은 관목이라는 뜻
yoshinoi 일본의 식물연구가 吉野美介의

이명 자래나무, 갈매나무, 민연밥갈매, 만주갈매나무, 만주짝자래, 연밥갈매나무, 만주짝자래나무
E Basally-pored-seed buckthorn
J タチハシドイ

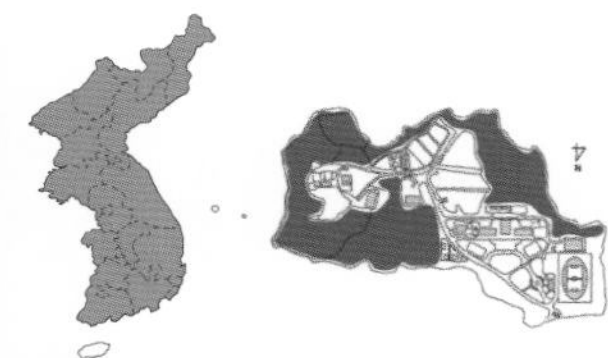

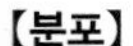

【분포】
해외/국내 중국, 일본; 전국 산지
예산캠퍼스 연습림

【형태】
수형 낙엽활엽관목으로 수고 3~4m이다.
수피 회갈색이며 피목이 발달한다.
어린가지 홍록색이고 끝이 가시로 변한다.
겨울눈 장난형이며 끝이 뾰족하다.
잎 어긋나며 도란상 타원형, 길이 3~8cm, 넓은 피침형으로 끝이 둔하다. 잎자루의 길이 7~15mm이다.
꽃 황록색으로 5월에 피며 암수딴그루이다. 1~3개씩 잎겨드랑이에 달린다. 꽃받침조각과 꽃잎은 4개씩이다.
열매 9~10월에 흑색으로 성숙하며 핵과이고 지름 6~7mm이다. 종자 아랫부분에 구멍이 있다.

【조림 · 생태 · 이용】
숲속, 바위 곁이나 하천유역에서 생육한다. 종자의 과육을 제거한 후에 직파하거나 노천매장을 하였다가 봄에 파종한다. 수피는 염료용으로 이용한다.

【참고】
돌갈매나무 (*R. parvifolia* Bunge) 잎 길이 6cm 이하이고, 강원도 및 석회암지대에 산포해 있다. 장난형 또는 타원형으로 대개 털이 있다. 잎자루 길이는 6~25mm이다.

상동나무

Sageretia thea (Osbeck) M.C.Johnst.

Sageretia 프랑스 식물학자 Auguste Sageret에서 유래

이명 생동목
E Mock buckthorn
J クロイゲ

꽃

잎 앞면

잎 뒷면

수형(제주도)

열매

잎과 가시

잎

【분포】

해외/국내 중국, 일본, 대만, 베트남; 제주도 및 도서지방 산지

【형태】

수형 반상록활엽관목으로 수고 2m이다.

수피 회갈색을 띤다.

어린가지 소지에 8줄의 능선과 갈색 털이 밀생한다. 끝이 흔히 가시로 변한다.

잎 어긋나며 난형으로 길이 1~3cm이다. 끝은 둔하며 밑부분은 둥글다. 가장자리에 잔거치가 있다.

꽃 양성으로 수상화서에 모여 달려 전체가 원추상으로 되며, 황색의 꽃이 10~11월에 핀다. 꽃받침조각은 꽃잎보다 길다.

열매 이듬해 4~5월에 자흑색으로 성숙한다. 구형이며 핵과이고 지름 3~5mm이다.

【조림 · 생태 · 이용】

양수로 제주도, 전남, 남쪽 도서지방 해안가 산록 양지에 자생한다. 내한성이 약해서 월동이 어렵고 내조성이 강해서 바닷가에서도 생육이 가능하다. 번식은 4~5월에 성숙한 열매를 채취하여 과육을 제거한 후 직파하거나 꺾꽂이하여 증식한다. 잎 표면에 광택이 있고 황색의 꼬리모양으로 길게 늘어진 꽃차례가 특이하며 개화 및 결실의 시기가 다른 갈매나무과의 수종과 반대이다. 해변의 생울타리용으로 적합하다.

갈매나무과 Rhamnaceae

대추나무

Zizyphus jujuba var. *inermis* (Bunge) Rehder

Zizyphus 아랍명 zizonf가 그리스명 zizyphon으로 되고 다시 바뀐 현대명
jujuba 아랍명

이명 녀초, 대추
E Common jujbe
J ナツメ

【분포】

해외/국내 중국; 전국에 식재
예산캠퍼스 학생회관 가는 길

【형태】

수형 낙엽활엽관목으로 수고 5~8m이다.
수피 회색이며 세로로 불규칙하게 갈라진다.
잎 어긋나며 난형으로 광택이 있다. 밑부분에서 3개의 큰 잎맥이 발달한다. 가장자리에 둔한 거치가 있다.
꽃 황록색으로 6~7월에 2~3개가 달린다. 턱잎은 3cm의 가시로 변한다. 꽃잎, 꽃받침열편, 수술은 5개씩이다.
열매 9~10월에 붉은 갈색을 띠며 성숙하고 타원형의 핵과이다.

【조림 · 생태 · 이용】

중용수로, 내한성과 내건성, 대기오염에도 강하다. 중국계 대추와 인도계 대추 등 생태형이 전혀 다른 2종이 재배되고 있다. 열매를 한약재와 음식에 사용한다.

【참고】

갯대추나무 (*Paliurus ramosissimus* (Lour.) Poir.) 환경부 지정 멸종위기야생동식물 2급으로 지정되어 있으며 자생지 및 개체수가 매우 적다. 가지마디에는 탁엽이 변한 길이 5~15mm의 가시가 2개씩 난다 .
묏대추나무 (*Z. jujuba* Mill.) 대추나무에 비해 탁엽이 변해 가시가 된다. 열매는 둥글며 핵의 양 끝이 가시처럼 뾰족해지지 않는다.

갯대추나무 열매

포도과 Vitaceae

개머루

Ampelopsis heterophylla (Thunb.) Siebold & Zucc.

Ampelopsis 그리스어 ampelos(포도)와 opsis(외관)의 합성어이며 포도와 비슷한 데서 기인함
heterophylla 이엽성(異葉性)의

이명 돌머루
E Heterophylla ampelopsis, Porcelainberry
C 蛇葡萄, 山葡萄
J ノブドウ, ザトウエビ

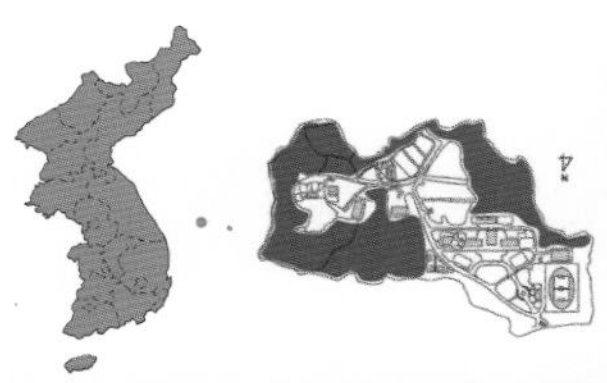

수형(경남 통영시 비진도)

줄기와 꽃차례

잎 앞면

열매

꽃차례

잎 뒷면

【분포】
해외/국내 미얀마, 인도, 네팔, 중국, 일본, 극동러시아; 전국 산지 임연부 및 계곡부
예산캠퍼스 연습림

【형태】
수형 낙엽활엽만목성으로 길이 5m이다.
수피 갈색을 띠며 마디가 굵고 속이 백색이다.
잎 어긋나며 3~5개로 갈라지고 점첨두, 아심장저이다. 각 열편은 길이 7cm이고 둔한 치아상의 거치가 있다. 뒷면 맥 위에 잔털이 있다. 덩굴손은 잎과 마주난다.
꽃 녹색으로 6~7월에 피며 취산꽃차례는 잎과 마주난다. 꽃잎은 5개이다.
열매 9월에 남색으로 성숙하며 장과로 지름 8~10mm이다.

【조림 · 생태 · 이용】
중용수이며 산록, 계곡부에 자생한다. 내한성이 강하고 양지와 음지를 가리지 않으며 습기가 있는 땅에 잘 자라고, 바닷가나 도심지에서도 잘 자란다. 종자 채취 후 과육을 제거하여 직파 또는 건사저장을 하였다가 봄에 파종하거나, 2~3월에 가지삽목과 휘묻이를 하기도 한다. 조경용이나 관상용으로 식재하고, 잎과 열매가 아름다워 울타리나 철망에 심는다. 뿌리, 줄기는 약용하고, 열매는 식용, 과실주용으로 쓰이며, 줄기는 곡물세공재용으로 이용된다.

【참고】
개머루 학명이 국가표준식물목록에는 *A. glandulosa* (Wall.) Momiy var. *brevipedunculata* (Maxim.) Momiy로 기재되어 있다.

건물벽을 타는 모습

흡착근

나무를 타는 모습

잎 앞면

잎 뒷면

포도과 Vitaceae

담쟁이덩굴

***Parthenocissus tricuspidata* (Siebold & Zucc.) Planch.**

Parthenocissus 그리스어 parthenos(처녀)와 cissos(담쟁이덩굴)의 합성어. 프랑스명 vigne-vierge, 영명 virginia creeper에서 기인
tricuspidata 3첨두(三尖頭)의, 3철두(三凸頭)의

이명 돌담장이, 담장넝쿨, 담장이덩굴
한약명 지금(地錦, 뿌리와 줄기), 장춘등(줄기와 수피)
E Boston ivy
C 爬山虎, 地錦
J ツダ, ナツツダ

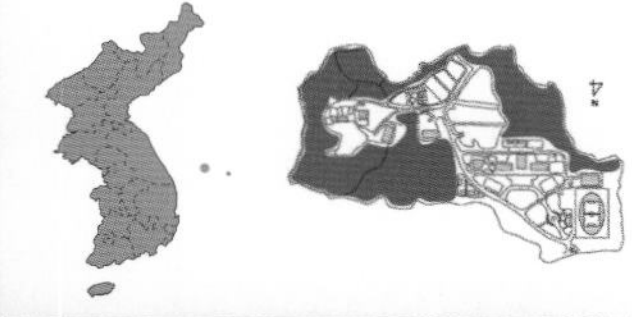

열매

【분포】
해외/국내 중국, 대만, 일본; 전국 산지
예산캠퍼스 연습림

【형태】
수형 낙엽활엽만목으로 수고 5m이다.
어린가지 달린 잎은 어긋나며 단지에서는 2매씩 난다. 덩굴손이 변한 흡반이 잎과 마주나여 달린다.
잎 난형으로 2~3개로 갈라지고 각 열편에는 불규칙한 거치가 있다. 어린잎은 3개의 소엽으로 구성된 복엽이다. 잎자루가 잎보다 길다. 생육지에 따라서 크기에 2~3배의 차이가 있다.
꽃 황록색으로 6~7월에 피며 취산꽃차례는 액생하거나 단지의 끝에서 자라며 양성화이다.
열매 8~10월에 흑색으로 성숙하며 지름 6~8mm이다.

【조림 · 생태 · 이용】
어릴 때는 음수이지만 성목이 되어서는 양수이다. 내공해성이 강하며 내건성도 좋다. 가을철에 붉은 단풍이 든다. 벽면 녹화용으로 심는다. 줄기와 줄기껍질을 약용한다.

자생지

포도과 Vitaceae

미국담쟁이덩굴

Parthenocissus quinquefolia (L.) Planch.

Parthenocissus 그리스어 parthenos(처녀)와 cissos(담쟁이덩굴)의 합성어. 프랑스명 vigne-vierge, 영명 virginia creeper에서 기인
quinquefolia 5개의 주맥이 있는

이명 양담쟁이, 양담쟁이덩굴
E Virginia creeper, Woodbine, American ivy, Five-leaved ivy
J アメリカヅタ

수형

미성숙 열매

잎 앞면

잎

잎 뒷면

【분포】
해외/국내 북아메리카; 전국 식재

【형태】
수형 낙엽활엽만목성으로 길이 10m이다.
잎 어긋나며 장상복엽이고 소엽은 5개이다. 장난형으로 점첨두, 심장저이다. 길이는 3~15cm, 뒷면 맥 위에 잔털이 있다. 가장자리에 불규칙한 거치가 있다. 잎자루가 잎보다 더 길다.
꽃 황록색으로 6~7월에 피며 취산꽃차례가 액생 또는 정생하여 많은 꽃이 달린다.
열매 8월 말~10월 중순에 검은색으로 성숙하며 구형이고 백분으로 덮여있다.

【조림 · 생태 · 이용】
어릴 때는 음수이지만 성목이 되어서는 양수성을 띤다. 노지에서 월동 생육하며, 습지가 있고 비옥한 사질양토에서 잘 자라고 내공해성과 내건성이 강하다. 번식은 종자를 가을에 채취하여 노천매장하였다가 이듬해 봄에 파종하거나 휴면지를 꺾꽂이하면 발근이 잘 된다. 줄기에서 기근이 나와 바위나 나무에 흡착하여 피복시키고 황폐된 절사지나 벽면의 녹화용으로 좋다.

포도과 Vitaceae

왕머루

Vitis amurensis **Rupr.**

Vitis 라틴 옛 이름으로 Liva는 생명이란 뜻
amurensis 아무르지방의

이명 멀구넝굴, 머래순, 잔털왕머루, 머루, 털새머루, 제주새머루
한약명 산포도(山葡萄, 열매, 잎, 뿌리)
E Amur grape, Amur grapevine
C 山葡萄
J チョウセンヤマブドウ

【분포】
해외/국내 일본, 중국(만주); 전국 산지
예산캠퍼스 연습림

【형태】
수형 낙엽활엽만목성으로 길이 10m이다.
수피 짙은 갈색 또는 적갈색을 띤다.
어린가지 선모로 덮여 있으며 뚜렷하지 않은 능선이 있고, 붉은색을 띤다.
겨울눈 도란형으로 끝이 둥근 모양이다.
잎 어긋나며, 길이 12~25cm, 광난형으로 예두, 심장저이다. 끝부분이 3~5개로 얕게 갈라진다. 각 열편의 가장자리에 치아상의 거치가 있다. 표면에 털이 없고, 뒷면은 털이 없거나 맥 위에 털이 있고 녹색을 띤다.
꽃 6월에 황록색을 띠며 원추꽃차례가 잎과 마주난다. 꽃자루 밑부분에서 덩굴손이 발달한다. 꽃잎과 수술이 5개, 수술대 사이에 밀선이 있다.
열매 9월에 흑자색으로 성숙하고 장과로 송이가 되어 밑으로 처진다. 지름 8mm이다.

【조림 · 생태 · 이용】
양수로 전국 산록, 계곡의 습지에 자생한다. 열매는 식용하며 술을 담가 먹는다. 원줄기는 지팡이로 사용한다. 정원수, 공원수로 심는다. 열매, 잎, 뿌리는 약으로 쓰인다.

【참고】
머루(*V. coignetiae* Pulliat ex Planch.)는 주로 울릉도와 남해안에 분포하고 왕머루에 비해 잎, 꽃, 줄기 등에 갈색 털이 밀생한다.

포도과 Vitaceae

새머루

Vitis flexuosa Thunb.

Vitis 라틴 옛 이름으로 Liva는 생명이란 뜻
flexuosa 물결모양의, 꾸불꾸불한

이명 산포도
한약명 갈류(葛藟, 뿌리)
E Oriental grape, Creeping grapevine
C 葛藟
J サンカクズル

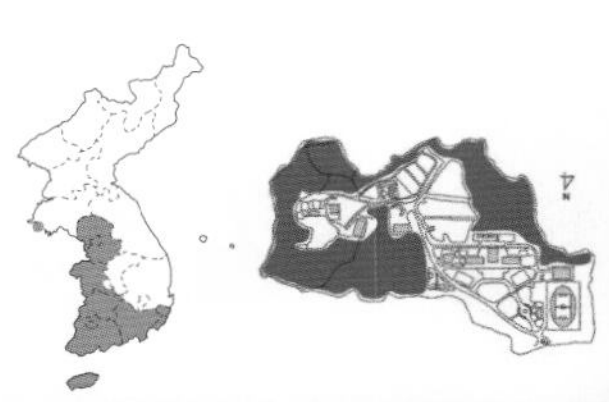

수형 / 잎 앞면 / 잎 뒷면 / 미성숙 열매 / 열매

잎과 덩굴손

꽃차례

【분포】
해외/국내 인도, 네팔, 라오스, 베트남, 태국, 필리핀, 중국, 일본; 중부 이남의 산지
예산캠퍼스 연습림

【형태】
수형 낙엽활엽만목성으로 길이 3m이다.
어린가지 털이 없다.
겨울눈 길이는 1~3mm, 난상 삼각형이며 끝이 둥근모양이다.
잎 어긋나며 길이 4~10cm, 너비 4~8cm, 난상 원형 또는 삼각상 난형으로 점첨두, 절저 또는 심장저이고 낮은 거치가 있다. 덩굴손은 잎과 마주나여 나온다.
꽃 황록색을 띠며 6월에 피고 원추꽃차례는 잎과 마주나여 나온다. 꽃잎, 수술이 각 5개이다.
열매 9월에 청흑색으로 성숙하며 지름 8mm, 2~3개의 종자가 들어있다.

【조림 · 생태 · 이용】
산지 계곡에서 자생하는 중용수이다. 내한성이 강하고 도시와 바닷가에서 잘 자란다. 종자 채취 후 직파 또는 건사저장을 하였다가 봄에 파종하거나, 2~3월에 가지삽목을 하기도 한다. 울타리로 식재하여 관상용으로 이용하며, 열매는 식용하거나 술을 담근다. 뿌리, 줄기는 약용한다.

수형

포도과 Vitaceae

까마귀머루

***Vitis ficifolia* var. *sinuata* (Regel) H. Hara**

Vitis 라틴 옛 이름으로 Liva는 생명이란 뜻
ficifolia 무화과속의 잎과 같은

이명 모래나무, 새멀구, 참멀구, 돌머루, 가새머루, 가마귀머루
E Sinuate mulberry-leaf grapevine
C 蘡薁
J キクバエビヅル

잎 앞면과 덩굴손

잎 뒷면

열매

꽃차례

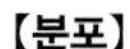

【분포】

해외/국내 인도, 부탄, 네팔, 중국, 일본; 중부 이남 산지 임연부

【형태】

수형 낙엽활엽만목성으로 길이 2m이다.
어린가지 능각이 있으며 적갈색 면모로 덮여있다.
겨울눈 길이 1.5~2mm, 타원형 또는 도란형이며 끝이 둥근 모양이다.
잎 어긋나며 길이 6~10cm, 3~5개로 깊게 갈라지며 각 열편은 다시 갈라진다. 심장저이고, 표면에 털이 없으나 뒷면은 회갈색 샘털이 밀생한다.
꽃 황록색으로 7월에 피며, 원추꽃차례는 잎과 마주난다. 꽃자루에 덩굴손이 발달하며 털이 있다.
열매 9~10월에 자흑색으로 성숙하며 장과로 지름이 5~10mm이다.

【조림 · 생태 · 이용】

산복, 산록 양지 수림에 자생하며 중용수이다. 종자 채취 후 직파 또는 건사저장을 하였다가 봄에 파종하거나, 2~3월에 가지삽목과 휘묻이를 하기도 한다. 열매는 식용, 약용, 주조용으로 이용되며, 줄기는 지팡이용으로 쓰인다.

【참고】

까마귀머루 학명이 국가표준식물목록에는 *V. heyneana* Roem. & Schult. subsp. *ficifolia* (Bunge) C.L.Li로 기재되어 있다.

포도과 Vitaceae

포도
Vitis vinifera L.

Vitis 라틴 옛 이름으로 Liva는 생명이란 뜻
vinifera 포도주를 생산하는

E Wine grape, European grape
J ヤマブトウ

재배지

잎 앞면

잎과 꽃차례

미성숙 열매

잎 뒷면

줄기

【분포】
해외/국내 아시아 서부 원산; 전국 식재

【형태】
수형 낙엽활엽만목성으로 길이 3m 내외이다.
어린가지 털이 있다.
잎 어긋나며 원형이고 3~5갈래로 얕게 갈라진다. 각 열편은 심장저이고 가장자리에 거치가 있다. 뒷면에 면모가 밀생한다.
꽃 황록색으로 6월에 피며 원추꽃차례에 달린다. 꽃잎은 5개가 끝에서 서로 붙어있다. 밑부분이 갈라져서 떨어진다.
열매 8~9월에 다갈색으로 성숙하며 장과로 종자는 2~3개가 들어있다.

【조림 · 생태 · 이용】
중용수로 온난대지역 산록 및 평지에 재배하고 있다. 많은 재배품종이 있으며, 품종에 따라 삽목이 잘 되는 것과 안 되는 것이 있다. 삽목이 안 되는 것은 접목으로 증식시킨다. 포도주의 제조원료이고 가정과수 및 정원수로 이용한다. 늦여름, 초가을에 성숙한 열매를 따서 음건하여 건포도로 만든다. 거풍습, 이소변에 효능이 있다.

담팔수과 Elaeocarpaceae

담팔수

Elaeocarpus sylvestris (Lour.) Poir. var. *ellipticus* (Thunb.) H.Hara

수형

미성숙 열매

꽃차례

수피

잎 앞면

잎 뒷면

Elaeocarpus 그리스어 elaia(올리브)와 carpos(열매)의 합성어이며, 올리브나무의 열매와 비슷한데서 기인함
sylvestris 임중생의, 야생의

이명 담팥수
한약명 산두영(山杜英, 근피)
E Wild dampalsu trees
C 山杜英
J ホルトノキ

산림청 지정 희귀등급 위기종(EN)
환경부 지정 국가적색목록 준위협(NT)
문화재청 지정 천연기념물 제주 서귀포시 서홍동 천지연 담팔수 자생지(제163호), 제주 서귀포시 강정동 담팔수(제544호)

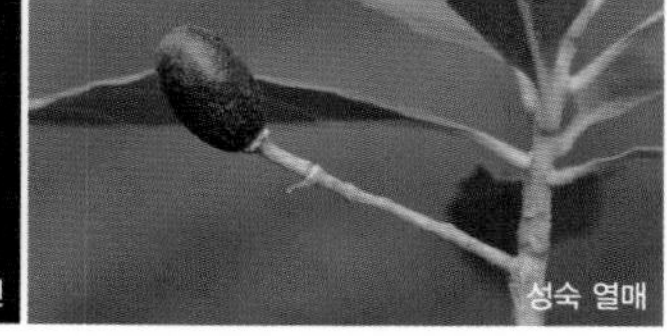

성숙 열매

【분포】
해외/국내 베트남, 태국, 중국(남부), 대만, 일본; 제주도

【형태】
수형 상록활엽교목으로 수고 15m이다.
어린가지 담황갈색의 털이 있다가 곧 떨어진다.
잎 어긋나며 혁질로 도피침형, 장타원상, 피침형으로 길이 6~12cm, 너비 1.6~3cm, 털이 없고 둔한 거치가 있다.
꽃 백색으로 7월에 피며 전년지의 잎겨드랑이에서 총상꽃차례가 나온다. 꽃잎은 실처럼 가늘게 갈라지고 소화경과 꽃자루에 털이 있다.
열매 9~10월에 흑청색으로 성숙한다.

【조림 · 생태 · 이용】
음수로 제주도 해변과 북풍이 비껴가는 따뜻한 곳과 토심이 깊고 비옥한 곳에서 생육한다. 내한성이 약하여 내륙지방에서는 월동이 불가능하나, 내공해성과 내병충해성은 강하다. 너무 늦게 채종한 것은 발아가 되지 않으므로 과육이 녹색에서 청흑색으로 되었을 때 채취한다. 정원수, 공원수로 쓰인다. 목재는 건축재, 가구재로 쓰인다. 수피는 염료로 쓰인다.

잎과 열매

피나무과 Tiliaceae

장구밥나무
Grewia parviflora Bunge

Grewia 식물조직 연구가 Nehemiah Grew(1628~1682)에서 유래
parviflora 소형화(小形花)의

이명 잘먹기나무, 장구밤나무
E Bilbed grewia
J エノキウツギ

수형 / 잎 / 잎 앞면 / 꽃 / 열매 / 잎 뒷면

【분포】

해외/국내 중국, 대만; 서남부 도서지방 산지
예산캠퍼스 하트연못 옆

【형태】

수형 낙엽활엽관목으로 수고 2m이다.
수피 회갈색이다
어린가지 잔가지에 융단같은 털이 촘촘히 난다.
잎 어긋나며 난형, 마름모 비슷한 난형이고 점첨두이며 아심장, 넓은 예저이다. 3개의 큰 맥이 발달하며 길이 4~12cm이다. 표면은 거칠고 뒷면에 흰빛이 돌며 성모가 있다. 가장자리에 불규칙한 복거치가 있다. 잎몸이 얕게 3개로 갈라진다. 잎자루는 길이 3~15mm이고, 성모가 있다.
꽃 연한 황색으로 7월에 피며 지름 1cm이다. 취산꽃차례 또는 산형꽃차례에 5~8개가 달린다. 꽃자루는 길이 3~10mm이다. 꽃받침잎은 도피침형이며 길이 7~8mm, 겉에 성모가 있다. 꽃잎은 길이 3mm이다.
열매 10월에 황색 또는 황적색으로 성숙하며 둥글거나 장구통같고 털이 없다. 종자가 1개 들어있는 것은 지름 6mm, 2~4개 들어있는 것은 지름 8~12mm이고 식용으로 한다.

【조림 · 생태 · 이용】

양수로 산록 양지에 자생, 내한성과 내조성이 약하지만 토양은 별로 가리지 않으며 대기오염에 강하다. 10월에 채취한 핵과는 과육을 세척하여 직파하거나 습사에 노천매장하였다가 봄에 파종한다. 조경수로 이용되고, 열매는 식용하며 수피는 섬유 등으로 쓰인다. 열매의 모양이 장구같아서 장구밤나무란 이름이 붙여졌다.

【참고】

장구밥나무 학명이 국가표준식물목록에는 *G. biloba* G.Don로 기재되어 있다.

피나무과 Tiliaceae

찰피나무

***Tilia mandshurica* Rupr. & Maxim.**

Tilia 보리자나무의 라틴 옛 이름으로 ptilon(날개)에서 유래함. 날개 같은 포가 꽃자루에 있는 것에서 기인함
mandshurica 만주(滿洲)산의

이명 금강피나무, 설악보리수, 염주보리수
한약명 강단(糠椴, 꽃)
E Mandshurica lime
C 糠椴
J マンシウシナノキ

【분포】
해외/국내 중국, 극동러시아; 전국 산지
예산캠퍼스 연습림

【형태】
수형 낙엽활엽교목으로 수고 20m, 흉고직경 70cm이다.
수피 짙은 회색이며 평활하다.
어린가지 갈색 성모가 밀생한다.
겨울눈 갈색 성모가 밀생한다.
잎 어긋나며 길이 8~15cm, 난상 원형으로 짧은 점첨두이며 심장저이다. 침상의 잔거치 존재한다. 표면에 잔털이 약간 있으며 뒷면은 전체가 회색 또는 백색성모가 밀생하며 맥겨드랑이에 갈색 밀모가 없는 점에서 피나무와 다르다.
꽃 연한 황색으로 6월에 피며 산방꽃차례 꽃차례당 7~20개가 달린다. 꽃자루는 길이 7~9cm, 갈색 털이 밀생한다. 포는 도피침형으로 둔두이고 길이 3~12cm이며 양면에 성모가 존재한다.
열매 9~10월 성숙하며 길이 7~9mm이고 난형 또는 구형으로 기부에 약간 줄이 진다. 종자를 싸고 있는 과피는 매우 단단하다.

【조림 · 생태 · 이용】
중용수이며 뿌리의 수직분포는 천근형이다. 주요한 목재자원이며 밀원식물이다. 풍치수로 심는다. 목재는 조각재로 쓰이고 꽃은 약용한다.

【참고】
보리자나무 (*T. miqueliana* Maxim.) 어린가지, 잎자루 및 꽃자루에 회색 털이 있다.

피나무과 Tiliaceae

피나무

Tilia amurensis **Rupr.**

Tilia 보리자나무의 라틴 옛 이름으로 ptilon(날개)에서 유래함. 날개 같은 포가 꽃자루에 있는 것에 기인함
amurensis 아무르지방의

이명 꽃피나무, 달피나무, 달피, 참피나무, 털피나무
한약명 보리수화(꽃), 자단(紫椴, 꽃)
E Amur linden
C 紫椴
J アムルシナノキ

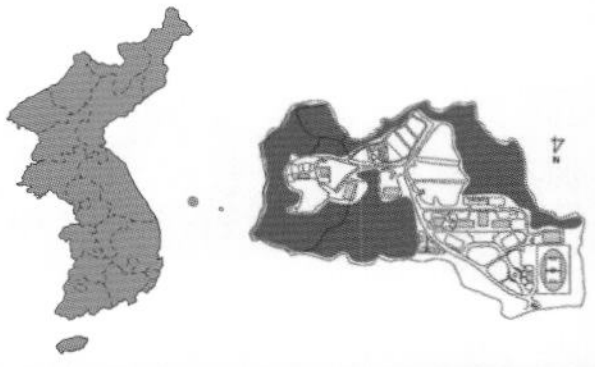

수형 / 꽃 / 수피

잎과 꽃

수관

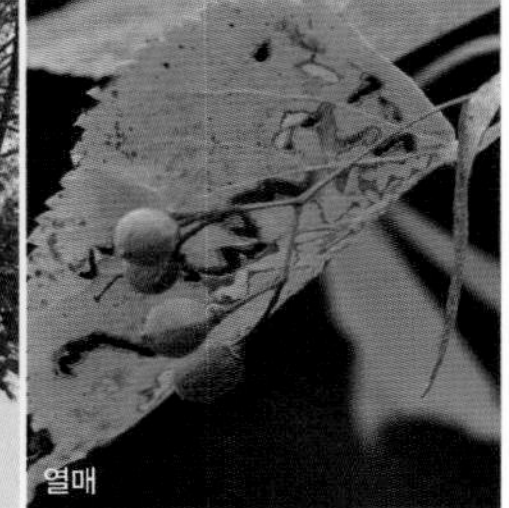

열매

【분포】
해외/국내 중국, 극동러시아; 전국 산지
예산캠퍼스 연습림

【형태】
수형 낙엽활엽교목으로 수고 20m, 흉고직경 1m이다.
잎 어긋나며 광난형으로 급첨두, 심장저이고 길이 3~12cm이다. 표면에 털이 없고, 뒷면은 회녹색으로 맥겨드랑이에 갈색 털이 밀생한다. 예리한 거치가 있고, 잎자루의 길이는 1.5~6cm이다.
꽃 담황색으로 6월에 피며 향기가 진하고, 지름 15mm이다. 산방꽃차례에 3~20개씩 달린다. 꽃자루는 1cm로 털이 없고, 포 길이는 3~7cm이다.
열매 9~10월에 성숙하는 견과로 능선이 없다. 백색 또는 갈색 털이 밀생한다.

【조림 · 생태 · 이용】
맹아력이 있으며 양수성이다. 10월에 성숙한 핵과를 채집하여 과육을 제거한 후 직파하거나 습사에 노천매장하였다가 다음해 봄에 파종한다. 목재는 공예재, 펄프재, 연필재, 악기재 등으로 쓰이며 수피는 새끼줄대용으로 쓰인다. 풍치수와 밀원식물로 가치가 있다. 꽃은 보리수화 또는 자단이라고 하여 약용한다.

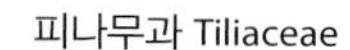

피나무과 Tiliaceae

뽕잎피나무

Tilia taquetii **C.K.Schneid.**

Tilia 보리자나무의 라틴 옛 이름으로 ptilon(날개)에서 유래함. 날개 같은 포가 꽃자루에 있는 것에 기인함
taquetii 1906~1915년에 많은 식물을 수집하여 프랑스로 보낸 신부 J. Taquet의

이명 뽕피나무
한약명 자단(紫椴, 꽃)
E Mulberry-leaf linden
J クワノハシナノキ

수형

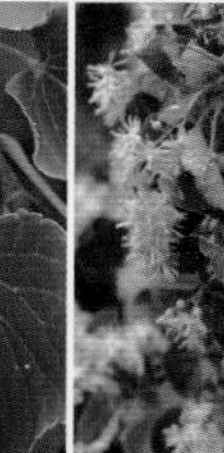

열매

꽃

개엽

【분포】
해외/국내 중부 이남 산지 분포

【형태】
수형 낙엽활엽소교목으로 수고 4~5m이다.
어린가지 털이 없거나 갈색 성모가 밀생한다.
잎 어긋나며 뽕나무잎과 비슷한 난형으로 길이 1.5~11cm, 너비 1~8cm,이다. 갑자기 길어진 첨두, 아심장저이다. 표면에 털이 없고, 뒷면은 회록색이며 맥겨드랑이에 갈색 털이 밀생한다. 가장자리에 예리한 잔거치 존재한다. 잎자루의 길이는 7~45mm이다.
꽃 연한 황색으로 6월에 핀다. 꽃자루의 길이는 4~5cm로 5개가 하나의 꽃차례에 달린다. 꽃받침조각은 끝에 성모가 있다.
열매 10월에 성숙하는 견과로 짧은 털이 밀생한다.

【조림 · 생태 · 이용】
지리산, 팔공산 등지의 산지에 자란다. 계곡 및 산복 이하의 토심 깊은 비옥한 곳을 좋아하고 참나무류, 다릅나무, 박달나무류와 혼생한다. 건조하고 토심이 얕은 곳에서는 생장이 아주 불량하다. 내한성과 내음성, 내조성이 강하다. 목재는 기구재나 조각재, 바둑판, 상, 펄프재, 악기 등에 쓰인다. 껍질은 몹시 질겨 로프 제조 등 섬유자원에 사용된다. 꽃은 밀원이 있어 꿀을 생산한다.

피나무과 Tiliaceae

구주피나무(좀피나무)

***Tilia kiusiana* Makino & Shiras.**

Tilia 보리자나무의 라틴 옛 이름으로 ptilon(날개)에서 유래. 날개 같은 포가 꽃자루에 있는 것에서 기인함
kiusiana 일본 규슈의

이명 좀피나무
E Kiusiana liaden
J ヘラノキ

수형

꽃차례

잎

수피

【분포】
해외/국내 일본 원산; 전국에 식재

【형태】
수형 낙엽활엽교목으로 수고 10~15m이다.
수피 옅은 갈색을 띤다.
잎 어긋나며 일그러진 좁은 난형으로 길이 5~8cm, 너비 2.5~5cm이다. 끝이 꼬리처럼 길고, 밑부분이 일그러진 심장저이며 가장자리에 불규칙한 거치가 있다. 뒷면 맥 위에 황갈색 짧은 털이 존재한다.
꽃 연한 황색으로 길이 4~6cm이고, 6~7월에 피며 산방상 취산꽃차례로 달린다. 포는 꽃대에 달린다.
열매 10~11월에 성숙하며 핵과로 지름 4~5mm이고 갈색 털이 밀생한다.

【조림 · 생태 · 이용】
일본 구주지방 원산으로 1930년경 우리나라에 도입되었다. 각지에서 정원수로 식재하고 있으며, 생장이 빠르고 천연하종발아가 잘 된다. 양지에서 잘 자라고 추위에 강하다. 토심이 깊고 비옥적윤한 곳에서 생장이 왕성하며, 해안지방에서도 생육이 좋다. 꽃은 밀원식물로 이용된다. 목재는 기구재, 기계재, 조각재, 바둑판 등으로 쓰인다.

잎
잎 뒷면 ©김진석
수형
꽃
수형(겨울) ©김진석
열매

아욱과 Malvaceae

황근

Hibiscus hamabo **Siebold & Zucc.**

Hibiscus 고대 라틴명
hamabo 일본명 하마보

이명 갯아욱, 갯부용
E Hamabo hibiscus, Yellow rosemallow
J ハマボウ

산림청 지정 희귀등급 취약종(VU)
환경부 지정 국가적색목록 취약(VU)
환경부 지정 멸종위기 야생생물 II급

【분포】
해외/국내 일본; 남부지역 및 도서지방 암석지

【형태】
수형 낙엽활엽관목으로 수고 1~2m이다.
수피 녹회색을 띤다.
어린가지 달린 잎의 뒷면과 턱잎 및 꽃받침에는 회색의 성상모가 밀생한다.
잎 어긋나며 원형 또는 광난형으로 철두, 원저 또는 얕은 심장저이고 둔거치가 있다. 표면에 약간 털이 있고, 뒷면에 회백색 밀모가 있다.
꽃 연한 황색으로 7~8월에 피며, 중앙은 암적색이다.
열매 10월에 성숙하며 삭과이고 5개로 갈라진다. 종자는 콩팥형이다.

【조림 · 생태 · 이용】
양수로 음지에서는 꽃이 피지 않고 제주도 해안가에 자생한다. 내한성이 약해서 내륙지방에서는 월동할 수 없으며, 내조성은 강하여 해변에서도 피해를 입지 않는다. 내건성은 약하며 물이 잘 빠지고 비옥적윤한 사질양토에서 양호한 생장을 한다. 번식은 10월에 종자를 채취하여 노천매장하였다가 이듬해 봄에 파종하거나 꺾꽂이한다. 지제로부터 많은 줄기가 올라와 포기를 형성한다.

아욱과 Malvaceae

무궁화

Hibiscus syriacus L.

Hibiscus 고대 라틴명
syriacus 시리아의

이명 목근화, 무궁화나무
약명 목근화(꽃), 목근피(수피), 목근자(씨)
E Shrubby althaea, Tree mallow, Mugunghwa (Rose of sharon)
C 木槿
J マクゲ

문화재청 지정 천연기념물 강원 강릉시 사천면 방동리 무궁화(제520호), 인천 옹진군 백령면 연화리 무궁화(제521호)

수형 / 잎 앞면 / 꽃 / 잎 뒷면 / 부용 잎

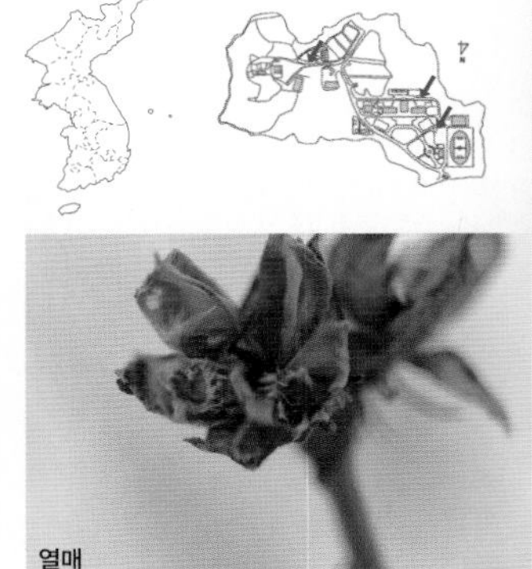
열매

【분포】
해외/국내 중국 원산, 인도; 전국 식재
예산캠퍼스 교내 및 하트연못 주변

【형태】
수형 낙엽활엽관목으로 수고 3~4m이다.
잎 어긋나며 난형이고 3개로 갈라진다. 기부에 3개의 큰 맥이 있고, 뒷면 맥 위에 털이 있다. 둔하거나 예리한 거치가 있다. 가장자리에는 불규칙한 거치가 있고, 뒷면 잎맥 위에 털이 있다.
꽃 8~9월에 피며 지름 6~10cm이고 색깔이 다양하다. 꽃잎은 도란형이며 5개가 밑부분은 서로 붙어있다. 암술대에 수술이 붙어있고 암술머리는 5개이다. 꽃이 한 송이씩 피는데 아침에 피었다가 저녁에는 꽃잎을 말아 닫고는 진다. 수많은 꽃송이가 피고 지기를 계속 반복하여 '무궁화'라고 부른다.
열매 10월에 성숙하며 삭과로 장타원형이고 5개로 갈라진다. 종자는 동글납작하며 편평하고 긴 털이 있다.

【조림 · 생태 · 이용】
양수성으로 꽃잎의 수와 꽃 색깔 등에 따라 여러 품종이 있다. 종자 채취 후 직파하거나 건사저장을 하였다가 봄에 파종하기도 하나, 품종 보존을 위하여 주로 3월, 6월, 9~10월에 가지삽목으로 증식시킨다. 공원수, 정원수, 생울타리용으로 심는다. 꽃, 근피, 씨를 약용한다.

【참고】
부용 (*H. mutabilis* L.) 주로 제주도 서귀포에 자생하고, 무궁화에 비해 잎이 광난형이다.

잎 앞면 / 잎 뒷면 / 겨울눈 / 어린가지 / 수형 / 열매 / 암꽃(왼쪽)과 수꽃(오른쪽) / 꽃차례

벽오동과 Sterculiaceae

벽오동

***Firmiana simplex* (L.) W.F.Wight**

Firmiana 오스트리아인 K.J Von Firmian(1718~1782)에서 유래
simplex 단일한, 단생의

이명 벽오동나무, 청오동나무
한약명 오동피(수피), 오동자(종자), 오동잎
E Chinese parasol tree, Chinese bottle tree, Japanese varnish tree
C 悟桐, 靑桐
J アオギリ

【분포】

해외/국내 중국 원산; 전국 식재
예산캠퍼스 연습림

【형태】

수형 낙엽활엽교목으로 수고 20m이다.
수피 수간이나 가지가 녹색이며 평활하다.
잎 어긋나며 가지 끝에서는 뭉쳐난다. 길이와 너비가 16~25cm이고 얕게 3~5개로 갈라진다. 심장형이고 거치가 없으며 열편은 광난형이며 점첨두이고 양면에 털이 없거나 뒷면에 짧은 털과 맥겨드랑이에 갈색 밀모가 있는 경우도 있다. 가장자리가 밋밋하고 잎자루가 잎보다 길다.
꽃 암수한그루이고 6~7월에 피며 가지 끝에서 길이 25~50cm의 커다란 원추꽃차례가 나온다. 한 꽃차례에 수꽃과 암꽃이 달리고 꽃받침잎은 5개이다. 장타원형이며 길이 1cm로 뒤로 젖혀지고 꽃잎이 없다. 수술은 수술대가 합쳐져서 만들어진 1개의 통 끝에 10~15개의 꽃밥이 있다. 암술은 수술통 끝에서 서고 암술머리가 넓다.
열매 10월에 갈색으로 성숙하며 5개의 분과로 익기 전에 벌어진다. 완두콩 같은 종자가 보인다.

【조림 · 생태 · 이용】

중용수로 내한성이 약해 중부내륙에서는 1년생 지상부가 종종 동해를 받으나, 시간이 지날수록 추위에 강해진다. 종자가 성숙하여 떨어지기 전에 과서를 잘라 채종하는 것이 능률적이다. 한 번 건조시킨 종자는 거의 발아가 안되므로 채종 즉시 직파하거나, 건조를 막을 수 있도록 모래와 섞어두었다가 봄에 파종한다. 녹음수, 가로수, 정원수로 쓰인다. 열매는 커피 대용으로 쓰이고, 수피, 씨, 잎은 약용한다.

팥꽃나무과 Thymelaeaceae

팥꽃나무

Daphne genkwa Siebold & Zucc.

Daphne 그리스의 여신명에서 월계수의 이름으로 전용, 엽형이 비슷하기 때문에 이 속의 이름으로 다시 전용
genkwa 한명(漢名) 원화(芫花)의 일본 발음

이명 팟꽃나무, 니팝나무, 넓은이팝나무, 이팝나무, 넓은이팝나무, 넓은잎팥꽃나무
한약명 원화(芫花, 꽃봉오리)
E Lilac daphne
C 芫花
J チョウジザクラ

수형

잎 앞면

잎 뒷면

꽃

어린가지와 잎

수피

삼지닥나무 줄기

【분포】
해외/국내 중국, 대만; 남부 지역 산지

【형태】
수형 낙엽활엽관목으로 수고 1m이다.
수피 자갈색을 띤다.
어린가지 가늘고 털로 덮여있다.
겨울눈 백색의 털에 싸여있다.
잎 마주나나 간혹 어긋나며 길이 3~5cm, 너비 0.5~1.2cm, 장타원형 또는 도피침형으로 예두, 예저이고 거치가 없다. 양면에 미모가 있으나 점차 없어진다. 나중에는 뒷면 맥 위에만 융모가 남고 뒷면은 담녹색을 띤다.
꽃 담자색으로 4월에 피며 산형꽃차례이고 전년지 끝에서 난다. 꽃자루에 털이 있다.
열매 7월에 백색에서 자홍색으로 성숙하고 장과로 둥근 모양이다. 자연상태에서는 잘 결실되지 않는다.

【조림 · 생태 · 이용】
양수 또는 중용수로 전남, 평남, 황해도 해안가의 산기슭이나 숲가장자리의 척박한 곳에서 자라며, 햇빛이 충분한 곳에서 개화와 결실이 양호하다. 배수성이 좋은 사질양토를 이용하는 것이 바람직하다. 내한성이 강하여 서울지역에서도 월동이 무난하다. 여름의 강한 더위에 약하다. 꽃봉오리는 약용한다.

【참고】
삼지닥나무(*Edgeworthia chrysantha* Lindl.) 제주도 및 남부지역의 정원과 공원에 식재하며, 팥꽃나무에 비해 꽃이 황색이며 아래로 처진다. 잎이 어긋나며, 보통 가지가 3갈래로 갈라진다.

팥꽃나무과 Thymelaeaceae

백서향

Daphne kiusiana Miq.

Daphne 그리스의 여신명에서 월계수의 이름으로 전용, 엽형이 비슷하기 때문에 이 속의 이름으로 다시 전용
kiusiana 일본 규슈의

이명 백서향나무, 개후초, 개서향나무, 흰서향나무
E White daphne
J コショウノキ

산림청 지정 희귀등급 위기종(EN)
환경부 지정 국가적색목록 준위협(NT)

수형 ©김진석

수피 ©김진석

꽃 ©김진석

열매

【분포】
해외/국내 일본; 서남해안의 도서 및 제주도 해변의 산기슭

【형태】
수형 상록활엽관목으로 수고 1m이다.
수피 감청색을 띤다.
어린가지 녹색이며 오래되면 적갈색이 된다.
잎 어긋나며 도피침형으로 길이 2.5~8cm, 너비 1.2~3.5cm, 예두이거나 둔두이고 거치가 없다.
꽃 암수딴그루로 백색이고 3~4월에 피며, 전년지 끝에서 모여 달린다. 꽃받침통은 잔털이 있고 열편은 4개, 길이는 3mm이다. 꽃대에 백색의 잔털이 있다.
열매 5~6월 적색으로 성숙하며 타원형의 장과이다.

【조림 · 생태 · 이용】
반음지에서 잘 자라며 건조에는 강하지만 습기에 약하고 배수가 잘되는 곳에서 생육이 양호하다. 토질이 비옥하고 암석이 많은 사질양토에서도 생장이 양호하다. 내염성이 강해서 해변 숲가장자리에서 주로 자란다. 번식은 여름에 열매가 성숙된 직후 채취하여 직파하며 꺾꽂이도 가능하다. 자생지가 10곳 미만으로 개체수가 많지 않다. 관상용으로 많이 이용하며, 꽃은 서향화, 뿌리 또는 근피를 서향근, 잎은 서향엽이라 하며 약용한다.

팥꽃나무과 Thymelaeaceae

서향

Daphne odora Thunb.

Daphne 그리스의 여신명에서 월계수의 이름으로 전용, 엽형이 비슷하기 때문에 이 속의 이름으로 다시 전용
odora 방향(芳香)이 있는

이명 서향나무
E Winter daphne
J ジンチョウゲ

수형 ©김진석

꽃 ©김진석

【분포】

해외/국내 중국; 제주도 및 남부지방에서 관상수로 식재

【형태】

수형 상록활엽관목으로 수고 1m이다.

어린가지 청감색을 띠며 튼튼한 갈색 섬유가 있다.

잎 어긋나며, 혁질로 길이 5~10cm이다. 타원형 또는 타원상 피침형으로 예두 또는 둔두, 예저이고 거치가 없다. 가장자리가 백색인 잎도 있다.

꽃 연한 홍자색으로 암수딴그루이며 3~4월에 피고 전년지 끝에 모여 달린다. 꽃받침은 통형이며 길이 1cm, 끝이 4개로 갈라진다. 겉은 홍자색이며 안쪽은 백색이고 수술은 꽃받침통에 달려있다.

열매 장과로 6~8개가 뭉쳐나고 길이 15mm, 지름 10mm 정도의 구형이다. 우리나라에 심겨 있는 것은 대부분 수나무이므로 열매를 보기 힘들다.

【조림 · 생태 · 이용】

다소의 직사광선에는 견디나 음지나 반음지가 좋으며, 토질은 배수가 잘 되면서도 보수력이 있는 다소 습한 사질양토가 좋다. 평소에 물이 잘 빠져도 큰 비가 왔을 때 물이 고이는 곳은 좋지 않다. 너무 건조하면 잎이 떨어지며, 너무 습하면 뿌리가 썩기 쉽다. 추위와 공해에 약하고 병충해에도 약하다. 6월에 직파하면 이듬해 봄에 발아가 잘 되며, 3~4월, 6~7월, 8~9월에 가지삽목을 해도 잘 된다. 상록성의 진한 녹색 잎과 봄철에 피는 홍자색 꽃은 향기가 좋아서 나무 이름도 서향 또는 천리향이라 한다. 서향은 대부분 수나무이므로 결실하는 것을 보기 어렵고, 백서향보다 약간 크다. 생장은 느린 편이며 싹트는 힘이 둔하다.

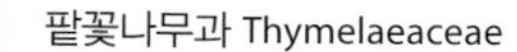
팥꽃나무과 Thymelaeaceae

두메닥나무

***Daphne pseudomezereum* A.Gray var. *koreana* (Nakai) Hamaya**

Daphne 그리스의 여신명에서 월계수의 이름으로 전용, 엽형이 비슷하기 때문에 이 속의 이름으로 다시 전용

이명 화태닥나무, 조선닥나무, 백서향나무
E Korean daphne, Mountain daphne

산림청 지정 희귀등급 취약종(EN)
환경부 지정 국가적색목록 취약(VU)

수형

잎

열매

겨울눈

【분포】
해외/국내 일본; 지리산 이북의 높은 산 능선 및 계곡에 드물게 자생

【형태】
수형 낙엽활엽관목으로 수고 30~100cm이다.
수피 황갈색 또는 녹갈색을 띤다.
어린가지 다소 굵으며 연한 갈색을 띠고, 털이 없다.
잎 어긋나며 길이 4~8.5cm, 장도란형 또는 도피침형으로 예두 또는 둔두로 가장자리에 거치가 없다. 표면은 녹색, 뒷면은 약간 분백색을 띤다.
꽃 암수딴그루이고 백색으로 4월에 피며 전년지의 잎겨드랑이에 총상꽃차례가 나온다. 2~5개의 꽃이 달린다. 꽃받침통은 녹색, 꽃받침잎은 황색이다.
열매 7~8월에 적색으로 성숙하며 구형 또는 난형이다.

【조림 · 생태 · 이용】
남한에서는 속리산, 면산 등 백두대간을 따라 해발 약 1,000m에 주로 나타나고 신갈나무가 우점하는 곳에 관목층이나 초본층을 점유하고 있다. 낙엽수림 하부의 배수가 잘 되고 부엽이 깊게 쌓인 곳에서 잘 자라며, 적당하게 바람이 잘 통하고 반그늘진 곳에서 재배하는 것이 좋다. 토양은 적당한 보습성을 지니고 유기물이 풍부하게 혼합된 사질양토가 바람직하다. 강한 음지를 좋아하고 내한성이 매우 강하다. 번식으로는 과육을 제거한 후 직파하는 것이 좋다. 북방계 식물로 한국 특산식물이다. 산림청 희귀등급과 환경부 국가적색목록에 취약수종으로 지정되어 있으므로 현지 내외의 보존이 필요하다. 또한 키가 작은 관목성 수종으로 정원수나 공원수로서의 개발가치가 높다.

팥꽃나무과 Thymelaeaceae

산닥나무

Wikstroemia trichotoma (Thunb.) Makino

Wikstroemia 스웨덴의 식물학자 J.E. Wikstroem(1789~1856)에서 유래
trichotoma 3분기(三分岐)의

이명 강화산닥나무
E Trichotoma wikstroemia, Montane false ohelo
J キガンピ

산림청 지정 희귀등급 취약종(VU)
환경부 지정 국가적색목록 준위협(NT)

잎과 꽃

수형

【분포】
해외/국내 일본; 중부 이남 산지 임연부 및 암석지

【형태】
수형 낙엽활엽관목으로 수고 1m이다.
수피 황갈색을 띤다.
어린가지 털이 없고 가늘며 적갈색을 띤다.
잎 마주나며, 길이 2.5~4.5cm, 너비 1~2.5cm, 난형 또는 난상 타원형으로 양면에 털이 없다. 뒷면은 약간 흰빛을 띤다.
꽃 황색으로 8~9월에 피며, 어린가지의 끝에 총상꽃차례가 나온다. 꽃받침은 통형이고 길이 6~7mm이며, 끝이 4개로 갈라진다.
열매 9~10월에 성숙하며 난상 장타원형으로 양 끝이 좁다. 길이 5~6mm, 짧은 대가 있다.

【조림 · 생태 · 이용】
배수성과 보습성이 좋은 계곡이나 산허리의 약간 그늘진 낙엽수림 하부에서 자라며, 습기가 많고 토심이 깊고 비옥한 토양이 좋으나 실제로는 거의 가리지 않는 편이다. 반그늘진 곳이 좋고, 중부지방에서 재배 시에는 여름철의 더위에 약하므로 바람이 잘 통하는 곳에서 재배한다. 내한성과 내조성, 내음성이 강하다. 채취한 종자를 기건저장하였다가 이듬해 봄에 파종하면 당년에 발아하고 생육하여 개화도 가능하다. 인공재배가 어렵다. 꽃과 잎의 질감이 좋으므로 공원 등에 군식하면 잘 어울린다. 고급 제지원료로 사용하던 식물이다.

수형

잎

잎 앞면

꽃

잎 뒷면

열매

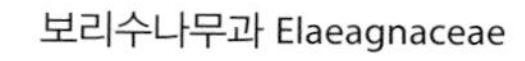
보리수나무과 Elaeagnaceae

보리수나무

Elaeagnus umbellata Thunb.

Elaeagnus 그리스어 elaia(올리브)와 agnos(서양목형, Vi-tex)의 합성어이며 열매가 올리브같고 잎이 후자처럼 은백색인 것을 지칭함
umbellata 산형꽃차례의

이명 볼네나무, 보리장나무, 보리화주나무, 보리똥나무, 산보리수나무, 보리화주나무, 봄보리똥나무, 보리똥나무, 보리밥나무, 왕볼래나무
한약명 목우내(木牛奶, 가지와 뿌리), 호퇴자(열매, 잎, 껍질)
E Autumn oleaster
C 牛奶子
J アキグミ

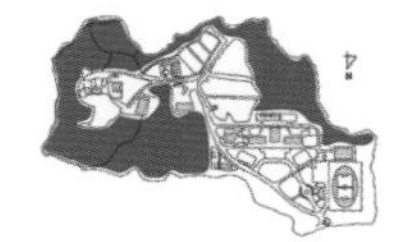

【분포】
해외/국내 일본; 중부 이남 산지 임연부 및 계곡부
예산캠퍼스 연습림

【형태】
수형 낙엽활엽관목으로 수고 3~4m이다.
수피 회흑갈색이다.
어린가지 흔히 가시가 있고, 은백색 또는 갈색의 인모가 밀생한다.
잎 어긋나며 길이 3~7cm, 너비 1~2.5cm, 타원형, 난상 장타원형이며 둔두, 짧은 점첨두이고 원저, 예저이며 거치가 없다. 표면에 털은 곧 없어지며 뒷면에는 은백색의 인모가 밀생한다.
꽃 백색에서 연한 황색으로 변하며 향기가 있고 5~6월에 핀다. 꽃받침통은 길이 12mm 정도, 끝이 4개로 갈라진다. 수술은 4개, 암술은 1개, 암술대에 인모가 있다.
열매 10~11월에 붉게 성숙하며 인모로 덮여있다.

【조림 · 생태 · 이용】
양수성이며 뿌리의 수직분포는 천근형이다. 정원수, 공원수, 생울타리로 쓰인다. 열매는 식용 또는 약용하며 잎, 수피도 약용한다.

인도보리수(*Ficus religiosa*)
불교에서 보리수나무로 불리는 나무(미얀마)

보리수나무과 Elaeagnaceae

뜰보리수

Elaeagnus multiflora Thunb.

Elaeagnus 그리스어 elaia(올리브)와 agnos(서양목형, Vi-tex)의 합성어이며 열매가 올리브같고 잎이 후자처럼 은백색인 것을 지칭함
multiflora 많은 꽃의

이명 녹비늘보리수나무
E Cherry eleaegnus, Gumi
J ナツグシ

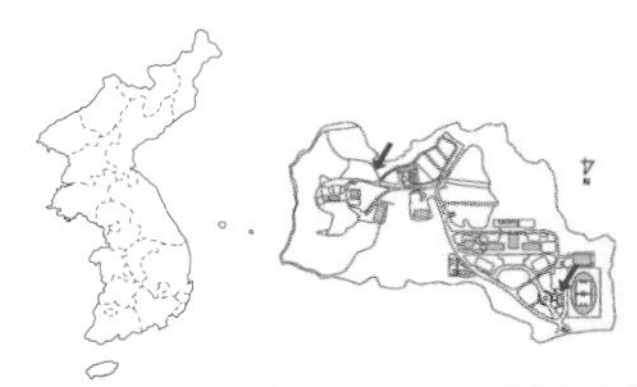

수형

겨울눈

열매

잎 앞면

잎 뒷면

꽃

【분포】
해외/국내 일본 원산; 전국 식재
예산캠퍼스 교내 및 연습림

【형태】
수형 낙엽활엽소교목으로 수고 2~4m이다.
수피 회갈색으로 오래되면 세로로 갈라져서 불규칙하게 떨어진다.
어린가지 적갈색의 인모가 밀생하고 가지에 긴 가시가 발달한다.
잎 길이 5~8cm, 너비 2~5cm의 잎 표면은 녹색으로 어긋나며 장타원형, 난형 또는 도란상 장타원형이다. 처음에는 별모양의 털이 있으나 나중에는 떨어진다. 뒷면은 흰빛이 도는 인편이 밀생하므로 희게 보이며 드문드문 갈색빛의 인편이 산재한다.
꽃 담황색으로 4~5월에 피며 잎겨드랑이에서 1~2개씩 드리워진다. 통형의 꽃받침은 끝이 4개로 갈라지며 자방은 하부의 잘록한 부위 아래에 있다.
열매 6~7월에 붉게 성숙하며 광타원형으로 길이 1.5cm이다. 길이 2.5~5cm의 긴 열매자루가 있어 아래로 드리워진다.

【조림 · 생태 · 이용】
양수성이며 뿌리의 수직분포는 천근형이다. 과육을 제거한 후 직파하거나 3~4월, 6~7월, 9월에 가지삽목이나 분주를 하여도 증식이 잘 된다. 정원수, 공원수, 생울타리로 쓰인다. 열매는 식용 또는 약용하며 잎, 수피도 약용한다.

보리수나무과 Elaeagnaceae

보리장나무

Elaeagnus glabra Thunb.

Elaeagnus 그리스어 elaia(올리브)와 agnos(서양목형, Vi-tex)의 합성어이며 열매가 올리브같고 잎이 후자처럼 은백색인 것을 지칭함

이명 덩굴볼레나무, 볼네나무, 덩굴보리수나무
한약명 만호퇴자(열매, 뿌리, 잎)
E Autumn-flower oleaster
C 蔓胡頹子
J ツルグミ

【분포】

해외/국내 일본; 전남 및 제주도의 산지 및 임연부

【형태】

수형 상록활엽만목성으로 수고 2~3m이다.
수피 짙은 회색으로 표면에 둥근 피목이 분산되어 있다.
어린가지 적갈색이며 인모가 밀생한다.
잎 어긋나며 길이 4~8cm, 너비 2.5~3.5cm로 장타원형, 타원상 피침형, 점첨두, 첨두, 예저로 거치가 없거나 종종 파상을 이룬다. 앞면은 녹색이고, 뒷면은 갈색 인모가 밀생해 적갈색을 띤다.
꽃 백색으로 10~12월에 피며, 꽃받침통에 적갈색 인모가 있다.
열매 4~6월에 붉게 성숙하며 타원형 또는 장타원형이고, 길이 10~18mm, 백색 인모가 덮여있다.

【조림 · 생태 · 이용】

햇빛이 잘 드는 비탈진 경사지에서 잘 자라고 보습성이 양호한 사질양토에서 생육이 왕성하다. 지하부에는 뿌리혹박테리아가 존재하여 척박한 토양에서도 잘 적응한다. 내한성이 약해 중부지방에서 재배하기 어렵고, 내염성과 내조성이 강해서 해안지방에서 주로 잘 자란다. 봄에 종자를 채취하여 곧바로 파종한다. 봄철에서 여름철에 걸쳐 미숙지를 채취하여 녹지삽목을 한다. 상록성의 잎은 은백색으로 반들반들한 질감이 있어 청량감을 주며, 봄에 황색에서 붉은색으로 익는 열매는 나무 가득히 주렁주렁 달리고 맛이 달다. 열매는 식용하거나 과실주를 담그며 잼이나 파이 등도 만든다.

보리수나무과 Elaeagnaceae

보리밥나무

***Elaeagnus macrophylla* Thunb.**

Elaeagnus 그리스어 elaia(올리브)와 agnos(서양목형, Vi-tex)의 합성어이며 열매가 올리브같고 잎이 후자처럼 은백색인 것을 지칭함

macrophylla 큰 잎의

이명 봄보리수나무, 봄보리똥나무, 보리수나무, 보리똥나무

한약명 동조(冬棗, 뿌리, 잎, 열매)

E Broad-leaf oleaster

C 頹子

J オオバグミ

수형

꽃

개엽

잎 앞면

잎 뒷면

【분포】

해외/국내 일본; 도서지방 및 해안 산지 임연부

예산캠퍼스 온실

【형태】

수형 상록활엽만목성 또는 관목으로 수고 2~3m이다.

수피 암회색 또는 회갈색이며 둥근 피목이 분산되어 있다. 오래되면 세로로 갈라진다.

어린가지 은백색 및 연한 갈색의 인모가 밀생한다.

잎 어긋나며 길이 5~10cm, 너비 4~6cm, 원형이고 둔두, 예두이며, 원저이고 거치가 없다. 뒷면은 은백색의 인모가 있어 희게 보인다.

꽃 8~11월에 피며 몇 개씩 잎겨드랑이에 달린다. 꽃대는 길이 5~10mm, 백색 인모가 밀생한다. 꽃받침은 종형, 길이 4mm, 열편의 겉은 은백색 바탕에 갈색 점이 존재한다.

열매 다음해의 4~5월에 붉게 성숙하며 타원형이다. 길이 15~17mm, 흰빛 인모가 있다.

【조림 · 생태 · 이용】

중용수로 해안지에서 자생한다. 내한성이 약하며, 토심이 깊고 적습한 사질토가 생육에 좋다. 5월에 종자를 채취하여 직파하거나 3~4월에 가지삽목을 하면 어느 정도 발근묘를 얻을 수 있다. 해안녹화와 해안사방조림 수종이다. 열매는 식용하며, 뿌리, 잎과 함께 약용한다.

이나무과 Flacourtiaceae

산유자나무

Xylosma japonica **(Thunb.) A. Gray ex H. Ohashi**

Xylosma 그리스어 xylon(목재)와 osmos(향기)의 합성어
japonica 일본의

E Shiny xylosma
C 柞木의 일종
J クストイゲ

수형

수피

잎 앞면

잎 뒷면

【분포】

해외/국내 일본, 대만, 인도, 필리핀; 남부지역 해안 산지

【형태】

수형 상록활엽관목으로 수고 3~10m이다.

수피 회갈색이며 오래되면 세로로 얇게 갈라져서 불규칙한 조각으로 떨어진다.

어린가지 끝이 가시로 된 단지가 있다. 적갈색을 띠고 잎자루와 더불어 털이 있다.

잎 어긋나며 길이 4~8cm, 너비 3~5cm, 난형 또는 장타원상 난형으로 예첨두 또는 둔두, 예저이다. 어린나무의 것은 원저이고 둔한 거치가 있다.

꽃 암수딴그루로 황백색이고 8~9월에 피며 총상꽃차례가 액생한다.

열매 11월에 흑색으로 성숙하며 구형의 장과이고 지름 약 5mm이다.

【조림 · 생태 · 이용】

음수로 해안가, 계곡, 산지의 양지 쪽에서 잘 적응하고 건조한 곳에서도 견딘다. 과피를 제거한 후 종자를 가려내어 11월경 직파하거나, 노천매장을 하였다가 파종한다. 6~7월에 가지삽목 또는 이른 봄에 뿌리삽목을 하기도 한다. 발근이 잘 되는 편은 아니다. 맹아력이 강하다. 관상용이나 생울타리 소재로 알맞다. 나무껍질은 작목피, 뿌리는 작목근, 지엽은 작목엽이라 하며 약용한다.

이나무과 Flacourtiaceae

이나무

Idesia polycarpa Maxim.

Idesia 네덜란드의 식물수집가 E. Ysbrant Ides에서 유래
polycarpa 수회 결실하는, 많은 열매의

이명 의나무, 팥피나무, 위나무
한약명 산동자(山桐子, 열매기름), 산동엽(山桐葉, 잎)
E Idesia
C 山桐子, 山梧桐
J イイギリ

수형

샘털(잎자루 끝)
샘털(잎자루 중간)

수피

잎과 꽃

열매

잎

【분포】
해외/국내 중국, 대만, 일본; 남부 지역 및 제주도 산지

【형태】
수형 낙엽활엽교목으로 수고 15m이다.
수피 황백색을 띠며 피목이 있다.
잎 어긋나며 길이는 10~25cm, 너비 8~20cm, 난원형으로 예첨두, 얕은 심장저, 거치가 있다. 잎자루는 붉은빛을 띠며, 길이 5~15cm, 잎자루의 끝에 2개의 선이 있다. 잎자루의 기부에도 1~2개의 선이 있는 것도 있다.
꽃 자웅이주로 4~5월에 꽃잎이 없는 황녹색 꽃이 핀다. 20~30cm의 원추꽃차례로 달린다. 수꽃은 지름 1.2~1.6cm이며 꽃받침열편은 난형, 타원형으로 길이 5~6mm, 양면에 털이 밀생한다. 암꽃은 지름 8~9mm이며 꽃받침열편은 길이 4~5mm이다.
열매 10~11월에 붉게 성숙하며 10개 내외의 종자가 들어있다. 낙엽 후에도 종자가 달려있다.

【조림 · 생태 · 이용】
양수에 가까운 중용수이며 뿌리의 수직분포는 심근형이다. 반그늘에서도 자라며 토질은 가리지 않으나 습기가 있는 비옥한 사질양토에서 생장이 양호하다. 내병충성, 내공해성, 내염성이 강해서 해안가에서도 잘 자라지만, 내한성이 약하여 서울지방에서는 어릴 때 동해를 입는다. 과피를 제거한 후 종자를 가려내어 11월경 직파하거나 노천매장을 하였다가 파종한다. 6~7월에 가지삽목 또는 이른봄에 뿌리삽목을 하기도 한다. 정원수, 풍치수, 가로수로 심는다. 목재는 가구재, 신탄재로 쓰인다. 잎과 열매기름은 약용한다.

수형 ©황영심

위성류과 Tamaricaceae

위성류

Tamarix chinensis Lour.

Tamarix 라틴 옛 이름이며 피레네지방의 Tamaris강 유역에서 많이 자라는 것에서 기인함
chinensis 중국의

한약명 정유(檉柳), 위성류(渭城柳)
E Chinese Tamarisk
C 西河柳, 柽柳
J ギョリュウ

꽃 ©황영심

잎 ©황영심

수피

【분포】
해외/국내 중국 원산; 전국 식재

【형태】
수형 낙엽아교목으로 수고 5m이다.
수피 회녹색이다.
잎 인편에 가까운 침형이고 길이 1~3mm 이하, 예두이고 약간 백록색을 띤다.
꽃 5월과 9월, 초여름과 가을에 연한 홍색에서 담홍색의 꽃이 2회에 걸쳐 피는데 총상꽃차례에 달린다. 꽃잎 5개, 수술은 5개이며 꽃잎보다 길다. 암술대는 3개이며 길이는 자방의 반 정도이다. 여름에 피는 것은 지난해 가지에서, 가을에 피는 것은 새가지의 끝에서 핀다.
열매 10월에 성숙하며 삭과로, 종자 끝에 긴 털이 있어 바람에 잘 날린다.

【조림 · 생태 · 이용】
양수성이며 맹아성이 있다. 낙엽활엽으로 분류하지만 잎의 형태가 침형에 가까운 것이 특징이다. 중국 원산으로, 우리나라 곳곳에 드물게 식재하고 있으며, 습지에서는 생육이 잘 되고 건조한 척박지에서는 생육이 나쁘다. 적응력이 강하고, 토심이 깊고 적습한 비옥지에서 생육이 좋다. 2~3월, 6~7월에 가지삽목을 하면 잘 된다. 해안방풍림으로 쓰이고 정원수로 심는다. 소지를 약용한다.

부처꽃과 Lythraceae

배롱나무

Lagerstroemia indica L.

Lagerstroemia Linne의 친우인 스웨덴의 Magnus Von Lagerstroem(1696~1759)에서 유래함
indica 인도의

이명 백일홍
한약명 자미화(紫薇花, 꽃), 자미근(紫薇根, 뿌리)
E Crape myrtle
C 紫薇
J サルスベリ

문화재청 지정 천연기념물 부산광역시 부산진구 양정1동 배롱나무(제168호)

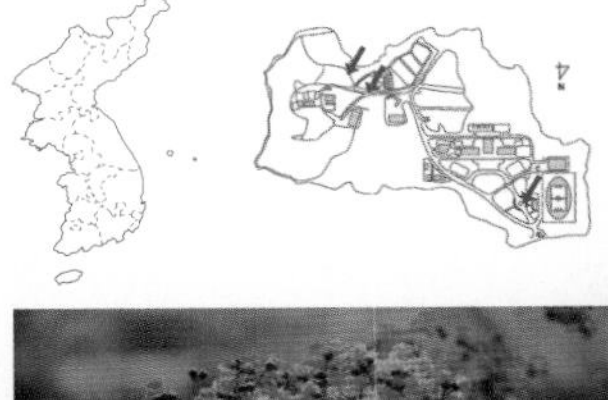

수형

겨울눈

잎 앞면

잎 뒷면

꽃차례

열매

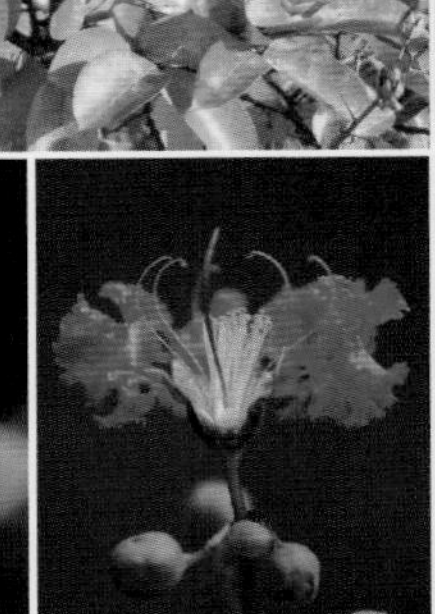
꽃

수피

【분포】
해외/국내 중국; 전국 식재
예산캠퍼스 교내 및 연습림 임도 옆

【형태】
수형 낙엽활엽아교목으로 수고 6m이다.
수피 평활하며 껍질이 벗겨진 자리는 흰빛이다.
어린가지 사각형이다.
겨울눈 길이 2~3mm의 난형으로 끝이 뾰족하고, 인편은 적갈색이다.
잎 마주나거나 어긋나며 길이 3~6cm, 너비 2~3cm, 도란형으로 둔두, 예두이며 원저, 예저이고 거치가 없다.
꽃 붉은색으로 7~9월에 피며 화기가 길다. 길이 10~20cm의 원추꽃차례가 가지 끝에 달린다. 꽃받침, 꽃잎은 6개이고, 수술은 30~40개이며, 그중 6개가 특히 길다.
열매 10월에 성숙하며 삭과이고 광타원형이다.

【조림 · 생태 · 이용】
양수성이며 뿌리의 수직분포는 중간형이다. 토성을 가리지 않으나 배수가 잘 되는 비옥적윤한 토양과 양지를 좋아하며, 내한성이 약해서 남부지방에서 주로 식재를 한다. 10월에 종자 채취 후 직파하거나 노천매장을 하였다가 파종하며, 3~4월, 6~8월에 가지삽목을 해도 잘 된다. 정원수로 쓰이며 꽃과 뿌리는 약용한다.

수형

잎

어린가지와 잎차례

수피

열매

꽃 단면

석류나무과 Punicaceae

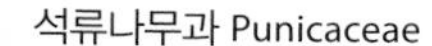

석류나무

Punica granatum L.

Punica 라틴어 punicus(카르타고의)에서 유래함. 석류(石榴)가 북아프리카의 카르타고 원산이라고 생각한데서 기인함
granatum 입상(粒狀)의

이명 석누나무, 석류
한약명 석류피(과피)
E Pomegranate
C 石榴
J ザクロ

【분포】
해외/국내 이란, 파키스탄, 아프가니스탄, 지중해 연안; 중부 이남 식재

【형태】
수형 낙엽활엽아교목으로 수고 4~8m이다.
수피 황갈색을 띠며, 뒤틀리는 모양으로 발달한다.
어린가지 네모지고 가늘며 털이 없다. 단지 끝이 가시로 변한다.
잎 마주나며, 좁은 장타원형 또는 도란형으로 예두, 예저이고 길이 2~6cm이며 거치가 없다.
꽃 붉은색으로 6~7월에 어린가지 끝에 1~5개가 핀다. 꽃받침이 두껍고 통부는 자방과 합착하여 있으며 5~7개로 갈라져 있다. 꽃잎은 5~7개로 기왓장처럼 포개진다.
열매 9~10월에 황적색으로 성숙하며, 지름 6~8cm, 육질이고 불규칙하게 갈라진다.

【조림 · 생태 · 이용】
양수로, 꽃도 많이 피고 결실도 잘 되게 하려면 해가 잘 들고 바람이 적은 곳이 가장 좋다. 토심이 깊고 배수가 잘 되는 비옥적윤한 사질양토가 적지이나, 내한성이 약해서 중부지방에서는 노지월동이 불가능하고 해풍에는 강하므로 해변에서 잘 자란다. 유기질이 많고 습기가 많은 토질은 도장하여 꽃이 잘 피지 않는다. 종자, 삽목, 분주, 접목으로 증식시킬 수 있으나 주로 삽목으로 증식시킨다. 3~4월, 6~7월, 9월에 가지삽목을 하며 발근촉진제의 처리가 효과적이다. 종자번식은 열매가 황색에서 적색으로 되었을 때 채취하여 따뜻한 지방에서는 직파, 추운지방에서는 건사저장을 하였다가 봄에 파종한다. 정원수로 식재한다. 줄기와 근피, 과피를 약용하며 열매는 식용한다.

박쥐나무과 Alangiaceae

박쥐나무

Alangium platanifolium (Siebold & Zucc.) Harms var. *trilobum* (Miq.) Ohwi

Alangium Malabar란 지방명이며 angolam을 바꾼 것
platanifolium 버즘나무속(*Platanus*)의 잎과 같은

이명 누른대나무, 털박쥐나무
한약명 팔각풍(근피), 백룡수(白龍須, 근피)
E Lobed-leaf alangium, Trilobed-leaf alangium
C 八角楓, 瓜木
J ウリノキ

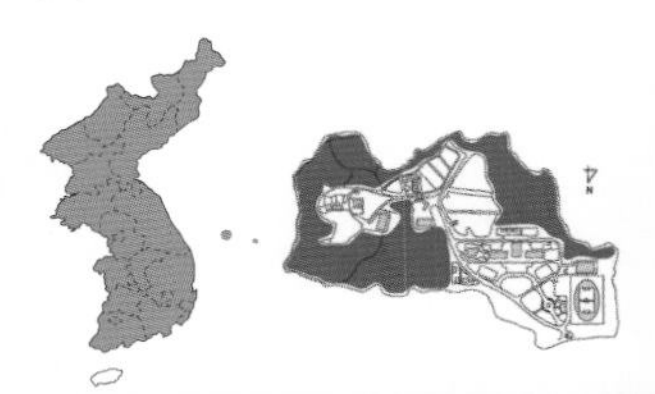

수형

단풍박쥐나무 잎 앞면

단풍박쥐나무 잎 뒷면

꽃

열매

【분포】
해외/국내 중국, 일본, 대만; 전국 산지
예산캠퍼스 연습림

【형태】
수형 낙엽활엽관목으로 수고 2~3m이다.
수피 흑자색이며 피목이 흩어져 있다.
어린가지 회갈색 빛을 띤다.
잎 어긋나며 길이와 너비가 각각 7~20cm이고 둥글며 끝이 3~5개로 갈라진다. 약간 심장형으로 각 열편은 삼각형이고 점첨두이며 거치가 없다. 양면에 털이 약간 있고, 잎자루의 길이는 3~10mm이다.
꽃 백색으로 5~7월에 피며 취산꽃차례로 새가지의 잎겨드랑이에 모여 달린다. 1~4개의 꽃봉오리는 길고 좁으며 원추형이고, 길이 3cm이다. 꽃이 피면 6매의 꽃잎이 강하게 뒤로 말린다. 수술은 12개이며, 암술대와 꽃밥의 길이는 비슷하다.
열매 9월에 짙은 벽색으로 성숙하며 핵과로 길이 6~8mm이다.

【조림 · 생태 · 이용】
그늘에서 자라는 음수성으로, 산록, 계곡부, 수림 속에서 자생하며 습기가 적당한 토양을 좋아한다. 주로 전석지와 배수성이 좋은 사질양토에서 생육한다. 봄의 새잎은 식용하고 수피는 새끼 대용으로 쓰인다. 근피는 약용한다.

【참고】
단풍박쥐나무 (*A. platanifolium* (Siebold & Zucc.) Harms) 잎이 단풍나무와 비슷하다. 단풍박쥐나무는 박쥐나무와 같은 분류군으로 보기도 한다.

층층나무과 Cornaceae

식나무

Aucuba japonica **Thunb.**

Aucuba 일본명 아오키바에서 유래
japonica 일본산의

이명 넓적나무, 넙적나무, 청목
한약명 청목, 도엽산호수(桃葉珊瑚樹, 잎)
E Japanese aucuba, Spotted laurel
C 青木, 青皮樹, 珊瑚
J アオキ

수형 / 꽃대와 잎 / 열매 / 잎 / 꽃 / 금식나무

【분포】
해외/국내 일본; 남부지역 및 도서지방 산지
예산캠퍼스 연습림

【형태】
수형 상록활엽관목으로 수고 3m이다.
어린가지 녹색이고 광택이 있다.
잎 마주나며 길이 5~20cm, 너비 2~10cm, 타원상 난형, 타원상 피침형이며 예두, 점첨두이고, 넓은 예저에 둔한 거치가 있다.
꽃 암수딴그루로 자갈색이고 3~4월에 핀다. 수꽃은 어린 가지의 끝에 10cm 안팎의 원추꽃차례에 달린다. 암꽃은 소형의 원추꽃차례에 달린다.
열매 10~12월에 붉게 성숙하며 타원형 또는 난상타원형이다. 길이 1.5~2cm, 겨울 동안에도 가지에 달려 있다.

【조림 · 생태 · 이용】
교목의 하부에서 군락을 이루며 토심이 깊고 그늘지고 습기가 있는 비옥적윤한 토양을 좋아한다. 강한 음수이며 건조와 내한성은 약하다. 채종 즉시 직파하거나 습기가 있는 모래에 저장하여야 한다. 3~4월, 6~8월, 9월에 가지삽목을 해도 잘 된다.

【참고】
금식나무 (얼룩식나무, for. *variegata* (Dombrain) Rehder) 남부지역에서 조경용으로 식재한다.

층층나무과 Cornaceae

층층나무

Cornus controversa Hemsl.

Cornus 라틴어 cornu(뿔)에서 유래, 재질이 단단한 것을 지칭함
controversa 의심스럽다

이명 물깨금나무, 말채나무, 꺼그렁나무
한약명 등대수(燈臺樹, 가지와 수피)
E Giant dogwood, Wedding cake tree
C 燈臺樹
J ミズキ

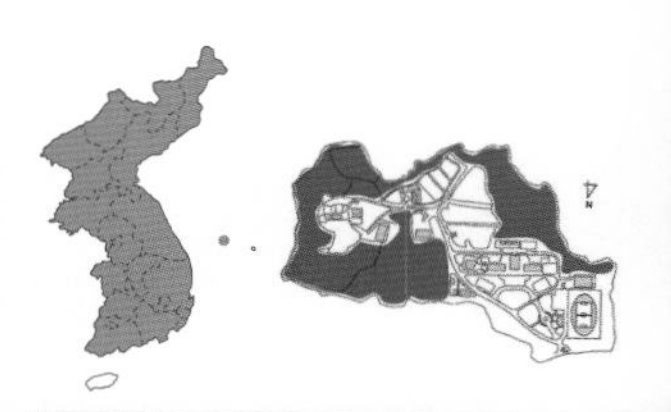

수형 / 새잎 / 잎 앞면 / 잎 뒷면

열매

꽃

잎

수피

【분포】
해외/국내 일본; 전국 산지
예산캠퍼스 연습림

【형태】
수형 낙엽활엽교목으로 수고 20m이다.
수피 회갈색, 짙은 회색이며 세로로 얕게 갈라진다.
어린가지 광택이 있는 적자색이며 표면에 둥근 피목이 흩어져 있다.
겨울눈 길이 7~9mm의 장난형, 타원형으로 광택이 나는 적자색이고 털이 거의 없다.
잎 어긋나며 길이 5~10cm, 광타원형, 넓은 도란형으로 7~10쌍의 측맥이 활처럼 굽어져 있다.
꽃 햇가지의 끝에 산방꽃차례가 달리며 백색으로 5~6월에 핀다. 꽃잎 4개, 수술 4개, 암술대는 1개이다. 꽃잎과 꽃받침통에 털이 있다.
열매 핵과로 둥글며 10월에 벽흑색으로 성숙한다. 지름 6~7mm이다.

【조림 · 생태 · 이용】
중용수이며 산록, 계곡부, 숲속의 토심이 깊고 습기가 있는 비옥한 사질양토에서 잘 자란다. 내한성, 내공해성은 강하나 내조성은 약해서 바닷가에서는 잘 자라지 못한다. 나무에서 과숙한 것은 발아가 안되므로 조금 일찍 채종하여 과육을 제거한 후 직파하거나 노천매장을 하며, 2~3월, 6~7월, 9월에 가지삽목을 하기도 한다. 풍치수, 가로수, 정원수로 심는다. 목재는 건축재, 기구재로 쓰인다. 가지와 수피는 약용한다.

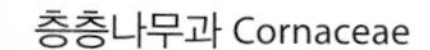

층층나무과 Cornaceae

흰말채나무

Cornus alba **L.**

Cornus 라틴어 cornu(뿔)에서 유래, 재질이 단단한 것을 지칭함
alba 백색의

이명 붉은말채, 아라사말채나무
E Tartariand dogwood, Tatarian dogwood, Red-bark dogwood
J シラタマミズキ

수형

잎

꽃

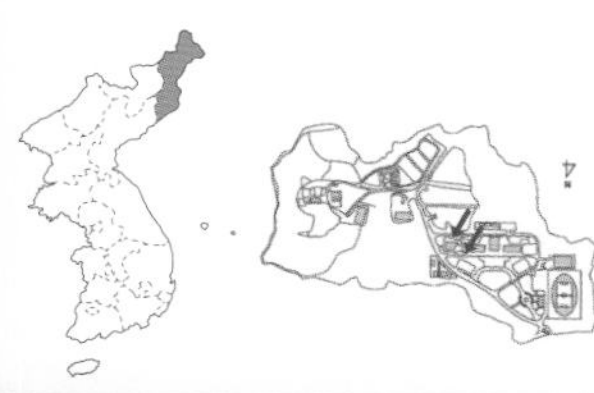

수피 ©김진석

잎 앞면

잎 뒷면

열매

【분포】
해외/국내 일본, 중국, 몽골; 북부지방 해발 350~1,800m에서 자생. 전국 식재
예산캠퍼스 교내

【형태】
수형 낙엽활엽관목으로 수고 3m이다.
수피 적자색을 띠고 광택이 난다. 회백색의 둥근 피목이 있다.
어린가지 각지고 짧은 털이 있다.
잎 마주나며 타원형으로 길이 5~10cm이다. 표면은 녹색, 뒷면은 백색으로 잔털이 있다. 가장자리에 거치가 없고, 측맥은 6쌍이다.
꽃 황백색으로 5~6월에 피며 산방상 취산꽃차례로 가지 끝에 달린다. 꽃잎은 피침형으로 길이 3mm이고, 꽃받침조각은 0.1mm~0.2mm이다. 수술은 꽃잎보다 길고 암술대는 2~2.5mm 정도의 원통형이다.
열매 8~9월에 백색으로 성숙하며 양 끝이 좁고 편평하다.

【참고】
노랑말채나무 (*C. sericea* L.) 가지가 노란색을 띤다.

노랑말채나무 열매

층층나무과 Cornaceae

곰의말채나무

Cornus macrophylla Wall.

Cornus 라틴어 cornu(뿔)에서 유래, 재질이 단단한 것을 지칭함
macrophylla 큰 잎의

이명 곰말채나무, 곰의말채
한약명 내목(梾木, 수피)
E Largeleaf dogwood
C 梾木
J クマノミズキ

꽃차례

잎차례

열매

잎 앞면

잎 뒷면

수피

【분포】
해외/국내 일본, 중국, 대만; 남부지역 및 도서지역 산지

【형태】
수형 낙엽활엽교목으로 수고 15m이다.
수피 회갈색으로 불규칙하게 세로로 갈라진다.
겨울눈 길이 4~5mm, 장타원형이고 인편이 없어 나출되어 있다. 표면에 회갈색 털이 밀생한다.
잎 마주나며, 길이 8~18cm, 너비 5~7cm, 난형 또는 타원형으로 점첨두, 예저 또는 원저이고 거치가 없다. 6~10쌍의 측맥이 활처럼 굽어있다. 끝은 위 측맥에 접하고 있다. 뒷면은 흰빛이 돌고 털이 있다.
꽃 황백색으로 6~7월에 어린가지의 끝에 원추상 취산꽃차례가 달린다. 4개의 꽃잎은 길이 3~4mm의 난상 장타원형이다. 수술은 4개, 암술대는 1개이다.
열매 10월에 벽흑색으로 성숙하며 둥근 모양이고 지름 6mm이다. 종자에 오목한 점이 많다.

【조림 · 생태 · 이용】
목재는 공예재로 쓰인다. 중용수이며, 뿌리의 수직분포는 천근형이다. 정원수, 풍치수, 당산목으로 쓰인다. 수피는 약용한다.

자생지

층층나무과 Cornaceae

말채나무

***Cornus walteri* Wangerin**

Cornus 라틴어 cornu(뿔)에서 유래, 재질이 단단한 것을 지칭함
walteri 미국인 Thomas Walter(1740~1788)의

이명 말채목
한약명 모래지엽(毛梾枝葉, 가지와 잎)
E Walter dogwood
C 毛梾
J チョウセンミズキ

수형 / 잎 / 꽃차례 / 수피 / 열매 / 꽃

【분포】
해외/국내 중국, 대만; 전국 산지

【형태】
수형 낙엽활엽교목으로 수고 10m이다.
수피 흑갈색을 띠고 그물처럼 갈라진다.
어린가지 털이 있으나 점차 없어진다.
겨울눈 인편이 없어 나출되어 있고, 표면에 백색털이 있다.
잎 마주나며 길이 5~14cm, 광난형 또는 광타원형으로 점첨두, 예저 또는 원저이고 거치가 없다. 4~5쌍의 측맥이 있다. 뒷면은 흰빛이 돌고 누운 털이 있다.
꽃 백색으로 6월에 취산꽃차례로 달린다. 지름 7~8cm이다. 길이 4~6mm, 꽃잎은 4개이며 피침형이다. 수술은 4개로 꽃잎보다 길며 1개의 암술대는 길이 3.5mm이다.
열매 9~10월에 흑색으로 성숙하며 둥근 모양, 지름 6~7mm이다.

【조림 · 생태 · 이용】
중용수로 계곡의 숲속에서 자란다. 내한성과 내조성이 강하며 햇볕을 좋아하나 음지에서도 상당히 잘 견딘다. 맹아력은 강하나 생장이 다소 느리다. 종자를 직파하거나 노천매장을 하였다가 파종하며, 2~3월, 6~7월, 9월에 가지삽목으로도 어느 정도 발근묘를 얻을 수 있다. 목재는 재질이 좋아 가구재나 무늬목, 합판재로 사용한다. 민간에서 잎을 지사제로 쓴다.

층층나무과 Cornaceae

산수유

Cornus officinalis Siebold & Zucc.

Cornus 라틴어 cornu(뿔)에서 유래, 재질이 단단한 것을 지칭함
officinalis 약용의, 약효가 있는

이명 산수유, 산시유나무
한약명 산수유(과육)
E Japanese cornelian cherry, Japanese cornel
C 山茱萸
J サンシュユ

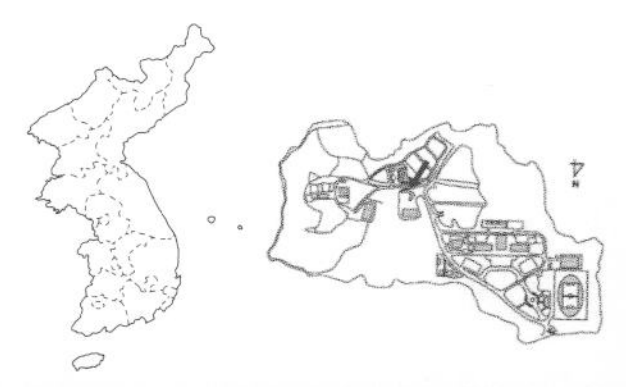

수형
꽃눈
겨울눈
수피

열매

잎 앞면

잎 뒷면

꽃

【분포】
해외/국내 중국; 중부 이남 식재
예산캠퍼스 기숙사 올라가는 길 옆

【형태】
수형 낙엽활엽아교목으로 수고 4~8m이다.
수피 연한 갈색 또는 회갈색이며 얇은 조각으로 불규칙하게 떨어진다.
어린가지 자갈색이다.
겨울눈 꽃눈은 4mm 정도의 구형이다. 잎눈은 길이 2.5~4mm의 장타원형으로 가늘고 길다.
잎 마주나며 길이 4~10cm, 너비 2.5~6cm, 난형, 타원형 또는 난상 피침형이고 긴 점첨두, 넓은 예저이며, 거치가 없다. 6~7쌍의 측맥이 활처럼 굽어진다. 뒷면은 연한 녹색이거나 흰빛이 돌며 맥겨드랑이에 갈색 밀모가 있다.
꽃 암수한그루로 노란색이고 3~4월에 잎보다 먼저 피고 지름이 4~5mm이다. 산형꽃차례에 20~30개의 꽃이 달린다. 총포조각은 4개, 노란색이며, 길이 6~8mm, 타원형 예두이다. 꽃대 길이는 6~10mm, 꽃받침조각은 4개로 꽃받침통에 털이 있다. 꽃잎은 피침상 삼각형이며 길이 2mm이다. 수술은 4개이며, 암술대는 1개이다.
열매 10월에 붉게 성숙하고 타원형 핵과이다.

【조림 · 생태 · 이용】
양수성이며 뿌리의 수직분포도는 천근형이다. 서북풍이 막힌 양지바른 곳이 좋으며, 토질은 별로 가리지 않으나 토심이 깊고 비옥적윤한 사질양토로 배수가 양호한 곳이 좋다. 대체로 비옥한 산간계곡, 산록부, 논뚝, 밭뚝의 공한지 등에서 생장이 양호하다. 내한성이 강하고 생장이 빠르다. 종자는 장기휴면형으로 과육을 제거한 후 노천매장하였다가 파종하여도 발아하는 데 2년이 걸린다. 정원수로 쓰이며 과육은 약용한다.

수형

잎 앞면 꽃

층층나무과 Cornaceae

산딸나무

Cornus kousa Burger ex Hance

Cornus 라틴어 cornu(뿔)에서 유래, 재질이 단단한 것을 지칭함
kousa 일본어로 풀(구사)이란 뜻이며 일본 하코네 지방의 방언

이명 들메나무, 애기산딸나무, 준딸나무, 미영꽃나무, 박달나무, 쇠박달나무, 소리딸나무, 굳은산딸나무
한약명 야여지(野荔枝)
E Korean dogwood
C 四照花
J ヤマボウシ

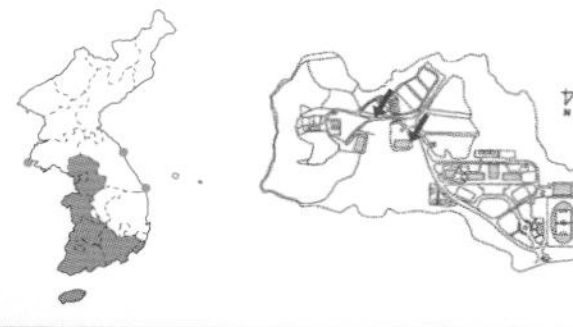

잎 뒷면

수피

겨울눈

열매

【분포】
해외/국내 일본; 중부 이남 산지
예산캠퍼스 교내 및 하트연못 정자 옆

【형태】
수형 낙엽활엽교목으로 수고 7m이다.
수피 짙은 적갈색이며 오래되면 동전모양으로 벗겨져 떨어진다.
겨울눈 긴타원형이며 길이 6mm이다. 암갈색의 누운털이 밀생한다.
잎 마주나며 타원형, 난상 타원형으로 길이 5~10cm, 점첨두, 원저이고 거치가 없거나 때로는 파상의 거치가 있는 경우도 있다. 4~5쌍으로 활처럼 굽으며 뒷면 맥겨드랑이에 갈색 털이 밀생한다.
꽃 백색으로 6~7월 어린가지의 끝에 20~30개의 피며 두상으로 달린다. 4개의 흰 총포가 발달하고, 꽃잎처럼 보이는 것이 특이하다. 꽃잎, 수술은 각각 4개씩이다. 총포편은 백색 또는 옅은 홍색 등 변이가 다양하다. 암술대는 1개이다.
열매 구형의 복과이며 10월에 적색으로 성숙하고, 지름 1.5~2.5cm이다.

【조림 · 생태 · 이용】
중용성을 띤 양수이며 뿌리의 수직분포는 천근형이다. 정원수로 심는다. 열매는 먹거나 술을 담근다. 꽃과 열매는 약용한다.

【참고】
서양산딸나무 (*C. florida* L.) 북아메리카 원산이며, 드물게 공원이나 정원에 식재되어 있다. 총포편의 끝은 깊게 파이며 백색 또는 분홍색이고, 열매가 낱개로 분리되어 있다.

서양산딸나무 열매

두릅나무과 Araliaceae

두릅나무

Aralia elata (Miq.) Seem.

Aralia 캐나다 퀘벡의 의사인 Sarrasin이 보낸 표본에 Tournefort가 붙인 토명
elata 키가 큰

이명 드릅나무, 둥근잎두릅, 둥근잎두릅나무, 참드릅
한약명 목치(근피), 자노아(刺愡鴉, 줄기와 근피)
E Korean angelica tree
C 楤木
J タラノキ

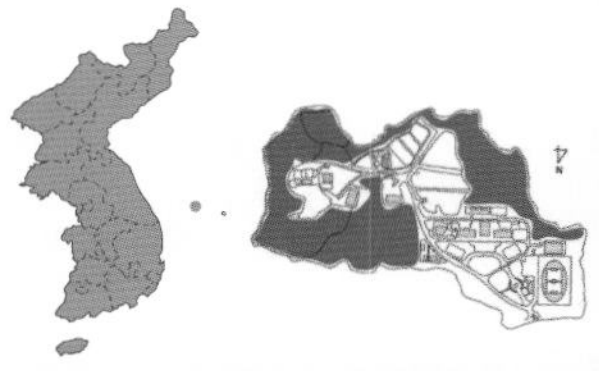

수형

잎

가시

꽃

열매

수피

【분포】
해외/국내 일본, 중국, 극동러시아; 전국 산지 임연부
예산캠퍼스 연습림

【형태】
수형 낙엽활엽관목으로 수고 3~4m이다.
어린가지 가늘고 잔털이 있다.
겨울눈 길이 10~15mm의 원추형이다.
잎 어긋나며 가지 끝에서 모여 달리며 사방으로 퍼져 있다. 기수 2회 또는 3회 우상복엽으로 길이 50~100cm에 달한다. 소엽은 마주나고 난형, 타원형으로 거치가 있다. 뒷면은 약간 휘고, 어린 나무의 잎에는 직립하는 예리한 가시가 있다.
꽃 백색으로 6~8월 말에 피며 복총상꽃차례로 길이가 30~45cm이다. 양성 또는 수꽃이 섞여있다. 지름 3mm, 꽃잎, 수술 및 암술대는 각각 5개이다.
열매 장과상 핵과로 둥글고 9월 중순~10월 중순에 검게 성숙하며. 지름 3mm이다. 종자는 뒷면에 입상의 돌기가 약간 존재한다.

【조림 · 생태 · 이용】
중용수로, 양지바른 산록이나 계곡부 전석지에서 자생한다. 토양은 토심이 깊고 습윤 조건이 적합한 곳에서 자란다. 높은 지대까지 자생하고 있어 내한성 또한 강하다. 근맹아가 많이 발생하고 생장속도는 보통이다. 채종 후 종자를 직파하거나 뿌리삽목 및 분주로 증식시킨다. 새순은 데쳐서 식용으로 먹을 수 있고, 근피, 나무껍질을 총목피라 하여 약용한다.

두릅나무과 Araliaceae

황칠나무

Dendropanax morbiferus H.Lév.

Dendropanax 그리스어 dendron(수목)과 Panax(인삼속)의 합성어이며, Panax와 비슷하지만 고목(高木)으로 자란다는 뜻
morbiferus 병을 지닌

한약명 풍하이(楓荷梨, 가지와 뿌리)
E Korean dendropanax
C 樹季
J チョウセンカクレミノ

문화재청 지정 천연기념물 전남 완도군 보길면 보길로 정자리 황칠나무(제479호)

【분포】
해외/국내 일본, 대만; 남부지역 및 도서지방 산지

【형태】
수형 상록활엽교목으로 수고 15m이다.
수피 매끄럽고 광택이 있으며 피목이 많다.
어린가지 녹색을 띠며 털이 없고 윤기가 난다.
겨울눈 삼각형이다.
잎 어긋나며, 길이 10~20cm, 난형 또는 타원형으로 어린 잎은 3~5개로 갈라지기도 한다.
꽃 6월에 피며 산형꽃차례에 황록색의 꽃이 모여 달린다. 꽃잎은 삼각상 난형이며, 작은 톱니모양의 꽃받침은 5개로 갈라진다. 수술은 5개이며 암술대는 4~5개가 합착되어 있다.
열매 10월에 검게 성숙하며 핵과로 길이 7~10mm, 타원형이다. 종자 끝에 암술대가 붙어있다.

【조림 · 생태 · 이용】
음수로 토양은 사질양토 또는 양토가 좋으며, 반그늘진 곳 또는 야지가 적당하다. 토심이 깊고 비옥적윤한 곳을 좋아하며 동백나무나 후박나무, 사스레피나무와 혼생한다. 내한성은 약하나 내음성, 내조성이 강하며 내공해성과 내병충해성도 크다. 과육에 발아억제 물질이 있으므로 과육을 붙인 채 파종하면 발아하지 않는 경우가 많다. 따라서 채종 즉시 과육을 제거한 후 건조되지 않도록 습기있는 모래와 섞어 저장하거나 직파한다. 3~4월, 5~6월에 가지삽목을 해도 잘 된다. 수액은 도료로 사용하고 수지는 약용으로 한다.

【참고】
황칠나무 학명이 국가표준식물목록에는 *D. trifidus* (Thunb.) Makino ex H.Hara로 기재되어 있다.

두릅나무과 Araliaceae

팔손이

Fatsia japonica (Thunb.) Decne. & Planch.

Fatsia 일본명 야츠데(八手)의 하치(여덟)에서 유래
japonica 일본의

이명 팔손이나무, 팔각금반
한약명 팔각금반(八角金盤, 잎)
E Japanese fatsia, Formosa rice tree, Paper plant, Glossy-leaved paper plant
C 葛藟(갈류)
J ヤツデ

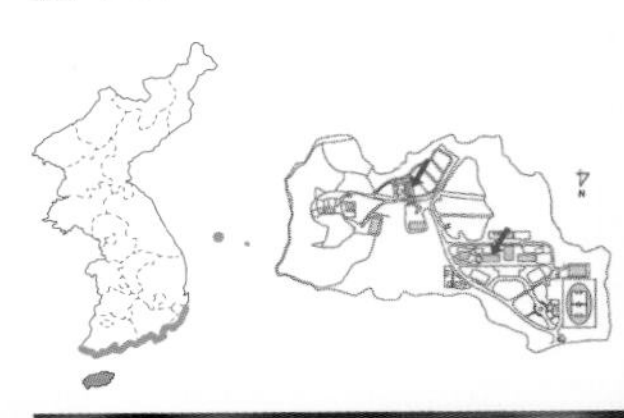

군락(경남 통영시 비진도)

잎

꽃

꽃차례

어린가지

【분포】
해외/국내 일본; 남해안 도서 및 제주도
예산캠퍼스 생명관

【형태】
수형 상록관목으로 수고 2m이다.
잎 어긋나며 가지 끝에 모여 달린다. 긴 잎자루가 있어 사방으로 퍼진다. 지름이 20~40cm이며 장상으로(7~9개) 갈라진다. 심장형이고 각 열편에는 둔한 거치가 있다.
꽃 백색으로 10~11월에 피며 산형꽃차례는 가지 끝에 모여 원추꽃차례로 된다. 꽃잎, 수술은 5개씩이며 암술대도 5개이다.
열매 다음해의 4~5월에 흑색으로 성숙하고 둥글다.

【조림 · 생태 · 이용】
남부지방에서는 그늘진 곳의 정원수나 화분식물로 쓰이고 있으며 음수이다. 해안가의 상록수림 하부에 군생하고 그늘진 곳과 적당한 보습성을 지닌 비옥한 곳에서 잘 자란다. 각종 공해에 강하며 내조성이 있고 입지의 영향을 잘 받지 않는다. 내한성은 약해 중부지방에서 노지재배가 불가능하다. 종자는 건조를 매우 싫어하므로 과숙하여 낙과한 것이나 나무에서 지나치게 건조한 종자는 거의 발아하지 않는다. 따라서 열매가 흑색으로 되었을 때 채종하여 직파하면 발아가 잘 되며, 3~4월, 6~7월, 9월에 가지삽목을 하기도 한다. 잎과 근피는 약용한다.

두릅나무과 Araliaceae

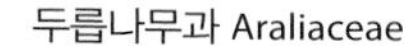

통탈목

***Tetrapanax papyriferus* (Hook.) K.Koch**

Tetrapanax 그리스어 tetra(넷)와 Panax 속의 합성어

이명 통초, 등칡

E Rice-paper plant, Chinese rice-paper plant

J ツウタツボク

수형

수피

어린가지와 잎자리

잎

새순

【분포】

해외/국내 대만; 제주도

【형태】

수형 상록활엽상록으로 수고 3m이다.

잎 가지 끝이나 원줄기 끝에서 마주나며, 잎자루는 길이 50cm로 속이 비어있다. 잎몸은 원형으로 지름 25~70cm로 중앙까지 갈라지며 열편은 다시 2개로 갈라진다. 밑부분이 심장저이며, 표면은 녹색, 뒷면은 잎자루와 더불어 갈색 털로 덮여있고 가장자리에 잔거치가 있다.

꽃 10월에 피며 산형꽃차례는 모여서 큰 원추꽃차례로 된다. 지름 45cm, 갈색 면모로 덮여있다. 꽃잎과 수술은 각 4개이다. 암술대는 2개이다.

열매 2~3월에 흑색으로 성숙하며 둥글다.

【조림 · 생태 · 이용】

음수로 난대지역에서 잘 자라고, 전남, 제주도 인가 부근에서 재식되고 있다. 생육과 번식이 빠르다. 과육을 제거한 종자를 5월에 직파하고 처음에는 해가림을 해주다가 차차 제거한다. 6~7월에 녹지삽을 실시하기도 한다. 원산지에서는 속으로 종이를 만들고 코르크의 대용품으로도 사용한다.

두릅나무과 Araliaceae

가시오갈피

Eleutherococcus senticosus (Rupr. & Maxim.) Maxim.

Eleutherococcus 가시오갈피나무속으로 그리스어의 eleuthero(떨어지다)와 coccus(분과)의 합성어이며, 오갈피속(*Acanthopanax*)에 포함된

이명 가시오갈피나무, 민가시오갈피, 왕가시오갈피나무, 왕가시오갈피
한약명 자오가피(刺五加皮, 줄기와 근피)
E Devil's bush
C 刺五加
J エゾウコギ

산림청 지정 희귀등급 취약종(VU)
환경부 지정 국가적색목록 취약(VU)
환경부 지정 멸종위기 야생생물 II급

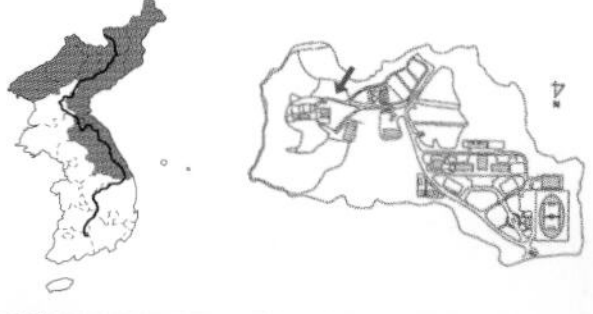

수형 ©조현제
어린가지와 겨울눈
줄기(가시) ©조현제

열매

잎

가시오갈피(위)와 산삼(아래) 잎

【분포】
해외/국내 일본, 극동러시아; 지리산 이북의 심산지역
예산캠퍼스 온실

【형태】
수형 낙엽활엽관목으로 수고 2~3m이다.
수피 회백색을 띠며 가늘고 긴 가시가 많이 난다.
잎 어긋나며 소엽이 3~5개이고 장상복엽이다. 소엽의 길이는 5~13cm, 난형 또는 장타원형으로 설저 또는 넓은 설저이고 가장자리에 뾰족한 복거치가 있다.
꽃 황백색 또는 백색으로 7월에 줄기 끝에서 피며 산형꽃차례로 달린다. 꽃잎은 5개, 꽃잎의 길이는 2mm, 삼각상 난형이다. 수술은 5개로 꽃잎보다 길며, 암술대는 끝이 4~5갈래로 갈라진다.
열매 9~10월에 흑색으로 성숙하며 난상 구형이다.

【조림 · 생태 · 이용】
줄기와 근피를 약용으로 쓴다. 생육조건이 까다로워서 강한 햇볕을 싫어한다. 비옥하고 습기가 많은 활엽수림에서 잘 자란다. 내한성과 내음성이 강하다. 채종 즉시 과육을 제거한 후 직파하거나 노천매장을 하였다가 파종한다. 종자의 일부는 파종 후 2년째 봄에 발아하기도 한다. 녹지로 꺾꽂이하여 번식시키기도 한다. 정원수나 밀원식물로 쓰일 수 있고 어린 순은 식용한다. 잎을 건강차로 이용하고 꽃과 열매도 약용 가치가 있다. 한때는 자생지가 넓게 분포하였으나, 약용식물로 알려지면서 자생지가 급격히 줄어들었다. 전체에는 가시가 밀생하며, 인삼보다 좋다는 약용식물이다.

수형

두릅나무과 Araliaceae

오갈피나무

***Eleutherococcus sessiliflorus* (Rupr. & Maxim.) S.Y.Hu**

Eleutherococcus 가시오갈피나무속으로 그리스어의 eleuthero(떨어지다)와 coccus(분과)의 합성어이며, 오갈피속(*Acanthopanax*)에 포함된
sessiliflorus 대가 없는 꽃의

이명 오갈피, 서울오갈피나무, 서울오갈피
한약명 오가피(五加皮, 뿌리와 줄기껍질)
E Acanthopanax, Stalkless-flower eleuthero
C 五加
J マンシユウウコギ

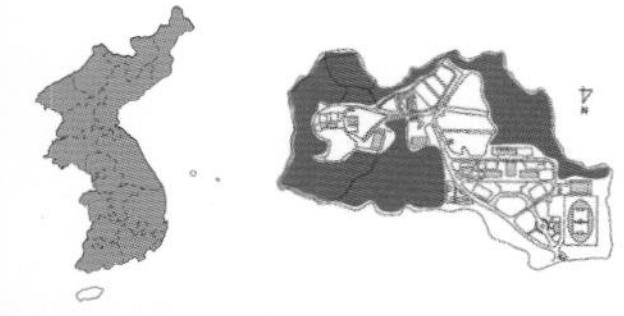

잎

가시

열매

【분포】
해외/국내 중국, 일본; 전국의 산지
예산캠퍼스 연습림

【형태】
수형 낙엽활엽관목으로 수고 3~4m이다.
수피 회갈색을 띤다. 장타원형의 작은 피목이 흩어져 있다.
어린가지 연한 갈색의 털이 밀생하다 차츰 떨어져 없어진다. 굵은 가시가 드물게 나 있다.
잎 어긋나며, 장상복엽으로 흔히 3개가 난다. 소엽은 도란형 또는 도란상 타원형으로 점첨두, 예저, 작은 복거치가 있다. 표면은 녹색을 띠고 털이 없으며, 뒷면은 연한 녹색을 띠며 맥 위에 잔털이 있다.
꽃 자주색으로 8~9월에 피며 산형꽃차례가 가지 끝에 달린다. 꽃차례 전체가 취산상으로 배열된다. 5개의 꽃잎은 타원형이며 길이 2mm이다. 수술은 꽃잎보다 길며 암술대는 끝이 2갈래로 갈라진다.
열매 10월에 검은색으로 성숙하며 광타원형 장과이다.

【조림 · 생태 · 이용】
적응력의 폭이 넓은 식물로, 양지바른 곳이나 반그늘에서도 잘 자라며 건습한 어느 땅에도 잘 견딘다. 집약적인 재배를 목적으로 할 때는 가지를 많이 치게 해야하므로 반그늘보다 해가 잘 드는 곳이 좋고, 다소 습기가 많은 땅이 바람직하다. 내한성과 내공해성이 강하다. 뿌리와 수피를 오가피라고 한다. 약용으로 쓰인다. 봄의 새잎은 식용한다.

【참고】
털오갈피나무 (*E. divaricatus* (Siebold & Zucc.) S.Y.Hu) 잎 이면의 2차맥 맥간에 긴 곡모만 밀생한다. 경기도 남부에 분포한다.

섬오갈피나무

***Eleutherococcus gracilistylus* (W.W.Sm.) S.Y.Hu**

Eleutherococcus 가시오갈피나무속으로 그리스어의 eleuthero(떨어지다)와 coccus(분과)의 합성어이며, 오갈피속(*Acanthopanax*)에 포함된
gracilistylus 세장한 암술대의

이명 섬오갈피
E Hairy-style eleuthero
J タンナウコギ

수형

잎

어린가지 가시와 열매 ©김진석

어린가지와 잎차례

꽃 ©김진석

【분포】
해외/국내 중국, 대만; 제주도 및 인근 도서의 해변 산기슭

【형태】
수형 낙엽활엽관목으로 수고 2m이다.
수피 갈색 또는 회갈색을 띤다. 타원형의 피목이 발달한다.
어린가지 녹색 또는 적갈색을 띤다. 타원형의 피목과 더불어 크고 납작한 가시가 발달한다.
잎 어긋나며, 장상복엽이고 소엽은 5개이나 드물게 3개일 경우도 있다. 도란형 또는 도피침형, 첨두, 예저이다. 길이 3~5cm, 끝이 뾰족한 거치가 있다. 표면은 녹색을 띠고 광택이 있으며 뒷면은 담녹색을 띠고, 맥겨드랑이에 털이 밀생한다. 잎자루는 길이 7~8cm, 털이 없다.
꽃 녹백색 또는 황록색으로 5~6월에 피며 산형꽃차례는 가지 끝에 1개씩 달린다. 꽃자루는 길이 2~5cm로 털이 없다. 꽃받침에 뚜렷하지 않은 5개의 거치가 있고, 꽃잎은 5개, 길이는 3mm, 뒤로 젖혀진다. 수술은 5개이며, 암술대는 기부에서 2갈래로 갈라진다.
열매 10월에 검은색으로 성숙하며 편구형 장과이다.

【조림 · 생태 · 이용】
음수로 산록, 계곡의 숲속에서 자라고 내한성이 약하여 난대 해안가에 자생하고 있다. 10월에 성숙한 열매에서 과육을 제거하고 종자를 선별하여 직파하거나, 습사에 노천매장하였다가 봄에 파종한다. 조경수로 식재가 가능하며 근피, 수피는 약용으로 쓰인다.

열매

꽃

수형

두릅나무과 Araliaceae

송악

Hedera rhombea (Miq.) Siebold & Zucc. ex Bean

Hedera 유럽산 송악의 라틴명
rhombea 능형(菱形)의

이명 담장나무, 큰잎담장나무, 소밥나무, 소왁낭
한약명 상춘등(常春藤, 줄기와 잎)
E Songak
C 常春藤
J キヅタ

문화재청 지정 천연기념물 전북 고창군 아산면 삼인리 송악(제367호)

줄기

잎

【분포】
해외/국내 일본, 대만; 남부지역 및 도서지역 산지
예산캠퍼스 온실

【형태】
수형 상록활엽만목성으로 수고 10m이다.
수피 줄기와 가지에서 공기뿌리가 나와 다른 물체에 붙는다.
어린가지 15~20개로 갈라진 별모양 인모가 있다.
잎 어긋나고 두껍고 윤채가 있는 짙은 녹색이다. 뻗어가는 가지의 잎은 삼각형이고 3~5개로 얕게 갈라진다. 심장저이지만 늙은 가지의 잎은 난형이다. 양 끝이 좁으며 간혹 예형이다. 길이는 3~6cm, 너비는 2~4cm로 거치가 없고, 잎자루 길이는 2~5cm이다.
꽃 녹황색으로 9월 말~11월 중순에 산형꽃차례는 1개 또는 모여 취산상을 이룬다. 암수한꽃으로 지름이 4~5mm, 꽃잎은 녹색으로 겉에 성모가 있다. 수술과 암술대 각각 5개이다.
열매 둥글고 검은색이며 다음해 5월 초~7월 초에 성숙하고 지름이 8~10mm이다.

【조림 · 생태 · 이용】
중용수이자 음성식물로 수분요구도가 높아 공습도가 높고 그늘진 숲속에서 자라며, 난대성 덩굴나무로 흡착근을 내며 어떤 토양에서나 잘 자란다. 즉 건조, 습기, 양지를 크게 가리지 않는다. 내한성이 강하지는 않으나 중부지방의 해변에서 월동이 가능하다. 종자를 가을에 직파하거나 노천매장을 하기도 하며, 연중 어느 때고 삽목이 잘 된다. 정원수로 쓰인다. 잎은 가축의 사료로 쓰이고 나뭇잎과 줄기는 약용한다.

두릅나무과 Araliaceae

음나무

Kalopanax septemlobus (Thunb.) Koidz.

Kalopanax 그리스어 kalos(아름답다)와 Panax(인삼속)의 합성어이며, 잎의 결각이 규칙적인 것을 지칭함
septemlobus 7개로 천열(淺裂)된

이명 엄나무, 개두릅나무, 당엄나무, 당음나무, 멍구나무, 엉개나무
한약명 해동피(海桐皮, 근피), 자추목피(刺楸樹皮)
E Carstor aralia, Kalopanax, Prickly castor oil tree
C 刺楸
J ハリギリ

문화재청 지정 천연기념물 경남 창원시 의창구 동읍 신방리 음나무 군(제164호) 외 3개 지역

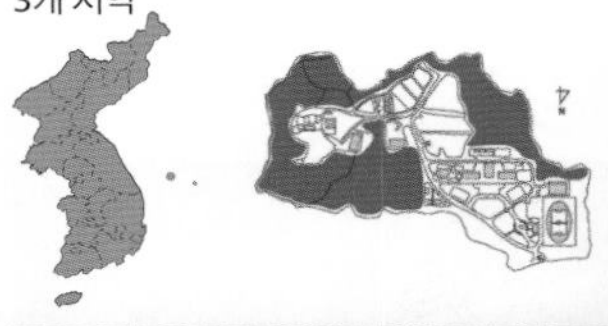

꽃

수형 / 잎 앞면 / 잎 뒷면 / 잎과 어린가지 / 수피(가시) / 꽃차례 / 수피(노령목)

【분포】
해외/국내 일본, 중국; 전국 산지
예산캠퍼스 연습림

【형태】
수형 낙엽활엽교목으로 수고 25m이다.
수피 회갈색이고 불규칙하게 세로로 갈라진다.
잎 어긋나며, 길이 10~30cm로 둥글다. 심장저, 아심장저이며 5~9개로 갈라진다. 각 열편에는 거치가 있다. 표면에는 털이 없고, 뒷면 맥겨드랑이에 갈색의 밀모가 있다.
꽃 황록색으로 8월 초에 피며 몇 개의 산형꽃차례를 형성한다. 암수한꽃으로 지름은 5mm, 포 길이는 1~2cm로 빨리 떨어진다. 꽃대 길이는 7~19mm, 꽃잎과 꽃받침, 수술은 각각 5개이다.
열매 핵과로 거의 둥글며 9월 말~10월 중순에 성숙하며 길이 4mm, 지름 6mm로 푸른 흑색이다. 종자는 반원형으로 2개이다. 편평하며 길이는 4~5mm, 지름은 3mm이다.

【조림 · 생태 · 이용】
중용수로 비옥한 토양이 생육적지이다. 유묘 시에는 내음성이 높아 나무 밑에서도 생육하나, 성장하면서부터는 양광을 요구하며 단간으로 생장한다. 토심이 깊고 비옥한 곳이 적합하며 토성을 별로 가리지 않는다. 내공해성과 내병충성은 보통이다. 채종 후에 직파하거나 노천매장하였다가 파종하며 3월에 뿌리삽목을 해도 잘 된다. 줄기와 뿌리의 내피는 약용한다. 봄의 새잎은 식용한다. 목재는 가구재, 악기재, 조각재, 조선재 등에 쓰인다.

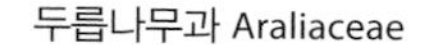

두릅나무과 Araliaceae

땃두릅나무

Oplopanax elatus (Nakai) Nakai

elatus 키가 큰

이명 따드릅나무, 따두릅나무, 땅드릅나무, 바늘드릅나무
한약명 자인삼(刺人參, 뿌리)
E Tall oplopanax
C 刺人參, 刺參
J チョウセンハリブキ

산림청 지정 희귀등급 위기종(EN)
환경부 지정 국가적색목록 취약(VU)

수형

수피

잎

꽃

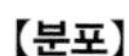

【분포】

해외/국내 중국; 지리산 이북의 높은 산지의 숲속 및 능선부에 드물게 자람

【형태】

수형 낙엽활엽관목으로 수고 2~3m이다.
겨울눈 가늘고 긴 가시가 감싸고 있다. 가장자리에 뻣뻣한 긴 털이 있는 V자형의 대형 잎자국이 특징이다.
잎 어긋나며 길이 15~30cm, 장상엽이고 5~7개로 얕게 갈라진다. 각 열편에는 작은 거치가 있다. 뒷면 맥상에 작은 침이 밀생한다.
꽃 황록색의 꽃이 원추꽃차례에 모여 달린다. 꽃잎은 5개이며 수술은 꽃잎보다 길다. 암술대는 2갈래로 깊게 갈라진다.
열매 8~9월에 붉은색으로 성숙하며 핵과로 타원상 원형이고 열매에 2개의 암술대가 남아있다.

【조림 · 생태 · 이용】

주로 고산지역에 자라 기후변화에 민감할 것으로 판단된다. 맹아력과 수세가 강하다. 한국 특산식물이다. 공중습도가 높은 산중턱에 주목, 분비나무, 배암나무, 시닥나무 등과 같이 희귀하게 자라며, 내음성이 강하여 다른 나무 밑에서도 잘 자란다. 저지대에서는 생육이 어렵다. 종자 채취 후 직파하거나 노천매장하였다가 파종한다. 봄에 뿌리를 캐서 물에 씻어 햇볕에 말려 사용한다. 뿌리를 자인삼이라 하며 약용한다.

진달래과 Ericaceae

노랑만병초

Rhododendron aureum Georgi

Rhododendron 그리스어 rhodon(장미)과 dendron(수목)의 합성어이며, 적색 꽃이 피는 나무란 뜻으로 처음에는 협죽도의 이름이었음
aureum 황금색의

이명 만병초, 들쭉나무, 노랑꽃만병초, 노랑뚝갈나무
한약명 석남엽(石南葉, 잎)
E Yellow-flower rosebay
J キバナシャクナゲ

산림청 지정 희귀등급 멸종위기종(CR)
환경부 지정 국가적색목록 위기(EN)
환경부 지정 멸종위기 야생생물 II급

수형 / 잎 앞면 / 잎 뒷면 / 꽃 ©김진석 / 겨울눈 / 열매 / 잎 ©김진석

어린가지

【분포】
해외/국내 일본, 중국; 설악산

【형태】
수형 상록활엽관목으로 수고 1m이다.
어린가지 잔털이 있으나 곧 없어지고 회갈색으로 변한다. 흑갈색 피침형의 비늘잎이 가득 있다.
잎 어긋나며 길이 3~8cm, 도란상 장타원형으로 가장자리는 밋밋하며 뒤로 약간 말린다.
꽃 5~6월에 연한 황색의 양성화가 2~10개가 달린다. 꽃받침이 짧고, 둔두로 양면에 털이 있다.
열매 9월에 성숙하며, 장타원상 원통형인 삭과로 길이는 1~1.5cm이다.

【조림 · 생태 · 이용】
해발 1,300~2,500m의 고산툰드라와 사스래나무숲에서 혼생하며, 내음성이 강하고 공중습도가 높아야 잘 자란다. 토심이 깊고 부식질이 많은 비옥적윤한 곳에서 번성하며, 낮과 밤의 온도 차이가 심하지 않은 곳이 적지이다. 낮은 지대에서 재배는 어렵다. 설악산지역 1~2곳에 자생지가 있으며, 개체수가 매우 적다.

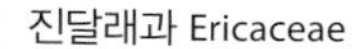

진달래과 Ericaceae

만병초

Rhododendron brachycarpum D.Don ex G.Don

Rhododendron 그리스어 rhodon(장미)과 dendron(수목)의 합성어이며, 적색 꽃이 피는 나무란 뜻으로 처음에는 협죽도의 이름이었음
brachycarpum 짧은 열매의

이명 뚝갈나무, 들쭉나무, 붉은만병초, 큰만병초, 홍뚜갈나무, 홍만병초, 흰만병초
한약명 우피두견(牛皮杜鵑, 잎), 만병초엽
E Short-fruit rosebay
C 鮮黃杜鵑, 牛皮茶
J ハクサンシャクナゲ

산림청 지정 희귀등급 약관심종(LC)
환경부 지정 국가적색목록 관심대상(LC)

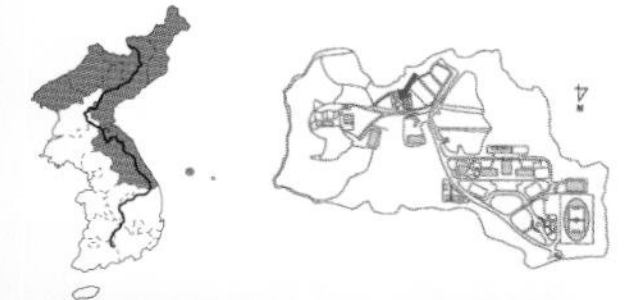

수형

잎 앞면

잎 뒷면

꽃

열매

【분포】
해외/국내 일본; 울릉도, 지리산 이북의 높은 산지 능선 및 정상부
예산캠퍼스 원예학과 온실

【형태】
수형 상록활엽관목으로 수고 4m이다.
수피 적갈색을 띤다.
어린가지 회색 털이 밀생하지만 곧 없어지며 갈색으로 변한다.
잎 어긋나지만 가지 끝에서는 뭉쳐나며, 길이 8~20cm, 너비 2~5cm, 타원형 또는 장타원형으로 거치가 없고 뒤로 말린다. 표면은 짙은 녹색, 뒷면은 회갈색 또는 연한 갈색 털이 밀생한다.
꽃 7월에 피며 10~20개가 가지 끝에 달린다. 꽃자루에 털이 있다. 꽃잎은 백색 또는 연한 황색으로 꽃잎의 안쪽 뒷면에 녹색 반점이 있다. 꽃받침은 5개로 갈라진다. 10개의 수술은 길이가 다르다. 암술대는 열매가 익을 때까지 남아있다.
열매 9월에 성숙하며 삭과이고, 길이 2cm 안팎이며 긴 꽃자루가 있다.

【조림 · 생태 · 이용】
높은 산중턱의 숲속에 자란다. 반그늘지고 시원하며 배수가 잘 되는, 토심이 깊고 부식질이 많은 비옥적윤한 곳에서 번성한다. 낮과 밤의 온도 차이가 심하지 않은 곳이 적지이다. 주목, 사스래나무, 털진달래, 들쭉 등의 고산식물과 혼생하며, 내음성이 강하고 공중습도가 높아야 잘 자라고 공해에는 약하다. 일반적으로 종자와 휘묻이로 증식시키며 발근이 어려운 편이며 삽목을 하기도 한다. 삭과이며, 갈색이 되어 벌어지기 전에 채취하여 기건저장을 하였다가 2~3월에 파종하거나 가을에 직파한다. 9월에 가지삽목을 하면 발근이 잘 되는 편이다.

진달래과 Ericaceae

꼬리진달래

***Rhododendron micranthum* Turcz.**

Rhododendron 그리스어 rhodon(장미)과 dendron(수목)의 합성어이며, 적색 꽃이 피는 나무란 뜻으로 처음에는 협죽도의 이름이었음
micranthum 작은 꽃의

이명 참꽃나무겨우사리, 겨우사리참꽃, 겨우사리참꽃나무, 꼬리진달내
E Spike rosebay
J ホザキツツジ

산림청 지정 희귀등급 취약종(VU)

수형

잎

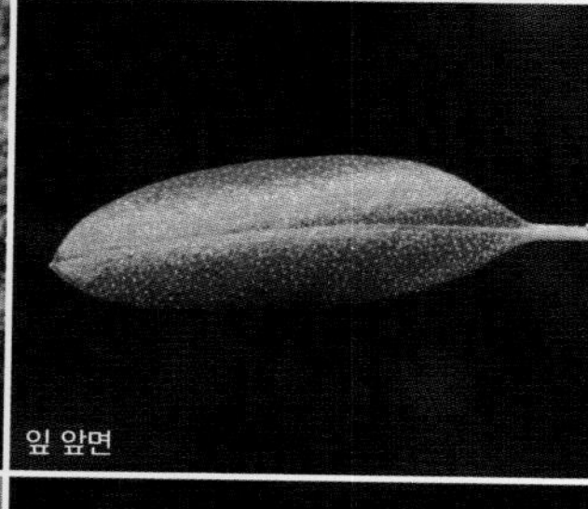
잎 앞면

꽃

열매

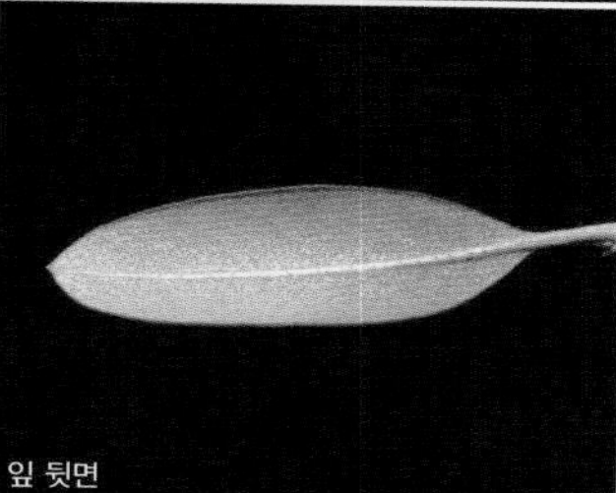
잎 뒷면

【분포】
해외/국내 중국; 경북, 충북, 강원도

【형태】
수형 상록활엽관목으로 수고 1~2m이다.
수피 짙은 회색이며 평활하다.
어린가지 가늘며 인모와 장털이 밀생한다.
잎 어긋나며, 도란상 타원형, 도피침형으로 첨두, 예형이다. 길이 2~4cm, 표면은 녹색이고 흰점이 있으며, 뒷면은 갈색 인편이 밀생한다.
꽃 백색으로 6~8월에 피며 총상꽃차례에 20개 정도가 달린다. 꽃받침조각은 작으며, 표면에 선점이 있다. 10개의 수술 길이는 꽃잎과 비슷하다. 암술머리는 수술과 길이가 비슷하다.
열매 9~10월에 성숙하며 장타원형의 삭과로 길이 5~8mm이다.

【조림 · 생태 · 이용】
내음성이 강하고 주로 경북, 충북 및 강원도 지역의 양지바른 산지에 자생한다. 실생 또는 삽목으로 증식시킨다. 관상용으로 식재가 가능하며 지엽 또는 꽃을 조산백이라 하며 약용한다. 여름과 가을에 채취하여 햇볕에 말려 쓴다.

진달래과 Ericaceae

진달래

***Rhododendron mucronulatum* Turcz.**

Rhododendron 그리스어 rhodon(장미)과 dendron(수목)의 합성어이며, 적색 꽃이 피는 나무란 뜻으로 처음에는 협죽도의 이름이었음
mucronulatum 다소 미철두(微凸頭)의

이명 진달내, 진달래나무, 참꽃나무, 왕진달래
한약명 영산홍(迎山紅, 꽃)
E Korean rhododendron
C 紅杜鵑
J カラムラサキツツジ

【분포】
해외/국내 중국, 내몽고, 일본, 극동러시아; 전국 산지
예산캠퍼스 교내 및 연습림

【형태】
수형 낙엽활엽관목으로 수고 2~3m이다.
수피 회색이며 평활하다.
어린가지 연한 갈색이고 인모가 드물게 있다.
잎 어긋나며, 길이 4~7cm, 너비 1.5~2.5cm, 장타원상 피침형 또는 도피침형이다. 첨두, 점첨두이며 예저이고 거치가 없다. 표면에 인편이 약간 있고, 뒷면에는 인편이 밀포되어 있다.
꽃 자홍색 또는 연한 홍색으로 잎이 나오기 전인 4월에 핀다. 화관은 깔때기모양이고 겉에 잔털이 있다. 10개인 수술은 길이가 꽃잎과 비슷하며 기부에 털이 있다. 암술대는 수술보다 길며 털이 없다.
열매 삭과로 원통형이며 10월에 성숙한다.

【조림 · 생태 · 이용】
음수로 양지에서도 잘 자란다. 꽃은 먹을 수 있고 술을 담근다. 잎, 줄기, 꽃은 약용한다.

【참고】
흰진달래 (for. *albiflorum* (Nakai) Okuyama) 흰 꽃이 핀다.
털진달래 (var. *ciliatum* Nakai) 어린가지와 잎에 털이 있다.

털진달래 자생지(한라산 윗세오름–백록담)

진달래과 Ericaceae

왕철쭉

Rhododendron pulchrum
Sweet cv. Oomurasaki

Rhododendron 그리스어 rhodon(장미)과 dendron(수목)의 합성어이며, 적색 꽃이 피는 나무란 뜻으로 처음에는 협죽도의 이름이었음
pulchrum 아름다운, 우아한

J オオムラサキツツジ

수형

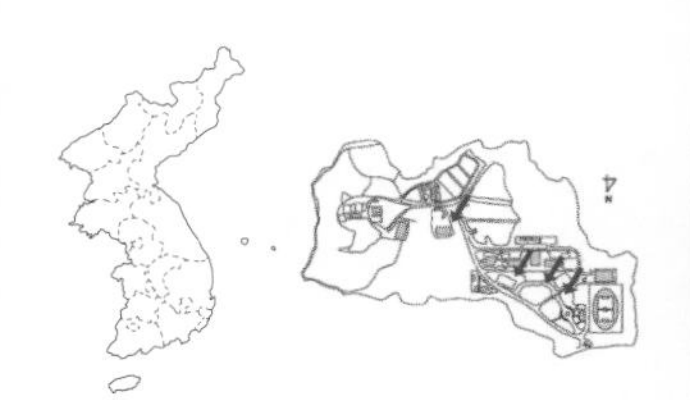

잎

꽃

잎 앞면

【분포】
해외/국내 일본; 전국 식재

【형태】
수형 반상록활엽관목으로 수고 1~3m이다.
잎 어긋나고 가지 끝에 모여난다. 길이 5~11cm의 장타원형으로 양면에 털이 있고, 가장자리와 엽병에도 털이 있다.
꽃 직경 10cm의 홍자색 꽃으로, 잎과 동시에 개화한다. 꽃잎은 5장이다. 수술은 10개이고 털이 발달한다. 꽃자루는 0.8~1.5cm로 갈색의 융모가 발달한다. 암술대에는 털이 없고, 자방에는 흰색의 긴 털이 밀생한다.

【조림 · 생태 · 이용】
원산지 불명의 일본 원예종이다. 옛날부터 나가사키현의 히라도에서 재배되어 히라도철쭉이라고 불리던 품종군의 하나이며 우리나라에서는 공원수, 조경수, 정원수, 울타리

【참고】
영산홍 (*R. indicum* (L.) Sweet) 잎 길이 2~3.5cm, 피침형으로 끝이 뾰족하다.

진달래과 Ericaceae

흰참꽃나무

***Rhododendron tschonoskii* Maxim.**

수형

Rhododendron 그리스어 rhodon(장미)과 dendron(수목)의 합성어이며, 적색 꽃이 피는 나무란 뜻으로 처음에는 협죽도의 이름이었음

이명 흰참꽃, 십자참꽃나무, 십자참꽃
E White chick azalea
J シロバナコメツツジ

산림청 지정 희귀등급 위기종(EN)
환경부 지정 국가적색목록 관심대상(LC)

잎

꽃

열매

【분포】
해외/국내 일본; 가야산, 덕유산, 지리산 능선 및 정상부 바위지대에 분포

【형태】
수형 낙엽활엽관목으로 수고 50cm이다.
어린가지 털이 있다.
잎 어긋나며 가지 끝에 뭉쳐난다. 길이 5~30mm, 너비 4~12mm, 타원형 또는 도란형으로 가장자리에 거치가 없다. 표면에 복모가 있고 뒷면에는 복모와 연모가 있다.
꽃 백색으로 5월에 피며, 지름 7~8mm이다. 화관은 깔때기 모양, 꽃받침과 꽃자루에 백색 털이 있다. 수술은 4개이다.
열매 9월에 성숙하며 삭과로 털이 나 있다. 난형으로 길이 5mm이다.

【조림 · 생태 · 이용】
내음성이 강하며 고산지대 산정 바위틈에서 자란다. 종자 채취 후에 이끼같은 것으로 파종상을 따로 만들어 직파하거나 건조저장을 하였다가 이른 봄 2~3월까지는 파종을 하여야 한다. 덕유산 및 가야산 등 남부 고산지역에 20여 곳 미만의 자생지가 있으며, 개체수는 많지 않다. 정원수, 공원수로 이용가치가 높다.

【참고】
흰참꽃나무 학명이 국가표준식물목록에는 *R. sobayakiense* Y.Watan. & T.Yukawa var. *koreanum* Y.Watan. & T.Yukawa로 기재되어 있다.

진달래과 Ericaceae

산철쭉

Rhododendron yedoense f. *poukhanense* (H.Lév.) M.Sugim. ex T.Yamaz

Rhododendron 그리스어 rhodon(장미)과 dendron(수목)의 합성어이며, 적색 꽃이 피는 나무란 뜻으로 처음에는 협죽도의 이름이었음
yedoense 일본 에도(江戸, 도쿄의 옛 이름)의

이명 개꽃나무, 물철쭉
E Korean azalea
J チョウセンヤマツツジ

군락(한라산 윗세오름)

잎

잎 앞면

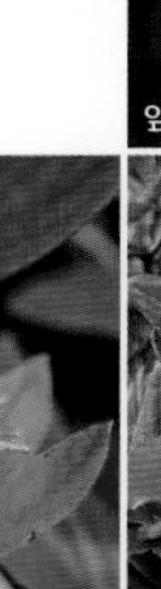

열매

꽃

잎 뒷면

【분포】
해외/국내 일본; 전국 산지 능선 및 하천

【형태】
수형 낙엽활엽관목으로 수고 1~2m이다.
어린가지 갈색 털이 있고, 끈적끈적한 액이 있다.
잎 어긋나거나 마주나며, 길이 3~8cm, 너비 1~3cm, 좁은 장타원형, 넓은 도피침형이다. 양 끝이 좁고 거치가 없다. 양면에 갈색 털이 누워있다.
꽃 홍자색으로 4~5월에 핀다. 화관은 홍자색의 깔때기모양이며 내면 윗부분에 짙은 반점이 있다.
열매 삭과로 난형이며 9월에 성숙하며, 길이 8~10mm의 긴 털이 있다.

【조림 · 생태 · 이용】
반음수로 토양수분이 충분한 곳에서는 양지에서도 잘 자라며 건조하면 말라 죽는다. 식재할 경우 관수관리가 필요하며 내한성, 내조성, 내공해성, 내염성이 강하다. 번식은 가을에 종자를 채취하여 건조저장하였다가 봄에 수태 위에 파종하거나, 녹지나 경지를 꺾꽂이하여 증식한다. 이식이 용이하고 맹아력이 강하다. 꽃은 혈압강하제로 쓰이나 유독하여 먹으면 두통, 구토를 일으켜 위험하다.

【참고】
겹산철쭉 (*R. yedoense* Maxim.) 경기도 이북에 자란다. 꽃잎이 겹으로 핀다.

수형

진달래과 Ericaceae

참꽃나무

Rhododendron weyrichii Maxim.

Rhododendron 그리스어 rhodon(장미)과 dendron(수목)의 합성어이며, 적색 꽃이 피는 나무란 뜻으로 처음에는 협죽도의 이름이었음
weyrichii 채집가 Weyrich의

이명 신달위, 제주참꽃나무, 섬분홍참꽃나무, 섬분홍참꽃나무, 제주분홍참꽃나무, 털참꽃나무
E Weyrich's azalea
J ホンツツジ

열매

잎 앞면

꽃 ©황영심

【분포】
해외/국내 일본; 제주도

【형태】
수형 낙엽활엽관목으로 수고 3~6m이다.
수피 연한 갈색 또는 적갈색으로 처음에는 평활하지만 오래되면 세로로 얇게 갈라져 작은 조각으로 떨어진다.
어린가지 갈색 털이 있으나 없어진다.
겨울눈 크기가 1.5~1.7cm의 타원형로 인편 가장자리에 부드러운 털이 밀생한다.
잎 어긋나거나 마주나며, 가지 끝에서는 2~3개씩 달린다. 길이는 3.5~8cm, 광난형 또는 마름모꼴 비슷한 원형으로 예두, 둔두, 넓은 예저, 원저이고 거치가 없다. 양면에 갈색 털이 있으나 없어진다. 표면에 샘털이 존재하고, 잎자루에는 갈색 털과 강모가 있다.
꽃 붉은색으로 잎과 더불어 5월에 핀다. 화관은 깔때기모양이고, 꽃자루, 꽃받침 및 자방에 갈색 털이 밀생하나 암술대와 수술대에는 털이 없다.
열매 9월에 성숙하며 장타원형의 삭과로 길이 1~2cm이다.

【조림 · 생태 · 이용】
낙엽이 두껍게 쌓이고 배수가 좋은 비옥한 적윤지에서 생장이 왕성하다. 양수 또는 중용수로, 양지에서 재배하며 토양은 약산성 내지는 산성으로 재배하는 것이 좋다. 내한성과 내건성은 약하다. 가을에 잘 익은 종자를 채파한다. 진달래나 철쭉류에 비해 꽃이 크고 높게 자라 남성적인 느낌이 드는 진달래꽃이라 하여 '참꽃나무'라 한다.

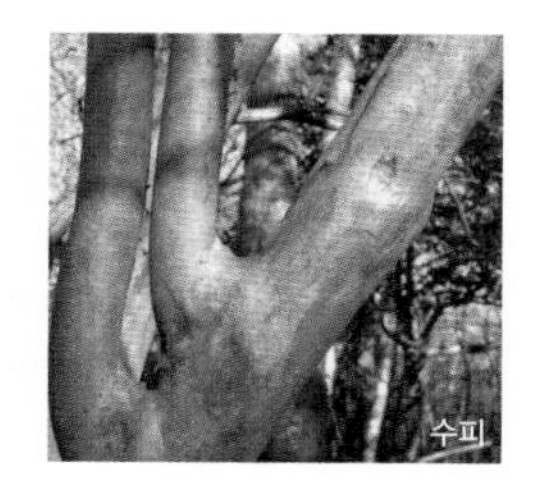
수피

진달래과 Ericaceae

철쭉

***Rhododendron schlippenbachii* Maxim.**

Rhododendron 그리스어 rhodon(장미)과 dendron(수목)의 합성어이며, 적색 꽃이 피는 나무란 뜻으로 처음에는 협죽도의 이름이었음
schlippenbachii 1854년에 한국식물을 처음으로 수집한 독일의 해군제독 B.A. Schlippenbach의

이명 철쭉나무, 함박꽃, 개꽃나무, 철쭉꽃, 참철쭉
한약명 척촉(躑躅, 꽃)
E Royal azalea
C 大字杜鵑
J クロフネツツジ

문화재청 지정 천연기념물 강원 정선군 여량면 고양리·여양리·봉정리 반론산 철쭉나무-분취류 자생지(제348호), 울산 울주군 가지산 철쭉나무 군락(제462호)

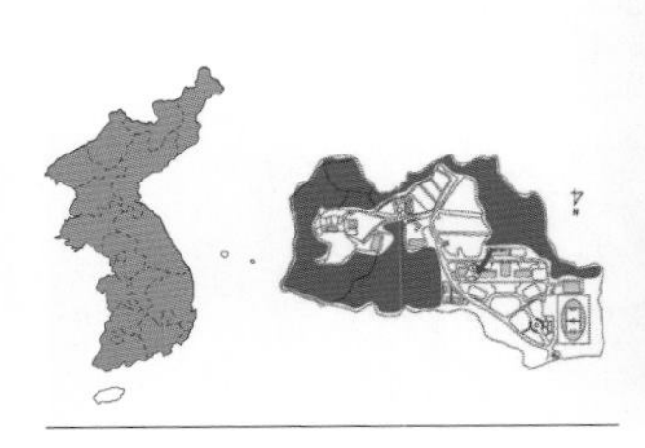

잎과 꽃

개화 / 열매

꽃 / 잎

【분포】
해외/국내 중국; 전국 산지
예산캠퍼스 교내 생명관 앞 및 연습림

【형태】
수형 낙엽활엽관목으로 수고 2~5m이다.
수피 회색이고 평활하지만 오래되면 작은 조각으로 떨어진다.
어린가지 샘털이 있으나 없어진다.
잎 어긋나며 가지 끝에서는 4~5개씩 뭉쳐난다. 길이 5~10cm, 도란형, 넓은 도란형으로 원두, 예두, 미요두이며 예저이고 거치가 없다. 양면에 털이 있지만 없어지고, 뒷면 맥 위에만 털이 남는다.
꽃 연한 홍색으로 잎과 더불어 4~5월에 핀다. 화관은 깔때기모양이다. 꽃잎의 윗부분에는 적갈색의 반점이 있다. 소화경과 꽃받침에 털이 있다.
열매 삭과로 장타원상 난형이며 길이 1.5cm로 털이 있으며 10월에 성숙한다.

【조림 · 생태 · 이용】
음수로, 산성토양과 부식질이 많은 비옥한 곳을 좋아하며, 내한성과 내조성은 강하나 토양에 대한 적응력이 약하다. 반그늘에서 잘 자라나 양지에서도 잘 자라고, 내건성과 환경내성이 약하다. 정원이나 공원 등 조경용으로 이용된다. 꽃은 독성이 있어 진달래와 달리 식용할 수 없다.

【참고】
흰철쭉 (for. *albiflorum* Y.N.Lee) 철쭉의 특성과 같으나 백색 꽃이 핀다.

수형(한라산) · 잎 앞면 · 어린가지 · 잎 뒷면 · 미성숙 열매 · 꽃 ©김진석

진달래과 Ericaceae

산매자나무

Vaccinium japonicum Miq.

Vaccinium 유래를 알 수 없는 라틴 옛 이름, 독일의 속어 kuhteke의 영향을 받은 라틴어 vaccinus(암소의 복수) 또는 vacca(암소)와 관계가 없고 *Hyacinthus*의 그리스명 vakinthos에서 변한 라틴명이라고도 함
japonicum 일본의

이명 물간두
E Mountain blueberry
J ケアクシバ

【분포】
해외/국내 일본; 한라산 임연부

【형태】
수형 낙엽관목으로 수고 30~60cm이다.
어린가지 능선이 있으며 샘털이 있다.
잎 어긋나지만 2줄로 배열한다. 길이는 2~6cm, 타원형, 난형으로 거치가 있다. 잎자루가 짧다.
꽃 7월에 신년지 엽액에서 홍백색의 꽃이 아래를 향해 달린다. 화관은 4개로 갈라지며 꽃잎은 뒤로 말린다. 8개의 짧은 수술이 있으며 수술보다 약간 긴 암술이 있다.
열매 9월에 짙은 홍색으로 성숙하며 장과로 지름 5~7mm이다.

【조림 · 생태 · 이용】
한라산의 풀밭, 임연부에서 자생한다. 열매를 채취한 후 기건저장을 하였다가 파종하며 8월경에 가지삽목을 하는 경우도 있다. 열매는 식용, 청량음료용, 술 제조용으로 쓰인다.

진달래과 Ericaceae

모새나무

Vaccinium bracteatum Thunb.

Vaccinium 유래를 알 수 없는 라틴 옛 이름, 독일의 속어 kuhteke의 영향을 받은 라틴어 vaccinus(암소의 복수) 또는 vacca(암소)와 관계가 없고 *Hyacinthus*의 그리스명 vakinthos에서 변한 라틴명이라고도 함
bracteatum 포엽이 있는

E Sea blueberry
J シャシャンボ

잎 앞면

잎 뒷면

수형

수피

열매

미성숙 열매

꽃

잎차례

【분포】

해외/국내 중국, 일본, 인도; 남부지역 및 제주도 산지

【형태】

수형 상록활엽관목으로 수고 3m이다.

잎 어긋나며 길이 2.5~6cm, 너비 1~2.5cm, 타원형 또는 장타원형으로 예첨두, 예저, 둔한 거치가 존재한다. 뒷면 주맥에 5~6개의 선점이 존재한다.

꽃 6~7월에 전년지 엽액에서 백색의 꽃 10여 개가 모여 달린다. 화관은 5개로 갈라지며 뒤로 젖혀진다.

열매 10~11월에 검은색으로 성숙하며 흰 가루로 덮인다. 장과로 지름 6mm 정도이며 둥글다.

【조림 · 생태 · 이용】

중용수이며 맹아력이 있다. 동백나무, 보리장나무, 사스레피나무 등과 혼생하며 내한성이 약하여 내륙지방에서는 월동이 불가능하다. 내건성과 내조성이 좋다. 주로 종자로 증식시키며 채종 즉시 과육을 제거한 후 직파하거나 노천매장을 하였다가 뿌리면 파종 후 2년째 봄에 발아하기도 하며, 8월에 가지삽목을 하기도 한다. 열매는 먹을 수 있으며 술을 담그기도 한다. 정원수, 생울타리로 심는다. 열매는 약용한다.

진달래과 Ericaceae

애기월귤

***Vaccinium oxycoccus* L. subsp. *microcarpus* (Turcz.) Kitam.**

수형

Vaccinium 유래를 알 수 없는 라틴 옛 이름, 독일의 속어 kuhteke의 영향을 받은 라틴어 vaccinus(암소의 복수) 또는 vacca(암소)와 관계가 없고 *Hyacinthus*의 그리스명 vakinthos에서 변한 라틴명이라고도 함

oxycoccus 옛 속명으로 그리스어 oxys(시다)와 coccos(장과)의 합성어로 열매가 시다는 뜻

이명 좀월귤

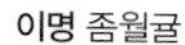

E Small blueberry

C 小果紅莓苔子

J チョウセンコケモモ

잎 앞면

열매

잎 뒷면

줄기

【분포】

해외/국내 일본, 러시아; 백두산 지역

【형태】

수형 상록활엽관목이며 비스듬히 자란다.

어린가지 갈색의 가지에는 짧은 털이 있으나 껍질이 벗겨짐에 따라 없어진다.

잎 잎은 어긋나며 난형이다. 길이는 3~6mm, 너비 2mm이며, 양면에 털이 있다. 뒷면은 분백색이고 가장자리가 뒤로 말리며, 거치가 있고 잎자루는 거의 없다.

꽃 홍백색의 꽃은 6~7월에 개화한다. 양성화이며 1~2개씩 아래를 향해 달리고 화관은 4갈래로 깊이 갈라져 뒤로 젖혀진다.

열매 8~9월에 붉은색으로 성숙한다. 지름은 6mm이며 구형이다.

【조림 · 생태 · 이용】

백두산에 자라고 남한에서는 거의 볼 수가 없다. 최근에 조성되고 있는 백두대간수목원 등 전국의 수목원에 현지 외 보존용 또는 관상용으로 주로 식재하고 있으며, 열매는 식용한다.

진달래과 Ericaceae

월귤

Vaccinium vitis-idaea L.

Vaccinium 유래를 알 수 없는 라틴 옛 이름, 독일의 속어 kuhteke의 영향을 받은 라틴어 vaccinus(암소의 복수) 또는 vacca(암소)와 관계가 없고 *Hyacinthus*의 그리스명 vakinthos에서 변한 라틴명이라고도 함
vitis-idaea 크레타섬 Ida산의 포도(신화)

이명 월귤나무, 땃들쭉, 큰잎월귤나무, 땅들쭉나무, 땅들쭉
한약명 월귤엽(越橘葉, 잎), 월귤과(越橘顆, 열매)
E Cowberry
C 越橘
J コケモモ

산림청 지정 희귀등급 멸종위기종(CR)
환경부 지정 국가적색목록 취약(VU)

수형

잎 앞면

잎 뒷면

잎과 꽃

열매

【분포】
해외/국내 북반구; 강원도 이북 높은 산지 바위지대

【형태】
수형 상록활엽관목으로 수고 20~30cm이다. 포복성이고, 지하경이 발달한다.
수피 회갈색 빛을 띤다.
어린가지 푸른빛을 띠며 잔털이 있다.
잎 어긋나며 길이 1~3cm, 너비 5~13mm, 난형 또는 도란형으로 둔두 또는 예두, 예저이고 거치가 없으나 약간 있는 경우도 있다. 뒷면은 연한 녹색으로 흑색점이 산재한다.
꽃 백색 또는 도색으로 5~7월에 피며 전년지에서 끝에서 총상꽃차례로 달린다. 화관은 종모양으로 끝이 4개로 갈라진다.
열매 8~9월에 붉게 성숙하며 장과로 둥글다. 지름 5~10mm이다.

【조림 · 생태 · 이용】
고산지대의 산정 부근에서 자란다. 주로 종자로 증식시키며 채종 즉시 과육을 제거한 후 직파하거나 노천매장을 하였다가 뿌리면 파종 후 2년째 봄에 발아하기도 하고, 8월에 가지삽목을 하기도 한다. 자생지가 한정되어 있고 개체수가 매우 적다.

수형

잎

꽃

진달래과 Ericaceae

정금나무

Vaccinium oldhamii Miq.

Vaccinium 유래를 알 수 없는 라틴 옛 이름, 독일의 속어 kuhteke의 영향을 받은 라틴어 vaccinus(암소의 복수) 또는 vacca(암소)와 관계가 없고 *Hyacinthus*의 그리스명 vakinthos에서 변한 라틴명이라고도 함
oldhami 채집가 Oldham의

이명 조가리나무, 지포나무, 종가리나무
E Oldhami blueberry, Oldhami whortleberry
C 腺齒越橘
J ナツハゼ

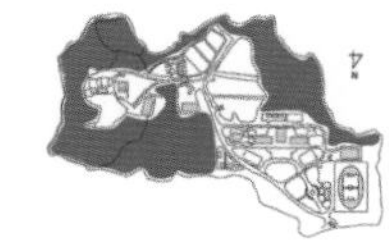

잎 앞면

잎 뒷면

수피

열매

【분포】
해외/국내 일본, 중국; 중부 이남 서해안의 산지
예산캠퍼스 연습림

【형태】
수형 낙엽활엽관목으로 수고 2~3m이다.
어린가지 회갈색이고 샘털이 있다.
잎 어긋나며 길이 3~8cm, 너비 2~4cm, 난형, 타원형이며 첨두이고, 원저, 넓은 예저이며 가장자리에 가는 강모가 있다. 어린잎은 붉은빛이 돌며 양면과 잎자루에 짧은 털이 있다.
꽃 붉은색으로 6~7월에 피며, 길이 4~5mm로 새가지 끝에 10~18개가 총상으로 달려 처진다. 화관은 5개로 얕게 갈라져 뒤로 젖혀진다. 샘털과 잔털이 있다.
열매 둥글고 검은색 열매로 9월에 성숙한다.

【조림 · 생태 · 이용】
중용수로, 양지에서 개화와 결실이 잘 되지만 나무그늘 속에서도 생육이 왕성하다. 내한성과 내건성이 강하지만 산성토양을 좋아하고, 바닷가에서도 잘 자라나 공해가 심한 도심지에서는 생장이 불량하다. 번식은 가을에 채취한 종자를 이끼 위에 파종하여 분무하듯 관수를 하여 발아시키고 여름에 녹지를 꺾꽂이한다. 정원수나 공원수로 이용 가능하고 열매는 식용하거나 술과 잼으로 이용한다.

산앵도나무

Vaccinium hirtum Thunb. var. *koreanum* (Nakai) Kitam.

Vaccinium 유래를 알 수 없는 라틴 옛 이름, 독일의 속어 kuhteke의 영향을 받은 라틴어 vaccinus(암소의 복수) 또는 vacca(암소)와 관계가 없고 *Hyacinthus*의 그리스명 vakinthos에서 변한 라틴명이라고도 함
koreanum 한국의

이명 괭나무, 물앵도나무, 물앵두나무
E Korean blueberry
J チョウセンウスノキ

산림청 지정 특산식물

잎과 꽃

잎

잎과 열매

꽃

수피

【분포】
해외/국내 중국; 전국 산지 능선부

【형태】
수형 낙엽활엽관목으로 수고 0.5m~1.5m이다.
잎 어긋나며 길이 2~5cm로 광피침형으로 예두, 예저이며 안으로 굽은 잔거치가 있다. 뒷면 맥 위에 털이 있다.
꽃 붉은빛으로 5~6월에 피고 전년지 끝에서 총상꽃차례로 가지 끝에 2~3개의 꽃이 달리며 아래로 드리워진다. 화관은 5갈래로 갈라지며, 길이 5~6mm로 종모양이다.
열매 장과로 둥글고 9월에 붉게 성숙하며 먹을 수 있다. 열매의 끝에 꽃받침잎이 남아있다.

【조림 · 생태 · 이용】
산지 능선부에 자생하며 정금나무에 비해 잎가장자리에 날카로운 잔톱니가 있다. 꽃이 2년지에 피고 열매가 적색으로 익는 것이 다르다. 열매는 식용하며 단맛과 신맛이 강하여 해갈에 좋다.

진달래과 Ericaceae

들쭉나무

Vaccinium uliginosum L.

Vaccinium 유래를 알 수 없는 라틴 옛 이름
uliginosum 습지 또는 소지(沼地)에서 자라는

한약명 들쭉(열매)
E Bog blueberry, Moorberry
J クロマメノキ

산림청 지정 희귀등급 취약종(VU)
환경부 지정 국가적색목록 취약(VU)

【분포】

해외/국내 일본, 중국, 몽골, 러시아, 미국, 유럽; 한라산 및 설악산 이북 높은 산지 바위지대

【형태】

수형 낙엽활엽관목으로 수고 1m이다.

잎 어긋나며, 길이 1~3cm, 너비 10~20mm, 도란형, 타원형으로 둔두, 미요두, 예저이며 거치가 없다. 양면에 털이 없고, 뒷면은 녹백색이다.

꽃 6~7월에 피며 전년지 끝에 달린다. 화관은 병모양이며 끝이 5개로 갈라져 뒤로 젖혀진다.

열매 9월에 자흑색으로 성숙하며, 장과로 구형 또는 타원형이다. 지름 6~7mm, 백분이 덮여있다.

【조림 · 생태 · 이용】

900~2,200m의 잎갈나무숲, 사스래나무숲 및 고산툰드라 같은 고산지대의 양지와 습한 곳에서 잘 자란다. 번식은 가을에 종자를 채취하여 이끼 위에 파종하면 발아가 잘 된다. 이식이 어렵다. 열매는 맛이 달아서 식용하며 잼, 파이 등을 만들고 음료 및 술도 담근다. 한방에서는 위염, 장염에 이용하기도 한다.

진달래과 Ericaceae

백산차

***Ledum palustre* L. var. *diversipilosum* Nakai**

Ledum *Cistus*속의 고대 그리스명 ledon에서 유래, 방향성 수지가 나오는 것에서 기인함
palustre 소지생(沼地生)의

이명 털백산차, 북백산차
E Labrador tea. Wild rosemary, Hairy labrador tea
J イソツツジ

수형 · 꽃 · 잎 앞면 · 겨울눈 ©김진석 · 열매 ©김진석 · 잎 뒷면

【분포】
해외/국내 중국, 일본 북부, 러시아; 백두산

【형태】
수형 상록활엽관목으로 수고 15~70cm이다. 뿌리에서 맹아가 많이 나온다.
잎 어긋나며, 피침형 또는 장타원형으로 길이 2~7cm, 너비 4~12mm, 거치가 없다. 뒷면에 백색 또는 갈색 털이 밀생한다.
꽃 백색으로 5월에 피며 산형꽃차례로 전년지의 끝에 달린다.
열매 9월에 성숙하며 장타원형의 삭과로 끝에 암술대가 달린다.

【조림 · 생태 · 이용】
해발 1,000~1,700m의 숲속 또는 습초지에서 자란다. 줄기, 잎, 꽃과 열매로부터 휘발성 정유를 뽑아 공업용으로 하거나 기침약으로 쓰인다. 잎은 차의 대용으로 쓰인다. 백산차를 꺾어서 방안이나 옷장에 두면 파리, 모기 등의 벌레가 끼지 않는다.

【참고】
좁은백산차 (*L. palustre* L. var. *decumbens* Aiton) 잎은 길이 1~2cm, 너비 2~3mm이고, 뒷면에 백색 털이 없다.

수형(설악산)

진달래과 Ericaceae

홍월귤

Arctous ruber **(Rehder & E.H.Wilson) Nakai**

Arctous 그리스어 arktos(곰)에서 유래
ruber 적색의

이명 홍월귤
E Red-fruit bearberry
J アカミノウラシマツツジ

산림청 지정 희귀등급 멸종위기종(CR)
환경부 지정 국가적색목록 취약(VU)
환경부 지정 멸종위기 야생생물 II급

잎 앞면

잎 뒷면

잎차례

꽃

【분포】
해외/국내 일본, 중국, 미국; 강원 이북 높은 산간 지역

【형태】
수형 낙엽활엽관목으로 원줄기가 땅속으로 기면서 뻗어 나간다.
잎 어긋나며, 가지 끝에서 모여 달린다. 길이는 2~5cm, 너비 6~13mm, 도피침형 또는 난형으로 잔거치가 있다. 잎자루에 잔털이 있다.
꽃 담황색으로 5~6월에 피며, 2~3개씩 달린다. 단지모양의 화관은 끝이 4~5개로 갈라진다.
열매 8~9월에 붉게 성숙하며 장과로 둥근 모양이다.

【조림 · 생태 · 이용】
고산툰드라 지역에서 생육하는데 설악산에서 소수 개체군이 발견된다. 종자를 직파하거나 기건저장을 하였다가 파종하며, 3~4월에 가지삽목을 해도 잘 된다. 관상용으로 식재할 수 있고 열매를 식용한다.

시로미

Empetrum nigrum var. *japonicum* K.Koch

Empetrum 그리스어 옛 이름으로 en(중)과 petros(암석)의 합성어이며, 바위틈에서 자란다는 뜻
nigrum 흑색의

E Korean crowberry
J ガンコウラン

산림청 지정 희귀등급 취약종(VU)
환경부 지정 국가적색목록 취약(VU)

군락

수형

꽃 ©한심희

열매

【분포】
해외/국내 중국, 일본, 러시아, 몽골; 한라산

【형태】
수형 낙엽활엽관목으로 수고 10~20m이다. 땅으로 기면서 가지가 많이 난다.
어린가지 적갈색을 띠며 백색의 잔털이 있으나 점차 떨어진다.
겨울눈 원형이며 가지 끝에 달린다.
잎 뭉쳐나며 넓은 선형으로 둔두 또는 원두이며 길이 5~6mm이다. 두꺼우며 광택이 있고, 가장자리는 밋밋하며 처음에는 펼쳐지다 점점 뒤로 말린다.
꽃 자주색으로 5~6월 잎겨드랑이에서 핀다.
열매 8~9월에 흑자색으로 성숙하며 구형으로 지름 5~6mm이다.

【조림 · 생태 · 이용】
고산지대의 바위틈과 같은 건조한 곳에서 잘 자라며 강한 산성의 땅을 좋아하고 공중습도가 높아야 잘 자란다. 번식은 9월에 익은 종자를 채취하여 정선하고 적당히 습기가 있는 모래에 묻어 5개월 간 상온 유지 후 3개월 간 노천매장하였다가 파종하면 발아한다. 한자명은 烏李로 까마귀의 자두라는 뜻이고, 영명도 Crowberry로 역시 까마귀의 열매라는 뜻을 나타낸다. 관상용으로 식재할 수 있고, 열매는 약용 및 식용이 가능하다.

【참고】
국가표준식물목록에는 진달래과(Ericaceae)로 기재되어 있으며 학명이 *E. nigrum* L. subsp. Asiaticum로 기재되어 있다.

자금우과 Myrsinaceae

백량금

Ardisia crispa (Thunb.) A.DC.

자생지(제주도)

잎

꽃

Ardisia 그리스어 ardis(창 끝, 화살 끝)에서 유래함. 꽃밥의 형태가 이와 같아서 붙인 이름
crenata 둥근 톱니의

이명 탱자아재비, 큰백량금, 왕백량금, 그늘백량금, 선꽃나무
한약명 주사근(朱砂根, 뿌리)
E Coralberry, Spiceberry
J オオマンリョウ

산림청 지정 희귀등급 취약종(VU)
환경부 지정 국가적색목록 관심대상(LC)

잎 앞면

잎 뒷면

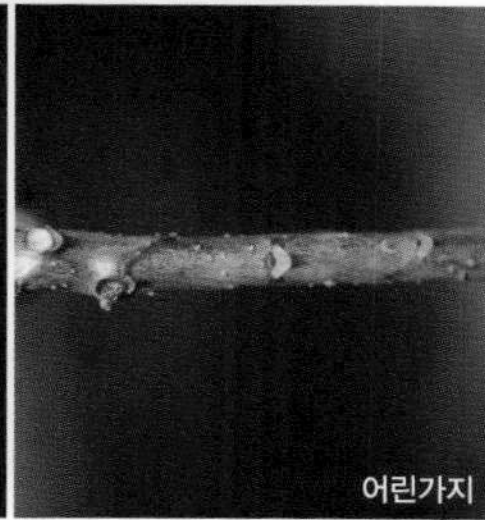
어린가지

미성숙 열매

【분포】
해외/국내 중국, 대만, 인도, 말레이시아, 필리핀, 베트남, 일본; 제주도 및 도서지역 산지

【형태】
수형 상록활엽관목으로 수고 1m이다.
잎 어긋나며 길이 7~12cm, 너비 2~4cm, 타원형 또는 피침형, 점첨두이고 끝이 둔하며 예저이다. 파상거치가 있고 거치 사이에 샘털이 있다.
꽃 백색으로 6월에 피며, 가지 또는 줄기 끝에 산형꽃차례 또는 복산형꽃차례로 달린다. 화관은 수레바퀴모양으로 갈라지고, 각 열편에는 흑색점이 있다.
열매 9월에 붉은색으로 성숙하며 핵과로 둥글다. 지름 10mm이고, 다음해 꽃이 필 때까지 붙어있다.

【조림 · 생태 · 이용】
그늘진 상록수림 하부에 자금우 등과 혼재하며 성질이 강건하여 어느 곳에서나 재배가 가능한 식물이다. 내한성과 내공해성은 약해 중부지방의 노지재배나 남부지방, 도심지에서는 재배는 어렵다. 내조성과 내음성은 강해 바닷가의 나무 밑에서도 잘 자라고 번성한다. 채종 즉시 과육을 제거한 후 직파하거나 습기 있는 모래와 섞어 상온에 두었다가 파종한다. 건조시키면 전혀 발아하지 않는다. 3~4월, 6~7월에 가지삽목을 해도 어느 정도 된다. 남부지방에서는 교목의 하부식재용으로, 중부지방에서는 실내조경용수로 식재하거나 화분에 심어 분재수목할 수 있다.

자금우과 Myrsinaceae

자금우

Ardisia japonica (Thunb.) Blume

Ardisia 그리스어 ardis(창 끝, 화살 끝)에서 유래함. 꽃밥의 형태가 이와 같아서 붙인 이름
japonica 일본의

E Marberry
J ヤブコウジ

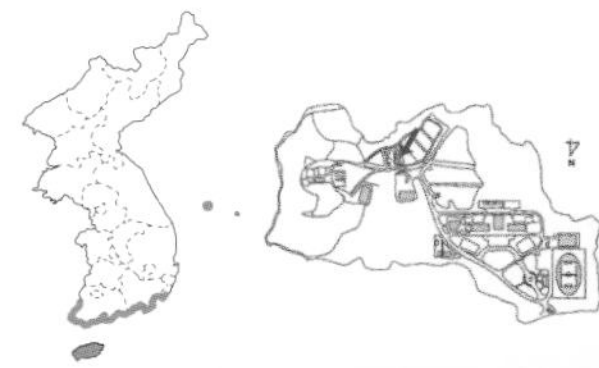

수형

어린가지와 열매

꽃

잎

【분포】
해외/국내 중국, 대만, 일본; 남부지역 및 도서지역 산지
예산캠퍼스 교내

【형태】
수형 상록관목으로 수고 15~20cm이다. 지하경의 끝이 지상으로 올라와서 줄기가 되어 비스듬히 자란다.
어린가지 어린줄기에는 약간의 털이 있다.
잎 돌려나거나 마주나며, 길이 6~13cm, 너비 2~2.5cm 정도, 타원형 또는 난형으로 첨두, 예저이고 작은 거치가 있다.
꽃 연분홍색 또는 백색으로 6월에 핀다. 꽃차례는 잎겨드랑이 또는 포겨드랑이에 산형꽃차례로 달린다.
열매 9월에 성숙하며 장과로 편구형이다. 지름 10mm 정도이고, 겨울 동안에도 달려있다.

【조림 · 생태 · 이용】
남부지방에서 비교적 흔히 자라고 북부지방에서도 간혹 자란다. 부식질이 많고 약간 습한 곳에서 잘 자란다. 내한성이 약하며 동백나무가 사는 곳에서만 야외 월동이 가능하다. 내음성이 강하여 음지에서도 개화 결실이 잘 되고 강풍에 약하다. 번식은 실생 및 분주로 한다. 전통적인 분재이다. 남부지방에서는 정원의 큰 나무 밑에 지피식물로도 심는다. 경엽은 자금우, 뿌리는 자금우근이라 하며 약용한다.

자금우과 Myrsinaceae

산호수

Ardisia pusilla A.DC.

Ardisia 그리스어 ardis(창 끝, 화살 끝)에서 유래함. 꽃밥의 형태가 이와 같아서 붙인 이름
pusilla 약소한

이명 털자금우
E Tiny ardisia
J ツルコウジ

수형

잎 앞면

잎 뒷면

줄기

줄기와 열매

【분포】

해외/국내 중국 남부, 대만, 말레이시아, 필리핀, 일본; 제주도 산지 임연부 및 계곡부

【형태】

수형 상록활엽관목으로 수고 5~8cm이다. 지하경의 끝이 지상경으로 된다. 줄기에 적갈색 털이 밀생한다.

잎 돌려나며, 길이 3~4cm, 너비 1.5~3cm, 도란상 타원형으로 첨두, 예저이다. 둔한 거치가 드문드문 있고, 양면에 긴 털이 있다.

꽃 6월에 2~4개씩 피며, 잎겨드랑이 또는 포겨드랑이에서 산형꽃차례가 나온다. 꽃자루과 꽃받침에도 긴 털이 있다. 화관은 지름 6~7mm, 백색이고 5개로 갈라지며 흑색 점이 있다.

열매 9월에 붉은색으로 성숙하며 둥글고 지름 5~6mm이다.

【조림 · 생태 · 이용】

상록수 하부(저지대)에 자금우 등과 혼재하며 강한 햇볕 아래서 잘 자라며 척박한 사질양토에서 번성한다. 내한성이 약하므로 중부지방의 노지재배는 불가능하나, 내염성이 강해서 해안가에서 잘 자란다. 번식은 포기나누기로 이식하는 것이 쉬우며 대량증식은 특수시설을 이용한 꺾꽂이가 좋다. 삽목은 연중 가능하다. 줄기는 포복성이 있어 옆으로 길게 뻗어 나가고, 자금우에 비해 잎과 줄기에 털이 많고 연약하다. 정원수로 사용하고, 지상부는 약용한다.

빌레나무(천량금)

***Maesa japonica* (Thunb.) Moritzi & Zoll.**

japonica 일본의

E Broad flat-rock tree

환경부 지정 국가적색목록 미평가(NE)

수형 ©이준혁

잎 앞면

잎 뒷면

꽃 ©이준혁

【분포】

해외/국내 중국, 일본, 베트남, 라오스, 미얀마, 뉴기니, 대만; 제주도 서부 지역의 곶자왈 지대

【형태】

수형 상록활엽관목으로 수고 0.5~1.5m이다. 줄기가 많이 갈라진다. 지면에 닿는 부분에서 다시 뿌리가 난다.

잎 타원형, 장타원형, 가죽질이며 길이 5~16cm이다. 표면은 광택이 있으며 짙은 녹색을 띤다. 측맥은 5~8쌍, 잎자루 길이는 5~13mm이다.

꽃 암수딴그루, 간혹 암수한그루이며 4~5월에 피며, 잎겨드랑이에서 나온 총상 또는 원추꽃차례에 백색 또는 연한 황색의 꽃이 모여 핀다. 화관의 윗부분은 5개로 갈라지며, 꽃받침조각은 길이 2mm, 둔한 삼각형이고, 털이 없다. 수술은 5개, 화관 내부에 붙어있다. 암술대 길이는 2~3mm이다.

열매 11월~이듬해 3월에 백색 또는 황백색으로 성숙하며 난형 또는 구형이다.

【조림 · 생태 · 이용】

대만과 중국 등 남방계 열대지역에서 자라며, 국내에서는 2003년 제주도 곶자왈에서 처음으로 발견되었다. 습도가 일정하게 유지되고 부엽층 형성이 양호한 곳에서 군집을 이룬다. 빌레라는 말은 제주 방언으로 돌이 넓게 깔린 곳을 말한다. 우리나라에서 최초로 발견된 남방계 식물로, 식물지리학적으로 중요한 가치가 있는 식물이다.

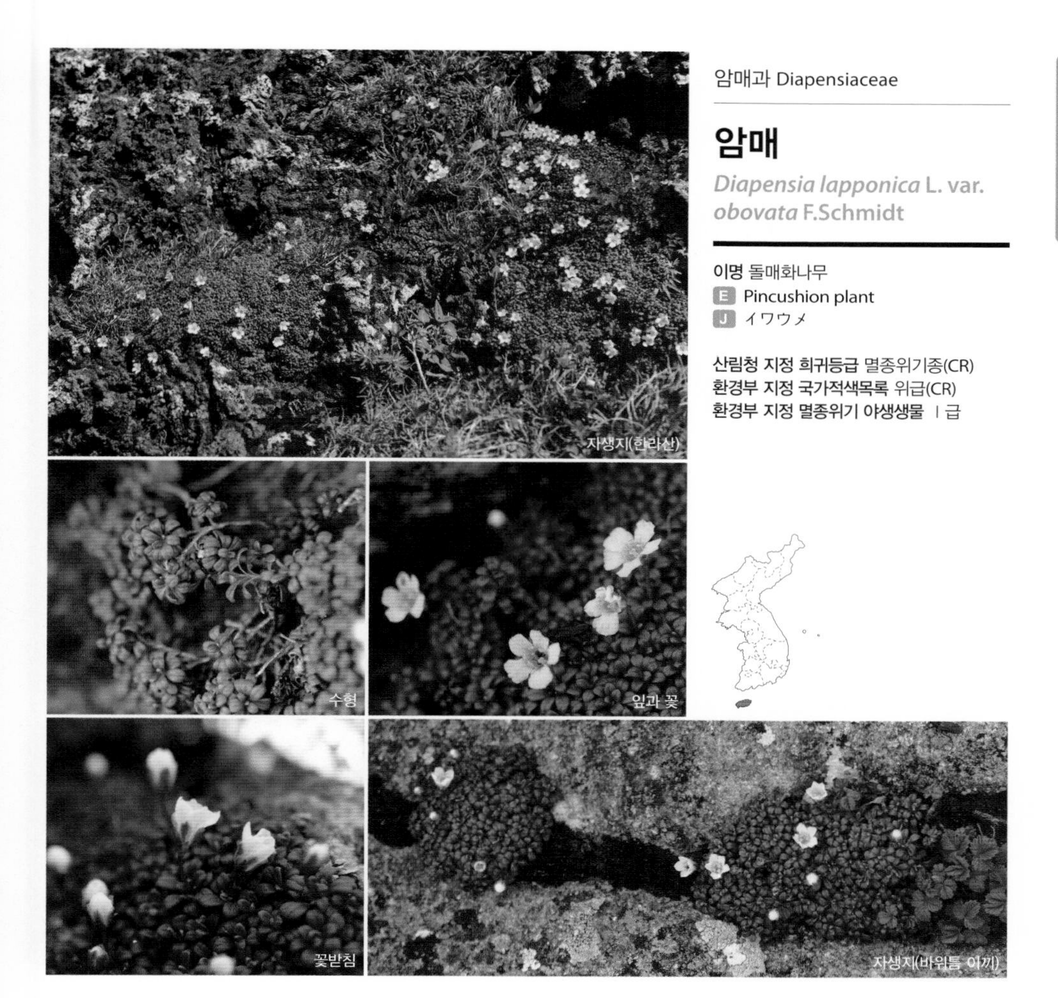

자생지(한라산)

수형

잎과 꽃

꽃받침

자생지(바위틈 이끼)

암매과 Diapensiaceae

암매

Diapensia lapponica L. var. *obovata* F.Schmidt

이명 돌매화나무
E Pincushion plant
J イワウメ

산림청 지정 희귀등급 멸종위기종(CR)
환경부 지정 국가적색목록 위급(CR)
환경부 지정 멸종위기 야생생물 Ⅰ급

【분포】
해외/국내 일본, 러시아(캄차카), 북아메리카, 그린란드; 한라산

【형태】
수형 상록활엽관목으로 수고 3~5cm이다.
잎 가죽질이고 난형으로 원두, 예저이며 길이 7~15mm, 너비 4~5mm이다. 표면은 짙은 녹색을 띠고 광택이 난다. 뒷면은 연두색을 띤다. 밑동으로 줄기를 반쯤 싸고 가장자리는 밋밋하다.
꽃 백색으로 6~7월에 줄기 끝에 1송이씩 난다. 화관의 지름은 1cm, 끝은 5갈래, 사각상 원형이다.
열매 검은색의 종자는 8~9월에 성숙하며 원형의 삭과로 지름 3mm이다.

【조림 · 생태 · 이용】
바위틈의 한군데에서 군집을 이룬다. 고산식물이므로 항상 공중습도가 높아야되고, 여름철에도 저온이 유지되어야 생육이 가능하다. 바위에 이끼처럼 붙어서 자란다. 번식은, 육묘와 이식은 불가능하며 천연하종발아로서만 가능하다. 세계적으로 희귀한 종이며 가장 작은 목본성 식물로 학술적 가치가 높아 보호되어야 할 수종이다. 여름에 피는 백색, 홍색 꽃이 마치 매화와 닮아 화려하고 아름다워 암매라고 불린다.

감나무과 Ebenaceae

고욤나무

Diospyros lotus L.

Diospyros 그리스어 dios(Jupiter의 신)와 pyros(곡물)의 합성어이며, 신의 식물이란 뜻으로 과일의 맛을 찬양한 것
lotus 그리스 고어의 식물명으로 여러 가지 뜻이 있었으나 린네(Linne)가 이 식물로 한정함

이명 고양나무, 민고욤나무
한약명 군천자(君遷子), 소시(小柹, 열매)
E Date plum
C 黑棗
J マメガキ

문화재청 지정 천연기념물 충북 보은군 회인면 용곡리 고욤나무(제518호)

수형

잎 앞면

잎차례

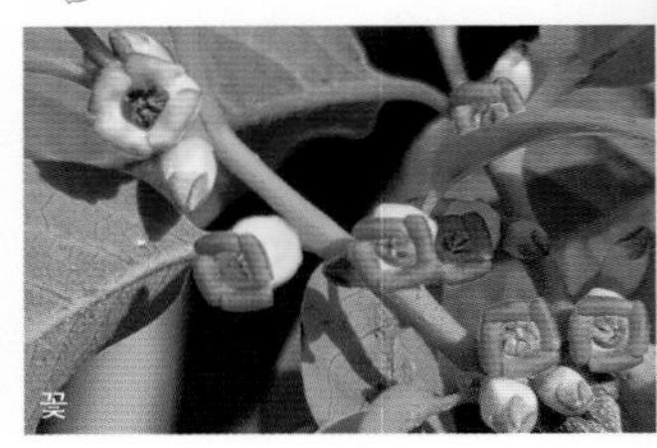
꽃

잎 뒷면

수피

【분포】
해외/국내 일본, 중국, 대만; 전국 산지
예산캠퍼스 연습림

【형태】
수형 낙엽활엽교목으로 수고 10m이다.
수피 암회색이다.
어린가지 회색 털이 있으나 없어진다.
잎 어긋나며 길이 6~12cm, 너비 5~7cm, 타원형, 장타원형이다. 급한 첨두이며 기부는 원저, 예저이며 가장자리가 밋밋하다. 양 끝이 약간 굽으며 표면의 주맥과 뒷면 맥 위에 털이 약간 있다.
꽃 암수딴그루로 연한 녹색이고 6월에 새가지 밑부분의 잎겨드랑이에 달린다. 수꽃은 2~3개씩 한 군데에 달리고, 길이 5mm, 수술은 16개가 있다. 암꽃은 꽃밥이 없는 8개의 수술과 1개의 암술로 되어있고 길이는 8~10mm이다. 꽃받침은 삼각형이며 꽃부리는 종형이다.
열매 노란색에서 흑색으로 10월에 성숙하고 장과로 둥글며 지름 1.5cm이다.

【조림 · 생태 · 이용】
양수로 내한성은 감나무에 비해 강하고 토심이 깊고 배수가 잘 되는 비옥한 사질양토에서 생장이 좋다. 햇볕을 잘 받는 양지에서 개화 결실이 잘 된다. 번식은 종자로 번식시키며 실생묘는 감나무의 대목으로 쓰인다. 목재는 가구재로 이용되고 열매에는 타닌이 많아서 햇볕에 말려 식용 및 약용한다.

수형

잎

꽃

수피

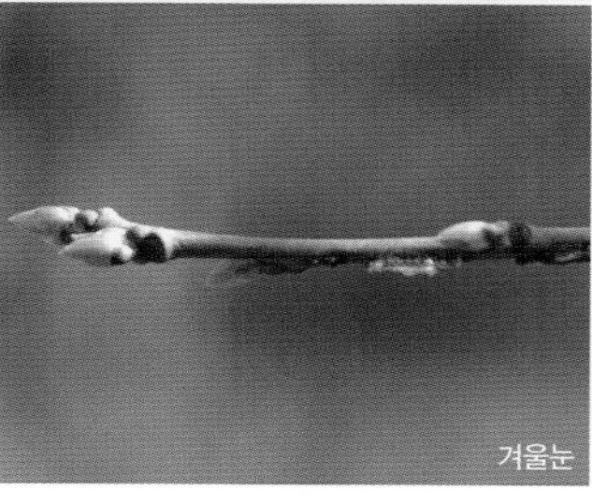
겨울눈

감나무과 Ebenaceae

감나무

Diospyros kaki L.f.

Diospyros 그리스어 dios(Jupiter의 신)와 pyros(곡물)의 합성어이며, 신의 식물이란 뜻으로 과일의 맛을 찬양한 것
kaki 일본명 가키

이명 돌감나무, 산감나무, 똘감나무
한약명 시체(柿蒂, 열매에 붙어있는 꽃받침), 시상(열매 껍질에 붙은 흰 가루를 긁어 모은 것), 홍시·백시(말랑말랑하게 익은 것), 건시(햇볕에 말린 것)
E Kaki, Japanese persimmon, Keg fig, Date plum, Oriental persimmon
C 柿
J カキノキ

문화재청 지정 천연기념물 경남 의령군 정곡면 백곡리 감나무(제492호)

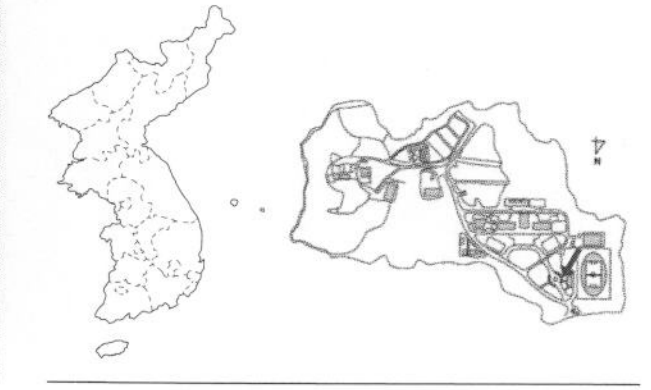

【분포】
해외/국내 일본, 중국, 대만; 전국 식재
예산캠퍼스 운동장 옆

【형태】
수형 낙엽활엽교목으로 수고 10~15m이다.
수피 코르크화되며 잘게 갈라진다.
잎 어긋나며 혁질이고 길이 7~17cm, 너비 4~10cm로 도란형 또는 광타원형이며 첨두이거나 둔두이며, 예저이거나 원저이고 가장자리는 밋밋하다. 앞면은 짙은 녹색이고, 뒷면은 회백색의 털이 밀생한다.
꽃 5~6월에 신년지 끝에서 황백색의 꽃이 핀다. 수꽃은 3~4개씩 모여 달리며 암꽃은 1개씩 달린다.
열매 10월에 황홍색으로 성숙하며 난상 원형 또는 편구형이고 지름 4~8cm이다.

【조림 · 생태 · 이용】
양수로, 고욤나무의 실생묘를 대목으로 하여 봄에 절접으로 증식시킨다. 목재는 건축재, 골프채 제조에 쓰인다. 열매는 약재로 쓰이고 먹을 수 있다. 시체, 시상, 홍시, 백시, 건시, 잎을 약용 또는 식용한다. 감나무에는 다양한 품종이 있다.

열매

때죽나무과 Styracaceae

때죽나무

Styrax japonica Siebold & Zucc.

Styrax 그리스어 storax(안식향)를 생산하는 수목의 고대 그리스명
japonica 일본의

이명 노가나무, 족나무, 때쭉나무, 왕때죽나무, 때쭉나무, 노각나무, 족나무, 제돈과, 족낭
한약명 제돈과(익은 열매), 매마등(買麻藤, 꽃)
E Japanese Snowbell
C 野茉莉
J エゴノキ

【분포】
해외/국내 일본, 대만; 전국 산지
예산캠퍼스 교내 및 연습림

【형태】
수형 낙엽활엽아교목으로 수고 10m이다.
수피 흑갈색이며 세로줄로 일어난다.
겨울눈 길이 1~3mm의 장타원형이고 갈색 성상모가 밀생하며 인편이 없이 나출되어 있다.
잎 어긋나며 길이 2~8cm, 너비 2~4cm, 난형 또는 거의 마름모꼴이다. 점첨두, 첨두이고 예저이며 치아상 거치가 있으나 없는 경우도 있다.
꽃 백색으로 5~6월에 피며 총상꽃차례가 액생한다. 화관은 장난형, 타원형이며 길이 1~2cm로 아래로 처지고 잔털이 있다.
열매 회백색으로 9월에 성숙하며 핵과로 난상 원형이다. 길이 1.2~1.4cm, 불규칙하게 갈라진다.

【조림 · 생태 · 이용】
산록부 및 산복부 이하의 양지쪽에서 잘 자란다. 중용수에 가까운 음수성이며 뿌리의 수직분포는 천근형이다. 토심이 깊은 사질양토로 습기가 다소 있는 곳에서 잘 자란다. 내한성과 내조성, 각종 공해, 병충해에 강한 편이나 건조에는 약하다. 번식은 채종 후 과육을 제거한 다음 직파하거나 노천매장을 하였다가 파종한다. 정원수로 심는다. 목재는 공예재로 쓰이며, 꽃과 열매를 약용한다.

【참고】
때죽나무 학명이 국가표준식물목록에는 *S. japonicus* Siebold & Zucc.로 기재되어 있다.

때죽나무과 Styracaceae

쪽동백나무

Styrax obassia Siebold & Zucc.

Styrax 그리스어 storax(안식향)를 생산하는 수목의 고대 그리스명
obassia 일본명 오오바지샤

이명 쪽동백, 정나무, 때죽나무, 물박달, 산아즈까리나무, 개동백나무, 왕때죽나무, 물박달나무
한약명 옥령화(열매)
E Fragrant snowbell, Fragrant styrax
C 玉鈴花
J ハクウンボク

【분포】
해외/국내 일본, 중국; 전국 산지
예산캠퍼스 연습림 임도 옆

【형태】
수형 낙엽활엽아교목으로 수고 10m이다.
수피 회갈색이며 세로로 길게 갈라진다.
어린가지 녹색이며 수직방향으로 발달한다.
겨울눈 잎자루로 싸여 있다.
잎 어긋나며 길이 7~20cm, 너비 8~20cm, 거의 원형, 광타원형이며 예두, 점첨두이다. 기부는 원저이며 상반부에 예리한 거치가 있는 경우도 있다. 잎 표면 맥 위에 털이 있고 뒷면에는 백색 성상모가 밀생한다.
꽃 백색으로 5~6월에 피며 길이 10~20cm의 총상꽃차례가 달린다. 열매자루는 아래로 드리워진다.
열매 지름 2cm 정도로 9월에 성숙하며 과피가 불규칙하게 갈라진다. 종자에는 지방이 많아 야생조수의 주요한 먹이가 된다.

【조림 · 생태 · 이용】
음수성에 가까운 중용수이며 뿌리의 수직분포는 천근형이다. 토심이 깊고 비옥한 사질양토의 다소 습하고 배수가 좋은 곳에서 잘 자란다. 내한성이 강하여 전국 어디서나 월동하며 바닷가에서도 잘 견디고, 내음성과 내병충성이 강하며 각종 공해에도 강하므로 도심지에서도 식재가 가능하다. 번식은 실생 및 무성생식에 의한다. 생장속도는 느리며 이식이 잘 된다. 삽목기 때 근삽을 한다. 정원수, 공원수로 심는다. 열매는 하며 약용한다.

검노린재나무

Symplocos tanakana Nakai

Symplocos 그리스어 symplocos(결합한)에서 유래함. 수술의 기부가 붙어있는 것을 뜻함
tanakana 인명 田中芳男의, 田中貢一의

이명 검노린재
E Black sweetleaf

수형 / 잎차례 / 잎 뒷면

열매

꽃

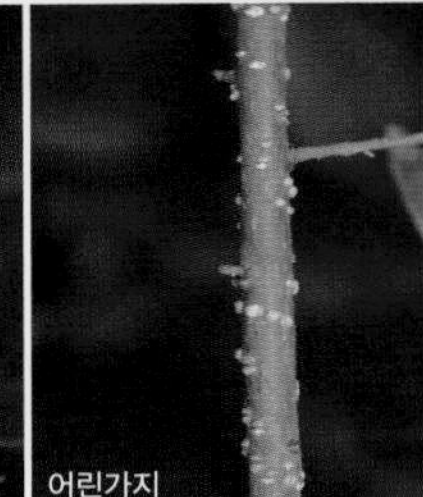

어린가지

수피

【분포】

해외/국내 일본; 남부지역 및 제주도 산지

【형태】

수형 낙엽활엽관목으로 수고 1.5~8m이다.
수피 갈색 또는 회갈색이며, 세로로 불규칙하게 갈라진다.
어린가지 잔털이 있고, 2년지는 회갈색이며 피목이 뚜렷하다.
겨울눈 난형으로 인편이 6~7개이다.
잎 어긋나며 길이 3~6cm, 타원형으로 예두이며 예저이다. 안으로 굽어지는 거치가 있다. 표면 잎맥에 잔털이 있고, 뒷면은 회녹색, 맥 위와 잎자루에 털이 있다.
꽃 5월에 피며 원추꽃차례로 달린다. 흰 꽃잎은 녹색이 약간 돈다. 화관은 5갈래로 갈라진다. 꽃받침 뒷면에 부드러운 털이 있다.
열매 9월에 검게 성숙하며 장타원형이고 지름 6~8mm이다.

【조림 · 생태 · 이용】

중용수로 전남, 경남, 제주 산지에 자생하고, 습지나 수림지에서는 자라기 힘들다. 종자 채취 후 직파하거나 노천매장하였다가 파종한다. 조경수로 이용될 수 있고 목재는 인장재, 조각재, 종자는 착유용, 잎, 근피는 약용한다.

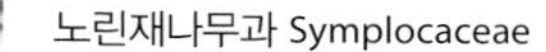

수형

노린재나무과 Symplocaceae

노린재나무

***Symplocos chinensis* f. *pilosa* (Nakai) Ohwi**

Symplocos 그리스어 symplocos(결합한)에서 유래함. 수술의 기부가 붙어있는 것을 뜻함
chinensis 중국의

E Chinese Sweetleaf, Asian sweetleaf
J サワフタギ

꽃

잎 앞면

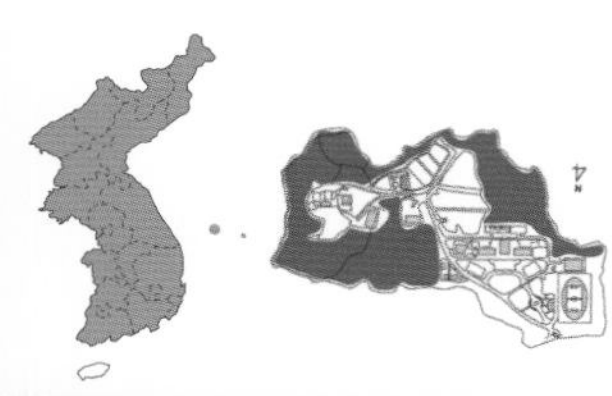

수피

잎 뒷면

열매

【분포】
해외/국내 중국, 일본; 전국 산지
예산캠퍼스 연습림

【형태】
수형 낙엽활엽관목 또는 아교목으로 수고 1~5m이다.
수피 회갈색을 띤다.
어린가지 털이 있다가 없어진다.
잎 어긋나며, 길이 3~7cm, 도란형 또는 타원형으로 점첨두, 첨두 또는 둔두이다. 기부는 예저이고, 가장자리에 잔거치가 있으나 때로는 뚜렷하지 않다. 표면은 녹색이며 뒷면은 약간 황색을 띤다.
꽃 백색으로 5월에 피며 새가지의 끝에 원추꽃차례가 달린다. 향기가 있고 꽃잎이 옆으로 퍼진다.
열매 9월에 벽색으로 성숙하며 타원형이고 길이 8mm이다. 끝에 꽃받침이 남아있다.

【조림 · 생태 · 이용】
중용수이며 뿌리의 수직분포는 천근형이다. 햇빛이 적당히 드는 소나무숲 밑에서 국수나무, 진달래, 철쭉 등과 함께 혼생하며 내음성과, 내한성, 내건성, 내공해성이 강하다. 성질이 강건하여 어느 곳에나 적응이 가능하나 배수성이 좋은 토양에 재배한다. 종자 채취 후에 직파하거나 노천매장하였다가 파종한다. 발아율은 매우 높은 편이다. 꽃은 관상 가치가 높고 방향성이 있으며, 개화기간이 길어 우수한 조경용수로 이용될 수 있다. 가을에 단풍이 든 잎을 태우면 노란색 재를 남긴다 하여 이름이 붙여졌다. 정원수로 식재하고 목재는 기구재로 쓰이며, 가지와 잎을 약용한다.

【참고】
노린재나무 학명이 국가표준식물목록에는 *S. sawafutagi* Nagam.로 기재되어 있다.

노린재나무과 Symplocaceae

섬노린재나무

Symplocos coreana (H.Lév.) Ohwi

Symplocos 그리스어 symplocos(결합한)에서 유래함. 수술의 기부가 붙어있는 것을 뜻함
coreana 한국의

이명 섬노린재
E Korean sweetleaf
J タンナサワフタギ

수형 ©김진석

꽃차례 ©김진석

잎 ©김진석

수피 ©김진석

미성숙 열매

【분포】
해외/국내 일본; 한라산 임연부 및 계곡부

【형태】
수형 낙엽활엽관목으로 수고 3~5m이다.
잎 어긋나며 길이 5~8cm, 너비 3~5cm, 넓은 도란형으로 끝이 꼬리처럼 길어지며, 넓은 예저이다. 길고 뾰족한 거치가 있고, 잎자루에 털이 있다.
꽃 백색으로 5~6월에 햇가지 끝에 원추꽃차례가 달린다. 화관은 5갈래로 갈라지며 수술은 화관보다 길다.
열매 9월에 벽흑색으로 성숙하며 난형으로 길이 6~7mm이다. 열매 끝에 꽃받침이 약간 남아있다.

【조림 · 생태 · 이용】
중용수로 제주도 산지에 자생한다. 번식은 종자를 노천매장하였다가 봄에 파종한다. 재질이 치밀하고 트거나 갈라지지 않아 자, 호미자루, 판목, 신탄재로 쓰인다. 꽃은 관상가치가 높고 방향성이 있으며 개화기간이 길어 우수한 조경용수로 이용될 수 있다.

【참고】
검은재나무 (*S. prunifolia* Siebold & Zucc.) 제주도의 계곡부에 아주 드물게 자란다. 섬노린재나무는 신년지에서 꽃이 개화하는 반면, 검은재나무의 꽃은 2년지에서 개화한다. 국내에 자생하는 노린재나무속 중 유일한 상록성 교목이다.

수형

열매

꽃

잎 앞면

잎 뒷면

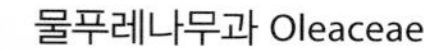
물푸레나무과 Oleaceae

미선나무

Abeliophyllum distichum **Nakai**

Abeliophyllum *Abelia*(댕강나무속)와 그리스어 phyllon(잎)의 합성어이며 잎이 댕강나무의 잎과 같다는 뜻
distichum 2열생(二列生)의

E White forsythia, Korean abeliophylum
J ウチワノキ

산림청 지정 희귀등급 멸종위기종(CR)
산림청 지정 특산식물
환경부 지정 국가적색목록 취약(VU)
문화재청 지정 천연기념물 충북 괴산군 장연면 송덕리 미선나무 자생지(제147호) 외 5개 지역

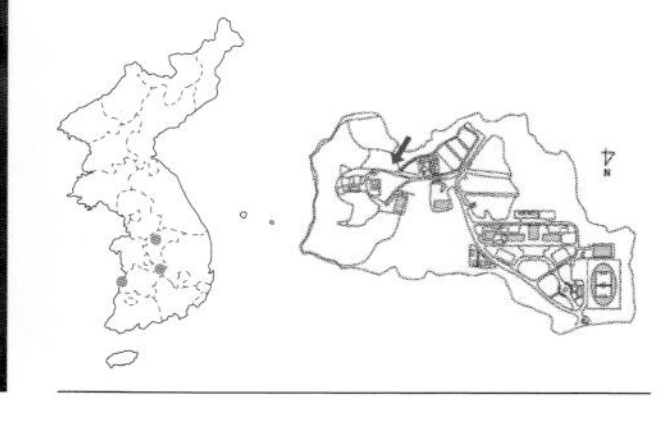

【분포】
해외/국내 전국 산지 임연부 바위지대
예산캠퍼스 연습림 임도 옆

【형태】
수형 낙엽활엽관목으로 수고 1m이다.
수피 사각형이다. 가지는 끝이 처지며 자줏빛이 돌고 속이 계단모양이다.
잎 마주나며 2줄로 달리고 난형 또는 타원상 난형으로 예두 또는 점첨두, 원저 또는 절저이다. 길이 3~8cm, 너비 0.5~0.3cm이다. 가장자리가 밋밋하고 잎자루의 길이는 2~5mm이다.
꽃 자주색으로 3월 중순~4월 초순 전년도에 형성되었다가 잎보다 먼저 핀다. 총상꽃차례로 달린다. 길이는 3~4mm이다. 꽃받침은 종상 사각형으로 떨어지지 않고 길이는 3~3.5mm이다. 열편은 4개이며 꽃부리는 꽃받침보다 길며 백색, 연한 노란색 또는 약간 붉은색을 띤다.
열매 9월에 성숙하며 시과로 원상 타원형이다. 길이와 너비가 각 25mm로 끝이 오그라들며 넓은 예저이다.

【조림 · 생태 · 이용】
중용수로 햇빛이 잘 드는 곳에서 재배하며 토양은 항시 수분이 있는 곳에서 잘 자라며 부식질이 풍부한 비옥토가 좋다. 건조한 곳에서는 생장이 좋지 않다. 암석지에 잘 나는 특성을 가지고 있다. 내한성은 개나리만큼 강하고 내음성과 내공해성은 보통이며 내조성이 약하다. 공원수, 조경수로 이용가치가 높다.

【참고】
상아미선나무 (for. *eburneum*) 꽃이 상아색으로 핀다.
분홍미선나무 (for. *lilacinum*) 꽃이 분홍색으로 핀다.

이팝나무

Chionanthus retusus Lindl. & Paxton

Chionanthus 그리스어 chion(雪)과 anthos(꽃)의 합성어이며, 백색 꽃이 만발하다는 뜻
retusus 미요형(微凹形)의

이명 니암나무, 뻣나무
한약명 탄율수(炭栗樹, 열매)
E Reusa fringe tree
C 流疏樹
J ヒトツバタゴ

산림청 지정 희귀등급 약관심종(LC)
환경부 지정 국가적색목록 관심대상(LC)
문화재청 지정 천연기념물 전남 진안군 마령면 평지리 이팝나무 군(제214호) 외 7개 지역

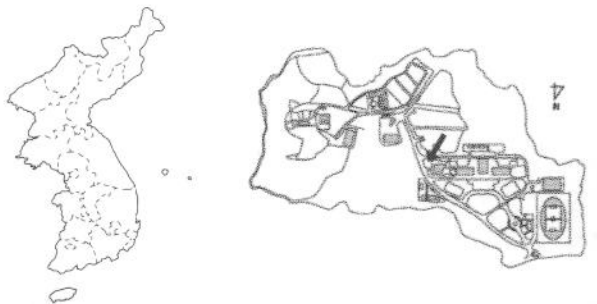

수형 / 잎 앞면 / 잎 뒷면 / 잎과 꽃 / 열매 / 수꽃 / 암꽃 / 수피

겨울눈

【분포】
해외/국내 중국, 대만, 일본; 중부 이남 식재
예산캠퍼스 교내

【형태】
수형 낙엽활엽교목으로 수고 25m, 흉고직경 50cm이다.
수피 회갈색을 띠며, 다이아몬드 형태로 갈라진다.
어린가지 황갈색으로 벗겨진다.
겨울눈 삼각상 난형으로 길이 3~7mm, 끝이 뾰족하며 인편에는 짧은 털이 있다.
잎 마주나며 타원형 또는 난형으로 첨두 또는 무딘형, 넓은 예형 또는 원저이다. 길이 3~12cm, 너비 2.5~6cm, 표면 주맥 밑부분에 연한 갈색털이 있으며 가장자리가 밋밋하다. 어린 나무의 경우 복거치가 있다.
꽃 암수딴그루로 5~6월에 피며, 꽃차례는 전년지에 달리는데 길이 3~12cm이고 밑에 잎이 달린다. 꽃대는 길이 7~10mm, 환절이 있고, 꽃받침은 4개로 깊게 갈라진다. 꽃잎은 백색으로 4개, 길이 1.2~2cm, 너비 3mm이다.
열매 9~10월에 성숙하며 핵과로 타원형이다. 길이 10~15mm, 너비 8~9mm, 짙은 검은색이다.

【조림 · 생태 · 이용】
중용수로 골짜기나 개울 근처, 해변가에서 자라며 양지바르고 토심이 깊은 사질양토의 비옥적윤지에서 생장이 양호하다. 내음성은 보통이고, 내한성과 각종 공해, 염해, 내병충성이 강하나 건조에는 약하다. 동해안에서는 곧게 빨리 자라는 반면 서해안, 남해안에서는 생육이 더디다. 이식이 용이하고 종자의 이중휴면성으로 종자번식이 까다로워서 다량생산이 어렵다. 가로수, 공원수로 가치가 높다.

물푸레나무과 Oleaceae

개나리

Forsythia koreana (Rehder) Nakai

Forsythia 영국의 원예가인 William A. Forsyth(1737~1804)에서 유래
koreana 한국의

이명 가을개나리, 개나리나무, 신리화, 어사리, 서리개나리, 개나리꽃나무
한약명 연교(連翹, 열매)
E Korean forsythia, Korean golden-bell
C 朝鮮連翹
J チョウセンレンギョウ

산림청 지정 특산식물

【분포】
해외/국내 전국 산지
예산캠퍼스 교내

【형태】
수형 낙엽활엽관목으로 수고 3m이다.
수피 여러 대가 뿌리로부터 3~6m 정도 자라며 줄기 끝부분은 늘어진다.
어린가지 녹색이지만 점차 회갈색으로 되고 피목이 뚜렷하게 나타난다.
잎 마주나고 길이 3~12cm 정도이며 피침형 또는 장타원형으로 첨두, 넓은 예저이다. 가장자리의 중앙부 이상에 거치가 있으나 없는 경우도 있다.
꽃 황색으로 4월에 피며, 잎겨드랑이에 1~3개씩 달린다. 화관은 길이 1.5~2.5cm로 깊게 4개로 갈라지며 열편은 장타원형이다. 수술은 2개로 화통에 달리며 암술보다 길거나 짧으며, 암술대도 긴 것과 짧은 것이 있다.
열매 9~10월에 성숙하고 삭과로 난형이다. 종자는 갈색이고 길이 5~6mm이다.

【조림 · 생태 · 이용】
음지와 양지 어디에서나 잘 자라고 추위와 건조에 잘 견디며 공해와 염기에도 강하여 어느 지역에서나 적응을 잘 한다. 배수가 잘 되는 비옥한 사질양토에서 잘 자라나 비교적 어떤 토양에서도 잘 자란다. 우리나라 특산식물이다. 열매는 약용한다. 번식은 실생과 삽목으로 하는데, 주로 삽목에 의해 번식을 하고 이식이 용이하며 정원수나 울타리용수, 공원용수, 옥상 정원용수로 쓰인다.

물푸레나무과 Oleaceae

산개나리

Forsythia saxatilis (Nakai) Nakai

Forsythia 영국의 원예가인 William A. Forsyth(1737~1804)에서 유래
saxatilis 바위 곁에서 자라는

이명 북한산개나리
한약명 연교(連翹, 열매)
E Rocky forsythia
J イワレンギョウ

산림청 지정 희귀등급 위기종(EN)
산림청 지정 특산식물
환경부 지정 국가적색목록 취약(VU)
문화재청 지정 천연기념물 전북 임실군 관촌면 덕천리 산개나리군락(제388호)

수형 ©한심희
꽃 ©한심희
수형 ©김진석

잎 앞면 ©한심희
잎 뒷면 ©한심희
수피 ©김진석

【분포】
해외/국내 중부 이북 산지 절벽 및 석회암지대

【형태】
수형 낙엽활엽관목으로 수고 1m이다.
수피 회색~회갈색으로 사마귀같은 피목이 존재한다.
어린가지 자줏빛이고 털이 없다.
잎 마주나며 길이 3~8cm, 피침형~난상 장타원형으로 밑부분은 설저이다. 가장자리에는 뾰족한 거치가 있다. 표면의 잎맥은 움푹하고, 뒷면의 잎맥은 돌출한다. 간혹 부드러운 털이 밀생하고, 잎자루의 길이는 2~10mm이다.
꽃 암수딴그루이고 4월에 잎이 나기 전에 연한 노란색으로 핀다. 꽃잎의 길이는 13~15mm, 4개로 갈라진다.
열매 9월에 성숙하며 삭과이다.

【조림 · 생태 · 이용】
우리나라 특산식물이다. 음지와 양지 어디에서나 잘 자라고 추위와 건조에 잘 견디며 공해와 염기에도 강하여 어느 지역에서나 적응을 잘한다. 삽목이 쉽고 생울타리를 조성하거나 도로변의 경관을 꾸밀 때 화목으로 심으며 차폐를 요하는 곳에 심으면 좋다. 종자는 약으로 쓰인다.

꽃 ©한심희

물푸레나무과 Oleaceae

만리화

Forsythia ovata Nakai

Forsythia 영국의 원예가인 William A. Forsyth(1737~1804)에서 유래
ovata 난형의

이명 금강개나리
E Early forsythia
J ヒロハレンスギ

산림청 지정 희귀등급 취약종(VU)
산림청 지정 특산식물
환경부 지정 국가적색목록 취약(VU)

잎 ©한심희

【분포】
해외/국내 일본; 경북 봉화, 강원 설악산, 덕항산, 자병산 등 산지 바위지대, 석회암지대에 분포

【형태】
수형 낙엽활엽관목으로 수고 1~1.5m이다.
수피 회색 또는 암회색 빛을 띤다.
어린가지 속은 갈색으로 계단과 같은 형태를 가진다.
잎 마주나며, 길이 5~7cm, 너비 3.8~6.3cm, 광난형으로 급첨두, 예저 또는 아심장저이다. 거치가 있거나 없고, 표면은 짙은 녹색, 뒷면은 회녹색이다.
꽃 황색으로 3~4월에 잎이 나기 전 액생하여 핀다.
열매 9~10월에 성숙하며 삭과이다.

【조림 · 생태 · 이용】
석회암지대에 좁게 분포하고 있으며, 우리나라 특산식물이다. 개나리보다 내한성이 강하며 양지를 좋아하지만 반음지에서도 잘 자라는 중용수로 적윤한 토양을 좋아한다. 바닷가나 서울같은 대기오염이 심한 지역에서도 개화와 결실이 잘 된다. 번식은 삽목 및 종자에 의해 번식한다. 삽목은 1년생 가지로 3~7월 사이에 한다. 생울타리나 관상용으로 이용한다.

물푸레나무과 Oleaceae

장수만리화

Forsythia velutina Nakai

Forsythia 영국의 원예가인 William A. Forsyth(1737~1804)에서 유래
velutina 벨벳같이 부드러운

이명 장수개나리
E Hairy forsythia
J チョウジュレンギョウ

산림청 지정 특산식물

꽃 ©한심희

잎 앞면 ©한심희

잎 뒷면 ©한심희

【분포】
해외/국내 황해 장수산에 분포

【형태】
수형 낙엽활엽관목으로 수고 1~1.5m이다.
수피 회색 또는 암회색으로 피목이 산재한다.
어린가지 기부에 융털이 있다.
잎 마주나며 광난형으로 양면에 털이 없다. 표면은 짙은 녹색, 뒷면은 회녹색, 가장자리에 잔거치가 있거나 거의 없다.
꽃 4월에 밝은 황색으로 핀다. 꽃받침열편은 광난형이다.
열매 9월에 성숙하며 난형의 삭과이다.

【조림 · 생태 · 이용】
석회암지대에 좁게 분포하고 있으며, 우리나라 특산식물이다. 내한성이 강하며 양지를 좋아하지만 반음지에서도 잘 자라는 중용수로 적윤한 토양을 좋아한다. 바닷가나 서울 같은 대기오염이 심한 지역에서도 개화와 결실이 잘 된다. 번식은 삽목 및 종자에 의해 번식한다. 삽목은 1년생 가지로 3~7월 사이에 한다. 생울타리나 관상용으로 이용한다.

【참고】
장수만리화 학명이 국가표준식물목록에는 *F. nakaii* (Uyeki) T.B.Lee로 기재되어 있다.

물푸레나무과 Oleaceae

쇠물푸레나무

Fraxinus sieboldiana **Blume**

Fraxinus 서양물푸레나무의 라틴 옛 이름이며 phraxis(분리하다)에서 유래되었다고 하지만 확실하지 않음
sieboldiana 일본식물 연구가 Siebold의

이명 좀쇠물푸레나무, 계룡쇠물푸레
한약명 진피(秦皮, 수피)
E Asian flowering ash
J コバノトネリコ

【분포】
해외/국내 중국, 일본; 전국 산지
예산캠퍼스 연습림

【형태】
수형 낙엽활엽아교목으로 수고 10m이다.
잎 마주나며 기수1회우상복엽이고 소엽은 5~9개이다. 길이 5~10cm, 너비 1.5~3.5cm, 난형 또는 장난형으로 점첨두, 예저 또는 원저이다. 거치가 약간 있으나 없는 경우도 있고, 윗면 중륵에 백색 털이 있다.
꽃 암수딴그루로 백색이고 5월에 햇가지에서 원추꽃차례가 달린다. 화관은 4갈래로 갈라진다. 양성화는 화관열편이 조금 더 짧으며, 수술 2개, 암술이 1개 있다.
열매 9월에 성숙하며 시과로 좁은 도피침형 또는 총상 피침형이다.

【조림 · 생태 · 이용】
내한성이 강하여 중부 내륙지방에서도 월동하고 대기오염에는 약하다. 번식은 가을에 익는 종자를 서리가 내리기 전에 채취하여 노천매장하였다가 파종한다. 꽃은 향기로우며, 수세와 맹아력이 강하다. 농산촌지역의 가로수나 척박한 임지에 유용한 조림수종으로 적합하다. 목재는 재질이 단단하고 견고하여 건축재나 가구재, 기구재, 운동구재로 사용한다.

물푸레나무과 Oleaceae

물푸레나무

Fraxinus rhynchophylla Hance

Fraxinus 서양물푸레나무의 라틴 옛 이름이며 phraxis(분리하다)에서 유래되었다고 하지만 확실하지 않음
rhynchophylla 부리 같은 잎의

이명 쉬청나무, 떡물푸레나무, 광능물푸레나무, 민물푸레나무, 심목, 진피수, 백심목, 수청목, 청피목
한약명 진피(秦皮, 수피), 물푸레진피(수피), 중국에서는 *Fraxinus bungeana* DC.를 진피(秦皮) 또는 소엽백랍수(小葉白蠟樹)라고 함
E East Asian ash
C 白蠟樹
J チョウセントネリコ

문화재청 지정 천연기념물 경기 파주시 적성면 무건리 물푸레나무(제86호), 경기 화성시 서신면 전곡리 물푸레나무(제470호)

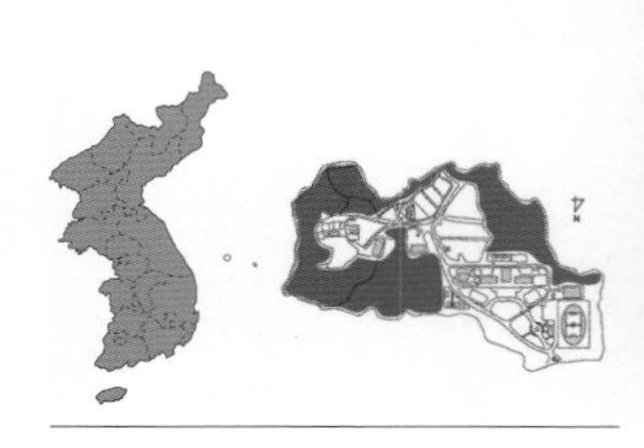

수형 / 잎 앞면 / 잎 뒷면 / 겨울눈 / 개엽 / 수꽃차례(개화 직전) / 꽃 / 열매 / 수피

【분포】
해외/국내 중국, 일본; 전국 산지
예산캠퍼스 연습림

【형태】
수형 낙엽활엽교목으로 수고 10m, 흉고직경 50cm이다.
수피 세로로 갈라지고, 백색의 가로무늬가 있다.
겨울눈 광난형으로 인편은 2쌍인데 바깥쪽의 1쌍이 뒤로 약간 젖혀져 있다.
잎 마주나며 기수1회우상복엽이다. 소엽은 5~7개, 정엽이 제일 크고 아래 잎은 점차 작아진다. 길이 6~15cm, 광난형 또는 광피침형으로 점첨두, 예저, 파상의 거치가 있으나 없는 경우도 있다. 뒷면 주맥에 갈색털이 밀생한다.
꽃 암수딴그루이지만 양성화도 섞여있다. 5월에 피며 새가지 끝에서 원추꽃차례 또는 복총상꽃차례가 달린다. 꽃잎과 꽃받침은 2~3mm이다. 양성화는 적색이 돌며 짧은 수술 2개, 암술머리가 2개로 갈라진 암술대 1개가 있다.
열매 9월에 성숙하며 시과로 길이 2~4cm이다.

【조림 · 생태 · 이용】
산복 이하의 토심이 깊은 비옥적윤지나 계곡부의 통기성이 양호한 석력토양 또는 하천변이 조림적지이다. 어려서는 내음성도 있으나 성장하면서 햇빛을 좋아하고 내한성이 강하다. 천연하종발아가 잘 되며, 가을에 충분히 성숙한 종자를 서리가 내리기 전에 채취하여 노천매장하였다가 이듬해 봄에 파종한다. 목재는 물리적 성질이 좋아 악기, 운동용구의 재료로 적합하고 그 외 기구재나 총대, 가구재 등으로 사용된다.

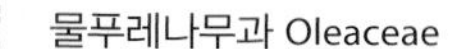
물푸레나무과 Oleaceae

들메나무

Fraxinus mandshurica **Rupr.**

Fraxinus 서양물푸레나무의 라틴 옛 이름이며 phraxis(분리하다)에서 유래되었다고 하지만 확실하지 않음
mandshurica 만주(滿洲)산의

이명 떡물푸레
한약명 수곡류피(水曲柳皮, 수피)
E Manchurian ash
C 水曲柳
J ヤチダモ

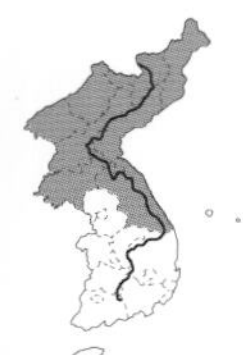

수형

충영

잎 앞면

수피

잎 뒷면

열매

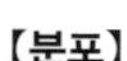

【분포】

해외/국내 일본, 중국; 중부 이북의 산지

【형태】

수형 낙엽활엽교목으로 수고 30m이다.
수피 밋밋하고 세로로 약간 골이 진다.
어린가지 녹갈색으로 흰 반점이 있고 털은 없다.
겨울눈 암갈색이다.
잎 마주나며 기수1회우상복엽이다. 소엽은 3~17매이나 보통 7~13개이다. 소엽은 길이 7~22cm, 장타원상 난형 또는 장타원상 피침형이며 긴 점첨두이고 예저이며 작은 거치가 있다. 뒷면은 연한 녹색으로 맥 위에 털이 있다. 기부 근처에 갈색 털이 있다.
꽃 암수딴그루로 5월에 피고 전년지의 잎겨드랑이에서 복총상꽃차례로 달린다. 꽃에는 꽃잎과 꽃받침이 없다. 양성화는 적색이 돌며 짧은 수술 2개, 암술머리가 2개로 갈라진 암술대 1개가 있다.
열매 9~10월에 성숙하며 시과로 길이 2.5~4cm이다.

【조림 · 생태 · 이용】

심산 또는 산간지 계곡부 습지나 통기성이 양호한 비옥적윤지에서 잘 자라며 심산 계곡에서 물푸레나무, 오리나무, 갯버들, 층층나무와 같이 혼생하거나 따로 군집을 형성한다. 중부 이북에서는 낮은 지대의 냇가에서도 흔히 자란다. 어려서는 음수이나 크면 햇볕을 요구하고 내한성이 매우 강하다. 종자 채취 후 직파하거나 노천매장하였다가 파종을 하며, 3월에 가지삽목을 해도 어느 정도 발근묘를 얻을 수 있다. 맹아력이 강하며 천연하종발아도 잘 된다. 수간이 통직하여 용재수로 개발가치가 매우 높다.

물푸레나무과 Oleaceae

물들메나무

Fraxinus chiisanensis Nakai

Fraxinus 서양물푸레나무의 라틴 옛 이름이며 phraxis(분리하다)에서 유래되었다고 하지만 확실하지 않음
chiisanensis 지리산의

이명 물푸레들메나무, 긴잎물푸레들메나무, 지이산물푸레, 긴잎지이물푸레, 지리산물푸레나무, 긴지리산물푸레나무
E Jirisan ash
J トネリコヤチダモ

산림청 지정 특산식물

수형 ©김진석

열매 ©김진석

겨울눈

잎

잎 앞면

잎 뒷면

【분포】
해외/국내 경남, 전북, 전남, 충북의 산지 계곡부

【형태】
수형 낙엽활엽교목으로 수고 30m이다.
어린가지 녹갈색으로 털이 없고 한쪽으로 편평해진다.
겨울눈 암갈색으로 표면에 갈색의 성상모가 있다.
잎 마주나며 소엽은 5~9개이다. 소엽은 길이 6~20cm, 장타원형 또는 난상 장타원형이며 끝이 꼬리처럼 긴 것도 있고 예저이다. 표면은 암록색, 뒷면 맥 기부에 약간의 갈색 털이 있다.
꽃 암수딴그루로 4~5월에 피며 2년지에서 원추꽃차례로 달린다. 꽃잎은 없고 꽃받침은 작은 톱니모양으로 갈라진다. 양성화는 짧은 수술 2개, 암술대 1개가 있다. 암술머리는 2갈래로 깊게 갈라진다.
열매 9~10월에 성숙하며 장타원상 피침형이다. 종자의 길이는 1.2cm~1.5cm이다.

【조림 · 생태 · 이용】
물이 흐르는 계곡의 바위틈이나 적윤한 토양에 군생하며 천연하종발아가 잘 된다. 소엽은 들메나무보다 적고 기부에 털이 거의 없는 것이 다르다. 수간이 통직하여 용재수로 개발가치가 매우 높다.

수꽃(전년지) ©김진석

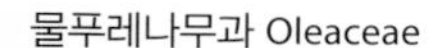
물푸레나무과 Oleaceae

영춘화

Jasminum nudiflorum Lindl.

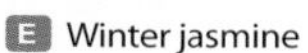
E Winter jasmine
J キソケイ

수형

꽃 ©한심희

【분포】

해외/국내 중국; 전국에 관상수로 식재

【형태】

수형 낙엽활엽관목으로 수고 1~2m이다.

수피 네모지고 밑으로 처진다.

어린가지 녹색을 띤다.

잎 마주나며 3출복엽이다. 소엽은 타원상 난형 또는 난상 피침형으로 표면은 짙은 녹색을 띤다.

꽃 황색으로 2~3월 전년지에 잎겨드랑이에서 잎보다 먼저 핀다. 화관통은 긴 나팔모양이고, 화관은 끝이 6개로 갈라지고, 6개의 꽃받침과 2개의 수술이 있다.

열매 7월에 성숙하며 삭과이다.

【조림 · 생태 · 이용】

중국 원산이며, 봄을 맞이한다는 뜻으로 영춘화란 이름이 붙었다. 매화와 거의 같은 시기에 꽃망울을 터뜨리기 시작하여 2~3주 계속 노란 꽃이 피기 때문에 황매라고도 한다. 관상용, 공업용, 약용에 쓰이고 관상수 및 열매로 스민유를 만들며 민간에서 부향제 결막염 등에 쓰인다.

물푸레나무과 Oleaceae

광나무

Ligustrum japonicum Thunb.

Ligustrum 이 속 중 *L. vulgare*의 옛 이름으로 ligare(매다)에서 유래되었으며, 이 식물의 가지로 물건을 잡아매었던 것에서 기인함
japonicum 일본의

한약명 여정실(女貞實, 익은 열매)
E Wax-leaf privet, Japanese privet
C 日本女貞
J ネズミモチ

수형 ©김진석

꽃 ©김진석

겨울눈

열매

잎 앞면

잎 뒷면

수피

【분포】
해외/국내 일본; 남부지역 및 제주도 해안 산지
예산캠퍼스 연습림

【형태】
수형 상록활엽소교목으로 수고 3~5m이다.
수피 회색 또는 회갈색을 띠며, 피목이 뚜렷하고 분지한다.
겨울눈 타원상 난형이며 인편이 5~6쌍 있고 광택이 난다.
잎 마주나며 길이 3~10cm, 너비 2.5~4.5cm, 난형, 광타원형 또는 난상 장타원형으로 예두 또는 둔두, 예저이며 거치가 없다.
꽃 백색으로 7~8월에 길이 5~12cm의 복총상꽃차례가 새가지 끝에 달린다. 화관은 길이 5~6mm, 깊게 4개로 갈라지고, 수술 2개, 암술 1개가 있다.
열매 10~11월에 자흑색으로 성숙하며 핵과로 타원형이다. 길이 8~10mm, 겨울동안에도 가지에 달려 있다.

【조림 · 생태 · 이용】
전남 완도군 주도의 상록수림에서 자라고 있다. 반그늘에서 잘 자라나 양지에서도 잘 자라며, 공중습도가 높은 사질양토가 좋고 공해와 조해에 대한 저항성이 강하다. 번식은 실생 및 삽목으로 한다. 남부지방에서는 차폐식재나 생울타리용, 수벽으로 사용하면 좋고 그 밖에 경계식재용이나 정원수, 공원수, 가로변 조경에 쓰인다. 열매는 약용한다.

수형

물푸레나무과 Oleaceae

당광나무

***Ligustrum lucidum* W.T.Aiton**

Ligustrum 이 속 중 *L. vulgare*의 옛 이름으로 ligare(매다)에서 유래되었으며, 이 식물의 가지로 물건을 잡아매었던 것에서 기인함
lucidum 강한 윤채가 있는

이명 광나무, 제주광나무, 참여정실
E Glossy privet, Chinese privet, Nepal privet, Wax-leaf privet
C 女貞
J トウネズミモチ

잎 앞면 ©김진석

잎 뒷면 ©김진석

꽃 ©김진석

열매 ©김진석

【분포】
해외/국내 중국; 제주도

【형태】
수형 상록활엽아교목으로 수고 5~10m이다.
수피 회색이고 털이 없다.
겨울눈 뾰족한 난형으로 인편은 황갈색이고 털이 없다. **잎** 마주나며 길이 6~12cm, 너비 3~5cm, 광난형 또는 타원상 난형으로 기부의 폭이 넓다. 끝이 가늘게 뾰족해지면서 뒤로 젖혀진다. 뒷면 측맥이 뚜렷하고 중륵을 중심으로 양쪽이 오므라지는 현상을 나타낸다.
꽃 7~8월에 피며 복총상꽃차례로 달린다. 화관은 길이 3~4mm, 통부가 열편보다 약간 짧다. 화관 밖으로 나온 수술은 2개이고, 1개의 암술은 화관통 속에 있다.
열매 11~12월에 흑자색으로 성숙하며. 타원형으로 길이 8~10mm, 너비 5~6mm이다.

【조림 · 생태 · 이용】
광나무에 비해 잎이 비교적 크고 내한성이 약하며 대구지역에서 겨울에 가끔씩 한해를 받는다. 용도와 번식법은 광나무와 같다. 열매를 약용한다.

물푸레나무과 Oleaceae

상동잎쥐똥나무

Ligustrum quihoui **Carrière var.** ***latifolium*** **Nakai**

Ligustrum 이 속 중 *L. vulgare*의 옛 이름으로 ligare(매다)에서 유래되었으며, 이 식물의 가지로 물건을 잡아매었던 것에서 기인함
quihoui 인명 Quihou의

이명 넓은상동잎쥐똥나무
E Quihoui privet
J オオバクロイゲイボタ

수형 ©김진석

꽃 ©김진석

겨울눈 ©김진석

잎

수피 ©김진석

【분포】
해외/국내 중국; 남부지역 산지

【형태】
수형 반상록활엽관목으로 수고 2m이다.
겨울눈 뾰족한 난형으로 황갈색을 띤다.
잎 마주나며 길이는 1~4cm, 타원형 또는 도란형이다. 끝은 둔하거나 뾰족하고 밑부분은 좁아져 잎자루와 연결되며, 가장자리가 밋밋하다. 잎자루의 길이는 1~3mm이다.
꽃 6~7월에 피며 총상꽃차례로 모여 달리고 원추상이다. 길이는 10~20cm, 꽃대가 없다. 화관 밖으로 길게 나온 수술은 2개이고, 1개의 암술은 화관통부와 길이가 비슷하다.
열매 10월에 검은색으로 성숙하며 장과로 원형 또는 타원상 원형이다.

【조림 · 생태 · 이용】
진도, 해남 반도의 바닷가 산지에서 자란다. 우리나라 남부지역에서 정원이나 공원의 관상용으로 식재할 수 있고, 생울타리용으로도 개발가치가 높다.

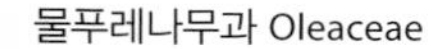

물푸레나무과 Oleaceae

왕쥐똥나무

***Ligustrum ovalifolium* Hassk.**

Ligustrum 이 속 중 *L. vulgare*의 옛 이름으로 ligare(매다)에서 유래되었으며, 이 식물의 가지로 물건을 잡아매었던 것에서 기인함

ovalifolium 난원상 잎의

한약명 수랍과(水蠟果, 익은 열매)

E Oval-leaf privet

J オオバイボタ

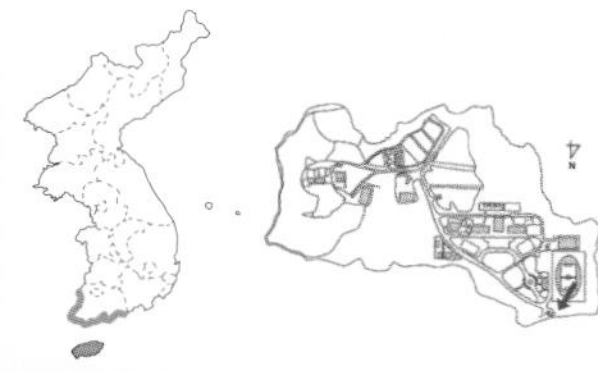

수형 ©김진석

수피 ©김진석

잎 ©김진석

꽃

겨울눈 ©김진석

【분포】

해외/국내 일본; 남부지역 및 제주도 산지

예산캠퍼스 정문 근처

【형태】

수형 반상록성활엽관목으로 수고 5m이다.

수피 회색이고 털이 없다.

겨울눈 뾰족한 난형으로 인편은 황갈색이고 털이 없다.

잎 마주나며 길이 6~10cm, 너비는 2~5cm, 난상 타원형 또는 도란상 장타원형으로 예두, 넓은 예저이다. 거치가 없고, 잎자루의 길이 3~4mm이다.

꽃 백색으로 6월에 원추꽃차례에 달린다. 화관은 피침형, 갈라진 꽃잎이 뒤로 젖혀진다. 화관 밖으로 길게 나온 수술은 2개이고, 1개의 암술은 화관 밖으로 살짝 나와 있다.

열매 10월에 흑색으로 성숙하며 핵과로 구형 또는 타원형이고 길이 5~8mm이다.

【조림 · 생태 · 이용】

해안 가까운 곳에서 자라며, 동백나무, 사스레피나무, 쥐똥나무와 함께 혼생한다. 내한성과 내음성, 내공해성이 강하며, 내건성은 없으나 토양만 양호하면 약간 건조해도 잘 자란다. 쥐똥나무에 비해 잎이 비교적 크다. 번식은 가을에 종자를 채취하여 노천매장하였다가 이듬해 봄에 파종하고, 꺾꽂이로도 증식이 가능하다. 관상용이나 도심지의 수벽이나 조경수로 적합하다. 6월에 피는 순백색의 꽃은 많은 꿀을 가지고 있어 밀원식물로 훌륭하다.

물푸레나무과 Oleaceae

섬쥐똥나무
***Ligustrum foliosum* Nakai**

Ligustrum 이 속 중 *L. vulgare*의 옛 이름으로 ligare(매다)에서 유래되었으며, 이 식물의 가지로 물건을 잡아매었던 것에서 기인함

한약명 수랍과(水蠟果, 익은 열매)
E Korean privet
J タケシマイボタ

산림청 지정 특산식물

열매 ©김진석

꽃 ©김진석

잎과 꽃차례 ©김진석

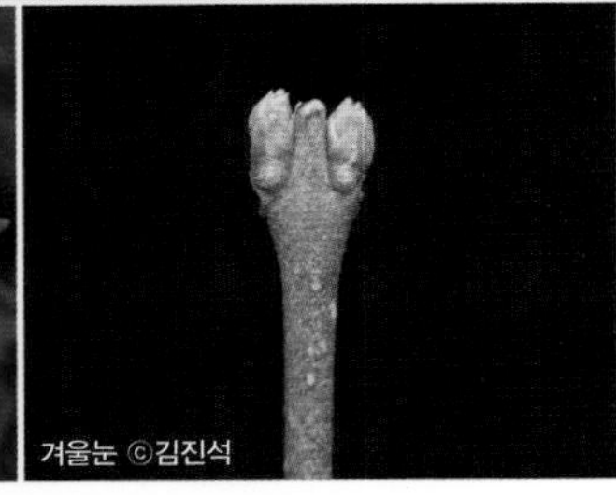
겨울눈 ©김진석

【분포】
해외/국내 울릉도

【형태】
수형 낙엽활엽관목으로 수고 1~3m이다.
수피 회색으로 사마귀같은 작은 피목 발달한다.
어린가지 털이 약간 있거나 없는 경우도 있다.
겨울눈 뾰족한 난형으로 인편이 황갈색이고 털이 없다.
잎 마주나며 길이 1~6cm, 너비 7~30mm, 난상 타원형 또는 좁은 타원형으로 첨두, 예저, 거치가 없다. 표면에는 털이 없고, 뒷면 맥 위에 잔털이 있다.
꽃 백색으로 5~6월에 피며 가지 끝에 5~20cm의 복총상 꽃차례로 달린다. 꽃차례에 포엽이 발달한다. 화관 밖으로 길게 나온 수술은 2개이고, 1개의 암술은 화관통부 속에 있다.
열매 10월에 검은색으로 성숙하며 난상 원형 또는 장타원형이다.

【조림 · 생태 · 이용】
울릉도 산지에서 자란다. 쥐똥나무에 비해 잎이 약간 크고 끝이 뾰족하며, 꽃이 원추꽃차례로 달리는 점이 특징이다. 종자나 삽목에 의해 번식한다. 생울타리용으로 이용한다.

물푸레나무과 Oleaceae

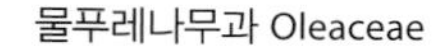

쥐똥나무

***Ligustrum obtusifolium* Siebold & Zucc**

Ligustrum 이 속 중 *L. vulgare*의 옛 이름으로 ligare(매다)에서 유래되었으며, 이 식물의 가지로 물건을 잡아매었던 것에서 기인함
obtusifolium 끝이 둔한 잎의

이명 백당나무, 싸리버들, 개쥐똥나무, 남정실, 검정알나무, 귀똥나무
한약명 수랍과(水蠟果, 익은 열매)
E Border privet
C 水蠟樹
J イボタノキ

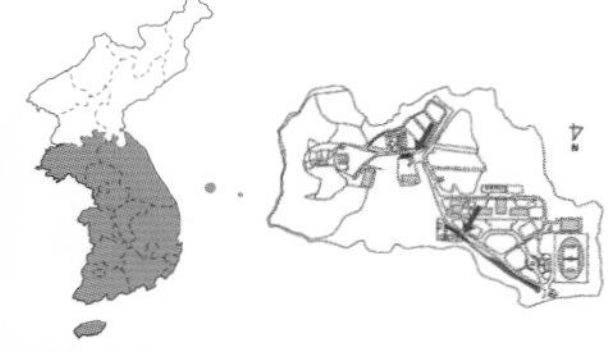

수형

겨울눈

꽃

열매

【분포】
해외/국내 중국, 일본; 전국 산지
예산캠퍼스 교내

【형태】
수형 낙엽활엽관목으로 수고 2~4m이다.
수피 가지가 가늘고 잔털이 있다. 2년지는 털이 없으며 회백색이고 많이 갈라진다.
어린가지 잔털이 있으며 2년지에서는 없어진다.
겨울눈 난형으로 길이 2~3mm이다.
잎 마주나며 길이 2~7cm, 너비 7~25mm, 타원형 또는 도피침형으로 둔두, 넓은 예저이다. 거치가 없고, 뒷면 맥 위에 털이 있다.
꽃 암수한그루이고 5~6월에 총상 또는 복총상꽃차례 많이 달린다. 길이 2~3cm, 잔털이 많다. 꽃받침은 녹색으로 4개의 거치와 잔털이 있다. 꽃부리는 통형으로 길이 7~10mm, 백색이며 4갈래로 갈라진다. 수술은 2개로 화통에 달린다.
열매 10월에 검게 성숙하며 핵과로 난상 원형이며 길이 7~8mm이다.

【조림 · 생태 · 이용】
양수성에 가까운 중용수이며 맹아력이 있다. 생울타리로 쓰인다. 열매를 약용한다.

【참고】
산동쥐똥나무 (*L. acutissimum* Koehne) 제주, 전남 가거도, 거문도 등 산야에 자라며, 쥐똥나무보다 잎의 끝이 뾰족한 것이 특징이다.
산동쥐똥나무 학명이 국가표준식물목록에는 *L. leucanthum* (S.Moore) P.S.Green로 기재되어 있다.

물푸레나무과 Oleaceae

구골나무

Osmanthus heterophyllus (G.Don) P.S.Green

Osmanthus 그리스어 osme(향기)와 anothos(꽃)의 합성어이며 꽃에 향기가 있다는 뜻
heterophyllus 이엽성(異葉性)의

이명 참가시은계목, 털구골나무
E Holly olive, Chinese holly, False holly
C 柊樹
J ヒイラギ

수형

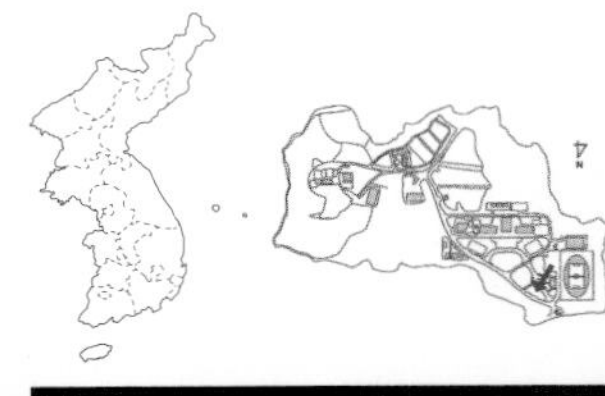

꽃

열매

잎 앞면

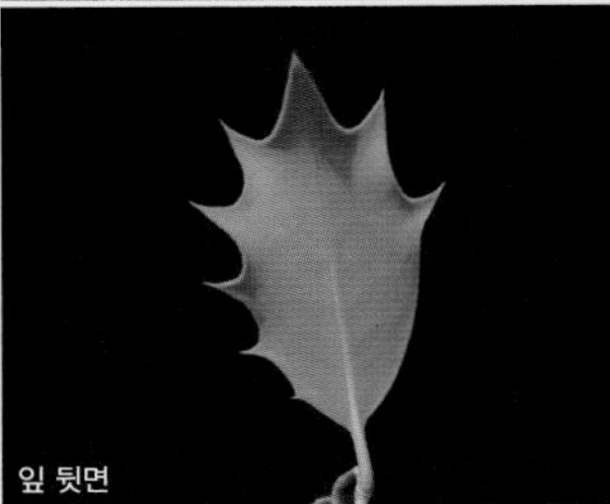
잎 뒷면

어린가지와 겨울눈

【분포】
해외/국내 일본, 대만 원산; 남부지역 식재
예산캠퍼스 교내

【형태】
수형 상록활엽관목으로 수고 3m이다.
수피 연한 회갈색을 띠며, 가지가 무성하고 어릴 때 돌기 같은 복모가 있다.
겨울눈 난형으로 끝이 뾰족하며 표면에 황갈색의 짧은 털이 밀생한다.
잎 마주나며 타원형이고 길이 3~5cm, 너비 2~3cm이다. 표면은 윤채가 있고 가장자리가 밋밋하다. 어린 것과 맹아의 것은 날카로운 가시로 끝나는 치아상의 돌기가 있다.
꽃 암수딴그루로 백색을 띠며 11월에 잎겨드랑이에서 모여난다. 잎자루 길이는 5~12mm, 꽃받침조각은 난상 삼각형으로 밋밋하고 4개로 갈라진다. 꽃부리는 끝이 4개로 갈라지고 백색이며 길이 3mm, 수술은 2개이다.
열매 다음해 4~5월에 흑자색으로 성숙하며 타원형 핵과로 지름 1cm이다.

【조림 · 생태 · 이용】
음수이며 온대 남부 및 난대 해안지대에 자란다. 열매가 자흑색이 되었을 때 채취하여 바로 과육을 제거한 후 나무 그늘 아래 직파하면 가을에 발아하나 월동이 어렵다. 따라서 종자를 건조시키지 않도록 비닐봉지에 넣어 저온에 저장하였다가 가을에 파종하는 것이 좋다. 3~4월, 6~9월에 가지삽목을 해도 잘 된다. 관상용으로 식재하고 있다.

수형

물푸레나무과 Oleaceae

금목서

***Osmanthus fragrans* var. *aurantiacus* Makino**

Osmanthus 그리스어 osme(향기)와 anothos(꽃)의 합성어이며 꽃에 향기가 있다는 뜻
fragrans 방향(芳香)이 있는

이명 단계목
E Sweet-scented olive, Sweet oliver
C 木犀
J キンモクセイ

잎차례

잎

꽃

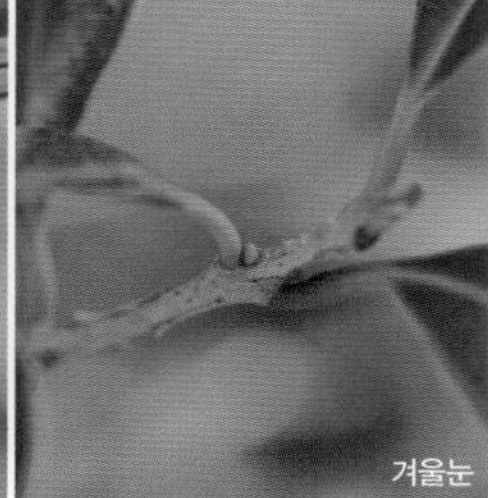
겨울눈

【분포】
해외/국내 중국; 남부지역에 드물게 식재

【형태】
수형 상록활엽관목으로 수고 3~4m이다.
수피 연한 회갈색을 띤다.
잎 마주나며 가장자리는 파상을 이루고 길이 5~9cm, 너비 2~3cm, 장타원형 또는 피침형으로 첨두, 예저이다. 미세한 거치가 있으나 없는 경우도 있다.
꽃 암수딴그루로 등황색이고 10월에 핀다. 잎겨드랑이에 모여 달리며 향기가 강하다.
열매 우리나라에 있는 것은 거의 수나무이므로 열매를 보기 힘들다.

【조림 · 생태 · 이용】
중용수로 배수가 잘 되는 사질양토의 비옥한 곳에서 생장이 좋으나 느린 편이다. 잎이 두터워 공해에도 저항력이 강하다. 내한성이 다소 약해 중부 이북에서는 식재가 어렵다. 6~9월 중에 가지삽목으로 증식되나 8월에 삽목하여도 뿌리가 잘 내린다. 은목서와 비교해 뿌리내림이 좋다. 목서의 잎은 차 대용으로 끓여 마실 수 있고, 꽃으로 술을 담가 마신다. 잎은 기침, 가래를 삭이고, 중풍 또는 버짐치료, 치통, 구취제로 썼다. 목재는 단단하고 치밀해 조각제로 쓴다. 또한 남쪽 땅의 생울타리 조경용, 정원수, 가로수로 이용된다. 꽃은 초겨울에 피어 향기도 짙고 아기자기한 편이다.

물푸레나무과 Oleaceae

구골나무목서

***Osmanthus fortunei* Carr.**
(*Osmanthus* × *fortunei* Carr.)

Osmanthus 그리스어 osme(향기)와 anothos(꽃)의 합성어이며 꽃에 향기가 있다는 뜻
fortunei 동아시아 식물의 채집가 Fortune의

E Fortunei osmanthus
J ヒイラギモクセイ

【분포】
해외/국내 중국; 남부지역에 식재
예산캠퍼스 교내

【형태】
수형 상록활엽관목으로 수고 3m이다.
잎 마주나며 길이 6~8cm, 너비 3~5cm, 광타원형으로 첨두이다. 가장자리에 가시모양의 거칠고 예리한 거치가 5~10쌍 정도 있다.
꽃 암수딴그루로 백색이며 10~11월에 핀다. 잎겨드랑이에 모여 달린다. 화관은 지름 8~10mm, 깊게 4개로 갈라진다.
열매 우리나라에 있는 것은 거의 수나무이므로 열매를 보기 힘들다.

【조림 · 생태 · 이용】
중국 원산으로 우리나라 남부지역에서 정원수로 식재하고 있다. 우리나라에 있는 것은 대부분 수나무이므로 열매를 보기 힘들다. 6~9월에 가지접목으로 증식되나 8월에 삽목하여도 뿌리가 잘 내린다. 초겨울에 꽃이 피어 향기가 짙다.

수형

물푸레나무과 Oleaceae

박달목서

Osmanthus insularis Koidz.

Osmanthus 그리스어 osme(향기)와 anothos(꽃)의 합성어이며 꽃에 향기가 있다는 뜻
insularis 섬에서 자라는

이명 목서나무, 박달암계목, 살마묵세
E Korean sweet-scented olive, Island devilwood
J サツマモクセイ

산림청 지정 희귀등급 위기종(EN)
환경부 지정 국가적색목록 취약(VU)

수피

잎 앞면

꽃

열매

【분포】
해외/국내 일본, 대만; 제주도 및 도서지역 산지

【형태】
수형 상록활엽교목으로 수고 8m이다.
수피 회색을 띤다.
어린가지 다소 편평하다.
잎 마주나며 길이 7~12cm, 너비 2.5cm, 장타원형 또는 난상 장타원형이며 예첨두 또는 점첨두이다. 기부는 예저이고 가장자리에 거치가 없으나 어린나무의 잎에는 거치가 다소 있으며 잎자루의 길이는 1.5~2.5cm이다.
꽃 암수딴그루로 백색이고 10~12월에 피며, 잎겨드랑이에 모여 달린다. 수꽃에는 암술이 퇴화되어 있으며, 화관은 4갈래로 갈라진다.
열매 다음해 5~6월경에 흑벽색으로 성숙하며 타원형이고 길이 15~20mm이다.

【조림 · 생태 · 이용】
남해안 섬지방에 소수의 자생지가 있고, 개체수가 풍부하다. 유묘의 생장도 좋다. 중용수로 해안 산지에서 자란다. 늦여름에 반숙지삽을 한다. 서쪽으로는 천리포, 동쪽으로는 경주까지만 월동이 가능하다. 내한성이 비교적 약한 종이다. 광선은 비교적 강하고, 적당한 습기를 갖는 토양에서 잘 자란다. 가을부터 초겨울, 그리고 이른 봄에 이르기까지 개화가 이루어지기 때문에 개발가치가 높다.

개회나무

Syringa reticulata var. *mandshurica* (Maxim.) H. Hara

Syringa 그리스어 syrinx(*Philadelphus*의 잔가지로 만든 피리의 그리스명)에서 유래함. 처음에는 Philadelphus의 이름이었으나 전용
reticulata 망상(網狀)의

이명 개구름나무, 개정향나무, 시계나무
한약명 폭마자(暴馬子, 가지)
E Manchuian lilac
C 暴馬丁香, 白丁香
J マンシウハシドイ

수형

꽃

잎 앞면

잎 뒷면

수피

【분포】
해외/국내 중국, 일본, 러시아; 중부 이북의 산지 및 하천

【형태】
수형 낙엽활엽아교목으로 수고 4~6m이다.
수피 흑갈색으로 가로무늬가 있다.
어린가지 자줏빛을 띤다.
겨울눈 길이 2~4mm, 광난형으로 인편은 4~6쌍이다.
잎 마주나며 길이 5~12cm, 난형 또는 광난형으로 점첨두, 원저 또는 약간 심장저이다. 양면에 털이 없고, 가장자리는 밋밋하다. 잎자루의 길이는 10~20mm이다.
꽃 백색의 양성화로 6~7월에 피며 2년지 끝에서 10~25cm의 원추꽃차례로 달린다. 수술은 2개, 암술은 1개, 화관은 4갈래로 갈라진다.
열매 9~10월에 성숙하며 삭과로 장타원형이다. 둔두이고 길이 2~2.5cm이다.

【조림 · 생태 · 이용】
중용수로 내한성과 내공해성은 강하나 내조성이 약하다. 계곡 및 하천변에 생육한다. 종자를 직파하거나 노천매장을 하였다가 파종한 후 3월에 뿌리삽목을 하거나 왕쥐똥나무를 대목으로 하여 접목으로 증식시키기도 한다. 맹아력이 강하다. 정원수나 공원수로 좋고 밀원식물로도 유망하다. 꽃은 향료 추출원료로 이용된다. 목재는 기구재나 가구재, 세공용으로 쓰인다.

【참고】
개회나무 학명이 국가표준식물목록에는 *S. reticulata* (Blume) H. Hara로 기재되어 있다.

물푸레나무과 Oleaceae

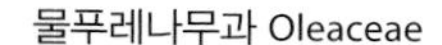

꽃개회나무

Syringa wolfii C.K.Schneid.

Syringa 그리스어 syrinx(*Philadelphus*의 잔가지로 만든 피리의 그리스명)에서 유래함. 처음에는 Philadelphus의 이름이었으나 전용
wolfii 수목학자인 Egbert Wolf(1860~1931)

이명 털꽃개회나무, 짝자래, 짝짝에나무
E Beautiful Wolf's lilac
C 丁香
J ハナハシドイ

산림청 지정 희귀등급 약관심종(LC)

군락

꽃

잎 앞면

어린가지

잎 뒷면

열매

【분포】
해외/국내 중국, 러시아; 중부 이북 산지 능선부 및 정상부

【형태】
수형 낙엽활엽관목으로 수고 4~6m이다.
어린가지 피목이 있다.
잎 마주나며 길이 10~16cm, 타원형 또는 장타원형으로 예두 또는 점첨두, 예저 또는 넓은 예저이다. 표면에 털이 없고, 뒷면 전체 또는 맥 위에 잔털이 있다. 가장자리에 털이 있다.
꽃 자홍색으로 6~7월에 핀다. 어린가지 끝에 길이 20~30cm의 원추꽃차례가 달린다. 화관은 길이 15~18mm, 향기가 있고, 꽃밥이 통내에 있다.
열매 9~10월에 성숙하며 삭과로 길이 10~14mm이다.

【조림 · 생태 · 이용】
주목, 분비나무, 배암나무, 땃두릅나무와 혼생하는 고산수종으로 내한성이 매우 강하다. 양지에서 잘 자라나 음지에서도 개화하고, 결실한다. 배수성과 보습성이 좋은 비옥적윤한 토양에서 번성한다. 내공해성이 강하다. 가을에 충분히 성숙한 종자를 채취하여 노천매장한 후 이듬해 봄에 파종한다. 늦은 봄에 녹지삽을 하거나 장마철에 반숙지삽을 한다. 우리나라 고유종으로 고산지역의 정상이나 빛이 노출된 지역에 군집을 이룬다.

【참고】
꽃개회나무 학명이 국가표준식물목록에는 *S. villosa* Vahl subsp. *wolfii* (C.K.Schneid.) Y.Chen & D.Y.Hong로 기재되어 있다.

물푸레나무과 Oleaceae

수수꽃다리

***Syringa oblata* Lindl. var. *dilatata* (Nakai) Rehder**

Syringa 그리스어 syrinx(*Philadelphus*의 잔가지로 만든 피리의 그리스명)에서 유래함. 처음에는 Philadelphus의 이름이었으나 전용

이명 넓은잎정향나무, 개똥나무
한약명 정향잎, 정향꽃, 정향엽(丁香葉)
E Dilatata lilac
C 廣葉野丁香
J ヒロハハシドイ

잎 앞면 / 잎 뒷면 / 수형 / 수피

열매

꽃봉오리

꽃

라일락

【분포】
해외/국내 중부 이남 산지

【형태】
수형 낙엽활엽관목(아교목)으로 수고 2~3m이다.
수피 회갈색이고 피목이 뚜렷하지 않으나 전년지에는 둥근 피목이 있다.
어린가지 털이 없다.
잎 마주나며 광난형이고 예두 또는 점첨두이며 아심장저 또는 절저이다. 길이 5~12cm, 거치와 양면에 털이 없다. 잎자루는 길이 20~25mm이다.
꽃 연한 자주색으로 4월에 피며 지름 2cm이다. 원추꽃차례가 전년지 끝에서 마주나며 길이 7~12cm이고 꽃대축에 선상의 돌기가 있다. 작은 꽃대는 길이 2mm, 꽃받침은 4갈래로 갈라지며 길이가 서로 같지 않다. 화관통부의 길이는 1.5~2cm이고 4개의 열편은 길이가 4~7mm로 타원형이며 둔두이다.
열매 9~10월에 성숙하며 삭과로 타원형이며 첨두로 길이 9~15mm이다.

【조림 · 생태 · 이용】
중용수로 석회암지대에 자생한다. 원수로 심는다. 꽃과 잎은 약용한다. 잎과 꽃을 따서 그늘에서 말린다. 잎은 쓴맛 건위약으로 쓰며 꽃은 향료로 쓴다.

【참고】
라일락(서양수수꽃다리) (*S. vulgaris* L.) 서양수수꽃다리라고 하며, 수수꽃다리에 비해 화관통부의 길이가 1cm 이하로 짧다.

라일락(왼쪽)과 수수꽃다리(오른쪽) 꽃

꽃과 잎

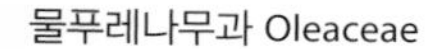

물푸레나무과 Oleaceae

털개회나무

Syringa patula **(Palib.) Nakai**

Syringa 그리스어 syrinx(*Philadelphus*의 잔가지로 만든 피리의 그리스명)에서 유래함. 처음에는 Philadelphus의 이름이었으나 전용
patula 다소 개출한, 산개한

이명 정향나무, 가는잎정향나무, 암개회나무, 둥근정향나무, 섬개회나무, 흰섬개회나무, 흰정향나무
E Velvety lilac, Miss Kim lilac
J ウスゲハシドイ

어린가지

꽃

잎 앞면과 뒷면

【분포】
해외/국내 중국; 중부 이북의 산지 정상부 및 능선부

【형태】
수형 낙엽활엽관목으로 수고 2~4m이다.
어린가지 회갈색으로 둥글거나 약간 네모지며 털이 있다.
겨울눈 삼각상 난형 또는 난형으로 털이 없다.
잎 마주나며 타원형, 난형 또는 도란형으로 점첨두, 넓은 예저이다. 길이 3~10cm, 가장자리는 밋밋하고 잎자루 길이는 5~15mm이다.
꽃 양성화로 5월 초~6월에 피며 길이 5~16cm의 원추꽃차례가 2년지 끝에서 나온다. 꽃받침은 길이 1.5mm~2mm이다.
열매 9~10월에 성숙하고 삭과로 피침형이다. 길이 10~16mm, 첨두이며 피목이 있다.

【조림 · 생태 · 이용】
중용수로 심산지에 자생한다. 내공해성, 내한성, 이식력이 강하며 내염성이 약하여 해안가 근처에서 생육이 어렵다. 가을에 삭과를 채취하여 건조시킨 다음 채종하여 직파하거나 노천매장하였다가 이듬해 봄에 파종한다. 관상용, 조경수 등으로 심으며 꽃은 향료를 추출하여 쓰인다.

【참고】
털개회나무 학명이 국가표준식물목록에는 *S. pubescens* Turcz. subsp. *patula* (Palib.) M.C.Chang & X.L.Chen로 기재되어 있다.

마전과 Loganiaceae

영주치자

Gardneria insularis Nakai

Gardneria 인도식물을 연구한 영국의 식물학자 Georege Gardner(1812~1849)에서 유래
insularis 섬에서 자라는

이명 영주덩굴
E Island gardneria
J エイシュウカズラ

산림청 지정 특산식물
환경부 지정 국가적색목록 관심대상(LC)

수형

잎

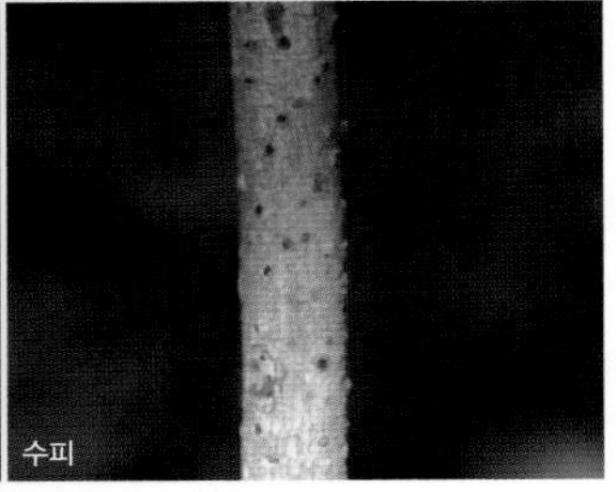
수피

【분포】
해외/국내 남부지역 및 도서지역 산지

【형태】
수형 상록활엽만목성으로 길이 10m이다.
잎 마주나며, 타원형, 난형, 난상 피침형으로 점첨두, 예저이다. 길이 4~9cm, 양면에 털이 없고, 주맥이 양쪽에서 돌출한다. 표면은 짙은 녹색, 뒷면은 황록색, 가장자리는 밋밋하다. 잎자루는 길이 1cm 정도이며 털이 없다.
꽃 백색으로 잎겨드랑이에 1~3송이씩 달리며 길이 1~2cm의 꽃자루과 더불어 밑으로 처진다. 꽃받침은 5개로 갈라진다. 열편은 난상 원형으로 털이 없고 꽃부리도 5개로 갈라지며 길이 7mm 정도로 털이 없다.
열매 적색으로 성숙하며 장과로 타원형이며 길이 1cm이다.

【조림 · 생태 · 이용】
관상용으로 재배되고 있으며 완도, 보길도, 제주도에 분포한다. 산림청 지정 한국 특산식물이며 환경부 지정 국가적색목록 관심대상(LC) 종이다. 분포지는 남해안 도서지역과 제주도에 국한된다. 자생지의 현지 내 보존과 자생지 이외의 지역에 현지 외 보존가치가 매우 높은 수종이다.

【참고】
영주치자 학명이 국가표준식물목록에는 *G. nutans* Siebold & Zucc.로 기재되어 있다.

협죽도과 Apocynaceae

협죽도

Nerium indicum Mill.

Nerium 그리스어 neros(습한)에서 취한 라틴명이며 습지에서 잘 자람
indicum 인도의

이명 류선화, 듀오화, 유도화
한약명 협죽도(잎과 가지), 류선화(잎과 가지)
E Common oleander, Rosebay
C 夾竹桃

【분포】
해외/국내 일본, 대만; 남부지역 및 제주도 식재

【형태】
수형 상록활엽관목으로 수고 2~3m이다.
어린가지 녹색이다.
잎 3개씩 돌려나며 선형, 좁은 피침형으로 두껍고 길이 7~15cm, 너비 8~20mm이다. 양 끝이 예리하며 거치가 없다.
꽃 어린가지의 끝에 취산꽃차례가 달리며 붉은색으로 7~10월에 핀다. 꽃받침은 깊게 5개로 갈라진다. 화관은 지름 3~4cm, 화관의 통부와 열편과의 사이에 실같은 부속물이 있다.
열매 골돌로 선형이며 길이 10cm, 10~11월에 갈색으로 성숙한다.

【조림 · 생태 · 이용】
양수로 내한성은 약하나 공해에 강하며 토심이 깊고 비옥한 사질양토에서 생장이 빠르다. 일반적으로 3~4월, 6~8월, 9월에 가지삽목으로 증식시키며, 가을에 채취한 종자를 온실 내에 직파하거나 분주 또는 접목으로 증식시키도 한다. 1920년경에 우리나라에 도입되어 제주도에서는 야외에 식재하고 내륙지방에서는 분재하고 있다. 밑에서 많은 줄기가 올라와 울타리 같은 수형을 이룬다. 잎을 말린 것을 협죽도엽이라 한다. 남쪽지방의 공원수나 가로수 등의 관상용으로 식재한다. 잎 또는 수피를 약용한다.

【참고】
협죽도 학명이 국가표준식물목록에는 *N. oleander* L.로 기재되어 있다.

협죽도과 Apocynaceae

마삭줄

***Trachelospermum asiaticum* (Siebold & Zucc.) Nakai**

Trachelospermum 그리스어 trachelos(목)와 sperma(종자)의 합성어이며 종자가 짤록짤록한데서 기인
asiaticum 아시아의

이명 마삭풀, 마삭덩굴, 민마삭줄, 왕마삭나무, 겨우사리덩굴, 민마삭나무, 왕마삭줄, 조선마삭나무, 마삭나무
한약명 낙석(絡石, 잎과 줄기), 낙석등(絡石藤, 줄기)
E Chinese jasmine, Chinese ivy, Climing bagbane, Asian jasmine
J テイカカズラ

수형

나무를 감싸는 모습

잎

꽃

【분포】
해외/국내 일본; 남부지역 및 도서지역 산지

【형태】
수형 상록활엽만목성으로 수고 5m이다.
수피 적갈색이다.
어린가지 간혹 있기도 하지만 털이 없다.
잎 마주나며 길이 2~9cm, 너비 1~3cm 정도이고 난상 피침형, 타원형, 난형이며 둔두, 예저이다. 거치가 없고 뒷면에 털이 있으나 없는 경우도 더러 있다.
꽃 처음 백색에서 나중에는 황색으로 5~6월에 핀다. 취산꽃차례가 정생 또는 액생한다. 꽃의 지름 2~3cm, 화관은 길이 7~8mm이고 5개로 갈라진다.
열매 골돌과로 길이 12~22cm, 2개가 서로 평형하거나 예각으로 벌어지고 9월에 성숙한다.

【조림 · 생태 · 이용】
내한성이 약하나 음지나 양지에서 생육이 양호하며, 해안지방에서 잘 자라고 내공해성도 강한 편이다. 꽃이 아름다워 난대지역의 정원석이나 큰키나무에 올려 주면 좋은 경관을 만들 수 있다. 원줄기와 잎은 약용으로 해열, 강장, 진통 및 통경약으로 사용한다.

【참고】
털마삭줄 (*T. jasminoides* (Lindl.) Lem. var. *pubescens* Makino) 경남, 전남, 전북, 제주도의 바닷가에서 자생하며, 마삭줄에 비하여 꽃자루, 어린가지, 잎 뒷면에 털이 많으며, 수술이 화관통부 중간에 붙어 있고 화관 밖으로 나오지 않는다.

지치과 Boraginaceae

송양나무

***Ehretia acuminata* var. *obovata* (Lindl.) I.M.Johnst.**

Ehretia 독일의 식물화가인 G.D. Ehret(1708~1770)에서 유래
acuminata 점첨두의

E Oboval-leaf ehretia
J チシヤノキ

수형

수피

잎

잎

【분포】

해외/국내 일본, 대만, 중국; 남부지역 및 제주도 산지

【형태】

수형 낙엽활엽교목으로 수고 10~15m, 흉고직경 20~30cm이다.

수피 황갈색, 회갈색을 띠며 세로로 갈라진다.

잎 어긋나며 길이 3~18cm, 너비 3~10cm, 도란형 또는 도란상 피침형으로 첨두 또는 점첨두, 예저 또는 원저이다. 가장자리에 작은 거치가 없다. 표면에는 털이 있거나 없으며 뒷면은 맥겨드랑이에만 털이 있다.

꽃 백색으로 6~7월에 피며 새가지 끝에 길이 8~20cm의 원추꽃차례가 달린다. 화관은 지름 6mm이고 5개로 갈라진다. 수술은 5개이며, 암술은 끝에서 2갈래로 갈라진다.

열매 8~9월에 흑갈색으로 성숙하며 핵과로 둥글고 지름 4~5mm이다.

【조림 · 생태 · 이용】

중용수로 해안가에서 자라고 내한성이 약하여 남부지방에서만 식재가 가능하다. 따뜻한 지방에서는 종자 채취 후 직파하거나 습기있는 모래와 섞어 저장하였다가 파종한다. 목재는 기구재, 장식재 등으로 쓰이며 어린잎은 먹을 수 있다. 수피에서 염료를 얻는다.

【참고】

송양나무 학명이 국가표준식물목록에는 *E. acuminata* R.Br.로 기재되어 있다.

꼭두서니과 Rubiaceae

호자나무

Damnacanthus indicus C.F.Gaertn.

Damnacanthus 그리스어 damnao(뛰어나다)와 acantha(가시)의 합성어이며, 잔가지가 변한 뾰족한 가시가 있는 것에서 기인함
indicus 인도의

이명 화자나무
한약명 호자(虎刺, 전초와 뿌리), 복우화(伏牛花, 꽃)
E Indicus damnacanthus
C 虎刺
J アリドオシ

수형

꽃 ©김진석

열매

잎

【분포】
해외/국내 태국, 인도, 중국, 일본; 제주도 산지

【형태】
수형 상록활엽관목으로 수고 1m이다.
어린가지 털이 있다.
잎 마주나며 길이 1~2.5cm, 너비 7~20mm, 난형, 광난형, 장난형으로 예두이다. 기부는 원저, 심장저로 거치가 없다. 잎겨드랑이에서 잎의 길이와 거의 같은 가시가 나온다.
꽃 백색으로 5~6월에 피며 액생한다. 화관은 길이 1.5cm의 통형이고 끝이 4개로 갈라진다. 수술은 4개가 통부의 안쪽에 붙어있다.
열매 구형으로 10~12월에 붉게 성숙한다. 지름 5~7mm 정도이며 겨울 동안에도 달려 있다.

【조림 · 생태 · 이용】
배수가 잘 되고 습기가 있는 사양토로 비옥한 곳에서 잘 자란다. 난대림의 수풀 밑에서 자생하며, 내한성과 내공해성이 약하나 그늘에서는 잘 견디고 내염성도 강하다. 10~11월에 종자를 직파하거나 노천매장하였다가 이듬해 봄에 파종한다. 관상용으로 이용한다. 난대지방에서는 큰 나무 아래 식재하거나 화분에 재배한다. 전초 또는 뿌리, 꽃은 약용한다.

꼭두서니과 Rubiaceae

수정목

Damnacanthus major Siebold & Zucc.

Damnacanthus 그리스어 damnao(뛰어나다)와 acantha(가시)의 합성어이며, 잔가지가 변한 뾰족한 가시가 있는 것에서 기인함
major 보다 큰

이명 수정나무
한약명 호자(虎刺, 전초와 뿌리), 복우화(伏牛花, 꽃)
E Big-leaf damnacanthus

수형

열매 ©김진석

잎과 가시

【분포】
해외/국내 일본; 남부지역 및 제주도 산지

【형태】
수형 상록활엽관목으로 수고 1m이다.
어린가지 회백색으로 털이 있으며, 잎겨드랑이에 1cm 정도의 가시가 있다.
잎 마주나며 길이 1.5~4cm, 너비 1~2cm, 난형 또는 광난형으로 예두, 원저 또는 예저이고 거치가 없다.
꽃 백색으로 5~6월 잎겨드랑이에 1~2개씩 핀다. 화관은 길이 15~18mm, 끝이 4개로 갈라진다. 화관의 통부 내면에는 4개의 수술이 있다.
열매 겨울에 붉게 성숙하며 원형으로 지름 5mm이다. 상부에 꽃받침이 남아있다.

【조림 · 생태 · 이용】
호자나무와 비슷하나 잎이 크고 가시의 길이는 1cm로 잎보다 짧으며 맹아력은 약하고 뿌리가 군데군데에서 굵어지는 것이 다르다. 내한성이 약하여 내륙지방에서는 월동이 불가능하고, 매우 어두운 상록수림 아래서도 생육하는 내음성 수종이다. 건조에 견디는 힘이 약하나 내조성은 강하여 바닷가에서도 양호한 생장을 보인다. 10~11월에 종자를 직파하거나 노천매장하였다가 이듬해 봄에 파종한다. 난재지역의 정원에서 큰 나무 밑에 식재하거나 분재할 수 있다. 뿌리, 꽃 등은 약용한다.

꼭두서니과 Rubiaceae

백정화

Serissa japonica **(Thunb.) Thunb.**

Serissa 인도명 또는 18세기 스페인의 식물학자인 Serissa에서 유래
japonica 일본의

이명 백마골, 백정꽃, 두메별꽃

수형

어린가지와 꽃차례

꽃

잎

【분포】
해외/국내 중국, 일본; 남부지방에 식재

【형태】
수형 상록활엽관목으로 수고 1m이다.
잎 마주나며 좁은 타원형이고 끝이 뾰족하며 길이 2cm이다. 가장자리는 밋밋하고 밑부분이 좁아져서 직접 원줄기에 붙으며 턱잎이 자모같이 된다.
꽃 백색 또는 연한 홍자색으로 5~6월에 피며 잎겨드랑이에 달린다. 화관의 내면에 털이 있다. 수술 5개, 암술 1개가 있다. 꽃에는 2가지 종류가 있는데 암술대가 길고 수술대가 짧은 것과 암술대가 짧고 수술대가 긴 것이 있으며 각각 다른 나무에서 핀다.
열매 10~11월에 성숙한다.

【조림 · 생태 · 이용】
양수로 남부, 남해안, 제주도 인가 부근에 식재하고 있다. 내한성이 약하여 남부지방에서도 낙엽이 지며, 난대에서 식재가능하다. 3~4월, 5~10월에 가지삽목을 하면 잘 된다. 관상용, 산울타리용으로 쓰인다. 전초는 백마골, 뿌리는 백마골근이라 하며 약용한다. 백정화란 꽃모양을 따라 붙여진 이름이며 만천성(滿天星)이라고도 한다.

꼭두서니과 Rubiaceae

구슬꽃나무

Adina rubella Hance

Adina 그리스어의 밀집이란 뜻으로 두상꽃차례에 꽃이 밀생함
rubella 대홍색(帶紅色)의

이명 중대가리나무, 머리꽃나무, 청중대가리나무, 푸른중대가리나무
한약명 사금자(砂金子; 줄기, 잎, 꽃)
E Glossy adina
C 細葉水团花
J シマタニワタリノキ

수형

잎과 꽃

【분포】
해외/국내 중국; 제주도 해발 400m 이하의 햇빛이 잘 드는 계곡

【형태】
수형 낙엽활엽관목으로 수고는 3~4m이다.
수피 수피는 황갈색을 띠며 오래되면 얇게 갈라진다.
어린가지 소지는 적갈색을 띠고 짧은 털이 밀생한다.
잎 잎은 대생하며 길이 2~4cm로 피침형 또는 넓은 피침형이다. 첨두이고 넓은 예저이며 거치가 없다. 잎의 양면 맥 위에 잔털이 있다.
꽃 꽃은 7~8월에 황홍색 또는 흰색으로 개화한다. 두상꽃차례이고 화경과 화탁에 털이 있으며 암술이 길고 수술은 5개이다. 화경에 1쌍 이상의 포가 달려 있다.
열매 10월에 성숙한다. 삭과이고 종자는 1~1.5mm의 난상 피침형이며 양 끝에 막질의 날개가 있다.

【조림 · 생태 · 이용】
한라산 중턱 이상에서 자란다. 내한성이 약하지만 때로 중부지방에서 월동하여 개화 결실한다. 습기를 좋아하며 토심이 깊고 비옥한 사질양토에서 번성한다. 번식은 가을에 익은 종자를 채취하여 기건저장하였다가 이듬해 봄에 파종한다. 잎에 광택이 있어 관엽식물로 가치가 있으며 관상용으로도 좋다. 우리나라에 1속 1종밖에 없는 희귀한 식물로 학술상 중요한 수종이다. 수종명은 백색으로 피는 머리 모양꽃차례의 모습이 중의 머리를 연상케 하여 붙여진 것이다. 정원수로 심는다. 줄기, 잎, 꽃은 약용하며, 목재는 기구재로 활용한다.

꼭두서니과 Rubiaceae

치자나무

Gardenia jasminoides J. Ellis

Gardenia 미국의 박물학자 A. Garden(1730~1792)에서 유래
jasminoides 속명 *Jasminum*과 비슷한

이명 치자, 좀치자, 겹치자나무
한약명 치자(梔子, 열매), 치자화근(梔子花根, 뿌리), 치자엽(梔子葉, 잎), 치자화(梔子花, 꽃)
E Gardenia, Cape jasmine
C 黃梔
J クチナシ

수형

열매

겹치자나무 꽃

잎

【분포】
해외/국내 일본(오키나와), 대만, 중국; 남부지방에서 식재

【형태】
수형 상록활엽관목으로 수고 3m이다.
어린가지 먼지 같은 털이 있다.
잎 마주나며 양측 잎자루 사이에 턱잎이 있다. 길이 3~15cm, 장타원형, 넓은 도피침형으로 첨두, 예저이며 거치가 없다.
꽃 백색으로 6~7월에 핀다. 꽃받침은 돌출된 능선이 있다. 끝에서 5~7갈래로 갈라진다. 꽃받침조각은 길이 1~3cm의 피침형, 선상 피침형이고 열매가 성숙할 때까지 남아있다.
열매 세로로 6~7개의 능각이 있고, 9~10월에 황적색으로 성숙한다.

【조림 · 생태 · 이용】
중용수로 직사광선이 강한 곳에서는 발육이 좋지 않다. 반그늘진 곳이 좋으며 화분에 심었을 때도 해가림을 해줘야 한다. 내한성이 약하여 토심이 깊고 비옥한 사질양토에서 생장이 양호하며, 충분한 햇볕을 받아야 개화와 결실이 잘 되고 공해에 강하다. 정원수로 가정, 학교, 공원, 병원 등에 심는다. 열매, 뿌리, 잎, 꽃은 약용한다.

【참고】
겹치자나무 (var. *fortuniana* (Lindl.) H. Hara.) 꽃이 홑꽃이 아니고 겹꽃이다.

마편초과 Verbenaceae

작살나무

Callicarpa japonica Thunb.

Callicarpa 그리스어 callos(아름답다)와 carpos(열매)의 합성어이며 열매가 아름답다는 뜻
japonica 일본의

이명 송금나무, 조팝나무
한약명 자주(紫珠, 잎)
E East Asian beautyberry
C 紫珠
J ムラサキシキブ

수형

잎 앞면

열매

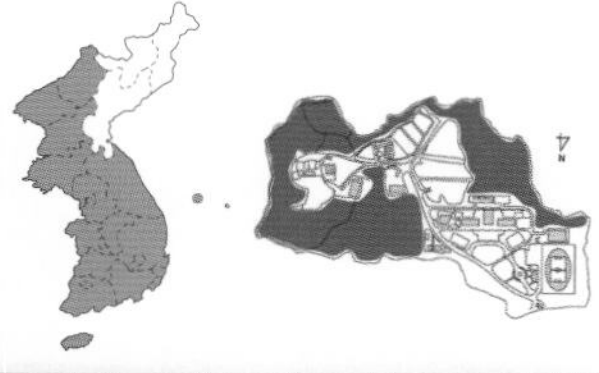

잎 뒷면

꽃

【분포】
해외/국내 일본, 중국; 전국 산지
예산캠퍼스 연습림

【형태】
수형 낙엽활엽관목으로 수고 2~3m이다.
어린가지 둥글고 성모가 있으나 점차 없어진다.
잎 마주나며 길이 6~12cm, 너비 2.5~4.5cm, 난형, 도란형 또는 장타원형으로 긴 점첨두이고 예저이며 거치가 있다. 뒷면은 연한 녹색으로 잔털이 있거나 없으며 선점이 있다.
꽃 연한 자주색으로 8월에 피며 취산꽃차례로 액생한다. 화관통은 길이 2~2.5mm로 겉에 잔털과 선점이 있고 4개의 수술과 1개의 암술이 있다.
열매 10월에 자주색으로 성숙하며 둥근 모양의 핵과로 지름 2~5mm이다.

【조림 · 생태 · 이용】
그늘에서도 꽃이 잘 피고 열매가 달리나 가급적이면 반그늘진 곳이 좋다. 내한성과 내건성, 내공해성이 강하다. 종자 채취 후 과육을 제거한 후 직파하거나 습기 있는 모래와 섞어 파종하며 3월에 가지삽목을 하여도 어느 정도 발근 된다. 정원수로 사용하며 열매가 달린 가지는 꽃꽂이 소재로 쓰인다.

【참고】
왕작살나무 (var. *luxurians* Rehder) 잎의 길이 10~20cm, 너비 4~7cm이며 꽃차례가 크며 해안에 자란다.

마편초과 Verbenaceae

좀작살나무

Callicarpa dichotoma (Lour.) Raeusch. ex K.Koch

Callicarpa 그리스어 callos(아름답다)와 carpos(열매)의 합성어이며 열매가 아름답다는 뜻
dichotoma 차상분기의

한약명 자주(紫珠, 잎)
E Purple beautyberry
C 白常子樹
J コムラサキ, コシキブ

잎 / 겨울눈 / 열매 / 꽃

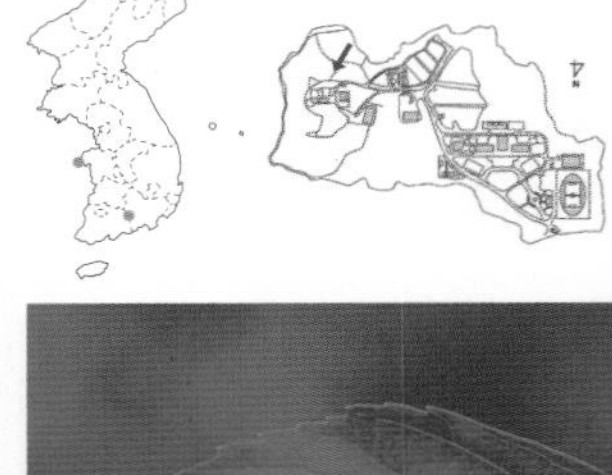

잎 앞면

잎 뒷면

흰좀작살나무 열매

【분포】
해외/국내 중국, 일본, 대만, 베트남; 중부 이남에 드물게 분포
예산캠퍼스 연습림 임도

【형태】
수형 낙엽활엽관목으로 수고 1~2m이다.
수피 회갈색이며 그물모양으로 갈라진다.
어린가지 네모가 지고 끝이 겨울에 마른다.
겨울눈 구형~난형이며 길이가 1~2mm로 작다. 눈비늘조각은 4~6개이며 별모양의 털로 덮여 있다. 곁눈 밑에 작은 덧눈이 있다.
잎 마주나며 길이 3~8cm, 너비 1.5~3cm, 도란상 장타원형 또는 도란형이며 점첨두이고 예저이며 밑부분의 1/3 정도부터 거치가 있다. 양면에 모두 털이 없으며 뒷면에는 선점이 많다.
꽃 연한 자주색으로 7~8월에 핀다. 잎겨드랑이에서 하늘로 길게 나온 취산꽃차례에 양성화가 모여 달린다. 꽃받침은 길이 1mm 미만의 컵모양이며, 꽃받침조각은 거치모양이고 바깥 면에는 샘털이 약간 있다. 수술은 4개이고 화관 밖으로 길게 나오며 암술은 1개이다.
열매 9~10월에 자색으로 성숙하며 지름 2~3mm로 구형이다. 핵은 길이 2mm 가량의 한쪽 면이 오목한 도란형이다.

【조림 · 생태 · 이용】
내한성이 강하고 양지나 음지에서도 잘 견디며 바닷가나 도심지에서도 개화와 결실이 잘 된다. 환경적응성이 좋고 배수성이나 보습성이 좋은 사질양토에 재배하는 것이 좋다.

【참고】
흰좀작살나무 (for. *albifructa* T. Yamazaki) 꽃과 열매가 백색이다.

마편초과 Verbenaceae

새비나무

Callicarpa mollis Siebold & Zucc.

Callicarpa 그리스어 callos(아름답다)와 carpos(열매)의 합성어이며 열매가 아름답다는 뜻
mollis 연한, 연모가 있는

이명 털작살나무
E Jejudo beautyberry
J ヤブムラサキシキブ

잎

잎 앞면

꽃차례

잎 뒷면

열매

꽃

【분포】
해외/국내 일본; 남부지역 및 제주도 산지

【형태】
수형 낙엽활엽관목으로 수고 3m이다.
어린가지 성모가 밀생한다.
잎 마주나며 길이 3~12cm, 너비 2.5~5cm, 난형, 타원형 또는 타원상 피침형으로 예두, 예저, 예리한 거치가 있다. 표면에 짧은 털이 있으며 뒷면에는 성모가 밀생한다.
꽃 자주색으로 8월에 피며 취산꽃차례가 액생한다. 꽃받침 및 꽃차례에 털이 밀생한다. 화관 밖으로 나온 수술은 4개이며, 암술은 1개이다.
열매 10월에 자주색으로 성숙하며 둥근 모양 핵과이다. 지름 5mm이고, 한 개의 꽃차례에 열매가 2~3개 달린다.

【조림 · 생태 · 이용】
중용수로 내한성은 약하나 내음력은 강하고 바닷가에서 잘 자란다. 남부 난대지역의 수림에 자생한다. 밑에서 많은 줄기가 올라와 포기를 형성하며 맹아력이 강하다. 작살나무보다 전체에 별모양의 털이 밀생한다. 번식은 가을에 종자를 채취하여 노천매장하였다가 봄에 파종한다. 도심지의 고원이나 정원에 관상용으로 식재하며, 조류의 먹이로도 좋다.

【참고】
좀새비나무 (for. *ramosissima* (Nakai) W.T.Lee) 잎이 길이 1~3cm로 작고 가지가 많다.

마편초과 Verbenaceae

층꽃나무

Caryopteris incana (Thunb. ex Houtt.) Miq.

Caryopteris 그리스어 karyon(호도)과 pteryx(날개)의 합성어이며 열매는 다소 날개가 있는 4분과인 것을 지칭함
incana 회백색의, 회백색 유모(柔毛)로 덮인

이명 층꽃풀, 난향초
E Incana caryopteris
C 蘭香草
J ダンギク

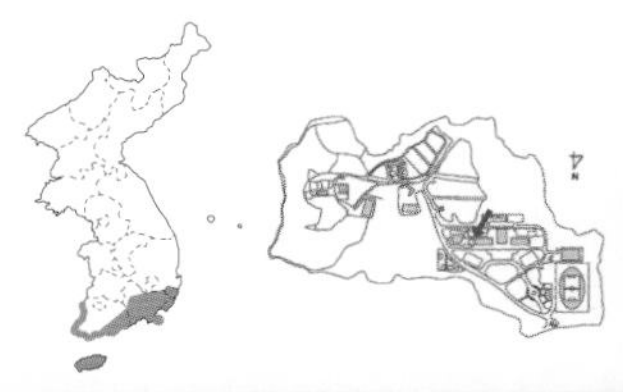

수형

잎 앞면

잎 뒷면

겨울눈

꽃

【분포】
해외/국내 중국, 일본, 대만; 남부지역 해안가
예산캠퍼스 학생회관 가는 길

【형태】
수형 낙엽활엽관목으로 수고 약 30~60cm이다.
수피 회갈색이며 오래되면 얇은 조각으로 벗겨진다.
어린가지 잔가지는 적갈색이며 약간 네모지고 백색 털이 많다.
겨울눈 작고 둥그스름하며, 잎자국은 반원형이고 관다발 자국은 1개이다.
잎 마주나며 길이 2.5~8cm, 너비 1.5~3cm, 난형 또는 장타원상 난형으로 첨두 또는 둔두, 넓은 에저 또는 절저이다. 5~10개의 거치가 있으며 양면에 털이 있다.
꽃 자주색으로 7~8월에 피며 취산꽃차례가 잎겨드랑이에 달린다. 화관은 길이 5~6mm로 겉에 털이 있고 밑부분의 열편이 가장 크며 다시 실처럼 가늘게 갈라진다.
열매 9월 중순~11월 중순에 흑색으로 성숙하며 도란형이고 길이 2mm로 중앙에 능선이 있다. 숙존성의 꽃받침 속에 5개의 열매가 들어있고, 종자의 가장자리에 날개가 있다.

【조림 · 생태 · 이용】
반목본성 중용수로 지상으로 드러난 밑부분은 목질화하여 살아있으나 그 윗부분은 죽는다. 햇볕이 잘 드는 척박하고 건조한 절개 사면지 또는 바위 곁에 생육한다. 종자를 채취하여 곧바로 파종하면 이듬해 봄에 발아하고 5~6월경에 적당한 곳에 이식해 주면 당년에 개화가 가능하다. 꽃이 층층이 피어나 관상적 가치가 매우 높다.

잎 앞면 · 잎 뒷면 · 수형 · 어린가지와 겨울눈 · 꽃차례 · 잎 · 열매 · 꽃

마편초과 Verbenaceae

누리장나무

***Clerodendrum trichotomum* Thunb.**

*Clerodendrum*그리스어 cleros(운명)와 dendron(수목)의 합성어이며 처음 셀론섬에서 자라는 2종류 중 arbor fortunata(행운목) arbor infortunata(불운목)라고 부른데서 기인함
trichotomum 3분기의

이명 개똥나무, 노나무, 개나무, 구릿대나무, 누기개나무, 이라리나무, 누룬나무, 깨타리, 구린내나무, 누르나무
E Harlequin glory-bower
J クサギ

【분포】

해외/국내 대만, 중국, 필리핀, 일본; 중부 이남 산지의 임연부 및 계곡부
예산캠퍼스 연습림

【형태】

수형 낙엽활엽관목으로 수고 3~5m이다.
겨울눈 자갈색의 부드러운 털이 밀생하고 나출되어 있다.
잎 마주나며 길이 8~20cm, 너비 5~10cm, 광난형으로 점첨두, 예저 또는 절저이다. 거치가 없거나 큰 거치가 있는 경우도 있다. 뒷면은 맥 위에 털이 있고 선점이 산생한다. 잎자루는 길이 3~10cm로 털이 있다.
꽃 8~9월에 새가지 끝에 백색으로 핀다. 취산꽃차례가 정생한다. 꽃받침은 홍색을 띠며 5개로 깊게 갈라진다. 화관은 지름 3cm이고 5개로 갈라진다. 열편은 장타원형이고 백색이다.
열매 10월에 짙은 남색으로 성숙한다. 핵과로 둥글고 지름 6~8mm이다.

【조림 · 생태 · 이용】

중성수로 뿌리의 수직분포는 천근형이다. 산록이나 계곡 또는 바닷가에서 자라며 햇빛이 잘 드는 전석지나 바위 사이에서 자란다. 물빠짐이 좋은 사질토양이 좋고 내한성과 내공해성이 강하다. 종자를 노천매장하였다가 파종한다. 정원수로 식재한다. 봄의 새잎은 식용한다. 잎은 문지르면 특유의 냄새가 난다.

마편초과 Verbenaceae

순비기나무

Vitex rotundifolia L.f.

Vitex 라틴어 vieo(매다)에서 유래함. 이 속의 가지로 바구니를 엮었던 것에서 기인함
rotundifolia 원형 잎의

이명 만형자, 풍나무, 만형자나무, 만형
한약명 만형자(蔓荊子, 열매), 만형실(蔓荊實, 열매)
E Beach vitex
C 海埔姜, 蔓荊子, 單葉蔓荊
J ハマゴウ

자생지

수형

열매

꽃

잎 앞면

잎 뒷면

어린가지

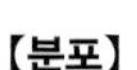

【분포】

해외/국내 대만, 중국, 인도차이나, 말레이시아, 호주, 일본; 중부 이남 해안지대

【형태】

수형 낙엽활엽관목으로 줄기가 해안가 모래밭이나 자갈 위를 길게 뻗으며 자란다.

수피 전체에 회백색의 잔털이 있고 약간 네모가 진다.

어린가지 전체에 회백색의 잔털이 있고 소지는 약간 네모진다.

잎 마주나며 길이 2~5cm, 너비 1.5~3cm, 난형, 도란형 또는 광타원형으로 둔두 또는 미철두, 넓은 예저이고 거치가 없다. 표면은 잔털이 밀생하며 회백색이고, 뒷면은 흰털이 밀생하여 은백색으로 보인다.

꽃 보라색의 양성화가 7~9월에 핀다. 가지 끝에 길이 4~7cm의 수상의 원추꽃차례가 달린다.

열매 9~10월에 흑자색으로 성숙하고, 구형의 핵과이며 지름 5~7mm이다.

【조림 · 생태 · 이용】

양수로 해안가 등지에서 자라고 바닷물에 닿아도 죽지 않는 내염성 수목이며 내한성이 강하다. 줄기에서 뿌리를 내려 모래밭을 기어가며 산다. 전체에 회색빛이 나는 흰색의 잔털이 퍼져 난다. 번식은 가을에 직파하거나 습기있는 모래에 저장하였다가 파종한다. 잎과 가지에 향기가 있어 목욕탕에 넣어 향료로 쓴다. 열매는 만형자, 잎은 만형자엽이라 하며 약용한다.

마편초과 Verbenaceae

좀목형

***Vitex negundo* var. *incisa* (Lam.) C.B.Clarke**

Vitex 라틴어 vieo(매다)에서 유래함. 이 속의 가지로 바구니를 엮었던 것에서 기인함
negundo 토명(土名)

이명 풀목향, 좀순비기나무
한약명 모형자(牡荊子, 열매), 모형엽(牡荊葉), 모형력(牡荊瀝, 화력으로 가지에서 얻은 액체)
E Five-leaf chastetree
J コニンジンボク

수형

잎 ©김진석

잎 앞면

잎 뒷면

꽃 ©김진석

【분포】
해외/국내 중국, 인도, 동남아시아; 중부 이남 산지의 임연부 및 바위지대
예산캠퍼스 연습림 임도

【형태】
수형 낙엽활엽관목으로 수고 약 2~3m이다.
수피 회갈색이며 세로로 갈라진다.
어린가지 회갈색이고 네모지며 짧은 털로 덮여있다.
겨울눈 구형~광난형이며 길이가 1mm 정도로 작고 부드러운 회갈색 털로 덮여있다.
잎 마주나며 3~5개의 소엽으로 구성된 장상복엽이다. 소엽은 길이 2~8cm, 피침형 또는 타원상 피침형으로 첨두, 예저이다. 가장자리는 결각상이거나 큰 거치가 있다. 뒷면에 잔털과 선점이 있다.
꽃 자주색으로 6~8월에 핀다. 가지 끝이나 끝부분의 잎겨드랑이에 총상의 원추꽃차례가 달린다. 화관은 순형이며 표면에 털이 있다.
열매 9~10월에 검게 성숙하며 구형의 핵과이다.

【조림 · 생태 · 이용】
양수로, 낮은 산 계곡면의 양지 바른 절벽이나 바위틈에서 생육한다. 토양적응성, 환경적응성이 뛰어나다. 내항성과 내조성이 강하여 해안가에서도 잘 자라며 햇빛이 잘 들고, 물빠짐이 좋으며 부식질이 풍부한 비옥한 토양에서 잘 자란다. 줄기와 잎에 방향유가 있어 모깃불을 피우는 데 사용한다. 열매와 잎은 약용한다.

【참고】
목형 (var. *cannabifolia* (Siebold & Zucc.) Hand.-Mazz.) 중국에서 들어온 것으로 소엽이 보통 3개이며 잎 뒷면에 털이 있다.

꿀풀과 Lamiaceae

백리향

Thymus quinquecostatus Čelak.

Thymus 그리스어 thyein(향기를 뿜다)에서 유래된 그리스명 thyme에서 기인함. 또한 *Corydothymus capitatus*가 본래 *Thymos*란 이름이며 신에게 바치는 것이기 때문에 신성하다는 뜻인 그리스어 thymo에서 유래되었다고도 함
quinquecostatus 5개의 주맥이 있는

이명 산백리향
E Five-rib thyme
J ミネジャコウソウ

산림청 지정 희귀등급 취약종(VU)

자생지(강원 자병산)

꽃

잎 앞면과 뒷면

잎

【분포】
해외/국내 일본, 중국, 극동러시아; 중부 이북 및 석회암 바위지대

【형태】
수형 낙엽활엽반관목으로 수고 20~40cm이다. 가지가 많이 갈라지고 땅 위를 기며 자란다.
잎 마주나며 타원형 또는 광타원형, 피침형으로 첨두이다. 가장자리는 밋밋하나 드물게 파상의 거치 있다. 양면에 선점과 잔털 있다.
꽃 연한 자색 또는 홍자색으로 6~8월에 가지 끝에 모여 핀다. 꽃받침 길이 5mm, 꽃받침잎 위쪽 열편은 삼각형 3갈래로, 아래쪽 열편은 선형 2갈래로 갈라진다.
열매 7~9월 암갈색으로 성숙하며 구형으로 지름 1mm이다.

【조림 · 생태 · 이용】
중용수로 높은 산지의 바위틈, 석회암지대 등 암벽부에 자생하고 향기가 짙어 우리나라 허브수종으로 가치가 높다.

【참고】
섬백리향 (var. *magnus* (Nakai) Kitam.) 울릉도에서 자란다. 원줄기가 백리향보다 굵고, 잎의 길이가 15mm이며, 화관의 길이가 10mm 정도로 다소 크다.

섬백리향(울릉도)

가지과 Solanaceae

구기자나무

***Lycium chinense* Mill.**

Lycium 중앙아시아의 Lycia에서 자라는 가시가 많은 관목인 lycion이란 그리스 옛 이름을 이 속에도 가시가 있기 때문에 전용
chinense 중국의

이명 구기자
한약명 구기자(枸杞子, 열매), 지골피(地骨皮, 근피)
E Chinese matrimony vine
C 枸杞子
J クコ

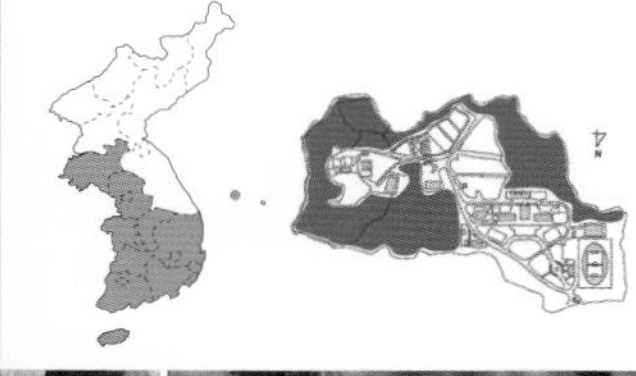

수형

잎 앞면

잎 뒷면

꽃

열매

【분포】
해외/국내 중국, 대만, 일본; 전국 산지
예산캠퍼스 연습림

【형태】
수형 낙엽활엽관목으로 수고 4m이다. 원줄기가 비스듬하게 자라면서 끝이 밑으로 처진다.
수피 회백색을 띤다.
어린가지 황회색으로 털이 없다. 가지에 가시가 있으나 없을 때도 있으며 각이 진다.
잎 어긋나며 여러 개가 뭉쳐나기도 한다. 길이 2~3cm, 타원형 또는 장타원형으로 둔두이고, 기부는 예저이며 거치가 없다. 양면에 털이 없고 잎자루 길이는 1cm이다.
꽃 자색으로 6~9월에 핀다. 꽃받침과 화관은 5개로 갈라지며 수술은 5개이다.
열매 10~11월에 붉게 성숙하며 장타원형의 장과로 길이 1.5cm이다.

【조림 · 생태 · 이용】
양수성이며, 맹아력이 있다. 마을 근처의 뚝이나 냇가에서 자라고 햇빛이 잘 들고 토심이 깊고 보습성과 배수성이 좋은 비옥적윤한 사질양토에서 번성한다. 종자를 건사저장하였다가 봄에 파종하며 3월, 6~7월에 가지삽목을 하기도 한다. 정원 등에 소규모로 군식하거나 경계식재용으로 이용한다. 20여 년 전에 불로장수하는 강장강정제, 만병통치약의 영약으로 큰 반향을 불러왔던 약초이다. 열매의 과육과 근피을 약용하며 봄의 새순은 식용한다.

현삼과 Scrophulariaceae

오동나무

Paulownia coreana Uyeki

Paulownia Siebold가 후원을 받은 네덜란드의 Anna Paulownia 여왕 (1795~1865)을 기념
coreana 한국의

이명 오동, 머귀나무, 동재
E Korean paulownia
J チョウセンキリ

산림청 지정 특산식물

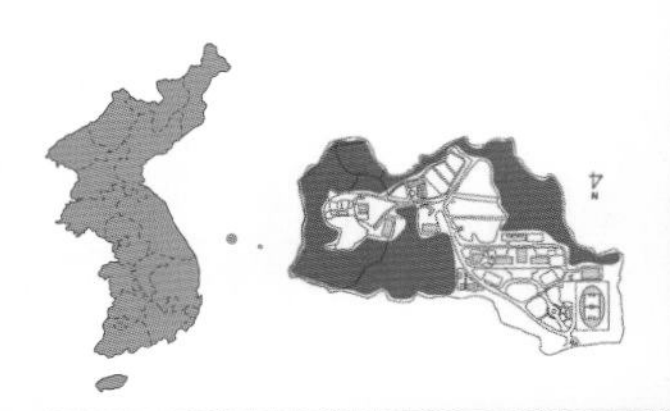

수형

꽃

꽃 단면

어린가지와 미성숙 열매

종자

열매

수피

【분포】
해외/국내 중국(중북부) 원산; 전국 산지
예산캠퍼스 연습림

【형태】
수형 낙엽활엽관목으로 수고 약 2~3m이다.
수피 회갈색이며 세로로 얕게 갈라진다.
어린가지 굵고 잔털이 있으며 백색 피목이 흩어져 난다.
겨울눈 커다란 잎자국 위에 조금 튀어나오고 4~6개의 눈비늘조각에 싸여있다. 난형의 꽃눈은 원추형으로 모여 달리며 황갈색 털로 덮여있다.
잎 마주나며 길이 15~40cm, 너비 12~29cm, 원형에 가까우며 흔히 5각형으로 되고 첨두이다. 기부는 심장저이고 가장자리에 거치가 없으나 맹아지의 것에는 거치가 있는 경우도 있다. 표면에 거의 털이 없고 뒷면에는 갈색 털이 있다.
꽃 자주색으로 5~6월에 피고 가지 끝에서 원추꽃차례가 나온다. 꽃받침은 5개로 갈라진다. 화관은 길이 6cm로 내외부에 털이 밀생한다. 수술은 4개이며 2개는 길고 2개는 짧다.
열매 10~11월에 성숙하고 난형의 삭과로 길이 3cm이다.

【조림 · 생태 · 이용】
토심이 깊고 배수가 잘 되는 비옥적윤한 사질양토에서 잘 자라며 척박지에서는 생육이 부진하다. 계곡이나 작은 지대에서 볼 수 있다.

【참고】
참오동나무 (*P. tomentosa* (Thunb.) Steud.) 오동나무에 비해 꽃의 열편 안쪽에 흔히 진한 줄무늬가 있다. 오동나무와 동일종으로도 취급한다.

참오동나무 꽃

수형

능소화과 Bignoniaceae

능소화

Campsis grandifolia (Thunb.) K.Schum

Campsis 그리스어 campsis(만곡)에서 유래함. 수술이 활같이 휘는 것에서 기인함
grandiflora 큰 꽃의

이명 금등화, 능소화나무, 릉소화
한약명 자위(꽃)
E Chinese trumpet creeper
C 紫葳, 凌霄花
J ノ-ゼンカズラ

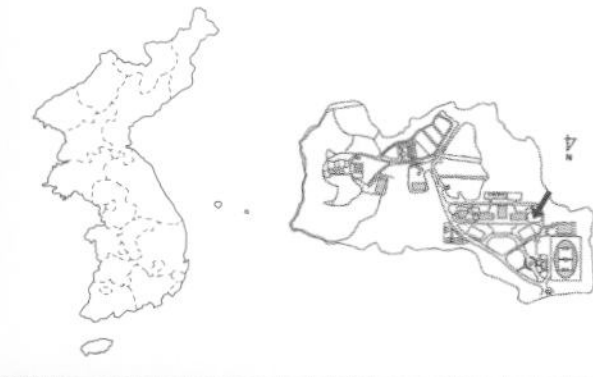

꽃
잎 앞면

수피

잎 뒷면

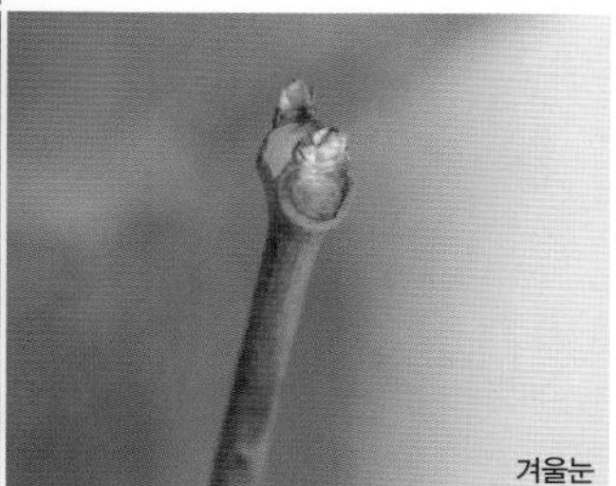
겨울눈

【분포】
해외/국내 중국 원산; 중부 이남 식재
예산캠퍼스 산업관 옆

【형태】
수형 낙엽활엽만목성으로 길이 10m이다.
수피 회갈색으로 세로로 벗겨지며, 가지는 흡착근이 발달하여 다른 물체에 잘 붙는다.
어린가지 갈색 또는 적갈색이며 털이 없고 자잘한 피목은 도드라지며 가지 끝 부분은 겨울에 말라 죽는다.
겨울눈 작으며 잎자국은 원형으로 크고 관다발자국은 둥글게 배열한다.
잎 마주나며 기수1회우상복엽으로 5~11매의 소엽으로 구성된다. 소엽은 길이 3~6cm, 난형으로 점첨두, 넓은 예저이고 거치와 더불어 연모가 있다.
꽃 적황색으로 7~8월에 핀다. 어린가지 끝에서 원추꽃차례가 달린다. 꽃받침은 길이 3cm이며 5개로 갈라진다. 화관은 지름 6~7cm, 깔때기 비슷한 종형이고 끝이 5개로 갈라진다. 수술은 4개이며 2개는 길고 2개는 짧다.
열매 10월에 성숙하며 삭과로 네모지며 끝이 둔하고 가죽질이며 2개로 갈라진다.

【조림 · 생태 · 이용】
중용수로 양지에서 잘 자라고 내한성이 약하여 서울에서는 보호해야 월동이 가능하며 수분이 많고 비옥한 사질양토에서 생장이 좋다. 해안에서도 잘 자라며 공해에도 강하다. 3월, 6~7월에 가지삽목이나 3월에 뿌리삽목을 한다. 염료식물로 이용할 수 있다.

능소화과 Bignoniaceae

개오동

Catalpa ovata G. Don

Catalpa 북아메리카 인디언의 토명(土名)
ovata 난형의

이명 개오동나무, 향오동, 노나무, 뇌신목, 뇌전동
한약명 재백피(梓白皮, 근피와 수피), 카탈파실(열매)
E Chinese Catawba
C 梓樹
J キササゲ

문화재청 지정 천연기념물 경북 청송군 부남면 홍원리 개오동(제401호)

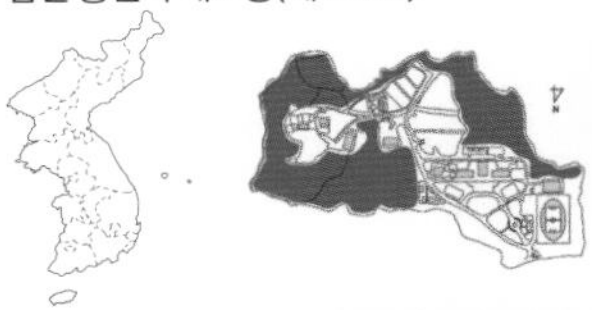

수형 / 잎 앞면 / 잎 뒷면 / 겨울눈

열매

꽃

잎

수피

【분포】
해외/국내 일본, 중국; 전국 식재
예산캠퍼스 연습림

【형태】
수형 낙엽활엽교목으로 수고 5~10m이다.
잎 잎에 긴 잎자루가 있고 마주나지만 때로는 3매씩 돌려난다. 길이 10~25cm이고 광난형 또는 난원형이다. 기부는 심장저이지만 가장자리가 3~5개로 갈라진다. 끝이 뾰족해져 굽고 주맥과 측맥 기부에 검은 지점이 있다.
꽃 황백색으로 6~7월에 피며 가지 끝에 원추꽃차례가 나온다. 지름 약 3cm, 5개로 갈라지고 양순이 있으며 안쪽에 황색선과 자주색의 점이 있다. 수술은 4개이며 2개는 완전하고 2개는 퇴화되어 있다.
열매 10~11월에 성숙하고 삭과이며 길이 30cm, 지름 5~6mm이고 종자의 양 끝에 털이 있다.

【조림 · 생태 · 이용】
중용수로 내한성이 강하여 토심이 깊고 비옥적윤한 곳에서 생장이 양호하나 습기가 많은 곳에서 더 잘 자란다. 각종 공해에 강하고 해풍에도 잘 견딘다. 종자를 직파하거나 실온에 저장하였다가 봄에 파종한다. 종자의 일부는 2년만에 발아하기도 하며, 3월, 6~7월에 가지삽목과 3월 뿌리삽목을 실시하면 어느 정도 발근이 된다. 풍치수, 가로수로 심는다. 수피와 열매를 약용한다.

【참고】
꽃개오동 (*C. bignonioides* Walter) 개오동에 비해 꽃이 백색에 가까우며 종자가 크다.

수형 ©김진석

인동과 Caprifoliaceae

댕강나무

***Abelia mosanensis* T. H. Chung es Nakai**

Abelia 영국의 의사인 Clarke Abel(1780~1826)을 기념
mosanensis 평남 맹산의

이명 맹산댕강나무
E Mangsan abelia
J モウザンツクバネウツギ

산림청 지정 희귀등급 위기종(EN)

수피

잎 뒷면

열매 ©김진석

【분포】
해외/국내 중부 이북 석회암지대

【형태】
수형 낙엽활엽관목으로 수고 2m이다.
잎 마주나며 피침형으로 양 끝이 좁고 길이는 3~7cm이다. 표면은 맥을 따라 복모가 있다. 뒷면은 주맥 위에 흔히 털이 있다. 가장자리에 거치와 털이 있다.
꽃 5월에 피며 한 꽃자루에 3개의 꽃이 달린다. 포는 피침형, 선상 피침형 또는 송곳처럼 뾰족하고 길이 1cm로 거치는 없다. 꽃받침통은 길이 5mm이고 잔털이 있다. 열편은 5개이고 도피침형이고 길이 8~11mm로 연모가 있다. 꽃부리는 길이 2~2.2cm이다. 연한 홍색이 돌며 판통은 길이 15mm이며, 가늘고 역모가 있다. 수술대에 털이 있으며 암술대는 짧고 털이 없다.
열매 9월에 성숙하며 4개의 날개를 가진 열매가 하늘을 향해 프로펠러같은 모양을 하며 종자는 1개이다.

【조림 · 생태 · 이용】
암반이 많은 바위틈이나 골짜기의 햇빛이 강한 지역에서 자생하며 토양은 배수성이 좋고 비옥한 토양으로, 특히 중성 또는 약알칼리성 토양에서 잘 자라며 건조에도 잘 견딘다. 종자결실이 쉽지 않은 편이라 실생번식은 어렵다. 새로 자란 미숙지를 채취하여 녹지삽목을 하면 발근이 잘 된다. 댕강나무속은 석회암지대의 대표적인 식생이다. 관상수로 재배한다. 특히 생울타리용으로 식재하거나 군식해도 좋다. 봄에 돋는 새순은 나물로 식용한다.

【참고】
댕강나무 학명이 국가표준식물목록에는 *Zabelia tyaihyonii* (Nakai) Hisauti & H.Hara로 기재되어 있다.

인동과 Caprifoliaceae

주걱댕강나무

Abelia spathulata Siebold & Zucc.

Abelia 영국의 의사인 Dr. Clarke Abel(1780~1826)을 기념
spathulata 주걱 모양의

E Spatulate-leaf abelia
J ツクバネウツギ

산림청 지정 희귀등급 멸종위기종(CR)
환경부 지정 국가적색목록 관심대상(LC)

수형 ©김진석

꽃 ©김진석

잎 뒷면 ©김진석

【분포】
해외/국내 일본, 중국; 남부지역 산지 및 바위지대

【형태】
수형 낙엽활엽관목으로 수고 1~2m이다.
어린가지 적갈색이며 윤채가 있으나 회갈색으로 된다.
잎 마주나며 길이 2~4.5cm, 광난형, 장타원형 및 사각상 난형으로 급한 예두이다. 끝은 둔하고 또한 예저이며 둔한 거치가 약간 있다. 양면에 털이 있으며 특히 뒷면 맥상에 털이 많다.
꽃 황백색으로 5월에 피며 취산꽃차례로 달린다. 화관은 길이 2~3cm로 깔때기모양이며 끝이 5개로 갈라진다. 열편 끝은 둥글고 아래쪽 열편 안쪽에 황색무늬가 있다. 수술은 4개이며 2개는 길고 2개는 짧다.
열매 선형이고 9~10월에 성숙하며 끝에 꽃받침이 남아있다.

【조림 · 생태 · 이용】
일본원산으로 알려져 있었으나 최근에 발견된 분류군으로 우리나라에서 자생지가 매우 희귀하다. 산림청 지정 희귀등급 멸종위기종(CR), 환경부 지정 국가적색목록 관심대상(LC) 종이다. 분포지가 남해안 도서지역에 국한되어 생육하고 있으므로, 자생지의 현지 내 보존과 자생지 이외 지역의 현지 외 보존가치가 매우 높은 수종이다.

【참고】
주걱댕강나무 학명이 국가표준식물목록에는 *Diabelia spathulata* (Siebold & Zucc.) Landrein로 기재되어 있다.

수형 ©김진석

인동과 Caprifoliaceae

털댕강나무
Abelia biflora Turcz

Abelia 영국의 의사인 Clarke Abel(1780~1826)을 기념
biflora 2화(二花)의

E Pedunculate abelia

수피 ©김진석

잎 ©김진석

꽃 ©김진석

열매 ©김진석

【분포】
해외/국내 중국(황해강 북부), 러시아(동부); 중부 이북 산지와 경북의 높은 산지에 드물게 분포

【형태】
수형 낙엽활엽관목으로 수고 2~3m이다.
어린가지 털이 없고 적갈색을 띠지만 회색으로 변한다.
잎 마주나며 길이 3~6cm, 피침형~좁은 난형으로 끝은 뾰족하고 밑부분은 쐐기형이다. 가장자리는 밋밋하거나 1~6쌍의 큰 거치가 있다. 표면에 털이 조금 있으며, 맥 위와 가장자리에 털이 있다. 잎자루 길이는 4~7mm이다.
꽃 연한 홍색 또는 백색으로 가지 끝에서 5~6월에 핀다. 꽃받침은 4갈래로 갈라진다. 꽃받침열편은 길이 5~9mm의 도피침형이다. 화관은 길이 8~12mm의 원통형이며 겉에는 짧은 털이 있고 끝이 4갈래로 갈라진다. 수술은 4개, 암술머리가 둥글다
열매 길이 1~1.5cm의 선상 장타원형이며 9~10월에 성숙하며 꽃받침이 계속 남는다.

【조림 · 생태 · 이용】
우리나라 중부 이북의 높은 산지에서 자라고 있는 보기 드문 수종이다. 제한된 자생지의 현지 내 보존과 자생지 이외 지역의 현지 외 보존가치가 매우 높은 수종이다.

【참고】
섬댕강나무 (*A. coreana* var. *insularis*) 털댕강나무에 비해 잎과 꽃받침에 털이 없다.
털댕강나무 학명이 국가표준식물목록에는 *Zabelia biflora* (Turcz.) Makino로 기재되어 있다.

인동과 Caprifoliaceae

꽃댕강나무

Abelia grandiflora (Rovelli ex Andre) Rehder

Abelia 영국의 의사인 Clarke Abel(1780~1826)을 기념

E Glossy abelia

수형

잎차례와 꽃

잎 앞면

잎 뒷면

수피

【분포】

해외/국내 중국; 남부지방 및 제주도

【형태】

수형 반상록성활엽관목으로 수고 1~2m이다.

잎 마주나며 난형으로 둔두 또는 예두이다. 길이 2.5~4cm, 가장자리에 둔한 거치가 있다.

꽃 종모양의 연한 분홍색으로 6~11월 피며 원추꽃차례로 달린다. 꽃부리 길이는 12~17mm이다. 꽃받침잎조각 2~5장, 길이 10mm, 붉은 갈색을 띤다. 수술 4개, 암술 1개이다.

열매 4개의 날개가 달려 있고, 대부분 성숙하지 않는다.

【조림 · 생태 · 이용】

양수로 내한성이 약한 편이고 내공해성과 내조성, 맹아력이 강하며 토심이 깊고 비옥적윤한 토양에서 생장이 양호하다. 번식방법은 꺾꽂이에 의해서만 가능하며 봄부터 가을까지 새로 자란 가지로 증식시킬 수 있다. 잎은 반상록으로, 봄부터 초겨울까지 감상할 수 있다. 중국산 댕강나무 사이에서 원예종으로 잡종육성된 중간 잡종이며, 1930년경 일본으로부터 도입되었다. 공해에 강해 도로변의 생울타리로 이용한다.

수형

인동과 Caprifoliaceae

인동덩굴
Lonicera japonica Thunb.

Lonicera 16세기의 독일의 수학자이며 채집가인 Adam Lonitzer가 라틴어화된 것
japonica 일본의

이명 인동, 금은화, 눙박나무, 털인동덩굴, 우단인동, 우단인동덩굴, 섬인동, 노옹수, 노사등, 좌전등, 수양등, 금은동, 금차고, 밀보등, 통령초
한약명 금은화(꽃), 인동잎, 인동, 인동등(忍冬籐), 인동덩굴
E Japanese honeysuckle, Golden-and-silver flower
C 忍冬, 金銀花
J スイカズラ, ニンドウ

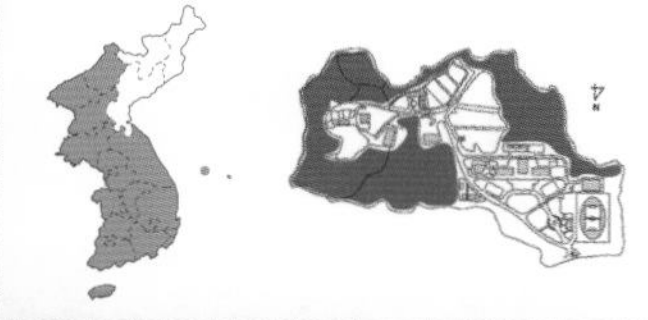

잎

줄기와 열매

붉은인동 꽃

【분포】
해외/국내 일본, 대만, 중국; 전국 산지
예산캠퍼스 연습림

【형태】
수형 낙엽상록만목성으로 길이 3~4m이다.
수피 줄기는 오른쪽으로 감아 올라간다.
어린가지 적갈색이며 속은 비어있고 황갈색 털이 밀생한다.
겨울눈 난형이며 눈비늘조각은 적갈색이고 기름샘이 있다.
잎 마주나며 길이 3~7cm, 너비 1~3cm, 장타원형이며 둔한 예두, 원저이며 거치가 없다. 어린나무의 것은 우상으로 갈라지는 것도 있다. 어린가지의 것에는 털이 있으며 잎자루는 길이 5mm로 털이 있다.
꽃 처음에 흰빛이었다가 나중에 황색으로 변하며 6~7월에 핀다. 잎겨드랑이에 1~2개씩 달리고 향기가 있다. 길이 1mm의 소포가 있으며 화관은 길이 3~4cm이고 순형으로 크게 2열한다. 상순은 얕게 4개로 갈라지며, 하순은 넓은 선형으로 뒤로 젖혀진다.
열매 9~11월에 검은색으로 성숙하며 지름 7~8mm이다.

【조림 · 생태 · 이용】
상록성이지만 가끔씩 낙엽이 지기도 하면서 겨울을 참아내는 수종이다. 중용수로 산야에서 자란다. 배수가 잘 되는 사양토 또는 양토가 좋으나 토질은 특별히 가리지 않고 어디서든 잘 자란다. 내한성이 강하여 전국 어디에서나 자라며 건조한 곳에서도 충분한 햇볕만 받으면 생육이 왕성하다. 종자 채취 후 직파하거나 습사저장하였다가 파종하며 3~4월, 6~7월에 가지삽목을 해도 잘 된다. 1차 식생이며 밀폐된 숲에서는 나무에 기어올라 자란다. 조경용으로 이용 가치가 높다.

인동과 Caprifoliaceae

괴불나무

Lonicera maackii (Rupr.) Maxim.

Lonicera 16세기의 독일의 수학자이며 채집가인 Adam Lonitzer가 라틴어화된 것
maackii 러시아의 자연사학자 R. Maack의

이명 절초나무, 아귀꽃나무
한약명 금은인동(꽃)
E Amur honeysuckle, Woodbind
C 金銀忍冬, 金銀木
J ハナヒョウタンボク

수형 / 잎 앞면 / 잎 뒷면 / 꽃 / 겨울눈

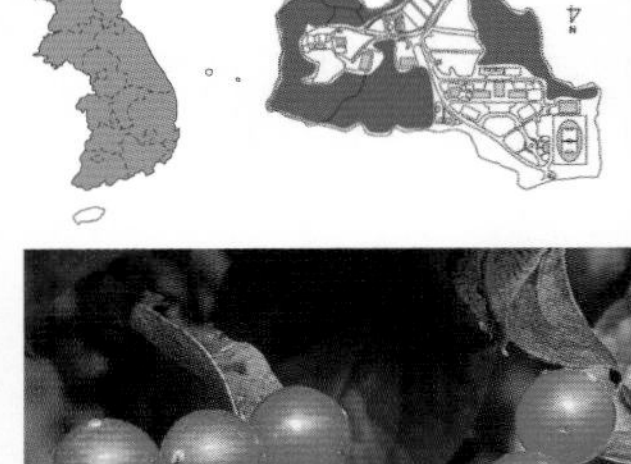

열매 / 꽃 확대 / 수피

【분포】
해외/국내 일본, 중국; 전국 산지 임연부
예산캠퍼스 연습림

【형태】
수형 낙엽활엽관목으로 수고 5m이다.
수피 골속은 갈색으로 속이 비어있다.
어린가지 갈색이며 잔털이 있지만 점차 줄어들고 가지 단면의 골속이 비어있다.
겨울눈 가지 끝에 2개의 가짜 끝눈가 달린다. 가짜 끝눈는 난형이고 털이 있는 7~8쌍의 눈비늘조각에 싸여있다.
잎 마주나며 길이 5~10cm, 너비 2.5~3.5cm, 장난형 또는 타원형이며 급한 점첨두 또는 첨두, 예저 또는 원저로 거치가 없다. 뒷면 맥 위에 털이 있거나 없으며 잎자루는 길이 3~10mm로 샘털이 있다.
꽃 꽃은 5~6월에 피며 액생한다. 꽃자루는 길이 2~5mm로 잎자루보다 짧으므로 다른 괴불나무류와 구별된다. 화관은 지름 2cm이며 흰빛에서 황색으로 변하며 향기가 있다. 꽃은 순형으로 상순은 끝이 4개로 갈라지고 하순은 넓은 선형이다. 암술대는 길이 1mm 정도이며 암술머리는 황록색을 띤다.
열매 9~10월에 붉게 성숙하며 장과로 난형 또는 구형이며 길이 7mm이고 먹을 수 있다.

【조림 · 생태 · 이용】
숲 속이나 음지에서 자라며 내한성이 강하다. 내건성은 약하고 맹아력과 내조성, 내공해성이 강하며 비옥적윤한 사질양토에서 생장이 양호하다. 정원수로 심는다. 꽃은 약용한다.

잎과 꽃

인동과 Caprifoliaceae

각시괴불나무

Lonicera chrysantha Turcz. ex Ledeb.

Lonicera 16세기의 독일의 수학자이며 채집가인 Adam Lonitzer가 라틴어화된 것 *chrysantha* 황색 꽃의

이명 산괴불나무, 절초나무, 산아귀꽃나무
E Chrysantha honeysuckle
C 金花忍冬
J ヒメブシダマ

겨울눈

잎 앞면

수피

잎 뒷면

열매

【분포】
해외/국내 중국, 러시아(극동부, 시베리아), 일본; 중부 이북 산지

【형태】
수형 낙엽활엽관목으로 수고 3~4m이다.
겨울눈 난형으로 끝이 뾰족하다.
잎 마주나며 길이 5~12cm, 너비 3~6cm, 도란형, 난상 타원형으로 점첨두, 원저, 넓은 예저이고 거치가 없다. 표면에 털이 있으나 점차 없어진다. 뒷면 맥 위와 가장자리에 털이 있다. 잎자루에도 털이 있다.
꽃 5~6월에 연한 황색 또는 흰빛으로 되었다가 황색으로 변한다. 액생한다. 꽃자루는 길이 1.5~3.5cm, 잎자루 길이(3~7mm)보다 훨씬 길다(괴불나무의 꽃자루는 잎자루보다 짧다). 화관은 길이 1.5~2cm, 털이 있고 상순이 중앙까지 갈라진다.
열매 9~10월에 붉게 성숙하며 장과로 난상 원형이다.

【조림 · 생태 · 이용】
골짜기의 관목림에서 자라며 내한성이 강하다. 내건성은 약하고 맹아력과 내조성, 내공해성이 강하며 비옥적윤한 사질양토에서 생장이 양호하다. 종자 및 삽목에 의해 증식한다. 종자번식은 노천매장하였다가 이듬해 봄에 파종한다. 한 줄기로 올라가 가지를 내어 퍼지며, 꽃은 약 10일 동안 향기가 지속되고, 열매는 광채를 내면서 겨울철까지 달려 있다. 관상용이고, 열매는 식용한다.

인동과 Caprifoliaceae

섬괴불나무

Lonicera insularis Nakai

Lonicera 16세기의 독일의 수학자이며 채집가인 Adam Lonitzer가 라틴어화된 것
insularis 섬에서 자라는

이명 물앵도나무
E Ulleungdo honeysuckle
J タケシマキンギンボク

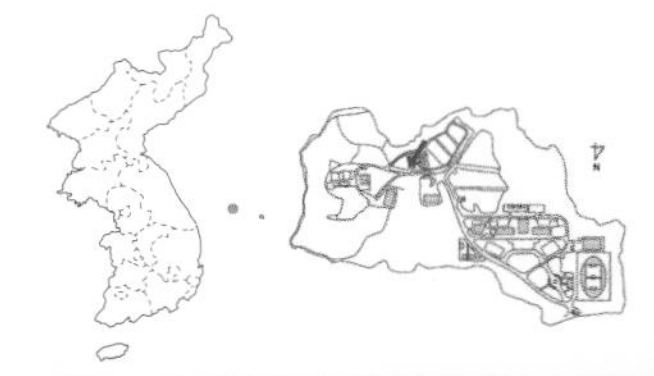

자생지

열매

잎차례

【분포】
해외/국내 일본; 울릉도
예산캠퍼스 온실

【형태】
수형 낙엽활엽관목이며 수고 5~6m이다.
어린가지 소지에는 융털이 있고 비어 있다.
잎 어긋나며, 난형, 타원형이다. 첨두, 넓은 예형이며, 원저, 아심장저이다. 길이 4~8cm로, 가장자리가 밋밋하며 잎자루 길이는 3~5mm이고 뒷면에는 융털이 있다.
꽃 흰색에서 황색으로 변하는 꽃은 5~6월에 잎겨드랑이에서 개화한다. 꽃대의 길이는 1cm이며 털이 있다. 포는 선형이며 길이 3~8mm로 털이 있고, 작은포는 가장자리에 샘털이 있다. 꽃자루 길이는 0.5~1.5cm이다.
열매 붉은색의 열매는 6~8월에 성숙한다. 장과로 둥글며 기부에 약간 합착한다.

【조림 · 생태 · 이용】
보습성과 배수성이 양호한 사질양토에 유기물을 충분히 혼합하여 비옥하고 적당한 습기를 지닌 토양에서 재배하면 잘 자란다. 햇볕이 잘 드는 곳에서 재배하며 약간 그늘이 지는 곳에도 적응이 가능하다. 내한성이 강하여 내륙지방에서 월동이 잘 되며 내건성은 약하고 내조성, 내공해성이 강하다. 조경용수로 좋으며, 정원에 식재하거나 공원 등에 여러 그루를 모아 심어도 좋다. 꽃에는 꿀이 많으므로 훌륭한 밀원식물로 이용할 수 있다.

잎과 열매

인동과 Caprifoliaceae

댕댕이나무

Lonicera caerulea var. *edulis* Turcz. ex Herder

Lonicera 16세기의 독일의 수학자이며 채집가인 Adam Lonitzer가 라틴어화된 것

이명 댕강나무
E Edible deepblue honeysuckle

산림청 지정 희귀등급 취약종(VU)

잎

꽃

수피

턱잎

열매

【분포】

해외/국내 일본, 극동러시아, 중국; 한라산, 계방산, 설악산, 점봉산, 대암산 등 산지 능선 및 정산부에 자생

【형태】

수형 낙엽활엽관목으로 수고 1.5m이다.
어린가지 마디에는 순형(楯形)의 포엽이 붙어있다.
잎 마주나며 길이 1~4cm, 너비 1cm, 피침형, 타원형으로 둔두, 첨두, 예저이고 거치가 없다. 표면에 털이 있으나 없는 경우도 있다. 뒷면에는 융모가 있다.
꽃 황백색으로 5~6월에 피며 액생한다. 꽃자루는 길이 2~10mm, 털이 있다. 포는 길이 5~8mm로 털이 있다. 화관은 깔때기모양이고, 소포는 유합되어 꽃받침통을 둘러싼다.
열매 장과로 7~8월에 자흑색으로 성숙하며 타원형 거의 원형이다. 지름은 1.5~2cm, 흰가루로 덮여있고, 열매는 먹을 수 있다.

【조림 · 생태 · 이용】

전남 및 강원도 이북 고산지에 자라고 번식법은 괴불나무와 같다. 자생지가 넓게 분포하며, 개체수도 많다. 열매를 식용하거나, 포도주와 유사한 술을 빚는다.

【참고】

댕댕이나무 학명이 국가표준식물목록에는 *L. caerulea* L.로 기재되어 있다.

인동과 Caprifoliaceae

올괴불나무

***Lonicera praeflorens* Batalin**

Lonicera 16세기의 독일의 수학자이며 채집가인 Adam Lonitzer가 라틴어화된 것
praeflorens 일찍 꽃이 피는

이명 올아귀꽃나무
E Praeflorens honeysuckle, Early-blooming honeysuckle

수형

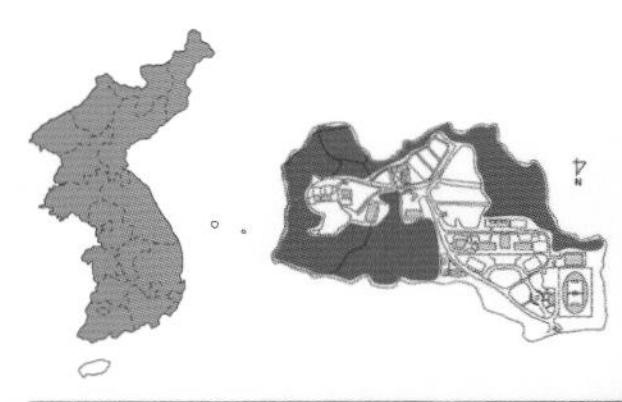

잎 앞면

꽃 ©김텃골

열매

잎 뒷면

수피 ©김진석

【분포】
해외/국내 일본, 중국, 극동러시아; 전국 산지
예산캠퍼스 연습림

【형태】
수형 낙엽활엽관목으로 수고 1~2m이다.
어린가지 골속은 희며 충실하고 검은 반점이 있다.
잎 마주나며 길이 3~6cm, 너비 2~4cm, 난형 또는 타원형이며 첨두이고 원저 또는 예저이며 거치가 없다. 양면은 분백색이 돌고, 표면에는 잔털이 밀생하며, 뒷면에 융모가 있다.
꽃 3~4월에 잎이 피기 전에 핀다. 전년지 끝에서 1개의 꽃자루에 2개가 핀다. 꽃자루는 길이 2~3mm로 잔털과 선점이 있으며 포에도 털이 있다. 화관은 담황색 또는 담자색이며 양순이 깊이 갈라지지만 상하의 구별은 뚜렷하지 않다.
열매 5월에 붉게 성숙하며 2개가 나란히 달리지만 서로 떨어져 있고 지름 6~8mm이다.

【조림 · 생태 · 이용】
내음력이 강하며 밀도가 높은 활엽수림 밑에서도 개화, 결실하여 내한성이 강하다. 건조에는 약하나 내조성과 내공해성이 강하다. 번식은 여름에 익는 종자를 채취하여 저장하였다가 가을에 노천매장한 후 이듬해 봄에 파종한다. 관상용이나 생울타리용으로 이용한다. 열매는 식용할 수 있다. 눈이 녹으면서 가지 끝에 연분홍색의 꽃이 피어 아름답고, 초여름에 익는 홍색 열매는 매혹적이다.

인동과 Caprifoliaceae

길마가지나무

***Lonicera harai* Makino**

Lonicera 16세기의 독일의 수학자이며 채집가인 Adam Lonitzer가 라틴어화된 것
harai 인명 原의

이명 숫명다래나무, 길마기나무
E Early-blooming ivory honeysuckle
J ツシマヒョウタンボク

수형

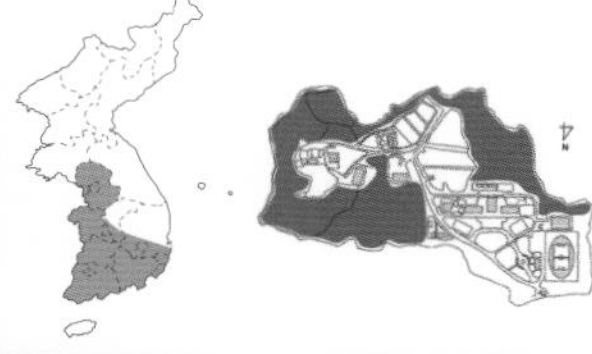

수피

잎

어린가지(강모)와 꽃

열매

【분포】

해외/국내 일본, 중국; 중부 이남 산지
예산캠퍼스 연습림

【형태】

수형 낙엽활엽관목으로 수고 3m이다. 각 처의 산록부 양지쪽 바위틈에 자란다.

잎 마주나며 길이 3~7cm, 너비 2~4cm, 타원형 또는 도란상 원형이며 첨두 또는 둔두, 예저이며 거치가 없다. 양면 맥 위와 가장자리에 털이 있으며 뒷면 맥이 돌출하고 잎자루에 억센 털이 있다.

꽃 황백색으로 2~4월에 피며 1개의 꽃자루에 2개가 나란히 달리며 잎과 같이 나온다. 꽃자루는 길이 3~12mm로 잎자루의 길이와 거의 같고 포는 2개로 길이 4~12mm이다. 화관은 10~13mm, 지름 15mm, 양순이 거의 비슷하다.

열매 5~6월에 붉게 성숙하며 장과로 길이 10mm이다.

【조림 · 생태 · 이용】

국내에서만 자생하는 특산식물이다. 특히 대전광역시 식장산 계곡부 등산로 주변에 집단 생육지가 있다. 자생지는 주로 산록부 양지바른 곳이며 번식은 종자나 삽목에 의한다. 땔감용, 관상용으로 이용한다. 붉은열매의 형태가 심장과 매우 흡사하므로 식물에 대한 호기심과 호감도를 불러 일으킨다. 투명한 열매는 식용이 가능하다.

【참고】

길마가지나무 학명이 국가표준식물목록에는 *L. harae* Makino로 기재되어 있다.

인동과 Caprifoliaceae

구슬댕댕이

Lonicera vesicaria Kom.

Lonicera 16세기의 독일의 수학자이며 채집가인 Adam Lonitzer가 라틴어화된 것
vesicaria 소포(小胞)가 있는

이명 구슬댕댕이나무, 단간목
E Wavy-leaf honeysuckle
C 波葉忍冬
J タマヒョウタンボク

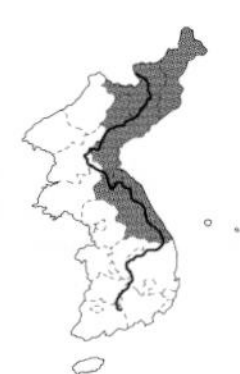

수형(경기 화악산)

열매

미성숙 열매

잎차례

겨울눈

【분포】
해외/국내 중국; 중부 이북 산지 및 석회암지대

【형태】
수형 낙엽활엽관목으로 수고 1.5~3m이다.
수피 세로로 갈라진다.
잎 마주나며 길이 5~10cm, 난형, 광난형으로 점첨두, 둔두, 예저, 원저, 아심장저이다. 거치가 없으나 맹아지의 것은 2~3개의 거치가 있는 경우도 있다. 표면 맥 위에 털이 있으며, 뒷면 맥 위에 거센 털이 있고 가장자리에 연모가 있다.
꽃 5~6월에 엽액에서 연한 황색으로 핀다. 액생하며 꽃자루는 길이 3~4mm이고 샘털이 있다. 포는 난형, 장타원형으로 길이 1~2cm이다. 수술은 5개이며, 암술대는 1개로 윗부분에 털이 밀생한다.
열매 8~10월에 붉게 성숙하며 장과로 지름이 5mm 정도이다. 둥글고 잔털이 밀생한다. 포가 열매를 싸고 있다.

【조림 · 생태 · 이용】
높은 산의 숲속에서 진달래, 참나무류, 단풍나무 등과 혼재한다. 토양적응성은 뛰어난 편으로 적윤한 곳이나 건조한 곳에서 모두 번성하며 특히 석회암 상에서 자란다. 내한성이 강하며 음지에서는 생육이 나쁘고 양지에서 번성한다. 내염성과 내공해성이 강하다. 모수 주변에 발생하는 맹아지를 분주하거나 가을철에 종자를 채취하여 노천매장하였다가 이듬해 봄에 파종한다. 녹지삽목으로 번식이 가능하다. 조경용수, 정원수로 식재를 한다.

수형 ©김찬철

인동과 Caprifoliaceae

왕괴불나무

Lonicera vidalii Franch. & Sav.

Lonicera 16세기의 독일의 수학자이며 채집가인 Adam Lonitzer가 라틴어화된 것
vidalii 채집가 Vidal의

이명 지이산괴불나무, 지리괴불나무
E Vidal's mountain honeysuckle
J オニヒョウタンボク

수피 ©김진석

꽃 ©김진석

【분포】
해외/국내 일본; 중부 이북 산지

【형태】
수형 낙엽활엽관목으로 수고 3m이다.
수피 황갈색으로 다소 거칠게 벗겨진다.
잎 마주나며 길이 3~10cm, 너비 2~5cm, 타원형, 장타원형이고 점첨두, 예저이며 거치가 없다. 표면에 털이 있으나 없어지고, 뒷면에는 억센 털과 선상의 돌기가 있다. 길이 5~15mm의 잎자루에도 선점이 있다.
꽃 연한 황색으로 5~6월에 피며 액생한다. 꽃자루는 길이 12~15mm, 선상의 돌기가 있다. 1개의 꽃자루에 2개의 꽃이 달린다.
열매 장과로 길이 7mm, 붉게 성숙하며 2개의 열매는 반 이상이 합쳐져 있다.

【조림 · 생태 · 이용】
강원도 이남에 주로 자라고 종자를 직파하거나 노천매장을 하였다가 파종하며, 3~4월, 6~7월에 가지삽목을 하기도 한다. 붉게 익는 열매는 식용이 가능하다. 정원수 및 관상용으로 이용한다.

인동과 Caprifoliaceae

청괴불나무

Lonicera subsessilis Rehder

Lonicera 16세기의 독일의 수학자이며 채집가인 Adam Lonitzer가 라틴어화된 것
subsessilis 다소 잎자루가 없는

이명 푸른괴불나무, 푸른아귀꽃나무
E Smooth-leaf honeysuckle
J ミドリヒョウタンボク

산림청 지정 특산식물

잎

꽃

열매

잎 앞면

잎 뒷면

【분포】
해외/국내 전국 산지

【형태】
수형 낙엽활엽관목으로 수고 2m이다.
어린가지 자갈색이 돌며 털이 없다.
잎 어긋나며, 길이 3~5.5cm, 난형으로 예두이고 넓은 예형 또는 원저이다. 끝은 뾰족하고 밑부분은 둥글거나 넓은 쐐기형이며, 가장자리가 밋밋하다. 표면은 녹색을 띠며, 양면에는 털이 없다.
꽃 백색으로 5~6월에 피며 액생한다. 꽃대 길이는 4~5mm, 포의 길이는 5~10mm로 작은포보다 짧으며 난형으로 샘이 있다. 작은포는 서로 합쳐져 접시모양이 된다. 꽃부리는 길이 12mm로 상층이 3개로 갈라지며 판통보다 길고 판통은 밑부분이 굵다.
열매 열매는 둥글고 붉은색이며 2개의 열매가 합착하여 있다. 8~9월 중순에 성숙하고 지름 6~8mm이다.

【조림 · 생태 · 이용】
심산지역의 숲속에서 자란다. 건조한 곳보다 적윤한 곳을 좋아하며 음지나 양지 모두에서 잘 자란다. 바닷가나 도심지에서도 생장이 양호하다. 종자나 삽목에 의해 번식한다. 맹아력이 강하여 가지의 밀도가 높다. 우리나라 특산식물이다. 종자번식은 가을에 채취한 종자를 노천매장하였다가 이듬해 봄에 파종한다. 관상용이나 생울타리용으로 이용한다.

흰괴불나무

***Lonicera tatarinowii* var. *leptantha* (Rehder) Nakai**

Lonicera 16세기의 독일의 수학자이며 채집가인 Adam Lonitzer가 라틴어화된 것
tatarinowii 러시아의 채집가 Tatarinow의

이명 괴불나무, 왕괴불나무, 은털괴불나무, 흰아귀꽃나무, 흰왕괴불나무
E Tatarinow's honeysuckle

산림청 지정 특산식물

잎 ©김진석

잎 뒷면과 꽃

꽃차례

열매 ©김진석

【분포】
해외/국내 중국;제주 한라산 및 강원 이북 오대산, 태백산에 자생

【형태】
수형 낙엽활엽관목으로 수고 1~1.5m이다.
어린가지 2줄의 털과 샘털이 있으나 점차 없어진다.
겨울눈 피침형이다.
잎 마주나며 길이 2~6cm, 타원형, 피침형 또는 도피침형이며 점첨두, 첨두 또는 둔두이고 예저, 원저이다. 표면은 털이 없으나, 뒷면에 백색의 털이 있다. 가장자리가 밋밋하며 잎자루는 길이 2~4cm이다.
꽃 흑자색으로 5~6월에 피며 액생한다. 꽃자루는 길이 1.5~2.5cm, 털이 없거나 샘털이 있다. 포는 길이 1mm 정도이며 작은 포는 서로 떨어지거나 합쳐진다. 길이 1~1.5mm로 가장자리에 선상의 돌기가 있다. 꽃받침조각은 가장자리에 샘털이 있다. 꽃부리는 8~10mm로 홍자색이고 양순형이다. 씨방은 중앙 이하가 서로 합쳐지고 암술대는 기부에 잔털이 있다.
열매 둥글고 2개가 완전히 합착하여 있다. 8~9월에 흑색으로 성숙한다.

【조림 · 생태 · 이용】
괴불나무 중 잎이 제일 가는 것 중의 하나이며, 잎의 뒷면이 백색으로 특이하고 5월에 홍자색으로 꽃이 핀다. 내한성이 강하고 건조지에서는 잘 생육하지 못하나 각종 공해에 강하여 도심지에서의 적응이 양호하다. 번식 방법은 포기나누기를 하면 쉽게 묘목을 얻을 수 있으며, 가을에 익는 열매를 정선하여 노천매장하였다가 이듬해 파종한다. 관상용으로 이용된다.

【참고】
흰괴불나무 학명이 국가표준식물목록에는 *L. tatarinowii* Maxim.로 기재되어 있다.

인동과 Caprifoliaceae

홍괴불나무

Lonicera sachalinensis (F.Schmidt) Nakai

Lonicera 16세기의 독일의 수학자이며 채집가인 Adam Lonitzer가 라틴어화된 것
sachalinensis 사할린의

이명 붉은아귀꽃나무
E Reddish honeysuckle
J ベニバナヒョウタンボク

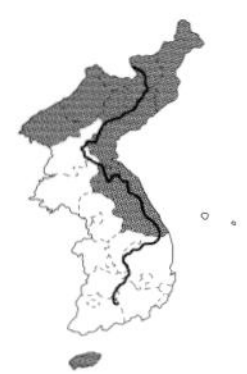

수형

열매

꽃

꽃차례

잎

【분포】
해외/국내 중국, 러시아; 중부 이북 산지, 한라산

【형태】
수형 낙엽활엽관목으로 수고 3m이다.
어린가지 연한 갈색, 적갈색이고 2~4모가 진다.
잎 마주나며 길이 3~10cm, 너비 2~3.5cm, 난형 또는 광피침형으로 점첨두, 예저이고 거치가 없다.
꽃 새가지의 잎겨드랑이에서 5~6월에 핀다. 화관은 짙은 자홍색이다. 꽃자루는 길이가 1~2cm, 잎 뒷면을 따라 붙어있다. 포는 길이 1~3mm, 소포는 길이 0.5mm 정도로 합쳐진다.
열매 장과로 난상 원형이고 8월에 붉게 성숙한다. 2개의 열매가 합쳐져 있다.

【조림 · 생태 · 이용】
심산지역의 중복 이상에서 자란다. 내한성이 강하여 전국 어디서나 생육이 가능하고 음지와 양지 모두에서 잘 자라며 해변과 도심지에서도 생장이 양호하다. 종자나 삽목에 의해 번식한다. 종자번식은 8월에 익는 열매를 채취하여 정선한 다음 노천매장하였다가 이듬해 봄에 파종한다. 관상용으로 이용할 수 있다.

【참고】
홍괴불나무 학명이 국가표준식물목록에는 *L. maximowiczii* (Rupr.) Regel로 기재되어 있다.

인동과 Caprifoliaceae

덧나무

***Sambucus sieboldiana* (Miq.) Blume ex Graebn.**

Sambucus 그리스어 sambuce(고대악기)에서 유래함. 뭉쳐나는 모습이 이 악기와 비슷해 붙인 이름
sieboldiana 일본식물 연구가 Siebold의

이명 일본딱총나무, 민들딱총, 개덧나무
한약명 접골목(接骨木, 줄기와 가지), 접골목근(接骨木根, 뿌리와 근피), 접골목화(接骨木花, 꽃)
E Red-berried elder, Siebold's red elder
J ニワトコ, タンナニワドコ

수형
꽃 ©김진석
잎 앞면
수피 ©김진석
잎 뒷면
열매 ©김진석

【분포】
해외/국내 일본; 제주도 산지

【형태】
수형 낙엽관목으로 수고 3~6m이다
수피 불규칙하게 갈라진다.
잎 마주나며 기수1회우상복엽으로 2~4쌍의 소엽으로 구성된다. 소엽은 길이 7~10cm로 도피침형으로 점첨두, 첨두, 예저이다. 거치가 안으로 굽는 것이 많다.
꽃 황백색으로 5월에 피며 가지 끝에 원추꽃차례가 달린다. 긴 꽃자루과 입상의 돌기가 있다. 바로 서며 화관은 깊게 5개로 갈라진다. 수술은 5개이고, 암술머리는 자주색이다.
열매 장과로 둥글며 6~7월에 붉게 성숙한다.

【조림 · 생태 · 이용】
제주도에서 자라며 번식은 실생, 삽목, 분주에 의해 번식한다. 관상수로 이용하기도 한다. 딱총나무, 덧나무, 말오줌나무의 줄기 및 가지는 접골목, 뿌리 및 근피는 접골목근, 잎은 접골목엽, 꽃은 접골목화라 하며 약용한다.

【참고】
덧나무 학명이 국가표준식물목록에는 *S. racemosa* L. subsp. *sieboldiana* (Blume ex Miq.) H.Hara로 기재되어 있다.

인동과 Caprifoliaceae

말오줌나무

***Sambucus sieboldiana* var. *pendula* (Nakai) T.B.Lee`**

Sambucus 그리스어 sambuce(고대악기)에서 유래, 뭉쳐나는 모습이 이 악기와 비슷해 붙인 이름
sieboldiana 일본식물 연구가 Siebold의

이명 말오줌때, 말오즘나무, 울릉말오줌때, 울릉딱총나무, 울릉말오줌대
한약명 접골목(接骨木, 줄기와 가지), 접골목근(接骨木根, 뿌리와 근피), 접골목화(接骨木花, 꽃)
E Ulleungdo elder
C 接骨木
J ヨウラクニワドコ

산림청 지정 특산식물

수형

열매

겨울눈

수피

【분포】
해외/국내 울릉도 산지 계곡부

【형태】
수형 낙엽활엽관목으로 수고 4~5m이다.
잎 마주나며 기수1회우상복엽이며 2~3쌍의 소엽으로 구성된다. 소엽은 길이 10~15cm, 너비 5~6cm로 피침형으로 점첨두, 예저이고 거치가 안으로 굽는다.
꽃 황백색으로 5~6월에 핀다. 산방상 원추꽃차례로 아래로 드리워진다. 화관열편은 뒤로 젖혀진다. 타원형으로 잔털이 있다.
열매 장과로 7~8월에 붉게 성숙한다. 구형이며 지름 3mm 정도이다.

【조림 · 생태 · 이용】
양수 또는 중용수이며 자생지가 해안 또는 섬이기 때문에 해풍에 견디는 힘이 강하고 공해에도 잘 견디는 편이다. 내한성이 약해 내륙지방에서의 생육은 어렵다. 번식은 종자, 삽목, 분주에 의해 번식한다. 종자번식은 종자를 2년 동안 노천매장하였다가 봄에 파종한다. 관상용이다. 열매는 흑비둘기의 먹이가 된다. 어린잎은 식용한다. 줄기 및 가지, 잎, 꽃은 약용한다.

【참고】
말오줌나무 학명이 국가표준식물목록에는 *S. racemosa* L. subsp. *pendula* (Nakai) H.I.Lim & Chin S.Chang로 기재되어 있다.

인동과 Caprifoliaceae

딱총나무

***Sambucus williamsii* var. *coreana* (Nakai) Nakai**

Sambucus 그리스어 sambuce(고대악기)에서 유래함. 뭉쳐나는 모습이 이 악기와 비슷해 붙인 이름
williamsii 영국 Frederic Newton Williams(1862~1923)의

한약명 접골목(接骨木, 줄기와 가지), 접골목근(接骨木根, 뿌리와 근피), 접골목화(接骨木花, 꽃)
E Red-berried elder, Northeast Asian red elder
C 接骨木
J コウライニワドコ

수형

꽃

잎

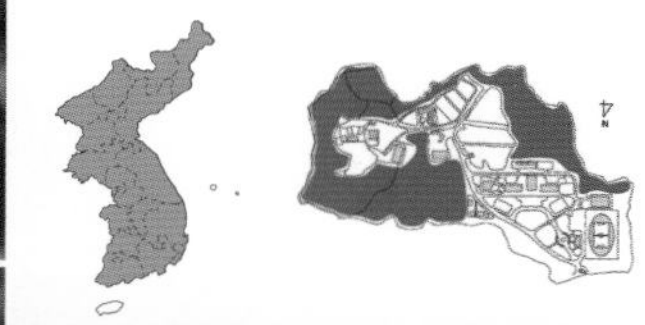

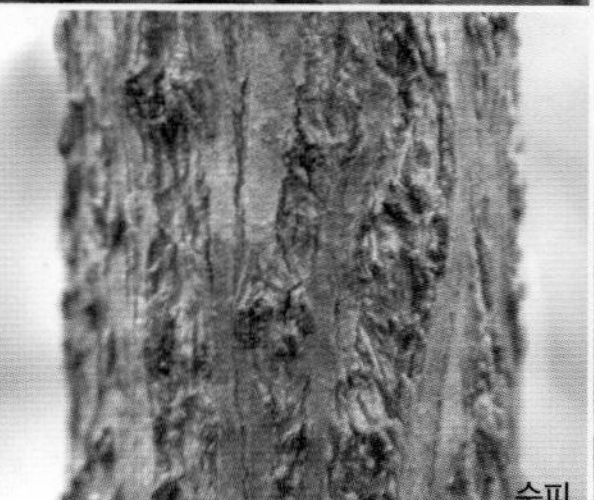
수피

잎 뒷면

열매

【분포】
해외/국내 중국, 일본, 극동러시아; 전국 산지
예산캠퍼스 연습림

【형태】
수형 낙엽활엽관목으로 수고 2~6m이다.
수피 암갈색이며 코르크질이 발달하고 길이 방향으로 깊게 갈라진다.
어린가지 연한 초록빛이며 마디 부분은 보라색을 띤다.
겨울눈 거의 구형이고 몇 개의 눈비늘조각에 싸여있으며 털이 없다.
잎 마주나며 기수1회우상복엽이고 5~7(9)개의 소엽으로 구성된다. 소엽은 길이 5~14cm로 장타원형, 타원형 또는 타원상 난형으로 급한 점첨두, 예저이다. 가장자리에 안으로 굽지 않는 거치가 있다.
꽃 황록색으로 5월에 핀다. 가지 끝에 원추꽃차례가 달린다. 꽃차례에 입상의 돌기가 있고 털이 없다.
열매 7~8월에 붉게 성숙하며 장과로 둥근 모양이다.

【조림 · 생태 · 이용】
중용수로 내한성이 강한 편이며 반그늘지고 습한 산골짜기에서 자란다. 줄기의 골속이 암갈색이며 어린가지에 털이 없는 것이 특징이다. 번식은 여름에 성숙한 열매를 채취하여 과육을 제거하고 직파하거나 습사에 노천매장하였다가 봄에 파종한다. 3~4월, 6~7월에 숙지삽과 녹지삽을 실시한다. 줄기 밑의 맹아지를 분주하여 식재한다. 조경수, 공원수로 가치가 있으며 목재, 세공재로 이용한다. 가지는 약용하고 봄에 나온 새순은 식용한다.

【참고】
딱총나무 학명이 국가표준식물목록에는 *S. williamsii* Hance로 기재되어 있다.

인동과 Caprifoliaceae

분단나무

Viburnum furcatum Blume ex Maxim.

Viburnum 뜻은 알 수 없으나 *V. lantana*의 옛 이름
furcatum 차상(叉狀)의

이명 분단
E Forked viburnum
J ムシカリ

수형

미성숙 열매

잎

단지와 잎 뒷면

【분포】
해외/국내 일본; 울릉도, 제주도, 강원 자병산 산지

【형태】
수형 낙엽활엽관목으로 수고 3~6m이다.
어린가지 성모가 있다.
잎 마주나며 막질로 길이 10~20cm, 광난형, 난상 원형, 원형이고 둔두, 급한 첨두이며 절저, 심장저이며 복거치가 있다. 표면에 털이 없고, 뒷면 맥 위에 성모가 있다. 측맥이 2개 이상으로 갈라지고, 잎자루의 길이가 1~5cm로 성모가 있다.
꽃 백색으로 4~5월에 피며 취산꽃차례가 새가지 끝에 달린다. 지름 2~3cm의 무성화와 유성화는 꽃잎과 수술이 각각 5개씩이며 암술은 1개이다.
열매 9~10월에 검게 성숙하며 핵과로 타원형 또는 구형이다. 길이 1cm 정도, 종자의 양쪽에 한 줄의 홈이 있다.

【조림 · 생태 · 이용】
내한성이 약하나 때로 서울 지방에서 월동한다. 토심이 깊고 비옥적윤한 곳을 좋아하며 음지와 양지 모두에서 잘 자라고, 내조성이 강하여 해변에서도 생육이 양호하다. 번식은 종자를 2년간 노천매장하였다가 파종하거나 3~4월에 꺾꽂이하여 증식한다. 조경수로 식재하거나 관상용으로 이용한다.

인동과 Caprifoliaceae

분꽃나무

Viburnum carlesii Hemsl

Viburnum 뜻은 알 수 없으나 *V. lantana*의 옛 이름
carlesii 인천에서 식물을 채집한 Carles의

이명 붓꽃나무, 가막살나무, 섬분꽃나무
E Carlesii viburnum, Fragrant viburnum, Korean spice viburnum
J オオチョウヅガマズミ

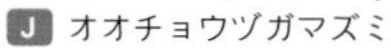

잎 앞면

잎 뒷면

꽃차례 ©김진석

열매 ©김진석

【분포】
해외/국내 일본; 전국 산지

【형태】
수형 낙엽활엽관목으로 수고 2m이다.
어린가지 성모가 밀생한다.
겨울눈 성모가 밀생한다.
잎 마주나며 길이 3~10cm, 광난형, 원형이고 둔두, 예두이며 원저, 심장저, 불규칙한 거치가 있다. 표면에 성모가 산재해 있고, 뒷면에는 성모가 밀생한다.
꽃 담녹색 또는 백색으로 4~5월에 핀다. 전년지 끝에 취산꽃차례가 달린다. 향기가 강하다. 화관은 통부의 길이가 1cm 정도이며, 5개의 열편으로 갈라진다. 열편은 통부 길이의 반 정도이다.
열매 9~10월에 검게 성숙하고 핵과로 난상 원형이고 길이 1cm 정도이다.

【조림 · 생태 · 이용】
햇빛이 잘 드는 산허리에서 다른 관목들과 함께 자란다. 토양은 보습성과 배수성이 좋고 적당하게 비옥한 곳에서 재배하는 것이 생육에 좋다. 내한성과 내염성이 강하여 도시는 물론 해안가에서도 생육이 양호하다. 번식은 실생 및 삽목으로 한다. 도시의 공원수는 물론 정원수로도 매우 좋다.

【참고】
산분꽃나무 (*V. burejaeticum* Regel & Herder) 잎이 분꽃나무에 비해 장타원형이고, 꽃이 희고 화관통부가 짧다.
섬분꽃나무 (*V. burejaeticum* var. *bitchuense* Nakai) 바닷가 모래사장에 나고 잎이 약간 좁고 길며 꽃이 소형이다.
섬분꽃나무 학명이 국가표준식물목록에는 *V. carlesii* Hemsl. var. *bitchiuense* (Makino) Nakai로 기재되어 있다.

아왜나무

Viburnum odoratissimum Ker Gawl. ex Rümpler var. *awabuki* (K.Koch) Zabel

Viburnum 뜻은 알 수 없으나 *V. lantana*의 옛 이름
odoratissimum 방향이 있는

이명 개아왜나무
E Japanese viburnum, Sweet viburnum
J サンゴジュ

수형

잎과 꽃차례

열매

【분포】
해외/국내 일본, 대만, 필리핀; 남부지역 및 제주도 산지

【형태】
수형 상록활엽교목으로 수고 6m이다.
수피 흑갈색이다.
어린가지 붉은빛이 돈다.
잎 마주나며 길이 6~20cm, 너비 4~8cm, 타원형, 도피침형 또는 광피침형으로 둔두 또는 예두이며 예저이다. 거치가 없거나 파상의 거치가 있는 경우도 있다.
꽃 백색으로 6~7월에 피며 어린가지 끝에 원추꽃차례가 달린다. 화관은 통부의 길이 5~6mm, 5개로 갈라지고, 수술은 5개이다.
열매 핵과로 9월에 적색에서 흑색으로 성숙하며 도란상 타원형이고 길이 1cm이다.

【조림 · 생태 · 이용】
음수로 산록 및 계곡부 수림에 자생하고 내한성이 약하여 온대 남부 및 난대에 식재 가능하다. 속성수로 번식과 이식이 잘 되며, 주홍색 열매는 관상 가치가 있다. 정원수로 이용된다. 산울타리용, 방화수, 해안방풍 수종으로 쓰인다.

인동과 Caprifoliaceae

백당나무

***Viburnum opulus* L. var. *calvescens* (Rehder) H.Hara**

Viburnum 뜻은 알 수 없으나 *V. lantana*의 옛 이름
opulus 백당나무(*V. opulus*)의 잎과 같은

이명 개불두화, 까마귀밥나무, 민백당나무, 불두화, 접시꽃나무, 청백당나무
한약명 계수조(鷄樹條, 수피)
E Smooth-cranberrybush viburnum
C 鷄樹條莢迷
J カンボク

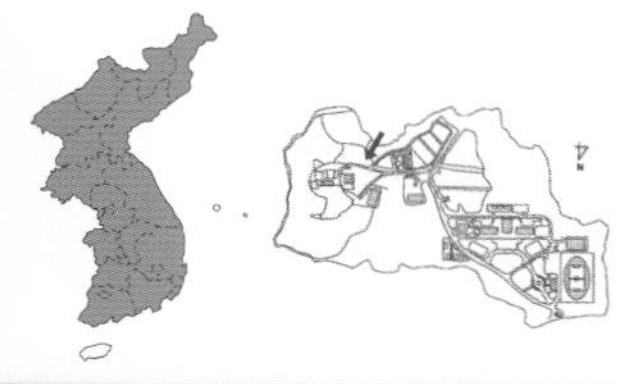

수형

잎 앞면

잎 뒷면

잎과 꽃

열매

【분포】
해외/국내 중국, 일본, 러시아, 몽골; 전국 산지
예산캠퍼스 연습림 임도

【형태】
수형 낙엽활엽관목으로 수고 3m이다.
수피 회갈색을 띤다.
어린가지 잔털이 있다.
겨울눈 가지 끝에 2개의 가짜 끝눈이 달린다. 난형~장난형이고 끝이 뾰족하며 길이가 5~8mm이고 2쌍의 눈비늘조각에 싸여있다.
잎 마주나며 끝부분이 흔히 3개로 갈라지며 윗부분의 잎은 갈라지지 않는 것도 있다. 길이 5~10cm 정도로 거의 원형이고 갈라진 열편은 예두이다. 상반부에 거치가 드문드문 있다. 뒷면에 털이 있으며 잎자루는 길이 2~3.5cm로 끝에 2개의 밀선이 있고 밑에 턱잎이 있다.
꽃 백색으로 5~6월에 피며 어린가지의 끝에 취산꽃차례가 달린다. 꽃차례 가운데에는 유성화관(有性花冠)이 있고 바깥쪽에는 중성화관(中性花冠)이 있다. 중성화관은 지름 3cm이고, 유성화관은 지름 5~6mm로 5개의 열편으로 갈라진다.
열매 9월에 붉게 성숙하며 핵과로 둥근 모양이고 지름 8~10mm이다.

【조림 · 생태 · 이용】
계곡과 산허리의 습기 있는 지역에서 군락을 이루어 자란다. 직사광선이 강하게 내리쬐는 곳보다는 적당하게 그늘이 지는 곳이 좋다. 습생식물로 내음성이 강하고 건조에는 약하다. 정원수로 심는다. 수피를 약용한다.

인동과 Caprifoliaceae

불두화

***Viburnum opulus* for. *hydrangeoides* (Nakai) Hara.**

Viburnum 뜻은 알 수 없으나 *V. lantana*의 옛 이름
opulus 백당나무(*V. opulus*)의 잎과 같은
hydrangeoides 수국속과 비슷한

이명 수국백당나무, 큰접시꽃나무
E European cranberrybush

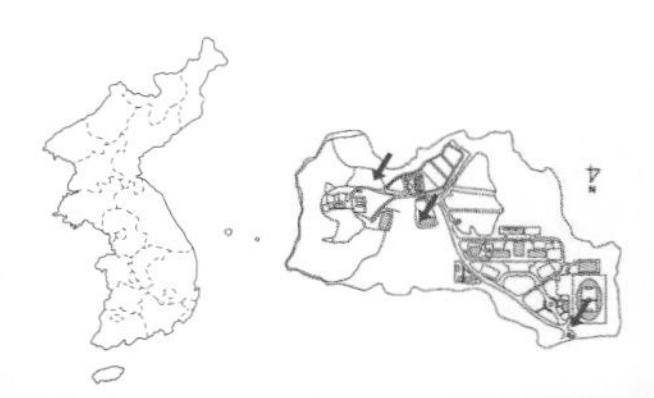

수형

겨울눈

꽃

잎

수피

【분포】
해외/국내 중국, 일본, 러시아, 몽골; 전국 산지
예산캠퍼스 교내 및 연습림 임도

【형태】
수형 낙엽활엽관목으로 수고 3m이다.
수피 회갈색을 띤다.
어린가지 굵고 적갈색 또는 갈색이며 모가 지고 피목이 흩어져 난다.
겨울눈 가지 끝에 2개의 가짜 끝눈이 달린다. 난형, 장난형이고 끝이 뾰족하며 길이가 5~8mm이고 적갈색 눈비늘조각에 싸여있다.
잎 마주나며 끝부분이 흔히 3개로 갈라지며 윗부분의 잎은 갈라지지 않는 것도 있다. 길이 5~10cm 정도로 거의 원형이고 갈라진 열편은 예두이며 상반부에 거치가 드문드문 있다. 뒷면에 털이 있으며 잎자루는 길이 2~3.5cm로 끝에 2개의 밀선이 있고 밑에 턱잎이 있다.
꽃 백색으로 5~6월에 피며 어린가지의 끝에 취산꽃차례가 달린다. 모두 무성화이다.
열매 결실이 되지 않는다.

【조림 · 생태 · 이용】
백당나무의 품종으로 무성화가 핀다. 백당나무는 실생으로 번식이 가능하지만 불두화는 유성번식이 불가능하므로 삽목으로 번식한다. 이른 봄에 숙지삽, 여름에 녹지삽을 실시하며 해가림을 설치한다. 백당나무에 비해 화서가 공처럼 둥근 형태이므로 아름답다. 공원수, 정원수, 조경수 등으로 이용가치가 매우 높다.

인동과 Caprifoliaceae

배암나무

Viburnum koreanum **Nakai**

Viburnum 뜻은 알 수 없으나 *V. lantana*의 옛 이름
koreanum 한국의

E Korean viburnum
C 朝鮮荚迷
J ヒロハガマズミ

수형

어린가지

꽃차례와 겨울눈

잎 앞면

잎 뒷면

꽃

열매

【분포】

해외/국내 중국 동북; 중부 이북, 강원도 설악산의 높은 산지 분포

【형태】

수형 낙엽활엽관목으로 수고 2m이다.
겨울눈 2개의 눈비늘조각에 싸여있다.
잎 마주나며 장상으로 2~4개 갈라지지만 끝부분은 갈라지지 않는다. 점첨두, 예저, 원저이며 길이 5~10cm, 치아상 거치가 있다. 표면에는 털이 약간 있으나 없어지며 선점이 있다. 뒷면에는 선점과 맥 위에 성모가 있다. 잎자루는 길이 5~20mm이고 성모가 있으나 없어지며 턱잎이 있다.
꽃 녹백색으로 5~6월에 피며 가지 끝에 산형꽃차례가 달린다. 꽃차례는 모두 유성화이다. 화관은 5개로 갈라지고, 수술은 화관보다 짧다.
열매 9월에 붉게 성숙하며 둥근 핵과이다. 종자의 복면에 넓은 홈이 있다.

【조림 · 생태 · 이용】

강원도 이북의 해발 900m 이상의 임연부에 생육한다. 증식은 삽목과 분주에 의한다. 현재까지 우리나라에 관상용 조경수, 공원수 등으로 식재하지 않고 있지만 앞으로 개발가치가 매우 높다. 우리나라에서 자생지가 매우 제한되어 있어 자생지의 현지 내 보존과 자생지 이외 지역의 현지 외 보존가치가 매우 높은 수종이다.

인동과 Caprifoliaceae

덜꿩나무

Viburnum erosum Thunb.

Viburnum 뜻은 알 수 없으나 *V. lantana*의 옛 이름
erosum 고르지 않은 톱니의

이명 털덜꿩나무, 긴잎덜꿩나무, 긴잎가막살나무, 가새백당나무
한약명 선창협미(宣昌莢迷, 줄기와 잎)
E Leather-leaf viburnum
C 宣昌莢迷
J コバノガマズミ

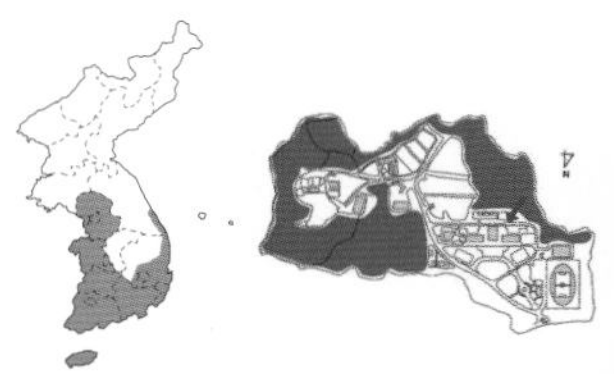

수형

열매

꽃

겨울눈

꽃차례

수피

【분포】
해외/국내 중국, 일본; 중부 이남 산지
예산캠퍼스 농구장 앞 및 연습림

【형태】
수형 낙엽활엽관목으로 수고 2m에 달한다.
수피 회색~회갈색이며 불규칙하게 갈라진다.
어린가지 성모가 밀생하며 선점이 없다.
겨울눈 난형이고 끝이 뾰족하며 별모양의 털로 덮인 2~4개의 눈비늘조각에 싸여있다.
잎 마주나며 길이 4~10cm, 너비 2~5cm, 난형 또는 타원형으로 점첨두, 예저, 원저 또는 심장저, 치아상의 거치가 있다. 표면에 성모가 드물게 있고, 뒷면에는 성모가 밀생하며 맥겨드랑이에 갈색 또는 흰빛의 긴 털이 있다. 잎자루는 길이 2~6mm로 털이 있고 턱잎이 있다.
꽃 백색으로 4~5월에 핀다. 가지 끝에 복산형꽃차례가 달린다. 꽃차례에 성모가 밀생한다. 꽃받침에 성모가 있고 화관은 5개로 갈라진다.
열매 9~10월에 붉게 성숙하며 핵과로 난상 원형이다. 지름 6mm이고, 종자의 양쪽에 홈이 있다.

【조림 · 생태 · 이용】
볕이 적당히 드는 숲가장자리에 다른 잡초들과 어울려서 자란다. 토양은 보습성과 배수성이 좋은 사질양토가 좋다. 내한성이 매우 강하고 양지와 음지 모두에서 잘 자라며 건조에도 다소 강한데, 내조성과 내공해성은 보통이다.

【참고】
가새덜꿩나무 (var. *taquetii* (H.Lév.) Rehder) 잎이 작고 흔히 갈라진다.
개덜꿩나무 (var. *vegetum* Nakai) 제주도에 자란다. 잎이 원형에 가깝고 갈라지며 전체가 대형이다.

수형

어린가지와 겨울눈

꽃

인동과 Caprifoliaceae

가막살나무

Viburnum dilatatum Thunb.

Viburnum 뜻은 알 수 없으나 *V. lantana*의 옛 이름
dilatatum 넓어진

이명 털가막살나무
한약명 협미(莢迷, 가지와 잎)
E Linden viburnum, Japanese bush cranberry
C 莢迷
J ガマズミ

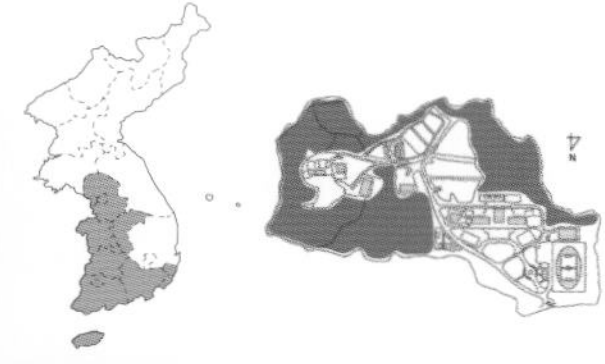

수피

잎 앞면

잎 뒷면

열매

【분포】
해외/국내 일본, 중국; 남부지역 산지
예산캠퍼스 연습림

【형태】
수형 낙엽활엽관목으로 수고 3m이다.
어린가지 성모와 선점이 있다.
잎 마주나며 길이 6~12cm, 아원형, 난상 원형 또는 광난형이며 갑자기 좁아지는 점첨두이고 원저 또는 아심장저이며, 성긴 거치가 있다. 양면에 성모가 있으며 뒷면에 선점이 있다. 잎자루는 길이 6~20mm이고 턱잎이 없다.
꽃 백색으로 5월에 피며 복산형꽃차례가 가지 끝에 달린다. 꽃차례에 성모와 선점이 있으며 화관에는 성모가 있고 수술이 화관보다 길다.
열매 9~10월에 붉게 성숙하며 핵과로 광난형이며 지름 8mm이다.

【조림 · 생태 · 이용】
양지와 음지에서 모두 잘 자라며 산복 이하의 숲속에 생육한다. 열매를 채취하여 정선한 후 2년간 노천매장하였다가 파종해야 발아가 되고 품종이 좋은 것은 꺾꽂이로 증식한다. 내한성이 강하며 내음성과 내조성도 좋은 내공해성 나무이다. 조경수, 정원수 등으로 이용가치가 높다.

인동과 Caprifoliaceae

산가막살나무

Viburnum wrightii Miq.

Viburnum 뜻은 알 수 없으나 *V. lantana*의 옛 이름
wrightii 영국의 식물학자 C.H. Wright (1864~1941)의

이명 뫼가막살나무, 무점가막살나무
한약명 협미(莢迷, 가지와 잎)
E Wright's viburnum
J ミヤマガマズミ

수형

열매

꽃 ©김진석

잎 앞면과 뒷면

【분포】
해외/국내 일본; 전국의 높은 산지에 자생

【형태】
수형 낙엽활엽관목으로 수고 3m이다.
어린가지 처음에 털이 있고 나중에는 거의 털이 없다.
잎 마주나며 길이 8~14cm, 넓은 도란형으로 급한 점첨두, 원저 또는 예저이고 가장자리에 치아상의 거치가 있다. 양면에 선점과 털이 있다.
꽃 백색으로 5~6월에 피며 가지 끝에 취산꽃차례가 달린다. 화관은 지름 5~6mm로 5개의 열편이 있다. 수술은 화관보다 길다.
열매 9~10월에 붉게 성숙하고 난상 원형이며 지름 8mm이다. 종자에는 5개의 홈이 있다.

【조림 · 생태 · 이용】
양지와 음지 모두에서 잘 자라지만 반그늘에서 재배할 때 생육상태가 좋고 추위에도 잘 견딘다. 보습성과 배수성이 뛰어난 사질양토로 낙엽수림 하부의 습기가 적당하고 부식질이 풍부한 토양을 좋아한다. 해안지방에서도 생육이 양호하며, 공해에 견디는 힘은 보통이다. 가을에 채취한 성숙한 종자를 2년간 노천매장한 후 파종한다. 녹지삽목으로 번식이 가능하다. 꽃과 열매가 아름다운 수종으로 정원수로 식재하거나 공원 등에 군식 또는 독립수로 식재한다.

【참고】
푸른가막살 (*V. japonicum* (Thunb.) Spreng.) 상록성의 가막살이라는 뜻을 가지며, 전남 가거도에서 자란다.

인동과 Caprifoliaceae

병꽃나무

***Weigela subsessilis* (Nakai) L.H.Bailey**

Weigela 독일 화학자 Christian Ehrenfried Von Weigel(1748~1831)에서 유래함
subsessilis 다소 잎자루가 없는

E Korean weigela
C 錦帶花
J コウライヤブウツギ

산림청 지정 특산식물

수형

꽃 / 잎 앞면 / 수피 / 잎 뒷면 / 열매

【분포】

해외/국내 전국 산지
예산캠퍼스 연습림

【형태】

수형 낙엽활엽관목으로 수고 2~3m이다.
수피 회갈색이며 작은가지는 녹색이고 피목이 뚜렷하다.
어린가지 회갈색이며 털이 줄지어 난다.
겨울눈 난형, 피침형이며 끝이 뾰족하고 곁눈에는 가로덧눈이 달린다.
잎 마주나며 잎자루가 거의 없다. 길이 1~7cm, 너비 1~5cm, 도란형 또는 도란상 타원형으로 첨두, 예저 또는 원저이고 작은 거치가 있다. 양면에 털이 있으며 특히 뒷면 맥상에 퍼진 털이 있다.
꽃 5월에 피는데 처음 황록색으로 피었다가 후에 붉은색으로 변한다. 꽃자루에 털이 있으며 꽃받침잎은 선형으로 밑부분까지 갈라진다(붉은병꽃나무는 중간 부위까지 갈라진다).
열매 9월에 성숙하며 삭과로 길이 10~15mm, 잔털이 있다. 종자에 날개가 있다(붉은병꽃나무와 소영도리나무에는 종자에 날개가 없다).

【조림 · 생태 · 이용】

중용수로 계곡과 산록에서 진달래, 철쭉과 함께 혼생하고 때로는 단순군집을 이룬다. 모래흙을 좋아하여 척박한 양지에서도 잘 견딘다. 내음성과 내한성이 강하여 숲속에서도 번한다. 내염성에도 강해서 바닷바람이 부는 곳에서도 거뜬히 견디고 각종 공해에도 강하다.

인동과 Caprifoliaceae

붉은병꽃나무

Weigela florida (Bunge) A.DC.

Weigela 독일 화학자 Christian Ehrenfried Von Weigel(1748~1831)에서 유래함
florida 꽃이 피는

이명 팟꽃나무, 병꽃나무, 통영병꽃나무, 좀병꽃나무, 물병꽃나무, 당병꽃나무, 조선병꽃나무, 참병꽃나무

E Florida weigela, Oldfashioned weigela
C 錦帶花
J オオベニウツギ

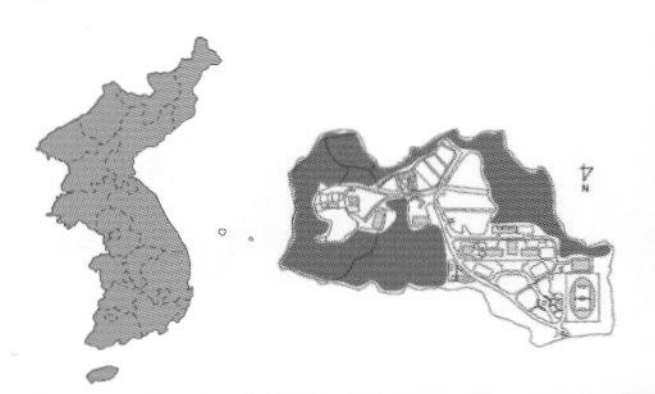

수형

암술과 수술

열매

꽃

잎 앞면

잎 뒷면

수피

【분포】
해외/국내 중국, 일본; 전국 산지
예산캠퍼스 연습림

【형태】
수형 낙엽활엽관목으로 수고 2~3m이다.
수피 회갈색이며 작은가지는 녹색이고 피목이 뚜렷하다.
어린가지 2줄의 털이 있다.
겨울눈 난형, 피침형이며 끝이 뾰족하고 눈비늘조각 끝이 날카롭다.
잎 마주나며 길이 4~10cm, 너비 2~4cm, 타원형, 난상타원형 또는 도란형으로 점첨두, 원저 또는 예저, 세치가 있다. 표면 중륵에 잔털이 있으며, 뒷면 중륵에는 흰털이 밀생한다.
꽃 연한 붉은색으로 5월에 피며 잎겨드랑이에 달린다. 꽃받침은 5개로 중부까지 갈라진다(병꽃나무와 골병꽃나무는 꽃받침 기부까지 갈라진다). 길이 6~13mm로 거의 털이 없다. 화관은 길이 3~4cm로 중앙 이하가 갑자기 좁아지며 연한 털이 있다.
열매 9월에 성숙하며 삭과로 길이 12~20mm이다. 종자에 날개가 없다.

【조림 · 생태 · 이용】
산록 양지바른 곳이나 암석지에서 자란다. 토양이 척박한 곳에서도 잘 자라며, 사질양토에서 더 잘 자란다. 양수이며 노지에서 월동하고 10~25℃에서 잘 자란다. 번식은 실생 및 무성생식으로 한다. 가정이나 주택단지, 도로변에 식재하거나 관상용으로 좋다. 새로 자란 가지는 붉은색을 띤다.

인동과 Caprifoliaceae

일본병꽃나무

Weigela coraeensis **Thunb.**

Weigela 독일 화학자 Christian Ehrenfried Von Weigel(1748~1831)에서 유래함
coraeensis 한국산의

수형

꽃

잎 앞면

수피

잎 뒷면

열매

【분포】
해외/국내 일본 원산; 중부 이남 공원 식재
예산캠퍼스 연습림 임도 옆

【형태】
수형 낙엽활엽관목으로 수고 2~4m이다.
잎 마주나며 길이 8~18cm, 너비 4~12cm, 광타원형으로 예두, 거치가 있다. 주름이 많고, 오목하게 안으로 오므라든다.
꽃 백색 또는 붉은색으로 5~6월에 핀다. 꽃받침은 5개로 갈라진다. 화관은 길이 3~4cm로 깔대기모양이며 중앙에서 급히 확대되며 5개로 갈라진다. 수술은 5개이며 자방에 털이 없다.
열매 삭과로 길이 2~3cm이며 익으면 벌어진다.

【조림 · 생태 · 이용】
일본 원산으로, 남부지방의 정원에 식재하고 있다. 토양이 척박한 곳에서도 잘 자라며, 사질양토에서 더 잘 자란다. 중용수로 노지에서 월동하고 내건성, 내염성, 내공해성이 강하다. 가정이나 주택단지, 도로변에 식재하거나 관상용으로 좋다.

피자식물

단자엽식물

Angiosperms

Monocotyledoneae

벼과 Poaceae

왕대

Phyllostachys bambusoides Siebold & Zucc.

Phyllostachys 그리스어 phyllon(잎)과 stachys(이삭)의 합성어이며, 엽편이 달린 포로 싸인 화수(花穗) 모양에서 유래함
bambusoides 참대와 비슷한

이명 강죽, 참대
한약명 죽엽(竹葉, 잎을 말린 것), 죽여(竹茹, 겉껍질을 벗겨낸 속껍질을 말린 것), 죽력(竹瀝, 진액), 죽황(竹黃, 죽간에 병적으로 생긴 누른 백색 물질)
C 岡竹, 班竹
J マダケ

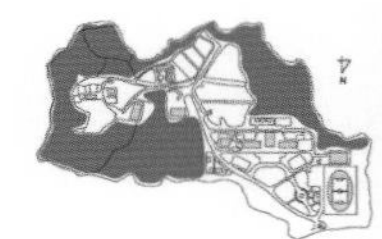

죽순

수형

【분포】
해외/국내 중국; 중부 이남 식재
예산캠퍼스 연습림

【형태】
수형 상록활엽교목으로 수고 20m(추운 곳에서는 3m)이다.
수피 녹색에서 황록색으로 변한다.
잎 3~7개(보통 5~6개)씩 달리며 피침형으로 길이는 10~20cm이며 잔거치가 있다. 견모는 5~10개가 개출되어 오랫동안 남아있다.
꽃 4월에 드물게 피며 꽃차례의 길이는 5~10cm이다. 포는 도란형 또는 도란상 타원형이고, 끝에 달린 잎몸은 난형 또는 피침형으로 길이 10~30mm이다. 첫째 포영은 길이 3cm, 둘째 포영과 더불어 털이 있다. 내영은 피침형 또는 광피침형으로 길이 3~4mm이다.
열매 5~6월에 성숙한다.

【조림 · 생태 · 이용】
토심이 깊고 비옥한 토양에서 잘 자란다. 음지보다 양지를 좋아한다. 강풍 피해가 없는 남향이 적지이다. 땅속줄기, 근주, 모죽, 죽묘법에 의해 번식한다. 조경수, 방풍림으로 쓰인다. 식용하며 공업용으로도 쓰이고 줄기를 세공용 자재로 이용한다. 죽순은 식용 및 약용한다.

【참고】
왕대 학명이 국가표준식물목록에는 *P. reticulata* (Rupr.) K.Koch.로 기재되어 있다.

벼과 Poaceae

오죽

Phyllostachys nigra (Lodd. ex Lindl.) Munro

Phyllostachys 그리스어 phyllon(잎)과 stachys(이삭)의 합성어이며, 엽편이 달린 포로 싸인 화수(花穗) 모양에서 유래함
nigra 흑색의

이명 검정대, 흑죽, 분죽

수형

줄기

【분포】

해외/국내 중국, 대만, 일본; 중부 이남

【형태】

수형 상록활엽교목으로 수고 10m이다.

수피 첫해에는 녹색에서 점차 검은색이 된다.

잎 1~5(보통 2~3)개씩 달린다. 피침형, 점첨두, 원저 또는 넓은 예저이고 길이 6~10cm, 너비 1~1.5cm으로 가장자리에 잔거치가 있다. 뒷면 주맥을 따라 자털이 있는 것이 있다. 견모는 5개 내외로 점차 떨어진다. 엽초에 연모가 있다.

꽃 양성 또는 단성으로, 꽃차례를 둘러싼 광피침형 포에 들어있다. 첫째 포영은 길이 12mm, 둘째 포영과 더불어 털이 있다. 내영은 3개이다.

【조림 · 생태 · 이용】

양수로 산록 및 인가 부근에 식재한다. 대나무류 중에서 줄기가 검은 것이 특징이다. 땅속줄기, 묘죽, 분주법에 의해 번식한다. 검은 줄기가 특색이 있어 관상용으로 이용한다. 방풍용으로 쓰인다. 군식할 때 더욱 검은 줄기의 아름다움이 나타난다.

벼과 Poaceae

솜대

***Phyllostachys nigra* (Lodd. ex Lindl.) Munro var. *henonis* (Mitford) Stapf ex Rendle**

Phyllostachys 그리스어 phyllon(잎)과 stachys(이삭)의 합성어이며, 엽편이 달린 포로 싸인 화수(花穗) 모양에서 유래함
nigra 흑색의

이명 분죽, 담죽, 분검정대

죽순

수형

【분포】
해외/국내 해안선을 따라 강원 남부 및 충남 이남에 분포

【형태】
수형 상록활엽교목으로 수고 10m 이상이다.
수피 처음에는 백분으로 덮여있고 황록색을 띠며 마디가 있다. 내공으로 단통형, 표면에 윤기가 있다.
잎 피침형으로 길이 5~10cm, 너비 8~12mm, 뒷면이 약간 흰빛을 띤다. 견모는 왕대보다 짧고, 가지와 예각을 이룬다. 죽순은 4월 하순에서 5월 하순에 나며, 죽순 껍질은 엷은 적색을 띤다. 세로로 피맥이 뚜렷하고, 표면에는 털이 많다. 왕대에 비하면 줄기가 가늘고 잎이 작다. 죽순 껍질에 털이 많다.
꽃 약 60년을 주기로 개화한다. 4월 말에 피는데 꽃이 피면 지상부는 죽게 된다. 광피침형이고, 첫째 포영 길이 12mm, 둘째 포영과 더불어 털이 있다. 내영은 3개이다.
열매 5월에 붉은색으로 성숙하며 둥근 장과이다.

【조림 · 생태 · 이용】
동해안에서는 강원도 이남지역, 서해안에서는 충남 이하의 지역에서 식재하고 있다. 왕대보다 내한성이 강하다. 오죽과 달리 줄기는 연한 녹색에서 연한 황색으로 변한다. 분주로 번식한다. 솜대의 각 부분을 약용한다. 죽림 조성에 이용되고 건축재, 세공재, 낚시대로 쓰이며 죽력은 약용, 죽순과 종자는 식용한다.

수형

벼과 Poaceae

이대

***Pseudosasa japonica* (Siebold & Zucc. ex Steud.) Makino ex Nakai**

Pseudosasa 그리스어 pseudos(가짜)와 속명 Sasa의 합성어
japonica 일본의

이명 산죽, 오구대, 신위대
E Arrow bamboo
C 矢竹
J ヤダケ

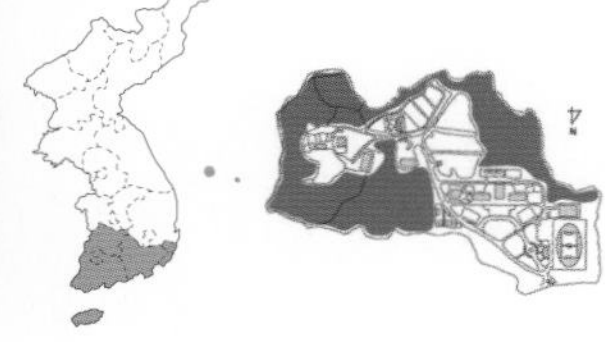

【분포】
해외/국내 중국, 대만, 일본; 중부 이남 해안지대에 분포
예산캠퍼스 연습림

【형태】
수형 상록활엽관목으로 수고 2~4m이다.
잎 어린가지의 끝에 수 매가 난다. 좁은 피침형으로 길이 8~30cm, 너비 1~4.5cm, 끝이 꼬리처럼 길다. 양면에 털이 없고 가장자리에 가는 연모가 있는 경우도 있다. 견모는 상향한다. 죽순은 5월에 나고 죽순 껍질에 거친 털이 나 있다.
꽃 원추꽃차례는 잔털이 있다. 자줏빛을 띠며 소수는 5~10개의 꽃으로 되어 있다. 포영은 3~9mm, 수술은 3개이다.

【조림 · 생태 · 이용】
중용수로 추위에 강한 편이다. 토심이 깊고 배수가 잘 되며 바람이 없는 남향의 양토를 좋아하지만 양지바른 땅에서도 잘 자란다. 땅속줄기, 묘죽, 분주법으로 번식한다. 울타리 조성용으로 알맞다. 조해에 강하여 해변조경에 적합하다. 죽재는 담뱃대, 붓대, 화살, 낚시대, 죽세공재로 사용된다.

벼과 Poaceae

조릿대

Sasa borealis (Hack.) Makino & Shibata

Sasa 일본명 사사에서 유래
borealis 북방의, 북방계의

이명 기주조릿대, 긔주조릿대, 산대, 산죽, 신우대, 조리대
한약명 죽엽(잎)
E Northern bamboo
C 笹
J ジタケ, スズサタケ, スズ

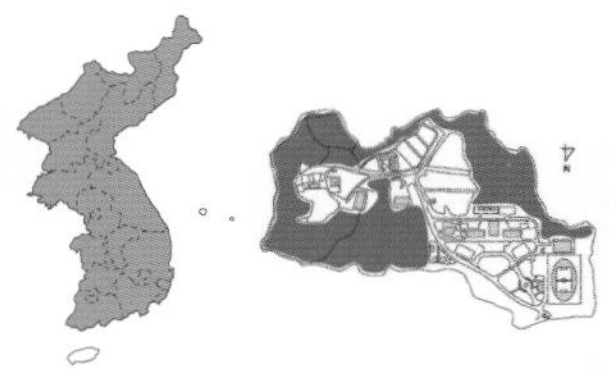

자생지

꽃차례

꽃 ©이중효

잎

【분포】
해외/국내 일본; 전국 산지
예산캠퍼스 연습림

【형태】
수형 상록활엽관목으로 수고 1~2m이다.
수피 녹색빛을 띠며 털이 없다. 마디는 구형으로 도드라지고 주위가 약간 자주색을 띤다.
잎 가지 끝에 2~3매씩 나온다. 장타원상 피침형으로 길이는 10~25cm, 점첨두이거나 꼬리처럼 길다. 뒷면 기부에 털이 있다. 가장자리에 가시 같은 작은 거치가 있다. 엽초에 털이 있다.
꽃 꽃차례는 털과 백분으로 덮여있다. 아랫부분이 자주색 포로 싸여있다. 소수는 2~5개의 꽃으로 구성된다. 밑부분에 2개의 포가 있는데 첫째 포영은 길이 7~10mm로 연모가 있고 뾰족하다. 둘째 포영은 길이 8~9mm로 뒷면에 홈이 있다. 내영은 3개이다.
열매 5~6월에 성숙하며 영과로 껍질이 두껍다.

【조림 · 생태 · 이용】
음지에서도 잘 자란다. 추위에 강하다. 수분이 적당하고 비옥한 사질양토를 좋아한다. 공해와 염해에 대해 다소 내성을 가지고 있다. 내건성은 약하나 맹아력이 강하다. 번식방법은 3월에 묘목을 포기나누기하여 옮겨 심거나 땅속줄기를 끊어서 심는다. 속성수로 조경수, 생울타리, 죽순과 종자는 식용한다. 죽재는 가늘고 탄력성이 있어서 조리를 만드는 데 사용하며, 대는 해태 제조에 이용된다.

벼과 Poaceae

제주조릿대

Sasa palmata **(Bean) E.G.Camus**

Sasa 일본명 사사에서 유래

이명 산죽, 탐나산죽

E Broad-leaf bamboo

J タンナザサ, チマキザサ

산림청 지정 특산식물

한라산 자생지

수형

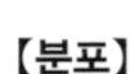

【분포】

해외/국내 일본, 극동러시아; 제주 한라산

【형태】

수형 상록활엽관목으로 수고 10~80cm이다.

수피 털이 없고 녹색빛을 띠고 마디가 도드라진다. 주위가 약간 자주색 빛을 띤다.

잎 장타원형으로 길이 7~20cm, 너비 15~20mm, 점첨두이고 가장자리가 백색을 띤다.

꽃 6~7년마다 4~5월에 핀다. 원추꽃차례로 달린다. 소수는 선형이고 5~10개의 낱꽃으로 구성된다. 길이는 2.5~4cm, 낱꽃축편은 길이가 4mm로 많은 털이 있다. 호영은 길이가 약 7mm이며 9개의 맥이 있고 뒷면에 가는 털이 있다.

열매 5~7월에 성숙하며 영과로 밀알 같고 껍질이 두껍지만 전분 자원으로 먹을 수 있다.

【조림 · 생태 · 이용】

제주도에서 자라며 부식질이 많은 사질양토에서 잘 자란다. 땅속줄기, 묘죽, 분주법으로 행한다. 음수성 식물이지만 양지에서도 잘 자란다. 보통은 관수관리한다. 환경내성은 약하고, 이식성은 보통이다. 정원이나 수하에 지피식물로 심어 관상한다. 영과는 전분자원으로 먹을 수 있다.

【참고】

제주조릿대 학명이 국가표준식물목록에는 *S. quelpaertensis* Nakai로 기재되어 있다.

백합과 Liliaceae

청미래덩굴

Smilax china L.

Smilax 상록가시나무의 그리스 옛 이름에서 전용
china 중국의

이명 망개나무, 명감나무, 명감, 좀청미래, 매발톱가시, 섬명감나무, 종가시나무, 좀명감나무, 청열매덤불, 팔청미래, 맹감나무
한약명 토복령(土茯苓, 뿌리), 발계(菝葜, 뿌리)
E Wild smilar, East Asian greenbrier
C 菝葜
J サルトリイバラ

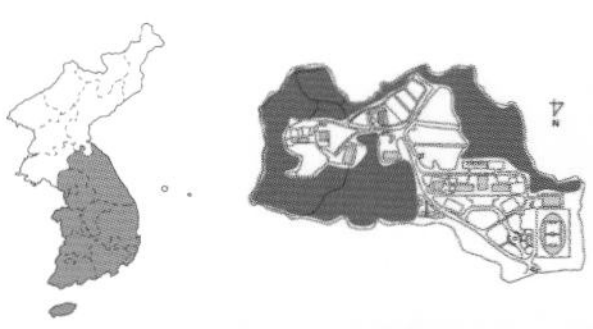

잎과 줄기

덩굴손

잎

열매

꽃

어린가지 가시

【분포】

해외/국내 중국, 미얀마, 필리핀, 태국, 베트남, 대만, 일본; 전국 산지
예산캠퍼스 연습림

【형태】

수형 낙엽활엽만목성으로 길이 3m이다.
수피 원줄기는 마디에서 굽어 자라며 갈고리같은 가시가 있다.
어린가지 줄기는 마디마다 굽으면서 뻗고 갈고리같은 거친 가시가 있다.
겨울눈 긴 삼각형이며 1개의 눈비늘조각에 싸여있다.
잎 어긋나며 길이 3~12cm, 너비 2~10cm, 둥글거나 광타원형이고 짧은 첨두이며 원저 또는 아심장저이고 거치가 없다. 기부에서 5~7개의 맥이 나오며 그물맥이 된다. 잎자루는 길이 7~20mm이고 턱잎이 변한 1쌍의 덩굴손이 있다.
꽃 암수딴그루로 황록색이고 5월에 피며 산형꽃차례가 잎겨드랑이에 달린다. 화피 열편은 6개로 뒤로 젖혀지며 6개의 수술과 1개의 암술이 있다.
열매 9~10월에 붉게 성숙하며 장과로 둥근 모양이며 지름 1cm이다.

【조림 · 생태 · 이용】

햇볕이 잘 들거나 반 그늘진 곳, 물이 잘 빠지는 산성토양이 적합하다. 내건성, 내조성이 강하나 야생목 이식은 거의 불가능하다. 생장이 빠르며 건조한 환경에 강하다.

열매와 과경

백합과 Liliaceae

청가시덩굴

Smilax sieboldii Miq.

Smilax 상록가시나무의 그리스 옛 이름에서 전용
sieboldii 일본식물 연구가 Siebold의

이명 청가시나무, 청가시덤불, 종가시나무, 청경개까시나무, 청미래, 청밀개덤불, 청열매덤불
한약명 철사영선(鐵絲靈仙, 뿌리)
E Siebold's greenbrier
C 華東菝葜
J ヤマガシュウ

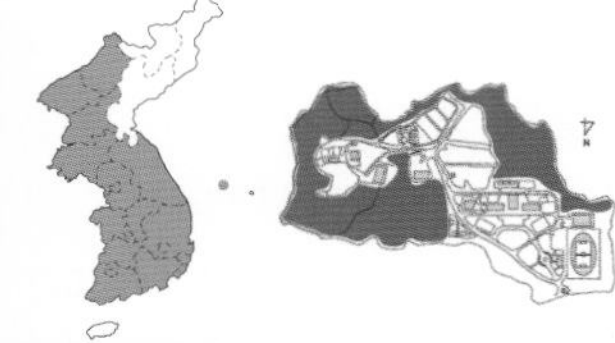

수형

줄기 가시와 잎

꽃

열매

【분포】
해외/국내 중국, 일본, 대만; 전국 산지
예산캠퍼스 연습림

【형태】
수형 낙엽활엽만목성으로 길이 5m이다.
수피 원줄기는 녹색이고 능선과 곧은 가시가 있으며 가지는 녹색으로 흑색 반점이 있고 털이 없다.
어린가지 녹색이며 가는 가시가 많고 검은색 반점이 있다.
겨울눈 삼각형이며 1개의 눈비늘조각에 싸여있다.
잎 어긋나며 길이 5~14cm, 너비 3~9cm, 난상 타원형 또는 난상 심장형이며 끝이 뾰족하고 심장저 또는 원저이며 파상의 거치가 있다. 기부에서 5~7개의 맥이 나오며 그물맥으로 된다. 잎자루는 길이 5~15mm로 턱잎이 변한 1쌍의 덩굴손이 있다.
꽃 암수딴그루로 황녹색이고 6월에 핀다. 산형꽃차례가 잎겨드랑이에 달린다. 화피 열편은 6개이며 6개의 수술과 1개의 암술이 있다.
열매 9~10월에 흑색으로 성숙하며 둥근 모양의 장과로 지름 7~9mm이다.

【조림 · 생태 · 이용】
산야에서 흔히 자란다. 추위에 강하고 양지와 음지를 다 좋아하며, 맹아력이 좋아 무수한 줄기가 뻗어 올라온다. 건조한 곳에서는 생육이 불량하고 비옥한 곳을 좋아하며 석회암지대에서 흔히 볼 수 있다. 어린 순은 나물로 먹기도 한다. 봄의 새잎은 식용하며 뿌리는 약용한다.

참고문헌

강병화. 2008. 한국생약자원생태도감(1), (2), (3). 지오북.

국립산림과학원. 2005. 대나무의 모든 것. 국립산림과학원. pp. 203.

국립생물자원관. 2011. 한반도생물자원포털(http://www.nibr.go.kr/).

국립수목원. 2010. 국가생물종지식정보시스템(http://www.nature.go.kr).

국립수목원. 2010. 국가표준식물목록(http://www.nature.go.kr/kpni/).

국립수목원. 2010. 식별이 쉬운 나무도감. 지오북. pp. 725.

김진석, 김태영. 2011. 한국의 나무. 돌베개. pp. 688.

김태정. 1996. 한국의 자원식물 Ⅰ, Ⅱ, Ⅲ, Ⅳ, Ⅴ. 서울대학교출판부.

문화재청. 문화유산정보(http://www.cha.go.kr).

산림청 · 국립수목원. 2008. 한국 희귀식물 목록집. 국립수목원.

산림청 · 국립수목원. 2015. 한반도 자생식물 영어이름 목록집. 국립수목원. pp. 760.

소배근. 1994. 중국본초도감(1), (2), (3), (4). 여강출판사.

울릉군. 2002. 울릉군원색식물도감. 동아문화사. pp. 404.

윤주복. 2004. 나무 쉽게 찾기. 진선출판사. pp. 687.

윤주복. 2007. 겨울나무 쉽게 찾기. 진선출판사. pp. 509.

이경준. 1997. 수목생리학. 서울대학교출판부. pp. 514.

이경준. 2014. 산림과학개론. 향문사. pp. 461.

이경준, 한상섭, 김지홍, 김은식. 1996. 산림생태학. 향문사. pp. 395.

이돈구, 권기원, 김지홍, 김갑태. 2010. 조림학-숲의 지속가능한 생태관리. 향문사. pp. 334.

이상태. 1997. 한국식물검색집. 아카데미서적. pp. 446.

이영노. 1996. 원색한국식물도감. 교학사. pp. 1269.

이우철. 1996. 한국기준식물도감. 아카데미서적. pp.624.

이우철. 1996. 한국식물명고. 아카데미서적. pp.1688.

이정석, 이계한, 오찬진. 2010. 새로운 한국수목대백과도감(상), (하). 학술정보센터.

이창복. 1986. 신고 수목학. 향문사. pp. 331.

이창복. 2006. 원색대한식물도감(상), (하). 향문사.

임경빈. 1991. 조림학본론. 향문사. pp. 347.

임경빈. 1996. 신고조림학원론. 향문사. pp. 492.

장진성, 김휘, 길희영. 2012. 한반도수목필드가이드. 디자인포스트. pp. 403.

정영호. 1991. 식물대백과-현화식물편. 아카데미서적. pp. 317.

최영전. 1992. 한국민속식물. 아카데미서적. pp. 358.

홍성천, 변수현, 김삼식. 1987. 원색한국수목도감. 계명사. pp. 310.

Heywood V.H. 1985. Flowering plants of the world. Oxford University Press. pp. 336.

한글명 찾아보기

※ 진하게 강조한 글자는 이 책에 수록한 기본 분류군이며,
일반 글자는 함께 설명한 유사 또는 참고용 분류군입니다.

ㄱ

ㄴ

ㄷ

ㄹ

ㅁ

ㅂ

ㅅ

ㅇ

ㅈ

ㅊ

ㅋ

ㅌ

ㅍ

ㅎ

학명 찾아보기

※ 진하게 강조한 글자는 이 책에 수록한 기본 분류군이며,
일반 글자는 함께 설명한 유사 또는 참고용 분류군입니다.

A

B

C

D

E

F

G

H

I

J

K

L

M

N

O

P

Q

R

S

T

U

V

W

Z

친절하고 쉬운 나무설명서

나무생태도감

Field Guide to Trees and Shrubs

초판 1쇄 발행 2016년 3월 5일
초판 7쇄 발행 2023년 10월 5일

지은이 윤충원
감수한이 김진석

펴낸곳 지오북(**GEO**BOOK)
펴낸이 황영심
편집 전유경, 이지영, 문화주
디자인 김정민, 장영숙

주소 서울특별시 종로구 새문안로5가길 28, 1015호
(적선동, 광화문플래티넘)
Tel_02-732-0337
Fax_02-732-9337
eMail_geobookpub@naver.com
www.geobook.co.kr
cafe.naver.com/geobookpub

출판등록번호 제300-2003-211
출판등록일 2003년 11월 27일

ISBN 978-89-94242-41-5 96480

이 도서의 국립중앙도서관 출판시도서목록(CIP)은 서지정보유통지원시스템 홈페이지(http://seoji.nl.go.kr)와 국가자료공동목록시스템(http://www.nl.go.kr/kolisnet)에서 이용하실 수 있습니다.(CIP제어번호: CIP2016003887)